中国新材料产业发展报告（2014）

国家发展和改革委员会高技术产业司
工业和信息化部原材料工业司　编写
中国材料研究学会

化学工业出版社
·北京·

图书在版编目（CIP）数据

中国新材料产业发展报告（2014）/ 国家发展和改革委员会高技术产业司，工业和信息化部原材料工业司，中国材料研究学会编写. —北京：化学工业出版社，2015.7

ISBN 978-7-122-24512-0

Ⅰ.①中… Ⅱ. ①国…②工…③中… Ⅲ. ①工程材料-研究报告-中国-2014 Ⅳ. ①TB3

中国版本图书馆 CIP 数据核字（2015）第 149848 号

责任编辑：刘丽宏　　　　装帧设计：张　辉
责任校对：王素芹

出版发行：化学工业出版社（北京市东城区青年湖南街 13 号　邮政编码 100011）
印　　刷：北京永鑫印刷有限责任公司
装　　订：三河市宇新装订厂
787mm×1092mm　1/16　印张 25¾　字数 518 千字　　2015 年 11 月北京第 1 版第 1 次印刷

购书咨询：010-64518888（传真：010-64519686）　售后服务：010-64518899
网　　址：http://www.cip.com.cn
凡购买本书，如有缺损质量问题，本社销售中心负责调换。

定　　价：**158.00 元**

前　言

《中国新材料产业发展报告（2014）》（下简称《报告》）是由国家发展和改革委员会高技术产业司和中国材料研究学会合作，还邀请到工业和信息化部原材料工业司加盟，共同组织编写的年度系列报告的第10部。全书围绕我国经济重点发展领域如新能源、生物、电子信息、新能源汽车、节能环保、海洋工程等以及重大工程项目建设需要的新材料，以加快改变经济发展方式为主线，着重阐述了发展新材料产业的背景需求和战略意义，新材料产业的国内外发展现状及趋势，发展我国新材料产业的主要任务及存在的主要问题，以及推动我国新材料产业发展的对策和建议等。尤其是本期《报告》因增加了由工业和信息化部原材料工业司组织编写的关于省、市、地区新材料产业发展的一篇专题报告，将以全新面目呈现给读者。《报告》可以为有关政府职能部门和全国广大从事新材料产业化的科技工作者和产业界人士在制定发展新材料产业规划时提供一份有参考价值的文献。

由于《报告》十年来的陆续出版发行，在国内的影响不断提升，2014年中国科学技术协会领导决定将《中国新材料产业发展报告（2014）》作为学会承接政府职能的示范工程。

参加《报告》编写的人员都是来自材料科技和产业界第一线的专家、学者、教授和产业界人士，他们对各自领域内的新材料产业的国内外现状、发展趋势、技术关键、市场需求等都有全面的了解和掌握，通过他们的论述和分析，使我们能够对我国当前新材料重点产业的现状和特点、主要问题以及对策和建议都能得到较全面的了解和掌握。

自2004年第一部报告推出以来，《报告》已陆续出版十部，十年来我国新材料产业发展取得举世瞩目的成就，无论是产业规模、关键技术，还是重点材料保障能力都大幅提升，成为世界材料大国，《报告》十年基本反映了我国新材料产业发展的脉络，也展现了我国新材料产业今后的发展方向和前景。

但是也应看到，我国新材料产业目前还处在由大到强转变的关键时期，我国新材料产业的发展还任重道远，我们希望《报告》的编写、出版、发行能对我国新材料产业又快又好地发展做出贡献，我们热切希望从事新材料研发、产业化发展的政府职能部门、专家、企业家及其他人士，参加《报告》的编写，共同为发展我国新材料产业献计献策，贡献力量和智慧。

新材料量大面广，发展很快，再加上时间仓促和水平所限，所以本报告难免有不尽如人意之处，我们热切希望各方面的读者多提出宝贵的意见；也热烈欢迎关注我国新材料产业发展的学者、专家、教授、企事业家们积极参与讨论和支持。

我们谨代表本书编委会，对热心中国新材料产业的发展、积极热情为本书撰写报告的所有专家和作者、对本书的编辑和出版付出辛勤劳动与贡献的工作人员一并表示真诚的感谢！

《中国新材料产业发展报告（2014）》编辑委员会

目　录

第 1 章　加强自主创新，推进产业升级换代，提高关键材料保障能力 …… 1
1.1　发展新材料产业的战略意义 …… 1
1.2　全球新材料产业发展趋势 …… 3
1.3　我国新材料产业的发展现状 …… 3
1.4　我国新材料产业发展面临新的机遇和挑战 …… 7
第 2 章　硅集成电路制造材料 …… 9
2.1　发展集成电路材料的产业背景及战略意义 …… 9
2.1.1　全球集成电路材料市场发展趋势与格局变化 …… 9
2.1.2　集成电路产业推进纲要实施将拉动材料市场快速扩张 …… 10
2.1.3　2020 年集成电路材料产业创新目标 …… 10
2.2　集成电路技术与产业的国际发展趋势 …… 11
2.2.1　全球 300mm Fab 厂产能快速增长 …… 12
2.2.2　先进工艺技术节点唱主角 …… 12
2.2.3　技术难度加大、研发投入剧增 …… 13
2.2.4　部分集成电路材料产品微利经营将成常态 …… 14
2.3　集成电路材料产业的国内外现状及发展趋势 …… 15
2.3.1　国际集成电路材料产业总体情况 …… 15
2.3.2　国内集成电路制造材料产业总体情况 …… 16
2.3.3　硅和硅基材料国内外产业发展现状 …… 20
2.3.4　光刻掩模国内外产业发展现状 …… 22
2.3.5　光刻胶国内外产业发展状况 …… 23
2.3.6　高纯电子气体产业国内外发展状况 …… 25
2.3.7　抛光材料产业国内外发展现状 …… 27
2.3.8　工艺化学品产业国内外发展现状 …… 30
2.3.9　溅射靶材产业国内外发展现状 …… 32
2.4　发展我国集成电路材料产业的主要任务及存在主要问题 …… 33
2.4.1　主要任务 …… 33
2.4.2　存在问题 …… 35
2.5　推动我国集成电路材料产业发展的对策和建议 …… 36

第 3 章　海洋工程特种钢铁材料……39
3.1　概述……39
3.2　发展海洋工程特种钢铁材料产业的背景需求及战略意义……39
3.3　海洋工程特种钢材料发展现状、差距与趋势……40
3.3.1　海洋交通运输领域用钢……40
3.3.2　海洋油气开发工程装备领域用钢……44
3.3.3　海洋基础设施建设领域用钢……55
3.4　发展我国海洋工程特种钢铁产业的主要任务及存在问题……59
3.4.1　主要任务……59
3.4.2　存在问题……60
3.5　我国海洋工程特种钢铁材料产业的发展对策和建议……62
3.5.1　我国海洋工程用钢的发展对策……62
3.5.2　我国海洋工程用钢的发展建议……62
第 4 章　生物医用材料……68
4.1　发展生物医用材料产业的背景需求及战略意义……68
4.2　生物医用材料产业的国际发展现状及趋势……69
4.3　生物医用材料产业的国内发展现状及趋势……73
4.4　发展我国生物医用材料产业的主要任务及存在主要问题……78
5.5　推动我国生物医用材料产业发展的对策和建议……81
第 5 章　大气污染治理材料……84
5.1　发展大气污染治理材料产业的背景需求及战略意义……84
5.2　大气污染治理材料产业的国际发展现状及趋势……85
5.2.1　固定源废气治理用关键材料……85
5.2.2　机动车尾气治理关键材料……89
5.3　大气污染治理材料产业的国内发展现状及趋势……93
5.3.1　工业废气治理用关键材料……93
5.3.2　机动车尾气治理用关键材料……96
5.4　发展我国大气污染治理材料产业的主要任务及存在主要问题……99
5.4.1　主要任务……99
5.4.2　存在的主要问题……100
5.5　推动我国大气污染治理材料产业发展的对策和建议……100
第 6 章　水污染治理材料……103
6.1　发展水污染治理材料产业背景需求及战略意义……104
6.2　水污染治理材料产业的国际发展现状及趋势……106
6.3　水污染治理材料产业的国内发展现状与趋势……110

6.4 发展我国水污染治理材料产业的主要任务及存在的主要问题 115
6.5 推动我国水污染治理材料产业发展的对策和建议 119
第 7 章 新型碳材料 123
7.1 发展新型碳材料产业的背景需求及战略意义 123
7.1.1 纳米碳材料产业的背景需求及战略意义 123
7.1.2 碳基复合材料的背景需求及战略意义 126
7.1.3 膨胀石墨产业的背景需求及战略意义 127
7.1.4 活性炭产业的背景需求及战略意义 129
7.2 新型碳材料产业的国外发展现状及趋势 129
7.2.1 国外纳米碳材料产业的发展现状及趋势 129
7.2.2 国外碳基复合材料产业的发展现状及趋势 134
7.2.3 国外膨胀石墨产业的发展现状及趋势 140
7.2.4 国外活性炭产业的发展现状及趋势 140
7.3 新型碳材料产业的国内发展现状及趋势 141
7.3.1 概述 141
7.3.2 我国纳米碳材料产业发展现状 142
7.3.3 我国碳基复合材料产业发展现状 146
7.3.4 我国膨胀石墨产业发展现状 146
7.3.5 我国活性炭产业发展现状 147
7.4 发展我国新型碳材料产业的主要任务及存在主要问题 148
7.4.1 我国纳米碳材料产业发展存在的具体问题 148
7.4.2 我国碳基复合材料领域存在问题 150
7.4.3 我国膨胀石墨产业发展存在的具体问题 150
7.4.4 我国活性炭产业发展存在的具体问题 151
7.5 推动我国新型碳材料产业发展的对策和建议 152
7.5.1 我国纳米碳材料产业发展建议 152
7.5.2 我国碳基复合材料领域发展建议 155
7.5.3 我国膨胀石墨领域发展建议 155
7.5.4 我国活性炭产业发展建议 156
第 8 章 高性能纤维复合材料 160
8.1 发展高性能纤维复合材料产业的背景需求及战略意义 160
8.1.1 高性能纤维复合材料的性能特征及应用 161
8.1.2 复合材料的性能特征 162
8.1.3 复合材料的应用及发展前景 164
8.2 高性能纤维复合材料产业的国际发展现状及趋势 170

8.3 高性能纤维复合材料产业的国内发展现状及趋势……174
8.4 发展我国高性能纤维复合材料产业的主要任务及存在主要问题……176
8.5 推动高性能复合材料产业发展的对策和建议……178
第 9 章 新能源汽车轻量化材料……182
9.1 发展汽车轻量化材料产业的背景需求及战略意义……182
9.1.1 汽车工业快速发展面临的新问题……182
9.1.2 全球对汽车节能减排的应对……182
9.1.3 汽车轻量化的重要意义……183
9.1.4 汽车轻量化是节能减排的有效途径……183
9.1.5 轻量化的概念和轻量化工程……184
9.2 汽车轻量化材料产业的国内外发展现状和趋势……185
9.2.1 汽车轻量化用高强度钢和先进高强度钢的发展现状和趋势……185
9.2.2 汽车轻量化用铝合金材料的发展现状和趋势……188
9.2.3 汽车轻量化用的镁合金的发展现状和趋势……192
9.2.4 汽车轻量化用的塑料和复合材料……195
9.3 发展汽车轻量化材料的主要任务和主要问题……198
9.4 推动汽车和新能源汽车轻量化材料产业发展的对策和建议……202
第 10 章 新型阻燃材料……203
10.1 发展新型阻燃材料产业的背景需求及战略意义……203
10.2 新型阻燃材料产业的国内外发展现状及趋势……204
10.2.1 阻燃剂……204
10.2.2 新型无卤阻燃材料……213
10.3 推动我国阻燃产业发展的对策和建议……237
第 11 章 超导材料……240
11.1 发展超导材料产业的背景需求……240
11.2 发展超导材料产业的意义……242
11.3 国外超导材料市场、产业化现状和发展趋势……243
11.3.1 国外高温超导材料市场情况……243
11.3.2 国外超导材料产业化现状和发展趋势……247
11.4 国内高温超导材料产业市场、产业现状和发展趋势……251
11.4.1 国内超导材料市场现状……251
11.4.2 国内高温超导材料产业化现状及发展趋势……253
11.5 我国超导材料产业发展思路、目标、重点和对策建议……255
11.5.1 超导材料产业发展的战略目标……255
11.5.2 超导材料产业化发展重点……256

11.5.3 超导材料产业化发展对策建议……258
第 12 章 超硬材料……260
12.1 发展超硬材料产业的背景需求及战略意义……260
12.2 国外超硬材料产业的发展现状及趋势……265
12.2.1 国外超硬材料产业的发展现状……265
12.2.2 国外超硬材料产业的发展趋势……268
12.2.3 国外超硬材料及制品应用领域的拓展……269
12.3 国内超硬材料产业的发展现状及趋势……274
12.3.1 国内超硬材料产业的发展现状……274
12.3.2 国内超硬材料产业的发展趋势……283
12.4 国内超硬材料产业存在的主要问题及发展本产业的主要任务……285
12.5 推动我国超硬材料产业发展的对策和建议……290
12.5.1 加强基础性研究……291
12.5.2 推广或完善新技术、新工艺……292
12.5.3 重点发展几种产品……294
12.5.4 加强合作，推动技术创新……296
12.5.5 政府扶持，给予更大的支持力度……296
第 13 章 材料 3D 打印技术……298
13.1 发展材料 3D 打印技术产业的背景需求及战略意义……298
13.2 材料 3D 打印技术产业的国际发展现状及趋势……302
13.2.1 非金属 3D 打印材料技术与产业……302
13.2.2 金属 3D 打印材料技术与产业……306
13.3 材料 3D 打印技术产业的国内发展现状及趋势……314
13.3.1 非金属 3D 打印材料技术与产业……314
13.3.2 金属 3D 打印材料技术与产业……317
13.4 发展我国材料 3D 打印技术产业的主要任务及存在的主要问题……322
13.5 推动我国材料 3D 打印技术产业发展的对策和建议……323
第 14 章 半导体照明材料……326
引言……326
14.1 发展半导体照明产业的背景需求及战略意义……327
14.1.1 推动节能环保、实现可持续发展的重要途径……327
14.1.2 转变经济发展方式、培育新的增长点的现实选择……327
14.1.3 带动相关产业发展、推动第三代半导体技术进步……328
14.2 半导体照明产业的国际发展现状及趋势……328
14.2.1 积极部署国家战略……328

14.2.2 技术进步日新月异 329
14.2.3 市场规模不断增长 330
14.2.4 标准检测认证进程加快 331
14.2.5 产业竞争格局出现变化 332
14.3 半导体照明产业的国内发展现状及趋势 332
14.3.1 政策环境逐步完善 332
14.3.2 关键技术取得突破 333
14.3.3 产业规模不断扩大 334
14.3.4 标准检测认证取得阶段性进展 336
14.3.5 产业整合速度加快 337
14.4 发展我国半导体照明产业的主要问题 337
14.5 推动我国半导体照明产业发展的对策和建议 338
第 15 章 地方新材料产业的发展 341
15.1 北京市 341
15.1.1 北京市新材料产业总体发展情况 341
15.1.2 北京市新材料重点领域发展情况 341
15.2 天津市 343
15.2.1 天津市新材料产业总体发展情况 343
15.2.2 天津市新材料重点领域发展情况 344
15.3 河北省 346
15.4 山西省 346
15.4.1 山西省新材料产业总体发展情况 346
15.4.2 山西省重点新材料领域发展情况 346
15.5 内蒙古自治区 350
15.5.1 内蒙古自治区新材料产业总体发展情况 350
15.5.2 内蒙古自治区重点新材料领域发展情况 350
15.6 辽宁省 351
15.6.1 辽宁省新材料产业总体发展情况 351
15.6.2 辽宁省重点新材料领域发展情况 352
15.7 吉林省 355
15.7.1 吉林省新材料产业总体发展情况 355
15.7.2 吉林省重点新材料领域发展情况 356
15.8 黑龙江省 359
15.8.1 黑龙江省新材料产业总体发展情况 359
15.8.2 黑龙江省重点新材料领域发展情况 360

15.9 上海市…362
15.9.1 上海市新材料产业总体发展情况…362
15.9.2 上海市重点新材料领域发展情况…362
15.10 江苏省…364
15.11 浙江省…365
15.11.1 浙江省新材料产业发展总体情况…365
15.11.2 浙江省重点新材料领域发展情况…366
15.12 安徽省…367
15.13 福建省…368
15.3.1 福建省新材料产业总体发展情况…368
15.3.2 福建省新材料重点领域发展情况…368
15.14 江西省…369
15.14.1 江西省新材料产业总体发展情况…369
15.14.2 江西省新材料重点领域发展情况…369
15.15 山东省…372
15.15.1 山东省新材料产业发展情况…372
15.15.2 山东省新材料重点领域发展情况…372
15.16 河南省…374
15.17 湖北省…375
15.17.1 湖北省新材料产业发展基本情况…375
15.17.2 湖北省新材料重点领域发展情况…375
15.18 湖南省…376
15.18.1 湖南省新材料产业总体发展情况…376
15.18.2 湖南省新材料重点领域发展情况…377
15.19 广东省…379
15.19.1 广东省新材料产业总体发展情况…379
15.19.2 广东省新材料重点领域发展情况…380
15.20 广西壮族自治区…382
15.21 海南省…383
15.22 重庆市…384
15.22.1 重庆市新材料产业总体发展情况…384
15.22.2 重庆市重点新材料领域发展情况…384
15.23 四川省…386
15.23.1 四川省新材料产业总体发展情况…386
15.23.2 四川省新重点材料领域发展情况…386

15.24 贵州省 ······ 388
15.24.1 贵州省新材料产业总体发展情况 ······ 388
15.24.2 贵州省重点新材料领域发展情况 ······ 388
15.25 云南省 ······ 390
15.25.1 云南省新材料产业总体发展情况 ······ 390
15.25.2 云南省重点新材料领域发展情况 ······ 390
15.26 陕西省 ······ 391
15.26.1 陕西省新材料产业总体发展情况 ······ 391
15.26.2 陕西省重点新材料领域发展情况 ······ 391
15.27 甘肃省 ······ 391
15.28 青海省 ······ 393
15.28.1 青海省新材料产业总体发展情况 ······ 393
15.28.2 青海省重点新材料产业领域发展情况 ······ 394
15.29 宁夏回族自治区 ······ 395
15.29.1 宁夏回族自治区新材料产业总体发展情况 ······ 395
15.29.2 宁夏回族自治区重点新材料领域发展情况 ······ 395
15.30 新疆生产建设兵团 ······ 399

第1章

加强自主创新，推进产业升级换代，提高关键材料保障能力

《中国新材料产业发展报告（2014）》编辑委员会

国务院2012年10月发布的“关于加快培育和发展战略性新兴产业的决定”（以下简称《决定》）中已明确提出，即“现阶段重点培育和发展节能环保、新一代信息技术、生物、高端装备制造、新能源、新材料、新能源汽车等产业”。

对于新材料产业，《决定》明确提出：大力发展稀土功能材料、高性能膜材料、特种玻璃、功能陶瓷、半导体照明材料等新型功能材料。积极发展高品质特殊钢、新型合金材料、工程塑料等先进结构材料。提升碳纤维、芳纶、超高分子量聚乙烯纤维等高性能纤维及其复合材料发展水平。开展纳米、超导、智能等共性基础材料研究。由此可以看出，《决定》为我国今后的新材料新兴产业的发展提出了明确的方向和目标，对我国今后制定新材料产业发展规划有重要的意义。

新材料产业是重要的战略性新兴产业，也是其他战略性新兴产业发展的基础。新能源、节能环保、新一代信息技术、生物、高端装备制造、新能源汽车等战略性新兴产业发展，离不开新材料的支撑。不难看出，其他6大战略性新兴产业的发展为新材料产业创造了巨大市场需求，也凸显了新材料产业的基础性地位和作用。

1.1 发展新材料产业的战略意义

新材料是指通过新技术、新工艺、新装备等应用，使传统材料性能有明显提高或产生新功能，或是设计开发出传统材料所不具备的优异性能或特殊功能的材料。一个产业的突破通常以该领域新材料技术的突破为前提，而新材料技术的突破往往会孕育一项新技术的诞生，甚至形成一轮新的产业革命。例如，

电子信息技术的快速发展和重大成就，正是得益于新型高纯硅等半导体材料技术的重大突破。电子信息材料的发展促进了电子信息产业快速发展，使电子信息产业成为全球支柱性产业，使人类进入了信息化时代；太阳能、风能等新材料技术进步对全球新能源产业发展起到很大的推动作用；高性能纤维复合材料等轻质高强新型结构材料，以及铝、镁、钛等高性能的轻质金属材料也在航空航天、汽车、海洋及建筑等行业体现出节能降耗的巨大优势。

新材料产业是现代高技术产业的基础和先导，其对新一代信息技术、航空航天、新能源、节能环保等战略性新兴产业发展，以及国民经济重大工程建设起着极其重要的支撑作用。随着全球制造业和高技术产业的飞速发展，新材料的市场需求日益增长，新材料产业发展前景十分广阔。美日欧等均高度重视新材料产业发展，我国也把新材料产业纳入国家大力培育发展七大战略性新兴产业之一。

新材料是建设重大工程、巩固国防军工的重要保障，超高压电力输送、深海油气开发、高速铁路、宽带工程等国民经济建设重大工程的顺利实施都需突破一系列关键材料制约，进而带动一大批工程技术的发展和进步。

新材料产业是推动技术创新的先导，历史上每一次重大新技术的发现和某种新产品的研制成功，都离不开新材料的发现和应用。例如，从半导体材料到集成电路产业，进而到电子；从高强轻型合金到高性能复合材料，在航空航天、汽车轻量化、海洋工程都显示广阔的发展前景。新材料的应用对产品设计、加工制造、新产品的开发都有着推动作用。

新材料是带动传统产业升级的革命性力量。可以说，现代高新技术的进步和产业的发展，都必须以新材料技术的突破和产业的发展为前提，材料问题往往成为制约某些技术和产业发展的瓶颈。因此加快发展技术密集、附加值高的新材料产业，实现关键材料的关键技术的突破，对提高一个国家的整体科技和工业化水平以及综合国力，抢占未来科技制高点和市场主动权都至关重要。

新材料对实现可持续发展至关重要，大有作为。面对资源、能源问题的全球化紧迫，可持续发展已成为全球共识的理念。而新材料对实现可持续发展的作用非常重要，大有作为。例如：新能源材料是新能源、可再生能源开发利用的基础；环境友好材料对节约资源、保护环境、维持生态平衡将起到重要作用；轻质高强的新型结构材料将体现节能降耗的巨大效益；生物医用材料将提高人类生活质量和健康水平；新型绿色建材关系到资源充分利用，改善和提高人们的生活质量；新材料的绿色和数字化制造将极大程度上的提高效率、节约资源、降低能耗、减少污染。

1.2　全球新材料产业发展趋势

当今世界，新材料对现代高技术和现代化产业的推动作用日益突出，新材料产品日新月异，新型材料不断开发，如近年来，石墨烯碳材料已成为全球发展的新热点，随着石墨烯的制备和应用技术日趋成熟，将在未来的电子通信、航空航天、汽车交通、生物工程等发挥不可估量的作用。

数十年来，美日欧等发达国家均将材料科学技术列为重点的优先发展领域，近 1/3 的世界 500 强企业，如埃克森美孚、通用电气、英特尔、杜邦等，均从事新材料研发、生产或与其密切相关的先进制造产业，并投入大量的资金、人力等到新材料技术研发、产品开发和产业化等方面，积极抢占相关新材料领域的国际竞争制高点。

从全球来看，新材料技术和产业发展呈现以下特点：一是新材料技术与其他高技术深度融合。新材料技术与生物技术、信息技术等相互融合，已深度融合到其他高技术领域和新兴产业中，形成跨学科、跨领域发展态势。新材料跨学科跨领域融合发展及成果转化带动了能源、生物、信息、交通、环保等多个产业发展，反过来也进一步加速了新材料产业的发展。二是新材料技术发展趋向"四化"。随着全球经济一体化进程加速，使得国际间的经济和科技竞争日益激烈，新材料的发展由军事需求转向军民结合或者纯民用需求，新材料技术的发展也更加趋向结构功能一体化、功能材料智能化、材料与器件集成化、制备及应用过程绿色化。三是新材料产业链协同发展。新材料具有跨学科、跨领域的特征，与信息、能源、医疗、交通、建筑等产业的结合越来越紧密，新材料产业呈现出横向扩散和互相包容的趋势。国外诸多先进企业都十分重视行业的系统布局，并已形成行业垄断企业，新材料与器件制造一体化，上下游产业纵向联合，产业链向下游应用延伸。国内行业龙头企业的作用也越来越明显，产品高性能化、多功能化，开发和应用的联系更加紧密，逐步形成产业链系统布局、协同发展趋势。四是新材料产业更加注重可持续发展。发展高效、绿色、低能耗、可回收再用的新材料，以及发展先进的数字化制造技术是未来新材料产业发展的主要方向。未来新材料产业的发展将注重加强与资源、能源、环境的协调发展，注重资源的再生利用，注重发展低耗能、无污染或少污染制造技术，提高产品的人性化和环保化。

1.3　我国新材料产业的发展现状

新中国以来，特别是改革开放以来，在国家政策积极引导和产业内在发展动力的推动下，我国新材料产业从无到有，不断发展壮大，在体系建设、产业规模、技术进步等方面取得明显成就，尤其是随着国民经济的持续高速增长以及战略性新兴产业的快速发展，对新材料的需求急剧增加，我国新材料产业在研发、产业及应用等方面都取得重大发展，产业正处于由大到强的关键时期。

（1）新材料产业体系初步形成

经过几十年的发展，我国已初步建成了自主研发的新材料产业体系，并迅速扩大到国民经济各个领域，初步形成了包括研发、设计、生产和应用等品种门类较为齐全的产业体系，涵盖了金属、无机非金属、高分子、复合材料等几大类材料，基本能够满足我国经济和国防建设和发展的需要。

例如，稀土永磁材料的研究开发与应用上，第三代新型钕铁硼永磁材料，技术和产业化都处于国际先进水平。我国稀土贮氢材料产业发展迅猛，厦门钨业股份有限公司开发的稀土镁基储氢合金性能指标已接近国际先进水平。昆明贵研催化剂有限责任公司研发的高性能稀土基汽车尾气催化器形成了一批自主创新核心技术，国产催化器在德国大众通过了SGB样品测试一阶段认可，在国际市场开拓方面迈出了重要一步。

电子信息材料领域，8in电子级单晶硅抛光片已大规模化量产，12in级以上单晶硅抛光片产业化也取得重大进展。此外，纯镓和高纯镓、水平砷化镓晶片等半导体材料产业，以及新型超长余辉发光材料和制品、氮化镓基发光材料与器件、彩色终端显示用荧光粉、纳米级掺稀土基因与氧化硅玻璃复合光放大功能材料、偏光片彩色感光材料等显示发光材料已形成较大规模的产业。

（2）新材料产业规模不断扩大

近年来，我国新材料产业发展迅速，年均增长率约20%，2012年我国新材料产业规模超过10000亿元。其中，稀土功能材料、先进储能材料、光伏材料、有机硅、超硬材料、特种不锈钢、玻璃纤维及其复合材料等产能居世界前列。2015年新材料总产值将达2万亿元，关键新材料保障率上升到70%，按照《国务院关于加快培育和发展战略性新兴产业的决定》的总体规划，到2020年，新材料产业将发展成为我国的支柱性产业。

我国新材料产业已形成集群式的发展模式，基本形成长三角、珠三角和环渤海等三个大型新材料产业集群。长三角拥有工业基础雄厚、交通物流便利、产业配套齐全，目前已形成了包括航空航天、新能源、电子信息、新型化工等领域的新材料产业集群。珠三角的经济主要以外向出口型为主，新材料产业集中度高，下游产业拉动明显，已形成了较为完整的产业链，在电子信息材料、改性工程塑料、陶瓷材料等领域具有较强的优势。环渤海地区凭借北京的大学和科研院所优势，发展高技术产业，技术创新推动作用明显，区域的科技支撑较强，在稀土功能材料、膜材料、硅材料、高技术陶瓷、磁性材料和特种纤维等多个新材料领域均具有较大优势。

此外，根据地域特点和资源要素分布来发展资源转化型的新材料产业。矿产与能源资源为发展新材料提供了基本保障，为实施优势资源转换战略奠定了良好的基础。依托丰富的矿产和能源资源，发展成具有市场竞争力的新材料产业，我国中西部大部分的新材料产业都是基于资源优势而发展起来的。如甘肃省金昌利用当地丰富的资源优势，已经发展成为我国最大的镍钴新材料产业集群，形成了以镍、铜、钴和铂族贵金属新材料产业为主，以有色金属盐类及精细化工新材料产业为辅的产业格局。

（3）部分关键技术取得重大突破，材料保障能力显著提高

我国新材料产业关键技术不断取得重大突破，新材料品种不断增加，高端金属结构材料、新型无机非金属材料、高性能复合材料保障能力明显增强，先进高分子材料和特种金属功能材料自给水平逐步提高。

我国自主开发的钽铌铍合金、碳化硅单晶、氮化镓半导体薄膜、高温超导薄膜、T700 和 T800 级碳纤维复合材料、二苯基甲烷二异氰酸酯（MDI）、间位芳纶等生产技术已接近或达到国际水平；超材料研发与产业化处于国际领先水平，深圳光启公司已申请超过 2400 件超材料底层技术和应用专利，约占全球超材料技术领域专利申请量的 85%，超材料产品在多个领域实现应用；高性能碳/碳复合材料、SiC 陶瓷基复合材料也取得重大进展，在航空和新能源等领域应用也逐渐形成规模。

我国特殊钢产量已达 5000 万吨，接近国际先进水平，已建成不锈钢、硅钢、高速钢、合金钢棒材、中厚板、管材、精密合金、高温合金等系列化产品，对我国的国民经济，特别是国防建设起到了非常重要的支撑作用，基本满足了我国航空航天、海洋工程、大型发电燃气轮机、高轨重载交通和新能源汽车产业发展的需求。

我国有色金属材料经过多年的发展，也已经形成了较完整的工业体系，建立了雄厚的物质基础。铝合金新材料的性能大幅度提高，部分高强高韧铝合金、铝-锂合金、喷射沉积快速凝固耐热铝合金的性能已达到国际先进水平，能够满足我国航空航天、汽车和国防装备的发展需求。钛合金已形成高温钛合金、高强钛合金、阻燃钛合金和医用钛合金四大系列，为我国航空航天、船舰、现代交通、机械和医疗保健的发展提供了重要支撑。

我国碳纤维复合材料的发展也取得长足进步，T300 碳纤维复合材料已实现质量稳定性的批量化生产，形成了数千吨的产业规模。高性能 T700 级碳纤维及其复合材料研制也取得重要进展，威海拓展、中简科技等碳纤维制备公司联合国内相关科研院所分别开展了千吨级（GQ4522 级）聚丙烯腈基碳纤维复合材料的产业化研究，并在航空航天等领域开展应用验证。江苏航科复合材料科

技有限公司在大型民用客机关键零部件用 T800 级碳纤维研发及工程化方面也开展了系统研究，并逐渐开展示范应用。

但是，也应该清醒看到，同世界先进国家相比，我国新材料产业无论从产业规模、技术水平以及市场竞争力等广方面，还存在较大差距。主要问题可归纳为：

（1）关键材料保障能力不足

目前尽管拥有自主知识产权的新材料产品及技术种类大幅增加，但在高端产品方面缺乏国际竞争力，一些高附加值新材料还需要依赖进口。在新能源、电子信息、航空航天、船舶、汽车、铁路、节能环保等重要领域所需的关键材料，其中约有 1/3 国内没有生产能力，完全依赖进口。而在目前国内可以生产的一些材料约占 54%，但产量、性能和质量尚不能满足国内要求。仅有 14%目前可以实现完全自给，但多为技术含量相对较低的品种。

材料整体保障能力不足，使得国内企业在生产工艺开发、材料性能检测、数据分析等也严重缺失，阻碍了新材料开发和产业化的步伐。

（2）政策环境不能完全适应产业发展需要

长期以来，我国新材料产业的独立主体地位不够明确，行业管理、财政、金融、投资等配套支持政策不够完善，行业统计、产品标准和应用设计规范体系不够健全。材料开发往往是被动地应对重大工程提出的需求，分散在各个应用领域，材料的共性、通用性被忽略。新材料产业技术含量高、产品周期短，研发、生产和推广应用需要投入大量资金，蕴含着巨大风险，财税政策的激励和引导作用有待进一步加强。

产业发展缺乏科学规划、统筹规划和政策引导，产业结构不甚合理，产业规模小，较分散、同一水平重复多，形成国内同行竞争。

（3）新材料自主创新能力薄弱

新材料产业的科技创新能力与发达国家仍然还有很大差距。过多依赖成套设备技术引进又不能有效消化吸收，是我国新材料及材料工业发展的薄弱环节。大型材料企业创新动力不强，研发投入少，产学研用相互脱节，产业链条不完善，新材料推广应用困难，新材料产业研发投入少且分散。

新材料制造技术较落后，材料装备现代化程度不高，制造工艺不尽合理，生产过程能耗高，资源利用率低，产品跟踪仿制的多，缺乏国际竞争力。部分新材料产品生产过程中存在二次污染。

（4）从业人员素质不高，企业管理水平较低

面对我国人口众多，就业压力大的问题，我国新材料产业大多为外向型来料加工企业，从业人员素质不高。另一方面，大多企业缺乏整体规划和长远目标，人才流动性大，缺少高端领军人才。

总之，我国新材料产业还没有从根本上实现由资源密集型向技术密集型、由劳动密集型向经济密集的跨越式转变。

1.4　我国新材料产业发展面临新的机遇和挑战

《国务院关于加快培育和发展战略性新兴产业的决定》将新材料产业列为今后重点发展的七大战略性新兴产业之一，明确提出了新材料产业发展的重点方向和主要任务，为我国新材料产业带来新的发展机遇和挑战。同时，战略性新兴产业的快速发展以及国家重大工程项目建设，也为新材料产业发展提供了巨大市场需求。我国传统产业结构调整和转型升级，也迫切需要新材料产业加快发展。

（1）加速产业结构调整，促进新材料龙头企业发展

完善产业发展的政策体系，加快资源整合，优化产业布局，根据各地优势资源及产业基础，重点培育和发展一批新材料产业骨干企业；通过支持企业强-强联合、兼并重组，促进产业集聚和资源整合，将优势企业培育发展成为具有国际竞争力的行业龙头或骨干企业。

（2）加强产业组织创新，促进产业技术联盟建设

鼓励支持上下游企业和科研院所建立各种模式的创新联盟，由企业、研究机构和大学共同参与，促进产学研合作。加强企业技术创新及技术改造，强化技术开发的实用性、先进性和集成性，形成产业链，加强部门间统筹协调，综合运用财政资金支持、产业标准提升、知识产权保护等政策，形成政策合力，为新材料产业发展创造良好的政策环境。

（3）建立健全知识产权保护机制，完善国家标准体系

加强新材料研发、产业化和示范应用等环节的知识产权创造、运用、保护和管理，构建若干具备比较优势的专利组合，在国外主要贸易国部署一批专利，建立重大项目知识产权评议机制，在新材料产业集聚区开展知识产权集群管理，组建专利联盟，搭建知识产权公共服务平台。瞄准国际先进水平建立健全我国新材料检测评价标准体系，积极参与新材料国际标准的制定，并不断提升大气污染物排放等重点行业标准，通过标准提升带动新材料及器件的规模应用。

（4）加强材料技术创新，推动重大科技成果产业化

围绕节能环保、新一代信息技术、高端装备制造、新能源、新能源汽车等战略性新兴产业和国民经济重大需求，坚持市场在资源配置中的决定性作用，坚持企业创新主体地位，支持新材料企业加强核心关键技术卡研发，加快推动一批重点新材料技术产业化和示范应用，促进新材料生产与下游应用紧密结合，促进形成优势互补、利益共享机制清晰的新型合作机制。转化或引进一批具有

国际领先水平、产业引领作用和规模化前景的成果，保障新材料产业持续发展。

（5）实行重点材料技术攻关，提高关键材料保障能力

在新能源、电子信息、航空航天、船舶、汽车、铁路、节能环保等重要领域所需的关键材料，目前的国内保障能力不足，其中有些关键材料，如高速铁路轮对轴承材料、宇航级碳纤维等技术长期未能突破。而在目前国内可以生产的一些关键材料约占54%，但产量、性能和质量尚不能满足国内要求。因此必须采取有效措施，实现关键技术突破，提高国内自主的保障能力。

（6）加强人才培养，积极引进创新人才

支持企业加强创新能力建设，吸引和培养高水平人才，形成持续创新能力。不断加大新材料领域创新型人才的培养力度，建立适合创新人才发展的激励和竞争机制，吸收国外高水平的技术和管理人才，为推动我国新材料产业科技创新体系的建设提供人才保障。同时，鼓励新材料企业积极开展国际合作与交流，引进国外先进技术和管理经验，不断提升我国新材料企业管理水平和国际竞争力。

第2章 硅集成电路制造材料

石　瑛

2.1　发展集成电路材料的产业背景及战略意义

集成电路产业是战略性、基础性和先导性支柱产业，是掌握国民经济发展与全球信息化竞争主动权的关键所在，是国家综合实力和国际竞争力的重要标志。材料作为集成电路产业发展的基础，不但在集成电路产业中发挥着支撑作用，还与工艺技术相辅相成，共同推进着集成电路制造技术的不断升级和产业的创新发展。在实现集成电路产业安全可靠发展和技术更新不受制约的进程中越来越突显出集成电路材料的战略地位。

2.1.1　全球集成电路材料市场发展趋势与格局变化

2008年后全球半导体制造用材料市场格局正在发生巨大变化。中国台湾地区、日本、韩国分列市场前三名，中国大陆半导体制造材料市场持续快速增长，2011年已超过北美成为全球第4大市场，且保持较高速度持续增长。在前4大半导体材料市场中，韩国、中国大陆、中国台湾地区市场增速分别达6%、5%、4%。预计2015前四大半导体制造用材料市场将依次为中国台湾地区、韩国、日本、中国大陆，中国市场规模将达到61亿美元，如图2-1所示。

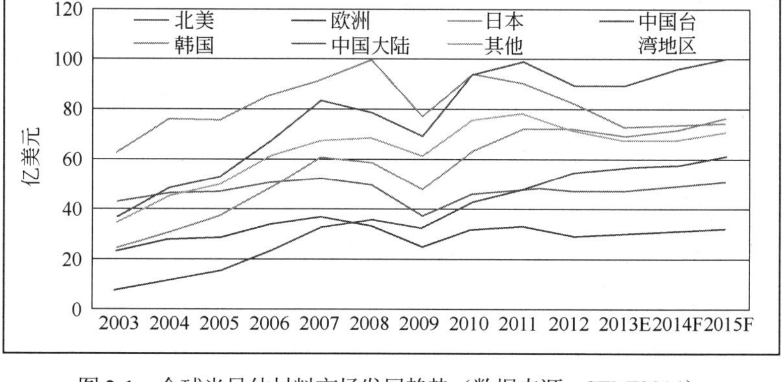

图2-1　全球半导体材料市场发展趋势（数据来源：SEMI2014）

2.1.2 集成电路产业推进纲要实施将拉动材料市场快速扩张

我国集成电路产业近 5 年来一直保持 2 位数速度快速增长，《国家集成电路产业发展推进纲要》的发布将引领集成电路制造业进入新一轮建线高潮。按照《纲要》目标，到 2015 年我国集成电路产业销售收入将超过 3500 亿元，之后以每年 20%的增长速度发展，到 2020 年全行业销售收入将超过 8700 亿元，如图 2-2 所示。按照这一发展速度预计，中国材料市场规模 2020 年将有望达到 900 亿元，如图 2-3 所示。

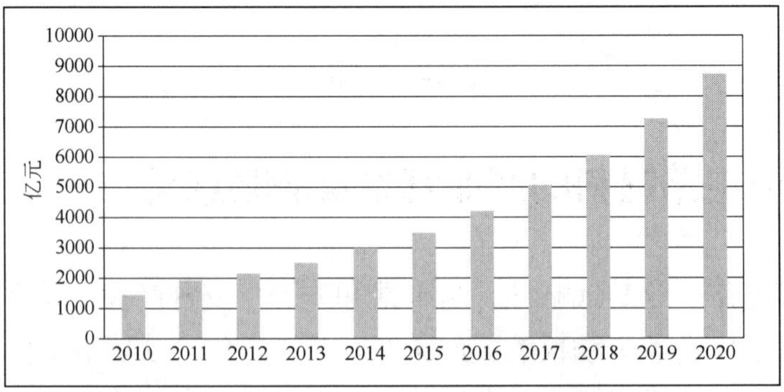

图 2-2 《纲要》推进下我国集成电路产业发展趋势（数据来源：ICMtai）

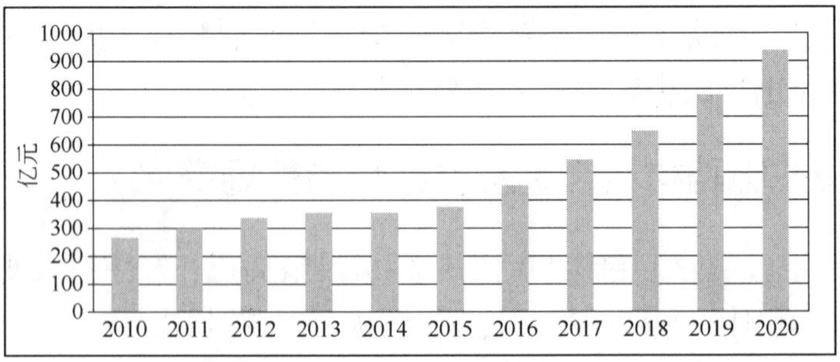

图 2-3 我国集成电路制造材料（含封装）市场发展预测（数据来源：ICMtia）

2.1.3 2020 年集成电路材料产业创新目标

2008～2020 年国家中长期科技发展规划“极大规模集成电路制造装备与成套工艺”科技重大专项重点开发 65-45-22nm 关键装备、成套工艺和材料产品，改变我国集成电路制造缺乏核心技术和自主知识产权、关键装备和材料依赖进口的局面；培育进入国际竞争前列的世界级企业并建立以这些企业为核心的产业链，带动产业良性发展；大幅度提升企业自主创新能力，实现产业竞争力的持续提高和技术自主升级，并具备在全球竞争中交换知识产权的能力；在国际前沿技术研发上具备自主研发并参与国际共同研发的能力；通过重大专项实施，带动我国集成电路制造、装备和材料产业进入世界先进行列，使国产装备国内市场占有率达到 30%以上，国产材料国内市场占有率达到 50%以上，支撑我国集成电路产业总产值在世界市场占有率达到 20%。

2014 年国务院正式发布的《国家集成电路产业推进纲要》明确指出：到 2015 年，集成电路产业销售收入超过 3500 亿元，32/28nm 制造工艺实现规模量产，12in 硅片等关键材料在生产线上得到应用。到 2020 年，集成电路产业与国际先进水平的差距逐步缩小，全行业销售收入年均增速超过 20%，16/14nm 制造工艺实现规模量产，关键材料进入国际采购体系，基本建成技术先进、安全可靠的集成电路产业体系。到 2030 年，集成电路产业链主要环节达到国际先进水平，一批企业进入国际第一梯队，实现跨越发展。

国家中长期科技发展规划“极大规模集成电路制造装备与成套工艺”重大专项和《国家集成电路产业推进纲要》都对集成电路材料产业提出了技术创新和产业发展目标。抓住未来 10～15 年战略机遇期、充分利用产业和政策优势，调动一切资源顺势而为，我国集成电路材料产业将有望成长为获得快速发展，成为国际集成电路材料领域一支重要的力量。

2.2　集成电路技术与产业的国际发展趋势

集成电路材料与集成电路技术发展高度相关，一代器件、一代工艺、一代材料。集成电路技术每前进一步都对材料提出新的要求，同时，材料技术的每一次发展也为集成电路新结构、新器件的开发提供新思路并与工艺开发协同挑战微纳电子制造的极限。要掌握集成电路材料产业发展趋势，就必须首先分析研究集成电路技术与产业动态。

在物联网、移动智能终端、汽车电子、计算机、云计算、互联网、医疗健康等电子产品需求带动下，全球半导体产品市场持续增长。根据半导体产业成长历程和未来电子产品市场需求预测，到 2020 年全球半导体产业的年复合增长率为 7.2%，2020～2030 年间年复合增长率约 5%，如图 2-4 所示。相应的技术和产业形态有如下特点。

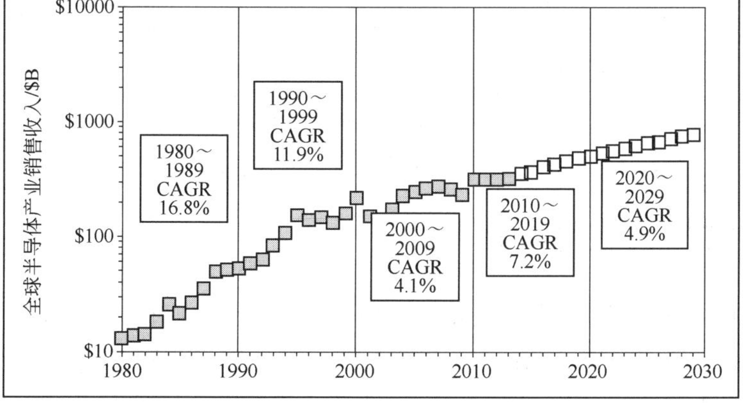

图 2-4　全球半导体产业发展历程及未来预测（数据来源：IC Knowledge）

2.2.1 全球300mm Fab厂产能快速增长

全球300mm Fab建厂仍保持快速增长，2013年300mm生产线共计83条，预计到2018年将增加到107条，如图2-5所示。300mm晶圆生产线在全球晶圆生产能力中所占比例将由2013年的57.1%提高到64.2%，而200mm晶圆生产线产能将由32%左右减少到26%，150mm及以下尺寸晶圆生产能力将11.3%减少到9.5%，如图2-6所示。

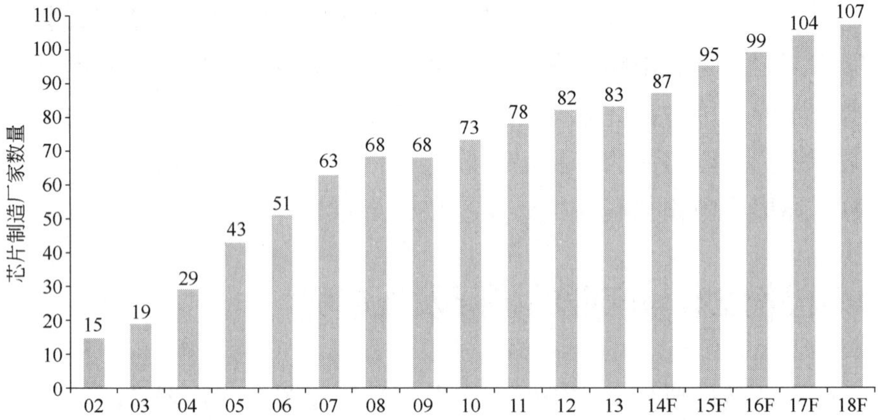

图2-5 全球300mm晶圆生产线数量预测（数据来源：IC Insight）

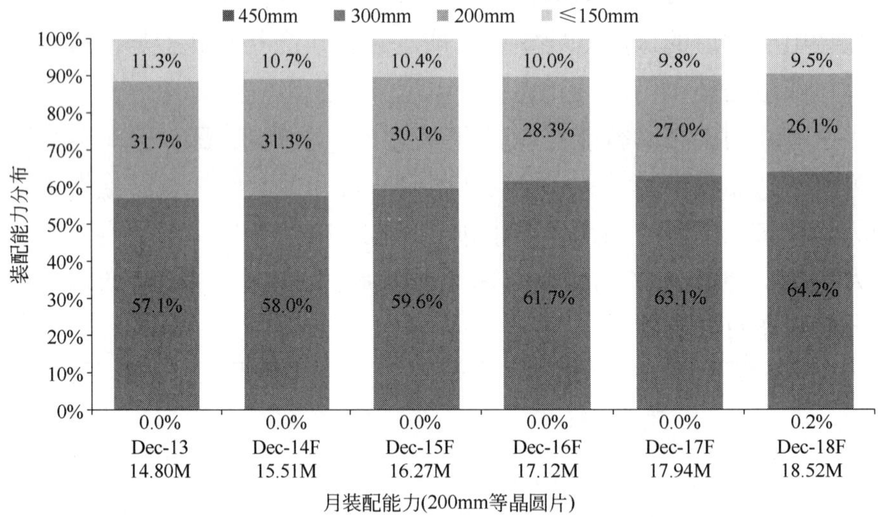

图2-6 全球不同尺寸晶圆生产能力演变预测（数据来源：IC Insights）

2.2.2 先进工艺技术节点唱主角

分析2013～2018年各不同工艺技术节点在总产能中所占比例看出：线宽大于0.4μm和0.35～0.20μm技术产能在未来5年内将稳定在12.5%和10%左右；0.18μm～90nm技术工艺将由2013年的20.7%减少到17.8%。而目前占主导地位的 80～40nm 技术和 32～20nm 技术将分别由 2013 年的 21.5%和 33.4%减少到 9.8%和 23.7%，取而代之的是小于 20nm 节点技术，以 26%的产能占据主流。换言之，小于 32nm 技术节点工艺将占总产能的 50%，如图 2-7 所示。

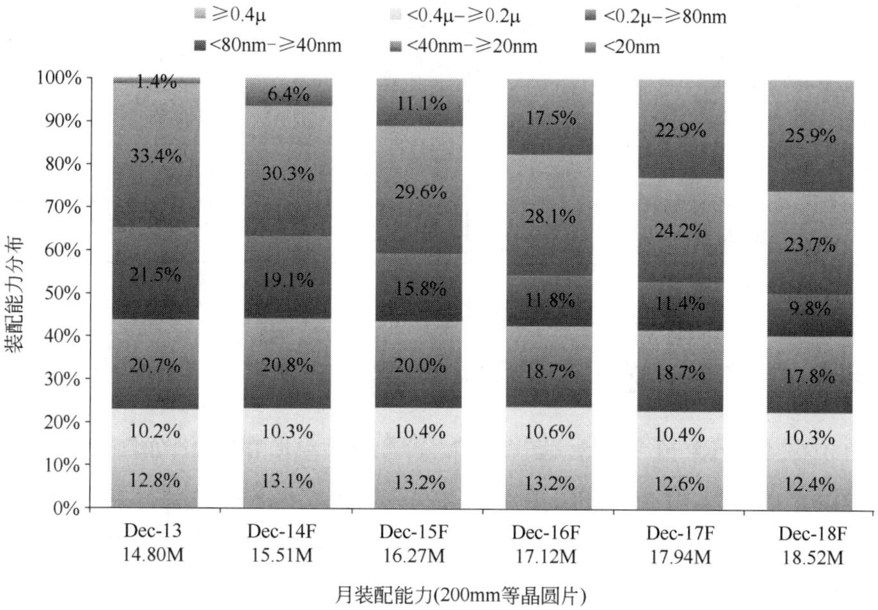

图 2-7　全球不同工艺技术节点产能分布及发展预测（数据来源：IC Insights）

2.2.3　技术难度加大、研发投入剧增

据统计，全球半导体领域的研发投入占销售收入的比例从 20 世纪 70 年代末的 7%增加到现在的 16%。本世纪头 5 年（相当于我国“十五”计划期间）年均研发投入 283 亿美元，接下来的 4 年（相当于我国“十一五”计划期间）年均研发投入 427 亿美元，2010～2013 年 4 年间（相当于“十二五”计划期间）全球半导体行业年均研发投入 513 亿美元，如表 2-1 所示。在这 15 年间，集成电路制造技术遵从摩尔定律沿着每 18 个月一个技术节点发展，可以预见未来 5 年（相当于我国“十三五”计划期间）研发投入将会有更大幅度的增长。

表 2-1　全球半导体产业研发投入演化史

年代	年均R&D投入/$B	年均投入增长率	年均销售收入/$B	年均销售收入增长率	研发投入/销售收入
1978～1979	0.75	14%	10.45	25%	7%
1980～1984	1.5	25%	18.68	20%	8%
1985～1989	4.1	18%	37.58	15%	11%

续表

年代	年均R&D投入/$B	年均投入增长率	年均销售收入/$B	年均销售收入增长率	研发投入/销售收入
1990～1994	8.06	15%	73.62	16%	11%
1995～1999	17.68	16%	147.26	9.6%	12%
2000～2004	28.3	9.8%	184.8	10.4%	15%
2005～2009	42.74	3.6%	256.6	1%	16%
2010～2013	51.28	7.25%	320.1	9.5%	16%

注：根据IC Insight数据整理。

2.2.4 部分集成电路材料产品微利经营将成常态

根据IC Insight预测，未来5年全球每片晶圆的售价如图2-8所示。集成电路产品已告别本世纪初的美好时光，按200mm等效晶圆计算，2010年短暂占上每片1900美元之后一路下跌至2012年每片1776美元，2013年开始略有回升。预计未来3年晶圆售价虽稍有增长，但仍较难突破2010年水平。晶圆市场售价的降低迫使晶圆厂持续不断地降低制造成本，材料的降价首当其冲。表2-2是IC Knowledge预测2014年不同尺寸硅片的市场价格，每片300mm硅抛光片仅有75美元，外延片100美元。

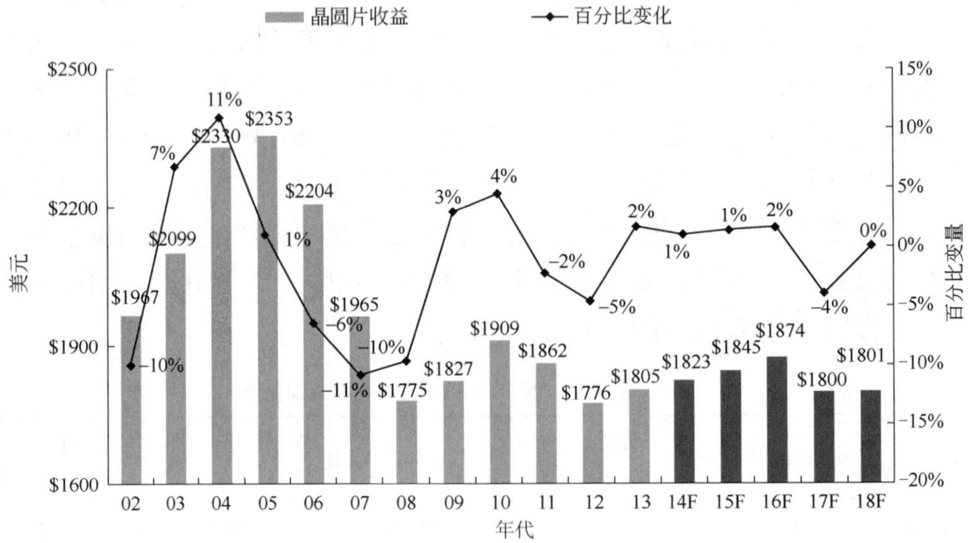

图2-8 全球晶圆销售价格预测（以200mm当量晶圆计，数据来源：SIA，IC Insights）

表 2-2 不同直径硅片市场价格

晶圆片开始成本（2014 年 1 月）					
	圆片尺寸				
圆片类型	100mm	125mm	150mm	200mm	300mm
原料硅（初级）	$12.5	$14.5	$17	$26.5	$75
（外延硅）	$21	$22.5	$35	$50	$100
绝缘体上硅	$145	$150	$140	$250	$375

注：数据来源于 IC Knowledge。

纵观全球集成电路技术和市场发展特点：未来 3～5 年将是 300mm 亚 20nm 工艺技术快速成长时期，小于 32nm 线宽技术将占有 50%以上的产能。我国本土集成电路材料企业要想在集成电路材料市场上站稳脚跟，并进而成长为世界级企业，就必须有能力持续投入巨额研发资金跟踪世界先进技术发展，并与高端集成电路制造商合作开发先进技术；就必须有能力在资金和团队上做好充分准备快速提高高端产品生产能力；就必须有能力在保证产品高品质的同时，持续降低材料生产成本。

2.3 集成电路材料产业的国内外现状及发展趋势

2.3.1 国际集成电路材料产业总体情况

2013 年全球半导体材料产品销售收入达到 433.5 亿美元，相比 2012 年下降 3.28%。其中，半导体制造材料 226.7 亿美元，较 2012 年减少 3.4%；后封装材料 207 亿美元，比 2012 年减少 12.5%。半导体制造材料市场并未随着全球制造业的回暖而整体回升。硅材料下降 13.1%，光刻胶下降 9.6%，光刻胶配套试剂下降 5.3%，掩模和靶材与 2012 年持平，电子气体增长 6.4%，CMP 抛光材料增长 4.3%，其他材料（包括 Low k、铜电镀、介质前驱体）增长 11.6%。由此可见，集成电路前道制造材料市场规模下降的主要原因来自于硅材料价格的降低。在后封装材料中，引线框架下降 5.4%，封装基板下降 4.8%，键合丝下降 11.5%，三者是封装材料市场规模下降的主要原因。这些数据表明，尽管半导体制造产业出现回升，但材料市场并未相应出现回暖，其中成熟产品量增价跌的情况尤其明显，集成电路制造前工序材料主要是硅材料价格下降，而后封装材料则主要是铜丝用量超过键合丝总量的 45%，极大地减少了金丝的用量，而使材料整体市场规模缩小。预计 2014 年和 2015 年全球半导体材料市场规模将分别达到 446.2 亿美元和 466.1 亿美元。市场现状及预测数据见表 2-3、表 2-4。

表 2-3　全球半导体制造材料市场现状及预测

单位：亿美元

年份	2010	2011	2012	2013	2014（E）	2015（F）
硅片	97.3	98.8	86.8	75.4	77.3	89.0
SOI	4.5	5.2	4.3	3.9	4.1	4.2
掩模板	30.4	32.0	31.1	31.4	32.2	33.1
光刻胶	11.6	12.8	13.5	12.2	13.6	14.2
光刻胶配套试剂	13.0	14.1	15.1	14.3	16.3	17.1
电子气体	28.9	31.1	31.2	33.2	35.8	37.2
工艺化学品	8.5	9.1	9.7	10.0	10.6	11.1
靶材	6.0	5.8	6.0	6.0	6.5	6.8
CMP 材料	12.5	12.7	13.8	14.4	15.9	17.1
其他材料①	17.7	20.6	23.2	25.9	29.5	31.8
总计	230.4	242.2	234.7	226.7	241.8	261.6

① 包括低 k 电介质、铜电镀液、介质前驱体、有机金属前驱体、其他衬底材料等。

注：数据来源于 SEMI 2013。

表 2-4　全球半导体封装材料市场现状及预测

单位：亿美元

年份	2010	2011	2012	2013	2014（E）	2015（F）
引线框架	33.9	34.6	35.3	33.4	34.0	34.1
封装基板	90.0	85.7	77.8	74.1	76.1	82.0
陶瓷基板	13.8	17.0	19.0	20.1	20.8	21.6
键合丝	49.7	57.3	50.4	44.6	35.4	34.1
包封材料	19.3	21.7	23.3	24.5	27.1	29.2
芯片黏结材料	6.6	6.7	6.8	6.7	7.0	7.3
其他封装材料①	4.8	5.6	3.4	3.7	4.1	4.5
总计	218.1	228.6	216	207.1	204.5	212.8

① 包括焊球、晶圆尺寸封装介质等。

注：数据来源于 SEMI 2013。

2.3.2 国内集成电路制造材料产业总体情况

根据我国半导体产业现状及发展趋势预测我国半导体制造用材料 2014 年、2015 年市场规模将分别达到 548 亿元、620 亿元。各类材料的市场预测数据分别见表 2-5 和表 2-6。

表 2-5 我国半导体制造材料市场发展预测

单位：亿元

年份	2010	2011	2012	2013	2014（E）	2015（F）
硅片及硅基材料	77.28	92.23	89.07	82.52	87.74	104.21
掩模板	18.86	22.96	24.42	23.69	26.76	31.78
光刻胶	7.73	9.76	11.01	10.68	12.28	14.59
光刻胶配套试剂	7.88	10.14	12.01	11.84	13.86	15.89
电子气体	18.39	22.96	25.02	24.27	27.42	32.83
工艺化学品	5.72	7.08	8.41	8.35	9.63	11.46
靶材	3.25	4.59	5.20	5.44	6.14	7.29
CMP 材料	7.73	9.95	11.01	11.65	15.33	18.24
其他材料	9.12	11.67	14.01	15.73	20.18	24.23
合计	155.95	191.35	200.16	194.16	219.36	260.52

注：数据来源于 ICMtia1，ICMtia 是集成电路材料产业技术创新战略联盟 the Integrated Circuit Materials Industry Innovative Alliance 的简称。

表 2-6 我国半导体封装材料市场发展预测

单位：亿元

年份	2010	2011	2012	2013	2014（E）	2015（F）
引线框架	24.05	31.49	34.65	46.98	54.82	57.54
封装基板	63.78	77.99	82.18	104.24	122.86	138.36
陶瓷基板	9.79	15.47	20.07	28.13	32.41	36.45
键合丝	35.26	52.14	53.24	62.74	57.08	57.37
包封材料	13.69	19.75	24.61	34.46	43.69	49.27
芯片黏结材料	4.68	6.10	7.18	9.42	11.45	12.49
其他封装材料	3.41	5.10	3.59	5.20	6.61	7.59
合计	154.66	208.03	225.53	291.18	328.91	359.05

注：数据来源于 ICMtia。

根据集成电路材料产业技术创新战略联盟的数据统计，国内集成电路制造材料总体产业规模不断扩大，2013 年企业销售收入达到 122.7 亿元，同比增长 13.4%，2009～2013 年复合增长率为 28%，产业销售收入增长情况如图 2-9 所示。各专业领域产品销售收入见表 2-7。同样地，专用封装材料也呈现出快速增长势头，2013 年企业销售收入达到 76.1 亿元，同比增长 14%，2009～2013 年复合增长率为 37%，如图 2-10 所示。材料产业增长速度远高于我国半导体制造产业同期 19.36%的复合增长率。

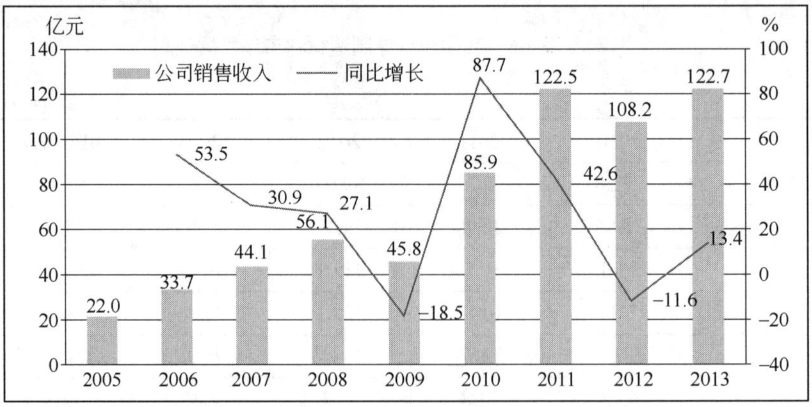

图 2-9　国内集成电路制造材料行业产品销售收入增长趋势（数据来源：ICMtia）

表 2-7　2005～2013 年材料行业各专业领域产品销售收入情况

单位：亿元

年份	2005	2006	2007	2008	2009	2010	2011	2012	2013
硅和硅基材料	16.2	25.9	33.4	42.0	27.9	53.6	62.3	47.6	53.3
光刻胶	0.5	0.6	0.7	0.8	0.8	1.3	1.9	2.2	2.8
高纯化学试剂	3.1	4.0	5.7	7.1	10.5	17.8	39.0	38.9	42.2
电子气体	2.2	2.7	3.5	5.2	5.1	10.8	15.4	14.2	16.3
抛光材料	0.0	0.0	0.1	0.1	0.4	0.6	0.6	0.9	1.4
靶材	0.0	0.5	0.8	0.9	1.0	1.8	2.5	3.1	4.2
掩模	0.0	0.0	0.0	0.0	0.0	0.0	0.0	0.0	0.2
消耗类备品配件	0.0	0.0	0.0	0.0	0.0	0.0	0.3	0.6	0.9
其他	0.0	0.0	0.0	0.0	0.0	0.0	0.5	0.8	1.4
合计	22.0	33.7	44.1	56.1	45.8	85.9	122.5	108.2	122.7

注：数据来源于 ICMtia。

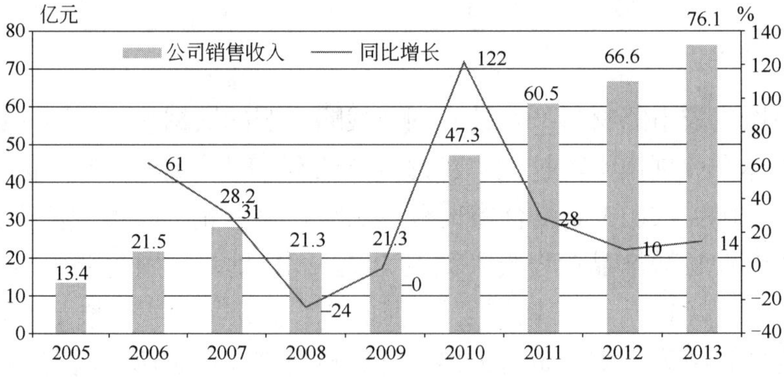

图 2-10　我国专用封装材料行业产品销售收入增长情况（数据来源：ICMtia）

国内集成电路制造用材料产业呈现以下特点：

（1）研发投入持续增长

行业研发投入逐年增长，特别是2010年之后，全行业研发投入出现明显跃升，2005～2009年的5年间累计研发投入11.24亿元，年均投入2.25亿元；而2010～2013年的4年间，累计投入31.94亿元，年均投入7.99亿元。与2005～2009年期间相比，提高2.84倍，如图2-11所示。

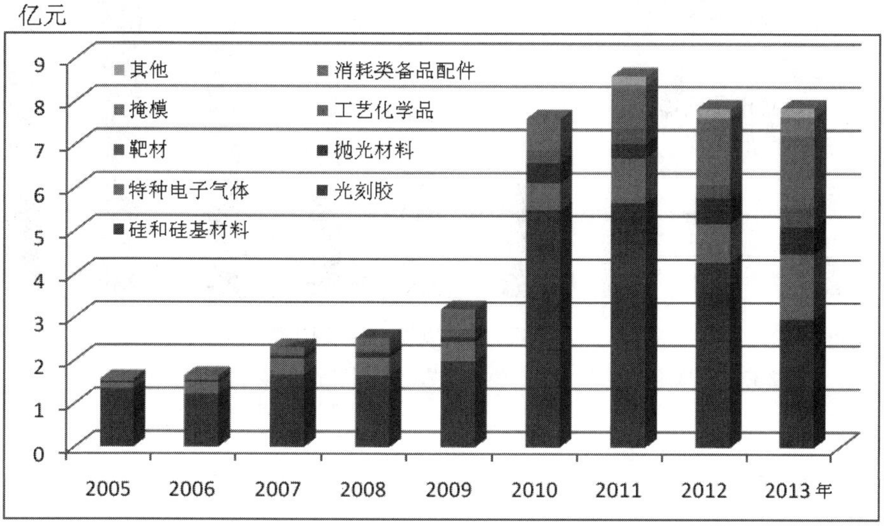

图2-11 我国集成电路制造材料行业研发投入增长趋势（数据来源：ICMtia）

（2）产业发展投入持续扩大

2005～2013年累计产业发展投入63.7亿元，其中2010～2013年4年累计投入所近40亿元，是2005～2009年5年累计23.5亿元的1.7倍，如图2-12所示。

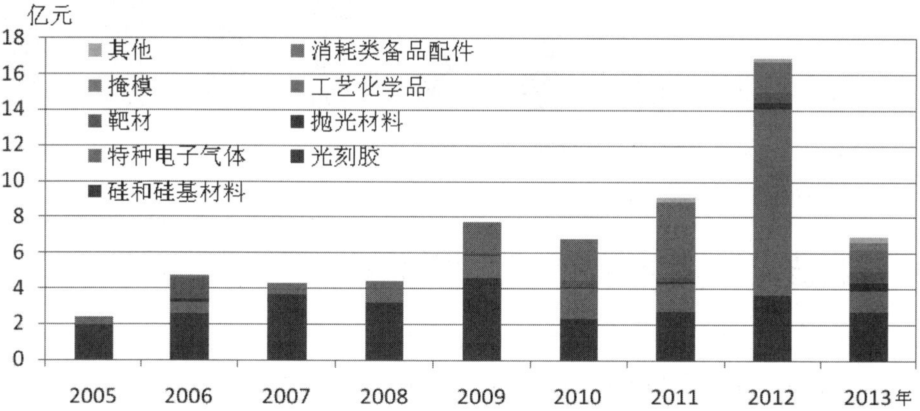

图2-12 我国集成电路材料行业产业发展投入增长情况（数据来源：ICMtia）

（3）知识产权积累明显增长

全行业申请发明专利和拥有专利数量逐年增长。2013年当年申请发明专利349项，获授权专利179项，2005～2013年间累计获得授权发明专利778项，其中硅和硅基材料 308 项，光刻胶 11 项，特种电子气体 129 项，抛光材料 104 项，靶材 105 项，工艺化学品 100 项。如图 2-13 和图 2-14 所示。

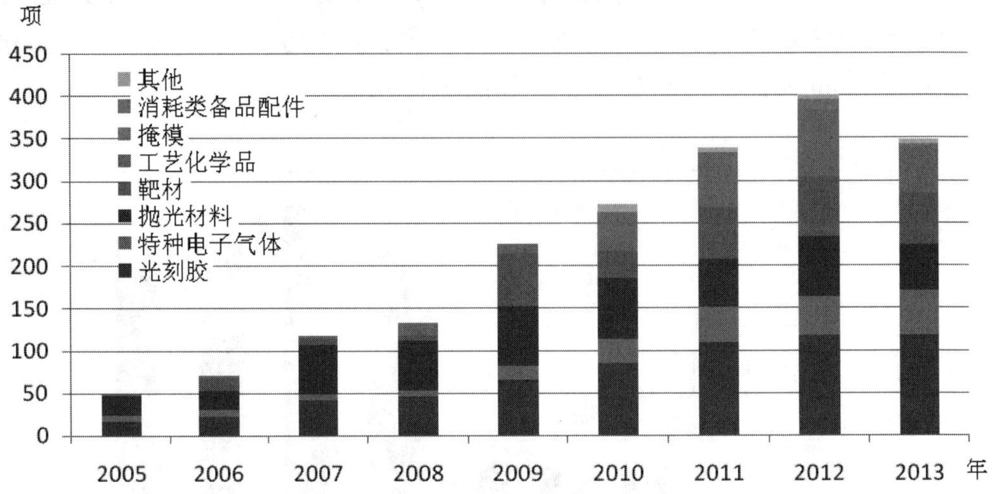

图 2-13　集成电路制造用材料企业申请发明专利情况（数据来源：ICMtia）

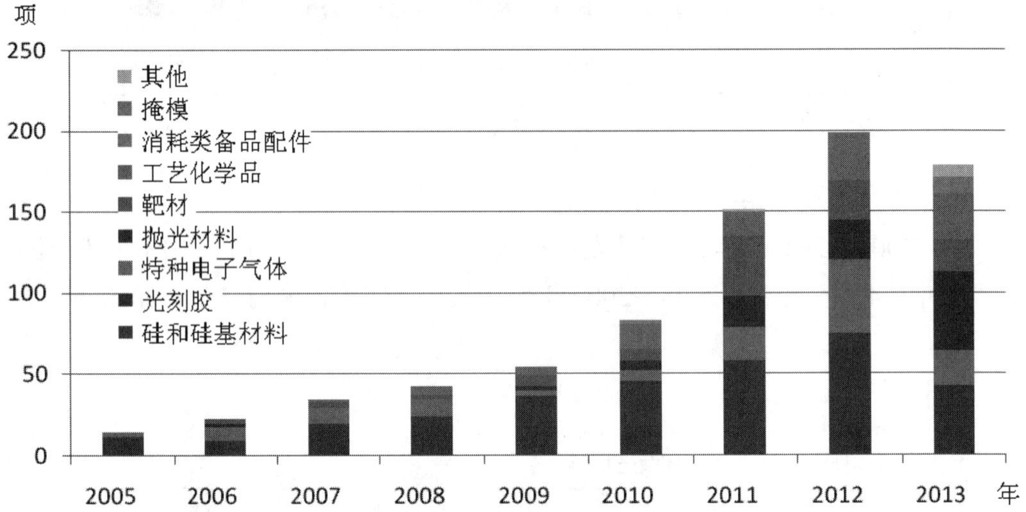

图 2-14　集成电路制造用材料企业获专利授权情况（数据来源：ICMtia）

2.3.3 硅和硅基材料国内外产业发展现状

全球半导体硅片行业垄断趋势严重。最大的五家硅片厂商分别为日本信越公司（Shin-Estu）、日本 SUMCO 公司、德国瓦克世创电子材料公司（Wacker Siltronic）、韩国 LG Siltron 公司和美国 SunEdison 公司，5 家公司占有全球硅片市场 90%以上的份额。日本公司所生产的硅片占全球市场份额的 60%以上。目前全球仅有 6 家公司能够生产 300mm 硅片，其产能现状及发展预测见图 2-15。

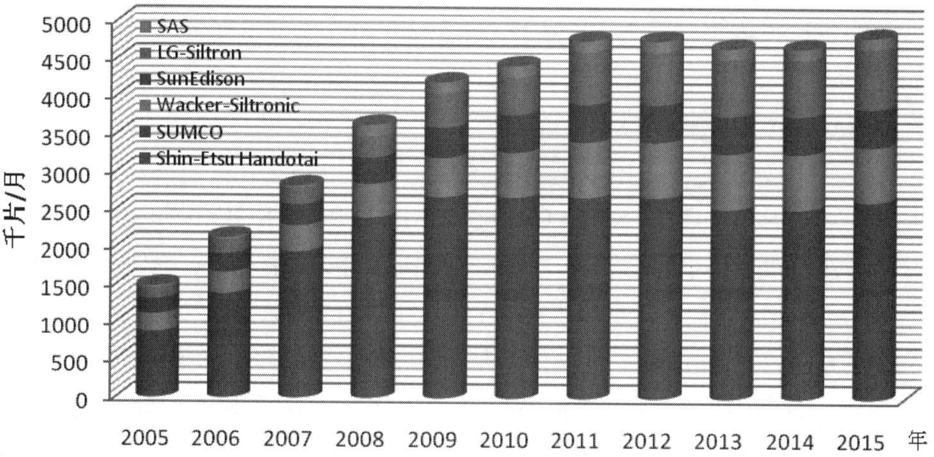

图 2-15　全球 300mm 硅片产能状况（数据来源：美林证券）

硅和硅基材料的技术发展有两个主题：控制硅单晶晶体缺陷和发展 SOI 晶片技术。集成电路制造工艺技术节点演进到 14～10nm 以后，曝光分辨率提高的同时，硅片全局平整度和局部平整度必须适应曝光机扫描精度要求，硅片表面颗粒尺寸和数量控制也需要达到相应线宽要求，硅片纳米形貌和表面颗粒控制技术需要有本质上的提升；立体栅结构以及多重曝光和相应扩散工艺环节的增加要求硅片经受更多热工艺之后的缺陷仍在可控范围之内，需要单晶生长的超高纯硅熔体控制、金属杂质控制、COP 缺陷控制等方面技术进一步提升。此外，FD SOI 技术被业界证明是低功耗、高性能的有效解决途径，与传统的 Bulk CMOS 制造工艺相比，FD SOI 更为简单的结构使其成为 28nm 以下的技术节点中成本效益最高的制造工艺。根据 IBM SOI 技术发展路线图，FD SOI 技术有望在 14nm 以后与 FinFET 整合，在提高产品性能的同时，不过高地增加制造成本。在当前全球 300mm 硅片产能已过胜的情况下，各公司之间的价格竞争达到白热化，2014 年 300mm 硅抛光片和外延片价格仅分别为$75 和$100。当前的技术发展趋势一方面是提高单晶成晶率、降低成本；另一方面是面向未来 10nm 以下技术节点用硅材料开展全面技术提升以期在未来市场竞争中获胜。

国内从事硅材料业务的公司有十几家，进入 200mm 业务的有北京有色金属研究总院（有研总院）、浙江金瑞泓科技股份有限公司（金瑞泓）、上海新傲科技股份有限公司（上海新傲）、南京国盛电子有限公司（南京国盛）、河北普兴电子科技股份有限公司（河北普兴）、天津市环欧半导体材料技术有限公司（天津环欧）等。

① 300mm 硅片产业技术进展：有研总院开展了 300mm 硅单晶生长和硅片加工及外延技术开发，建有一条月产 1 万片 300mm 硅片试验线，在 low-COP 大尺寸单晶生长、晶片表面纳米形貌控制、晶片表面颗粒去除等方面形成核心技术，总体技术水平可以达到 90nm 集成电路技术要求，目前小批量生产测试片可为国外合作伙伴提供委托加工服务。2014 年成立的上海新昇半导体科技有限公司计

划与日本公司进行技术合作，建设40～28nm节点300mm抛光片生产线。

② SOI晶片产业技术进展：上海新傲开发200mmSOI晶片关键技术并建成了200 mm SOI生产线，目前月产能达1.2万片，在6in以下SOI晶片产品技术升级和市场拓展方面也取得较好进展。2014年与法国Soitec结成合作伙伴，获授权采用Soitec专有Smart Cut技术生产200mm SOI晶圆，并面向国内市场在上海建设高端SOI生产线，同时面向国际市场为Soitec提供代工服务。

③ 200mm硅片产业技术进展：国内200mm硅片产业化技术得到较快提升，在原有200mm硅片产业条件基础上，02专项支持有研总院、金瑞泓、上海新傲、南京国盛、河北普兴等公司进行产品竞争力和产业化能力提升。已形成月产10万抛光片和15万片外延片的200mm硅片生产能力，利用国产抛光片衬底开发的重掺外延片产品通过国内外功率器件客户评估，开始批量供货。满足0.13μm集成电路生产用200mm COP free硅片技术也取得了突破性进展，正在进行应用工艺验证和客户评估。

④ 大直径区熔硅单晶技术进展：在国家02专项支持下，由天津市环欧半导体材料技术有限公司（环欧半导体）牵头，联合国内单晶炉设计制造单位开发8in区熔硅单晶片产业化技术。目前浙江晶盛和北京京运通已完成8in区熔单晶炉的研制并投入实用；8in区熔硅单晶生长技术取得突破，晶片加工设施正在扩建当中。

2.3.4 光刻掩模国内外产业发展现状

国际上掩模生产单位分为两大类，一类是独立的掩模公司，接受半导体企业外包制作掩模。主要有日本凸版印刷（Toppan）、大日本印刷（DNP）、日本豪雅（Hoya）、美国福尼克斯（Photronics）；另一类是大型半导体企业下属的掩模生产部门，包括台积电、英特尔、三星、先进光罩技术中心（格罗方德及凸版印刷共同持股）等。SEMI数据显示独立掩模公司的市场占有率不断下降，而大型半导体企业下属掩模生产单位市场份额在逐渐上升（图2-16）。未来独立掩模公司在市场上的生存空间会被更大幅度压缩。

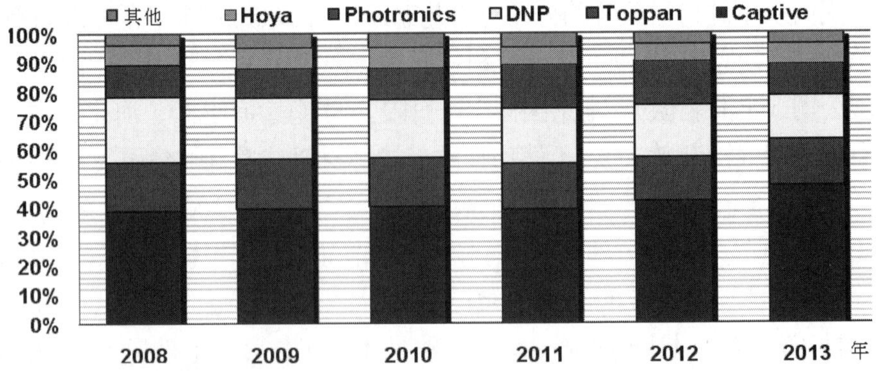

图2-16　全球掩模业务市场份额（数据来源：SEMI 2013）

目前在中国大陆的掩模生产企业共有 4 家，分别是上海凸板在中国分公司、中芯国际掩模制造厂、华润掩模工厂和无锡中微掩模电子有限公司。中芯国际掩模制造厂主要为公司自身晶圆生产配套，也接受外来委托生产，批量生产技术水平为 0.35μm～45nm，目前已完成了 28nm 工艺用掩模全套技术开发并具备生产能力，在全球市场中约占 5%份额，位列台积电、三星、英特尔、先进光罩技术中心之后。华润掩模工厂为华润微电子生产配套，产品特征尺寸为 0.35～2μm；无锡中微掩模电子有限公司专业从事 130～90nm 掩模制造，目前正在开发 0.25μm 掩模技术。上海凸版于 1996 年由原杜邦公司投资建成，2004 年 10 月被日本凸版印刷公司收购，主要针对国内外市场提供专业化掩模制造服务，产品特征尺寸可达 0.25μm。国内掩模技术水平与产能状况如图 2-17 所示。

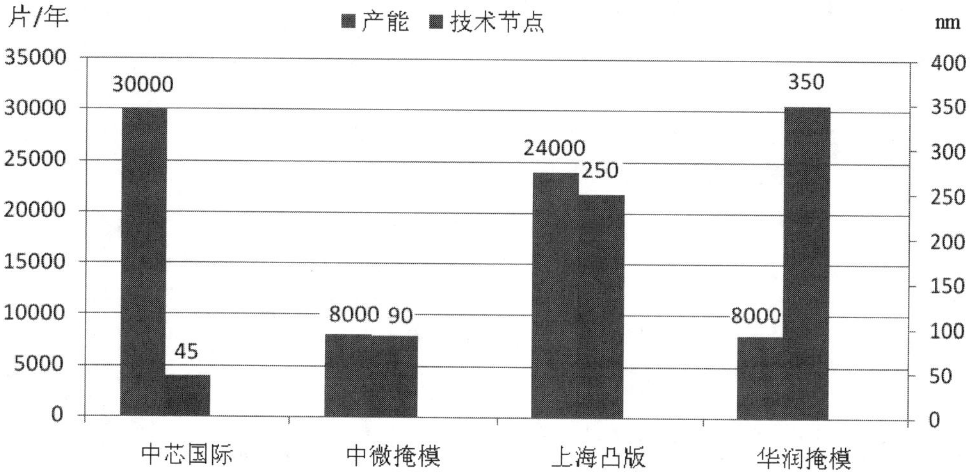

图 2-17 国内掩模技术水平与产能状况

光掩模承载了芯片设计的原始数据，关系到国家战略信息安全，一直是受到美国和日本高度限制出口的重点产业。掩模技术中最关键的高端电子束曝光机（E-Beam writer）制造商集中在日本，受日本通产省（METI）依据瓦圣纳公约的出口制约，只同意将落后世界先进水平三代的设备出口至中国大陆。中芯国际立足于降级的电子束曝光机，自主研发掩模制造技术，并结合制程优化实现了一系列技术节点的掩模技术突破，目前已具备 28nm 掩模生产能力。随着《国家集成电路产业发展推进纲要》的实施，对光掩模的需求也将大幅增长，如果没有自主的掩模生产和研发能力作为配套，我国集成电路产业发展将受到严重制约。

2.3.5 光刻胶国内外产业发展状况

国际光刻胶供应商主要有 JSR、TOK、Dow Chemical（Rohm and Haas）、Shin-Etsu Chemical、Fujifilm Electronic Materials、Sumitomo、AZ、韩国东进。

其中日本公司5家、美国、欧洲、韩国各1家，9家公司占据国际光刻胶市场的95%以上份额。日本光刻胶企业在技术和生产规模上占据绝对优势，5家日本光刻胶公司全球市场占有量超过70%。

由于多重曝光和多层互连工艺的大量应用，高档光刻胶用量大增。以tsmc高性能工艺技术为例(图2-18)，130nm工艺节点掩模数共计33个，其中i-line17个，248nm16个；而当技术节点发展到10nm时，掩模数多达76个，其中i-line、248nm、193nm、和193nm光掩模数分别为1、4、21和50。这表明随着特征工艺线宽的缩小，i-line、248nm曝光数量减少，而193nm和193nm浸没式曝光数增加，特别是193nm浸没式曝光次数急剧增多。国际光刻胶产业技术开发工作主要集中在ArF光刻胶的优化、高分子树脂材料的自组装（DSA）技术和极紫外（EUV）光刻胶产品开发。

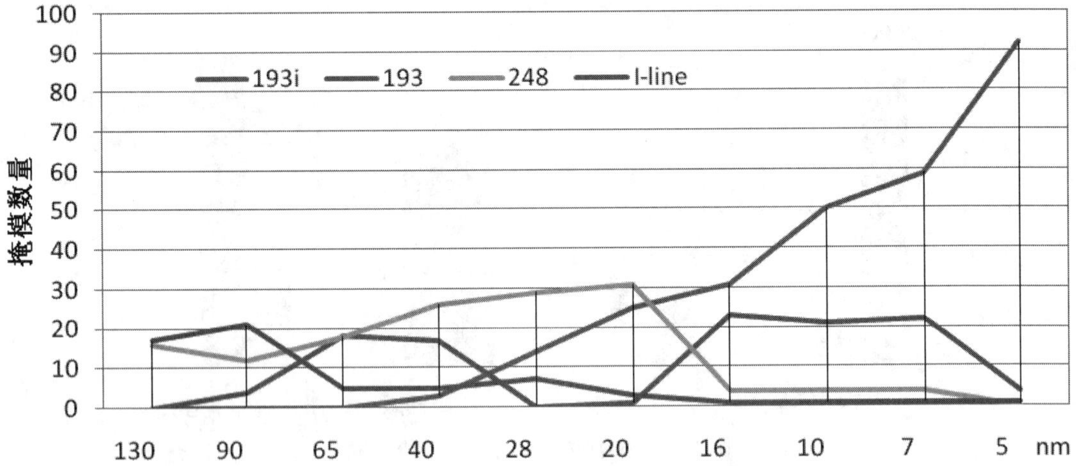

图2-18 tsmc不同工艺节点各类曝光光源曝光次数（掩模数）（数据来源：IC Knowledge）

我国目前从事半导体用光刻胶业务的企业主要有台湾永光、北京科华微电子材料有限公司（北京科华）和苏州瑞红电子化学品有限公司（苏州瑞红），近年来潍坊星泰克也进入到这个行业。北京科华是国内目前唯一能够提供集成电路生产用胶的专业光刻胶公司，主要产品包括248nm光刻胶及配套试剂、紫外正性光刻胶（G、I线）及配套试剂、紫外负性光刻胶及配套试剂等，产品应用于集成电路、分立器件、TFT-LCD、LED等领域。苏州瑞红主要产品为紫外负性光刻胶及配套试剂、G线光刻胶及配套试剂、TN-STN光刻胶等，产品应用于分立器件、TFT-LCD、LED等领域。潍坊星泰克主要产品包括G线光刻胶、lift-off负胶和LED专用PSS正胶及相关的配套试剂。

① 248nm光刻胶产业技术进展：北京科华开发成功248nm光刻胶产品和产业化制备技术，并建成年产10吨248nm光刻胶生产线和光刻胶分析测试与应用测试平台，开发的248nm光刻胶产品指标满足0.13μm、0.18μm、0.25μm

集成电路工艺要求，产品已通过中芯国际工艺验证、可靠性评估和客户审核，并成功实现商业化量产应用，改变了我国高档光刻胶长期依赖进口的局面，也为光刻胶产业技术的进一步发展奠定了基础。

② I 线光刻胶产业技术进展：北京科华在早期开发成功 I 线光刻胶产品和产业化技术基础上，进一步推进产品系列完善和市场扩展，目前已全面进入国内主要的 6in 及以下集成电路和器件生产厂，并在部分 8in 集成电路厂实现批量供应。在此技术基础上，开发成功 LED 用的光刻胶，成为国内 LED 行业光刻胶产品的主要供应商。苏州瑞红 I 线光刻胶产业化技术开发项目也正在进展当中。

2.3.6　高纯电子气体产业国内外发展状况

高纯电子气体广泛应用于外延、刻蚀、掺杂、气相沉积、扩散等工艺。其纯度对半导体器件的质量及成品率有很大影响。一般要求杂质含量控制在 10^{-6}～10^{-9} 数量级，对其中的有害杂质更是有严格的规定。集成电路工艺常用电子气体包括大宗气体、蚀刻/干法清洗用气、离子注入用气、化学气相沉积用气、CVD/ALD 前驱体等以及光刻机系列用激光气体等。各类气体及纯度要求见表 2-8。

表 2-8　集成电路工艺常用电子气体一览表

气体类别	纯度要求	气体名称
大宗气体	5～7N	氮气、氢气、氩气、氦气、氧气等
蚀刻/清洗气	3～6N	NF_3、CO、CF_4、C_2F_6、C_3F_6、C_3F_8、C_4F_8、CHF_3、CH_2F_2、CH_3F、SF_6、Cl_2、ClF_3、BCl_3、HBr、HCl、HF、C_2ClF_5、F_2、COF_2
离子注入用气	3～5.5N	$B^{11}F_3$、AsH_3、PH_3、BF_3、SiF_4、GeF_4、B_2H_6、$AsCl_3$、BCl_3、GeH_4
化学气相沉积用气体	5～6N	SiH_4、PH_3、B_2H_6、SiH_2Cl_2、SiH（CH_3）$_3$、AsH_3、$SiHCl_3$、Si_2H_6、Si_2F_6、$SiCl_4$、SiF_4、WF_6、NH_3、N_2O、C_3H_8、C_2H_4、C_3H_6、CO_2

大宗气体是集成电路生产工艺用氮气、氢气、氩气、氦气、氧气等。气体公司通常在集成电路 Fab 厂建设时同步建设气站。有些是现场空分制气，有些则是罐车定期配气。国内几乎所有 6in 以上半导体厂所使用的大宗气体都被法国液化空气集团（法液空）、德国林德公司（林德）、美国普莱克斯公司（普莱克斯）、德国梅塞尔集团（梅塞尔）等大型跨国气体公司所垄断。在特种电子气体方面，除了个别蚀刻、清洗用气体之外，8～12in 集成电路生产用大部分气体品种也由以上5家大型气体公司占有并辅助以其他6～8家公司提供特殊气体品种。国际大型气体公司的市场垄断地位日益加剧，5 大电子气体公司在全球电子气体市场中所占份额如图 2-19 所示。

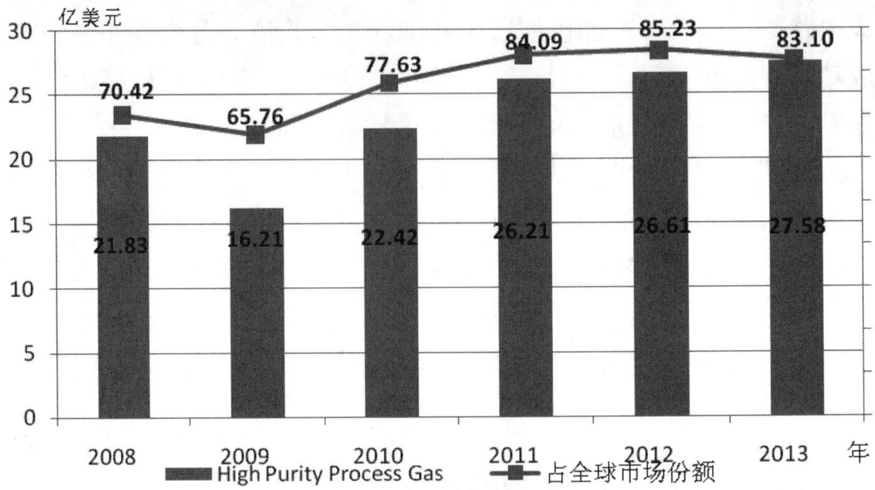

图 2-19　5 大电子气体公司在全球电子气体市场中所占份额

高纯电子气体产业特点及技术发展趋势：

① 特种气体质量要求与集成电路工艺线宽关系密切：蚀刻/清洗用气、离子注入用气体、CVD 工艺用气以及 CVD 和 ALD 前驱体等特种电子气体的工艺特征明显，随着集成电路制造工艺线宽逐渐缩小，对气体的纯度要求越来越高，一般要达到 6N 以上。对杂质、水氛控制和质量稳定性要求也越来越苛刻。同时，随着器件结构和 IC 工艺复杂性的升高，工艺中所应用的气体品种也越来越多。

② 特种电子气体生产、储运、使用系统配套性要求独特：由于电子气体的特殊性，气体制备、提纯、包装、运输、现场使用等各个环节共同组成了气体产品的生产链。超高纯气体的提纯、杂质控制与检测、包装容器处理、阀门设计与材料等都对电子气体的质量构成影响，包装容器和阀门等这些看似辅助性环节常常成为影响气体质量的关键因素，严格的质量控制和全生产链精细化管理是电子气体企业生存的根本。

③ 电子气体具有剧毒和高危险性的特点：电子气体的生产、贮运、使用过程必须解决如何控制气体泄露以及燃爆带来的危害，集成电路生产厂运行过程中对电子气体安全性的要求要远远大于对气体纯度和杂质颗粒的要求。如三氟化硼（BF_3）、砷烷（AsH_3）、磷烷（PH_3）等剧毒气体，必须采用安全的负压包装技术，即离子注入安全气体源 SDS®（Safe Delivery Source），该技术被国外气体公司以专利形式垄断，从而制约了我国相关气体进入市场。

④ 新品种、新工艺的定制化需求不断涌现：随着集成电路技术进一步发展，单纯依靠特征线宽的不断缩小来提高产品性能难度加大、成本不断升高。业界越来越尝试利用新材料、新结构、新工艺的开发来延续 Moore 定律，如立体栅结构、Co、Ru 和III-V族材料的引入等，都需要根据具体工艺要求开

发相应的 CVD 和 ALD 前驱体。拥有多品种、小批量、专用性的特种电子气体开发能力成为推进集成电路先导工艺技术开发的关键因素之一。

我国目前从事特种电子气体业务的公司主要有中船重工第 718 研究所、江苏南大光电材料股份有限公司、佛山市华特气体有限公司、绿菱气体有限公司、光明化工研究设计院、大连保税区科利德化工科技有限公司、苏州市金宏气体有限公司、洛阳黎明院等十几家企业。虽然从技术水平和生产规模上都远不能同国际巨头相比，但企业也不断地瞄准集成电路用特种电子气体标准开展产业化技术开发：中船 718 所、南大光电、中昊光明院、黎明院、佛山特气、大连科利德等公司在集成电路工艺用上百种气体中，选择用量较大且技术难度较高的 20 多种气体开展关键技术开发和产业化推进。目前，已形成 NF_3、WF_6、SF_6、CF_4 等 180t/月生产能力。高纯磷烷和砷烷生产线已初步建成，并开始进行用户工艺验证。NF_3、WF_6 已大批量应用于国内外 8in、12in 生产线。目前国内尚没有专业化的从事半导体用大宗气体业务的公司。

2.3.7 抛光材料产业国内外发展现状

自从 20 世纪 80 年代 CMP 技术引入到集成电路制备工艺，CMP 工艺在前工序器件构造和后工序互连工艺中都有广泛应用。CMP 抛光材料主要由化学机械抛光液、抛光垫和金刚石修整盘 3 类构成。

CMP 抛光液包括：铜阻挡层、铜、钨、氧化硅、高 K 金属栅、浅沟道隔离（STI）等抛光液，各类抛光液市场规模如图 2-20 所示。生产抛光液的国际公司主要有 Cabot、Hitachi Chemical、Fujifilm、DA Nanomaterials（原 Air Product）、Fujimi、Dow Chemical、JSR 等，2013 年全球市场 12 亿美元，各公司市场占有率如图 2-21 所示，其中 Cabot、Dow Chemical、和 Hitachi Chemical 生产的 CMP 抛光液产品种类比较齐全，而其他公司只专注于某几种抛光液的生产。

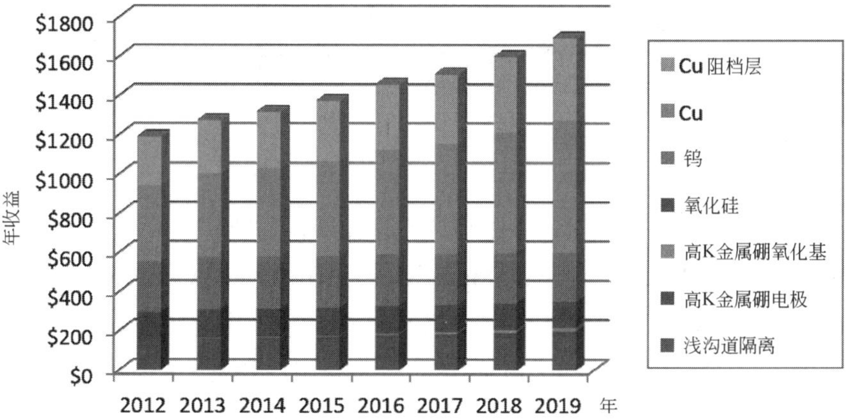

图 2-20 半导体工艺用 CMP 抛光液种类及市场规模

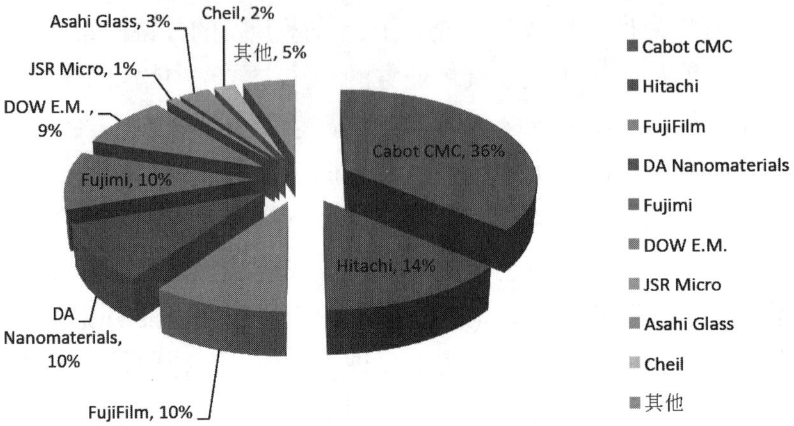

图 2-21　全球主要 CMP 抛光液公司市场占有率

CMP 抛光垫与其应用的抛光工艺相对应，也包括铜阻挡层抛光垫、铜抛光垫、钨抛光垫、氧化硅抛光垫、高 K 金属栅抛光垫、浅沟道隔离（STI）抛光垫，各类抛光垫市场规模如图 2-22 所示。2013 年市场规模 7.6 亿美元，主要供应商包括 DOW Elecgtronic Materials、Cabot Microelectronics Corporation（CMC）、InnoPad、Thomas West、NexPlanar、Fujibo、3M、Praxair 等。各公司产品市场占有率如图 2-23 所示，其中 DOW Elecgtronic Materials 以 65%份额占据市场主导地位。

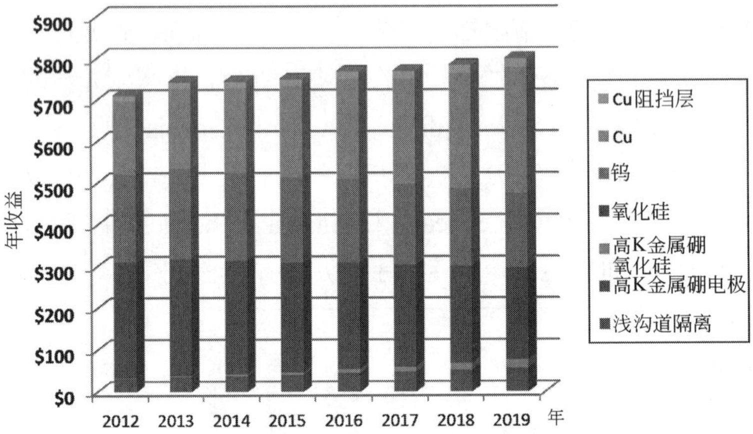

图 2-22　不同工艺用 CMP Pad 及市场规模

金刚石修整盘 2013 年市场规模约 2 亿元，主要供应商包括 3M Corporation、Saesot、Kinik、Abrasive Tehcnology、Morgan Technical Ceramics、Ehwa Diamond、Mitsubishi、Saint Gobain、Shinhan Diamond 等，各公司产品的市场占有率如图 2-24 所示，3M、Saesol、Kinik 等前三大公司占据 86%的市场份额。

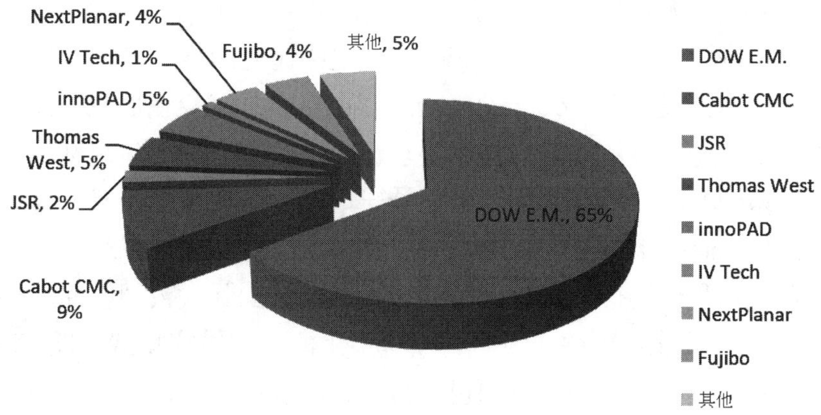

图 2-23　国际 CMP Pad 供应商及市场占有率

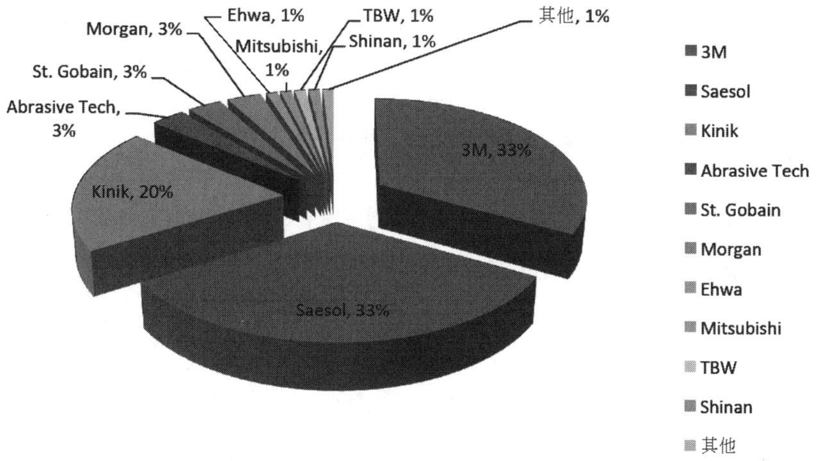

图 2-24　国际金刚石修整盘供应商及市场占有率

当集成电路技术节点进入 20nm 以下后，FinFET、硅通孔、III-V 族新材料、新技术对抛光材料提出了众多新需求。20nm 以下工艺要求的关键 CMP 工艺将多达 20 步以上，使用的抛光液将从 90nm 的 5～6 种抛光液增加到 15～16 种。制作 FinFET 器件时利用增加鳍片数量来增加器件的驱动能力，且鳍片的高度和宽度必须保持一致，这些鳍片的尺寸都必须由同一次 CMP 研磨工序来保证，要求 CMP 工艺对不同材料的去除速率、选择比、及表面粗糙度和缺陷控制精准至埃级（分子级）。此外，每个 Fab 厂都有可能应用不同的新材料或新结构，CMP 材料必须与特定 Fab 厂的特定工艺相匹配，CMP 材料的定制化特点更加突出。

我国安集微电子材料有限公司、上海新安纳、深圳力合从事高档抛光液产业技术开发，目前安集微电子的抛光液产品成功进入集成电路生产线。公司在铜和铜阻挡层抛光液、二氧化硅抛光液、3DTSV 抛光液产业化技术开发方面取得突破性进展；建立了 8in、12in 集成电路抛光液研发及产业化基地及抛光材料工艺应用开发平台；90/65/45/40nm 铜制程抛光液已实现大规模量产、32/28 纳米铜制程抛光液达到客户技术要求正在进行量产前的最终评估、3D-TSV 抛光液的系列产品水平在国际上处于领先地位；安集微电子已成为国际五大芯片制造公司 Intel、TSMC、UMC、GF、SMIC 的合格应用商。CMP 系列抛光液的开发成功和市场推广，打破了该领域长期被国际大公司垄断的局面，并正在改变国际 CMP 抛光液领域的竞争格局。上海新安纳在集成电路 CMP 抛光液用纳米磨料产业化技术开发方面也取得了突破性进展，已能够向国内 CMP 抛光液生产商供应批量产品。

国内在化学机械抛光垫和金刚石修整盘方面才刚刚起步，成都时代立夫科技有限公司、宁波江丰精密机电科技有限公司的研发产品正在国内 8in、12in 集成电路生产厂进行工艺验证。深圳嵩洋、江丰精密研发的金刚石修整盘刚开始进行工艺验证。

2.3.8 工艺化学品产业国内外发展现状

工艺化学品是集成电路蚀刻、清洗等工艺应用的关键材料，工艺线宽越细，所需电子化学品的纯度和洁净度要求也就越高。工艺线宽在 1.2～0.8μm 之间的分立器件生产要求电子化学品级别在 ppm 到 10ppb 级、（$1ppm=1\times10^{-6}$，$1ppb=1\times10^{-9}$），当工艺线宽进入 0.8～0.2μm 集成电路生产时，对应的电子化学品级别要达到 ppb 级，而当工艺线宽进入 90nm 之后，所用电子化学品就需要达到 100ppt（$1ppt=1\times10^{-12}$）。随着近几年 IC 工艺技术的不断进步，IC 线宽也不断挑战极限。当前先进工艺节点已发展到 20nm，无疑对工艺化学品的品质提出了更高的要求，金属杂质控制必须达到 ppt 级，仅有少数技术先进的欧美和日本等工艺化学品生产企业的产品水平能够满足要求。随着工艺线宽越来越细，工艺化学品质量对集成电路成品率、电性能及可靠性的影响程度越来越高。要求湿法清洗对杂质的去除率更高，清除的颗粒尺寸更小；光刻胶剥离液，蚀刻后清洗液、研磨后清洗液等功能性化学品的工艺窗口更小；每步制造工艺尺寸精度与腐蚀速度的精确控制要求工艺化学品的专用性增强。原来在某一技术节点或制程上研发出来的化学品不能被简单地应用于另一技术节点的相同工艺。除了对电子化学品纯净度要求达到 ppt 级之外，芯片制造厂需要依赖化学品生产商提供个性化和有针对性的产品开发来满足芯片制造工艺需求。不同工艺技术节点的集成电路工艺对工艺化学品的技术要求见表 2-9，常用的工艺化学品见表 2-10。

表 2-9　不同集成电路工艺节点对工艺化学品品质要求

SEMI 等级	IC 线宽/μm	金属杂质/$\times 10^{-9}$	控制粒径/μm	颗粒/（个/mL）
C1 (Grade1)	＞1.2	≤1000 (1ppm)	≤1.0	≤25
C7 (Grade2)	0.8～1.2	≤10 (10ppb)	≤0.5	≤25
C8 (Grade3)	0.2～0.8	≤1.0 (1ppb)	≤0.5	≤5
C12 (Grade4)	0.09～0.2	≤0.1(100ppt)	≤0.2	##
Grade5	＜0.09	≤0.1(10ppt)	≤0.2	##

注：鉴于当前颗粒统计方法与途径的局限性，颗粒大小及数目有供求双方协商决定。

表 2-10　集成电路制造工艺用主要工艺化学品

化学品类别	化学品品种	化学品名称
通用化学品	无机类	过氧化氢、氢氟酸、硫酸、盐酸、硝酸、氟化铵、氢氧化钾、氢氧化钠
	有机类	甲醇、乙醇、异丙醇、丙酮、丁酮、甲基异丁基酮、乙酸乙酯、乙酸丁酯、乙酸异戊酯、乙酸、乙二酸、甲苯、二甲苯、环己烷、三氯乙烷、三氯乙烯
功能性（配方）化学品	光刻胶湿法剥离	SPM（H_2SO_4、H_2O_2）混配、中性溶剂（丙酮或 NMP）、碱性溶剂 TMAH、酸性溶剂磺酸基化合物、有机溶剂
	铝连线蚀刻后清洗	DSP+（H_2SO_4、H_2O_2、HF、H_2O）混配、羟胺基（HDA-based）清洗液、氟基（Fluorine-based）清洗液
	铜连线蚀刻后清洗	dHF、氟基（Fluorine-based）清洗液
	各类蚀刻混合液	硅蚀刻液（HF、HNO_3）、铝蚀刻液（H_3PO_4、HNO_3、CH_3COOH）、铜蚀刻液（Cu-etchant）、缓释氧化蚀刻液等
	铜电镀液	铜电镀液 $CuSO_4$ 及添加剂

当前全球工艺化学品的市场格局为欧美传统老牌化学品公司（BASF、霍尼韦尔、ATMI、杜邦、空气产品公司、汉高等）占 37%，日本公司（关东化学、三菱化学、京都化工、住友化学、宇部兴产、森田化学等）占 34%，中国台湾地区和韩国公司（台湾东应化、台湾联仕电子、鑫林科技、东友、东进等）占 17%。

中国大陆地区工艺化学品企业有浙江凯圣氟化学有限公司、湖北兴福电子材料有限公司、上海新阳半导体材料股份有限公司、江阴江化微电子材料股份有限公司、苏州晶瑞化学有限公司、江阴润玛电子材料股份有限公司、杭州格林达化学有限公司、贵州威顿晶磷电子材料有限公司，在全球市中约占 10%的份额。近年来，上海新阳开发的电镀硫酸铜及添加剂在 8～12in 集成电路铜制程工艺中获得量产应用，打破了该领域长期被国际公司垄断的局面，为我国功能性（配方）化学品发展奠定了技术和团队基础；湖北兴福电子材料有限公司磷酸、浙江凯圣氟化学有限公司氢氟酸等也都在 8～12in 工艺认证中取得较好效果，即将投入量产应用。

2.3.9 溅射靶材产业国内外发展现状

半导体工艺用主要溅射靶材产品见表 2-11，2013 年全球主要靶材市场构成如图 2-25 所示。

表 2-11 半导体工艺用主要溅射靶材产品

<table>
<tr><th>靶材种类</th><th>材料纯度及主要成分</th><th>主要
技术节点/nm</th></tr>
<tr><td rowspan="3">Al 及合金</td><td>5N，Al-1%Si-0.5%Cu，Al-0.5Cu</td><td rowspan="2">350～110</td></tr>
<tr><td>5N5，Al-0.5%Cu</td></tr>
<tr><td>5N-5N5，Al、Al-0.5%Cu、Al-4%Cu</td><td></td></tr>
<tr><td rowspan="3">Ti</td><td>5N，Ti</td><td rowspan="2">350～110</td></tr>
<tr><td>5N，Ti</td></tr>
<tr><td>4N5，Ti</td><td></td></tr>
<tr><td rowspan="2">Cu 及合金</td><td>6N，Cu</td><td rowspan="2">90～20</td></tr>
<tr><td>6N，Cu，Cu-Al，Cu-Mn</td></tr>
<tr><td rowspan="2">Cu 合金阳极</td><td>4N，Cu-P</td><td rowspan="2">90～20</td></tr>
<tr><td>4N，Cu-P</td></tr>
<tr><td rowspan="2">Ta</td><td>4N，Ta</td><td rowspan="2">90～20</td></tr>
<tr><td>4N～4.5N，Ta</td></tr>
<tr><td rowspan="2">Ni 及合金</td><td>4N5，Ni，Ni-Pt</td><td>90～65</td></tr>
<tr><td>4N5，Ni-Pt</td><td>65～28</td></tr>
<tr><td rowspan="2">Co</td><td>5，Co</td><td rowspan="2">130～90</td></tr>
<tr><td>5N，Co</td></tr>
<tr><td rowspan="2">W 及合金</td><td>4N5，W、W-Si、W-Ti</td><td rowspan="2">350～130</td></tr>
<tr><td>4N5，W、W-Si、W-Ti</td></tr>
</table>

国际半导体用靶材的主要供应商有 JX/Nikko、Praxair Honeywell、Tosoh 等，四家公司市场占有率超过 90%，其中 JX/Nikko 约占 30%，位居第一，Praxair 以 24%位居第二，Honeywell 和 Tosoh 各占 19%并列第三，如图 2-26 所示。四大公司技术领先，产品主要集中在集成电路制造工艺用高端靶材市场。

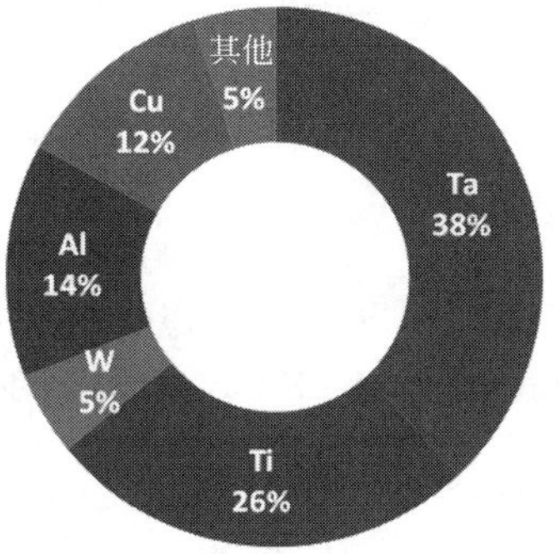

图 2-25 2013 年全球主要靶材市场构成

（数据来源：Techcet）

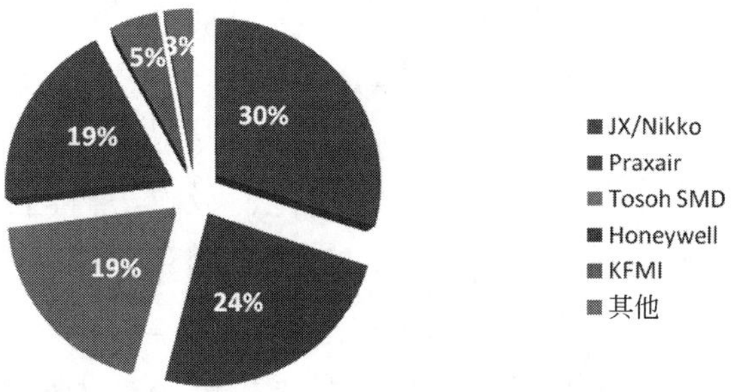

图 2-26 国际半导体用靶材主要供应商市场占有率

（数据来源：Techcet）

国内能够生产半导体制造用靶材企业有宁波江丰电子材料股份有限公司（江丰电子）和有研亿金新材料股份有限公司（有研亿金），其中江丰电子靶材产业化技术水平进步速度较快，部分产品指标接近国际同行水平，产品已全面进入国内 8～12in 集成电路制造厂，并在国际市场开拓方面取得突破，产品批量进入全球集成电路制造主流企业，在全球半导体用靶材市场中占有 5%左右的市场份额，江丰电子的成长改变了国际半导体用靶材的竞争格局。有研亿金主要产品为 8in 以下半导体制造和先进封装用靶材，近年来在集成电路用高端靶材技术开发方面取长足进展，尤其在贵金属靶材方面具有一定的技术优势，目前正在扩建高档靶材生产线，是国内靶材市场主要供应商之一。国内靶材产业化主体技术水平达到 45nm 集成电路工艺技术节点要求，最高技术水平可达到 28nm 工艺技术节点要求；产品品种包括 Al 及 Al 合金、Ti、Ta、Cu 及 Cu 合金、W、贵金属靶材及相关配件。

2.4 发展我国集成电路材料产业的主要任务及存在主要问题

2.4.1 主要任务

我国将重点培育一批世界级企业，实现关键材料产业技术突破和规模化生产并具备国际市场竞争力，总体产业技术水平达到 28nm 工艺要求，部分专业领域产业技术推进到 20～14nm 水平；建成集成电路材料产业共性技术开发共享平台和材料应用工艺开发平台，提高资源利用效率、促进产业共性技术协同创新，并加快速国产材料量产应用进程；支持产学研结合，着力开展影响未来微电子前沿技术发展的新材料、新工艺研究，加强技术储备，在前沿技术研究领域占有一席之地；完善我国集成电路材料产业技术创新体系和自主知识产权体系，并具备在全球竞争中交换知识产权的实力。到 2020 年集成电路材料产业整体技术创新能力和产业实力进入世界前列，关键材料产品进入国际采购体系，对我国集成电路产业自主可控发展形成强有力的产业支撑。

主要任务如下：

（1）300mm 硅片及 SOI 产品开发与产业化

着力通过引进、消化、吸收、再创新加快集成电路制造用 300mm 硅片技术研发，培育持续创新人才团队、构建产业化技术开发体系、形成规模化生产能力，产品技术水平达到国内集成电路生产工艺要求并实现批量应用；加强产业技术开发体系建设和内生创新能力培养，将 300mm 硅片整套技术水平提升集成电路工艺先进技术节点要求，满足我国集成电路产业对高端硅片的需求，并奠定我国大直径硅片产业自主可控发展的技术和团队基础，300mm 硅片国内市场占有率达 50%；根据全球集成电路技术发展路线，以及国内移动智能终端对芯片功耗、成本的苛刻要求，适时开发 300mm 全耗尽 FD-SOI 晶圆材料，为实现我国先进集成电路制造“弯道超车”提供材料基础。

（2）集成电路工艺用光掩模产品制备能力建设

攻克集成电路光刻工艺用掩模信息处理、掩模制备、缺陷检测、缺陷修复等成套关键技术，开发掩模版用基板、保护膜和包装盒等配套技术和掩模新材料，建立中立的掩模数据解析与处理机构，建成支撑国内集成电路产业发展的高端掩模规模化生产基地，为国内 90%以上的高端集成电路生产厂提供掩模生产与服务，保障我国集成电路产业自主可控发展。

（3）先进光刻胶成套产品开发与产业化

重点开发 193nm 干法和浸没式光刻胶制备技术，满足 65-45-20nm 光刻工艺要求；进一步提升 248nm 光刻胶产业化技术水平并加强系列产品开发、深化系列产品在集成电路工艺中的应用；加快三维高密度封装用光刻胶产业化技术开发并推进生产能力建设，占领国内先进封装用光刻胶市场；加强光刻胶配套产品及关键原料生产能力建设，为国内高端光刻胶产业发展提供配套。半导体制造用光刻胶国内市场占有率达到 30%。

（4）超高纯电子气体产品开发与产业化

重点开发离子注入、化学气相沉积、原子层沉积、刻蚀清洗等工艺用特种电子气体制备产业化技术，气体纯度和气体品种达到国内集成电路先进工艺要求，形成规模化生产能力；引导行业整合与企业并购重组，培育进入世界前列的中国电子气体公司，创立中国电子气体品牌；建成特种电子气体工程化技术开发基地，支撑我国特种气体领域持续自主创新；国产高纯电子气体技术水平和供应能力满足国内集成电路制造需求，市场占有率超过 50%。

（5）CMP 抛光材料产品开发与产业化

在现有抛光液产业化技术基础上进一步延伸产品系列，形成对集成电路

CMP 工艺用主流抛光液的技术和产品全覆盖；针对集成电路先进技术节点和新工艺、新技术、新材料发展需求，创新研发新型抛光液，为先进 CMP 工艺提供材料解决方案，并在国际 CMP 材料领域占据一席之地；推进三维硅通孔（TSV）技术用各类新型抛光液的开发，保持国际领先地位；带动 CMP 用抛光垫、金刚石修整盘、抛光液用纳米磨料等产品开发与产业化，形成 CMP 工艺环节主要材料成体系配套发展的局面；系列 CMP 抛光材料国内市场占有率达 75%。

（6）工艺化学品产品开发与产业化

着力开发 ppt 级通用化学品提纯净化、分析检测、品质控制等产业化技术，满足先进集成电路蚀刻清洗工艺要求；重点攻克光刻胶剥离、蚀刻后清洗、CMP 后清洗、铜电镀液等功能性配方化学品核心技术和产品定型。通过引进技术和核心团队并结合资本运作，打造中国电子化学品龙头企业，进而加快国内行业整合，创立国产电子化学品知名品牌，工艺化学品国内综合市场占有率超过 50%。

（7）溅射靶材及超高纯金属材料工艺开发与产业化

攻克集成电路先进工艺技术用金属靶材批量生产核心技术，满足高端集成电路工艺对溅射靶材的需求；建成规模化电子级超高纯金属原料生产基地，为国内靶材生产提供配套；全面提升面向集成电路 PVD 工艺用靶材和相关材料的供应配套服务能力；引导企业整合国际资源，做大做强，培育国际名称靶材企业。靶材产品国内市场占有率超过 70%。

（8）集成电路材料技术与应用工艺开发平台

依托企业现已建立的光刻、CMP、蚀刻清洗等材料应用工艺设备条件，进一步完善相关功能并进行技术升级，使之发挥材料应用工艺试验平台的作用；建立应用工艺试验平台共享、共用、可持续发展运行机制，解决目前企业弱小，无力单独建立应用工艺试验平台的难题，加速材料产业化技术开发；依托集成电路先导工艺研发中心建设材料应用评估平台，与集成电路制造大厂对接材料评价标准与流程，对材料进行工艺应用实用性评价数据积累，弥补材料进入集成电路大厂前的工艺验证环节的缺失，加快材料量产应用进程。

2.4.2　存在问题

尽管集成电路制造用材料全行业产业规模持续扩大、技术水平不断提高、知识产权积累逐渐丰富，但从面向未来发展的角度分析，我国集成电路材料行业还存在诸多制约产业良性发展的问题，主要表现在以下几方面。

（1）总体产业规模小、产品档次低

虽然近年来半导体制造材料产业产品销售收入持续增长，企业经营规模不断大扩大，但是，集成电路制造用材料在总的产品销售收入中所占比例仍较低，且集中于 6in 以下集成电路生产所需材料的供应，只有少部分材料企业开始打入国内 8in、12in 制造厂，要打破高端集成电路制造用关键材料主要依赖进口的局面尚需下大力气。

（2）企业经营产品同质化问题严重

国内硅材料企业、工艺化学品企业、特种电子气体企业等同类产品的产能重置现象非常严重。由于企业经营产品的同质化，企业之间通常采用降低价格的简单方法来赢得市场，导致恶性价格竞争，各公司都未能从这些产品生产中获得长期回报，更无力积蓄长期发展所需的资金和技术，最终使企业长远利益受到伤害。

（3）产业供应链不完善，产业发展存在瓶颈

生产硅单晶用 11～13N 超高纯多晶硅、大尺寸高档石英坩埚和石墨热场、高档光刻胶用成膜树脂、高端靶材用超高纯金属等都严重依赖进口。从一定意义上讲，控制了超高纯原料的技术和渠道也就掌握了集成电路制造用材料的竞争格局。我国集成电路制造材料业只有补上超高纯原料提纯净化这个产业链上的关键环节，才能打造具有市场竞争力的集成电路材料产业，并摆脱核心环节受制造于人的局面，最终确保产业的自主可控发展，

（4）产业创新要素积累不足

产业从业人员结构中高学历和高技能人才比例过低、研发投入和产业发展投入严重不足。2005～2013 年 9 年间的数据对比表明，国内半导体材料行业总体研发投入相当于同期日本信越一家公司研发投入的 22.6%；国内半导体材料行业总体产业发展投入相当于日本信越一家公司资本支出的 8.2%。亟待有关方面给予半导体材料产业更多的关注和支持。

（5）现行进出口税率对国内半导体材料产业发展存在不利因素

目前由国外进口的半导体制造用材料进口关税和其他费率大多采用低税率或退税免税政策，而国内企业的产品出口则采用工业品对应目录的相关税率，仅此一项就使国内企业产品比国外同类产品成本升高 5%～15%，直接导致市场竞争力的下降。希望相关部门能够针对半导体制造用材料设立专门的关税名录，并结合国内产业发展现状适时调整税费，使国内企业与国外企业享受公平的税费政策。

2.5 推动我国集成电路材料产业发展的对策和建议

（1）进一步落实相关产业政策，推动产业发展

为鼓励集成电路产业的发展，国家陆续出台了相关的优惠政策，包括《国务院关于印发进一步鼓励软件产业和集成电路产业发展若干政策的通知》（国发

[2011]4 号）等，希望有关部门能够加快制定惠及集成电路材料的相关实施细则，调动集成电路材料企业创新发展积极性；同时，对于国产产品出口和国外产品进口税费做动态调整，推动产业健康、可持续发展。

（2）采取切实措施促进集成电路材料产品的市场推广

经过近年发展，国内集成电路产业链雏形已形成，部分集成电路制造企业在试用国产材料方面发挥了重要的扶持作用，但是，还需要研究制订普惠政策并采取切实措施，如建立国产集成电路材料应用保险基金，降低集成电路企业使用国产材料承担的风险，促进全行业多用、快用国产材料，形成全行业重视国内产业链、优先选择国内材料供应商协同发展的良性局面，为集成电路材料产业发展创造必要的市场环境。

（3）引导行业整合和国内外并购发展

通过市场竞争选择具有技术、团队、管理、资金等综合优势、且公司战略与国家目标契和的企业作为种子公司，通过市场机制引导国内优势产业资源整合，解决目前产业规模小、经营产品同质问题；同时，利用全球集成电路产业链变革的时机，引导企业实施海外并购，快速做大企业规模。

（4）集中资源扶持龙头企业

加强国家相关部门和产业组织合作与协同，将集成电路材料领域的科技和产业扶持资金重点投向龙头企业，并依托龙头企业构建产学研合作平台，提高产业技术创新能力，增强龙头企业的核心竞争力，加快培育进入国际同行前列的世界级企业。

（5）强化人才引进和国际合作

除了继续引进技术开发类国际高端人才之外，重点关注企业管理、市场开拓、国际并购等人才引进，并与培养本土创新团队相结合支撑产业技术创新和规模化发展；注重与国际领先的研究机构、高校、国际半导体制造企业、国际集成电路材料同行等全方位的合作，开发先进技术和产品、交换知识产权、加快产品进入国际市场的速度。

（6）开辟集成电路材料企业 IPO 绿色通道

国内一批集成电路材料企业经过 10 余年的创新发展，积累了核心技术、人才团队、并在产业化发展、国内外市场开拓方面取得了一定成绩。但由于集成电路材料产品进入市场认证周期长、市场规模扩大渐进速度较慢等产业发展的客观规律，企业近期需要大量投入支撑产品认证和市场拓展，但短期内经营利润增长受到限制。如果，能够为这些企业开辟 IPO 绿色通道，将使它们在产业规模扩大、产业技术升级、国际并购等方面获得助力，快速成长为国际性企业。

作者简介

石瑛：1984 年毕业于西安交通大学金属材料与热处理专业，1998～2000 年就读于中国人民大学商学院，获工商管理硕士学位，2010～2011 年赴美国哈佛大学做访问学者，在肯尼迪政府管理学院从事美国半导体产业创新体系与知识管理研究。从国家“九五”计划开始主持和参与微电子材料有关的国家相关科技和产业发展规划研究与制订，现任国家中长期科技重大专项“极大规模集成电路制造装备与成套工艺”总体组成员（负责材料工作），中国半导体行业协会支撑业分会秘书长，集成电路材料产业技术创新战略联盟秘书长。

第3章 海洋工程特种钢铁材料

冯 耀 荣

3.1 概述

21世纪是海洋的世纪，新世纪以来，我国海洋工程制造业发展取得了长足进步，特别是海洋油气开发装备具备了较好的发展基础，年销售收入超过 300 亿元人民币，占世界市场份额近 7%，在环渤海地区、长三角地区、珠三角地区初步形成了具有一定集聚度的产业区，涌现出一批具有竞争力的企业(集团)。目前，我国已基本实现浅水油气装备的自主设计建造，部分海洋工程船舶已形成品牌，深海装备制造取得一定突破。

海洋工程需要大量的钢铁材料，主要用于交通运输领域、工程装备以及海洋基础设施建设三大领域。但是，我国海工钢的研究、生产及应用与世界先进水平相比，仍存在较大差距，主要表现为：产业发展仍处于幼稚期，经济规模和市场份额小；研发设计和创新能力薄弱，核心技术依赖国外；尚未形成具有较强国际竞争力的专业化制造能力，基本处于产业链的低端；配套能力严重不足，核心设备和系统主要依靠进口；产业体系不健全，相关服务业发展滞后。

面对海洋资源开发这一不断成长的新兴市场，世界各国都在积极发展相关产业，加快海洋资源开发和利用已成为世界各国发展的重要战略取向。未来五到十年是我国海洋工程钢铁材料发展的关键时期，抓住国内外海洋资源开发装备需求增加的机遇，大力发展海洋工程特种钢铁材料，力争通过十年的发展，使我国海洋工程材料制造能力和水平迈上新台阶。

3.2 发展海洋工程特种钢铁材料产业的背景需求及战略意义

为培育和发展新材料产业，推动材料工业转型升级，支撑战略性新兴产业发展，加快走中国特色的新型工业化道路，工业和信息化部组织制定了《新材料产业"十二五"发展规划》，并将重点发展船舶及海洋工程重大装备关键配套金属结构材料等。

《规划》确定，将以满足装备制造和重大工程需求为目标，发展高性能和专用特种优质钢材，重点发展造船板等产品，实现自主化。其中，船舶及海洋工程等领域的重大装备关键配套金属结构材料包括船用高强度易焊接宽厚板、特种耐腐蚀船板、货油舱和压载舱等相关耐蚀管系材料以及海洋工程用高强度特厚齿条钢、大口径高强度无缝管、不锈钢管及配件、深水系泊链、超高强度钢等，以推进其在海洋工程等领域的应用。

根据预测，"十二五"期间，海洋工程等高端装备制造业预计需要各类轴承钢 180 万吨/年、油船耐腐蚀合金钢 100 万吨/年。为满足需求，针对高性能钢铁材料方面，国家将集中力量组织实施一批专项重大工程和重点项目，到 2015 年要形成年产高品质钢 800 万吨的生产能力，基本满足船舶及海洋工程等行业对高性能钢材的需要。该工程的主要内容包括加快开发船用特种耐蚀钢和耐蚀钢管，分别形成年产 100 万吨和 10 万吨生产能力。

3.3 海洋工程特种钢材料发展现状、差距与趋势

海洋工程用钢与陆地环境不同，海洋环境装备除要面对高低温、高压、高湿、氯盐腐蚀、微生物腐蚀以及承受海风、海浪、洋流作用，还要面对台风、浮冰、地震等自然灾害，总体上，钢材需要满足极端、特殊环境下的性能需要。因此，一般情况下海工用钢也是钢材品种中的精品，需要采用高精技术手段和工艺生产，对产品的可靠性和安全性要求较高。由于海洋工程装备及结构件是在苛刻的腐蚀性环境下工作，其水下结构长期受到海水及生物的侵蚀，因此对其耐蚀性提出了较高的要求。海工用钢而言，海水中的氯离子腐蚀和微生物腐蚀已经是世界公认的难题，世界上主要发达国家均设立了国家战略项目支持该领域的研究开发。

3.3.1 海洋交通运输领域用钢

进入 21 世纪以来，在经济全球化和"海洋世纪"的双重作用下，各国利益范围迅猛扩大，海洋运输作为实现国际贸易的重要纽带和桥梁，地位和作用都有了空前提高。中国进出口货运总量的 90%以上都是利用海上运输实现的。据统计，2013 年中国的海洋运输船接单规模排名世界第一（如图 3-1），包括干散货运输船、油运船只、集装箱运输船，预示着海洋交通运输船用钢需求量猛增。

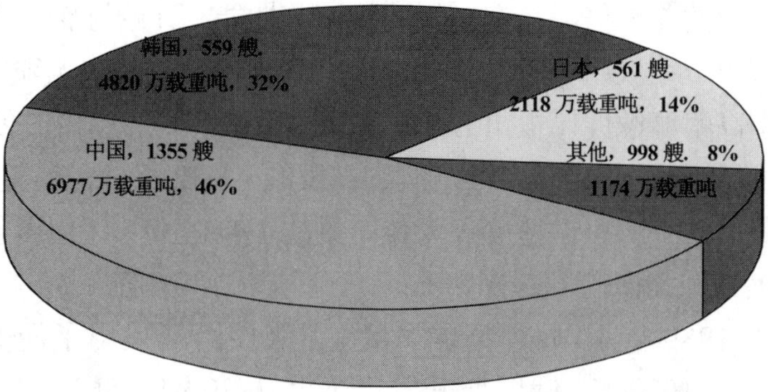

图 3-1　2013 年主要造船国家的接单份额（以载重吨计）

3.3.1.1　国内外研究现状

多年来，各世界造船强国在船用钢的研发中做了大量工作。美国早在 20 世纪 50 年代就开始陆续将 HY-80、HY-100、HY-130 等高强度低合金钢应用于舰艇制造领域，1958 年开始使用屈服强度为 560MPa 的 HY-80 钢，1961 年开始使用屈服强度为 700MPa 的 HY-100 钢，目前美国已经生产出屈服强度为 910MPa 的 HY-130 钢、1260MPa 的 HY-180 钢和 1400MPa 的 HY-200 钢。现在已经普遍被焊接制造成本较低的 HSLA-80 和 HSLA-100 系列高强度钢所替代，这些钢材的屈服强度涵盖了 235～1240MPa 范围。60 年代前，国外船用低合金高强度钢主要用于建造水面军用舰船，商船建造应用不多。随着造船业的发展，一般强度船用结构钢已满足不了建造大型商船的需要，国外企业开始比较普遍地使用低合金高强度结构钢来建造商船。但各国对多大吨位的商船采用低合金高强度钢的看法不一，美国、俄罗斯认为 1 万吨以上的商船采用低合金高强度钢建造经济效果优于采用一般强度船体钢建造的经济效果，而西欧、北欧和日本等则主张 5 万吨以上船舶采用低合金高强度船体钢来建造。

日本商用造船工业在 20 世纪 60 年代迅猛发展，最初采用常规热轧+正火处理；80 年代以后，日本钢铁企业开始采用控轧控冷技术（TMCP）来生产高强度、高韧性、良好焊接性能的钢板。新日铁公司以 HTUFF 技术为基础细化 HAZ 组织，兼用 TMCP 技术抑制脆化组织，优化成分，开发出 YP 390MPa 级大线能力焊接用大型集装箱船用钢板。2008 年新日铁公司与三菱重工合作开发出 YP 460MPa 级大线能力焊接用大型集装箱船用钢板 HTS47，用于建造商船三井公司 8100 标准箱大型集装箱货船，这种钢板厚度可降至 50mm。JFE 公司应用 JFE EWEL 技术也开发出 YP 460MPa 级大线能力焊接用大型集装箱船用钢板。在提高耐疲劳性能方面，日本近年来开发出疲劳裂纹扩展抑制（FCA）钢板，用于 LNG 船的双层底部，如 JFE 公司开发的 JFE-AFD 钢板，使用寿命约为原钢板的 2.5 倍，具有良好的抗疲劳性能。在耐蚀钢方面，新日铁公司开发出 NSGP-1 钢板用于原油槽底板，可在整个船龄期间无须修补；该公司还研发出新型高耐腐蚀性厚板 JFE-SIP-BT，这种压水舱用厚板的使用寿命可由 IMO 规定的 15 年延长至 25 年；神户制钢开发的 AH32 级原油运输船用耐腐蚀船板，使得在硫腐蚀下的点蚀速度仅为传统钢的 1/4，在低 pH 值氯化物溶液下的点腐蚀速度仅为传统钢的 1/5。

法国 1989 年 10 月建造的“凯旋”级核潜艇采用了屈服强度为 980MPa 级的 HLE S100 钢。俄罗斯开发了强度从 390-1175MPa 级的 AK 系列舰船钢。英国海军造船用钢从软钢发展到正火状态的硅-锰钢、正火和回火状态的碳-锰-钼钢，随后又发展到完全淬火和回火状态的碳-硅-钼钢。目前生产高强度钢时，通常采用热机械控制方法（TMCP），该技术能有效地改进焊缝的脆裂，焊接性能良好，可以免除船舶建造和海洋工程建设的预热工序，降低焊接成本，提高焊接生产效率，社会效益和经济效益显著，市场前景广阔。

总的来看，世界造船中心正逐步由西方国家向东亚国家转移。近年来，世界造船市场一直由日韩船厂占据主导地位，并且韩国船厂对船舶市场的影响力逐步加大，特别是在油船和集装箱船等方面。

近年来，我国船舶工业实现快速发展，2010 年起，我国的造船总量已超过日韩，成为世界第一造船大国，然而产品结构仍不合理，低端产品较多。目前我国手持船舶订单中散货船比例上升，且大部分为 17.5 万吨、37 万吨、42 万吨的大型散货船，单位载重吨平均用钢量不到 20%。2010 年，我国船板产量为 1775 万吨，同比增长 32.6%。其中，高强度船板产量为 710.92 万吨，同比增 22%。2010 年国内中厚板产能 6947 万吨，船板产量占 25.6%，成为所有品种板系列如锅炉、容器、桥梁钢等用户需求最大的系列。2011 年国内中厚板生产能力新增 18%，而 2011 年船用钢材年消耗量与 2010 年相当，中国船舶工业行业协会统计的 2011 年全国新承接船舶订单量为 3622 万载重吨，同比下降 51.9%。大量订单尤其是特种船舶等高附加值船被韩国、日本获得。2012 年船板市场继续萎缩而国内中厚板新上产能还在不断释放，船板市场竞争激烈。随着国内造船能力的提升，高强船板的应用比例也不断攀升，而高强船板中，DH36、EH36 需求量最大，约占整个高强船板的一半以上。船板的质量对船体结构的完整性和船舶使用的安全性起到至关重要的作用，一般来讲，船板钢应满足足够的强韧性、易焊接性和良好的耐腐蚀性能。目前，我国船板用钢生产厂家主要集中在鞍钢、济钢、新钢、宝钢、南钢、重钢、首钢、邯郸等几家大型钢铁企业，这些钢铁企业船板用钢的产量占据了我国船板钢总产量的 50%～60%，普通强度级船板都通过了中国（CCS）、英国（LR）、法国（BV）、美国

（ABS）、德国（GL）、日本（NK）、挪威（DNV）、韩国（KR）、意大利（RINA）等多个国家船级社的认证。

我国早期大型船体结构多采用 235MPa 级以下的钢板，随着船体结构的安全性要求的不断提高，船用钢板的强度在逐步提高，由 235MPa 逐步升级到 315MPa 以及 355MPa，钢的质量等级也从 A 级提高到 E 级甚至 F 级，成功研制了 390、440、590、785MPa 级的高强度舰船用钢系列。在品种方面，从以前大量使用的一般强度级 A、B、D 和高强度级 AH32、AH36、DH32、DH36 发展到 EH32、EH36，直至高强度级的 AH40、DH40、EH40、FH40 和超高强度钢级的 420、460、500、550、690 钢级，甚至有更高强度要求和−196℃冲击试验的特殊船钢（LNG 船）。除强度外，船企船用钢的其他要求也在日益提高，集中体现在对 5m 宽的大型船板、200～300mm 厚的特厚船板、适应超大输入热焊接船板、油船槽舱用高耐腐蚀船板以及低疲劳裂纹扩展速率船板等的需求上。在技术方面，主要包括采用低碳微合金的成分设计，工艺上采用常规轧制、调制处理、控轧控冷等，近年来又把 SUPER-OLAC、超快冷、HOP 等在线快速冷却和感应加热等新技术应用于船板钢的生产。目前，鞍钢、舞钢、新钢等钢铁生产企业都有成熟的船板成分体系，取得了高强度船板的认证，认证情况见表 3-1。

表 3-1　高强船板认证情况

钢厂	认证船板最大级别	交货状态	最大厚度/mm	备注
鞍钢	FH40-Z35	TM	100	E40 及以下牌号通过 100kJ/mm 大线能量焊接认证
舞钢	DH36-Z35	NR	40	
	EH36	N	100	
湘钢	FH40-Z35	N	100	
新钢	FH40-Z35	TM	50	2009 年 2 月通过
韶钢	EH40	TM	36	
	EH36-Z35	N	60	

注：TM 代表温度形变控制轧制；NR 代表正火轧制；N 代表正火。

由于高强度级别的船板钢具有强度高、综合性能好，能够减轻船体自重，提高载重量等优点，因此其使用量在逐年增加，也极大地带动了我国低合金高强度船板钢市场。目前我国的大型和特殊性能船舶用钢板能够满足国内需求，而且正逐步从量往质突破，逐渐改变以散货船为主的产品结构。然而我国目前在细化奥氏体晶粒技术、提高止裂韧性的轧制技术、抑制焊接加热时奥氏体晶粒粗大的大线能量焊接性能优异的易焊接船舶钢的开发方面还存在严重的不足。

3.3.1.2 我国与国际先进水平的差距

2010年起，我国的造船总量已超过日韩，成为世界第一造船大国。尽管我国船舶工业在总量上已成为世界第一，但是在科技水平和综合实力等方面与发达国家仍有不小的差距，主要体现在：

① 同国外先进生产船板用钢的国家相比，国内产品钢板尺寸相对较小，厚度公差和精度等级低，表面质量还需要改进，强韧性偏低，一次合格率低。

② 高强度级别的产品品种少，许多规格需要从国外进口，比如宽薄规格的钢板、特厚板等。

③ 我国的中厚板轧机在控制板型、控制工艺及设备自动化水平方面与国外先进技术及装备还有一定的差距。

④ 船板强韧化机制以及与其相适应的成分设计、冶金技术以及热机械处理方式等方面均存在较大差距。

⑤ 生产交货周期长，通常建造一艘船需要数百个尺寸规格，从提高采购效率的角度出发，船厂希望能够实现整船供应。然而国内多数中厚板轧机在建设初期并未考虑现代造船业的发展，受装备条件的限制，国内钢厂很难实现造船钢板不同规格的系列化生产而导致产品交货时间延长。

⑥ 缺少船体钢的止裂韧性、评定船体结构的剩余寿命和安全评定等方面的结构材料数据库。

3.3.1.3 未来发展趋势

① 屈服强度达420～460MPa的高强度钢板和屈服强度达550～780MPa的超高强度钢板；

② 具有高疲劳极限和高止裂特性，厚度为45～80mm的厚板和厚度为80-300mm的特厚板；

③ 输入热量为80～150kJ/cm的大热量输入型钢板和输入热量为200～600kJ/cm的特大热量输入型钢板，以及配套焊接材料及工艺的研究与开发；

④ 优化船用钢板的合金成分体系，开发耐腐蚀性、耐磨损性、耐低温性能的厚板；

⑤ 全尺寸高强度厚钢板服役条件下力学性能的检测及安全评估。

3.3.2 海洋油气开发工程装备领域用钢

“十二五”时期是我国海洋经济加快调整优化的关键时期，加快海洋资源的开发与利用，需要先进的海洋工程装备进行强有力的支撑，同时对我国海洋工程装备制造业及材料提出了更高的要求。国家在2012年3月正式公布的《海洋工程装备制造业中长期发展规划》中明确提出，2015年，海工装备年销售收入达到 2000 亿元以上，其中海洋油气开发装备国际市场份额达到 20%；2020 年，年销售收入将达到 4000 亿元以上，工业增加值率再提高 3 个百分点，其中海洋油气开发装备国际市场份额达到 35%以上。

中国船舶工业行业协会等权威部门对今后我国海洋工程用钢需求作了以下估计：一是我国海洋油气钻井平台装备的 70%仍须进口，其用钢量每年大于 100 万吨；二是 FPSO（海上浮式生产储油船）和其他海洋工程辅助船（含船上装备）年用钢量约为 100 万吨；三是浅海海底油气管线用钢年需求量为 20～25 万吨；四是包括易焊接钢，钻采、海水淡化用高端特殊钢，以及业主指令进口的平台用钢在内的海洋工程特殊钢将大量进口。随着海洋工程装备产业发展的逐步深入，新材料的开发与应用已经成为制约海洋工程装备国产化的重要瓶颈之一。

图 3-2 中列出了海洋工程装备体系的主要组成，钢铁作为海洋工程装备的关键结构材料，广泛应用于钻井平台、生产平台以及海底管道等，如图 3-3 所示。由于海洋工程装备服役时间长，并且要长期抵抗恶劣的风浪条件，水下修理维护的成本极高，其采用的钢板必须具有高强度、高韧性、抗疲劳、抗层状撕裂、耐海水腐蚀等特性。此外，由于海洋平台采用焊接结构，平台用钢要有良好的可加工型。一是要保证良好的可焊性，可焊性主要通过控制碳当量和裂纹敏感系数（P_{cm}）来实现，并且要通过焊接试验进行验证。二是要有良好的冷加工能力，由于很多大直径钢管要通过钢板卷制而成，钢板要保证在卷制后仍然能够具有良好的机械性能，尤其是韧性。目前，国外开发了一系列大尺度、大线能量焊接、耐腐蚀、高强高韧，同时兼具其他一些特殊性能的高端海洋工程用钢产品。

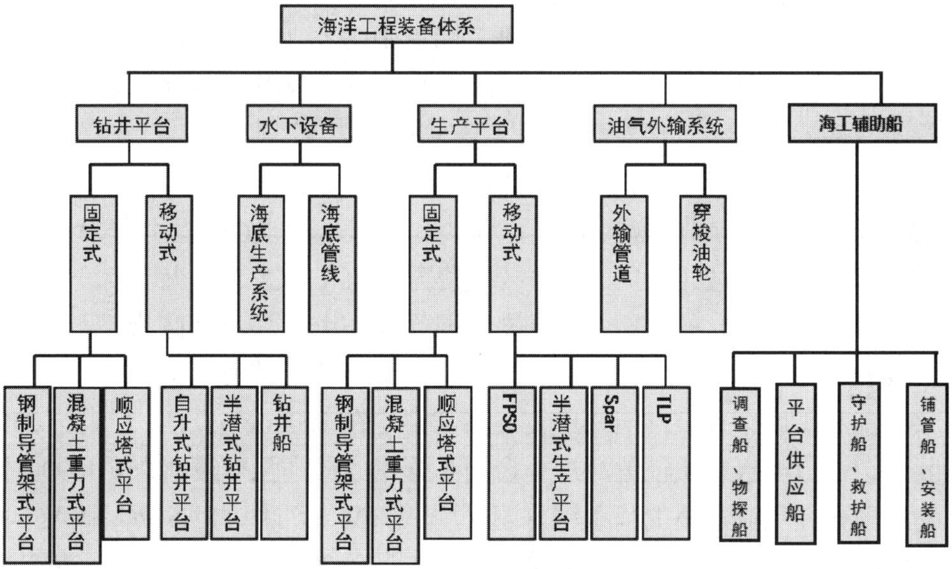

图 3-2　海洋工程装备体系的主要组成

图 3-3　钢铁材料在海洋工程装备中的应用

3.3.2.1　国内外研究现状

当今海洋平台用钢受轻量化及降成本等因素的推动，通过低碳、低夹杂、微合金化细化晶粒控制等方法，向高强、高韧化及耐腐蚀方向不断发展。目前海洋平台用钢遵循的四大国际标准，即 EN10225 和 BS7191（欧洲标准）、API（美国标准）、NORSOK（北海标准），对海洋平台用钢的力学性能及设计制造等都有明确的规定，但对耐腐蚀性能的规范较为欠缺。

世界海洋平台用高强度钢的主要级别为屈服强度 355、420、460、500、550、620、690MPa，并对低温性能要求至少−40℃，甚至−60℃，抗层状撕裂性能达 *z* 向 35%，耐腐蚀性能良好，主要交货方式为 TMCP、正火以及调质。其中，对自升式海洋平台的桩腿、悬臂梁、升降电动齿轮、齿条机构等要求更加苛刻，需要 690 MPa 以上钢级的高强度或特厚等专用钢，并要有优良的低温韧性、焊接性能和耐腐蚀开裂性能，厚度规格需要均在 100 mm 以上，最大达 259 mm。目前，通过船级社认证的海洋平台用高强钢的最高强度级别为 FH690，国际上对海洋平台用高规格的齿条钢普遍采用 ASTM 标准中的 A517Q 和 A514Q，力学性能要求见表 3-2。随着海洋平台工作水深增加、使用环境越来越苛刻，高强钢的强度、厚度必将不断增加、耐腐蚀性能要求也将越来越严格。

表 3-2 A517Q/A514Q 的力学性能要求

牌号	R_{eb}/MPa	R_m/MPa	A50.8/%	ψ/%
A517Q	≥690	795～930	≥16	≥45
A514Q	≥620	725～930	≥14	≥45

目前国际海洋平台用钢主要由德国的迪林根和日本的新日铁、JFE 和住友金属公司生产。日本对海洋平台用钢的研究较早，已开发出耐海水腐蚀、大线能量焊接及低温用等系列的高强钢板，强度级别已达 980MPa。JFE 开发出了厚度为 140mm、屈服强度为 700MPa、抗拉强度为 800MPa 的含镍平台用钢；同时该公司形成了自己的企业标准系列，海洋平台的钢板抗拉强度为 360～980MPa，品种主要有 JFE-HITEN 系列高强钢板等。利用微合金化元素的析出，新日铁开发了 HTUFF 技术，其用于海洋平台的钢板主要有 WEL-TEN 系列高强钢板、NAW-K 及 COR-TEN 系列无涂层焊接结构用耐蚀钢板、MARILOY 系列焊接结构用耐海水腐蚀钢板及 NAW-TEN 系列含 Ni 耐候钢板等品种。此外，新日铁公司还按 API 2W、EN10225、NORSOK 及 BS7191 标准生产屈服强度在 315～550MPa 之间的 A、D、E、F 级别的钢板，最高强度达到 950MPa。

欧洲作为海洋资源开发较早的区域，其海洋平台用钢的研发、应用、品种系列化及标准化处于领先地位，已可生产 A、B、D、E 级的屈服强度在 235～690MPa 之间的各种钢板。目前欧洲用于海洋平台建设的钢种应用最广泛的为 S355、S420、S460 及 S690，耐腐蚀性能良好。挪威埃科菲斯克Ⅱ号海洋钻井平台是欧洲第 1 座使用改进韧性 S690Q 钢板的海洋平台。俄罗斯 Arkticheskaya 自升式钻井平台用于北极地区的油气钻探，最大钻探深度 6500m。当前 S690 级高强钢在海洋平台中的应用越来越多，但仍需解决高强钢板焊接处易开裂及耐蚀性差等问题。现今在海洋平台建设中也应用了更高强度级别的钢板，其高强钢板主要通过调质工艺生产，钢板屈服强度可达 1100MPa，但由于焊接困难和耐腐蚀开裂问题，超高强钢在海洋建设中应用较少。

我国开发海洋石油起步比较晚，到 20 世纪 80 年代才建成自己的海洋石油平台。目前我国海洋平台主要使用屈服强度为 355～460MPa 的 D，E 及 F 级钢板，基本实现国产化。我国首次自主设计、建造的 3000 m 深水半潜式钻井平台“海洋石油 981”（图 3-4）所用钢的强度已达到 690MPa；北海油区海洋自升式平台固定结构已使用 500MPa 以上，甚至 750MPa 高强度钢，但我国海洋平台用钢强度不高、规格不全、耐腐蚀性能较差、配套工艺不完善等问题，仍限制了我国自主开发海洋资源的能力。目前国内海洋平台用钢领域处于领跑地位的钢企主要有宝钢、舞钢、鞍钢、华菱、兴澄特钢和武钢等，其他钢厂产品尚不能达到厚度和强度要求。

图 3-4　3000 m 深水半潜式钻井平台“海洋石油 981”

另外，自升式钻井平台升降系统的齿条构件所用到的牌号为 ASTM A517GrQ 的高屈服强度的合金钢，一般要求厚度在 150mm 以上，具有强度高、抗冲击韧性强、抗层状撕裂性好、耐腐蚀的性能。目前国内已研发成功了 150mm、180mm、215mm 等不同厚度规格的此类合金钢板，但目前还不能按船厂所需，全规格、批量地生产这种钢材，仍须进口。此外，虽然国产材料与进口材料强度是一致的，材料成分也基本一致，但是焊接性能没有进口的好，焊接须要预热和保温，所花的费用相对较高。

目前，按照 ASTM（美国）、EN（欧洲）、各船级社以及 API（美国石油协会）的规范或标准来划分，宝钢拥有四大系列海洋平台用厚板产品。宝钢集团浦钢公司采用正火工艺开发了 DH36-Z35、EH36-Z35 等海洋石油平台钢板，各项性能指标均达到相关标准规范要求。另外宝钢采用调质工艺试制了屈服强度 690MPa 高强度海洋平台用齿条钢，同时自主研发的自升式海洋平台桩腿用最大厚度为 178mm 的厚板，在 2012 年通过 ABS、DNV、GL、CCS 四家船级社产品认证的基础上，2013 年通过了 ABS 船级社的型式认可。这一产品是海洋平台用厚板中钢级最高、厚度最大、性能要求最高、质量要求最严苛的品种，自此宝钢具备海洋平台用厚板全系列产品供货能力。近几年，宝钢为中海油、中石油、外高桥、振华重工、招商局重工等国内知名用户的重点项目建设供货，也供货给巴西国家石油公司、新加坡胜科海事等海外用户重要工程。

舞钢 A、B、D、E、AH32-EH32、AH36-EH36 级海洋平台用钢通过了九国船级社（ABS、BV、CCS、DNV、GL、LR、NK、RINA 和 KR）认证，还成功开发了 EH40、FH40、E500、E550、E520、E690、A514GrQ 和 A517GrQ 等高强度钢板，并已取得相应船级社认证，开始批量供货。目前已具备满足半潜式深海钻井平台用钢全部国产化要求的能力，同时也是我国海洋工程用宽厚钢板国家标准的制订者。舞钢的 D36-Z35 海工钢，在我国第一个世界级深水项目——位于南海东部 1500m 深海区域的“荔湾 3-1”气田建设中，被用于半潜式平台最关键的导管架部位制造；生产的 A514GrQ 齿条钢最大厚度达 215mm，比国外最大厚度还超出 5mm，解决了自升式平台升降机构齿条钢、半圆板国产化的急需。舞钢的高端海洋工程用钢，还出口到巴西、挪威等国家用于深海钻井平台制造。

鞍钢于 2009 年通过美国、中国、挪威、德国、日本 5 家船级社认证，钢板级别涵盖了普通强度 A、B、D、E 级和高强度 AH32-EH32、AH36-EH36、AH40-EH40 级的大线能量焊接用船体及海洋采油平台用钢系列，产品最大厚度为 100mm，焊接线能量为 100kJ/cm。其强度、低温韧性、规格等指标均达到国际先进水平，大大超过一般钢厂能达到的厚度 40mm、焊接线能量 50kJ/cm 的水平。随后，2010 年鞍钢成为国内首家通过 F620、F690 超高强海洋平台用钢船级社认证的企业。鞍钢生产的海洋平台用钢不仅在我国渤海、南海等海域应用，同时还为美国、埃及、新加坡、挪威等国供货。

兴澄特钢自 2010 年第一条钢板生产线投产以来就一直将海洋工程用钢作为重点研发、认证和生产项目。到目前为止，已完成了从普通强度到高强度再到超高强度海洋工程用钢各个钢级的九国船级社认证，API 海洋工程用钢的 API 认证，厚度达 152.4mm 的自升式海洋平台用齿条钢板的 ABS、DNV 和 CCS 船级社的认证，EN10225 系列钢种中部分钢种的 GL 船级社认证，且已大批量向国际和国内客户供货。仅就海洋工程用钢中性能要求最高、生产难度最大的自升式海洋平台用齿条钢板而言，兴澄特钢研发出厚度≤152.4mm 的 A514GrQ 和 A517GrQ，已于 2014 年初获得船级社的工厂认证，现已批量向国内海工客户振华重工、郑州机械所和武船机电供货。

天津钢管生产的 X100 钢级桩腿管以及衡阳钢管研制开发了 400FT 自升式海洋钻井平台用 X80Q 和 X100Q 钢级桩腿支撑无缝钢管，均于 2013 年获 ABS 认证，这有利于打破国外公司对高钢级海洋工程用管市场的垄断地位，为高钢级海洋工程用管的国产化提供了保证，目前衡钢已为中船黄埔造船有限公司和太重（天津）滨海重型机械有限公司供货。

目前，国产海洋平台钢板已被广泛采用，EH40 以下的海洋平台用高强度结构钢材基本实现国产化，已研发出生产船体及海洋平台用钢 FH690。但关键部位所用高强度、大厚度材料仍依赖进口。因此高强度、厚规格及耐腐蚀性能好的海洋平台用高强钢的研发和应用是我国今后的主要研究方向之一。

海底油气管道是海洋油气田内部设施连接和开采油气资源外输的重要方式，其示意图见图 3-5。自 1954 年 Brown&Root 公司在美国墨西哥湾铺设世界上第一条海底管道以来，半个多世纪里，世界各国铺设的海底管道总长度已达十几万千米，水深不断增加，输送压力不断提高，正在不断创造新纪录：

① 铺设水深——计划2014年完工的地中海水下从阿尔及利亚延伸至撒丁岛的Galsi管道将创造2824m（9265ft）的新水深纪录；

② 管道长度——2004～2007年间，在挪威和英国之间铺设的Langeled天然气管道的长度达到1173km（729英里），成为世界上最长的海底管道；

③ 管道壁厚——俄罗斯和欧洲之间穿越波罗的海的输气管道（Nord Stream project），使用了X70钢管，管径1219mm，最大壁厚达到41.0mm，是目前海底管道工程中应用的最大壁厚钢管。

随着海底管道向深水发展，需要高钢级管材和小D/t比钢管，正在进行可行性研究的从阿曼到印度的海底管线项目，水深达3500m、总长1200km。为防止管线在35MPa的外压下压溃，计划采用X70钢级，OD692mm×41mm的钢管，要求-10℃下母材的冲击功大于200J，焊缝冲击功大于100J，DWTT的断口剪切面积大于85%，椭圆度要求小于4mm。目前，国外海底管道工程中非酸性环境下应用的最高钢级为X70，酸性环境下应用的最高钢级为X65；钢管壁厚最大为41.0mm，D/t最小为15.8。

图3-5 海底油气管道示意图

我国从1985年在渤海埕北油田首次成功建成第一条内管152.4mm（6in）、外管304.8mm（12in）、长1.6 km的保温海底输油管道开始，经过30年的开发，据统计到目前为止，在我国海域累计已铺设海底管道60多条，总长度超过6000km，其中渤海8个油气田建成的海底管道累计约186km，南海13个油气田铺设的海底管道累计超过1000km。2012年完工的南海-荔湾输气管道工程项目，开创了我国1500m作业水深的管道工程纪录。

我国第一条海底长距离输气管道是1990年底铺设完成的锦州20-2天然气凝析油混输管道。管道口径 304.8mm（12in），总长 48.6 km，外输管道压力7.4MPa，钢级为API 5L X52/56。在管道长度方面，从海南岛近海某气田至香港的一条直径 711mm 的海底输气管道长达近 800km，是我国目前最长的一条海底管道。在管道壁厚方面，南海-荔湾输气管道工程中项目中应用的 X70 钢管最大壁厚为 31.8mm，该钢管是由宝钢生产。双金属复合管在国内海底管线上的应用起步较晚，崖城 13-4 气田项目是国内双金属复合管第一次在海洋环境中使用，该项目复合管材质为 API 5LD X65+S316L 的双金属机械复合管。表 3-3 中列出了我国部分项目海底管道材料的使用情况。

表 3-3 我国部分项目海底管道材料的使用情况

序号	项目名称	材质	规格/mm	数量/t	用途	时间/年
1	胜利油田	X52	ϕ559×12.7	1552	海底油管线	2000
2	中海油春晓气田群开发项目	X60	ϕ711×15.9	68645	海底气管线	2003
3	番禺/惠州天然气开发项目	X65	ϕ508×14.3～24.4	58881	海底气管线	2005
4	中海油乐东气田海底管线	X65 L450MB	ϕ610×13.6～18.7	27000	海底气管线	2007
5	南海荔湾海底管线	X65	ϕ762×30.2 ϕ758.8×28.6 ϕ765.2×31.8 ϕ559×28	140000	海底气管线	2012
		X70	ϕ765.2×31.8			

随着海洋油气资源的开采逐渐走向深海或超深海，未来 5～10 年对海底管道的建设需求会更加旺盛，材料产业发展前景十分广阔，尤其是对新材料、新工艺的需求日益强烈。然而目前，我国对 1500m 以上水深环境下钢铁材料的腐蚀行为研究很少，更缺乏相应的材料合金设计和组织控制技术；钢板沿厚度截面的成分和组织均匀性控制困难，HIC 和 SSCC 性能难以保证。

相比陆上，海上石油开采是高风险、高技术、高投入。陆上每钻井 1m 耗资约 1 万元人民币，而海上钻井成本约是陆地钻井的 5 倍，因此，海洋油气开采对所用的油井管要求更为苛刻，设计时需要更高的安全系数，由于海洋环境的复杂性，对油井管的耐蚀性能尤为关注。

目前耐蚀类油井管（CRA）产品最具代表性的为高合金类耐蚀油井管产品，其中包括：耐 CO_2 腐蚀的马氏体不锈钢产品、耐 H_2S+CO_2 腐蚀的双相不锈钢产品以及在高酸性环境下使用的镍基合金产品等几类。高合金耐蚀油井管产品由于其超高的合金含量（通常超过 20%），普遍具有冶炼难度高、生产周期长、制造难度大等特点，长期以来被国外住友、JFE 等厂家垄断，售价高昂。为打破国外产品垄断，国内宝钢等龙头油井管企业投入大量资金人力进行研发，目前非标 3Cr、13Cr 系列产品已初步实现国产化，首次实现替代进口，批量应用于东海、南海区块。而我国对双相不锈钢油套管的研究还处于试验阶段，天津钢管正在通过工艺上的创新研制超级双相不锈钢 2507，但尚未实现规模应用；在镍基合金油套管研发方面，虽然天津钢管生产的镍基合金特殊螺纹油管 ϕ73.02 mm×5.51 mm 规格、TP110-TDJ028 钢级的 TP-G2 产品在胜利油田海上钻井平台首次下井成功，但与国际领先的制造企业相比仍有很大的差距，尤其是在核心技术、产品种类规格系列化、用户使用技术等方面仍存在大量问题有待研究与开发。

超高强度高韧性油井管作为石油钻采行业深井超深井建井的重要工业材料，成为近年来国内外材料研究与开发的热点。日本 JFE、住友、德国曼内斯曼等国际知名企业均将 150KIPS 钢级油井管的开发作为一个重要课题。超高强度油井管材料设计以中碳低合金 Cr-Mo 钢系列为基础，采用调质处理（淬火+高温回火）手段来获得。Cr-Mo 钢是目前最常用的高强度油井管材料，为进一步提高 Cr-Mo 钢的强度和韧性，一般采用 V 微合金化处理，同时采取降低 C 含量、Ca 处理等措施来提高油井管的横纵向冲击功大于 80J 以上。

3.3.2.2 我国与国际先进水平的差距

目前，我国海洋平台主要使用的屈服强度为 355～460MPa 的 D、E 及 F 级钢板，基本实现国产化。鞍钢、南钢生产的中厚板屈服强度达 550MPa，武钢、宝钢和沙钢都已具备生产屈服强度为 690MPa 海洋平台用钢的能力，但厚度超过 120mm 以上时，产品质量及性能的稳定性、满足更大规格产品的技术需求、耐腐蚀开裂、配套焊接等方面都存在问题。建造海洋工程的关键部位所用的高强度、厚规格、耐海洋腐蚀开裂等性能的钢板多数仍需进口，特别是具有良好综合力学性能且厚度在 120mm 以上、屈服强度在 690MPa 以上的高韧性、耐腐蚀、易焊接的海洋平台用钢基本依赖进口。

在海洋工程装备制造市场中，还有一些比较特殊的用钢。例如用于风车安装船等海洋工程产品升降系统的齿条构件，牌号多为 ASTM A517GrQ（S690，EQ690），屈服强度为 690MPa，要求−40℃低温冲击性能。就风车安装船而言，厚度约 178mm，用钢量约为 2000t/船。目前能生产这种材料的厂家还比较少。表 3-4 对比了我国海工用钢先进水平与国外先进水平之间的差距。

表 3-4 国内外主要海工用钢性能指标对比

关键品种	国内先进水平	国际先进水平
高强度海洋平台厚板	460～550MPa，E 级 焊前预热 80～120℃	690～720MPa，F 级 室温焊接不预热
690MPa 级齿条钢特厚板	620MPa，E 级 厚度 114～152mm	690～720MPa，F 级 厚度 127～256mm
海洋工程用大口径高强度无缝管	690～720MPa，E 级 最大壁厚 20mm	690～720MPa，F 级 最大壁厚 40mm

续表

关键品种	国内先进水平	国际先进水平
高强度大规格 H 型钢、T 型钢	355～390MPa，E 级 翼缘厚度小于 40mm	460～550MPa，F 级 翼缘厚度 100mm 腹板长 430mm
高强度大规格球扁钢	非调质 355MPa，D 级 最大规格 36#	非调质 390MPa，E 级 最大规格 43#
大壁厚深海管线钢	420～490MPa，E 级 最大深度 300m	490～550MPa，E 级 最大深度 3000m

近年来，我国材料技术虽然已取得长足进步，但与国际先进水平相比，在海底管道方面仍然存在诸多方面的不足，尤其是深海和超深海海底管线，我国材料技术方面几乎空白，表 3-5 显示了国内外海底油气管道的工程应用现状，对比后发现主要差距是钢管壁厚和径厚比。今后几年我国每年将需要 20～25 万吨的海底管线钢，设计最大深度达 3000m，钢管最大壁厚超过 32mm，因此迫切需要厚规格高耐蚀易焊接深海管线钢的开发和生产，给钢厂和钢管制造企业提出了挑战。

表 3-5　国内外海底油气管道的工程应用对比

指标	国外	国内
最高钢级	X70（非酸性环境） X65（酸性环境）	X70（非酸性环境） X65（酸性环境）
最大水深	2824m	1500m
最长管道	1173km	800km
最厚钢管规格	OD1219mm×41mm	OD765.2mm×31.8mm
D/t	15.8～36.6	20.0～44.0

在海洋钻采用油井管材料方面，我国对于高端产品的研发和生产还有很多关键工艺和技术没有掌握和突破，与国外先进生产企业相比，大生产的质量不够稳定，成材率低，产品缺乏市场竞争力。在产品使用的过程中也暴露出了由于使用技术不成熟带来的众多失效问题，影响了产品的大规模应用和推广。此外由于海洋油气开采高安全性的要求，国产油井管在海洋油气开采中使用业绩不足，存在潜在的使用风险等原因，在海洋油气开采中尤其难以推广使用。

3.3.2.3　未来发展趋势

随着油气开采逐渐走向深海或超深海，海工产品逐渐向高端升级，对钢材的要求，主要体现在耐高温、耐高压、耐腐蚀、更高强度、更好的电磁性能、更精确的几何尺寸、更好的加工性能、更严格的性能参数一致性、更准确的交货期、更严格的质量控制标准等。未来十年我国海洋工程装备材料的主要发展方向为：

① 开发目前亟需的海工用钢品种

a. 耐蚀钢——经过各方面近 4 年的努力，船用耐蚀钢板及配套焊接材料已经突破了材料研发与检测核心技术难题，进入到批量试制与评价阶段，材料各项性能满足 IMO 标准和船板规范要求，造船工艺性能与传统船板相当。相关船级社规范也正在编制中。而海底油气管道中输送的油气中含有大量 H_2S、CO_2、Cl^- 等腐蚀介质，内腐蚀十分严重，大量采用不锈钢或耐蚀合金是一种很不经济的选择，双金属复合管以耐腐蚀合金管（不锈钢或耐蚀合金）作为内衬层（壁厚 0.5～3mm），以碳钢或低合金钢作为外面基管承受压力，可有效地防止管道内部腐蚀，成本只有耐蚀合金纯材的 1/5～1/2。日、美等国对石油天然气输送管道用双金属复合管的应用比较成熟，于 1991 年投入使用，用量逐年扩大。国内双金属复合管在海底管线上的应用起步较晚，2011 年崖城 13-4 气田项目是国内双金属复合管第一次在海洋环境中使用。尽管国内已有不少厂家能够生产双金属复合管，但是各厂家技术水平参差不齐，普遍因技术不成熟、规模小、生产效率低下而不能满足需求。因此，我国须加紧双金属复合管制造技术的研发，提高制造的自动化程度。另外，还要加快开发适应高温、高压、高强度、高腐蚀环境的冶金复合管的开发。

b. 用于 LNG 船的殷瓦钢——LNG 船是国际公认的高技术、高附加值船舶，用于运输 LNG（液化天然气）。由于其运输的 LNG 是在−163℃的极低温下储存，因此，建造 LNG 船所需船板的强度、韧性、耐腐蚀性和可焊性都有一定的特殊要求，特别是 LNG 储罐部分钢材必须具有耐低温性能。2007 年以前 LNG 储罐用 9%Ni 钢，全部依赖日韩和欧洲进口。目前国内太钢、南钢等钢铁企业已掌握 9%Ni 钢生产技术，实现了国产化，但仍未还海洋领域应用。

c. 用于深水半潜式钻井平台上使用的甚高强度 EQ56 和 EQ70 钢板——高强度、大厚度、耐低温冲击的 EQ56、EQ70“甚高强度船板”，目前只有日本的大型钢厂如 JFE、新日铁等钢铁巨头可以生产。虽然 EQ56 钢目前国内有几家钢厂已开发出来，但是由于海洋工程中每个项目的用量较小且规格较多，在国内采购有些难度，这类材料的来源还是依赖进口，尽管该类钢板数量有限，但是单价是常规船板的数倍，而且因采购途径有限，价格居高不下。从服务海洋工程领域、提高我国船舶工业综合竞争力的大局来看，国家有必要对这一特殊类型的甚高强度钢材的国产化进行重点支持。

d. 47kg 级高强度钢——2008 年，日本钢铁与三菱重工合作，成功开发出一种新型高拉力强化钢“HTS47”，并在全球造船业范围内，首次在日本造船厂使用这种钢板。主要用在超大型集装箱船的舱口围板等部位。随着集装箱船大型化的发展趋势，未来这种高强度钢的应用将会越来越广泛，需求量会显著增加。我国由于没有形成规模生产，该类钢材船厂还是全部依赖进口。

e. 牌号为 ASEM A517 GrQ 的高屈服强度合金钢——用于风车安装船等海工产品桩腿的制作，屈服强度为 690MPa，要求−40℃低温冲击性能，厚度在 150mm 以上，具有强度高、抗冲击韧性强、抗层状撕裂性好、耐候及耐海水腐蚀等性能。舞阳钢铁公司自主研发的该钢种 150mm、180mm、215mm 等不同厚度规格的板材已全部获得成功。但目前还不能按船厂所需，全规格、批量地生产这种钢材，需要进口。

f. 钛合金——钛材的应用，在船舶和海洋工程上还属于一种新材料，产品设计师和用户对钛材的认识还不够，掌握的技术资料还不多。在材料生产上，国内已有板、管、棒、饼、环、丝材和铸件，但还只能生产小规格。如目前板厚还不能超过 50mm，管材外径不能大于 110mm。为了满足船舶产品发展的要求，除还需研制各种牌号的钛合金外，更多的是扩大钛材的规格，并研究大规格材的各种性能，特别是建造工艺性能。

② 在低碳微合金钢管发展方面，急需开发抗大变形、高疲劳性能、大 t/D 比等海底管线钢管。

海底管道向深海发展，管道外压的问题逐渐突出，钢管发生挤毁后，管道在很小的载荷下就会发生屈曲扩展，必须开发抗大变形、大 t/D 比钢管，提高钢管椭圆度和壁厚精度。目前，我国 X70 海底管线用钢生产的最大厚度为 31.8mm，尚不掌握更厚规格 X70 钢板的生产技术。

③ 在低压缩比条件下开发高 Z 向性能、高强高韧海洋平台用钢。

④ 开发超高强海洋平台用钢及海底管道用双金属复合管的焊接技术及焊材。

⑤ 平台用钢厚度超过 120mm 以上时，提高产品质量及性能稳定性的技术研究。

⑥ 掌握 X70 以上级别等厚规格深海管线钢组织细化及 DWTT 控制技术。

⑦ 以油井管国产化为中心，建设深海油气开采材料示范平台，逐步摆脱依赖进口的局面。

3.3.3 海洋基础设施建设领域用钢

我国作为海洋大国，海岛资源丰富，拥有面积超过 500m^2 的海岛近 7000 个，海岛及其周围海域蕴藏着丰富的渔业、矿产、旅游和海洋能源，是海洋开发的基地。而岛屿资源开发的关键是陆岛交通建设，其中修建跨海大桥是改善陆岛交通障碍的主要途径。随着现代桥梁向大跨度发展的趋势，对跨海大桥用钢提出了越来越高的要求，不仅要求高强度、还要求优良的低温韧性、焊接性和耐蚀性以满足桥梁用钢结构的安全可靠。

3.3.3.1 国内外研究现状

从世界各国的桥梁发展历史可以看出，桥梁用钢基本上都经历了从低碳钢—低合金钢—高强度钢—高性能钢的发展历程。早在 20 世纪五六十年代，美国和日本就推出了屈服强度为 500～800MPa 的高强度钢，并将其用于桥梁的建设。但由于高强度钢在材料韧性和可焊性等方面不能完全满足现代桥梁的要求，这在一定程度上限制了它在现代桥梁建设中的推广。近 10 多年来，随着钢铁冶炼工艺中控温控轧过程控制技术和钢的微合金化技术的开发和应用，使高性能钢的生产成为可能。

20 世纪 90 年代以来，美国研发了系列高性能钢 HPS345W（HPS50W）、HPS485W（HPS70W）和 HPS690W（HPS100W），这些钢种耐候、符合 3 区韧性要求且具有优良的可焊性，其力学性能见表 3-6。通过调质处理（Q&T）处理可以生产出厚 100mm、长 15mm 的 HPS70W，而直接由 TMCP 工艺生产，能够避开调质处理对长度的限制（≤15m），可以生产出厚 50mm、长 38.1m 的钢板。目前，在美国 40 多个州的约 200 座桥梁中应用了高性能钢，这些建成的桥梁体现了良好的结构性能和经济性。为了在桥梁中更加有效的应用高性能钢，美国已对公路桥梁设计规范做了很大的改进，允许工程师在桥梁设计中采用高性能钢，并提出了混杂设计复合钢梁的概念。在耐候钢方面，美国于 1933 年开始生产耐候钢，1964 年首次将耐候钢应用到新泽西高速公路的桥梁上，并在 1977 年建成世界上最大跨度的上承式耐候钢拱桥（New River Gorge Bridge），1983 年建成耐候钢斜拉桥（Mississippi River Bridge），目前美国的耐候钢桥约占其全部钢桥的 50%。

表 3-6　HPS 系列高性能钢的力学性能

牌号	R_{eL}/MPa	R_m/MPa	A/%	A_{kv}/J
HPS50W	≥345	≥485	≥21	≥41(−23℃)
HPS70W	≥485	585～760	≥19	≥48(−23℃)
HPS100W	≥690	780～895	≥18	≥47(−34℃)

日本高性能钢的研发和桥梁设计紧密结合，研究人员根据桥梁结构的要求确定钢材需要满足的性能，成功研发了桥梁用高性能钢（BHS500W 和 BHS700W），其设计目标是减少钢桥寿命周期内的总成本。BHS 不仅屈服强度和抗拉强度高，而且有良好的断裂韧性、可焊性、制造性、成形性和耐候性。同时，日本开发了低过渡温度焊接法等焊接新技术（LTT），以改善结构的疲劳性能，并使用 BHS 系列钢建造了一批高性能钢桥梁。现在 NKK 公司采用 TMCP 技术已经成功开发了韧性和焊接性能优良的 980MPa 级桥梁钢板，此外该公司还开发出了 100mm 厚的 SM570Q-H-EX、SMA570WQ-H-EX 和 60mm 厚的 NK-HIT-EN780B-EX 钢板。在耐候钢开发方面，日本在 1967 年开始将耐候钢

应用到桥梁上，目前耐候钢桥约占其全部钢桥的10%。新日铁开发出不含C、含3%Ni的耐盐桥梁用耐候钢，这种钢不经涂层可直接用于沿海地区，其初期费用比现有的经过涂防腐层的钢低1/3；NKK公司开发了在钢中添加Ni和Mo的海岸用耐候钢。

欧洲对高性能钢的研究也十分重视，研制了S460ML、S460QL和S690QL等高性能钢材，并且对高性能钢的疲劳断裂性能、结构稳定性等进行了系统研究。德国与英国分别是从1969年和1970年开始建造耐候钢桥，加拿大在新建的钢桥中有90%是用耐候钢。同时欧洲致力于建立高性能钢的设计准则，并将其纳入最新的欧洲规范体系。在欧洲，高性能钢的应用不仅限于桥梁，而且用于建筑结构、起重机、海洋工程、船舶、国防等行业。

我国桥梁数量庞大，但钢结构桥梁占比不到1%。美国60万座桥梁中，钢结构桥梁占33%；日本13万座桥梁中，钢结构桥梁占41%，用钢比例远低于发达国家。未来随着我国跨海湾、跨江的大跨径钢结构桥梁的建设，桥梁钢结构需求量将呈快速发展，根据中国钢结构协会预测，到2015年我国桥梁钢结构工程需求量将达到450万吨，相对于2010年的250万吨产量，市场空间巨大。目前，国内安钢、宝钢、包钢、鄂钢、邯钢、舞钢、南钢、鞍钢等大中型钢企都具备桥梁钢板的生产能力。其中，鞍钢是国内最早生产桥梁用钢的企业，该公司16万吨桥梁钢板将跨江越海用于世界最长跨海大桥港珠澳大桥建设，如图3-6所示。

图3-6 港珠澳跨海大桥

我国的桥梁钢有一个比较漫长的发展过程，自1957年的武汉长江大桥开始，我国桥梁经历了南京长江大桥、九江长江大桥、1998年的芜湖长江大桥及2009年的南京大胜关长江大桥5个标志性阶段，如表3-7所示。最初武汉长江大桥使用的是低碳钢，钢号为A3。南京长江大桥原设计是由前苏联提供钢材，但供应很少就撕毁合同。为此，鞍钢全力以赴开发Q345（16Mn），称为“争气钢”，经过不断优化形成了16Mnq。15MnVNq（板厚≤16mm时屈服强度≥

420MPa）的开发和应用，也是几经波折，原是为枝江长江大桥开发（1966 年），该桥原设计为栓焊结构，由于对焊接结构和新钢种的“疑虑”，而改铆接结构（1968 年），仍然采用 16Mnq 钢。1976 年 15MnVNq 在栓焊结构的白河大桥上应用成功后，终于得以成功地应用于栓焊结构的九江长江大桥。但是，在使用过程中发现，16Mnq 钢及 15MnVNq 钢的韧性指标和焊接性能并不理想，而且随着板厚的增加，16Mnq 钢的强度和韧性明显降低，这就使其在大桥设计上应用的最大厚度至今为止仍为 32mm。而大跨度桥梁的设计一般板厚可以用至 40mm 或 50mm 甚至更厚，16Mnq 和 15MnVNq 钢根本满足不了大跨度钢桥设计与制造的需要，因此在以后的桥梁建设中很少使用。在分析国内外桥梁钢的基础上，武钢研制开发了屈服强度≥370MPa、最大厚度为 50mm 的 14MnNbq（Q370q）微合金化桥梁钢板。14MnNbq 是在 16Mnq 的基础上降低 C 和有害元素 S、P 的含量，并通过控制夹杂物形态以及添加强碳氮化物形成元素 Nb 研制而成的。由于较低的 S、P 含量、夹杂物形态的控制以及 Nb 的细化晶粒和沉淀强化作用，14MnNbq 与 16Mnq 相比尽管碳当量有所降低，却表现出更高的强度和韧性。而且由于其焊接性良好，得到了桥梁设计工作者的认可，这一钢种在国内得到了较为广泛应用。目前建成的京沪高速铁路南京大胜关长江大桥首次采用了武钢生产的 Q420qE（WNQ570）桥梁钢，该钢种采用的是 TMCP+回火工艺，类似国外的高性能钢，强度虽然增加，但碳当量增加不大，具有良好的焊接性能。近年来，鞍钢又开发了屈服强度≥420MPa、最大厚度为 80mm 的 Q420q，并已在松花江斜拉大桥等桥梁上得到了应用。但是耐候钢在桥梁工程中的应用还处于空白，目前钢桥的耐蚀主要采用涂装。

2008 年修订的 GB/T714—2008《桥梁用结构钢》，增加了 Q420q、Q460q、Q500q、Q550q、Q620q 和 Q690q 等高性能钢种，但到目前为止，国内屈服强度级别超过 460MPa 的钢材尚未应用到桥梁工程中。

进入 21 世纪以来，我国桥梁建设已经进入世界先进水平，尤其是跨海大桥建设方面取得了世界瞩目的成就。同时桥梁用钢水平也得到了世界认可，如舞钢生产的 A709M-HPS485W 为美国旧金山新海湾大桥供货 4.5 万吨，鞍钢中标的美国塔纳纳西河桥 6000 多吨耐候钢订单等。

表 3-7　国内典型桥梁用钢的演变

跨海大桥	钢号	钢的屈服点/MPa	A_{kv}(−40℃)/J
武汉长江大桥	A3	235	/
南京长江大桥	16Mnq	345	30
九江长江大桥	15MnVNq	420	48
芜湖长江大桥	14MnNbq	370	120
南京大胜关长江大桥	WNQ570	570	120

3.3.3.2 我国与国际先进水平的差距

虽然我国具备一定的生产高强度桥梁用钢的能力，但同国外 HPS 桥梁用钢相比，我国桥梁用钢性能稳定性、焊接性能和耐候性能较差，使得桥梁建设成本和维护成本较高，使用寿命较短。

我国桥梁建设中使用的桥梁用钢的强度级别较低，长期使用 Q345q、Q370q 和 Q420q，近几年采用了 HPS485W 和 WNQ570，总体上呈强度级别较低的状态，屈服强度≥690 MPa 的高性能桥梁用钢用量极少。在耐候钢方面，由于国产桥梁钢中碳含量一般都在 0.12%以上，并且不具有耐候性，而且使用耐候桥梁钢的相关国家和行业标准还未建立或健全，影响使用者的积极性。

3.3.3.3 未来发展趋势

① 推进高强度桥梁用钢的应用；
② 配套焊接材料及焊接工艺的研究；
③ 建立或健全耐候桥梁钢的相关国家和行业标准；
④ 低屈强比、大线能量焊接桥梁用钢的研发。

3.4 发展我国海洋工程特种钢铁产业的主要任务及存在问题

3.4.1 主要任务

（1）加大技术改造力度，提高产品质量

国家和企业应该分别从钢铁产业税收和销售利润中加大钢铁产业科技研发基金的投入，重点发展海洋用高强高韧钢、大线能量焊接钢、耐候钢、止裂钢等关键钢材品种，并且保持企业、科研机构、高等院校的动态良性合作，充分发挥科研院所和高校在自主创新方面的核心作用，开发具有高附加值、高科技含量的钢铁产品，提高我国钢铁产业核心竞争力。在改造先进技术的同时，注重培养高层次、综合性管理人才和技术工人，在研发新产品中能够起到关键性的作用。

（2）加快提升产业规模

打造海洋工程特种钢重点产品的专业化制造基地。依托造船行业和海洋工程装备行业的骨干配套企业，结合钢厂已有的生产基础及设备情况，借鉴国外先进钢种的生产工艺和技术，新建和扩建一批优势产品生产能力，走专业化发展道路。

（3）加快重点产品研发

围绕海洋资源在勘探、开采、储存运输和服务等四大环节的需求，发展相关重点装备及其关键系统和设备用钢。重点发展市场需求量较大的半潜式钻井平台、钻井船、自升式钻修井/作业平台、半潜式生产平台、浮式生产储卸装置、起重铺管船、大型起重船/浮吊、深海锚泊系统等关键系统和设备、水下采油树、泄漏油应急处理装置等水下系统及作业装备、海上及潮间带风机安装平台（船）、海水淡化和综合利用装备用钢等，逐步实现特种钢的国产化，形成品牌，使之成为我国海洋工程装备制造业的主导产品。

（4）制修订相关标准

加快相关标准、规范的制定、修改和完善，建立健全我国海洋工程装备用钢的标准体系。

（5）加强与国际知名企业和合作与交流

支持国内企业把握经济全球化的新特点，积极开展国际交流与合作，充分利用各种渠道和平台，探索各种对外合作模式，鼓励境外企业和科研机构在我国设立研发机构，支持国内外企业联合开展装备的研发和创新，鼓励合资成立研发机构。

3.4.2 存在问题

钢铁产业的发展与我国国民经济的发展息息相关，经过几代人建设已经取得了可喜的成绩，钢产量从 1996 年开始突破亿吨级，首次跃居世界第一，到 2006 年已经达到了 4.19 亿吨，占全世界钢产量的 1/3，成为了名副其实的钢铁大国。2012 年全年粗钢产量达到 7.16 亿吨，有效地促进了国民经济快速增长，为国民经济和社会发展奠定了良好的基础。但是，面对日益残酷的国际竞争，我国钢铁产业与世界钢铁强国相比还存在着较大差距。首先，我国钢铁产业集中度低，企业数量众多，但年产量在 500 万吨以上的占比较少，企业总体实力难以提升；其次，我国钢铁产品集中在中低端，无论是满足国内高端产品需求还是开拓海外市场都受到很大的限制，必然引起众多的贸易争端，贸易摩擦事件频繁发生；第三，我国钢铁产业还必须面对复杂多变的国际市场形势，比如需求萎缩、铁矿石价格大幅度上涨以及竞争加剧等。我国钢铁产业在产值规模、生产能力、营销能力和研发能力方面与世界先进水平相比，都还有很大的提升空间。因此，中国钢铁企业面对来自国内外的双重压力，在资源、技术水平、产品结构方面必须与国外钢铁企业开展合作与交流，“走出去”利用国内国外两个市场，加强国际合作来缩短与世界钢铁强国的差距。在此情况下，我们必须清醒地认识到我国钢铁企业必须通过实施全球化战略来进一步提高我国钢铁产业的国际竞争力水平。

在海洋工程方面，我国钢铁产品与国外先进钢铁产品仍存在不小的差距。

目前，国内一些量大面广的海洋工程用钢的生产质量仍有待提高，尤其是厚度在 60mm 以上的钢板质量控制方面，用户反映的主要问题如下：力学性能不均匀，韧性和延性低（占 37.7%）；焊接 HAZ 韧性恶化，焊接开裂（占 26.0%）；Z 向性能低，层状撕裂（占 10.0%）；时效敏感性强、不稳定，疲劳性能差（占 4.5%）；其他带状、粗晶、混晶、夹杂物超标等（占 21.8%）。在钢板外观质量控制方面，国内钢厂和日本、韩国的先进水平之间也存在一些差距（见表 3-8），这也影响到下游的材料利用率。此外，因为在设计水平、制造水平、管理水平和钢材加工水平上与国外先进水平存在差异，我国船板材料利用系数为 85%～88%。而在日本和韩国，这一指标为 92%～95%。

表 3-8 我国钢板与国外钢板在外观质量方面的差距

外观质量	国内水平	日韩水平
厚度精度/mm	先进水平：±(0.25～0.3)mm	±0.15mm
宽度精度/mm	一般水平：±15mm；先进水平：±(5～8)mm	±(4～8)mm
长度精度/mm	一般水平：±(20～25)mm；先进水平：±10mm	±10mm
船板表面	一般水平：有凹坑（痕）、裂纹、结疤 先进水平：无明显缺陷，但修磨痕迹明显	表面光洁度好
不平直度	先进水平：≤2mm/m	≤1mm/m
镰刀弯	先进水平：≤10mm/全长	日本：≤5mm/全长
表面修磨	砂轮修磨	砂带修磨技术

在海洋工程用钢品种方面，我国钢铁企业生产的高强度级别的产品品种少，许多规格需要从国外进口，比如宽薄规格的钢板、特厚板等，目前武钢、宝钢和沙钢都已具备生产屈服强度为 690MPa 海高强钢的能力，但厚度超过 120mm 以上时，产品质量及性能的稳定性、耐腐蚀开裂、配套焊接等方面都存在问题。

在钢铁生产设备及技术方面，我国的中厚板轧机在控制板型、控制工艺及设备自动化水平方面与国外先进装备还有一定的差距。此外高性能钢的强韧化机制以及与其相适应的成分设计、冶金技术以及热机械处理方式等方面均存在较大差距。

在海洋工程用钢标准方面，缺少船体钢的止裂韧性、评定船体结构的剩余寿命和安全评定等方面的结构材料数据库，耐候钢等高性能钢的相关国家和行业标准还未建立或健全。

在服务方面，生产交货周期长，通常建造海工装备需要数百个尺寸规格的钢结构件，为提高采购效率，甲方希望钢铁企业能够整体供应。然而受装备条件的限制，国内钢厂很难实现造船不同规格的钢板系列化生产而导致产品交货时间延长。

3.5 我国海洋工程特种钢铁材料产业的发展对策和建议

3.5.1 我国海洋工程用钢的发展对策

目前，国务院已印发颁布了《全国海洋经济发展“十二五”规划》，海洋产业和经济的发展将依赖于先进的海洋工程装备的技术发展，海洋工程装备的发展已被列入国家高端装备制造业的“十二五”发展规划。为完成这一规划，我国应进一步加大海洋工程材料技术的基础研发投入，以发展关键、瓶颈材料技术为研发重点，发挥各方优势，加强基础性关键技术攻关，提高自主创新能力，力争获取具有自主知识产权的海洋工程材料技术和产品，促进材料技术发展路线由跟仿式向自主研发式转化，尽快缩短与国际先进水平的差距。

① 国家加大研发投入，加强政策引导和财政支持。以国家“十二五”规划为引导，加大资金投入力度，支持企业、高校和研究机构等组成研发创新团体，创建“产、学、研、用、检”的工作及信息交流平台，建立长期合作机制，定期探讨海洋工程用钢的研发推进工作，发挥资金和研发团队的最大效益及作用。

② 建立海工装备示范基地。依托上海长兴岛、江苏南通、青岛海西湾和浙江舟山四大海洋工程基地，开展海工用钢综合能力提升示范基地建设，示范应用国产海工高性能特种钢材，提高高强钢的使用比例，完善钢材加工配送体系，打造海洋工程特种钢重点产品的应用基地。

③ 加快海工用钢标准和规范的制定、修改和完善，建立健全我国海洋工程装备用钢的标准体系。通过钢铁企业与海工企业联合，完善海工用钢标准规范，提升标准的适用性，充分发挥标准对海工用钢发展的支撑和引领作用。借鉴国外标准，并积极参与国际标准的制定，加快国际先进标准向国内标准的转化。

④ 重点发展海洋用高强高韧钢、厚规格、大线能量焊接钢、耐候钢、止裂钢等关键钢材品种，并且保持企业、科研机构、高等院校的动态良性合作，充分发挥科研院所和高校在自主创新方面的核心作用，开发具有高附加值、高科技含量的钢铁产品，提高我国钢铁产业核心竞争力。

⑤ 研究开发海工用特种钢相配套的焊材及焊接工艺，并加强焊接性能的研究和评定。

3.5.2 我国海洋工程用钢的发展建议

在钢铁“十二五”规划中，“大型和特殊性能船舶和舰艇”、“海洋工程和海上石油开采”成为重点发展方向。随着船舶行业向大型化方向发展，对造船用钢板的品种和质量都提出了较高要求。尤其是大型和特殊性能船舶，对材料的要求更高。未来海工用钢主要是耐腐蚀、高强度耐低温、大厚度、耐高疲劳特性的钢材，尤其是大线能量高强船板和液化汽船用高强度低温船板具有良好的市场前景。针对未来对高性能海工钢的需求，提出以下几点海工用钢的发展建议。

（1）超高强度、高韧性、厚规格海洋平台用钢制造技术及开发

现阶段我国海洋工程用钢的发展有两条主线，一是积极开发高端产品；二是努力提升量大面广产品的质量，增强国际竞争力。有统计显示，2012年国内主要钢厂船板和海工用钢产量中，一般强度钢（A级～E级）占44%，高强度钢（AH32～FH40）占55%，超高强度钢（AH420～FH690）只占0.4%。

超高强度钢的研发是重点之一。随着我国海上油气开发走向深水，越来越多的高强度、大厚度、耐低温冲击钢被用到海洋工程上。如我国自主设计、建造的第六代半潜式钻井平台，其特殊结构区域采用了EQ56、EQ70的高强度钢板，用量约为400t。虽然EQ56钢目前国内有几家钢厂已开发成功，但是由于此类特殊钢的用量规模较小且规格较多，在国内采购有些难度，主要还是依赖进口。由于此类钢板的价格昂贵，从服务海洋工程领域、提高我国海洋工程装备行业的综合竞争力方面来看，有必要对这种特殊类型的高强度钢材的国产化进行重点研发。

（2）海洋钻井平台用高性能齿条钢的研发

自升式钻井平台升降系统的齿条构件所用到的牌号为ASTM A517 GR Q的高屈服强度的合金钢，一般要求厚度在150mm以上，具有强度高、抗冲击韧性强、抗层状撕裂性好、耐腐蚀的性能。目前国内已研发成功了150mm、180mm、215mm等不同厚度规格的此类合金钢板，但目前还不能按船厂所需，全规格、批量地生产这种钢材，仍须进口。此外，虽然国产材料与进口材料强度是一致的，材料成分也基本一致，但是焊接性能没有进口的好，焊接须要预热和保温，所花的费用相对较高。建议提高此类国产特种钢材的冶炼水平和钢板的热处理工艺，提高切割齿条板的工艺。

（3）海洋平台用高性能钢焊材及焊接工艺的研发

随着平台减量化发展的趋势，平台用钢强度也有从355MPa向420MPa或460MPa发展的趋势，并要达到欧共体标准EN10225中的有关要求。随着420～690MPa级别的钢板大量被采用，亟须发展有相应屈服强度等级的电焊条、二氧化碳药芯焊丝和埋弧焊丝/焊剂。目前，大部分品种的焊接材料仍靠进口，须加大焊接工艺、焊材方面的研发力度。

（4）铸件和专利件开发

铸件和专利件开发意义深远。深水浮式钻井平台结构中的某些特殊区域和部位要使用铸造件或专利件材料，虽然此部分材料在结构钢总重量中只占很小的比例，但是这些铸件材料价格昂贵，属高附加值的产品。另外，从总体上来

讲，发展铸造件和专利件也是我国海洋工程装备制造技术的发展方向之一。

（5）高性能双金属复合海管的研发

由于石油天然气中含有大量的 H_2S、CO_2、Cl^-等腐蚀介质，尤其是海底油气田内部管道输送的净化前油气介质中的腐蚀成分含量高，有的还要加热输送，内腐蚀问题十分突出。双金属复合管可有效地防止管道内部腐蚀。尽管国内已有不少厂家能够生产双金属复合管，但是各厂家技术水平参差不齐，普遍因技术不成熟、规模小、生产效率低下而不能满足需求。因此，我国须加紧双金属复合管制造技术的研发，提高制造的自动化程度。另外，还要加快开发适应高温、高压、高强度、高腐蚀环境的冶金复合管，加快海洋腐蚀用铜复合管和钛复合管的开发。

（6）厚规格、高耐蚀、易焊接、抗大变形深海管线钢关键技术研发

21 世纪，海底油气资源是世界各国争夺的重要资源。随着海洋油气开采走向深海或超深海，厚规格高耐蚀易焊接及抗大变形的深海管线钢需求量巨大，迫切需要此类钢管，但目前我国在适用于深海或超深海的管线钢材料技术方面几乎空白，主要差距是钢管壁厚和径厚比。今后我国在该方向的研究重点应包括：

① X70 以上级别等厚规格深海管线钢组织细化及 DWTT 控制技术的开发；

② 研发适用于厚规格深海管线钢大线能量焊接的合金化和组织设计技术；

③ 大线能量焊接工艺技术的开发；

④ 开发抗大变形、大 t/D 比的深海管线钢管；

⑤ 制修订相应的工艺规程及标准。

（7）努力提升国产管道用钢产品的质量

海底管道铺管船的作业成本很高，要降低海底管道施工的成本就要提高海底管道的铺设效率。在实际工程中发现，在铺管船作业线的特定环境下，当海况环境比较恶劣但不威胁管道的安全时，影响铺管作业进度的主要原因之一就是管道的对中和焊接，钢管的椭圆度、厚度和平直度等尺寸公差与管道的对中和焊接有直接的关系。海底管道的材料尺寸公差须满足 DNV OS F101 的要求，有些甚至比规范要求的更加严格（如对管道椭圆度和厚度的要求），这样有利于提高海上施工效率。然而我国海底管道钢的质量与国外相比还有较大差距，从而造成工期的延长和成本的增加。

参考文献

[1] 柏璐．企业全球化战略视角下中国钢铁产业国际竞争力研究[D]．马鞍山：安徽工业大学，2010.

[2] 邹桃．我国钢铁产业发展及其政策选择[D]．长沙：长沙理工大学，2009．

[3] 何维达，何丹，张孟．我国钢铁产业发展态势分析及对策[J]．价格理论与实践，2010，13～14．

[4] 张艳飞．中国钢铁产业区域布局调整研究[D]．北京：中国地质科学院，2014．

[5] 李源，秦琦，祁斌等．2013年世界船舶市场评述与未来展望[J]．船舶，2014，（1）：1-11．

[6] 温志红，何矿年，李烈军．船板品种需求及国内外船板认证分析[J]．冶金丛刊，2013，（1）：46-50．

[7] 船舶工业"十二五"发展规划[J]．船舶标准化工程师，2012：16-23．

[8] 戴永佳，王化明，詹毅等．船用钢发展历史与现状分析[J]．中国水运，2012，12（6）：35-36．

[9] 夏文勇．大线能量焊接高强船体钢的冶金关键技术研究[D]．北京：钢铁研究总院，2012．

[10] 杨才福，苏航．高性能船舶及海洋工程用钢的开发[J]．钢铁，2012，47（12）：1-8．

[11] 江洪，王微．国内外船舶用钢初探[J]．新材料产业，2014，（7）：9-14．

[12] 王小勇．海洋工程用低合金高强度超厚钢板的淬透性与强韧性研究[D]．北京：钢铁研究总院，2013．

[13] 李艳青，赵峰，杜航等．我国船板用钢发展趋势及莱钢应对策略分析[J]．莱钢科技，2008，（4）：10-13．

[14] 张国宏，成林，李钰等．海洋耐蚀钢的国内外进展[J]．中国材料进展，2014，33（7）：426-433．

[15] 丁根．马钢如何发展海洋工程用钢[J]．安徽冶金，2012，（4）：24-27．

[16] 张爱民，李清春．热处理中厚板的生产与发展趋势分析[J]．宽厚板，2012，18（1）：1-4．

[17] 东涛．我国造船业发展的新定位及海工装备用钢生产技术趋向[J]．轧钢，2013，30（2）：1-5．

[18] 杨佳直．造船行业用钢材消费、生产现状及预测[J]．冶金经济与管理，2008，（6）：38-42．

[19] 中国钢铁工业协会市场调研部．主要用钢产业运行情况和发展趋势[J]．冶金管理，2013，（1）：16-28．

[20] 刘振宇，周砚磊，狄国标等．高强度厚规格海洋平台用钢研究进展及应用[J]．中国工程科学，2014，16（2）：31-37．

[21] 唐学生．海洋工程用钢需求现状及前景分析[J]．船舶物资与市场，2010，（1）：10-12．

[22] 高升，刘琦．海洋工程装备发展及用钢前景分析[J]．冶金管理，2012，（8）：29-31．

[23] 狄国标，刘振宇，郝利强等．海洋平台用钢的生产现状及发展趋势[J]．机械工程

材料，2008，32（8）：1-3.

[24] 郝文魁，刘智勇，王显宗等．海洋平台用高强钢强度及其耐蚀性现状及发展趋势[J]．装备环境工程，2014，11（2）：50-56.

[25] 张鹏，王腾飞，麻衡等．海洋油气开采及储运用钢现状及发展[J]．莱钢科技，2011，（6）：5-8.

[26] 张晓刚．近年来低合金高强度钢的进展[J]．钢铁，2011，46（11）：1-8.

[27] 刘超．进军深海，材料争先—中国工程院“海洋工程材料研发、生产及应用研讨会”召开[J]．新材料产业，2013，（9）：69-71.

[28] 陶永宏．我国海洋工程发展现状[J]．中外船舶科技，2009，（3）：16-25.

[29] 杨忠民．我国海洋工程用钢发展现状[J]．新材料产业，2013，（11）：17-19.

[30] 田越．500MPa 级高性能钢（Q500qE）在铁路钢桥中的应用研究[D]．北京：中国铁道科学研究院，2010.

[31] 唐荻，赵爱民，武会宾等．板带钢轧制新技术及品种研发进展[J]．钢铁，2012，47（11）：1-7.

[32] 王磊．高强度桥梁用宽厚板的研制[D]．沈阳：东北大学，2008.

[33] 唐荻，武会宾．我国高附加值中厚板产品现状与发展趋势[J]．轧钢，2012，29（2）：1-4.

[34] 蓝兰．我国跨海大桥建设情况分析[J]．交通世界，2012，（19）：24-30.

[35] 郭爱民，邹德辉．我国桥梁用钢现状及耐候桥梁钢的发展[J]．中国钢铁业，2008，（9）：18-23.

[36] 邹德辉，郭爱民．我国桥梁用钢的现状与发展[J]．钢结构，2009，24（9）：1-5.

[37] 黄维，张志勤，高真凤等．日本海洋平台用厚板开发现状[J]．轧钢，2012，29（3）：38-42.

[38] 邹德辉等．世界金属导报，2009，第 016 版：1.

[39] 修嘉慧．浅谈跨海大桥耐久性和腐蚀病害及对策[J]．陕西建筑，2010，36（10）：300-304.

[40] 黄维等．中国冶金报，2011，第 C02 版：1.

[41] 王军，付强，闫雪峰．我国跨海大桥钢结构防腐保护与涂装[J]．全面腐蚀控制，2010，24（5）：25-28.

[42] 罗忠河．中国冶金报，2012，第 A03 版：1.

[43] K. Sampath. An understanding of HSLA-65 plate steels [J]. Journal of Materials Engineering and Performance，2006，15（1）：32-40.

[44] Rodrigo Pérez Fernández，Miguel Lamas Pardo. Offshore concrete structures [J]. Ocean Engineering，2013，58：304-316.

[45] C Miki，K Homma，T Tominaga. High strength and high performance steels and their

use in bridge structures [J]. Journal of Constructional Steel Research，2002，58（1）: 3-20.

[46] 高珊，李冰，章传国. 海洋平台用高强度齿条钢的研制[J]. 宝钢技术，2012，(5)：1-8.

[47] 谢云. 海洋平台用大厚度齿条钢焊接性研究[J]. 电焊机，2014，44（5）：167-170.

[48] 王海涛，池强，李鹤林等. 海底油气输送管道材料开发和应用现状[J]. 焊管，2014，37（8）：25-29.

作者简介

冯耀荣：西安西北石油管道公司总工程师，教授级高级工程师，长期从事高性能特殊钢的开发应用研究，获省部级奖项多项，申请多项专利，国内外发表学术论文多篇。

第 4 章
生物医用材料

陈晓峰 吴 刚

4.1 发展生物医用材料产业的背景需求及战略意义

生物医用材料是用于对人体进行诊断、治疗、修复或替换其病损组织、器官或增进其功能的新型高技术材料。生物医用材料为临床医学、药学及生物学等学科的发展提供了丰富的物质基础。目前人类的健康长寿越来越依赖于医学的发展，而现代医学的进步则越来越依赖于生物医用材料的应用。由于与生命健康密切相关，生物医用材料已成为各国竞相进行研究和开发的热点。

生物医用材料的推广与应用不仅挽救了数以千万计危重病人的生命，显著降低了心血管病、糖尿病、肾脏疾病、癌症、创伤等重大疾病的死亡率，而且极大地提高了人类的健康水平和生命质量，生物材料的应用对致死率、致残率的降低，对康复的积极作用。同时其发展对当代医疗技术的革新和医疗卫生系统的改革正在发挥引导作用。

我国对生物材料的需求逐年上升。自然灾害、交通事故、工伤、环境污染、药物副作用等造成的人体组织和器官病损日趋严重，13 亿人口牙缺损和牙缺失患者高达 3～4 亿，约占全国人口的 1/4～1/3，残疾人口超过 6000 万，其中，现有的肢体不自由及残缺患者已超过 1500 万；冠心病患者已超过 1000 万；白内障盲人约 500 万，各种原因导致的组织和器官损伤患病人数急需治疗。2011 年我国 60 岁以上的老年人口已达 1.85 亿，约占全国人口的 13.7%，老年人口到 2020 年将达 2.48 亿，并以平均 620 万的速度增长，到 2050 年将达到 4.4 亿人。年老体迈不断引发机体组织和器官病变，需要及时治疗，急需提供大量优质的生物医用材料及制品。

总体而言，国内目前临床对生物医用材料需求量巨大，且在未来的几十年内，对生物医用材料的需求量将长期保持高速增长的趋势，成为我国推动生物材料发展的重要驱动力。

随着经济社会发展及大众生活水平的提高，人民对个人健康水平要求越来越高，在医疗保健方面的费用支出逐年增高。如表 4-1 所示，国内城镇居民人均医疗保健支出从 2000 年的 318.1 元上升至 871.8 元，年均增长速率近 15.8%，国内农村居民人均医疗保健支出从 2000 年的 87.6 元上升至 326.0 元，年均增长速率近 24.7%，增长速率较高，但总体而言不论是城镇居民还是农村居民，其医疗保健支出费用在年均消费中的支出占比较低（平均 6%），远低于发达国家的水平（平均 30%）。随着我国更多地区生活水平步入小康，国内在医疗保健上的支出还将不断增长，对高质量生物材料的需求也将越来越急迫。

表 4-1 我国城乡居民医疗保健支出

地区 年份	城镇居民		农村居民	
	人均年消费支出/元	人均医疗保健支出/元	人均年消费支出/元	人均医疗保健支出/元
2000	4998.0	318.1	1670.1	87.6
2005	7942.9	600.9	2555.4	168.1
2010	13471.5	871.8	4381.8	326.0

按照 2010 中国卫生统计年鉴，2010 年我国生物医用材料市场销售额已近 100 亿美元，复合增长率为 30%。保守估计 2015 年和 2020 年年销售额可分别达到 370 亿美元和 1355 亿美元，10 年内成长为世界第二大生物医用材料市场。但总体而言国产生物医用材料在国内生物医用材料占比较低，急需加大国内生物医用材料的研发力度及企业技术水平，改变国产生物材料目前在国内市场占比较低的现状。

研发具有自主知识产权的高性能生物材料及产品，不仅能挽救生命，改善国民健康和提高临床治疗水平，同时也是缓解当前看病贵等尖锐社会矛盾、创建和谐社会的重要物质基础，对于解决国家重大需求具有重要的战略意义，并显著降低了医疗费用，是建设和谐稳定的小康社会的重要物质基础。

目前，生物医用材料被列入《国家中长期科学和技术发展规划纲要（2006～2020 年）》优先发展主题，并且在“十五”、“十一五”、“十二五”期间连续获得国家重大研究计划（973 项目）资助，充分表明生物医用材料的研究具有重要的战略意义及重大的社会需求。同时，生物医用材料和制品产业呈现高速增长的态势，是世界经济中最具生气的朝阳产业，并将带动多种相关产业的发展，成为本世纪世界经济的一个支柱产业，对国家经济具有重大意义。

4.2 生物医用材料产业的国际发展现状及趋势

随着人类对自身健康的关注度随经济发展提高，世界各国对新型生物医用材料的研究都投入了大量的人力、物力和财力，其相关技术也得到了迅速的发展。2000～2010 年全球市场复合增长率高达 22%以上，2010 年全球市场达 3200 亿美元，预计 2009～2020 年市场 CAGR 可保持 15%左右，2018 年世界市场可达 4400 亿美元，与此同时带动相关产业（不含医疗）新增产值约 3 倍。与 2010 年相比，2015 年和 2020 年可新增工作岗位分别达 200 余万个和 600 余万个，正在成长为世界经济的一个支柱性产业。

全球最大的医疗器械生产和消费国家是美国，2010 年它占全球市场的 40%左右，消费全球产品的 37%，年增长率约 8%；由于经济发达，社会医疗保障体系健全，欧盟成为全球第二大医疗器械市场，占有全球市场份额的 29%；亚太地区是全球第三大市场，占有 18%的市场份额，其中日本是亚太地区医疗技术最先进且发展最快速的国家，是世界第三大医疗器械消费国，我国和印度则最具备成长潜力与空间，因拥有最多的人口，且其医疗保健系统正在发展当中尚未成熟，东南亚国家的医疗保健系统也还有很大的改善空间，因此市场也将持续成长；拉丁美洲是另一个成长最迅速的区域，墨西哥、巴西、阿根廷和智利等国家都逐步向工业化国家发展，预估未来对医疗器械的需求也将会保持较大速度增长。

生物医用材料及植入器械产业是学科交叉最多、知识密集的高技术产业，其发展需要上、下游知识、技术和相关环境的支撑，多数聚集在经济、技术、人才较集中或临床资源较丰富的地区，产业高度集聚是发达国家医用生物医用材料产业的重要特点。如美国集聚于技术资源丰富的硅谷、128 号公路科技园、北卡罗来纳研究三角园，以及临床资源丰富的明尼阿波利斯及克利夫兰医学中心等；德国聚集于巴州艾尔格兰、图林根州等地区；日本聚集于筑波、神奈川、九州科技园等。

2010 年世界医疗器械产业由 27000 个医疗器械公司构成，其中 90%以上为中小企业。发达国家医疗器械产业已形成“寡头”统治的局面，大规模产品生产及市场运作基本上由大公司进行，而中小企业主要从事新产品、新技术研发，通过向大公司转让技术或被大公司兼并维持生存。全球市场也呈现类似的格局。

2009 年，排名前 50 位的跨国大公司占有全球医疗器械市场的 88%，其中排名前 25 位的公司占有 75%；2008 年 6 家美、英公司：DePuy，Zimmer，Stryker，Biomet，Medtronic，SynthesMathys 和 Smith&Nephew 占有全球骨科材料和器械市场的 75%，其中前 4 家美国公司和英国 Smith&Nephew 公司占有人工关节市场的 90%；6 家大公司：Johnson&Johnson，Abbott，Boston Scientific，Medtronic，CR Bard（美国），Terumo（日本）公司占有心脑血管系统修复材料及植（介）入器械市场的 80～90%；5 家大公司：Baxter International（美国），Fresenius（德国），Gambro（瑞典），Terumo 和 AsahiMedia（日本）占有血液净化及体外循

环系统材料和装置市场的 80%；牙种植体和牙科材料市场基本上为 Straumann（瑞士）、Dentsply International（美国）、Nobel Biocare（德国）和 Osstem（韩国）等大公司所垄断。行业集中度或垄断度不断提高是生物医用材料产业发展的一个重要趋势。

为提高市场竞争力，保持优势，世界医疗器械行业的兼并和整合一直在进行，例如仅 1998～2009 年期间，美国行业年均兼并收购达 200 起。通过企业内部技术创新和并购其他企业，不断进行产品生产线延伸和扩大，实现多品种生产。例如 2004～2009 年美国 GE 公司相关并购次数达 59 次；再如成立于 1949 年的国际第四大医疗器械生产企业美敦力公司，已从最初的心脏起搏器生产发展成为多品类产品生产，产品覆盖了心律失常、心衰、血管疾病、人工心瓣膜、体外心脏支持系统、微创心脏手术、恶性及非恶性疼痛、运动失调、糖尿病、胃肠疾病、脊柱病、神经系统疾病及五官科手术治疗等多个领域疾病治疗的产品，公司年销售额从 1968 年的 US$1200 万元增长到 2010 年的 US$159 亿元，收入复合增长率已达 11%，利润复合增长率达 10%，近几年来公司大部分收入均来自新产品销售，大约 2/3 的销售额来自过去三年研制和发展的新产品，研发经费投入达销售额的 10%，1999～2011 年公司并购支出总金额达 US$153 亿元。

生产和销售国际化是生物医用材料发展的突出趋势。几乎所有生物医用材料的大型企业均是跨国公司，其销售额的相当部分来自国际市场，如 2010 年美国强生公司，销售额的 40%（US$132 亿元），Boston Scientific 销售额的 46%（US$35.9 亿元），2011 年美敦力销售额的 43%（US$68.37 亿元），均来自境外市场。为开拓国际市场，跨国公司通过向境外技术和资金输出，在国外建立子公司和研发中心，就地生产和研发。同时，为适应国际贸易的发展，国际标准化组织（ISO）不断制定和发布生物医用材料和制品的国际标准。

骨科材料是目前临床应用量最广泛的材料，具有关资料统计，全球骨科植入器械市场从 2006 年的 129 亿美元增长到 2009 年的 173 亿美元，年复合增长率达 10.4%，预计到 2015 年将达到 277 亿美元。亚太地区的骨科植入器械市场预计将从 2009 年的 22 亿美元增长到 2015 年的 54 亿美元，复合年增长率将达到 16.1%。目前全球主要的骨科材料生产商主要集中在美国、德国、瑞士、法国、英国等发达国家，如通用、强生、美敦力、圣尤达、捷迈、辛迪思、贝朗等国际大品牌，主要采用金属材料为原材料。

目前国际上用于口腔修复的膜类产品主要来源于美国和瑞士，其中美国拥有的口腔修复膜公司占了所有上市公司的绝大比例。在产品类别上，胶原膜以其可吸收特性占据绝对优势。胶原膜产品还常与其他产品结合使用，例如瑞士 Geistlich Pharma AG 公司将由猪胶原加工纯化制成的双层可吸收胶原膜，与可吸收骨材料联合使用，胶原膜侧重于口腔内软组织浅层缺损的修复，可吸收骨材料用于引导骨再生及局部牙槽嵴增高术。目前广泛应用的口腔修复膜产品的大小主要集中在 15mm×20mm～30mm×40mm，不同产品价格因类别、规格不同有所差异，基本约$200/片。

据统计，2006 年全球眼科医疗器械市场已达 170 亿美元，2010 年为 200 亿美元，预计 2017 年将达 280 亿美元。2010 年全球角膜接触镜市场规模为 61 亿美元，美国市场为 21 亿美元。预计 2017 年全球角膜接触镜市场规模将增至 120 亿美元。在角膜接触镜方面，国外品牌博士伦、海昌、卫康、强生、视康、艾爵等在中国占主导市场。在人工晶状体方面，美国的爱尔康（现属诺华）、眼力健（现属雅培）和博士伦三家公司垄断全球人工晶体 80% 以上的市场份额。美国爱尔康公司、博士伦公司、美隆国际公司等在玻璃体填充物的硅油、惰性气体、透明质酸方面主导中国市场。

传统材料至少仍将是未来 20～30 年内临床应用的重要生物医用材料。传统生物医学材料生物学性能的改进和提高，亦是当代生物医用材料发展的另一个重点。传统材料的主要问题是对蛋白/细胞的随机吸附/黏附而导致炎症、异体反应、植入失效。控制和引导其生物学反应、避免异体反应成为传统生物医用材料发展，也是现阶段改进和提高传统材料的主要途径，同时为发展新一代生物医用材料的奠定基础。

随着当代医学对于组织及器官的修复，已向再生和重建人体组织或器官、或恢复和增进其生物功能，个性化和微创伤治疗等方向发展，赋予材料生物结构和生物功能，充分调动人体自我康复的能力，再生和重建被损坏的人体组织或器官，或恢复和增进其生物功能，实现被损坏的组织或器官的永久康复，已成为当代生物医学材料的主要发展方向。如，可诱导被损坏的组织或器官再生的材料和植入器械（包括组织工程化产品）；以及用于治疗难治愈疾病、恢复和增进组织或器官生物功能的药物和生物活性物质（疫苗、蛋白、基因等）靶向控释载体和系统等。

此类生物医用材料的发展和应用已催生一个新的学科——再生医学，预计再生医学的发展将萌生一个再生医学产品的新产业，未来 20 年内其市场销售额将突破 US$5000 亿元。再生医学产品主要由干细胞、以生物材料为支架的组织工程化组织和器官，以及可供移植的生物组织和器官所构成，生物医用材料是其发展的基础。

可以预料，在未来 20～30 年内，生物医用材料和植入器械科学和产业将发生革命性变化：一个为再生医学提供可诱导组织或器官再生或重建的生物医用材料和植入器械新产业将成为生物医用材料产业的主体；表面改性的常规材料和植入器械作为其重要的补充。保守估计，2030 年左右两者可能导致世界高技术生物材料市场增长至约 US$1.5 万亿元，与此相应，带动相关产业新增间接经济效益可达 US$4.5 万余亿元。

4.3　生物医用材料产业的国内发展现状及趋势

经过近十年的发展，我国现代生物医用材料产业已具雏形，并进入高速发展阶段。但大多数企业规模小、经济实力不强、相当部分的技术装备停留于 20 世纪 80 年代的水平，不仅产品质量不能保证，且难于形成规模化生产。2010 年我国从事生物医用材料生产的企业约 2400 家，年平均销售额约 US$120 万元/家，不足 2007 年美国同类企业平均年销售额的 14%，年销售额逾 10 亿元的企业仅寥寥数家，上亿元的企业仅 30 家左右，销售额排名前 5 位企业销售额总和所占国内生物医用材料总销售额仅约 10.2%，而国际上达 37%，规模化生产尚未形成，市场竞争力不够。

国内生物医用材料生产企业主要集中在技术含量较低，附加值不高的常用生物医用材料产品，国产化率较高，包括一次性产品（如一次性注射器、输液器、采血器、血袋等）、敷料、缝合线（针）、避孕套等的产品的生产与销售，国产化率分别达到 80%、70%、60%、90%。少数企业的部分骨科金属材料及心血管支架材料的部分企业产品性能及国内市场占有率接近国外产品，通过拓宽和延伸产品生产线、兼并其他企业和扩展海外市场，国内一些有实力的公司已开始实施多元化，即多品种生产，公司销售额复合增长率大大提高，近十家生物医用材料生产企业已在证券市场上市，一批年销售额逾或近 10 亿元的企业正在涌现。而高附加值的植入材料和制品 70%～80%依赖进口，国内产品基本属于仿制，自主知识产权少，产品技术水平大多处于初级阶段，同时，在这个领域的基础研究和试验研究多，而转化应用少。

但是这类高附加值的植入生物医用材料产品的市场需求量呈现出“井喷”式的增长。2009 年，临床使用人工关节 18 万套，脊柱植入装置 39 万套，种植牙 19 万套，冠脉支架 43 万套，而这些外科植入产品的潜在年需求量是目前实际使用量的 10 倍以上；与此同时，国内每年消耗介入体内的导管达 1 亿条，人工晶体 5 万套，人工心脏瓣膜的年需求量为 25 万个左右，起搏器的年需求量为 40 万个左右，人工关节、血管支架的年需求量也均在 50 万套左右，骨修复材料的需求量也在大幅增加。我国每年要用大量外汇从国外大量进口生物医用材料和医疗器械产品，国内约有 70 %的市场被发达国家公司瓜分。除了一些简单的低端耗材，国内的三级医院基本上是采用进口器材。据统计，在国内销售收入排名前 10 位企业中，外资、中外合资企业有 7 家；前 50 名企业中，外资、合资企业销售收入达 50%以上。

工信部发布《新材料产业“十二五”发展规划》预计，到 2015 年，我国将需要人工关节 50 万套/年、血管支架 120 万个/年、眼内人工晶体 100 万个/年，包括生物医学材料产业在内的整个生物医学材料产业年产值达到 4000 亿元，医用高分子材料、生物陶瓷、医用金属等材料需求将大幅增加。

目前国内已经形成了长三角、珠三角和京津环渤海湾等三大医疗器械产业聚集区。其中珠三角以研发生产综合性高技术医疗器械为主，包括有源植入性微电子器械、动物源生物材料和人工器官等；长三角主要生产开发以出口为导向的中小型医疗器械，特别是骨科器械和牙科器械等；环渤海湾地区主要从事高技术数字化医疗器械的研发生产，在医用高分子耗材、医用金属及植入器械等方面具有优势。三个集聚区已分别占全行业企业总数的 21.02%，销售额的 80%以上。此外成都-重庆地区是新兴的产业集聚区，在组织诱导性材料、表面改性植入器械以及采血、储血（液）和输血器械方面具有优势。

珠三角地区是国内生物材料及医疗器械发展最为活跃的地区。目前有超过 1000 家的注册企业从事多种医疗器械及生物材料的生产。其中 90%以上均为中小企业，年销售额大于 1 亿元的企业占企业总数不到 1%。同时，也涌现出一批如广东冠昊生物科技股份有限公司、广州阳普医疗科技股份有限公司、中山大学达安基因科技有限公司、东莞宜安科技股份有限公司、深圳迈瑞医疗国际有限公司等颇具实力和发展前景的龙头企业。

在生物衍生材料的生产与研发方面，广东冠昊公司的产品链包括了膜、管、骨/软骨、肌腱/韧带、蛋白质等类型，共二十多个产品，可广泛应用于神经外科、胸外科、泌尿外科、血管外科、骨科、烧伤科及整形美容等领域。而在研发费用上，公司也不惜下重本。据公司 2012 年年报披露，公司研发投入总额为 2206 万元，较 2011 年度增长 9.44%，占报告期营业收入的比重为 15.01%。此外，冠昊生物的国家工程实验室还获得国家发改委批复、授牌“再生型医用植入器械国家工程实验室”，成为再生型医用植入器械国家研发中心和产业基地，也是该领域在全国唯一的一个国家工程实验室。

深圳市生物医用材料创新战略联盟在深港产学研基地成立，促进了深圳发展生物医用材料产业集群，助力深圳市新材料产业发展。2011 年深圳市生物医用材料产业实现 30 多亿元产值，正进入高速成长和加快转型的关键时期，逐步成为推动经济转型升级的一支主力军。目前全市有从事生物医用材料生产企业 30 多家，其中，深港产学研基地重点孵化企业，深圳市北科航飞生物医学工程有限公司的全降解血管支架（金属镁基、聚乳酸基）列入国家科技支撑计划。

我国每年骨移植手术为 150 万件（我国每年约有 350 万人因不同原因出现骨缺损），按目前市场上人工骨的价格按平均 1000 元/支计算，国内的市场潜力就有 12 亿元。业内人士一般认为我国全年骨移植手术在 70 万～80 万件，其中真正用到人工骨修复材料的约占 1/3～1/2，实际上，我国的骨移植手术仍然以自体骨移植为主。中国国内较大的本土企业有山东威高、广东冠昊、浙江广慈、常州创生、上海医疗器械厂、上海复生、苏州欣荣、天津威曼、北京的北慕航材等。山东威高骨科材料生产基地已成为国内最大的骨科生产基地，其材质主要为医用不锈钢及钛金属材料、PEEK 合成材料及自固化磷酸钙无机材料，产品包括 SINO 脊柱内固定系统，UPASS 固定系统，以及各类骨钉、骨钩、骨板、融合器等。浙江广慈已注册的产品有创伤和脊柱两大类，创伤类产品包括：金属接骨板、金属接骨螺钉、骨科用髓内钉、加压螺钉、鹅头内固定架、钢针螺钉、单侧多功能外固定器、单侧多功能组合式外骨固定器；脊柱类产品有脊柱后路内固定装置。创生医疗是中国骨科产品生产商中最大的创伤产品生产商及三大脊柱产品生产商之一。主要产品包括带锁髓内钉系列、钢板系列、接骨螺钉系列、关节系列、脊柱矫形系列五大类一千多个品种，并均采用进口原材料制造。北京百慕高科研制开发了“京航牌”、“百慕牌”人工髋、膝、脊柱、创伤等外科植入物假体 30 多个系列产品，现已有 20 多万套产品。用于国内外医院临床，产品销售覆盖全国并销往日、韩、东南亚等地区。广东冠昊生物科技股份有限公司以动物全骨为原料，应用具有自主知识产权的环氧化物固定（骨基质）技术进行处理，用破坏引起免疫原性的特异活泼基团及特异构象的多方位去抗原技术彻底去除其免疫排异原性，再结合骨渗透技术（让生化试剂深入骨组织空隙的专门骨处理技术），制得稳定性高、无抗原、生物相容性好、有机成分和无机成分及其多维结构（如微孔相通结构）都与天然骨相似的生物型骨修复材料支架，然后利用骨诱导活性修饰技术，将具有较强诱导成骨作用的 BMP2 与生物型人工骨支架相结合，制成具有骨诱导活性的复合人工骨修复材料，大大提高人工骨的诱导新骨生长的能力，并可随骨组织的生长作被动降解，实现材料的降解速度与骨生成速度相匹配，最终实现自体化。

目前国内有一批企业致力于开发口腔修复材料，包括：烟台正海生物技术有限公司，该公司用牛的皮肤组织经过一系列处理后制备了异种脱细胞真皮基质口腔修复膜［商品名：海奥，国食药监械（准）字 2011 第 3460301 号］，产品可用于各种原因引起的口腔内软组织浅层缺损的修复。正海生物的口腔修复膜作为正海生物的主打产品，每年的销售额有四五千万元，在市场竞争中占据着绝对优势。北京市意华健科贸有限责任公司，采用天然珊瑚为原料加工制成珊瑚羟基磷灰石植入材料［国药管械（准）字 2002 第 3460822 号］，主要成分是羟基磷酸钙。钙/磷原子比是 1.67±0.2，孔径范围 100～600μm，抗压强度≥3MPa，羟基磷灰石≥90%，可作为填充材料用于眼科、骨科。另外一个药监局批准的可正式用于口腔内软组织缺损修复的国内产品是福建博特生物科技有限公司生产的医用胶原修复膜。除了以上几个企业外，还有一些企业也在口腔修复产品的研发上取得了显著成果，并有望产业化。例如，广东冠昊生物科技股份有限公司以动物组织（猪或牛心包）为原料而开发出可植入人体的可吸收胶原膜，主要用作口腔组织补片。跟正海生物口腔修复膜相比，冠昊的胶原膜厚度更为均一，双层结构更为明显，除了可修复口腔黏膜组织缺损外，还可引导牙槽骨再生，降解时间也比较容易控制。冠昊生物拥有属于自己的独特核心技术“组织固定技术”已获中国专利、美国专利、世界专利。

最近三十年中，随着各类新型生物医用材料和新型医疗激光设备等的开发和应用，眼科医疗器械市场得到了飞速发展。生物医用材料在眼科疾病治疗方面的应用涵盖角膜接触镜（俗称隐形眼镜），人工晶状体，人工角膜，治疗青光眼植入材料，眼科手术用玻璃体填充物、黏弹性体，人工眼球，人工眶骨等。目前市场规模最大的是用于近视和散光治疗的角膜接触镜，其次是用于白内障治疗的人工晶状体。据统计，2010 年中国角膜接触镜市场规模约 3 亿美元，预计 2017 年中国角膜接触镜市场规模则将接近 7 亿美元。在角膜接触镜方面，国内市场主要进口博士伦、海昌、卫康、强生、视康、艾爵等产品。国内技术中，温州医学院协作企业“温州欣视界科技有限公司”以及“格鲁斯特生物科技有限公司”开发高透氧硬性角膜接触镜（RGP 镜片），并已获得国家 SFDA 产品注册证。高透氧硬性角膜接触镜（RGP 镜片）由于其具有高透氧、优越光学质量和对佩戴者眼生理健康影响小等特点，是近年来角膜接触镜的发展方向。在人工晶状体方面，国内市场进口产品占主导，主要是美国的爱尔康（现属诺华）、眼力健（现属雅培）和博士伦三家公司的产品。进口晶状体价格昂贵，一般是原产国销售价格的 2～4 倍。目前我们国家开展的白内障手术至少一半以上使用的还是发达国家早已淘汰的硬式人工晶体，软式（可折叠）人工晶体基本上依赖进口，国内的生产商，包括苏州六六、珠海艾格、河南宇宙等，都是以生产硬式人工晶体为主。而北京爱博诺德医疗科技有限公司目前已具备年产 20 万片软性人工晶体的生产条件。公司第一代产品 A1-UV 型人工晶体，是基于疏水性丙烯酸酯材料的、一片式和非球面光学设计的软式可折叠人工晶体，是目前国际市场上的主流产品。产品从材料合成、光学设计到加工工艺，都具有完全自主知识产权，是国内首家能自主生产人工晶体原材料的厂家。该产品已经在北京同仁医院、北京大学第三医院、天津医科大学眼视光学院、第三军医大学大坪医院完成 120 例临床试验入组。此外，何氏眼科集团和珠海艾格也在开发软性人工晶体。人工角膜方面，国内有多家大学、医院正在开展研究，同时也有企业正在推动组织工程化角膜的产业化工作，但国内目前还没有成熟的产品上市。国内正处在研发阶段的有深圳艾尼尔角膜工程有限公司、广东冠昊生物科技股份有限公司、广州优得清生物科技有限公司、广州中大医疗器械有限公司和青岛中浩生物科技有限公司等，所用材料主要为动物源脱细胞基质猪角膜或同种异体人羊膜。目前国内已有个别公司开展了临床试验验证，2013 年

9月媒体报道：中国生物医学再生科技有限公司——深圳艾尼尔角膜工程有限公司提供研发的人工角膜，由北京同仁医院牵头，四川大学华西医院、河南眼科中心、武汉协和医院等国内著名眼科临床医院参与，对患者进行了猪源人工角膜移植手术，临床试验数据显示，总有效率超过了90%。青岛中皓生物工程有限公司研发的“组织工程人角膜基质替代物产品”于2013年11月拿到中检院的型检报告，其产品以去上皮层修饰羊膜作为支架形成组织工程角膜。2014年，广州优得清生物科技有限公司研发的生物型人工角膜已进入临床试验阶段。用于治疗青光眼的植入物、引流器方面几乎全部依赖进口。国内市场玻璃体填充物的硅油、惰性气体、透明质酸主要进口美国爱尔康公司、博士伦公司、美隆国际公司的产品，国内刚刚起步的威海赛奥新材料科技有限公司、上海华捷视医疗设备有限公司在国内市场也仅占不到10%的份额。此外，国内还有一些单位也在进行相关产品的研发，例如中山大学眼科医院与广州市一杰医疗科技有限公司开发了一种可注射原位交联的透明质酸，黏弹性1500～2500mPa可控，折光指数1.40±0.3，表面张力vs纯水20～40mN/m可控，交联时间2～30min可控，研究表明其生物相容性良好，是理想的玻璃体填充物，产业化后将有可能取代目前市场的眼用硅油及气体，具有良好的产业化前景。

2010年全国医疗美容消费者人数达374万，2005～2010年复合增长率为30.2%。2010年中国美容产品总产值达10014亿元，其中医疗美容产值达3000亿元；2002～2010年医疗美容产值复合增长率达45.4%。整形美容主要内容有胸部整形、眼眉整形、耳部整形、面部整形、吸脂瘦身、爱心整形、颧骨整形、鼻部整形、颌面整形、口唇整形、除皱美容、生殖整形、酒窝成形、招风耳矫正、祛大脚骨、除腋臭、毛发移植、祛疤痕、整形修复、激光祛胎记、激光洗眉、彩光嫩肤、光子脱毛、光子去斑、痤疮治疗等。从整个国内市场来看，医疗美容产品以进口产品为主，占55%。但是国内已逐渐有部分合资或独资企业成长起来，产品可与进口产品竞争。例如，国内目前生产胸部、鼻部、脸部轮廓假体比较具有竞争力的企业有广州万和（合资企业），雅典娜、康宁、聚合、天玉、新安化工、宏达等公司。这些企业生产的假体生物相容性好，抗撕拉和抗破损程度高，可有效避免假体移位、排异和透光等现象，手感逼真。

传统生物材料意外，国内生物医学材料及植入器械的前沿研究正在不断取得重大进展，中国SFDA已批准可诱导骨再生的骨诱导人工骨及组织工程化皮肤上市，并颁布了七个组织工程化产品标准，一大批可再生组织的植入器械正在临床试验中。

相对企业产品市场占有率有待提高的情况相比，国内在生物医用材料研发日渐赶超国际先进水平，管理规范也日趋规范。在生物医用材料的规范管理上，政府十分重视医疗器械和生物医用材料产品的质量，对生物医用材料的生物安全性和可靠性，是其临床应用关注的首要问题。国务院已于2000年颁布了《医疗器械监督管理条例》，国家食品药品监督局制定了一系列规章和规范性文件，努力完善产品标准，市场准入及上市后监督管理规范，并尽量使之与国际接轨，促进行业的国际化和实现医疗器械国际贸易的真正平等。

为完善生物医用材料产品标准确保产品质量，国家已相继建立了13个与生物医用材料相关的技术标准化委员会，负责标准的制订和修订，已制定和颁布医疗器械行业标准629个、国家标准157个，特别是在组织工程化产品质量控制方面，我国已发布8个标准，和国际处于同一水平。我国早于20世纪80年代就是国际标准化组织（ISO）成员，享有直接参与对口国际标准草案投票的权力，国际标准取标率已近80%，促进了医疗器械产品标准的国际化。

近十多来年国内一批高等院校、科研院所陆续投入到生物医用材料基础研究及产品研发领域。特别是在新型生物材料的基础研究方面，已经从单纯的跟踪、模仿逐步进入到原始创新，部分研究团队已在国内外占有重要的学术地位。根据近年来生物材料领域标志性期刊 Biomaterials 发表的论文数量来看，我国科学家在该领域的研究呈现强劲的增长势头，特别是自2011年以来发表的论文数量已达1020篇，占全部论文的29%。这表明我国从事生物材料研究的队伍规模、水平和整体实力已成为国际生物材料舞台上一支重要力量，享有重要的国际学术影响力。

表4-2　Biomaterials 期刊论文统计

年份	2000～2005	2005～2010	2011年至今
全球发表论文数/篇	3214	3535	3495
我国发表论文数/篇	228	486	1020
我国所占比例/%	7.09	13.74	29.18

研发机构中的代表机构如华南理工大学材料学院国家人体组织功能重建工程技术研究中心，以及四川大学生物材料工程研究中心均隶属科技部的国家级科研机构，在生物应用材料基础及应用研究方面在全国处于领先地位，在国际上具有重要的影响力。

4.4　发展我国生物医用材料产业的主要任务及存在主要问题

在未来20～30年内，生物医用材料和植入器械科学和产业将发生革命性变化：一个为再生医学提供可诱导组织或器官再生或重建的生物医用材料和植入器械新产业将成为生物医用材料产业的主体；表面改性的常规材料和植入器械作为其重要的补充。在生物医用材料产业现状、规模、竞争优势及其发展趋势引导下，未来生物医用材料产业发展的重点和核心技术包括：

① 组织诱导性生物医用材料，以及赋予材料诱导组织再生的设计和工程化制备技术。所谓组织诱导性生物材料是指可通过材料自身优化设计，而不是外加生长因子或活体细胞，刺激细胞沿特定组织细胞系分化，形成特定组织的材料。

② 组织工程化制品。中国 SFDA 批准了组织工程皮肤上市，产业已开始形成。当前最有希望突破的是骨、软骨、肌腱、角膜、神经等组织工程化制品及组织工程化人工肝和肾。优选支架材料并优化其制备工艺，干细胞和成体细胞的提取和体外传代、增殖、模拟生物环境的体外细胞培养，以及生长因子的提取及生物衍生材料免疫原性消除和防钙化技术是其发展的关键核心技术。

③ 材料表面改性以及表面改性植入器械的设计和制备的工程化技术，包括增进骨、牙等植入器械表面生物活性的表面生物活化技术；增进血液接触材料和器械的表面抗凝血及防组织增生改性技术；赋予表面抗菌、抗磨损、选择性固定生物分子等的表面功能化技术等，以及植入器械形态结构设计系统及软件开发等。

④ 生物衍生材料和生物人工器官。来自动物的动物组织及其衍生的材料和生物人工器官是当代生物材料产业的一个重点。医用胶原、透明质酸钠、几丁糖、丝素蛋白和制品、生物人工瓣膜、异体及异种组织修复片已在临床广泛应用并已产业化生产，但是质量和品种有待进一步提高和扩大，核心技术是动物组织及其衍生材料免疫原性消除和防钙化等的工程化技术。

⑤ 纳米生物医用材料、植入器械和软纳米技术，包括纳米涂层等。纳米生物医用材料制备技术及其生物学效应，包括生物学风险试验和评价，是研究和发展的重点。人体自身形成的具有纳米结构的组织并未表现出生物学风险，因此模拟生理条件下人体组织形成的纳米生物材料装配和合成技术，即软纳米技术，是发展纳米生物医用材料的关键技术。

⑥ 通用基础生物医用材料的原材料的开发和质量控制技术。迄今的生物医用材料基本上是移用其他高技术材料，生物学基础研究薄弱，是导致临床应用出现问题的主要原因。提高材料的生物相容性和质量稳定性、研发新的原材料，如可降解医用镁合金、丝素蛋白等，对生物材料的发展有很大意义。

⑦ 计算机辅助仿生设计及快速成形的生物制造及设备，包括精密加工及自动化生产技术、个性化植入器械的制备技术、组织工程化仿生活体器械的快速

成型和制备技术等。其发展可为临床提供一批生物制造设备，如口腔临床椅旁计算机设计及假牙快速成形设备，还可提高同类产品的技术附加值。

⑧ 除上述产品外，生物医用材料和植入器械的封装、灭菌、消毒和储存技术，可生物降解和吸收医用高分子设计和合成技术等亦是正在发展的关键技术之一。

国内虽然一些企业已经取得了良好的发展势头，但更多的问题依然存在。如产业规模小、技术装备落后、规模化生产企业尚未形成、缺乏市场竞争力。科技成果转化能力低，产业技术创新能力不强，产品技术结构落后。生物材料完整的产业链尚未形成，尚无医用级生物活性粉体、金属、高分子及其他高分子等的专门供应商，也无通用基础原材料的国家或行业标准，从源头上妨碍了产业链的形成。

① 产业规模小、技术装备落后、规模化生产企业尚未形成、缺乏市场竞争力。

我国人口占全球总人口的 23%，但 2010 年我国生物医用材料的市场仅占全球市场大约 6.5%。企业规模小、经济实力不强、相当部分的技术装备停留于 20 世纪 80 年代水平，不仅产品质量不能保证，且难于形成规模化生产。2010 年我国从事生物医用材料生产的企业约 2400 家，年平均销售额约 US$120 万元/家，不足 2007 年美国同类企业平均年销售额的 14%，年销售额逾 10 亿元的企业仅寥寥数家，上亿元的企业仅 30 家左右，销售额排名前 5 位企业销售额总和所占国内生物医用材料总销售额仅约 10.2%，而国际上达 37%，规模化生产尚未形成，市场竞争力低下。

企业规模小、研发经费缺乏，2010 年本土企业研发经费平均仅占企业销售收入的 1.77%，高端医用设备和植入器械国内企业介入不多，高、中端产品的关键核心技术基本上为外商所控制。另外，加之发达国家在科研成果产业化的相关制度比较完善，新材料及产品的开发速度快、产品质量相对较好且种类繁多，从而垄断了此领域的大部分市场。如：美国的强生公司、通用电气医疗集团、美敦力公司、德国的西门子公司、荷兰的飞利浦公司等全球前 12 大医疗器械公司所占市场份额达到 62%。

② 科技成果转化能力低，产业技术创新能力不强，产品技术结构落后，技术高端产品 70%以上依靠进口。

为了产品研发和市场竞争的制高点，各国对于关键技术的保密性和知识产权的保护也倍加关注，导致我国目前技术上仍以模仿为主，难以独立开发整套技术与产品，更难以完成技术集成和系统化，多数以低端产品为主，产品的功能、性能和质量与外国产品差距较大。

生物医用材料和植入器械产业创新链，应当是政、产、学、研、医相结合，此种结合体制我国尚未有效形成。我国生物材料科学与工程研究虽已进入国际先进水平，但成果工程化、产业化水平低，研究机构和产业的衔接还不够通畅，80～90%的成果仍保持在实验室，存在分散、孤立，缺乏协调和系统性等不足，科研成果的产业化进程比较缓慢。

③ 完整的产业链尚未形成，我国已向全球提供 60%～70%的低值医用耗材，2011 年占国内医疗器械出口额的 24%约 US$35 亿元，其中一次性无菌注射器是国际最大生产国，年产 85 亿套，出口 35 亿套。但是迄今为止，我国一次性注射器及输液器所用的高分子材料仍主要为聚氯乙烯（PVC），其添加的增塑剂易从材料迁出进入人体，造成对肝脏、生殖系统、肾脏等多种器官的危害，我国食品行业早已禁用 PVC 作为食品包装，但却仍是医疗器械大宗使用的封装材料。与此同时，为保护环境，蒙特利尔公约规定 2015 年前全球禁用环氧乙烷和溴甲烷，我国 PVC 器械的灭菌消毒均使用环氧乙烷，如果采用辐射灭菌会导致其颜色变黄，物理性能下降，迄今尚无有效措施解决这一重大问题，将对我国一次性注射器、输液器等的生产造成致命影响。除此之外尚无医用级金属、高分子及其他高分子等的专门供应商，也无通用基础原材料的国家或行业标准，从源头上妨碍了产业链的形成，是产业链尚未完整形成的一个典型。

④ 缺乏产业化接轨机制，风险投资出口狭窄，融资渠道不畅通，缺乏成果产业化及企业技术改造资金，特别是相当长时间内，产业发展资金主要来源于国有商业银行，其主要投资方向是国有大型企业，而不是以中小型企业为主的生物材料及植入器械企业，导致生物医用材料新产品、新技术产业化困难，企业技术改造资金缺乏，从而生产装备落后，产品质量不高且稳定性差，影响了我国产品的市场声誉。近年来，虽然风险投资渠道大有改善，但大宗来源于国外风险投资机构和大型跨国企业，结果是虽然引进了产品和技术，弥补了国内的不足，但发展稍好的民营企业如微创、蒙太因等陆续为外资兼并或控股，转变为外资企业，加之国外大企业及财团在中国大规模建厂实施就地生产，我国生物材料和植入器械产业外资化，已是十分需要关注的问题。

⑤ 管理部门缺乏协调机制，未能形成统一一盘棋的全面规划和管理机制，重复立项，多头管理常有所见；政策法规不健全，产品注册时间长，处理效率低，一些政策规定和灰色的行规不利于中资企业的发展。

5.5 推动我国生物医用材料产业发展的对策和建议

（1）加大财政扶持力度增大对国内生物材料产业的资金投入

通过设立生物材料领域专项工程及基础建设工程等，加大对基础性、前瞻性项目的财政扶持力度。合理优化对科技项目的政府资金支持及管理方式，重点支持及推广具有重大应用价值的生物材料产品。

（2）加强宏观调控和政策引导

加强我国科技管理部门在宏观上的组织引导功能，建立和完善生物材料产业的政策体系。加强产业政策与科技、经济、财税、资源和环境等政策配合，共同为高科技产业的发展提供优越的环境。建立健全产业监控体系，把握行业发展动态，引导生物材料产业有序发展。制定光电材料技术发展政策，设立专门负责机构，利用各种有利条件吸引外资，促进技术转移，培育人力资源等。通过产、学、研资源共享机制的建立，加强生物材料产业上下游产业整合，促使各界共同向高效及低成本的方向努力。

（3）大力落实人才引进计划

结合我国发展生物材料产业对高端人才的实际需求，积极引进大批创新型人才，努力推动我省生物材料行业向科技创新型发展。建立健全人才激励措施和配套政策，鼓励和支持企业有计划、有针对性地引进生物材料领域的创新型科研团队及领军人才，促进我省生物材料产业全面发展。

（4）加强技术创新体制建设

进一步完善自主创新政策法规体系，充分发挥科技创新对产业升级的能动作用。加快建设生物材料行业技术创新体系，政策引导资金、人才、技术等创新资源向产业聚集，强化产学研战略手段，加强源头创新，合理布局，集中力量突破若干基础研究优势领域，以应用为导向，提升我国和我省在生物医用材料科技原始创新能力和企业国际竞争力。

（5）完善创新环境、加强人才培养

制订政府采购对自主创新产品的优先采购政策，促进科技成果转化为生产力，对科技型企业的孵化提供更多的帮扶政策，减轻企业负担，加快落实高层次创新创业人才的优惠政策。优化育才环境，改善科技人才管理体系，创新科技人才培养、评价、激励等机制，建立科学的人才培养计划，重视技术性人才。

作者简介

陈晓峰：博士，教授，博士生导师。华南理工大学生物医学工程研究院常务副院长、国家人体组织功能重建工程技术研究中心副主任、广东省生物医学工程重点实验室副主任、广州市纳米生物材料工程中心副主任、华南理工大学生物医学工程学科带头人。长期从事生物医学材料研究，在国内外学术期刊发表论文 90 余篇，申请及授权国家发明专利 20 余项。研究成果获得包括广东省科技发明一等奖在内的省部级奖励 5 项。

吴刚：材料学博士，华南理工大学材料科学与工程学院教师。现为中国生物医学工程学会会员、中国生物材料委员会会员、中国复合材料学会会员、中国硅酸盐学会生物材料专业委员会会员、广东省人体生物组织工程学会会员。相关研究结果发表论文 50 余篇，获得国家发明专利 1 项，申请国家发明专利 3 项。

第5章 大气污染治理材料

翁 端 冉 锐

5.1 发展大气污染治理材料产业的背景需求及战略意义

大气污染形成主要有三方面原因：工业污染及燃煤污染气体排放、机动车尾气排放以及城市复合型污染。其中，工业生产过程中排放到大气中的污染物种类多、数量大，是城市或工业区大气的重要污染源。常见的有冶炼过程中因为使用煤作为主要的燃料而排除的大量粉尘、一氧化碳、二氧化硫、氮氧化物和苯类等，石油化工企业排放的二氧化硫、二氧化碳、氮氧化物和硫化氢等；酸碱盐化工厂排放出的氯化氢、氮氧化物等；化工、印染和垃圾焚烧企业排放出的有机挥发性污染物等。随着机动车保有量的迅速攀升，机动车尾气污染也已成为城市大气污染的主要来源。其中以汽油为主要原料的机动车排放的主要污染物有一氧化碳、氮氧化物、碳氢化合物等；柴油车排放的污染物主要有二氧化氮、一氧化碳、一氧化氮、碳化氢以及细微颗粒物等。城市复合型污染主要是指大气中由多种来源的多种污染物在一定的大气条件下（如温度、湿度、阳光等）发生多种界面间的相互作用、彼此耦合构成的复杂大气污染体系，表现为大气氧化性物种和细颗粒物浓度增高、大气能见度显著下降和环境恶化趋势向整个区域蔓延。

当前，伴随快速工业化、城市化过程和区域经济一体化进程的深入推进，能源资源消耗持续增加，大气污染防治压力继续加大。我国大气污染正从局地、单一的城市空气污染向区域、复合型大气污染转变，以可吸入颗粒物（PM_{10}）、细颗粒物（$PM_{2.5}$）为特征污染物的区域性大气环境问题日益突出，部分地区出现区域范围的空气重污染现象，京津冀、长三角、珠三角以及其他部分城市群已表现出明显的区域大气污染特征，严重制约区域社会经济的可持续发展，威胁人民群众的身体健康。因此大气污染治理势在必行。

而大气污染改善的措施方面，从长远看，需要积极调整产业结构和能源使用结构，并制定严格的法律法规加以约束，整体实现源头控制。但在当前乃至未来的 10～20 年间，仍以化石燃料为主要能源的生产生活方式势必还需要末端治理的多种技术手段对已经产生的污染物加以处理。而其中与大气污染治理技术相关的关键材料是必不可少的支撑条件。按照不同污染物的治理特点，大气污染治理过程中涉及的几类关键材料包括：固定源废气治理用关键材料，重点包括工业脱硝用催化材料、挥发性有机污染物治理用吸附材料和催化材料；移动源尾气治理关键材料，重点包括汽车尾气治理用三效催化材料、柴油车尾气颗粒物过滤器关键材料、柴油车尾气氮氧化物净化用 SCR 催化材料等。此外，工业脱硫、除尘等也是固定源废气治理的重要措施，不过其更多地依赖于过程设计，因此本章不针对这两个领域进行总结。

5.2 大气污染治理材料产业的国际发展现状及趋势

5.2.1 固定源废气治理用关键材料

5.2.1.1 工业脱硝用关键材料

工业锅炉排放的氮氧化物（NO_x）主要为一氧化氮（NO）和二氧化氮（NO_2），其中，NO 约占 95%，其余为 NO_2；而 NO 稳定性较差，在空气中易被氧化为 NO_2，参与形成酸雨和光化学烟雾前驱物；并通过一系列反应破坏臭氧层。人们围绕燃烧中脱硝和燃烧后烟气脱硝两方面，研究、开发了多种燃煤火电厂脱硝技术，其中，选择性催化还原（Selective catalytic reduction，SCR），因其脱硝效率高，相对性价比高，已成为工业锅炉脱硝的主流技术。催化剂是 SCR 烟气脱硝工艺系统中的核心部分，是保证氮氧化物和还原剂在合适的温度范围内发生还原反应、来达到期望脱硝效率的关键材料，在用催化剂活性成分主要为 WO_3（MoO_3）和 V_2O_5，载体一般为 TiO_2。

在 SCR 工艺中，通常采用整体式催化剂，包括蜂窝式、平板式和波纹板式三种。蜂窝式催化剂是将二氧化钛、活性组分以及添加剂按照一定配比混合、捏合均匀后通过挤压工具整体成形，经干燥、煅烧、切割、组装成标准规格的催化剂模块。蜂窝式催化剂具有模块化、表面积大、催化体积小、长度易于控制、活性高、回收利用率高等优点，低尘布置和高尘布置均可应用，目前在世界 SCR 催化剂市场占 60%以上，是目前应用最为广泛的催化剂。板式催化剂是以金属板作为载体，将活性组分浸渍在金属板上，经烧结成形。板式催化剂具有抗腐蚀性高，对烟气的高尘环境适应力强，机械强度和热稳定性较高的优点，但也有表面积小，催化剂需求量大，活性表层易受磨损，上下模块间易堵塞等特点，在世界催化剂市场占 25%以上的份额。波纹式催化剂是以波纹状玻璃纤维板或陶瓷板作为载体，将活性组分浸渍后烧结成形。其优点是表面积较大，压降较小，重量较轻，对催化剂中毒有很好的抵抗能力，但上下子模块之间易堵塞。在具体的工程应用中，催化剂的选型与工程的实际情况密切相关。对于火电厂脱硝工程，烟气成分及参数、飞灰特性、脱硝效率要求等因素决定催化剂选型。

在日本Shimoneski电厂建立了第一个SCR系统的示范工程，其后SCR技术在日本以及其他国家得到了广泛应用。在欧洲已有120多台大型装置的成功应用的经验，其NO_x的脱除率可达到80%～90%。日本大约有170套装置，接近100 GW容量的电厂安装了这种设备；美国政府也将SCR技术作为主要的电厂控制NO_x技术，SCR方法已成为目前电厂最主要的脱硝技术。除电厂外，SCR技术在垃圾焚烧、玻璃、钢厂也得到广泛应用。随着SCR技术的推广，国外涌现除一批专业的SCR催化剂生产厂家占据了世界大部分脱硝市场。其中蜂窝式催化剂的主要生产商有：美国CORMETECH公司、德国ARGILLON公司、奥地利CERAM公司、韩国SK公司、日本触媒（NIPPON SHOKUBAI）、日本触媒化成（JGCC&C）等。板式催化剂主要生产商有：日本日立（BHK）和德国ARGILLON公司。波纹式催化剂主要生产商有：丹麦的托普索（TOPSOE）。在国外，火电脱硝市场基本已经饱和，以上公司在火电领域的主要业务集中在催化剂更换、催化剂再生和向发展中国家转让技术。火电行业使用的催化剂也是商用V_2O_5/WO_3（MoO_3）-TiO_2体系。这种催化剂自1978年在日本成功地实现工业应用以后，工艺技术与生产技术一直不断进步与完善，形成了由触媒化成（CCIC）为代表的蜂窝式和以巴布科克-日立（BHK）为代表的板式两种主流结构与技术。近些年来，这些催化剂的生产技术已经向美国、欧洲及亚洲的韩国、中国大量输出。目前各主要国际生产商SCR催化剂类型及产量如表5-1所示。

表5-1　目前各主要国际生产商生产SCR催化剂类型及产量

厂商名称	国家	催化剂类型	生产能力/$m^3 \cdot a^{-1}$
触媒化成（CCIC）	日本	蜂窝式	一条生产线2500
巴布科克-日立（BHK）	日本	板式	三条生产线，总计15000
康美泰克公司（Cormetech）	美国	蜂窝式	>20000
庄信万丰-雅佶隆公司（JM-Argillon）	德国	板式、蜂窝式	>12000（板式） >5000（蜂窝式）
Envirotherm GmbH（KWH）	德国	蜂窝式	>5000（被中国东方电气集团收购）
托普索公司（Harld Topsoe）	丹麦	波纹板式	美国两条，丹麦一条，共三条生产线
SK能源株式会社	韩国	蜂窝式	3000 m^3/a
Ceram	奥地利	蜂窝式	—

几大主要生产商各有特点，巴布科克-日立成立最早，自1970年成功开发

了不锈钢板式催化剂后，在燃煤电站的应用业绩居世界之首。2000 年进入中国大陆，在中国杭州建有催化剂生产厂——巴布科克-日立（杭州）环保工程有限公司。触媒化成公司主要生产蜂窝式催化剂，20 多年来一直对这一技术进行改进与完善，并先后向美国、德国及韩国进行技术转让，成为成功转让技术最多的公司。庄信万丰-雅佶隆公司从触媒化成引进了蜂窝式生产技术，又自主开发了板式催化剂技术，是唯一同时生产 2 种结构形式的催化剂公司。2010 年 8 月开始在上海松江生产板式催化剂。德国的 KWH 公司是德国最大的蜂窝式催化剂供应商之一，催化剂技术世界领先，目前在欧洲市场占主导地位，具有 20 年以上生产 SCR 催化剂的经验。康美泰克公司在美国北卡罗来纳州和田纳西州设有生产基地，2004 年在中国北京设立亚洲办事处，其蜂窝式催化剂的生产能力居世界之首，具有高活性、高力学性能和热性能、高抗中毒性等特征。托普索公司自主开发了区别于不锈钢板式的以玻璃纤维为载体的波纹板式催化剂，并在美国的德克萨斯州以及丹麦的腓特烈松建有生产基地。

对于非火电行业，特别是垃圾焚烧、玻璃、钢铁脱硝催化剂也已经大范围使用。由于垃圾焚烧、玻璃、钢铁等行业烟气温度较低及粉尘富含大量中毒元素的特性，相应也需要低温脱硝催化剂才能满足需求。目前，国外低温催化剂主要以 V_2O_5/TiO_2 系列为主添加其他活性助剂，在低硫或者无硫工况下 150℃脱硝效率可达 80%以上。

5.2.1.2 挥发性有机污染物（VOCs）治理用关键材料

VOCs 是一类低沸点有机化合物的总称，其英文名称为 Volatile organic compounds。VOCs 的种类很多，其中常见的是用于工业溶剂的芳香烃、醇类、醚类和醛类。有些 VOCs 能与大气中的 NO_x 在太阳光作用下发生光化学反应而形成光化学烟雾。部分物质还有致畸、致癌、致突变的“三致”效应，对人类的健康和生命产生严重的危害。

VOCs 的来源主要为石油化工工艺过程和储存设备等的排出物及各种使用有机溶剂的场合，如喷漆、印刷、金属除油和脱脂、黏合剂、制药、塑料和橡胶加工等。目前广泛应用于 VOCs 治理的措施基本分为两大类：一类是以改进工艺技术、更换设备、防止泄漏乃至杜绝 VOCs 排放为主的预防性措施；另一类是以末端治理为主的控制性技术，也成为 VOCs 治理的主要方式和途径。在对末端处理技术研究的时候，VOCs 处理方法有非破坏性方法、破坏性方法和两者的联合方法。非破坏性方法即回收法，主要有炭吸附、变压吸附、吸收法、冷凝法及膜分离技术：一般是通过物理方法，改变温度、压力或采用选择性吸附剂和选择性渗透膜等方法来富集分离 VOCs；破坏性方法有直接燃烧、热氧化、催化燃烧、生物氧化、等离子体法、紫外光催化氧化法及其集成技术：主要是通过化学或生化反应，用热、光、催化剂和微生物将 VOCs 转变成为 CO_2

和水等无毒害的无机小分子化合物。

欧美日对VOCs关注得较早，二十年前即有相关的法规颁布，得益于相对完善的法规标准体系，其VOCs治理产业的发展也较迅速。近年来，日本的上殊勇等研究了利用环糊精作为有机卤化物的捕集材料，根据环糊精对有机卤化物亲和力极强的原理，将环糊精的水溶液作为吸收剂在有机卤化物和其他有机化合物共存时，对有机卤化物进行吸收。这种吸收剂具有无毒不污染、捕集后解吸率高、回收节省能源、可反复使用的特点。催化燃烧法是借助催化剂的催化氧化作用，促使VOCs在较低反应温度（<500℃）下进行完全燃烧，其去除率可达90%，且该方法具有运行稳定、能耗低、无二次污染等特点，已在欧美日等发达国家得到广泛应用。德国南方化学集团是世界最大的废气处理催化剂制造商，2011年其被科莱恩公司收购，其生产的PRO*VOC系列有机尾气催化剂、PRO*HHC系列卤化物尾气催化剂、PRO*HNO_3系列硝酸尾气处理催化剂等几百个品种的尾气处理催化剂，在石油化工尾气处理领域有丰富的工程经验和几十套运行业绩。主要活性成分依然采用的是贵金属铂、钯，其特点是：高温稳定化处理的氧化铝载体和耐高温、耐腐蚀合金钢骨架，确保催化剂不被烧结，保持催化剂稳定的比表面积；高温不锈钢包边；方便清理的催化剂，确保催化剂非常长的使用寿命；高度分散的贵金属；低阻力，节约运行费用；低温高活性；非常高的机械强度；非常高的热稳定性；正常使用寿命3～5年。

图5-1是目前国外处理VOCs采用的治理手段所占的比例，可以看出催化燃烧和生物处理等破坏性方法成为主流的治理手段，占到近70%；而传统的吸收技术由于存在二次污染和安全性差等缺点，目前已经较少使用。在实际应用中，吸收技术只是作为其他治理技术的辅助手段用于废气的前处理工艺和后处理工艺中。在前处理工艺中用于去除一些酸性和碱性无机化合物和漆雾或粉尘；在后处理工艺中用于吸收等离子体破坏后产生的二次污染物等。

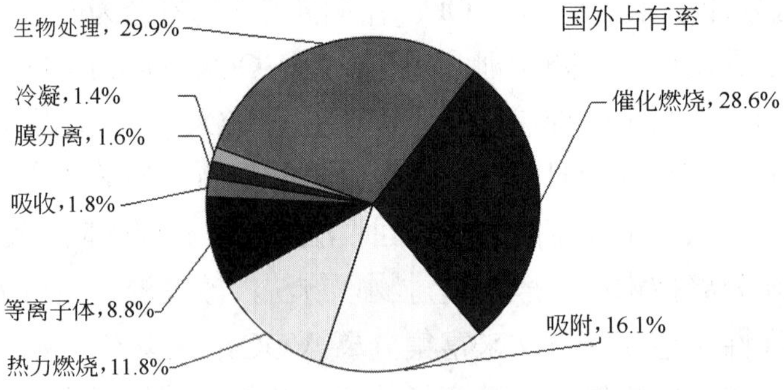

图5-1　国外VOCs治理手段所占比例

5.2.2 机动车尾气治理关键材料

5.2.2.1 汽车尾气治理用三效催化材料

发达国家对控制城市机动车排放的研究很重视，为了有效地对汽车尾气污染进行控制，自 20 世纪 70 年代以来，国外多家研究机构进行了很多尾气净化方面的研究。在众多的汽车废气排放控制手段中，催化净化技术已成为控制汽油车尾气污染的重要手段。1974～1975 年间美国、日本相继安装了氧化型催化净化器，1978 年美国对汽车排放的 NO_x 提出了控制要求，开始研究三效催化净化器（Three-way catalytic converter），能够对以汽油为燃料的机动车排放尾气中的三种主要污染物（HC、CO、NO_x）实现同时去除。

汽油车机外净化主要依靠的三效催化技术的核心为三效催化剂（Three-way catalyst，TWC）。典型的三效催化转化器结构如图 5-2 所示，主要包括催化剂、衬垫及金属外壳三部分。其中催化剂又由载体（主要为堇青石 $2MgO{\cdot}2Al_2O_3{\cdot}5SiO_2$ 蜂窝陶瓷）、涂层（包括 γ-Al_2O_3 贵金属担载、CeO_2 储氧材料、黏合剂等）和贵金属活性组分（主要为 Pt/Pd/Rh）构成。2000 年至今，由于无铅汽油的推广，目前汽车尾气催化剂的设计已经不考虑铅中毒对催化剂的影响。现代的催化剂成分基本已经定型为以贵金属为主要活性组分，$Ce_xZr_{1-x}O_2$、γ-Al_2O_3、BaO、La_2O_3 等助剂为涂层材料。随着涂覆技术的不断改进，人们正致力于实现不同载体/贵金属的分段分层自由组合，推进新技术和工艺，优化载体结构，使催化剂的效率提高，并向超低排放甚至零排放的工业目标靠拢。

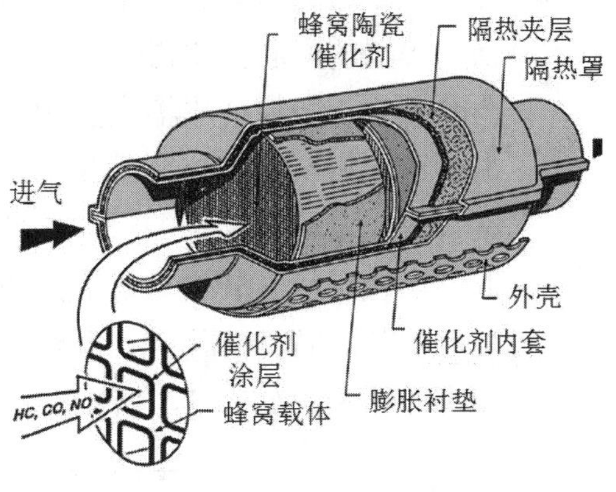

图 5-2 典型的三效催化转化器结构示意图

国外催化净化器的研制开发、生产、市场销售主要由几个大的厂商进行。国外已形成了机动车污染控制的三大体系，建立了一系列完整的技术与管理相配套的制度，有效地减少了尾气排放，还带动了环保产业的发展。国外机动车尾气污染控制催化技术开发目标是以各国在不同时间段内颁布排放标准和法规为依据，满足和达到排放标准，开始朝低排放、超低排放和零排放车的方向发展。目前处于龙头的主要是庄信万丰（Johnson Matthey）、安格（Engelhard，2006 年以后被 BASF 收购）及优美科（Umico）等公司，他们开发并推广的一系列负载贵金属的蜂窝状三效催化剂，长期以来成为国际上公认的最有效的汽车排放后处理措施，至今仍占 80%以上的国外品牌汽车市场以及合资车市场。

5.2.2.2 柴油车尾气治理用关键材料

与常规燃油喷射汽油机相比，柴油发动机具有燃油效率高（燃油消耗比汽油机低20%～30%），动力性能好（扭矩提升50%），低温室气体排放（减少25%的CO_2排放）等优点，因而近年来日益受到广泛的关注。目前，欧美国家100%的重型车、90%的商用车采用柴油机。无论是欧洲排放更清洁经济型轿车的开发，还是美国的新一代汽车合作计划“PNGV”，都将柴油机作为最佳的选择方案。据统计，2008～2013年全球汽车产量从7149万辆增至8738万辆，其中汽油车增加22%，柴油车增加58%，汽车柴油化的趋势十分明显。

柴油车排放的颗粒物（PM）的主要成分是碳烟颗粒，其上吸附着多种可溶性有机物（SOF），包括致癌的芳烃（PAH），对人体健康的危害极大。目前，柴油车尾气颗粒物捕集技术（DPF，Diesel Particulate Filter）是实现柴油机微粒排放控制最为有效和简单的技术之一。当排气通过颗粒物捕集器时，先由颗粒物捕集器的滤芯捕集微粒，然后再将捕集器捕集的颗粒物氧化燃烧以完成捕集器的再生。微粒捕集器主要由过滤装置、再生装置、控制装置组成，其关键技术是过滤材料的选择和捕集器再生。

目前市场上常见的颗粒物捕集器中，壁流式过滤器由于过滤效率高，易于调整形状满足安装要求等优点成为最常用的颗粒物捕集器。该类过滤器材料主要包括堇青石、碳化硅、硅结合碳化硅、莫来石、钛酸铝等。各类材料的特点和产业化状况如表5-2所示。

表5-2 各类陶瓷基过滤材料的特点及产业化状况

名称	优点	缺点	生产厂家
堇青石	价格低廉、热膨胀系数低，可生产紧凑的整体元件	热容量低、导热性差、高温易与颗粒物的灰分反应	美国康宁（Corning）公司（1978）；日本NGK公司（1989）
重结晶碳化硅（RSiC）	热稳定性好、热导率高、热容量高、力学性能好，可直接用于电加热再生	热膨胀系数较高，无法整体加工	日本Ibiden公司（1985年开始研制，2000年最初应用）
硅结合碳化硅（Si-SiC）	具有类似于碳化硅的热机械特性	热稳定性和抗化学性低于碳化硅，导热率比RSiC低	日本NGK公司（2000年开始研制）
莫来石	热膨胀系数低、耐高温、耐腐蚀	导热性差、热稳定性较低	美国陶氏化学（Dow Chemical）公司
钛酸铝（$A1_2O_3{\cdot}TiO_2$）	热膨胀系数低、抗热震性好	机械强度比SiC材料低	美国康宁（Corning）公司（2005）

在以上几类材料中，Corning 公司所发明的堇青石材料是最早应用于壁流式蜂窝陶瓷并实现市场化的，这在柴油机DPF研究领域里具有里程碑性质的贡献。然而，堇青石过滤体在实际使用过程中经常出现烧熔、烧裂的现象，这说

明堇青石材料的耐高温性和抗热震性尚不能满足实际应用的需求。为解决这一问题，SiC 壁流式过滤体在 DPF 研究领域成为了热点。该类材料可耐受 1500℃的高温，且抗热震性良好。但由于其热膨胀系数高达 4.4×10^{-6}/℃，因此 SiC 过滤体无法整体加工，只能由小块滤芯拼装而成，给工业生产带来了很大困难。2005 年，Corning 公司公布了一种新的能替代 SiC 的耐高温材料钛酸铝，该材料热力学性能与 SiC 基本相同，但其热膨胀系数只有 SiC 的 1/5，因此可以一次成形而加工成整体滤芯。虽然钛酸铝的机械强度不如 SiC 材料高，但其耐热震的能力却比 SiC 高 1 个数量级。目前，Corning 公司开发出的钛酸铝材料的过滤器（Duratrap®AT）系列 已经广泛应用于各类主流轻型车，如 Audi A3、Seat Altea、VW Golf、VW Jetta、Kia cee'd、Hyundai i30 等。

从市场规模看，目前市场占有率最高的过滤体材料即为堇青石、碳化硅和钛酸铝三大类。由于材料的特性不一样，其应用方向也有所差别：碳化硅和钛酸铝材料热容量大且耐高温，通常与主动再生方法配合使用，一般用于轿车柴油车和轻型柴油车的颗粒物控制。堇青石过滤体热容量比较小，易于提高涂覆催化剂的温度，通常与被动式再生方法配合使用，但过滤体内积碳过多时易损坏过滤体。图 5-3 为 Corning 公司预测的过滤体材料的市场趋势。可见钛酸铝过滤体和碳化硅过滤体具有较好的应用前景。

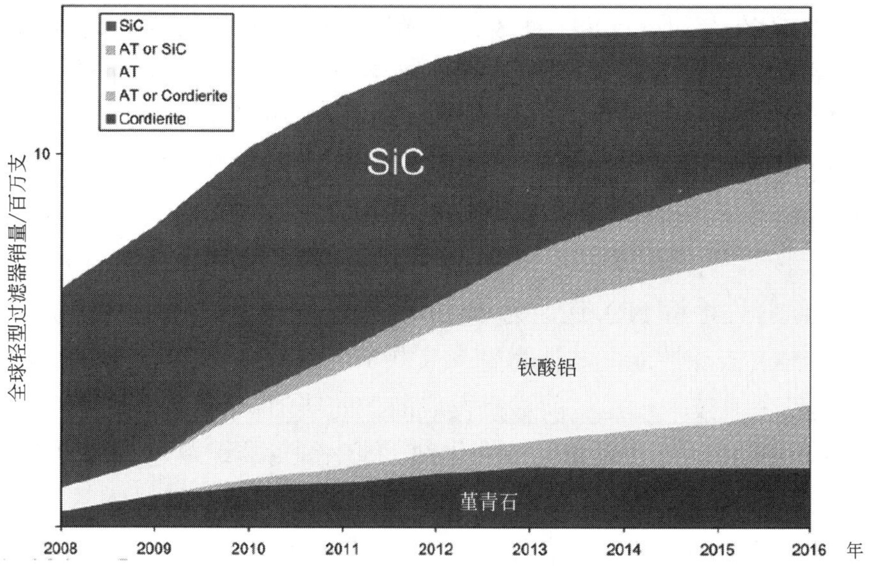

图 5-3　过滤体材料的市场趋势（Corning 公司预测）

捕集器再生技术可分为非催化再生技术和催化再生技术。其中催化再生方法由于系统装置简单、运行稳定性好、能耗较低等优势，是较有发展前景的捕集器再生技术。在对于催化再生技术的研究和产业化方面，具有代表性的几家公司为法国雪铁龙公司、英国 Johnson Matthey 公司和美国 Engelhard 公司。他们所采用的再生技术、优缺点和产业化状况如表 5-3 所示。除了以上三大类技术外，Johnson Matthey 公司还将 CRT 与 CSF 技术结合，开发了 CCRT®系列产品，其综合性能得到进一步提高。由表 5-3 也可看出，这几类技术对于材料的需求集中于铈基（Ce）材料和铂基（Pt）材料。

表 5-3 各类实用型捕集器再生技术的特点及产业化状况

技术类型	技术特点	技术难点	产业化情况
添加剂再生（PSA）	采用含铈（Ce）的燃油添加剂，促进碳烟氧化	生成 CeO_2 难以去除，可能堵塞过滤器	法国雪铁龙公司 2000 年推出，目前在欧洲得到广泛使用
连续再生过滤（CRT）	过滤体前置铂基（Pt）氧化催化剂	对燃油的含硫量要求高	英国 Johnson Matthey 公司的 CRT®系列产品 1995 年首先在瑞典和伦敦的公交车上应用，而后推广到德国、美国和日本
催化燃烧再生（CSF）	过滤体表面涂覆铂基（Pt）氧化催化剂	对燃油的含硫量要求高	美国 Engelhard 公司的 DPX®系列第一代产品于 1993 年推出，并在美国得到了广泛使用

由于柴油车尾气中氧气含量很高，因此柴油车 NO_x 排放的控制技术也是柴油车尾气治理中的重中之重，其技术方案根据车型大小的不同也有所不同。其中，重型柴油车采取高压共轨/单体泵+选择性催化还原（SCR）尾气后处理技术，而轻型柴油车则采用+柴油车氧化催化剂（DOC）、废气再循环（EGR）+颗粒物氧化催化剂（POC）或废气再循环（EGR）+颗粒物补集器（DPF）三种技术路线。重型柴油车排放的 NO_x 份额较大的现状决定了选择性催化还原（SCR）技术是我国现阶段控制机动车 NO_x 排放的关键技术。

选择性催化还原技术根据还原剂的不同可分为氨选择性催化还原 NO_x（NH_3-SCR）和碳氢化合物选择性催化还原 NO_x（HC-SCR）。NH_3-SCR 是指在富氧条件下，向尾气中喷入 NH_3 或者提供 NH_3 的其他含氮还原剂，在催化剂的作用下选择性地将 NO_x 还原为 N_2 和水。由于该技术在很宽的温度范围内具有优异的 NO_x 去除性能，被认为是未来欧 V（国 V），欧 VI（国六）阶段 NO_x 催化净化的主流技术，是目前最具发展前景的柴油车尾气 NO_x 控制技术。

NH_3-SCR 后处理系统包括催化剂、催化剂封装以及还原剂供给系统，催化剂是整个系统的核心和关键。第一代 NH_3-SCR 催化剂材料体系主要是 WO_3 或 MoO_3 掺杂的 V_2O_5/TiO_2 催化剂。由于该种催化剂具有生物毒性、高温稳定性差、操作温度窗口较窄等缺点，目前已被发达国家禁止使用。我国现阶段由于特殊的国情，尚无法在实际应用中全面替代该种催化剂。目前在研究领域中开发的非钒 SCR 催化剂主要包括分子筛催化剂和金属氧化物催化剂两类。金属氧化物催化剂主要包括 Fe 基、Ce 基、Cu 基以及 Mn 基催化剂等，虽然这类催化剂具有制备简单、成本低的特点，但是在高空速下活性不足，高温稳定性不足的特点仍然限制这类催化剂的实际应用。分子筛催化剂使用 ZSM-5、HBEA、FAU、MOR 以及 USY 等类型的分子筛作为载体，虽然活性较金属氧化物催化剂有优势，但实际应用中仍然存在低温催化活性较差和高温水热稳定性不足等问题。近年来，具有 CHA 结构的 Cu 基小孔分子筛，例如 Cu-SSZ-13 和 Cu-SAPO-34 等由于同时具有优异的 NH_3-SCR 催化性能、水热稳定性和抗 HC 中毒能力而有具有广阔的发展空间。

5.3 大气污染治理材料产业的国内发展现状及趋势

5.3.1 工业废气治理用关键材料

5.3.1.1 工业脱硝

尽管脱硝催化剂的技术核心都在国外，但是中国在引进催化剂生产技术后，迅速进行推广，目前已经呈现出百花齐放的局面。全国从南到北，从东到西，都建成了催化剂生产线。其中，江苏、浙江、上海、山东、河北、河南、四川、湖北、重庆、安徽等已经形成了区域性的催化剂生产基地。初步统计，全国共有接近 70 家企业从事脱硝催化剂的生产，部分企业还在建设过程中，尚未形成有效产能。潜在仍有大约 10 家企业正在考虑进军脱硝催化剂领域。从催化剂类型来看，国内 SCR 脱硝材料主要以商用 $V_2O_5/WO_3(MoO_3)$-TiO_2 体系为主，主要为蜂窝式催化剂，技术主要来自于日本和美国。其次为板式催化剂，技术主要来自于欧洲。波纹板式脱硝催化剂的生产技术也已经由启源装备从韩国引进，2014 年 6～7 月份可形成部分产能。国际催化剂企业主要以转让技术为主，日本日挥触煤和美国康宁各自在中国转让了 3 家企业。相关技术在火电行业已广泛应用，国内火电行业脱硝催化剂在技术基本已经成熟，已实现自给自足。山东天璨环保科技股份有限公司开发的稀土基脱硝在山东省内部分工业锅炉上已经应用，此外 Mn 基 SCR 催化剂在低温脱硝领域也有部分示范工程。国内 SCR 催化剂 $V_2O_5/WO_3(MoO_3)$-TiO_2 体系仍为主流，针对国内高尘、高硫、高中毒元素的烟气特性改进现有催化剂延长催化剂寿命以及开发非火电行业 SCR 催化剂将是国内 SCR 催化剂发展的趋势，同时开发低温 SCR 催化剂也将是未来催化剂发展的一个重要方向。

从催化剂企业的规模来看，产能低于 10000m^3 的中小企业仍占多数，整体占比大约为 70%，这部分的产能合计大约有 25 万立方米/a。10000m^3 产能以上的规模企业达到 20 多家，现有产能达到 36.6 万立方米/年，潜在产能 11 万立方米/年，这部分的产能合计大约有 47.6 万立方米/年。因此脱硝催化剂目前的总产能已经达到 61.6 万立方米/年，潜在还有超过 10 万立方米/年的新增产能（表 5-4）。

表 5-4 前 20 名脱硝催化剂厂家产能情况列表（超过 10000m³/年）

公司名称	现有产能/m³		潜在产能/m³		合计产能/立方米
	蜂窝	板式	蜂窝	板式	
东方凯特瑞环保催化剂有限公司	15000				15000
重庆远达催化剂制造有限公司	20000				20000
大唐南京环保科技有限公司		40000			40000
江苏龙源催化剂有限公司	24000				24000
保定天河环境工程有限公司	18000	12000			30000
郑州康宁特环保工程有限公司	18000			12000	30000
浙江海亮环境材料有限公司	28000		50000		78000
江苏万德环保科技有限公司	24000	12000			36000
浙江德创环保科技股份有限公司	18000	12000			30000
山东天璨环保科技股份有限公司	12000		18000		30000
瑞基科技发展有限公司	12000				12000
北京迪诺斯环保科技有限公司		20000			20000
山东鸿创环保有限公司	10000				10000
河南金山环保科技有限公司	8000		4000		12000
山东博森环保科技发展有限公司	10000				10000
启源大荣环保科技发展有限公司		9000		21000	30000
中泰国信环保有限公司	5000		5000		10000

注：以上数据统计截止到 2013 年底。

5.3.1.2 挥发性有机污染物治理

总体上来看，近年来我国工业源 VOCs 污染排放呈逐年增加趋势。VOCs 高排放量的地区主要集中在京津地区、山东半岛、长三角和珠三角等发达地区，典型行业如包装印刷、石油化工、家具制造、电子制造、汽车制造、机械加工、涂装等行业 VOCs 污染突出。目前，北方许多地区均出现了严重雾霾天气，据统计，北京的工业涂料 VOCs 污染占 PM2.5 总量的 16.3% ，仅次于机动车尾气排放和煤炭燃烧排放。

作为四大总体污染物之一，VOCs 相对脱硫、脱硝等市场起步较晚，2010 年才首次将 VOCs 列入大气污染防治范围。2012 年的《重点区域大气污染防治“十二五”规划》明确提出，“十二五”期间，要全面展开挥发性有机物污染防治工作，开展重点行业治理，完善挥发性有机物（VOCs）污染防治体系。其中汽车制造与维修、船舶制造、集装箱、电子产品、家用电器、家具制造、装备制造、电线电缆等行业表面涂装工艺挥发性有机物的污染控制属于重点行业之一，除采用环保涂料从源头减少 VOCS 的排放外，对现有企业及必须使用溶剂型涂料的表面涂装工序必须加强污染治理，通过密闭作业，配备有机废气收集系统，安装高效回收净化设施，有机废气净化率达到90%以上。根据《重点区域大气污染防治“十二五”规划》，工业 VOCs 治理项目的投资需求将达 400 亿元，油气回收项目投资 215 亿元，黄标车淘汰项目投资 940 亿元，共 1555 亿元，占重点项目总投资的 44.4%。2013 年《大气污染行动计划》要求推进 VOCs 污染治理。2014 年的重点工作将是 VOCs 排放标准的制定，目前正在制定 12 个行业的 VOCs 排放标准，石油炼制、石油化工行业的 VOCs 排放标准有望年内出台，同时还有 15 个已出台标准涉及 VOCs 排放问题，预计 3 年后 VOCs 排放标准体系将全部完成。总的来说，“十二五”期间主要是建立健全 VOCs 治理相关法律法规，整个治理工作推开应该是“十三五”期间。

我国从事 VOCs 治理的企业一般规模较小，但数量较多，难以准确统计。2011 年我们能够统计到的从事有机废气治理的企业数量约 160 家，与 2010 年相比，2011 年由于各地明显抓紧了对 VOCs 的治理力度，又有一批从事 VOCs 治理的企业进行了注册，或者一些之前从事其他行业的环保企业开始介入 VOCs 的治理领域。我国 VOCs 治理市场形势呈现出强劲的发展势头，2011 年末和 2012 年初治理企业的业务量明显增加。但总体上来讲，企业规模仍比较小，2011 年产值超过亿元的企业只有 2～3 家，超过 5000 万元的企业 15～18 家，大部分企业的产值在 1000 万～5000 万元之间，还有一部分小型企业的产值在 1000 万元以下。由于有机废气治理行业企业的规模较小，数量多而分散，因此难于准确统计行业整体的经营状况。据对 2011 年行业中的 30 家国内企业的经营状况调查，以及与 2010 年的相关数据进行对比分析，2011 年 VOCs 治理的产值应在 24 亿～32 亿元，比 2010 年提高了 15%～20%。

图 5-4 是我国主要 VOCs 处理方法所占的比例，可以明显看出，吸附技术仍然占有很大比例，与国外相比，催化燃烧和生物处理技术发展潜力巨大。

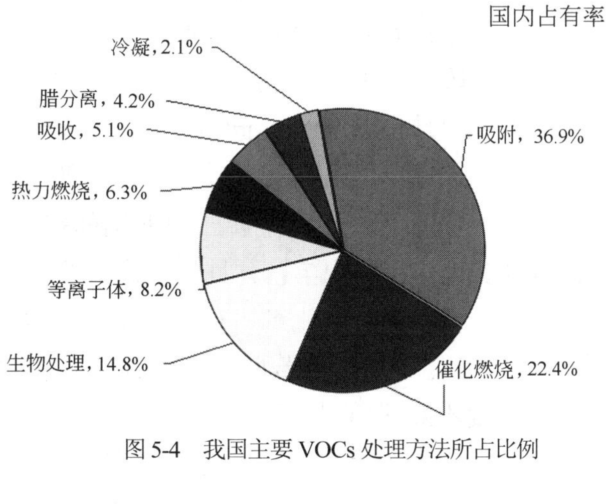

图 5-4　我国主要 VOCs 处理方法所占比例

到目前为止，工业 VOCs 治理中催化燃烧活性组分仍以贵金属为主，复合过渡金属为辅。但随着研究发现，钙钛矿和尖晶石氧化物也可表现出较好的催化活性，同时相对于贵金属催化剂其突出优势是成本低，且表现出较好的抗毒性等优点，近年来已成为催化燃烧的研究热点，但是其低温活性并不如贵金属催化剂，所以至今仍停留在实验室阶段，难以实际应用。

目前市场上 VOCs 处理的催化剂基本还是以贵金属为主，代表性的有杭州天祺环保设备有限公司的催化燃烧净化装置，兰州中科凯迪公司的 FWCC 系列、UC-501 系列催化剂，青岛华世洁环保科技有限公司的催化氧化技术等。总体来看，还是将贵金属分散到氧化铝载体上，制成蜂窝状结构，提高热稳定性、机械强度、贵金属分散性、降低阻力等。国内催化剂与进口催化剂的差距主要体现在抗中毒能力及使用寿命，国产催化剂的使用寿命一般为 18 个月，而进口催化剂可达 5 年。但是国内企业 VOCs 治理成本低，国外企业难以与国内企业进行竞争。因此，虽然国外的一些企业多年来就已经开始开拓我国的 VOCs 治理市场，但除了在一些高端的电子生产企业的污染治理、技术要求高的油气回收设备等方面外，并未取得大的进展。

5.3.2 机动车尾气治理用关键材料

5.3.2.1 汽车尾气治理

我国在汽油车尾气催化净化器领域研究相对国外虽然起步较晚，但从 1982 年开始，对蜂窝陶瓷载体制备技术、涂层材料及工艺技术、催化剂优化配方及制备技术、催化剂生产中部分设备及整套工艺、技术规范、催化净化器总成技术、摩托车排放净化技术等进行了长期应用研究和部分产品的开发研究，部分关键技术已接近国际先进水平。

虽然，贵金属三效催化材料使用的成本较高，且资源匮乏，但仍是目前汽车尾气净化的主流技术，从我国对贵金属型催化剂的研发历程来看，大致经历了如下三个阶段。第一阶段：在汽车 NO_x 排放标准提高的基础上，Pt/Rh 贵金属型催化剂产生。第二阶段：出现了 Pd 贵金属，可以部分代替原有的 Pt、Rh，这样大大降低了催化剂的制作成本。与此同时，以 Pt、Rh 和 Pd 为主题的贵金属型三效催化剂开始投入研制。第三阶段：全 Pd 催化剂的研发阶段。20 世纪 80 年代，唯一含有 Pd 成分的 Pd/Rh 贵金属三效催化剂被研发出来并得到商业应用。由于 Pd 资源相比 Pt、Rh 资源丰富，且具有价格便宜、耐热性好的特点，因而研发人员开始专门对含 Pd 的催化剂进行大量研究，以达到完全替代 Pt、Rh 而实现对汽车尾气的净化目的，但若要真正达到 Pd 完全替代 Rh 的目的，实现工业化应用，还需要不断进行技术研究。

此外，一直以来社会及汽车尾气净化催化剂生产商都在寻求比较廉价且质量优秀的新型催化剂原料，用以替代汽车尾气净化催化剂中的贵金属原料。由此，我国一些专业科研人员对非贵金属类催化剂进行了大量的研究。研究发现，以尖晶石型和钙钛矿型为代表的晶型复合氧化物催化剂具有良好的催化活性，其作为非贵金属型三效催化剂的主要原料，对汽车尾气净化祈祷较大的功能作用。然而，与贵金属催化剂相比，非贵金属催化剂还存在一些自身的缺点与不足，尚不能达到非常满意的催化效果。主要表现在：

① 非贵金属型催化剂中的非贵金属成分在高温条件下容易迅速与载体结合，从而导致催化剂永久性失活；

② 非贵金属催化剂对空速比贵金属要求高得多，一般在使用过程中需要较大的催化转化器进行转化，操作复杂且成本增加；

③ 通常情况下，非贵金属的活性远不如贵金属，尤其在低温条件下。虽然，目前非贵金属型催化剂还存在一些缺点，然而从长远的角度来看，经过不断的技术研发，其对汽油车尾气排放净化产业的影响是不可估量的。

目前我国汽车尾气污染控制的研究水平较高，有一支实力较强的产学研队伍，包括清华大学、天津大学、华东理工大学、北京工业大学、武汉汽车工业大学等高等院校和中科院生态环境研究中心、昆明贵金属研究所、中科院大连化学物理研究所、北京有色金属研究院、北京石油化工研究院、天津化工研究院等科研院所以及桂林利凯特、无锡威孚力达、北京蓝天、北京绿创、山西净土、上海高科、河北兰宇等生产厂家。有些科研院所和生产厂家已有良好的合作关系，已具备向工程化、产业化转化的条件。但与国外产品尚有不小差距，主要表现在催化剂寿命、部分硬件技术、总装集成技术及与不同车型的匹配技术等方面。国内相关的生产企业可以分为三大类：系统生产企业、催化剂及载体生产企业、零部件生产企业。催化剂、核心零部件技术掌握在少数企业手中，大多数企业只能进行系统集成或非核心零部件生产。相关企业及基础情况如表5-5 所示。目前汽油车尾气催化剂领域，几家跨国公司（巴斯夫、优美科、庄信万丰）占据了国内后处理催化剂产业 80%以上的市场。

表 5-5　国内汽油车尾气处理催化材料产业化情况

公司名称	后处理主导产品	产品规模及市场情况
巴斯夫	催化剂	年产 300 万件金属载体催化剂、240 万件金属载体
德尔福（上海）	三元催化转换器、催化剂芯体	年产 90 万套三元催化转换器总成、120 万套三元催化剂芯体
优美科汽车催化剂	催化剂所需贵金属化合物	占全国汽车催化剂市场 1/3 份额
庄信万丰（上海）	催化剂、贵金属和专用化学品	占全球 1/3 的汽车催化剂市场份额
德国依米泰克排放控制	催化剂金属载体、DPF 系统	世界最大的催化转化器金属载体生产商
贵研铂业	以蜂窝陶瓷作为载体的各类催化剂	国家 863 计划成果产业化基地

续表

公司名称	后处理主导产品	产品规模及市场情况
威孚环保	催化剂	国内催化剂主要供应商之一
四川中自尾气净化	催化剂、颗粒捕集器	在机动车尾气净化技术、催化剂材料等上国内领先

5.3.2.2 柴油车尾气治理

目前我国柴油车车尾气颗粒物控制技术已具备向工程化、产业化转化的条件。但与国外产品尚有不小差距，主要表现在催化剂寿命、部分硬件技术、总装集成技术及与不同车型的匹配技术等方面。

由于目前我国排放法规的要求，使得各型燃油发动机必须加装尾气处理系统，将新增全新的汽车尾气处理系统市场。2014 年仅柴油车尾气处理市场空间达到 140 亿元以上。相关企业及基础情况如表 5-6 所示。国内相关企业存在的最关键问题在于，催化剂、核心零部件技术掌握在少数企业手中，大多数企业只能进行系统集成或非核心零部件生产。

表 5-6 国内柴油车尾气颗粒物治理相关企业

公司名称	后处理主导产品	产品规模及市场情况
威孚力达	DOC、POC、DPF、SCR 系统	国内领先的汽柴油车尾气处理供应商
华勤爱科	DPF 系统	DPF 产能 50 万套
云南菲尔特	DPF 载体、DPF 系统	具有自主知识产权的 DPF
康宁（上海）	DPF 载体、陶瓷衬底	首家进入中国的汽车载体生产商
NGK（苏州）环保陶瓷	陶瓷载体、DPF 系统	2005 年 7 月开始生产 DPF
黄帝车辆净化器	DPF 系统	具备年产 DPF168 万升的规模

当前，我国机动车污染问题日益突出。截至 2012 年，全国机动车保有量达到 2.24 亿辆，尾气排放已然成为我国空气污染的主要来源，其中的 NO_x 是造成灰霾、酸雨、光化学烟雾污染的重要原因。在人口密集的城市中，机动车尾气中排放的污染物将直接威胁人民健康。据测算，未来五年我国还将新增机动车 1 亿输以上，新增车用汽油柴油 1 亿～1.5 亿吨，节能减排的战略任务实施刻不容缓。截至 2012 年，全国机动车排放的 NO_x 为 640.0 万吨，主要来自于汽车的排放，其中柴油车贡献率超过 70%。数据显示，虽然柴油车仅占我国汽车保有量的 16.1%，但排放的 NO_x 却占汽车排放总量的 68.1%。按照车型分类，重型柴油车排放的 NO_x 明显高于轻型柴油车。因此，重型柴油车也成为控制我国 NO_x 排放的重点。

国Ⅳ阶段，我国重型柴油车绝大部分将采用欧洲方案的 SCR 尾气后处理技术，而轻型柴油车术将采用 EGR+DOC+POC 技术（或仅采用 EGR+DOC），中型柴油车两种技术兼而有之。预计 2014 年 SCR 系统市场规模约有 90 亿元，

DOC/POC 市场规模约有 50 亿元。SCR 催化剂的投资通常占 SCR 系统的 40%～60%，因此保守估计，我国 2014 年的 SCR 催化剂市场规模越有 40～50 亿元。随着国Ⅴ排放标准对于 NO_x 的排放量愈加严格，SCR 催化剂将会承担愈来愈重要的作用，其市场规模将在今后几年将急剧扩大，拥有良好的市场前景。

5.4　发展我国大气污染治理材料产业的主要任务及存在主要问题

5.4.1　主要任务

① 加快高性能、低成本的关键材料的自主研发和产业化。大气污染治理领域用到的很多催化剂生产技术都是源于国外。国内在引进技术之后，很多企业都忙于追求短期效益，而并没有真正做到技术的消化，吸收，改良和提升。这对企业甚至对行业的长期发展都将是不利的。因此这些关键材料质量和技术的提升对整个行业来说都是一个永不过时的课题。而随着用户端对大气污染治理产品的了解和认识不断加深，越来越多的业主或用户将不再考虑低质低价的产品，转而考虑产品的综合使用性能。单一靠价格的竞争无法保证能获得客户的信任。只有具有良好行业口碑，综合性价比优势和良好服务意识的企业才会获得越来越多的订单。

② 进一步扩大国产材料产品的应用范围和市场规模，力争在国内市场打破国外产品垄断的局面，并实现部分产品出口。对于不少大气污染治理材料产品（如 SCR 催化剂、三效催化剂等）来讲，其生产技术和市场份额仍被国外少数公司垄断，导致催化剂价格十分昂贵，因此急需研发具有自主知识产权的高性能低成本产品，使其符合我国的现状，努力打破国外产品垄断的局面，并逐渐推向国际市场，这对我国大气污染治理材料产业的健康可持续发展具有重大意义。

③ 重视大气污染治理材料的生产、使用以及废弃中的环境问题，避免对环境的二次污染。由于大气污染治理材料的工作环境十分复杂，经常受到运行工况的影响，使得材料产品存在性能下降甚至失效等现象。因此一般情况下这类产品在使用几年后需要进行再生或更换（例如，脱硝催化材料 3～4 年需要更换，汽车尾气净化器的寿命目前约为 10～16 万公里）。失效的材料产品中通常含有不少有价的金属或氧化物，在使用过程中由于面向的对象是废气，还有可能富集砷、铅、汞等毒性重金属元素，如果不加以合理有效的无害化处置和回收利用，将对环境造成重大的影响，对于钯、铂、钒、钛、钨、钼等贵金属资源也是极大的浪费。目前国内大多数都还停留在采用填埋方式处理，这种方式浪费了大量的土地资源，也占用了很多的费用。钒、钛、钨、钼都属于稀有金属，

失效催化剂中的这些元素是完全可以再次回收利用的宝贵资源。因此开展失效产品的回收利用，既可以变废为宝、化害为益，还可以解决一系列潜在的环境污染问题。

④ 推动制定统一的符合我国国情的大气污染治理材料行业和产品标准，以及健全的大气污染治理法律法规，为我国大气污染治理材料产业的健康稳定发展保驾护航。

5.4.2 存在的主要问题

① 部分关键材料产品产能过剩，产品质量良莠不齐。以脱硝催化剂市场为例，目前的产能已经超过了需求一倍以上，属于严重的产能过剩。在可预见的未来，随着脱硝改造的结束，脱硝催化剂的需求将出现回落。导致过剩的产能将达到正常市场需求的2倍以上。因此，产能过剩问题将严重困扰着企业的经营和行业的有序发展。而在产品质量方面，很多厂家的催化剂根本无法保证20000h以上的使用寿命和脱硝效率，甚至还出现过催化剂坍塌或被吹跑的现象。这种现象的出现从主观上说，可能是企业盲目追求短期效益的结果，但从客观上分析，也与目前缺乏统一的行业标准和完善的政策法规不无关联。

② 产品指标缺乏统一有效的国家标准。由于大气污染物成分复杂，影响因素众多，不同行业甚至同种行业不同运行情况都会对废气成分造成差异。因此，对大气污染治理材料及其集成技术的要求也很高，几乎是一厂一治理方案，加上后续的运行管理和维护，这样加大了技术监管的难度。但从长远发展来说，还是应该从关键材料的角度入手，制定统一的产品标准，有效提高大气污染治理领域的技术门槛，才能将行业的整体水平和市场竞争力有效提升。

5.5 推动我国大气污染治理材料产业发展的对策和建议

① 提高法规标准加强法规执行监管。随着环保压力进一步提升，对于各类污染物的标准仍需进一步提高以推动行业逐步实现近零排放。同时，环保执法部门必须加强监管才能保证法规顺利执行。

② 制定和实施行业标准。行业标准的制订将会有力地推动大气污染治理材料行业的健康发展，一些达不到行业标准或门槛的企业在市场上将举步维艰，一些优质企业将获得长足发展。

③ 建立公正权威的第三方认证机构。准确公正地判别材料品质的优劣是行业发展所必需的标尺，因此国内必须建立一些独立权威的第三方认证机构才能保证该行业的正常秩序，进而推动行业稳步发展。

④ 大力支持技术创新，推动市场。进一步从各方面加大对新技术、新产品

的研究开发工作的支持力度，并通过补贴或强制实施等措施对国产高性能材料产品在市场上的推广给予充分肯定和有效扶持，加快国产自主知识产权的大气污染治理材料产品在国内市场的推广和应用。

参考文献

[1] 2013 年机动车尾气污染年报，中华人民共和国环境保护部. 2013 年.

[2] 单文坡，刘福东，贺泓. 柴油车尾气中氮氧化物的催化净化. 科学通报，2010，59: 2540-2549.

[3] 中国机动车尾气处理系统行业市场发展前景趋势行情调研预测及投资价值决策评估报告（2013～2018 年）. 北京中研纵横经济信息中心. 2013 年 9 月.

[4] 李春雨. SCR 脱硝催化剂研究及产业现状分析. 能源与环境，2014，1: 60-64.

[5] 顾卫荣，周明吉，马薇等. 选择性催化还原脱硝催化剂的研究进展. 化工进展，2012，31: 1493-1500.

[6] http://www.schj.gov.cn/ztzl/hbcyxxpt/qyfc/201306/t20130624_45462.html，2014 年 11 月 20 日.

[7] http://ztep.gesep.com/about.html，2014 年 11 月 20 日.

[8] http://www.jslychj.cn/about.aspx?cateid=56，2014 年 11 月 20 日.

[9] http://60.173.10.87:811/Default.aspx?tabid=82&language=en-US，2014 年 11 月 20 日.

[10] http://www.epjob88.com/vip/cnhuatuo/，2014 年 11 月 20 日.

[11] http://www.chetcc.com.cn/content.php?id=2，2014 年 11 月 20 日.

[12] http://www.dnept.com/index.php?_m=mod_static&_a=view&sc_id=2，2014 年 11 月 20 日.

[13] http://www.jswande.com/resea_detail.asp?id=8，2014 年 11 月 20 日.

[14] http://www.raga.com.cn/xs/files/about.asp，2014 年 11 月 20 日.

[15] 王宝冬，汪国高，刘斌等. 选择性催化还原脱硝催化剂的失活、失效预防、再生和回收利用研究进展. 化工进展，2013，32: 133-139.

[16] BP 集团.BP 世界能源统计 2012[M].伦敦:BP 集团，2012.

[17] 国家统计局，环境保护部.2010 中国环境统计年鉴[M].北京:中国统计出版社，2011.

[18] 国家环境保护总局.火电厂大气污染物排放标准（GB13223-2011）[S].2011.

[19] 2013 年脱硝催化剂年度报告，中国脱硝网.

[20] 王海林，张国宁，聂磊等我国工业 VOCs 减排控制与管理对策研究，环境科学，32（2011）3462-3468.

[21] 柳若安，李燚佩，曹磊等基于环境标志的大气污染防治对策研究，中国坏獍科学学会学术年会论文集，（2014）1339-1344.

[22] 欧阳春香. VOCs 排污收费制度明年有望出台，中国证券报，（2014.5.21）A11.

[23] 马英群，马鸿志，阳剑. 废有机溶剂管理的国内外现状分析，中国环境科学学会学术年会论文集，2013（2013）1470-1475.

[24] 中国环境保护产业协会废气净化委员会. 我国有机废气治理行业 2011 年发展综述，中国环保产业，9（2012）33-42.

[25] 毕贵芹. 催化燃烧技术在石化企业 VOCs 处理中的进展，广东化工，40（2013）104-105.

作者简介

翁端：教授，博士生导师，中国材料研究学会常务理事，中国稀土学会常务理事，全国稀土催化协作网理事长（国家发改委）。主要研究方向稀土催化材料及应用，机动车尾气催化净化材料及技术。发表学术论文 130 余篇，著译 9 本。申请 18 项国家发明专利，授权 4 项；有 5 项鉴定成果达国际先进水平。获国家和省部级各种奖项多项。

冉锐：清华大学材料科学与工程系材料科学与工程工学博士、博士后、副教授。研究领域：稀土催化材料，获各种科技奖励多项，国内外发表学术论文多篇。

第6章 水污染治理材料

张 增 志

水作为生命的最基本保障物质，对人类的生存与发展起着举足轻重的作用。水质量取决于水体环境，而水体环境在现代工业高速发展和人们生活水平不断提高的社会里，几乎是不可避免地受到了来自人类自身的污染。饮用水受到了首当其冲的质疑，因为它关系到每个人的身体健康；工业和生活废水引起了极为广泛的关注，因为它在破坏我们赖以生存的生态环境，导致了由毒物富集损害人类健康、由有害物质超载引发水环境功能衰退、由外来物质的环境综合效应导致人类生活质量下降的三重生态效应。

水污染治理是针对水体生态环境受到污染而提出的一项环境治理的技术工程，由于水体及污染物本身的特点，使新材料成为这项技术工程的核心和关键。水污染治理材料是指通过物理、化学或生物的方法对水体污染物进行吸附、分离、转化等净化处理或对水体生态进行环境修复处理，使水体环境达到人类规定的等级标准，并使之逐步恢复到原来生态水平的环境友好型材料。水污染治理材料按照材料作用形式分为三类，第一类是介质分散类，是指各种水处理药剂，包括絮凝剂、缓释阻垢剂和消毒杀生剂等；第二类是分离过滤类，是指机械过滤、颗粒过滤和膜分离材料；第三类是界面吸附类，是指颗粒吸附、多孔吸附和纤维吸附材料。水污染治理材料是水处理的工业基础和技术核心。

由于水具有溶解性、分散性、流动性和渗透性，人类活动的大多数污染物都极易进入水体环境中，污染物对水体环境的污染不仅仅是物理上的，许多情况表现在化学上的和生物上的，水污染的生态学演变给生态学家提出了层出不穷新问题和新挑战，这也使得水污染治理工程成为一门新兴交叉学科。要使严重污染的水体环境恢复到原来的状态，靠水体自身的生态净化能力是远远不够的，需要人为输入物质和能量，这其中新材料的研发与应用起着关键的决定性作用。水污染治理材料不仅仅对水体环境中的单一污染物或多种污染物起到净化作用，更重要的是在保证自身具有环境友好性能外，还要对水体环境的生态学演变、恢复、天然化的过程以及综合性生态平衡的完成都扮演着极为重要的人工保障性物质的角色。水污染治理伴随着工业革命而出现，并已发展成为附属于现代工业发展的负增长产业。但是，越来越高度文明化的社会对水污染治理的加强与现代工业的发展已取得同等重要的认知度。

6.1 发展水污染治理材料产业背景需求及战略意义

"中国式"的发展为全球经济带来了活力，为发展中国家树立了榜样。"中国式"的发展历程一直没有抛弃环境治理这一主题；相反，中国的发展自始至终把环境治理当做一项基本国策。从 1972 年官厅水库突发万尾鱼死亡而成立国务院官厅水系水资源保护领导小组，到 1984 年成立国家环保局，再到 2008 年正式成立国家环保部，中国的经济发展与环境保护是相伴而行的。中国除了注重自身的环境保护外，还主动承担国际义务，中国在联合国和世贸组织的范围内是世界多边环境协议的积极倡导、参与和制定国。

但是，我们也必须清楚地看到，由于经济的高速发展和与之相配套的环境技术与装备发展滞后，中国在未来十年中仍面临着极大的环境压力。尤其是水体污染，在全国重大环境污染以及事故中，水污染事故就占到了一半左右。据统计，我国近几年每年水污染事故都在 1700 起以上，平均每天要发生近 5 起水污染事件。从 2011 年统计的数据看，我国生活废水排放量 428 亿吨，同比上升 12.7%，占废水排放总量的 65%；而工业废水排放量 231 亿吨，占 35%。这表明随着工业发展、城镇化提速以及城市人口数量的膨胀，生活废水排放量呈现加剧的趋势。目前，全国主要流域的Ⅰ～Ⅲ类水质断面占 64.2%，劣Ⅴ类占 17.2%，其中，海河流域为重度污染，黄河、淮河、辽河流域为中度污染。全国 56 个湖（库）的营养状态监测显示，中度富营养的 3 个，占 5.2%；轻度富营养的 10 个，占 17.2%。虽然 1995 年后国家就启动了对"三河三湖"的治理（三河：辽河、海河、淮河，三湖：太湖、巢湖、滇池），但是这些区域目前仍然处于严重污染的状态。

除了水环境的严峻形势外，我国还面临着水资源短缺的巨大压力。2030 年中国人口预计将达到 16 亿，届时人均水资源仅有 1750m^3，预计用水量为 7000～8000m^3，要求供水量比现在增长 1300～2300 亿立方米，全国实际可利用水资源量接近合理利用量上限。中国 668 个城市中缺水城市约 400 个，严重缺水的城市 108 个，这些城市日缺水量为 1600 万立方米，全国缺水量 200 亿立方米。中国每年工业、生活污水排放量已达到 600 亿立方米，90%的城市水域受到不同程度的污染，尤其是南方城市由于采用地表水为水源，而地面水又受到不同程度污染，导致水质性缺水。城市废水和工业废水已成为发达国家城市用水的第二大水源，其水流量稳定，可处理的有害物种类和含量稳定，给深度处理和回水利用提供了发展空间。国外水环境恢复与再生的实践经验证明，仅仅做污水处理后排放是远远不够的，只有污水深度处理及回用才能实现健康的水循环。日本、欧洲和美国早在 20 世纪 90 年代就开展了污水深度处理及回用的普及，相当数量的污水处理厂改造为水再生利用厂，其废水回用利用率达 80%～90%。

我国污水处理厂深度处理改造具有巨大潜力，根据 2006 年国家对《城镇污水处理厂污水物排放标准》的修订，凡排入国家或省确定的重点流域及湖泊封闭、半封闭水域、地表三类性水域、海水二类水域的污水，必须执行一级 A 类标准。我国在 2008 年就已经投产污水处理设施 1321 座，但当时运营污水处理厂中超过一半达到一级 B 类标准，达到一级 A 类标准的仅占 7%。根据《十一五建设节水型社会的目标》和《中国节水技术政策大纲》，要建立节水型工业，提高重复利用率，实现“增产不增水”的可持续发展目标。产业转移和中西部能化工业的崛起刚刚开始，而西部缺水的现状使得工业废水回用成为企业合理的经济型选择。水价 2009 年经历的普涨，随着水资源价值的回归，水价上涨是大势所趋；另一方面污水深度处理成本则呈下降趋势，这也增加了工业废水回用的经济性。

目前国内城市生活污水的处理率还较低，2008 年生活污水排放量 300 亿吨，但处理率仅有 57.4%。近年，国内平均每年新增城市污水处理能力约 800 万吨/天，假设已建成的污水处理能力（2008 年年底为 11173 万吨/天）每年有 6%左右更新改造，则合计每年城市污水处理能力有 1500 万吨/天的市场空间。据国家环保总局环境规划院等机构的预测，在处理水平正常的情况下，我国“十二五”和“十三五”时期的废水治理投入（含治理投资和运行费用）将分别达到 10583 亿元和 13922 亿元，其中用于工业和城镇生活污水的治理投资将分别达到 4355 亿元和 4590 亿元。在采取有力措施情况下，“十二五”和“十三五”时期我国废水治理投入将分别达到 12781 亿元和 15603 亿元，其中用于工业和城镇生活的治理投资将分别达到 5753 亿元和 5578 亿元。

国务院 2007 年就明确了制定支持再生水的价格政策，全面开征城市污水处理费并提高收费标准，吨水平均收费标准原则上不低于 0.8 元。目前国内华北和西部的一些城市，考虑污水处理费的综合水价，居民用水接近 4 元/t，再生水价格也达到 1 元/t。中国水网报告显示，2002～2009 年间，中国 36 个重点城市的居民生活用水的自来水价格年均增长率为 4.7%，污水处理费年均增长率为 11.9%。

在未来几十年，水污染治理材料产业会迎来巨大的发展潜力和空间，这是经济社会发展的必然结果。水资源的稀缺性，政府对城市污水和工业污水排放标准严格性，社会对饮用水健康关注度，尤其是政府对水处理法规条文的逐步细化，这些都为水污染治理材料的发展提供了强大的推动力。欧洲 20 世纪 90

年代强化了系列水法规，十年间诞生了像Kubota和Zenon这样具有国际影响的膜公司。无论是从全球，还是从中国角度去观察淡水资源，都已面临着巨大的淡水供应压力，这为废水治理和回用提供了广阔空间。生活废水和工业废水量大，成分稳定、易于回收、不受季节性影响，因此越来越多的国家把两废开始作为城市发展的第二大水源，通过深度处理与回用达到资源化的目的已成为现代城市环保风向标。

随着21世纪我国城镇和工业化的高速发展，国家及地方水污染治理力度的加大，以及人民对饮用水质量要求的提高，我国水污染治理材料的需求量将得到快速增长。以高科技手段合成制备的各种新型高效水污染治理材料将不断问世，产品附加值将会进一步增加。2010 年我国水处理行业市场规模达到 1000 亿元，其中循环水系统治理行业为77.0亿元，水资源综合治理行业为453.4亿元，其余部分总计达到469.6亿元。预计2015年后我国水处理药剂总需求量约为200万吨，年销售额超过150～200亿元；各种分离过滤材料达到300万吨，膜分离材料组件达到2000万件套，年销售额在300亿元。经过未来几年的努力，我国水污染治理材料的国内市场占有率基本能够达到95%以上，国际市场占有率可望达到50%以上。因此，我国水污染治理材料产业发展前景广阔。该材料的研究、开发及产业化水平在很大程度上决定着水处理工艺和装备的创新和发展，标志着一个国家的水处理工业化水平，衡量着一个国家人们生活的健康程度，关系到子孙后代生态环境的保障和生态文明的提高。

6.2 水污染治理材料产业的国际发展现状及趋势

从20世纪80年代到90年代，发达国家的水污染治理材料以平均每年8%～15%的速度增长。到本世纪初，由于市场趋于饱和的原因，仍保持 3%～5%的速度增长。发达国家从20世纪初开始转向大量出口，而发展中国家的市场需求则刚刚呈现高速增长阶段。亚太国家每年增长速度高达 20%～25%，拉美国家年增长速度为 12%～15%。目前，水污染治理材料的总销量已超过世界环保产品 10%，已发展成为当今世界环保产业领域中是用量最大、应用最广泛的原材料产品或装备核心产品。在水污染治理材料中，絮凝剂和膜材料占到50%以上，其次依次为缓释阻垢剂、矿物材料、消毒杀生剂和生物填料，在矿物材料中，活性炭的销售额最大。

在絮凝剂方面，无机和有机高分子絮凝剂正逐步替代传统絮凝剂，以投资少、占地小、费用低、见效快及高效低毒或无毒的特点而得到广泛应用。而无机高分子絮凝剂以其廉价和高效的净化效能而使其成为当前絮凝剂产业发展的主流。近十年来，世界无机高分子絮凝剂以年 15%～20%的速度增长，仅日本聚合铝絮凝剂产量就已达到 50 万吨/年。有机高分子絮凝剂产品也以年 6%～10%的速度发展，品种多达数十种。近年来，随着水质污染状况加剧和用水质量标准不断提高，要求絮凝剂不仅具有高效除浊功能，同时还应具有去除 COD、氮磷、菌、藻等功能；加大研究生产无毒、高电荷、高相对分子质量的阳离子有机絮凝剂；将天然高分子絮凝剂、生物絮凝剂技术作为今后产业发展的重点和趋势。

在缓释阻垢剂方面，有机磷酸盐系列仍是目前国际应用广泛的品种，但今后非铬、非磷，具有缓蚀阻垢性能的全有机聚合物、共聚物等系列“绿色”产品将替代对生态环境有害的铬、磷等产品，生产逐步以单一技术向多元化技术发展，产品性能也趋于向多功能、高效无毒方向发展。

在消毒杀生剂方面，近年来对氯气的限制为溴碘、臭氧、二氧化氯、过氧化氢以及非氧化性杀生剂等新产品提供了产业发展的空间，目前正以 5%～8%的速度迅速增长，使用更方便安全且高效的复合型非氧化性杀生剂以及非氧化性有积累杀生剂将是今后的发展趋势。

在膜分离材料方面，仅美国、日本和德国就占有世界膜分离产品市场的 70%。其中，微滤膜在水处理膜装置和膜工程中所占市场份额最大，占据 50%左右，其次依次为反渗透膜、超滤膜、电渗析膜。从 20 世纪 80 年代中期到 20 世纪末世界膜材料平均以超过 25%的速度递增，其中 70%以上膜材料用于水质净化处理。进入 21 世纪后，膜分离材料在海水淡化、工业废水处理和城市污水回用工程中越来越发挥着重要的作用。欧共体已将其列为九项优先发展的高技术产业之一，仅在水处理方面每年就投资 3 亿法郎。美国、日本等国为加快膜技术在水处理中的产业化进程，组织一系列国家级攻关研究课题；一些大公司更趋向于开发无添加剂、无毒性且价廉的聚丙烯、聚乙烯制备的各种微滤膜、超滤膜、纳滤膜、反渗透膜等新品种。低压和超低压复合型反渗透膜成为反渗透膜发展的主流，微滤及超滤膜的截留相对分子质量从 6000～100000 向更低或更高方向发展。无机陶瓷膜由于具有更好的化学稳定性且耐酸碱、机械强度和抗微生物能力强以及不易堵塞等优点也将成为今后膜材料在水处理技术领域应用发展的重点。此外，膜催化、混凝-膜、膜-生物反应器等组合集成工艺技术系统将成为当今水处理技术的重要发展领域。

在矿物材料、活性炭吸附材料方面，在原来粉末、颗粒状矿物材料的基础上发展了各种球状的侵透性、改性型和高分子涂层等矿物、活性炭新品种，美国的粉状活性炭在 50%用于水处理，日本 68%用于液相吸附。2009 年全世界活性炭总消耗量达到 83.3 万吨，预计 2014 年可达到 138.8 万吨，预计年增长率为 10.8%。发达国家活性炭的工业化生产已转向发展中国家，水处理用活性炭市场需求在不断攀升。近年来国内外重点发展了矿物纤维、碳纤维，以提高与被处理物有效接触和流通效率。高性能、超细（纳米或亚纳米级）改性矿物吸附材料，尤其具有显著吸附脱氮杀菌性能的氧化性吸附材料将是今后国际发展的趋势。美国提出了今后 10 年有望明显改善世界环境的十大新技术之一就是研制开发像海绵一样的高性能吸附矿物过滤材料来吸收和固定水中的各种污染物。

在滤料方面，硅藻土在 20 世纪 70 至 80 年代快速发展，美国是世界最大的硅藻土生产国，中国排列第二，世界总产量从 1975 年的 140 万吨增加到 1988 年的 186 万吨，从 90 年代后至今一直在 145～180 万吨波动，美国产品超过世界的三分之一，64%用于助滤剂，12%用作填料。多孔陶瓷材料自 70 年代面市后，美国、日本、德国三国在该材料研究开发上处于国际领先地位，多孔陶瓷从目前的冶金净化应用已向环境净化、催化载体方向发展。羟基磷灰石是目前发达国家常用的水处理材料，美国用于水处理的占其总量的 40%，日本占 67%主要用于水污染治理和饮用水净化。黏土陶粒自 90 年代至今北美地区年总产量约 20 万立方米，主要品种为页岩陶粒、黏土陶粒、粉煤灰陶粒等，美国大块页岩陶粒的生产技术世界领先。石英砂过滤是传统的过滤方式，其结构简单，操作维护简易，浊度去除效率为 50%～80%。国外先进国家在滤料方面与我国相比在三个方面有较大改进：①滤料品种、级配的改进；②辅助冲洗的普遍应用；③自用水的降低。国外正在逐步向大粒径、深厚度的均匀滤料方向发展。近年来又开始出现大粒径滤料的不膨胀冲洗，以节约冲洗水量，或采用不完全膨胀冲洗、V 型滤池等，适用于轻质滤料如活性炭滤料。V 型滤池是国外具有代表性的先进滤池中的一种，有许多可供我们借鉴、学习之处。

在生物填料方面，发达国家城市污水与工业废水高效生化处理工艺的技术发展，加快了生物填料材料产业的发展。从 20 世纪 80 年代至今，世界各种生物填料逐年以约 15%的速度增长，各种类型的高效生物填料不断研发出来并产业化，不仅显著地提高了生化处理工艺效率，而且开辟了生化处理工艺技术的创新与发展的新时代。

在分子筛方面，分子筛具有独特的微孔骨架结构和吸附性，主要用于重金属离子污水的处理。世界沸石分子筛产量已超过了 70 万吨，销售额超过 7 亿美元，主要生产国有美国、日本和西欧等国。用子吸附剂的分子筛售量近 5 万吨，销售额 I.25 亿美元。

在离子交换树脂方面，目前离子交换树脂的全球年消费量约为 50 万吨且正在以 3%～4%的速度增长。水处理领域离子交换树脂约占其总产量的 90%，最大消耗量是用在火力发电厂的纯水处理上，其次是原子能、半导体、电子工业等。从世界树脂的生产情况看，强酸性树脂占总产量的 50 %～60 %，强碱性树脂占 25 %～30 %。而我国离子交换树脂的 生产情况则是强酸性树脂占有更大

的比重，约占总 产量的 80 %，而强碱性树脂只占总产量的 15 %

在吸附纤维方面，国外纤维吸附材料主要是活性碳纤维吸附材料，它的孔径基本在 0.5～1.5nm 之间，且微孔体积占总体积的 90%以上，因此有较大的比表面积，多数为 1000～2500m/g，在某些活化条件下甚至可达 3000m/g。因此活性炭纤维有很大的吸附容量。其产量近年来快速增长，2008 年全球产量达4.48 万吨，到 2013 年全球产量达 7.48 万吨，主要生产厂家集中在欧美和日本等国。生产厂家：日本东丽公司碳纤维生产能力已经达到 7300t/年；日本东邦公司在 2010 年生产碳纤维的能力就已经达到 5100 t/年；日本三菱人造丝公司生产能力在 4000t/年；美国阿莫科（Amoco）公司在南卡罗里纳格林佛尔（Green ville，S. C）和岩石山（Rock Hil，S C）各有 1 条碳纤维生产线，2010 年有生产 1990t 12K 和 24K 宇航级碳纤维的能力。海克塞尔公司的碳纤维生产能力在 2010 年达 4000t /a；阿克苏诺贝尔公司生产线总生产能力为 4850t/年；卓尔泰克公司生产线总生产能力为 5800 t/年；SGL 碳纤维公司碳纤维生产能力扩大到 4800t/年；阿尔笛拉公司年产约 6100t。

在多孔陶瓷方面，国外多孔陶瓷材料研究开发和应用已有 80 余年历史，其产品的产业化、商业化程度已达到较高的水平，目前国外已有专业的多孔陶瓷材料及陶瓷膜材料生产厂家 300 余家，如日本的 Ngk 和 Tdk、法国的 Cerver、美国的 Corning 和 Filter、乌克兰的 Fairey 工业陶瓷公司、芬兰奥托昆明克公司等。其中美国过滤器公司已成为目前全球最大的无机陶瓷分离膜及设备供应商，芬兰奥托昆明克公司生产的陶瓷真空圆盘过滤机目前已在 100 多个国家使用。美国 Anguil 环境系统公司生产的自洁式高温陶瓷过滤器采用了陶瓷过滤和催化净化技术，目前已有 1600 余套高温气体过滤装置在各个领域应用。

到目前为止，国外发达国家从事水污染治理材料的生产和服务的企业预计已逾千家。从企业的发展来看具有明显的以下特点：

一是许多企业已发展为具有国际竞争实力的企业，比较典型的是美国杜邦、陶氏化学、瑞典凯米沃特、日本旭日成、三洋、东洋纺等大公司。

二是注重生产与工程技术服务一体化。这些公司不仅为客户提供具有竞争特色的产品，更加重视提供技术咨询、工程设计、工程施工、技术服务等一条龙化服务。

三是新产品不断面市。注重科技投入，将自我技术开发优势与引进新技术并行发展，注重技术创新，不断研制开发新产品。

四是市场开发迅速。强调以工程为引导，扩展生产规模，产品品种和档次不断提高，市场份额迅速扩大。

五是产品呈多品种。水污染治理材料产品在各公司几乎品种齐全、产品呈系列化、专业化，技术应用领域宽阔。

六是兼并与战略重组加剧。随着国际市场竞争加剧，国际化、规模化、专业化及系列化已成为当今水污染治理材料的发展趋势，具有竞争实力的企业实施兼并与战略重组已呈加剧趋势。

现代社会与工业的高速发展，带来城市饮用水安全供给、城市污水回用、工业废水无害化、资源化处理以及海水淡化等等环保产业的大量涌现，这极大地促进了水污染治理材料产业规模的不断扩大，新品种不断涌现，高技术含量逐步提高，性能显著提升，产值、利润显著增加。目前，世界水污染治理材料的品种已多达 500 余种，各种新型、高效水处理药剂、吸附材料、膜分离材料不断问世，正趋于向高效能、低度无公害、多功能、复合化的绿色产业方向发展。

6.3 水污染治理材料产业的国内发展现状与趋势

随着国家工业化程度的不断推进和城市化趋势进程的加快，我国水污染治理材料也得到了快速发展，年销售额约占我国 GDP 的 0.2%，为我国各类水处理工程提供着原材料支撑。我国水污染治理材料已经达到了一定规模，尤其一些地区借助矿产资源优势形成了区域型水污染治理材料的产业集群；一些少数发展势头较好的企业通过兼并或合资的方式形成了集团化发展，逐步形成具有一定竞争优势的明星企业，在参与国际市场竞争中也显现了自身的实力。年产值在 5000 万元以上骨干企业占据着全国市场的 40%份额，其余由众多乡镇企业和中小企业分享。

目前，我国大部分水污染治理材料基本做到自我发展，在满足国内市场需求的同时，部分也出口创汇。尤其聚合铝、聚合硫酸铁、聚合氯化铁以及复合絮凝剂等在生产工艺与产品品种方面处于或达到国际领先水平。其关键技术、关键部件的国产化、自主知识产权占有率已基本达到 70%～90%。但在有机高分子絮凝剂、缓蚀阻垢剂以及消毒杀生剂方面，国内目前主要仍以传统品种为主，新品种少且短缺，其关键技术、关键部件本地化、国产化、自主知识产权占有率目前基本达到 60%。部分高性能阳离子型有机高分子絮凝剂，高效有机型缓蚀阻垢剂以及消毒杀虫剂，尤其在膜材料与材质方面，与国外技术差距较大，如我国大部分膜生产规模都是一次抽拉一根膜，而德国阿克苏公司的三条生产线可同时生产 90 根优质膜，供应德国全国尚有余，可见我国在制膜技术方面与国外的差距。关键技术、国产化与自主知识产权占有率约为 30%。

我国水处理药剂的生产和应用虽然起步较晚，但由于不同水处理领域发展的历史背景不同，因此对目前所体现的国内外差距不能一概而论。整体上看由于我国水处理药剂是 20 世纪 70 年代以后陆续生产的，这些产品除少数是我国自行研制的以外，大部分是剖析、仿制或依据外国专利自行研制的，再加上我国水处理药剂工业发展历史较短，因此具有基础薄弱、技术比较落后、整体水平不高的特点，在品种、质量、产量上与国外还有一定的差距。由于近年来国家环保政策的加强使水处理药剂也有了较快的发展，到 2001 年全国就有 200 家水处理剂生产厂，能生产 100 多个牌号的各类水处理剂 20 多万吨，产值约 10 亿元，其中絮凝剂占到 70%。近年来，我国无机絮凝剂生产设备和成本远低于国外，在国际市场有较大的优势，每年进出口量约 3000～4000t，未来几年国内企业在国际市场上还有一定的竞争优势，国内无机絮凝剂需求量也会有较大的增长。目前有机絮凝剂价格大多介于每吨 2～3 万元，无机絮凝剂的价格每吨 1000～1500 元，2011 年上半年每月絮凝剂产值增长 2.2%～2.8%，在此大背景下原材料价格被明显拉高，聚合氯化铝絮凝剂生产成本也每吨上涨 150～500 元，水处理药剂也伴随涨价。由于经济危机影响非短期回暖，絮凝剂经营压力增大，供大于求的趋势也不可避免，絮凝剂的发展也面临新的挑战。在河南巩义地区已形成产业集群，生产企业近 80 家，年产量占全国的 30%以上。全国絮凝剂生产厂生产四大类絮凝剂，即无机盐絮凝剂如铝盐（明矾）、铁盐（绿矾）等；无机高分子絮凝剂如聚合氯化铝（PAC）、聚合硫酸铁（PFS）等；天然有机高分子絮凝剂如壳聚糖、改性淀粉等；合成有机高分子絮凝剂如聚丙烯酰胺（PAM）等。从产品性能价格比考虑，我国市场常用的絮凝剂主要是无机高分子絮凝剂 PAC、PFS 和合成有机高分子絮凝剂 PAM。按 2001 年絮凝剂销售总额 17 万吨计，平均每家年产 3000t 左右，仅能满足总需求量的 10%左右。随着人们环保意识的增强、环境法规的限制和环保政策的强制贯彻，水处理剂生产市场增长潜力巨大。目前，国内水处理药剂产业正向专用型、多功能型、绿色环保型和高性价比型方向发展。

在分离膜方面，据中国膜工业协会统计，我国从事膜材料生产的企业近 300 家左右，但产值超过亿元的不到 10%，企业普遍规模较小，从事膜工程的企业大多是不具备大型膜工程的设计、施工、调试运行能力。主要膜生产企业有贵阳时代沃顿公司，从事反渗透有机膜生产，是上市公司南方汇通的子公司；天津膜天膜科技股份有限公司源自天津工业大学，主要从事中空纤维有机膜生产，已于 2012 年在创业板上市；江苏久吾高科技股份有限公司源自南京工业大学，从事陶瓷膜的生产；杭州水处理技术研究中心有限公司和天邦膜技术工程研究中心有限公司分别从事液体分离有机膜和气体分离有机膜的生产。主要工程公司有北京碧水源科技股份有限公司，是以有机膜在市政污水中应用为核心技术的上市公司；江苏维尔利环保科技股份有限公司是以有机膜在垃圾渗滤液处理中应用为核心技术的上市公司，目前也开发管式有机膜生产。从发展的情况来看，水处理领域反渗透膜已成为海水、苦咸水淡化和纯水、超纯水制备及物料预浓缩等最经济手段，反渗透及其他海水淡化技术已解决世界上 1 亿多人的吃水问题，也将是 21 世纪解决缺水问题的重要途径之一，2012 年全国反渗透膜生产企业产能前三位的公司是南方汇通（330 万平方米）、碧水源（100 万平方米）、津膜科技（60 万平方米）。近年来，我国膜产业总产值约 280 亿元左右，占全球膜产业份额的 10%，膜产业发展前景十分广阔。

在滤料方面，我国高纯石英砂产量不高、纯度较低的主要原因之一是没有探测到可以生产高纯石英砂的较大矿体，大部分石英矿为鸡窝矿或脉状矿，如江苏东海较大规模的一级、二级水晶矿已经基本枯竭，内蒙古发现的高品质石英矿储量仅有 2000 多吨。我国高纯石英砂的生产始于 20 世纪 90 年代末，据统计，2000 年高纯石英砂的产量为 4000t，远不能满足国内需求，约 60%需要进口。无烟煤滤料采用优质原煤为原料，经精选、破碎、和两次筛分而成，外观光泽好，呈球状，机械强度高，抗压性能好，化学性能稳定，不含有毒物质，耐磨损，在酸性、中性、碱性水中均不溶解，另外无烟煤颗粒表面粗糙，有良好的吸附能力，孔隙率大（≥52%），有较高的含污能力，因质轻，所需反冲洗强度较低，可节省大量反冲洗水量及电能。高密度矿石滤料为坚硬、耐用、密实的磁铁矿、石榴石或钛铁矿颗粒。滤料品种和级配的改进方面，我国使用的砂滤料，粒径一般在 0.45～1.1mm，不均匀系数 K80 一般选在 1.6～2.0，无烟煤滤料一般作为双层滤池的轻质滤料，粒径多为 1.0～2.0，不均匀系数 K80 多为 2.0 左右。我国的冲洗强度设计多采用完全膨胀型冲洗，即冲洗时整个滤层全部在上升水流作用下膨胀起来，呈流化状态。强度为 13～15L/(m^2·s)，使用水量很大。

在活性炭方面，自 20 世纪 90 年代中期以后，经过 20 余年的快速发展，我国活性炭产业目前已基本形成了独立、完整、初具规模的工业体系。我国活性炭生产企业已由 80 年代初的几十家增加到目前的 300 余家，总生产能力达到 50 万吨，活性炭品种几十个，牌号达 100 多种，其中，煤基活性炭生产企业近 200 家。2011 年，我国活性炭总产量已经达到 35 万吨，其中煤基活性炭产量约 24 万吨。近几年，活性炭出口量一直以较快的速度增长，到 2011 年，我国活性炭出口量已经达到 24 万吨。我国已成为世界上最大的活性炭生产国和出口国。随着美国等发达国家对燃煤火力发电厂汞排放量的进一步控制，作为重要的吸附材料，国外对活性炭的需求还会进一步增加。估计大约再过 10 年，我国活性炭年产量将有望达到 20～30 万吨，它在国民经济发展中的地位将会越来越显示其不可取代的一面。那时，我国将成为名副其实的活性炭生产、消费、出口大国。目前，我国活性炭产业呈现出如下特点：

① 工业布局：煤基活性炭生产主要集中在山西和宁夏，目前这两大基地的煤基活性炭产品产量占全国煤基活性炭产量的 90%左右；果壳活性炭生产以河

北为主；木质活性炭生产主要集中在福建、江西、浙江南部及东北地区。

② 原料：以木质原料生产的活性炭所占比重逐渐下降，以煤为原料生产的活性炭所占比重呈上升趋势。木质活性炭所占比重从 20 世纪 70 年代占我国活性炭总产量的 80%下降到 90 年代的不足 30%，同期煤基活性炭从 15%上升到 70%，而且这种趋势至今一直没有改变，煤基活性炭是以煤为主要原料制成的活性炭，原料煤的物理化学性质对煤基活性炭的产品性能有重大影响。近年来，我国在活性炭原料煤处理方面加大了研发力度，研究开发的活性炭原料煤深度脱灰技术，能够生产灰分极低（灰分约 2%以下）的超低灰煤。而以超低灰煤为原料生产的活性炭，杂质含量低、附加值高，成为新一代的优质活性炭产品。另外，采用压块成形技术可以生产出强度高、孔隙结构可随意调整、孔径分布均匀而合理、无漂浮且在液相中下沉速度快、吸附性能优越的活性炭产品。

③ 产品用途：从 20 世纪 70 年代，活性炭的应用范围还主要集中在食品、军事、医药、化工等行业。随着工业技术的不断发展，各国环保意识的提高，目前的活性炭应用已经扩展到了国民经济的各个方面。

④ 产品特点：由于原料的优化、应用领域的拓展，目前国内的活性炭产品已经逐步向多品种、高附加值方向发展。随着出口量的增加以及企业技术的不断革新，国内外客户对活性炭产品的要求不断提高，国内活性炭产品的品质也随之不断提升。

⑤生产方法：目前，国内 68%左右的活性炭产品为煤基活性炭，煤基活性炭以优质煤为原料，经过碳化、冷却、活化、洗涤等工艺一步步精制而成。生产技术也由最初的单种煤生产活性炭，逐步过渡到配煤生产活性炭及催化活化生产活性炭阶段。

在分子筛方面，国内生产厂家主要有上海以恒实业发展有限公司、北京北科绿洁水处理有限公司等。其中上海以恒分子筛有限公司规模最大，主要研发、生产、经营分子筛。分子筛年产量达到 11000t，产品不但畅销国内市场，而且远销欧洲、美国、中东和亚洲等国家和地区。业务包括上游的开发和生产，下游的销售，以及贸易与运输，涵盖全产业链。

在离子交换树脂方面，据统计 2008 年我国离子交换树脂产能不含外资在华工厂约为 18 万吨，实际产量达到 16 万吨。因此如果以产地为标准，我国无疑是离子交换树脂的最大生产国。国内三家离子交换树脂生产厂家——浙江争光实业股份有限公司、苏青水处理工程集团公司和淄博东大化工股份有限公司的产能之和在全国总产能中所占比例达到 50%。

在活性铝氧化物（主要用于除氟）方面，目前国内活性氧化铝产品，尤其是高质量的活性氧化铝并不能满足客户的要求。我国每年都从德国，法国以及美国等国外的公司进口。目前国内对活性氧化铝的需求约为 8000t。2012 年活性氧化铝的需求量达到 10000t 左右。2011 年国内活性氧化铝年产量为 3000t 左右。活性氧化铝业内专家预计：随着催化技术的进一步发展，活性氧化铝市场容量将会更大，市场前景将为更加的广阔。我国目前活性氧化铝的生产比较分散。其生产方法主要分为以下几种：第一种为中和法生产拟薄水，再成形焙烧为活性氧化铝；第二种为碳化法生产拟薄水，成形焙烧为活性氧化铝；第三种为工业氢氧化铝闪速焙烧，然后经过再水化成球焙烧形成活性氧化铝。

在吸附纤维方面，我国自20世纪80年代以来也开展了对活性炭纤维（ACF）的研究，到 1990 年末开始进入工业化生产时期。近几年，我国的 ACF 的工业化生产得到了大力的发展，许多大型的 ACF 生产企业陆续建立起来。辽宁省鞍山市 ACF 公司是中国第一个实现“连续化生产聚丙烯基，粘胶基 ACF 毡、布”的专业厂家；2001 年 12 月，在内蒙古锡林浩特建立了超越 ACF 公司，该公司的 10～15t/a 聚丙烯腈基和粘胶基 ACF 的连续化生产装置是由中科院山西煤化所设计、加工和安装的。该装置是目前国内最先进的连续化生产装置，其产品质量处于国内领先、国际先进水平；秦皇岛市紫川碳纤维有限公司主要以粘胶基纤维为主要原料，经特殊化学、物理工艺加工处理而制得一系列 ACF 毡，该公司是国内 ACF 生产规模较大，技术力量雄厚，工艺设备先进，产品质量稳定的专业化企业之一；天津市静海县远大工贸有限公司是专业生产和销售水净化器材和空气净化器材的专业厂家，生产的 ACF 滤芯具有高度发达的微孔结构，吸附容量大、吸附速度快、净化效果好的特点，并且能够吸附 GAC 所不能吸附的物质，如甲醛、氨水、硫化氢等。

在多孔吸附材料方面，国内在多孔陶瓷材料产业发展方面与国外先进国家相比存在明显不足，其中一方面是国内多孔陶瓷材料的发展技术不平衡，其二是国内绝大多数对多孔陶瓷材料缺乏必要的了解。近年来，在国家科技攻关政策的扶持下，尤其是在国家环保、节能政策的引导下，国内多孔陶瓷材料及膜材料技术有了较快的发展，产业化及市场化规模逐渐扩大。如中材高新材料股份有限公司（山东工业陶瓷研究设计院）在长期研究、开发多孔陶瓷材料基础上，近几年在国家几项重大科研项目支持下，目前已在陶瓷微滤材料、高温陶瓷过滤材料及膜材料方面逐渐形成了自己的技术优势，并且在产品市场推广和产业化方面有了一定规模。江苏省九吾高科技发展公司、合肥世杰膜工程有限责任公司等在陶瓷膜材料制备技术方面也在一定程度上达到国外先进水平。不容讳言，多孔陶瓷材料由于受产品制造水平及应用技术的限制，目前在国内过滤分离领域所占的市场份额较小，产品的产业化水平普遍较低。但可以预言，随着国内化工形势好转、能源和环保产业政策的扶持以及国外同行业技术的不断发展和应用市场的不断扩大，多孔陶瓷材料产业在国内将会迎来更好的发展前景。

由于我国水污染治理材料发展起步较晚，因此，无论技术水平，还是规模效益都远不能满足今后我国及国际水处理工业发展的需求。与世界先进水平相对比，仍存在相当大的差距，主要在于三个方面，一是系列产品、复合药剂产品较少，工艺配方较单一，处理效能不高；二是自主开发品种较少，新产品少而短缺，不能适应我国水处理工业发展的需求，许多产品需要国外进口，尤其在有机无毒绿色缓蚀阻垢剂、杀生剂、水溶性共聚物、污泥脱水有机絮凝剂以及聚乙烯、聚丙烯超滤膜、反渗透膜、高性能矿物滤料、精细活性炭等方面与国外品种相差较大；三是生产及应用配套设施水平低，基础理论与创新能力薄弱，绝大部分产品质量达不到世界先进水平。

6.4 发展我国水污染治理材料产业的主要任务及存在的主要问题

污水处理及再利用产业链中，膜企业竞争主要涉足的是工程总包、设备供应和技术服务三个环节。国外巨头已经具备提供全产业链一体化服务的能力，但国内龙头企业仍只能涉足产业链的部分环节和部分品种。目前国内膜市场呈现出外资巨头和内资企业同台竞技的局面。我国今年每年进口的各种膜及膜组件配套设备高达 20 亿元，其中以复合膜、海水淡化反渗透膜系统、熔融聚合物的纯水、超纯水过滤系统为主，微滤与超滤膜相对较少，因为在这些领域中，国内产品具有价格优势，但国外产品质量具有明显优势。电渗析膜目前已是成熟技术，工艺设计、制模技术日趋成熟，但在均相膜质量、大容量、自动化装置和工艺方面，与国外仍存在较大差距，一些制膜原料需要进口，关键技术，尤其制膜技术仅靠自我发展难以提高产品质量和技术含量，需要引进消化。国内涉足到膜分离及水处理的较为有实力的企业主要有膜天膜、碧水源和万邦达，膜天膜以研发发展为特点，碧水源注重下游市场，而万邦达的特色是水处理工程。从近年来这些公司净利润看都表现快速发展的趋势。从本世纪伊始，全球膜市场出现强劲势头。2007 年全球膜市场销售额达到 83 亿美元，到 2011 年就超过了 110 亿美元。中国膜工业虽然也进入了快速增长期，从 2004 年膜产业市场额度 75 亿元发展到 2009 年总产值就达到 240 亿元，但占全球膜市场份额的 10%。随着我国膜分离技术研究的不断深入与应用市场的不断扩大，国内已明显地注意到膜技术在水处理行业中的分量，国内尤其以反渗透膜和纳滤膜为代表注重发展有机膜，这是世界回水利用和海水淡化的大趋势决定的，全世界反渗透、纳滤膜水处理装置能力已达到每天数百万吨。

与先进国家相比，我国水处理药剂的产量很低，1997 年美国水处理药剂销售总额就达到 35.2 亿美元，而我国产只相差甚远。水处理药剂目前在品种上与国外的差距主要体现在新型水溶性共聚物、新型磷羧酸、氧化型杀菌剂和含溴杀菌剂上。有机高分子絮凝剂品种单一，除聚丙烯酰胺外，只有聚丙烯酸钠和少量聚胺，高分子量和超高分子量品种、低毒品种和阳离子品种（特别是粉末产品）远落后于国外。我国工业杀菌剂投入生产仅液氯、季铵盐等少数品种，而国外以发展了有机硫季膦盐、噻唑膦等。我国已具备配套的、系列化的水处理药剂品种，各个类别国外有的国内基本都有，但国外上述品种很多是系列产品，有很多专用品种，而我国一般只有 1～2 种。我国水处理药剂约 80%是由乡镇企业生产的，经过长期发展，出现了一批生产技术先进、装备水平高的优秀企业，但整体上产品质量参差不齐，产品附加值低。国内各生产厂家也都有自己的技术服务队伍，针对用户的水质、材质、工艺，提供应用配方、适用药剂和使用方法，但问题是技术服务的对象和内容尚有局限性，一是在行业方面，如对电力、洗煤、造纸行业还缺乏经验；二是在污水处理方面，还不能满足各种污水处理的要求。近年来，作为经济、实用、高效型城市污水强化絮凝工艺技术系统（CEPT），已得到国内外广泛关注，强化絮凝工业适合我国目前国情，它在我国城市污水处理，尤其在沿海及中小城市必将得到推广与发展对絮凝剂的需求量将增加。此外，国际市场需求量也在增长。由于我国无机高分子絮凝剂价廉，近年来，欧美及东南亚已经开始大量购置并用于城市污水净化处理，我国絮凝剂出口呈逐年增长趋势。

21 世纪头三年是我国进口活性炭迅猛增长的高峰期，2001 年比 2000 年增长 3800t，达到 6300t，而 2002 年又增长 3000t，达到 9300t，比 2000 年增长近 5 成。尽管我国活性炭产业总体增长能力排在世界前列，但大部分为中低档产品。21 世纪初，随着中国对高档品种，尤其是一些新类型品种的需求数量逐年增加，我国不得不向国外寻求供应。国内的低档次产品不仅招制了西方国家的反倾销，还为这些西方国家的科研生产提供了时间差，这些国家加快研究生产活性炭高档次品种，以高端产品打开中国市场。随着本世纪初我国对高档次、多品种方面的关注，加大研究生产同时也注重消化吸收，从 2003 年至 2005 年使我国的高端活性炭进口势头有所减弱，进口增长率逐步又回落到 10%～20%。但总体上看，目前我国活性炭高端产品仍主要依赖进口，主要进口国是美国、韩国和日本，其中美国占近 50%。而对特定用途的高端品种，日本一直垄断着中国市场。在原材料方面，我国果壳活性炭及其原料主要进口国是菲律宾、印度尼西亚、越南和马来西亚，而近十五年美、日、欧纷纷加大在这些国家的投资建厂，又使它们的高端活性炭的价格竞争优势显现出来，预计未来我国从这些国家的西方公司进口数量会保持恒定增长，而我国相关产业的发展仍面临挑战。在价格方面，由于不同品种、不同用途差别较大，进口活性炭从每吨 6000 元至几万元不等，而对某些特定用途的高端产品，在国内研发生产还没突破前，价格还会长期攀升。

与发达国家相比，我国的活性炭工业仍然存在很大差距，主要表现在：

① 企业规模小、生产装备落后、劳动生产率低、市场竞争力不强。我国活性炭工业尽管已是世界上的生产和出口大国，但还不是活性炭强国。我国的90%的木质活性炭厂是年产几百吨到上千吨的小企业，虽然目前全国有大大小小四五百家活性炭企业，年生产能力真正达到万吨规模的几乎没有。而我国的木质活性炭企业大多数遍布于林区和乡镇企业，规模较小，生产装备既不先进而且较难更新，主要设备是大同小异，劳动生产率一般在几十吨/人·年或更低。而国外，像美国、日本活性炭生产主要集中于万吨以上的大企业，这些大企业不但产量大，生产装备先进，大都实现了生产流水线的全盘自动化和计算机管理控制，故劳动生产率很高，达到几百吨/人·年。

② 森林资源浪费，环境污染严重。我国是少林国家，生产活性炭只能采用林业加工剩余物为原料，但一些个体企业主为获取更大利润，成片砍伐林木烧炭后再经土法水蒸气活化而制取活性炭已经造成个别地区的森林破坏、水土流失，一些从未发生过洪灾的地区也出现了前所未有的洪水泛滥。而采用锯木屑经过化学法生产活性炭的企业，大多是土法的平板炉，既没有废气回收装置，也没有废水处理设备，由于要经高温活化和酸、水后处理，生产中产生大量的酸性废气和废水，给当地的生态环境造成污染极为严重。可以说中国的化学活性炭所取得的一点不大的经济效益，是以沉重的环境为代价换取的。

③ 管理无序，各自为政。我国木质活性炭企业虽然大大小小也有几百家，不论在生产、经营、外贸等方面都是政出多门，各自为政，管理无序。虽大多数企业属林业系统管理，但也有不少企业属乡镇企业、民营企业、城建、轻工、化工等部门管辖，所在经营过程中（尤其是外贸出口）是多头经营、竞相压价，造成恶性竞争。根据有关资料，我国活性炭的出口价只相当于国际市场价的1/3～1/2，甚至更低。尽管如此，由于多头经营、缺少宏观管理，竞相压价争取外商的现象仍屡见不鲜。这种无序状况导致外商进一步压价，有时还引起外国同行协会或商贸部门的反倾销，而我国却无人应诉，这种局面严重影响了我国活性炭对外贸易的竞争力和国家商业信誉。

④ 我国木质活性炭产业技术基础薄弱，科学研究起步晚，科研经费不足，科研力量分散，科技对生产力发展贡献不大

我国对活性炭的科学研究起步于20世纪60年代，而真正开始工作是文化大革命结束后的70年代下半期。从那时起，许多科技工作者对活性炭的原料、制造、应用、孔隙结构和吸附理论都作了不少工作，对我国活性炭工业的快速发展做出了很大贡献。目前我国不少大专院校和科研单位涉足活性炭的科技工作，并取得了一批成果，但由于经费、体制等问题，大多停留在“纸上成果”

上，而真正转化为生产力的不多。据各方了解和查询，至今我国木质活性炭还没有标准的生产工艺规程，普遍存在着生产工艺单一，产品品种不多，应用面狭窄，通用产品多，专用品种少等问题。最近二十几年，美国化学文摘每年刊登500多条有关活性炭的文摘，其中活性炭应用方面的文摘占50%以上，在水处理和废气处理等环保方面尤为突出，一些专用炭和新开发用途颇受重视。目前，美国、日本都有300～400个活性炭品种，而我国仅有50～60个品种和牌号。

在吸附纤维方面，近年来由于乡镇和私人新厂的不断出现，传统大厂的市场一直不断受到挤压，产品价格也一路走低，活性炭纤维从原先的500～700元/kg降低至200～400元/kg。尽管我国活性碳纤维的总销售量在较快增长，但过度竞争的结果是，除少数私人企业外，绝大部分厂家开工严重不足，企业效益每况愈下，有不少厂已经停产。我国生产的活性碳纤维现以出口为主，主要出口到日本、韩国和欧美等国，国内的消耗量不到一半。由于劳动力密集、技术壁垒不高、有污染的产业从发达国家向发展中国家转移，我国逐渐成为世界制造工厂。但我国的活性碳纤维价格低廉，比国际市场便宜40%～60%。有些国外的进口商从我国进口活性碳纤维，经深加工或改换包装后加价转卖到国内，或制成设备后再高价出口到我国。

在多孔吸附材料方面，国内在多孔陶瓷材料产业发展与国外先进国家相比存在明显不足，其中一方面是国内多孔陶瓷材料的发展技术不平衡，其二是国内绝大多数对多孔陶瓷材料缺乏必要的了解。近年来，在国家科技攻关政策的扶持下，尤其是在国家环保、节能政策的引导下，国内多孔陶瓷材料及膜材料技术有了较快的发展，产业化及市场化规模逐渐扩大。

从整体上看，我国水污染处理材料产业的发展存在以下问题：一是主体规模仍以民营中小企业或乡镇企业为主。年产值达到1000～5000万元以上的企业不足20%，普遍具有规模小、产能低、数量多的特点；二是企业科技含量低。企业几乎没有科技投入，许多企业人员素质低，技术水平低，设备简陋，工艺落后，生产耗能高，属于家庭式或家族式企业多；三是企业短期行为突出。许多企业只顾眼前利益，强调低投入高回报，产品竞争力差，不具备长期可持续发展的规划或势头；四是环境污染突出。许多小企业生产条件差，三废污染严重；五是产品品质低。产品品种少，品质差，效能低，多数产品达不到国家标准，达到国际标准的产品就更少；六是企业以单凭生产销售为主，技术咨询、工程设计、工程服务等配套跟不上，不具备国际市场竞争力。

我国水污染治理材料产业快速发展始于20世纪80年代，属于新兴领域。企业跨行业跨地区分散不同部门、隶属关系复杂。行业缺乏科学管理，产品缺乏标准、技术规范与质量监督管理，市场交易秩序混乱，严重阻碍了我国水污染治理材料市场的正常发展，影响了企业产品质量的提高。研发与产品严重脱节，缺乏工艺、工程设计、生产条件控制等重要产业技术环节，产学研体系与结构不健全。企业资本金均较为短缺，投资力度不够，企业规模小，科技与人才投入少，技术力量薄弱，后续研发能力弱，同时一些乡镇企业发展大多存在自发性、盲目性和滞后性。我国目前在水污染治理材料的基础应用研究不深入，不系统。缺乏基础应用理论指导，盲目引进或模仿生产，导致高技术储备不足，产业发展后劲严重不足。高品质水污染治理材料在国内外都具有广阔良好的市场前景，但我们必须清醒地认识到，在我国加入 WTO 后，我国水水污染治理材料产业面临国际跨国公司高质量产品、高技术的挑战。

6.5　推动我国水污染治理材料产业发展的对策和建议

水处理工业属于环境保护产业技术领域，是一项公益性较强的事业，它蕴含着社会与经济两种效益，但重在社会环境效益。在市场经济条件下，企业追求的是最高利润值。因此，水处理工业在其发展阶段，很难不受冷落。世界银行组织有关国际专家对我国环境保护领域极性长时间调研后深刻指出“经济靠市场、环保靠政府”，因此，政府首先要有明确的政策导向，其次建立严格完善的法规，强化的执法力度。同时政府要加大环保资金投入，提供优惠的产业政策，开拓市场。最后，要科学、准确地评价国内外水污染治理材料市场需求与发展趋势，结合我国实际情况，科学地制定水污染治理材料产业发展战略。提出阶段优先、重点发展领域和产品目录。制定各项重点扶持、优惠政策。

我国水污染治理行业面临着全方位的产业转型，这是一个复杂、长期的过程。整体而言，目前我国城市“两废”污水处理产业化发展处于起步阶段，虽然与最终目标仍有不小的差距，但是，阻碍水污染治理材料产业发展存在两个突出的问题：一是政策、法律体系的建立；二是产业主体与市场发育体系的建立。这两个根本性问题的解决是我国促进水污染治理产业发展的关键，是水污染治理材料参与国际竞争并取得国际行业认可的前提。

在政策体系方面，水污染治理材料产业技术属于环保产业范畴，从国外发达国家近年环保产业快速发展来看，产业发展在相当大程度上依赖于政府政策与法规、标准制定与执行、社会公众环保意识和政府采取的一系列优惠政策，以及市场规范管理。因此，我国在这方面的发展，必须依靠政府强化水资源可持续利用与水污染治理力度，同时制定相应市场法规与标准，强化市场平等竞争原则，规范市场交易机制。首先，地方关于产业化的方向性政策不够明确，仍有大部分省市政府至今未制定下达相关文件，明确城市污水处理产业化、市场化方向的第一步工作仍未完全到位。各地的产业化推进缺乏结合实际的系统性规划，具体实施过程中存在盲从、混乱的现象。其次，行业缺乏特许经营规范性条例标准化合同文本，目前只有北京、河北和深圳市出台了特许经营管理办法，国家还没有出台有关特许经营的规范性条例，没有对特许经营过程中各方的责权利作科学、明确的定位，而且业内还没有完整的可作为依据的标准化合同文本，所以在特许经营协议达成和具体实施过程中，各方责权利混乱，存在相互推诿、扯皮及争权的现象，以及因为一些外部原因而造成违约的现象（如政策改变等），这些都加大了政府、企业以及公众所承担的风险，加大了交易成本。再次，中央及各地相关政策规定中仍有缺项，如缺乏政府对于企业投资与财务的监管政策，缺乏对各项资产（特别是管网系统）投资结构的明确规定等。激励机制是推动产业化发展的重要手段，在一定意义上也表现为政府对污水处理行业的政策性补贴。但在中央制定相关政策中没有涉及污水处理行业转制后的营业税或所得税优惠问题，改制后的城市污水处理企业税负压力较大。四部委《关于推进城市污水、垃圾处理产业化发展的意见》中指出，政府对城市污水处理企业以及项目建设的生产用电按优惠用电价格执行。但在调研过程中发现，各地没有明确的规定生产用水用电优惠的具体实施细则，致使部分企业能源消耗费用比重较大。

在法律体系方面，现有关于城市污水处理产业化的文件多为指导性意见，法律效力较低，缺乏从法律层次上对产业化、市场化方向的明确肯定与规定。产业化的一系列配套政策，如税收优惠、特许经营、收费手段等都没有在法律、法规中得到确认、规范与保障。近期通过的《中华人民共和国行政许可法》于2004年7月1日起执行，该法是各个部门关于行业监管的法律依据，对于各项规章制度的制定提出了新的严格的规范与限制，污水处理行业的各项监管政策需要及时依据其精神进行相应的修改或升级，以免在实施中出现矛盾。

在产业主体与市场发育体系方面，我国水处理药剂与材料产业发展必须坚持以政府投入科技为先导、企业为主体、市场为导向、产品为龙头、效益为中心的原则。同时，采取国家与地方政府通力合作，进行产业结构优化调整，重点扶植规模大、质量高、小一号的科技型中小企业。坚决停转一批规模小而污染严重的中、小企业。培育发展区域性水污染治理材料科研生产基地。国家鼓励企业间联合与兼并，科研单位与企业结合，通过参股或技术依托、服务等多种方式，共建集产、学、研一体的经济实体。加大新产品、新工业开发力度，提高企业产品质量和国际市场竞争力。强化科技进步市场导向，企业依靠科技进步，改造或淘汰落后生产工艺技术，提高产品质量和档次。为科技产品产业化和市场规模化迅速增长创造有利环境条件。我国城市污水处理产业化发展处于起步阶段，还未完全形成公平竞争的市场环境，不正当的市场竞争和一些地区地方保护主义较严重。部分地方政府在投资多元化政策中，给予外资企业以

“超国民”待遇，国内企业与国际企业不能公平竞争。水污染治理材料产业链发育不健全，缺乏与相关行业的横向战略联盟。我国污水再生利用环节发展速度缓慢，发展规模较小，制约了污水资源化，影响了整个产业链的良性循环。同时，城市污水处理是个相对垄断且综合性的产业，其发展需要包括投资、设计、建设、运营、技术设备配套以及咨询、服务等在内的各产业单元的相互配合。研究国际著名水务集团的特点不难发现：国际水务投资都是以战略联盟形式组成的，是集合了投资、工程、运营、服务等领域国际巨头的优化战略组合体的联合扩张。而我国目前与污水处理行业相关的设计、咨询、技术设备制造等行业发展程度不一，缺乏横向的强强联合。

在解决好以上两个两个关键问题的基础上，我国水污染治理材料产业的发展要做到有所为和有所不为，明确关键领域和优先发展的领域。重点发展我国目前技术成熟、市场需求量大的水处理药剂系列产品，各种膜分离材料与技术，使之形成规模化、系列化生产，尤其特别支持我国具有资源和技术优势、能够形成我国特有的、拥有自主知识产权的高新技术产品。大力开发复合膜用新材料，加大 CA 膜类与复合膜类反渗透膜的成膜工艺开发力度，进一步提高成膜技术；开发具有耐温、内污染、抗氧化、高通水量和高脱除率的低压复合类反渗透膜；耐污染的单皮层中空纤维、粗孔径的微滤膜、超滤膜系列产品；荷电膜、双极膜、无机陶瓷膜等新产品及其工业技术。研制发展具有氧化、吸附、絮凝作用的多功能高分子复合絮凝剂、生物絮凝剂；高品质、低毒或无毒的有机磷系缓释阻垢剂；非氧化性全有机消毒杀生剂，以及重金属、放射物螯合剂，固化剂等产业化技术。通过多种方式，积极引进国外一些新产品、新材料的生产工艺技术，在引进基础上消化吸收，加速国产化进程，创新发展成为拥有我国自主知识产权的高新产业技术，使我国水污染治理材料产业进入良性快速发展阶段，产业发展和产品质量达到国际先进水平，不仅能够满足国内市场的需求，而且出口创汇，参与国际市场竞争。

从水处理行业的全局政策性突破拉动水污染治理材料产业的发展。一是政府要积极开展产业化、市场化的战略研究。产业化、市场化问题是一个系统工程，涉及产权制度、政策环境、经济金融、管理体制和公众意识等诸多问题。城市环境基础设施的市场化推进方式是一个国际性难题，许多国家的市场化、民营化改革经过了十年甚至数十年的过程，也有数次尝试性的反复。虽然中央对产业化、市场化的政策已经初步明确，但是地方执行层面出现较大混乱。迫切需要政府组织力量，结合国际经验和教训，对城市环境基础设施产业化、市场化的战略、目标、步骤进行系统研究，为行业改革的政策制定和具体执行提供指导。二是市场化推进需要系统性的战略规划。城市污水处理市场化体系的建立不可能一蹴而就，需要制定一个系统的战略规划，逐步推进。鉴于市场化过程的复杂性，市场化体系的建立是一个较为漫长的过程，我国已经经历了外资简单引入期、项目市场投资期，将要进入国营事业单位改制期、产权改革期、主业全面开放期、管理体制转变期、产业优化期……改革动力经历了或将要经历技术拉动期、投资拉动期、政策拉动期。市场化改革不仅系统复杂，而且关系国计民生、关系环境保护、关系社会稳定，中央不仅要制定原则性的政策文件和法律等基本保障体系，也要充分考虑不同地域的产业和经济特征，充分考虑市场化不同发展阶段的特征和需求，进行系统规划，以避免在市场化推进中的混乱与无序。三是政府要组织开展公众意识宣传，引导社会认同。公众意识的引导与城市污水处理的产业化、市场化进程密切相关，直接关系价格和监督。应立即以监管部门为实施主体加强公众意识的引导，实施全民关心和全民关注，使每一位公民认识到水污染治理不是经济发展的“副业”，而是与经济发展同等重要的新兴朝阳产业。

致谢：本文涉及了水污染治理材料中各类材料产业发展情况，参考了许多调查机构和研究人员的成果，在此作者对他们的辛勤工作表示诚挚的感谢！渠永平博士为本论文的资料和信息收集做了大量工作，深表感谢！

作者简介

张增志：教授，博士生导师，长期从事生态功能材料的研究、开发及产业化工作，现任中国矿业大学（北京）生态功能材料研究所所长，中国材料研究学会常务理事、副秘书长，中国材料研究学会环境材料分会副主任委员，参与《中国新材料发展报告》、《材料大辞典》等有关环境治理材料部分的编撰，发表学术论文百余篇，专著3部，获奖11项。

第7章 新型碳材料

李贺军　张守阳

7.1　发展新型碳材料产业的背景需求及战略意义

碳是世界上含量及广的一种元素。它具有多样的电子轨道特性（SP、SP2、SP3 杂化），再加之 SP2 的异向性而导致晶体的各向异性和其排列的各向异性，因此以碳元素为唯一构成元素的碳材料。具有各式各样的性质。在历史的发展中传统的碳材料包括：木炭、竹炭、活性炭、炭黑、焦炭、天然石墨、石墨电极、炭刷、炭棒、铅笔等。而随着社会的发展人们不断地对碳元素的研究又发明了许多新型炭材料：新型纳米材料、碳基复合材料、碳纤维、柔性石墨、储能型碳材料、金刚石等。其中新型纳米碳材料：富勒烯、碳纳米管、石墨烯、纳米金刚石等。没有任何元素能像碳这样作为单一元素可形成如此多类结构和性质不同的物质，可以说碳材料几乎包括了地球上所有物质所具有的性质，如最硬-最软、绝缘体-半导体-超导体、绝热-良导热、吸光-全透光等。随着时代的变迁和科学的进步，人们不断地发现和利用碳，可以这么说人们对碳元素的开发具有无限的可能性。

进入 21 世纪以来，富勒烯、碳纳米管、石墨烯等纳米新型碳材料的迅速发展引起了全世界的广泛关注，其与碳基复合材料、碳纤维等构成了新型炭材料的主要品种。而随着这几种新型碳材料的研究逐渐深入及其制备工艺的不断完善，目前逐步走向产业化阶段，相比于传统的碳材料产业化程度还有一定差距，但由于它们独有的优异性能，其在各个领域展现出了良好的应用前景。

7.1.1　纳米碳材料产业的背景需求及战略意义

（1）富勒烯领域的背景需求及战略意义

富勒烯是由碳原子形成的一系列笼形单质分子的总称，它是碳单质的第三种稳定的存在形式，而 C60 是富勒烯系列全碳分子的代表，1985 年 C60 的发现使人们了解到一个全新的碳世界。C60是最常见的富勒烯，60个全同碳原子构成完全对称的中空球形结构，杂化电子在碳球外围和内腔形成非平面离域大π键，因此C60具有缺电子烯烃的性质，碳球内外表面都能反应，如金属、Ti、N、S等嵌入碳笼内或对碳笼外表面修饰得到富勒烯衍生物。随着C70、C76、C84等富勒烯的发现，富勒烯及其衍生物显示出巨大的应用前景。目前，富勒烯已广泛地影响到机械学、电子学、光学、磁学、化学、医学、材料科学和生物工程学等各个领域，极大地丰富和提高了科学理论，同时也在催化工程、磁性材料、医学和生物工程、精细化工、微型半导体器件及传感器方面显示出巨大的应用前景。

（2）碳纳米管产业的背景需求及战略意义

碳纳米管属于一维纳米材料，主要由呈六边形排列的碳原子构成数层到数十层的同轴圆管。按石墨片层数可以分为单壁碳纳米管和和多壁碳纳米管，由于具有独特的金属和半导体导电性、极高的机械强度、贮氢能力、吸附能力、较强的微波吸收能力，其杨氏模量是钢的5倍而重量仅为钢的1/6。还具有良好的导电、导热等性能，并且在真空或惰性条件下可以承受超过2000K以上的高温。可用于复合材料、电子、场发射组件、能源、资源、测量仪器、生物医药等领域，此外，CNTs的特殊结构和介电性，使其表现出较强的宽带微波吸收性能，同时兼具质量轻、导电性可调、高温抗氧化性能强和稳定性好等一系列优点，是一种有前途的微波吸收剂，可以作为潜在的隐身材料、电磁屏蔽材料或暗室吸波材料使用，其微波吸收材料的研究已取得积极的成果，显示出其重要的国防军事应用价值和巨大的潜在商用价值。近年来，国际上碳纳米管的修饰改性技术越来越受到重视，各种新型改性碳纳米管的开发进一步拓展了其应用领域。

当前，国际市场高纯度碳纳米管价格已在50$/g以下，纯度稍低的多壁碳纳米管价格已接近1050 $/g在碳纳米管相对优势的价格下，各国投资者极为看好碳纳米管未来的产业应用前景，并在材料制备和应用方面纷纷投入大量研发资金及科技力量。其中，日本已有300多家相关企业致力于碳纳米管产业技术研发，期望抢占此技术领域制高点，进而加速碳纳米管的商业应用进程。

据美国商务部市场调查机构BCC统计数据，在复合材料、电子材料、能源材料等领域中，2007年全球碳纳米管市场产值达到7910万美元；2009年的产值已经接近3亿美元，年均复合增长率达38.7%。由此可以推测，全球碳纳米管未来几年的市场需求将出现迅速增长，全球碳纳米管的产量将达到数千吨的规模，产值将达数十亿美元，与其相关产品的产值将达数百亿美元。

（3）石墨烯产业的背景需求及战略意义

石墨烯厚度只有0.3354 nm，是目前世界上发现最薄的材料。具有特殊的单原子层结构和新奇的物理性质：强度达 130 GPa、热导率约 5000 J/（m·K·s）、禁带宽度几乎为零、载流子迁移率达到 $2\times10^5 cm^2/(V\cdot s)$、高透明度（约 97.7%）、比表面积理论计算值为 2630 m^2/g，石墨烯的杨氏模量（1100 GPa）和断裂强度（125 GPa）与碳纳米管相当，它还具有分数量子霍尔效应、量子霍尔铁磁性和零载流子浓度极限下的最小量子电导率等一系列性质。随着低成本可化学修饰石墨烯的出现，可以更好地利用其特性制备出不同功能的石墨烯复合材料。基于石墨烯的复合材料是石墨烯应用领域中的重要研究方向，其在能量储存、液晶器件、电子器件、生物材料、传感材料和催化剂载体等领域展现出了优良性能，具有广阔的应用前景。石墨烯的加入可以显著提高复合材料的多功能性和加工性能，因而它在导电高分子材料、多功能复合材料、高强度多孔陶瓷材料等领域有着广泛的应用。

当前，世界各国均已认识到石墨烯的广阔市场前景，力争把握石墨烯技术革命和产业革命的机遇，正在形成技术研发和产业投资的高潮。发达国家将石墨烯列为一项影响未来国家核心竞争力的技术，大力支持石墨烯的研发及商业化。在国家战略层面，2010 年美国联邦政府提出 45 亿美元巨资资助石墨烯的计划，力图在石墨烯研发的最前沿领域取得领跑地位。2011 年英国将石墨烯列为四大战略性新兴产业之一，并投入 5000 万英镑打造全球领先的石墨烯研发和产业化中心。从 2012 年开始，韩国将连续六年累计提供 2. 5 亿美元用于资助石墨烯的研发和产业化应用研究。从 2013 年开始，欧盟也将连续十年投入 10 亿欧元的专项经费用于石墨烯的研发，并将其上升到“旗舰项目”的战略高度。在企业层面，全球各国已有 200 多家企业加入到石墨烯的研发和产业化队伍中，包括一大批世界 500 强的国际知名公司，如美国宝洁、韩国三星、美国 IBM、荷兰飞利浦等企业巨头。在产业化层面，美国石墨烯生产商 XG Sciences 年产能达到 80t。韩国三星公司已研制出首款石墨烯电子晶体管器件和柔性显示屏智能手机。在技术专利层面，全球石墨烯专利申请量呈激增态势，从 2010 年到 2012 年的短短 3 年时间内，专利申请量增长 4 倍多。美国和我国在专利拥有量上处于领先地位。韩国三星、浙江大学、美国 IBM、韩国高级科技学院以及南京大学分别排在专利申请的前五名。

近年来，我国高度重视石墨烯技术和产业的发展，各高等院校和众多企业一直密切跟踪石墨烯的前沿技术和产业动向。2012 年，工信部在新材料“十二五”规划中将石墨烯列入前沿材料目录。国家自然科学基金委在 2007～2013 年期间资助了 1096 项与石墨烯有关的基础研究计划。科技部围绕石墨烯的制备、工艺、材料等方向支持了一批重大专项和科技支撑计划项目。从石墨烯产业目前的发展进程看，我国在石墨烯的散热、导电等特性的应用方面，已迈入产业化门槛。2012 年 1 月，全球首款智能手机石墨烯电容触摸屏在江苏常州二维碳素科技有限公司研制成功。2013 年 5 月，全球最大规模的石墨烯透明导电薄膜生产线又在该公司正式投产，年产能达到 3 万平方米。2012 年 9 月，浙江宁波墨西科技有限公司年产 300t 的石墨烯项目正式投入建设。2013 年 4 月，贵州新碳高科有限责任公司正式宣布推出我国首个纯石墨烯粉末产品——柔性石墨烯散热薄膜。2013 年 11 月，国内最大的年产 100t 氧化石墨（烯）/石墨烯粉体生产线在常州第六元素材料科技股份有限公司正式投产。2013 年 8 月，江苏无锡惠山经济开发区启动建设国内首个石墨烯创新发展示范基地。

综上所述，21 世纪碳纳米管及石墨烯等碳纳米材料领域的研究及开发，给我国的高技术产业带来一次新的机遇，在这些领域，我国的研究水平与世界发达国家相当，因此能否抓住这个机遇，保持优势，进一步发展，对我国未来的材料技术和高技术产业发展是一个关键考验。

7.1.2 碳基复合材料的背景需求及战略意义

碳基复合材料主要指 C/C 复合材料，是新材料领域中重点研究和开发的一种新型超高温材料，它具有密度小、模量高、比强度大、热膨胀系数低、耐高温、耐热冲击、耐腐蚀、吸震性好、摩擦性好等一系列优异性能。由于其优越的抗烧蚀性能，C/C 复合材料在航天工业已成功地得到应用；由于其优异的摩擦性能和高温性能，C/C 复合材料飞机刹车盘取代粉末盘成为飞机摩擦材料的第四个里程碑，占据了飞机刹车市场的绝对主导地位；由于其无可比拟的超高温性能，各国研究人员又把注意力集中于将该材料作为高温长时间使用的热结构材料方面，尤其是如何使之用于新一代高性能航空发动机的热端部件。目前 C/C 复合材料的应用领域主要在以下方面：

① C/C 复合材料具有卓越的高温力学性能，抗热震性能、良好的高温烧蚀性能，广泛用在导弹发动机喷管、喉衬和航天飞机的鼻锥、机翼前缘等方面。

② C/C 复合材料热导率高、比热大、热膨胀系数低、耐摩擦磨损且摩擦系数稳定，是理想的高级制动刹车材料。现已广泛用于大中型民航客机，如波音 747、777，麦道 90 等。

③ 用于制造热压模具。由于具有质轻和难熔的性质，在金属铸造、陶瓷和粉末冶金生产中，采用 C/C 复合材料制作热压模具可减小模具厚度，缩短加热周期，节约能源和提高产量。

④ 由于 C/C 复合材料耐高温、热导率高、比热大、热膨胀系数低，被广泛用于高温热核反应堆的热交换材料。C/C 复合材料具有优良的耐腐蚀性，在酸、碱盐溶液及有机溶剂中呈现化学惰性，可以用于制造化学实验中的仪器以及热交换材料。在工业污水处理以及废气处理等需要耐腐蚀性的场合具有应用优势。

⑤ C/C 复合材料的生物组织的相容性好，可以用作心脏瓣膜、人造骨关节和牙根的材料。

随着航空发动机推重比增加，涡轮前进口温度不断提高，尤其当航空发动机推重比达到 15～20 时，其热端工作温度高达 2000℃，要求材料的比强度比目前高五倍，在如此苛刻的条件下，除 C/C 材料外其他材料都已无能为力。此外，一旦采用 C/C 复合材料，由于其比重轻，可以使发动机本身的重量大大降低，自然可以提高推重比，而且由于减少了冷却空气消耗，进而会使发动机效率得以提高。因此世界各发达国家研究新一代高推比航空发动机都是把 C/C 复合材料作为高温关键材料来考虑。

在航天领域，随着空间技术的快速发展，我国正在面临新的挑战和机遇，国际上以美国为代表的航天大国纷纷投巨资开展高超声速飞行器的研发工作，美国的 X-43A、X37B、X-51A 等一系列高超声速飞行器的试验，令航天技术迈入新的历史时期。世界各国正重新界定航空和航天技术的功能，纷纷投入大量人力物力开展相关研究。新的航天技术也给热结构材料带来新的挑战，可靠服役的热结构材料和热防护材料成了众多航天器研制的急迫需求，尤其是在高速再入过程中的热防护材料，发动机燃烧室用热结构材料、喷管材料等，往往要求材料承受超过 2000℃的高温高速气流冲刷和高频振动，在如此苛刻的环境下，C/C 复合材料以其优异的高温力学性能和抗烧蚀性能而成为最佳选择，但是在一些要求低烧蚀乃至零烧蚀的服役环境下，C/C 复合材料的抗烧蚀性能还需要进一步提高，因此 C/C 复合材料的抗氧化及抗烧蚀改性技术就显得尤其重要。

在航空刹车领域，国产刹车盘虽然已经在 B757 及 A320 等机型获得了取证，但是相比于美国和欧洲产的同类产品，其制备成本高、使用寿命低、稳定性差。航空公司退货现象时有发生。不仅如此，美、法等国已经储备了相关技术，在价格和使用性能上，随时准备打压国产刹车盘，因此提高国产刹车盘使用寿命和稳定性，降低生产成本，是目前我国碳刹车领域面临的重大考验，否则，面对国外产品的竞争，相关生产商家前景并不乐观。

在民用领域，如化工耐腐蚀构件、高温炉保温材料、重载卡车刹车材料、高速列车受电弓摩擦材料等方面，C/C 复合材料也面临着进一步拓展应用的迫切需求。

7.1.3 膨胀石墨产业的背景需求及战略意义

膨胀石墨是由天然石墨鳞片经插层、水洗、干燥、高温膨化得到的一种疏松多孔的蠕虫状物质。除了具备天然石墨本身的耐冷热、耐腐蚀、自润滑等优良性能以外，还具有天然石墨所没有的柔软、压缩回弹性、吸附性、生态环境协调性、生物相容性、耐辐射性等特性。因为膨胀石墨具有很大的孔隙体积，并且具有多层次、丰富的微孔结构，有很大的吸附性能，可广泛用于从水中吸附和分离油类和有机大分子。另外，膨胀石墨基本由纯碳组成，无毒并且具有化学惰性，所以对环境不会造成二次污染。膨胀石墨经过模压或轧制等深加工而制成的具有柔性的纸状薄片，称做柔性石墨，是重要的密封材料。目前国内外对于膨胀石墨的研究主要着重于以下几个方面：膨胀石墨制备方法的研究、膨胀石墨基复合材料的制备、结构分析和应用研究。其中，制备方法研究主要包括不同石墨原料的选择、插层方法的优化、插层剂的选择、插层条件的选择等。膨胀石墨的应用涉及储热能源、制作烟幕材料、作为吸附剂、高温密封材料、核反应堆密封材料等很多方面。主要表现在：

① 密封行业：20 世纪 60 年代后期，美国联碳公司用膨胀石墨制成密封材料，从而诞生了第二代密封材料。1971 年美国洛克惠尔阀门工程设计中心为解决原子能阀门泄漏问题，对美国九家公司生产的 16 种不同类型的密封填料在 64 个试验点进行对比试验，结果表明，膨胀石墨密封效果最佳，从此，美、日、法、德等发达国家进一步深入研究，促进了膨胀石墨密封材料的迅速发展，成为世界上一种新型高效节能密封材料。我国于 1978 年开始研制膨胀石墨及其制品，近几年发展速度也很快。由于它独具质地柔软，压缩性和回弹性强等特点，因而作为密封材料在我国很快得到推广和应用。它可以代替石棉、橡胶、聚四氟乙烯、金属等传统密封材料，能较理想地解决设备的跑冒滴漏问题，对于提高三大效益，尤其是环境效益，作用也越来越大。

② 钢铁工业：不同膨胀倍率的可膨胀石墨，是炼钢厂配制各种不同型号防氧保温发热剂的主要原料之一，对降低钢坯缩孔切头率，提高钢锭的成材率有较显著的经济效果。

③ 电池材料：在可充锌锰电池的锌阳极中添加膨胀石墨可以减小锌阳极充电时的极化，增强电极及电解液的导电性，抑制枝晶的形成，并且能提供良好的成形特性，抑制阳极的溶解和变形，延长电池寿命。另外锂可以通过气态、液态、固态及锂盐电解法与石墨形成 GIC，这种 GIC 具有较低的电极电位和良好的嵌脱可逆性。日本三洋公司利用锂型 GIC 作负极生产出锂离子电池，循环寿命达到 500 次，比能量达到 261W·h/L。

④ 环保产业：可膨胀石墨经高温膨胀后得到的膨胀石墨具有丰富的孔结构，因此具有优良的吸附性能，利用其对污染物的吸附，可以达到治理污染的目的。有报道称，1g 膨胀石墨可吸附 80g 以上的重油。1997 年，日本福冈近海油轮泄漏，试用膨胀石墨清除，取得了很好的效果。膨胀石墨又是一种良好的微生物载体，在工业废水的治理中，也有广泛的应用前景。

⑤ 生物医学产业：在生物医学材料上，清华大学等应用膨胀石墨制作医用敷

料替代医用纱布，经过大量动物实验及一百多例临床实验，证明比传统纱布引流好，有明显的抗感染、抑菌、消炎作用。目前这一科研成果已取得发明专利权。

⑥ 隔热隔音材料：可膨胀石墨膨胀容积大，可达 350mL/g，并且化学性质稳定，氧化温度高，安全性好，是理想的隔热（保温）、隔音材料。国外有的高档建筑、客轮的墙壁材料中夹一层一定膨胀容积的可膨胀石墨，以起到保温、隔音作用，且在火灾发生时，也有阻止火势蔓延的作用。

7.1.4　活性炭产业的背景需求及战略意义

活性炭是一种品味很高的重要净化产品，广泛应用于废水处理、食品脱色、空气净化等行业，研究表明，环保因素的日趋重要导致全球活性炭需求以 3.8% 的年增长速度在增加。1998～2006 年美国活性炭出口额一直居世界第 1 位，2007 年被中国赶超。5 个主要活性炭出口大国中，中国是唯一活性炭出口市场份额不断增长的国家，但是中国活性炭质量竞争力远低于美国、德国和日本，主要原因是中国活性炭出口以低附加值的初级产品为主，可持续发展性不强；中国活性炭贸易条件日益恶化。与发达国家相比，我国活性炭工业仍然存在很大差距，主要表现在技术基础薄弱，生产装备落后，企业数量多、规模小、品种少。同时，在对外贸易中由于缺乏宏观调控，活性炭市场基本处于无序状况。这些都导致国产活性炭在国际市场上缺乏价格竞争力，极大影响了我国活性炭产业的国际竞争力，在活性炭领域必须从研究、生产及管理等方面不断提高自身水平，才能满足国际市场需求，在激烈的国际竞争中占有一席之地。

7.2　新型碳材料产业的国外发展现状及趋势

7.2.1　国外纳米碳材料产业的发展现状及趋势

如前所述，由于碳元素和碳材料具有形式和性质的多样性，从而决定了碳元素和碳材料人有许多不为人们知晓的未开发部分。随着时代的变迁和科学的进步，人们不断地发现和利用碳，可以这么说人们对碳元素的开发具有无限的可能性。自 1989 年著名的科学杂志《Science》设置每年的“明星分子”以来，碳的两种同素异构体“金刚石”和“C60”相继于 1990 年和 1991 年连续两年获此殊荣，1996 年诺贝尔化学奖又授予发现 C60 的三位科学家；在富勒烯研究推动下，1991 年一种更加奇特的碳结构——碳纳米管被日本电子公司（NEC）的饭岛澄男博士使用高分辨透射电子显微镜从电弧法生产的碳纤维中发现。而 2004 年另外一种神奇的炭纳米材料——石墨烯（仅由一层碳原子构成的薄片）被英国曼彻斯特大学的两位科学家安德烈·杰姆和克斯特亚·诺沃消洛夫发现，二人也获得了2010年诺贝尔物理奖的殊荣。这些事充分反映了新型纳米碳材料科学的飞速发展，这些新型纳米碳材料的快速发展也带动其相关应用及产业的发展，而在这些新型纳米碳材料中，目前有一定产业化规模的主要是碳纳米管及石墨烯，其中新型纳米碳材料：富勒烯、碳纳米管、纳米金刚石、石墨烯等（图7-1）。

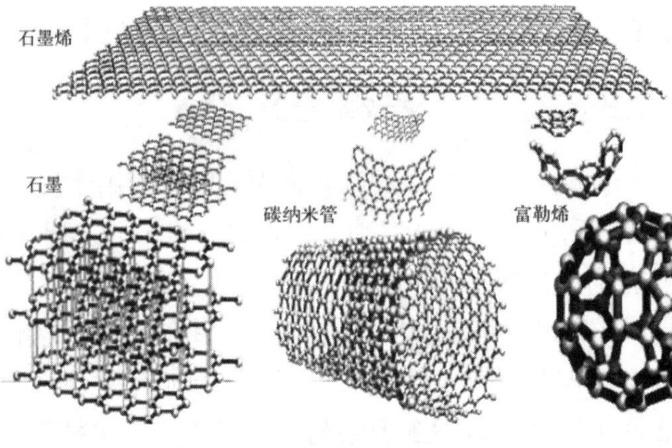

图7-1　各类碳的同素异形体构成示意图

（1）碳纳米管产业化国际发展现状及趋势

自从纳米碳被发现以来，其一直是学术研究的热点。尽管石墨烯的出现分流了不少碳纳米管的研究关注度，但是碳纳米管仍然是目前研究最充分、关注度最高的新型纳米材料。碳纳米管诸多优异新奇的性质为其带来了许多实际应用，已在复合材料、电子、场发射组件、能源/资源、量测/仪器、生物医药及平台等7个重点领域广泛应用，并引起了各国的高度关注。

以往，由于受碳纳米管制备工艺技术及成本等问题的制约，碳纳米管产业化应用受到了较大影响。但是，近年来随着碳纳米管工艺技术水平的逐年提高，碳纳米管的生产成本也大幅降低。当前，国际市场高纯度碳纳米管价格已处于50美元/g以下，纯度稍低的多壁碳纳米管价格已接近10美元/g。为此，各国投资者极为看好碳纳米管的应用前景，并在材料制备和应用方面纷纷投入大量研发力量。其中，日本已有300多家相关企业致力于碳纳米管产业技术研发，期望抢占此技术领域制高点，进而加速碳纳米管的商业应用进程。

据美国商务部市场调查机构BCC统计数据（图7-2），在复合材料、电子材料、能源材料等领域中，2007年全球碳纳米管市场产值达到7910万美元；2009年的产值超过2.7亿美元，预计2011年的产值将达到8.3亿美元，年均复合增长率超过75%。目前国外生产碳纳米管的四家主要公司：日本昭和电工（Showa Denko K.K）、比利时nanocyl公司及法国arkema公司，年产均超过400t；而美国hyperion公司，产量未知，却是最早大量生产碳纳米管的公司。由此可以推测，碳纳米管未来几年的市场需求将达到数千吨。

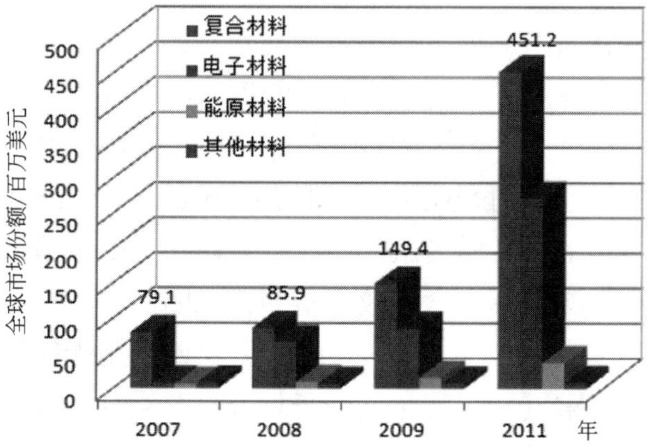

图 7-2 2007～2011 年国际碳纳米管市场份额

注：来源于美国商务部市场研究机构 BCC Inc.http://www.bccresearch.com/report/NAN024C.html。

表 7-1 日本碳纳米管的优势特性

领域	碳纳米管优势特性
信息	电子运输、电流载送容量、导电性、电机械性开关、场发射电流、冷场发射、轻质及无污染电子源、氢气及锂离子储存能量
生命科学	药物传输及荧光探测、吸收红外线、荧光发射稳定、生物感测、NIR 影像放射、AFM 高解析度、生物可相容性、内含功能化、设计特定性肽（Pertide）之控制反应、高表面横膈膜
纳米材料及制备	长径比及导电特性、质轻、韧性佳及耐冲击性、导热及电子输运、电子接受体、弹性及机械性、触媒载体
能源及资源	电荷传输或转移、导电特性、氢气及锂离子储存能量

注：来源于 The 8th Science and Technology Foresight Survey–Delphi Analysis http://www.nistep.go.jp/achiev/ftx/eng/rep097e/idx097e.html。

目前，伴随世界各国对碳纳米管应用领域研究的日益深入，电子、场发射与复合材料领域的应用潜力已逐步显现出来。在日本《 第八次科技预测》研究中发现，基于碳纳米管的优势特性（表 7-1），未来在半导体的应用上碳纳米管将扮演重要角色，但可否完全有效取代硅的应用地位，引起了科学家的高度关注；同时，在生物医学、能源及资源等领域的应用，已成为世界各国追求纳米材料工业化发展进程的重要热点。

（2）石墨烯产业化国际发展现状及趋势

如前所述，石墨烯（Graphene），是碳（C）的一种同素异形体，具有由 C 原子经 sp^2 电子轨道杂化后形成的二维结构，以及超强的机械强度、高导热率、高透光率、高比表面积等特点。石墨烯是零维富勒烯、一维碳纳米管、三维石墨的基本组成单元（如图 7-1 所示）。单层石墨烯厚度只有一个碳原子厚，为

0.335nm。是目前已知的最薄的一种材料，其拥有许多碳材料所不具备的特性。石墨烯以其精妙的结构、无与伦比的性能，使其在石墨烯柔性透明电极、石墨烯储能器件、石墨烯导电导热复合材料等方面具有广阔的应用前景。

随着石墨烯及其应用研究的不断深入，石墨烯产业化序幕也逐渐拉开。目前，国内外已有一批石墨烯企业开始量产。石墨烯产业化分为石墨烯微片和石墨烯薄膜 2 类产品的产业化。美国的 Vorbeck Materials 公司和 XG Sciences 公司是国际上最早从事石墨烯微片生产的公司。其中 Vorbeck Materials 公司的石墨烯采用氧化方法制备，含有较丰富的官能团，并且已在导电油墨和锂电池等领域积极开展了应用研发。X GSciences 公司则采用无氧化的插层剥离路线制备石墨烯微片，并重点开发其在高分子复合材料领域的应用。韩国三星公司是最早开展石墨烯薄膜量产技术研发的公司，并在 2010 年推出了 30in 的石墨烯透明导电薄膜展现了迷人的应用前景。另外，该公司也成功将石墨烯应用于柔性触摸平板显示器，此前报道 2012 年将实现量产，但目前仍未见其石墨烯触摸屏平板显示设备推向市场。最近，索尼公司也积极投身石墨烯薄膜的生产装备研发，在薄膜连续化生长与转移技术方面取得了重要进展，成功合成大面积长 120m、宽 230m 的石墨烯薄膜。

韩国 KoreaBizwire 网站公布，韩国科研人员成功研发出透明且富有弹性的石墨烯电极，即利用石墨烯-金属混合结构纳米沟槽网络的电极，这意味着弹性透明的“电子皮肤”将成为现实。相关研究成果已于 10 月 20 日刊发在国际著名期刊 Nano Letters 上，该期刊是全球范围内微纳材料和技术领域的高水平期刊。该科研团队表示，该弹性透明电极的发现，意味着可以开发易于附着皮肤和玻璃等物质的电子线路，而且意味着可用做显示器、电子线路或传感器的电子皮肤将成为现实（图 7-3）。

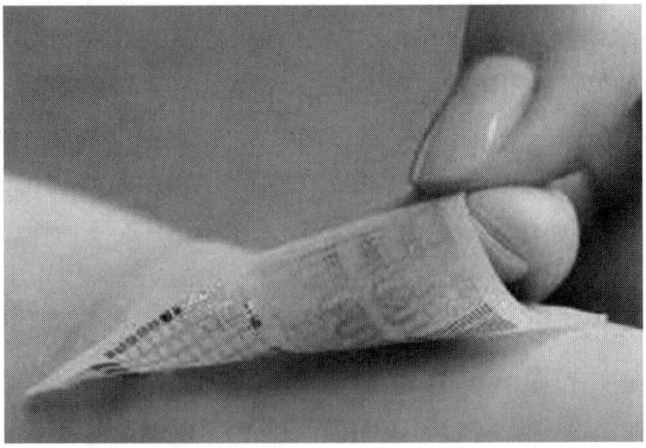

图 7-3　电子皮肤

石墨烯锂离子电池石墨烯作为储能复合材料使用，解决了锂离子电池能量密度和功率密度两者的要求，是其最有可能实现产业化应用的方向之一。石墨烯在锂离子电池中的应用主要包括 3 个方面：一是石墨烯复合电极材料，包括正极和负极；二是石墨烯作为锂离子电池的导电添加剂；三是石墨烯功能涂层。石墨烯优异的导电性能可以提高锂离子电池的充放电速度，并增强与集流体间的导电接触。石墨烯包覆磷酸铁锂作为锂离子电池正极材料，无论在学术上，还是产业化研究方面，目前报道都是最多的。2012 年 4 月，美国加州大学洛杉矶分校（UCLA）研究人员利用 DVD 刻录机发明出微型超级电容器，这种超级电容器只需数秒时间即可使手机或汽车充满电，其充电和放电速度是标准电池的 100～1000 倍。美国 Nanotek Instruments 公司研制的石墨烯基超级电容器，电极采用了石墨烯、混合 5%（质量分数）的乙炔黑，电解液通过弯曲和卷曲的石墨烯片结构时，可以更大比例地和石墨烯表面进行接触，从而提高储存电量。据报道，该超级电容器室温下可以达到 85.6W • h/kg 的能量密度，相当于镍氢电池的能量密度，充放电仅需要几分钟，甚至几秒钟。这意味着新一代的超级电容器作为储能器件逐步取代具有环境污染的铅酸电池和具有安全隐患的锂离子电池成为了可能，并在储能和动力电池领域带来重大进步。美国莱斯大学研究人员在石墨烯薄片上快速生长出碳纳米管，长度可以达到 120μm，以形成大量的表面积，更重要的是看起来类似储能超级电容器。研制的这种无缝石墨烯/碳纳米管复合材料，或可作为最好的电极界面材料，在诸多储能和电子器件得到应用。据韩国教育科技部透露，韩国科学技术院研究团队成功研制出大容量、可挠式（Flexible）下一代蓄电池超级电容器。该超级电容器的成功研制是基于石墨烯的应用，它有望在电动汽车和智能电网等领域予以采用。研究小组发现氮掺杂石墨烯后，电解液与离子能够更好地相结合。此次研制的石墨烯蓄电池具有可挠性，可用于制作携带在衣服或身上的蓄电产品。相信随着石墨烯成本的降低和石墨烯基复合电极技术的进步，石墨烯超级电容器会逐步走向产业化。

在石墨烯导电复合材料应用方面：2006 年，从事石墨烯研究的著名美国教授 Ruoff 的课题组首次报道了聚苯乙烯/石墨烯导电复合物的制备，开启了石墨烯导电复合材料研发的序幕。美国 Vorbeck Materials 公司开发出了“Vor-X”石墨烯导电添加剂。据介绍天然橡胶添加 4%（质量分数）的“Vor-X”后的导电性能达到 0.3S/m。此外，美国 XG Science 公司也提供各种规格的石墨烯导电微片产品。据报道，美国的 Ovation Polymers 公司已经推出了基于石墨烯的石墨烯热塑性色母料和复合母料。石墨烯导电油墨可以应用于印刷线路板、射频识别、显示设备、电极传感器等方面，在有机太阳能电池、印刷电池和超级电容器等领域具有很大的应用潜力。因此石墨烯油墨有望在射频标签、智能包装、薄膜开关、导电线路以及传感器等下一代轻薄、柔性电子产品中得到广泛应用，市场前景巨大。与现有的纳米金属（如纳米银粉、纳米铜粉等）导电油墨相比，石墨烯油墨还具有巨大的成本优势。2012 年 6 月，英国剑桥大学的 F.Torrisi 等利用石墨烯的 N-甲基吡咯烷酮溶液，首次使用普通的喷墨打印机打印出由石墨烯制成的柔性电路。美国 Vorbeck Materials 公司开发的“Vor-ink”是首个得到美国环保署批准的石墨烯产品。该油墨导电性好，且价格远低于银基油墨，已经用于 Topflight、CT、MWV 等美国包装公司的隐形电子条码安全系统，以及射频识别商标上的电磁波定向屏蔽层。美国富尔顿公司（Fulton）的 e-Coupled TM 无线电源使用石墨烯纳米印刷感应线圈来实现笔记本电脑和手机的无线充电。石墨烯导电添加剂可减少导电填料在聚合物中的用量，增强聚合物力学性能，这方面的应用很多，如飞机的抗静电轮胎，以及航海航天用增强导电塑料等，据报道，美国 Cabot 公司已经将石墨烯应用于航天航空复合材料中。另外，增加石墨烯用量可以制备高强度的石墨烯电磁屏蔽材料。

综上所述，目前石墨烯产业在国内外仍处于专利布局期和产业化研发阶段。困扰石墨烯产业的发展的瓶颈，一是低成本高质量石墨烯的产业化制备，另外是石墨烯下游产业对石墨烯的需求的产业链的打开，即产业的发展需要进一步开发石墨烯的产业化应用。石墨烯产业的大门已经慢慢开启，随着产业链的逐步成熟，石墨烯必将得到巨大的发展。

（3）富勒烯、纳米金刚石产业化国际发展现状及趋势

富勒烯及纳米金刚石作为碳纳米材料领域重要成员，它们都展现出了独特的性能，但是全面受制于产业化制备及应用领域的开发等问题，目前两种纳米碳材料还处于试验室应用研究阶段。

富勒烯的潜在应用领域主要包括非线性光学器件、抗癌药物、高强度纤维、超导材料、催化剂及有机太阳能电池等。

纳米金刚石米金刚石早在三十多年前就已被研制出来，但其应用过去局限于做聚晶、抛光剂等磨料磨具领域。随着人们对纳米金刚石性质认识的深化，纳米金刚石已在金属镀层、润滑油、磁性记录系统、医学等领域开始获得应用，并且应用领域还在不断扩展。

7.2.2 国外碳基复合材料产业的发展现状及趋势

碳纤维增强碳基复合材料即碳/碳复合材料、（C/C）复合材料，发明于 1958 年，C/C 复合材一出现，就以其卓越的性能引起世界各国的普遍重视，一些工业发达国家纷纷投入大量的人力、物力、财力，致力于这种材料的研究和开发，从而促使其性能不断提高，应用范围日益扩大。

三十多年来，C/C 复合材料在材质、制备工艺、性能以及工程应用等方面都取得了长足的进展。

C/C 复合材料目前在航天领域主要应用领域包括导弹、固体火箭发动机的头锥、喉衬、喷管等作为耐烧蚀材料使用和高超声速飞行器头锥、机翼前缘等作为热防护材料使用。目前国外在这些领域已经具有一定的产业化规模，欧美等发达国家都将多种型号的导弹、固体火箭发动机及高超声速飞行器的超高温部件都采用 C/C 复合材料来制备。美国研制的 C/C 扩张段已应用于 Star 系列宇航发动机和 MX 系列导弹发动机上；法国研制的 C/C 扩张段已应用于西欧远地点助推发动机 MageII 号上；俄罗斯研制的 C/C 扩张段已应用于“起点一号”运载火箭等的众多型号发动机上（表 7-2 和表 7-3，图 7-4～图 7-7）。

表 7-2 美国战略导弹弹头端头帽及材料的发展历史

发展历程	代表型号	弹头	考虑因素	端头帽材料
第一阶段 20 世纪 50 年代前半期	宇宙神 雷神	MK-1，MK-2	再入生存	金属热沉材料
第二阶段 50 年代末期	大力神 I 、II 民兵 I 、II	MK-4，MK-5， MK-6，MK-11	端头帽总后退量	玻璃钢、高硅氧/酚醛
第三阶段 60 年代到 70 年代末期	民兵III 海神 三叉戟 I	MK-12，MK-12A MK-300，MK-400	高强度耐热破坏	碳/酚醛、热解石墨、正交三向碳/碳、细编穿刺碳/碳
第四阶段 80 年代至今	侏儒 MX 三叉戟II	MK-21，MK-5	全天候小型化外形稳定	正交三向碳/碳、细编穿刺碳/碳、芯部含钨正交三向碳/碳

表 7-3 国外战略导弹弹头的防热热材料

导弹型号	弹头类别	数量	外形	端头帽材料
民兵III	MK-12A 多弹头	3	尖锥	细编穿刺碳/碳复合材料
三叉戟 I	MK-4 机动弹头	8	钝卯形 尖锥	正交碳/碳复合材料
三叉戟II	MK-5 机动弹头	8	钝卯形 尖锥	芯部含钨正交三向碳/碳复合材料
MX 导弹	MK-12 分导式多弹头	10	尖锥	细编穿刺碳/碳复合材料
侏儒导弹	MK-21A 机动弹头	1	尖锥	细编穿刺碳/碳复合材料

图 7-4 阿里安-5 助推器针刺无纬布 C/C 喉衬

图 7-5 MX 导弹 SRM 3D C/C 喉衬

图 7-6　C/C 整体扩散段

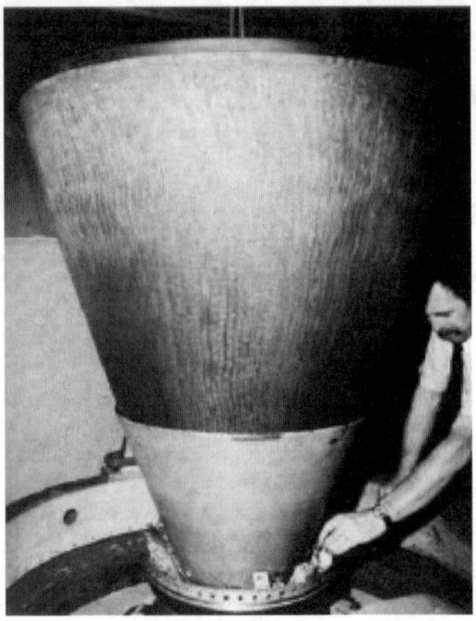

图 7-7　C/C 出口锥

美国对先进战略导弹用材料要求极为严格，除要求高温稳定性外，对弹头还要求具有隐身、抗核、抗激光和抗粒子云等功能。采用经改性的 C/C，能够实现一体化功能。由于细编穿刺的三向 C/C 有很好的耐烧蚀性能，故美国在战略导弹上主要使用此种 C/C，美国将它用于射程为 11100 km 和命中精度为 90 m 的 MX 导弹上，大大提高了战略导弹的命中精度。美国战略导弹的固体火箭发动机喷管喉衬采用多向编织的 C/C，实现了防热和结构一体化功能，使喷管重量减轻 30 Kg 以上，其战略导弹上应用 C/C 的情况见表。美国 C/C 在战术导弹上主要用于导弹助推器喷管。大多数导弹选用的材料结构为四向结构，即 4D C/C，少数导弹选用三向结构，即 3D C/C，如近程攻击导弹便是使用 3D C/C。美国使用 4D C/C 作助推器喷管的战术导弹有战斧巡航导弹、希神导弹、反潜艇导弹等数种。

碳/碳复合材料由于在高温环境下具有很好的综合性能，一直以来都是各类航天飞行器最高温度区的首选材料，应用特别广泛（表 7-4），如美国现役的航天飞机轨道器，俄罗斯、法国和日本的航天飞机等。俄罗斯拥有在碳/碳复合材料表面制备多层复合涂层技术，使碳/碳复合材料能够在 2000℃有氧环境下工作 1h 以上。据 AIAA1996 年的一份资料介绍，美国采用 C/C 复合材料头锥和机翼前缘等作为高温热防护系统已完成 70 余次发射。另据 AIAA 2000 年的一份报告，美国华盛顿大学进行了第二代可重复使用飞行器（RLV，Reusable Launch Vehicle）的设计（K2X 计划），其头锥的上裙部采用抗氧化 C/C 复合材料。美国的 X 系列属于高超声速飞行器，X-30、33、34 均为可重复使用航天运载器，是超高音速飞行的可完全重复使用、单级入轨、水平起降的航天器，其中 X-30 试验机在高速飞行时，其表面任何区域的温度均不低于 650℃，当

X-30 以马赫数 8 的速度在 26822m 的高度飞行时头锥处温度为 1793℃，沿机身向后逐渐降至 871℃，机身后部温度最低，约为 760℃，由于激波交叉加热，整流罩前缘的温度将增至 1788℃，机翼或者尾翼前缘的温度将高达 1455℃，并逐渐降至后缘的 871℃。发动机整流罩的温度可能将保持在 982℃，其机翼前缘采用带主动式冷却的C/C 复合材料。图 7-8 为 X-33 试验机热防护有材情况，可以看出，其头锥、机翼前缘均采用了 C/C 复合材料。

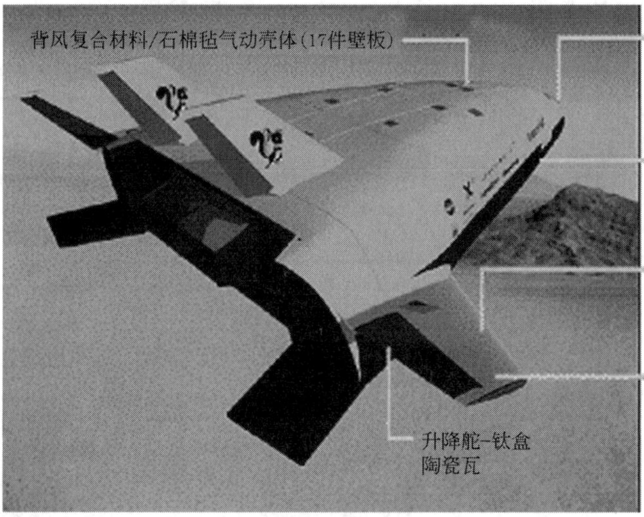

图 7-8 X-33 试验机热防护有材情况

表 7-4 国外碳/碳防热、热结构材料发展历程

发展历程	代表型号	考虑因素	构件形状及特征	材料
第一阶段 20 世纪 80 年代至今	美国航天飞机	部分可重复使用	钝头、尺寸较大	RCC、ACC、ACC-3
第二阶段 80 年代中期至 90 年代中期	X-30 空天飞机	可重复使用	尖锐头锥 尺寸较大	ACC-4
第三阶段 90 年代至今	X-33、X-34、X-37、X-40，OSP 等验证机	高强度 耐热破坏	钝头、尺寸较大	ACC-3 ACC-4
第四阶段 90 年代至今	X-43A， HTV-2 等	高抗冲击、高导热、外形稳定	头肩前缘 大部件	高强、高导热 碳/碳、ACC-6

HTV-2 属于美国“Falcon”计划的一部分，是一项发展和演示可以提升全球到达任务的高超声速技术。这些技术包括高升阻比技术、高温材料、精确导航/制导/控制、穿过等离子体鞘的通信和自主飞行安全系统。HTV-2 通过“米诺陶-4”运载火箭助推至预定高度，以大于 20 Ma 的速度再入大气层，在大气层内高速滑翔的时间计划超过 3000s。在热防护技术方面，HTV-2 主要采取了

由 C/C 复合材料制备的承力 Aeroshell 结构，承担气动和飞行器轴向载荷，Aeroshell 内部安放高性能多层隔热材料，这对降低结构重量具有很大优势。另外，C/C 复合材料在其他高超声速飞行器热防护系统应用方面，在轨时间达 270 天的 X-37B 轨道试验飞行器最高速度可达到 25Ma 以上，其翼舵面及襟副翼采用和 C/C 复合材料来制备。X-51 高超声速巡航导弹同样使用了 C/C 复合材料前缘（图 7-9）。日本 1994 年发射的 OREX 和 1996 年发射的 HYFLEX 高超声速试验飞行器的头锥也是使用抗氧化 C/C 复合材料制备的。

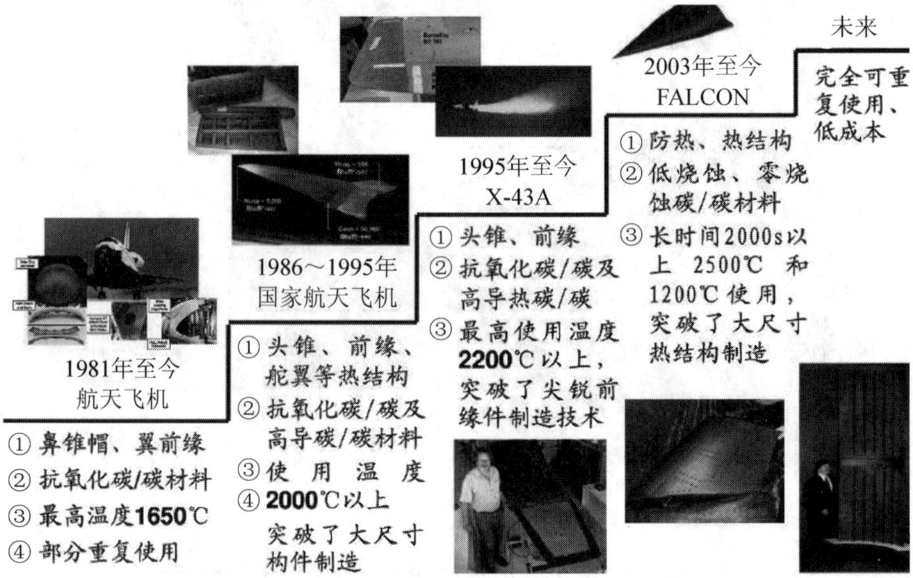

图 7-9 美国航天飞机及 C/C 复合材料应用情况发展历程及趋势

C/C 复合材料航空刹车盘的实验性研究于 1973 年第一次用于飞机刹车。目前，一半以上的 C/C 复合材料用作飞机刹车装置。高性能刹车材料，要求高比热容、高熔点以及高温下的强度，C/C 复合材料正好适应了这一要求，制作的飞机刹车盘重量轻、耐温高、比热容比钢高 2.5 倍；同金属刹车材料相比，可节省 40%的结构重量。碳刹车盘的使用寿命是金属基的 5～7 倍，刹车力矩平稳，刹车时噪声小，因此碳刹车盘的问世被认为是刹车材料发展史上的一次重大的技术进步。

英、美、法等国在 20 世纪 60 年代末、70 年代初几乎同时将 C/C 复合材料用于飞机制动材料。目前已逐步取代金属刹车副，成为最先进的刹车副材料，并由该三国的五大公司垄断碳刹车盘的国际市场，它们是法国的 Messier、美国的 Goodrich、Bendix、Goodyear 及英国的 Dunlop。全世界已有 40 种以上的民机和 22 种以上的军机采用了碳刹车盘，其年产量占世界 C/C 复合材料总产量的 90%以上。目前法国欧洲动力、碳工业等公司已批量生产 C/C 复合材料刹车片，英国邓禄普公司也已大量生产 C/C 复合材料刹车片，用于赛车、火车和战斗机的刹车材料。C/C 复合材料耐摩擦磨损性能优异，其摩擦因数适当且稳定，飞机刹车用 C/C 复合材料，寿命提高近 5 倍，刹车性能也明显高于粉末冶金刹车材料。70 年代中期，英国 Dunlop 航空公司的 C/C 复合材料刹车片首次在协和式飞机上试飞成功以来，得到很大发展，已广泛应用于高速军用飞机和大型高音速民用客机：F16、B737、B757、B767、B777 及暴风雪等型号。

C/C 复合材料刹车盘的生产能力主要集中在少数几个国家，除了上述 5 家公司外，俄罗斯、中国、日本和德国的一些公司也具备研制能力（图 7-10）。最新的资料介绍，韩国、印度也在试制 C/C 刹车盘。法国欧洲动力公司大量生产 C/C 刹车片，用作飞机（如幻影式战斗机）、汽车（如赛车）和高速火车的刹车材料。法国生产出了世界上第一辆使用 C/C 刹车片的汽车（VEN-TURI-GT400 型）。法国碳工业公司 1994 年开始批量生产汽车用 C/C 刹车片。日本协和式超音速客机共 8 个轮，刹车片约应用 300kgC/C。若用 C/C 作民用飞机刹车片，可使飞机减轻 450kg；若用作 F-1 型赛车刹车片，可使其减轻约 11kg。

图 7-10 空中客车 A-320 C/C 刹车盘

在航空发动机用热结构 C/C 复合材料研究方面，美国、法国、日本等国进行了大量研究工作，SiC 涂层的二维 C/C 燃烧室部件于 1984 年设计并制造，计划用于 IHPTET 的 F107 实验发动机。到了 1986 年带涂层的 C/C 复合材料燃烧室部件在 1343℃的最高燃气温度下安全工作累计超过 163min。后面三年则进行了总时间达 13h 的评估试验。1984 年，一个全尺寸带涂层的 C/C 复合材料轴转子在 1149℃下以 45kr/pm 的转速成功测试了 17min。1986 年转子在 1500℃下以 53kr/pm 转速试验成功。1987 年设计并制造出带有涂层的小尺寸 2DC/C 复合材料喷管部件，包括收敛鱼鳞片、发散鱼鳞片和侧壁，在 704～1704℃的气体温度下每台发动机上进行了 20～50h 的试验，满足性能要求且实现了实质性的减重。1991 年，一个涂层保护的 C/C 复合材料鱼鳞片在 F100 发动机上考核超过 1300h、5100 次加力燃烧室热循环和 2100h 等效飞行。这种 C/C 复合材料鱼鳞片内衬比传统材料减重 38%。1992 年美国 LTV 制造 C/C 涡轮转子在 1649℃下试车成功。据称，美国的 F100 已经将 C/C 复合材料用于发动机燃烧室喷嘴。法国的幻影 2000 等型飞机的发动机加力燃烧室喷油杆、隔热屏、鱼鳞片等零件已经采用 C/C 复合材料制造。美国 IHPTET 计划中的 F119 及法国的 M88-2 发动机也是将 C/C 复合材料列为制造发动机喷管的热结构材料。IHPTET 第二阶段中的 JETEC 研究中的排气喷管由中空的 C/C 支板和内外流道壁焊接而成，试验表明：该焊接组件可以承受超过 7500lb 力的轴向载荷。在发动机中，无冷却的 C/C 排气喷管最高温度可以达到 1649℃。XTL86 验证机采用 C/SiC 涡轮叶片、C/C 喷管等技术提高推重比和降低费用，其推重比提高 76%，成本降低 47%（图 7-11～图 7-13）。

图 7-11　航空发动机 C/C 涡轮转子

图 7-12　C/C 鱼鳞片

图 7-13　C/C 燃烧室部件

7.2.3　国外膨胀石墨产业的发展现状及趋势

自 20 世纪 60 年代美国联合碳化物公司首先研制成功膨胀石墨密封材料开始，五十年间，柔性石墨已进入许多领域甚至一些高技术领域。全世界柔性石墨产量最大为 8.5～10.0 万吨以上。目前，美、日、德、法的柔性石墨产业居领先地位。日本生产核能级的超低硫（S<500ppm，$1ppm=1\times10^{-6}$，余同）及高纯（S<50ppm）产品的技术领先。其中，高纯柔性石墨只有日本能够生产。

7.2.4　国外活性炭产业的发展现状及趋势

活性炭是一种孔隙发达、比表面积大、吸附能力强的功能型碳材料，其耐酸、耐碱、耐热，且在使用失效以后可方便再生，被广泛应用于工业、农业、国防、交通、医药卫生和环境保护等各个领域，在保护人类生存环境中发挥着越来越重要的作用。

随着世界工业的发展以及环境保护要求逐步提高，世界范围内活性炭的生产量和消费量逐年增加。2009 年，全世界活性炭总消耗量达到 83.3 万吨，据预测，到 2014 年，全世界活性炭消费量预计可达到 138.8 万吨，预计年增长率为 10.8%。2009 年国外主要活性炭生产国和地区活性炭生产能力见表 7-5。

表 7-5　2009 年国外主要活性炭生产国和地区活性炭年生产能力及供需一览表　　单位：5t/年

国家或地区	年生产力	年产量	年进口量	年出口量
美国	20.3	18.0	7.0	5.5
日本	10.22	10.88	8.43	0.68
西欧	8.8	6.2	12.3	4.0
总计	39.32	35.08	27.73	10.18

从 20 世纪 80 年代末开始，我国一直是美国最大的活性炭输出国，主要输出中、低档活性炭产品，因此，美国的活性炭市场需求与我国活性炭产业发展关系十分密切。与此同时，美国又是世界上最大的活性炭生产国和消费国之一。未来几年空气净化领域的增长率高达 65.4%～66.4%，其中燃煤电厂控制汞排放用粉状活性炭是主要增长点。2005 年 3 月美国环保总署（EPA）制定联邦法规，要求永久减少燃煤电厂和水泥厂的汞排放量。而活性炭附是控制汞排放最有效的方法之一。据有关机构预测，2014 年，美国市场用于燃煤电厂和水泥厂汞吸附的活性炭需求量达到 42 万吨/年。水处理已经成为当期美国活性炭的主要应用领域之一，水处理用粉状活性炭用量已经达到 50%左右；在气相领域，2009 年粉状活性炭用量达到 4.2 万吨/年，超过颗粒活性炭（用量为 2.6 万吨/年）。

日本是世界活性炭使用仅次于美国的国家，位居全球第 2。日本也是我国第一活性炭出口目的地。2009 年，日本活性炭年生产能力为 10.22 万吨，进口活性炭 8.43 万吨，出口活性炭 0.68 万吨。日本主要活性炭生产企业包括卡尔岗三菱化学株式会社、武田药品工业株式会社及二村化学工业株式会社，主要生产高质量、高档次的活性炭产品，其生产能力都在 1 万吨/年以上。

我国活性炭出口的 3 大地区除东亚、美国之外，欧洲市场也是我国传统的活性炭出口目的地。2009 年西欧各国活性炭消耗量为 14.9 万吨，主要消费国是德国、法国、意大利、英国和西班牙等。其中最大的 Norit 公司年生产能力为 4.6 万吨，占欧洲整个活性炭产量的 52%。

7.3　新型碳材料产业的国内发展现状及趋势

7.3.1　概述

我国碳材料研究与生产起步于解放初期。在前苏联的援助下，首先建设了以生产炼钢用石墨电极为主的吉林碳素厂和以生产电工用碳制品为主的哈尔滨电碳厂。几十年来，我国碳素工业从无到有，有了长足的发展。现在已经形成了以吉碳、兰碳、上碳、哈碳、东碳等为主的骨干企业，石墨电极生产能力达

30 万吨/年，位居世界前列，电碳制品也基本满足了国内经济建设的需要。但是我国碳材料工业和先进国家相比，无论在规模、质量、工艺装备、管理、科研、应用开发等方面都存在很大差距，仅大体上相当于国际上 20 世纪 80 年代的水平。具体表现在品种少、档次低（如我国石墨电极仍以普通电极和高功率电极为主，而国外已上升为超高功率电极）；产品质量不稳定；工艺装备落后；产品更新缓慢等。我国碳材料的科研水平从整体上来说落后于美国、前苏联、日本和欧共体等工业国家，但远远高于韩国、印度、巴西等国。在某些重要领域我国紧随着美、日等发达国家之后，差距并不十分明显，如热解石墨、结构功能型碳/碳复合材料、活性碳纤维、柔性石墨等。进入 21 世纪以来，随着碳纳米管、石墨烯等纳米碳材料的兴起，我国碳素领域面临新的发展机遇，相关研究在世界上占有重要地位，研究水平达到世界先进水平。目前我国从事碳材料研究的科研机构主要有中科院金属所、中科院山西煤化所、中科院物理所、航天总公司西安航天复合材料研究所、航天材料及工艺研究所等、西北工业大学、湖南大学、中南大学、清华大学、北京大学、武汉大学、中国科技大学、武汉科技大学、北京化工大学、天津大学、哈尔滨工业大学、陕西华兴航空机轮公司等。主要研究领域涉及当今碳材料研究与开发所有的热点领域，如碳纤维、活性炭材料和微孔碳、金刚石膜、富勒烯族、柔性石墨、插层化合物、C/C 复合材料、纳米碳管、石墨烯、生物碳材料、核石墨等。

7.3.2 我国纳米碳材料产业发展现状

（1）碳纳米管

碳纳米管具有非常高的强度、刚性和韧性，耐强酸和强碱。其全部由碳原子组成，缺陷少，密度低，具有很高的轴向强度和刚度，其性能优于通用级碳纤维，被看作是理想的复合材料增强相。利用碳纳米管所具有的极好的导电特性、电致发光特性和长径比值达 10^4 等性能，可制备导电聚合物复合材料。碳纳米管的电子结构的金属性质或者半导体性质取决于其直径和螺旋度，因此，不同直径和螺旋度的碳纳米管可以作为功能电子器件、微型电路的导线、最小的半导体装置、纳米级的晶体三极管、逻辑门和线路的连接件，应用于微电子器件领域。碳纳米管特殊的力学、电子、热学性能，使得其可以用于制作各种传感器，具有结构紧凑、耗能低、操作安全的特点，表现出良好的灵敏度和可选择性。碳纳米管结晶度高，导电性好，比表面积大，微孔集中在一定范围内，可用于制备双层超级电容器。碳纳米管具有优异的物理、化学和力学性能，其巨大的潜在应用价值得到了广泛的关注。

目前，世界主要国家关于碳纳米管的研究势头不减，仍然是各国研究的热点领域。中国的研究论文数量从 2003 年开始，超越日本，仅次于美国。中国在碳纳米管领域的专利申请首次出现在1996年（如图7-14所示），随后几年发展十分缓慢，1996～2000年的专利申请总量不足100件，2000年的申请量为47件，我国碳纳米管技术在这一时期处于萌芽阶段。直到2001年，相关中国专利申请量才开始出现一定程度的增长，申请量达到82件。从2002年起，相关中国专利申请量开始出现实质性的大幅增长，2002年的申请量为222件，为2001年的近3倍，之后一直保持强劲的上升势头。这表明我国碳纳米管相关专利技术进入快速发展轨道，碳纳米管技术正引起业界重视，处于高速发展阶段，前景良好。

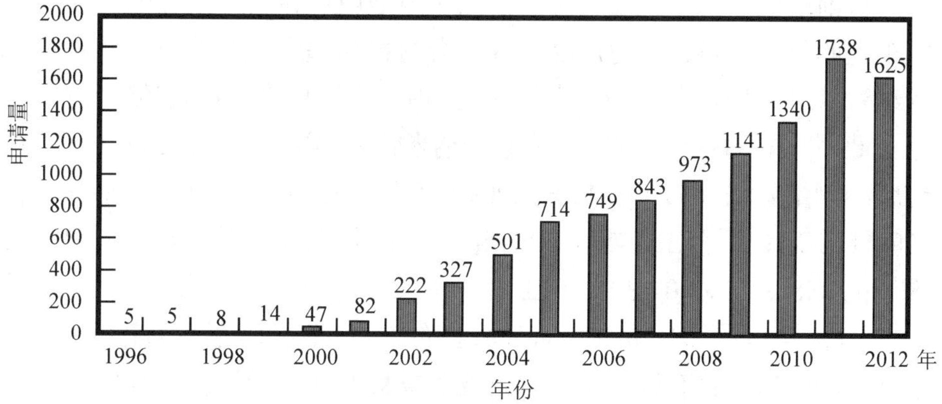

图7-14 1996～2012年我国纳米碳管领域专利申请分布统计图

当前，国际上技术领先的国家关于碳纳米管的研究主要集中在生长工艺、生长机理、结构表征、材料性能等方面，我国在碳纳米管制备与应用领域，以中国科学院、清华大学、北京大学等为代表的科研院所、高校，在诸多领域取得了突破，各种形式的碳纳米管宏量制备技术逐渐成熟，复合和电池市场正在扩张，高端器件和高端结构材料的应用市场正在培育和发展，进而促进碳纳米管的产业化。

多个国家成功地实现了碳纳米管（尤其是聚团状多壁碳纳米管）工业化生产。中国、日本、美国、德国、法国、比利时和韩国等国家的公司开发的CVD法批量制备碳纳米管技术已形成了上千吨的年产能。电弧放电法合成单壁碳纳米管质量高、缺陷少，是另一种合成单壁碳纳米管的有效方法。基于清华大学范守善研究组的超顺排阵列放大也取得了较大进展，提供了一种较简易的制备高端碳纳米管宏观体的有效方法。目前，在市场上已有多种类型的多壁和单壁碳纳米管样品供应，这显著促进了碳纳米管的应用。随着批量制备技术的快速发展，碳纳米管的价格大幅下降。10年前，碳纳米管的价格高于黄金（45 \$/g）；现在，多壁碳纳米管和单壁碳纳米管的价格分别为0.2～25 \$/g和50～400 \$/g，但仍高于碳纤维的价格（0.1～5 \$/g），主要是其产能比碳纤维低1～2个数量级。

一些特种碳纳米管的价格仍然较高，如富集了半导体性管或金属性管的单壁碳纳米管（大约 500 $/mg）、长度/表面功能性碳纳米管和掺杂碳纳米管等。碳纳米管高价格的原因主要是其生产、纯化过程的高成本，缺乏稳定大量的市场需求所致。由于不同碳纳米管生产方法在产品产量上的差异，碳纳米管售价也会产生很大差异。可以预测，碳纳米管的价格在未来存在进一步下降的空间，从而达到终端用户所能接受的合理市场价格。但是，可利用的碳纳米管仍然会比大部分化学产品和其他原材料（如炭黑、碳纤维）价格要高。

目前，碳纳米管主要应用于锂离子电池电极材料、抗静电纤维复合材料、汽车轮胎复合材料、体育用品增强复合材料和超级电容器电极材料等领域。在碳纳米管进一步走向市场和产品的过程中，碳纳米管的标准化势在必行。我国于 2009 年 10 月 30 日宣布了多壁碳纳米管的标准（GB/T 24491—2009）及其纯度的测量方法（GB/T 24490—2009），并于 2010 年 6 月 1 日开始执行；ISO/TC 229 和 IEC/TC 联合工作组在 2010 年 4 月 19 日发表了关于碳纳米物质词汇的技术规范（ISO TS80004-3）；IEEE 正在开发超净间内碳纳米管的加工过程标准；2011 年，美国国家标准技术研究所公布了单壁碳纳米管的标准样品。这些标准化方面的努力将有助于碳纳米管的独立商品化、兼容性、互用性、安全性和可再生性的发展。关于其他各种类型的碳纳米管的标准、分析和检测仍然需要进一步开发。

（2）石墨烯

近几年，石墨烯逐渐引起了我国；政府、学术界和企业界的高度重视。2012 年，工业和信息化部发布《新材料产业“十二五”发展规划》，规划中的前沿新材料就包含了石墨烯。虽然现阶段我国石墨烯尚没有大规模量产，也没有形成规模化的应用，但它作为新材料板块在“十二五”规划出台后的首个热点，有望通过市场的关注形成良好的产业带动效应。此外，国家科技重大专项、国家 973 计划围绕“石墨烯宏量可控制备”、“石墨烯基电路制造设备、工艺和材料创新”等方向也部署了一批重大项目，取得了一系列创新成果，国际影响力逐步提升。国家自然科学基金也启动了多项重大研究计划，取得了相应的进展。截至 2012 年，全球被 SCI 收录的关于石墨烯的研究论文共有 17361 篇。其中申请数量排在全球前 2 位的国家是中国和美国（表 7-6 和表 7-7），发表的论文总数占全球总量的一半。美国作为世界科技最发达的国家，其发表的关于石墨烯研究方面的文献达 4730 篇，占总量的 27.3%；我国在石墨烯研究虽然起步晚于美国，但在这几年的努力下，文献发表量达到了 5072 篇，占比 29.2%，超过美国位居全球首位（图 7-15）。

表 7-6 2012 年之前中美两国石墨烯领域论文对比

项目名称	中国	美国
论文总数	5072	4730
被引频次总数	81197	193664
去除自引的被引频次总数	52885	144549
每项平均引用次数	16.01	40.94
h 因子	114	190

表 7-7 2012 年之前国际研究机构在石墨烯领域论文发表情况

排序	机构名称	论文数量	占比/%
1	中国科学院	1088	6.27
2	美国加州大学	573	3.30
3	新加坡南洋理工大学	405	2.33
4	新加坡国立大学	388	2.24
5	CO 西班牙国家科学研究委员会	339	1.95
6	清华大学	319	1.84
7	马克思普朗克协会	271	1.56
8	德克萨斯大学奥斯汀分校	269	1.55
9	俄罗斯科学院	265	1.53
10	北京大学	250	1.44
13	中国科技大学	221	1.27
19	复旦大学	197	1.14

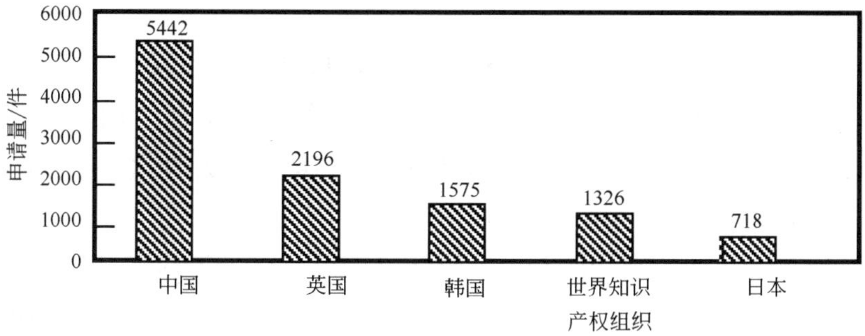

图 7-15 世界主要国家/组织石墨烯专利申请量

根据新世界专利搜索（SooPAT）专利检索引擎，截至 2013 年 6 月，目前国内机构共申请 5000 余件石墨烯相关的发明专利，超过美国而成为世界第一，也从侧面反映出国内近几年在这一领域的活跃状态。国内目前在石墨烯方向专利主要还是集中在各大院校以及研究机构当中，如浙江大学、北京大学、清华大学、天津大学、上海交通大学等院校以及中国科学院下属的各个院所等科研机构。相对于高校和研究院所来说，国内企业在石墨烯专利方面的涉及还有待进一步加强。

从石墨烯产业目前的发展进程看，我国在石墨烯的散热、导电等特性的应用方面，已迈入产业化门槛。2012 年 1 月，全球首款智能手机石墨烯电容触摸屏在江苏常州二维碳素科技有限公司研制成功。2013 年 5 月，全球最大规模的石墨烯透明导电薄膜生产线又在该公司正式投产，年产能达到 3 万平方米。2012 年 9 月，浙江宁波墨西科技有限公司年产 300t 的石墨烯项目正式投入建设。2013 年 4 月，贵州新碳高科有限责任公司正式宣布推出我国首个纯石墨烯粉末产品——柔性石墨烯散热薄膜。2013 年 11 月，国内最大的年产 100t 氧化石墨（烯）/石墨烯粉体生产线在常州第六元素材料科技股份有限公司正式投产。2013 年 8 月，江苏无锡惠山经济开发区启动建设国内首个石墨烯创新发展示范基地。

7.3.3 我国碳基复合材料产业发展现状

C/C 复合材料的研究开发工作在我国始于 20 世纪 70 年代，主要研制固体发动机喷管、喉衬和飞机刹车盘等。到了 90 年代后期，C/C 复合材料的致密化工艺逐渐完善，且在快速致密化工艺方面取得了显著进展。C/C 复合材料在制备工艺，复合材料的结构设计以及力学性能、热性能和抗氧化性能等方面基础理论及方法的研究，进一步促进和扩大了该材料在航空航天、军事以及民用领域的推广应用。多种快速高效致密化工艺的工程化应用，使 C/C 复合材料的成本得到大幅降低，在常规战术武器喉衬中得到广泛应用。尤其是作为飞机刹车盘，以中南大学 2004 年获得国家技术发明一等奖为转折点，目前已有华兴航空机轮公司、西安超码科技有限公司、湖南博云新材料股份有限公司、北京百慕航材高科技股份有限公司、陕西蓝太航空设备有限责任公司、北京北摩高科摩擦材料有限责任公司、烟台冶金新材料研究所、汕头西北航空用品公司等专业生产飞机刹车盘的公司通过民航的生产认证。

近年来，基体碳织构控制、抗氧化涂层、基体改性抗烧蚀等技术也取得较大进展，促进了该材料在固体火箭发动机扩散段、发动机燃烧室，各种再入式航天器的热防护系统、航空发动机热结构部件中的应用。今后 C/C 复合材料将向着低成本、高性能化的趋势发展，降低成本以促进其向民用及常规兵器领域拓展，提高其抗氧化和高温力学性能以满足新型航天及航空飞行器热结构件的使用要求。

7.3.4 我国膨胀石墨产业发展现状

我国是天然石墨资源第一大国（世界上 2/3 的储量在我国），但关于膨胀石墨（Expanded Graphite，称 EG）的研究要比国外晚许多。膨胀石墨是一种软质新型碳素材料，它是 20 世纪 70 年代首先由美国联合碳化物公司开发，压制成用于高温或防腐蚀介质的密封材料，从此膨胀石墨又一次成为人们关注的焦点。从而相继发现了膨胀石墨优良的导电、导磁、超导、储氢、吸附等性能；并相应的开发应用于高导材料、超导材料、电池材料、催化剂材料、储氢材料、密封材料、吸附材料等领域。并于 1978 年开始引入我国，开始了对膨胀石墨大量的理论与实际应用方面的研究。国内已在许多石油化工厂和炼油厂的生产设备中得到实际应用。

7.3.5 我国活性炭产业发展现状

中国是世界上最大的活性炭生产国和出口国。20 世纪 80 年代，活性炭产业逐渐形成规模，我国活性炭生产企业已由 80 年代初的几十家增至目前的 300 余家，总产能达 50 万吨/年，其中煤基活性炭生产企业 200 多家。2013 年中国活性炭年总产量约 35 万吨，其中煤基活性炭产量约 25 万吨。我国活性炭主要分为两大类，一类是以木屑、椰壳、果壳或其他木质材料为原料的木质活性炭，另一类是以煤炭为原料的煤基活性炭。其中木质活性炭产能主要集中在江西、福建和浙江等地，煤基活性炭产能主要分布在煤炭主产区，如山西、宁夏等地。从中国活性炭产业结构来看，煤基活性炭产量占中国活性炭产量的 70%以上，近几年新建的万吨级活性炭厂主要以煤基活性炭为主。

目前，我国活性炭产业呈现出如下特点：

① 工业布局：煤基活性炭生产主要集中在山西和宁夏，目前这两大基地的煤基活性炭产品产量占全国煤基活性炭产量的 90%左右 ；果壳活性炭生产以河北为主 ；木质活性炭生产主要集中在福建、江西、浙江南部及东北地区。

② 原料：以木质原料生产的活性炭所占比重逐渐下降，以煤为原料生产的活性炭所占比重呈上升趋势。木质活性炭所占比重从 20 世纪 70 年代占我国活性炭总产量的 80%下降到 90 年代的不足 30%，同期煤基活性炭从 15%上升到 70%，而且这种趋势至今一直没有改变，煤基活性炭是以煤为主要原料制成的活性炭，原料煤的物理化学性质对煤基活性炭的产品性能有重大影响。近年来，我国在活性炭原料煤处理方面加大了研发力度，研究开发的活性炭原料煤深度脱灰技术，能够生产灰分极低（灰分约 2%以下）的超低灰煤。而以超低灰煤为原料生产的活性炭，杂质含量低、附加值高，成为新一代的优质活性炭产品。另外，采用压块成形技术可以生产出强度高、孔隙结构可随意调整、孔径分布均匀而合理、无漂浮且在液相中下沉速度快、吸附性能优越的活性炭产品。

③ 产品用途：从 20 世纪 70 年代，活性炭的应用范围还主要集中在食品、

军事、医药、化工等行业。随着工业技术的不断发展，各国环保意识的提高，目前的活性炭应用已经扩展到了国民经济的各个方面。

④ 产品特点：由于原料的优化、应用领域的拓展，目前国内的活性炭产品已经逐步向多品种、高附加值方向发展。随着出口量的增加以及企业技术的不断革新，国内外客户对活性炭产品的要求不断提高，国内活性炭产品的品质也随之不断提升。

⑤ 生产方法：目前，国内约 68%左右的活性炭产品为煤基活性炭，煤基活性炭以优质煤为原料，经过碳化、冷却、活化、洗涤等工艺一步步精制而成。生产技术也由最初的单种煤生产活性炭，逐步过渡到配煤生产活性炭及催化活化生产活性炭阶段。

7.4 发展我国新型碳材料产业的主要任务及存在主要问题

从几种典型新型碳材料的国内外产业化现状可以看出，国内在几种典型新型碳材料在产业化方面还与欧美等发达国家还有一定差距，尤其是在碳基复合材料、活性炭、高性能石墨等碳材料方面，差距还较为明显。下面逐一介绍几种碳材料目前产业化方面存在的主要问题。

7.4.1 我国纳米碳材料产业发展存在的具体问题

（1）碳纳米管

国内尽管碳纳米管的宏量制备技术得到了长足发展，但对单根碳纳米管的严格控制和稳定质量相关的实践经验仍然缺乏。关于碳纳米管的手性、缺陷密度、管端开闭、生长速度、全同长度与壁数仍缺乏有效的控制和监测手段。碳纳米管的催化机理和聚集行为相关理论不够完善。必须在综合考虑碳纳米管合成化学、碳纳米管相互作用物理学及化学工程科学的基础之上才能找到有效的解决途径。

与传统大量化学品相比，碳纳米管距离大规模应用（百万吨量级）还很遥远。这主要是因为其在合成和后续处理上仍存在较大困难。例如，碳纳米管的结构、生产过程和应用特性之间很强的耦合关系，冗长的分散和复合过程仍有待工程突破，精确的组装和优异性能的发挥仍然非常困难。但是，这些涉及碳纳米管应用的分散、复合、结合等科学问题，需要更为深入的研究提出解决策略，进而改变未来制造业的理念及方法。纳米产业其成功实现的核心在于将前沿的纳米研究与目前工业界所使用的碳材料概念（如纯度、粒径和分散等较为粗放的特征）进一步结合。这类复杂的耦合需要科学家和工程师超越单一视角去设计生产路径，从而实现一个贯穿碳纳米管合成和应用的相关流程。通过学术界和工业界的共同努力跨越技术鸿沟，增强公众对纳米产品的理解。作为一个新兴工业，只有继续深入探索碳纳米管的基础和工程科学问题才能够促进碳纳米管工业可持续化发展。目前，关于纯碳纳米管的毒性并没有定论，但是为了维持碳纳米管工业的可持续化发展，需要进一步建立包括碳纳米管安全性在内的国际标准及其相关分析方法，需要建立政府-工人-工业的合作关系，从而发展一个安全、高效、经济的碳纳米管生产和应用过程。

（2）石墨烯

目前我国石墨烯产业仍处于初始阶段，尚存在一些影响石墨烯产业发展的问题。

① 缺乏整体规划和引导。石墨烯技术包括制备技术、材料技术、工艺技术以及应用技术，在缺乏总体规划和引导的前提下，政府扶持力度远远低于国外，各研究机构低水平重复研究的现象比较普遍。另外，目前国内石墨烯企业良莠不齐，大多数企业停留在概念炒作的阶段，全国真正投入力量参与石墨烯研发的企业不超过 30 家。

② 缺乏自主创新能力。石墨烯高端领军人才主要集聚在美国、英国、韩国等发达国家的高校和跨国大企业。与先进发达国家相比，我国虽然科研人员很多、成果也很多，但顶尖性、原始性成果较少，大多采用跟踪研究的方法，处于追赶状态，重大创新不多。此外，研究成果主要集中在基础研究领域，应用技术相对薄弱。国内从事石墨烯研究的主要是高校和研究机构，企业在科研方面的投入力度远逊于国外企业，在石墨烯领域提交专利申请的企业更是少之又少。

③ 缺乏市场化能力。石墨烯产品研发与应用脱节现象严重。从设备水平看，国内绝大多数高校仍处在科研小试和中试阶段，绝大多数企业也处在小批量生产的摸索阶段，还不能形成稳定的规模化生产能力。从材料应用看，主要的应用成果绝大多数还停留在实验室阶段。石墨烯在产品上的应用还处于初始阶段，并没有真正形成下游的应用和需求，大规模产业化应用尚需相当长的一段时间。从资金投入看，各类投资资金也仅处于初始试探阶段，与国外大规模资金投入相比，我国的资金投入力度远远不够。

④ 缺乏资源整合能力。石墨烯产业需要创新链、产业链、资金链和服务链多链融合才能寻求产业突破，但目前我国在产业上下游、产学研合作、产业与金融对接、知识产权转移等方面尚未建立有效的资源共享机制，导致资源分割，各领域初步形成的优势呈现“碎片化”特征，急需在全国范围内统筹形成各方资源系统集成的能力。

⑤ 缺乏行业标准。石墨烯产业的发展涉及多学科和多产业，是一项系统工程。从国外碳纤维新材料的发展规律看，行业标准对规范研发和产业化起到至关重要的作用，但我国的石墨烯从研发到应用缺乏系统性，相应数据库、检测、

标准及应用验证体系支撑不足，严重制约产业的发展。

7.4.2 我国碳基复合材料领域存在问题

国内碳/碳复合材料产业化较为成熟的是作为飞机刹车盘使用。在此领域，虽然国内已经具备了一定的产业化规模，但是缺乏针对炭刹车材料的测试标准和炭刹车副的台架试验技术规范。国外成熟的刹车副制造商均有针对炭刹车材料的测试标准和炭刹车副的台架试验技术规范，对于具体机型如波音 B757、A320 等，都有主起落架机轮和炭刹车的地面动力试验台模拟试验验证技术规范。但各公司均将其作为技术秘密，没有公开发表。由于国外在本行业实行技术封锁，目前我国没有统一、成熟的商用飞机用炭刹车材料性能测试规范、炭刹车副产品台架模拟试验验证技术规范和炭刹车副产品使用寿命评估试验技术规范。飞机炭刹车盘是飞机刹车系统中重要的易耗件。到目前为止，国际市场飞机炭刹车盘全部由美、英、法三国四家公司所垄断，国内只有 A320、波音 B757 等机型采用部分国产 PMA 件。目前，我国企业在进行 PMA 件适航符合性验证时，都根据中国民航局适航司发布的“运输类飞机炭刹车盘替换件合格审定符合性方法”（AC-25-AA-2008-02）形成了各单位的试验大纲，但国内还没有形成统一的、完整的大型商用飞机炭刹车副符合性验证方法。

在国防领域，随着我国国防技术的快速发展，对高性能大型 C/C 复合材料复杂构件、低烧蚀 C/C 复合材料、低热膨胀系数 C/C 复合材料构件的需求越来越紧迫。虽然国内多家单位如航天一院、航天四院、西北工业大学等单位都具备了一定的大型复杂 C/C 复合材料构件的制备能力，但是整体性能尤其是大尺寸复杂构件的性能还不能满足某些苛刻服役环境的要求，有些领域甚至成为了限制总体发展的瓶颈技术，亟待解决。

7.4.3 我国膨胀石墨产业发展存在的具体问题

（1）理论研究尚处于初级阶段

我国自 20 世纪 70 年代开始对可膨胀石墨及其制品进行研究，但这仅局限于部分高校及一些大型国有石墨企业，尽管也取得一定的成绩，但由于缺乏行业指导、系统规划，大多是闭门自锁、各自为战，且项目重叠现象严重，未向更深层次发展。因此有待于行业进行总体规划、合理分工，多方联合，加快理论研究的纵向深入。

（2）生产方式落后、污染严重

目前大多数生产企业，生产方式都比较落后，尤其是一些乡镇及个体企业，多为作坊式生产，质量无法保证。当前可膨胀石墨的生产多是采用硫酸作插入剂，辅以强氧化剂或以电解方式经酸化、洗涤、脱水、烘干加工而成，由于该种方式插入剂消耗量大，洗涤用水量和污水排放量居高不下。且多数生产厂家没有解决废水处理问题，处于自然排放状态，环境污染严重，严重制约着该行业的发展。

（3）产品质量大多处于低级水平

目前可膨胀石墨的年产量达到 25 000t 左右，其中 80% 为低档产品，仅能满足一些领域的低档次应用。况且国内对可膨胀石墨及其制品至今仍没有形成一套完整具体合理统一的标准，多数生产企业也没有完整的检测体系，对产品指标把握不准，形成了盲目生产、无标生产、仅凭经验去干的局面，结果产品质量波动幅度很大，以如此的原料再去加工制品，其质量可见一斑。

7.4.4 我国活性炭产业发展存在的具体问题

如前所述，近年来，在下游用户的推动以及企业自身的努力下，我国活性炭产业有了长足的进步，但和发达国家相比仍存在较大差距，主要体现在产品质量和产品品种 2 个方面。未来，我国的活性炭生产企业还需在这两方面下足工夫，以增强中国活性炭产品在国际市场上的竞争力。

在产品质量方面：我国生产的煤基活性炭品质不高，孔容小、比表面积低、吸附性能差，而且品种单一、产品的质量也不稳定。同时，还由于我国活性炭出口多头经营、竞相压价以争取外商，造成活性炭的价格偏低，目前我国活性炭的出口价格只相当于国际市场上同等质量活性炭价格的 1/3～1/2，甚至更低。这种无序状况已导致了严重的后果：一方面外商进一步压价，并提出对产品质量的更高要求，甚至要派员驻厂监督；另一方面，易引起外国同行协会或商贸部门反倾销诉讼。这已严重影响了我国活性炭在国际市场的竞争力甚至国家的商业信誉。

目前，我国活性炭生产和销售的实践均证实，通过增加活性炭产量可以提高产品的产值，但单位质量产品的利润率不仅得不到提高，反而是越来越低，甚至对活性炭行业在一个时期内造成毁灭性的打击。造成这个结果的原因，有市场供求关系变化、活性炭应用途径对活性炭质量指标的改变等方面的影响，但其最根本的原因是我国活性炭出口多头经营、缺乏管理、竞相压价争取外商所引起的活性炭市场的无序化状态。在这种情况下再通过盲目提高活性炭产量发展活性炭工业，显然是行不通的。

另外在产品品种方面：虽然我国活性炭经过 20 余年的快速发展，我国活性炭生产企业已由 20 世纪 80 年代初的几十家增加到目前的 300 余家，总生产能力达到 50 万吨，活性炭品种几十个，牌号达 100 多种，其中，煤基活性炭生产企业近 200 家。2011 年，我国活性炭总产量已经达到 35 万吨，其中煤基活性炭产量约 24 万吨。但是，目前水处理是国内活性炭最主要的应用领域，约占市场需求量的 60%以上。为提高我国活性炭的国际竞争力，必须在提高产品质量的同时，扩展其应用领域，开发新型活性炭品种。

7.5 推动我国新型碳材料产业发展的对策和建议

7.5.1 我国纳米碳材料产业发展建议

（1）碳纳米管

碳纳米管技术是一门年轻的学科，其研究和应用方兴未艾。目前，其正处于快速发展时期，研究成果逐渐增多，应用范围日益广阔。国内相关高校和科研机构以及龙头企业作为主体推动了该领域科学研究在我国的持续升温。近年来，国内的相关专利申请量和申请人数量增长非常迅速，所涉及的技术主题也逐渐增多。针对我国碳纳米管领域专利技术的发展，提出如下建议：

① 我国相关企业需要加强在碳纳米管领域的研发投入。目前富士康集团在国内碳纳米管技术发展和专利布局中处于领先地位。希望更多的国内企业能够加入到碳纳米管技术的研发中，形成有效的竞争机制，以促进整个行业的发展。

② 国内众多高校和科研机构在碳纳米管领域具有一定的技术积累和创新能力，但在产业应用方面缺乏足够经验。国内相关企业和高校及科研机构之间应该充分发挥各自的优势，围绕重大项目推进碳纳米管技术的产学研合作，以清华大学与富士康集团的合作为典范，在整个行业中广泛开展产学研合作，促进我国碳纳米管技术基础研究与产业化开发的有机衔接，在此过程中把握科技发展方向，抓住产业发展机会，有效、合理地利用行业资源，实现我国碳纳米管技术的跨越式发展。

（2）我国石墨烯领域发展建议

从整体情况来看，我国石墨烯产业发展还是以研发为主，规模化制备工艺还不成熟，难以实现低成本、规模化、高性能的石墨烯产品制造 ；完整的产业链尚未形成，下游仍没有一个可以实现石墨烯的规模化应用的领域 ；目前对石墨烯产品的需求仍然集中在各大院校及科研机构，所用产品也仅限于样品。因此，实现石墨烯在下游某一两个应用领域的突破是当前我国石墨烯产业化工作的重中之重。石墨烯应用于不同领域所面临的技术难题、市场需求均有不同，在国内的产业化应用目标必须依据我国工业基础，由简入繁、因势利导、有目的、有规划、分阶段，逐步推动石墨烯的商业化应用。尽管到目前为止石墨烯还没有实现大规模的产业化应用，但是石墨烯在近几年有望在部分领域实现应用突破，这些应用领域的共同特点是石墨烯不是主成分而是作为添加剂的形式，利用石墨烯非常优异的导电导热等性能，改善最终产品的相应性能。目前，这些领域对石墨烯的要求并不是十分苛刻，本身的工艺难度也相对较小，而且我国在这些应用领域有很强的技术实力和生产基础，在国际上也有较强的市场竞争力，因此在国内更容易实现产业化，而且已经有不少公司在这方面做了大量的工作。

我国石墨烯产业发展的政策建议：

① 制定石墨烯产业发展规划，加强对产业的统筹引导。

应在国家层面系统规划石墨烯产业的技术路线和产业化路线，明确石墨烯产业发展的阶段目标、重点领域、资金来源、政策体系等重大问题，确立合理的组织框架，推动材料、设备、工艺和应用齐头并进，促进上下游的协调发展。在制定产业发展规划过程中，应把握好三个方面的关键点：一是充分发挥科研院所和创新企业的积极性，兼顾技术和市场两个方面的发展趋势，遵循创新规律和产业规律。既要考虑技术的前瞻性，又要考虑技术的应用性、集成性和可转化率；既要考虑产业发展的高端性，又要考虑产业化的可行性、规模性和经济性。二是统筹兼顾当前和长远的关系，既要准确把握国际、国内石墨烯产业发展的方向，又要选准阶段性的突破方向，实现技术引领产业发展，形成产业促进技术提高的良性循环。三是正确处理政府和市场的关系。政府扶持的重点在于初始阶段的政策引导和财税支持，要充分激发企业和市场在技术创新和产业创新中的主体作用，既要加大扶持力度，又要通过杠杆效应撬动更多的社会资源聚焦石墨烯产业。

② 加大科技创新力度，加强自主创新能力。

应在国家层面设立重大科技专项，进一步加大对石墨烯技术创新的支持力度。引导国内高校投身于石墨烯研究，大力引进国外领军型创新创业人才，充分调动企业研发的积极性，注重关键、核心和前沿技术的研发。加大科技成果转化力度，突破产业化的技术、工艺和装备的瓶颈制约，不断提高石墨烯产业核心竞争力。重点打造“三大平台、一个高地”：一是在高校建立石墨烯国家重点实验室，在基础研究上保持与世界同步水平。二是在企业建立石墨烯国家工程技术研究中心，在应用技术和工艺技术上实现重点突破。三是学习借鉴德国弗劳恩霍夫应用研究促进协会和中国台湾工研院的模式，鼓励和支持发展石墨烯产业技术研究，重点聚焦产业前瞻性研究项目和系统集成项目。此外，还要建立人才高地，抢抓全球人才加速流动的机遇，以全职人才和柔性人才两种方式，面向全球招揽高端人才。

③ 坚持市场导向，促进研发与商业化并行发展。

重点开展产业化前期的应用技术开发，支持和引导生产企业、研究设计机构与应用单位联合开发各种石墨烯增强复合材料、零部件及成品，扩大工业领域的应用市场。主要应在三个方面加强研发与商业化的有机融合：一是大力发展“研发机构 + 孵化器 + 加速器”的三位一体模式，实现从技术研发到成果转化的一站式服务。二是鼓励下游终端应用企业持股孵化石墨烯初创企业，通过市场需求引导技术研发的方向。三是重点支持研发机构和终端应用企业联合承担科技成果转化项目，集中研发机构与企业的创新资源，缩短技术研发与产业化的间隔时间。在未来一到两年，建议重点在三个方面形成突破：一是利用其导电性，在触摸屏、超级电容和动力电池方面有所突破。二是利用其导热性，在散热材料方面有所突破。三是利用其相容性和耐腐蚀性，在生物医药、涂料和复合材料方面形成突破。

④ 深化科技体制改革，提高协同创新能力。

坚持企业在创新中的主体作用和市场在创新资源、生产要素配置中的决定性作用，不断深化和完善“以企业为主体、市场为导向和产学研相结合”的技术创新体系，鼓励科技与人才相结合、科技与市场相结合、科技与金融相结合，促进技术、市场、人才、资金多元融合的体制机制，集聚政、产、学、研、用、资、介等各类创新资源，大大提升石墨烯产业的资源整合能力。重点在三个方面实现体制机制创新：一是探索产学研紧密结合的机制。推进企业、高校和科研院所建立优势互补、利益共享、风险共担的合作机制，实现技术链与产业链的无缝对接、双向融合和优势叠加。二是探索科技、金融紧密结合的机制。大力发展符合新兴产业特征的金融产品和服务，支持天使投资、科技支行、科技保险、科技小贷和科技保险等新型金融业态，建立风险补偿、基金扶持等配套政策，加快构建多元化的资金链，有效破解新兴产业发展的资金难题。三是探索“有形”和“无形”紧密结合的机制。在发挥企业主体作用、激发市场活力的同时，进一步强化政府的引导和服务功能，实现政府“有形之手”和市场“无形之手”的协同配合。

⑤ 建立产业技术创新联盟，抢占产业发展的主导权。

石墨烯是交叉科学的产物，单一机构不可能在所有的科学领域都处于领先地位。因此，只有不同的单位组建联盟，进行技术研发合作并形成合力，才能实现产业创新。目前，石墨烯处于产业化和商业化的临界点，从战略上来说，各机构应联合起来共同推进石墨烯产业的发展。当务之急是加快推进三方面工作：一是充分发挥产业技术创新联盟的力量，加快制定石墨烯的国家标准，积极抢占石墨烯的国际市场。二是依托高校和龙头骨干企业，加快建成一批石墨烯产业的技术创新平台、技术检测平台以及知识产权服务平台。三是依托科技情报和中介服务机构，提升石墨烯产业的高端服务能力，准确把握石墨烯产业的发展趋势。

7.5.2 我国碳基复合材料领域发展建议

根据国外碳/碳复合材料技术的发展和国内企业的生产实践，要保持和提升我国在该领域的国际竞争力，同时为我国航空、航天及军事工业发展提供材料支撑，国内仍需在以下方面进一步发展和提高。

① 加强低成本制备工艺的开发，促进 C/C 复合材料向常规武器及民用领域的拓展应用，同时提高我国碳刹车盘的国际竞争力。

② 强化致密化过程中的织构调控，确保材料性能及其稳定性。

③ 加强质量管理，保证构件性能的稳定性，C/C 复合材料的性能分散性较大，需要在预制体质量控制、致密化工艺控制、后处理工艺控制、机械加工工艺控制等一系列的工艺环节中严格控制质量，降低性能分散性，保证产品质量稳定性。

④ 针对不同服役环境，进一步开发抗氧化、抗烧蚀技术，满足航空、航天等领域中苛刻服役环境对材料的性能需求。

⑤ 进一步提高化学气相渗透的速度，缩短生产周期，降低生产成本，使我国炭刹车材料具有更好的经济性。

⑥ 在刹车盘等商业应用领域，强化技术积累，促进企业技术升级，提升产品质量，缩小与美、英、德、法等传统强国的差距，提升产品国际竞争力，同时向更多机型拓展。

7.5.3 我国膨胀石墨领域发展建议

（1）发展低硫可膨胀石墨及其制品

硫在可膨胀石墨及其制品中是一种有害元素，它对设备易造成腐蚀，且高温膨胀时易产生有毒气体，污染环境，因此对其含量有所限制，目前客户能接受的产品硫含量在 800×10^{-6} 以下，而当前多数生产企业的产品硫含量大于 1000×10^{-6}，在市场竞争的今天，质量是第一位的，因此，硫含量指标不合格的产品，客户已拒绝使用。现在一些生产企业已认识到问题的严重性，早已着手进行低硫、超低硫、无硫产品的研制来满足市场需要，但却因成本原因，影响了市场的进一步深入，也制约了该行业及相关领域的发展。

（2）发展高纯、高 pH 值、低温膨胀可膨胀石墨

在一些特殊领域，要求可膨胀石墨的纯度达到 99.9%，pH 值呈中性，甚至偏碱性，要求可膨胀石墨在低温（<200℃）情况下膨胀。

（3）发展高强度可膨胀石墨制品

膨胀石墨板材的主要缺点是抗拉强度低（一般为 3.5～5.5MPa）、质脆，在

一些领域受到限制，目前成熟的方法是将膨胀石墨板材与长纤维或薄金属板组成复合材料，既保持了膨胀石墨板材的特点，又克服了其机械强度低的不足。

（4）由作坊式生产向自动化规模生产转变

目前可膨胀石墨及其制品的市场竞争是非常激烈的，除了产品质量的竞争外，产品价格是竞争的另一个主要因素，产品价格的高低又决定于产品成本的高低。当前，可膨胀石墨及其制品的生产企业参差不齐，部分企业甚至仍停留在作坊式手工生产上，在产品质量难以保证的情况下，产品成本也居高不下。市场杠杆决定了行业必须走自动化规模生产的路子，以稳定产品质量，降低生产成本，赢得更大的市场。

7.5.4 我国活性炭产业发展建议

目前，世界活性炭工业生产呈现出如下特点 ：

① 世界活性炭的工业化生产已从西方转向中国等发展中国家，这种产业的转移在21世纪中期将持续进行 ；

② 全球范围内日渐严厉的环保法规使得活性炭的需求进一步增长，水处理行业一直是活性炭消费的巨大市场，同时也是最重要的增长领域 ；

③ 其他需求增长较快的领域包括气体处理市场，美国在此领域的消费量中期内将增长5%；

④ 最大的潜在活性炭应用市场是燃煤火电厂所排放气体的净化，预计美国在此领域的活性炭需求到2014年将达到42万吨；

⑤ 由于人们对可能的生化恐怖袭击高度关注，核、细菌以及化学防护过滤器和个人防护服装对活性炭的需求也将逐步增加。

针对国外活性炭产业化的所呈现出的特点，我国活性炭产业应关注的焦点在于：

（1）扩大生产规模

目前国内活性炭生产企业准入门槛低，普遍规模较小、技术力量薄弱、经济实力不强，只能依赖资源优势在激烈的市场竞争中求生存，不但企业自身很难有大的发展，而且也很难与国外的大型活性炭企业竞争。一般来说，工业发达国家运行良好的活性炭企业其生产规模在2万吨/年以上。世界最大的2家活性炭企业美国Calgon公司和荷兰Norit公司活性炭年产量均在10万吨以上，单台设备生产能力可达1.5万吨/年。因此，为提高与国外大型活性炭企业的竞争能力，充分利用现代化生产设备的生产能力，必须扩大活性炭生产企业的生产规模，逐步淘汰规模小，设备落后的企业，增加万吨级活性炭企业（目前国内规模10万吨/年超大型活性炭企业一家）。从而有效地改善中国活性炭市场的无序竞争现状。

（2）生产设备现代化

随着国内活性炭生产规模的大型化发展，必将促进活性炭生产设备向大型化和现代化方向发展。目前国内已有活性炭生产企业引进国外的干法辊压造粒机（生产能力 5 万吨/年）和耙式炉（生产能力 1 万吨/年）。同时，配套的物料输送和仪表控制环节也向连续化、自动化方向发展。如现已成功研发 1.5 万吨级大型炭化炉。为推广大型活化设备多膛炉在中国的应用，煤炭科学研究总院已建成一套 50 kg/h 的小型多膛试验炉，可为不同种类活性炭的试制提供技术服务。

传统活性炭行业自动化水平低，大多需要人工操作，主要体现在物料进料、出料以及物料运输等方面，劳动强度极大，不符合现代化企业标准。因此，采用输送机（对于产生粉尘的采用密封式输送机）运输物料，采用气动或电动阀门控制进料、出料，并通过引进 PLC 控制系统实现设备自动控制。目前部分企业基本实现全厂自动化操作。

（3）产品多样化

随着活性炭应用领域的不断扩大，涌现出一些技术含量高的活性炭新产品，活性炭的档次也越来越高，质量逐步提升。目前，水处理是活性炭最主要的应用领域，约占市场需求量的 60%以上。压块活性炭将是未来水处理用活性炭市场，尤其是中国水处理活性炭市场的主流产品，此外，随着干法烟气净化技术的推广，活性焦也越来越受到重视。

（4）重视国内市场

我国是活性炭生产大国，年产量高达 30 万吨以上，但年消费仅为 10 万吨左右。而居世界活性炭产量第 2 的美国年产活性炭为 18 万吨，消费却接近 20 万吨，可见我国活性炭产业还有很大的市场空间，随着工业的不断进步，我国活性炭产业在未来 10～20 年的国内市场需求还将进一步加大。

（5）节能减排

目前，活性炭生产过程中的节能减排已经成为活性炭生产企业基本要求，企业普遍采用通过余热锅炉、烟气循环等方式节约能源，并通过二次燃烧、洗涤除尘等方式降低有毒有害气体的排放，效果十分显著。已有企业在炭化炉尾气出口增加焚烧和余热回收装置进行热量回收，单台年产 4000 t/年的炭化炉配套余热锅炉约 2 t/h，同样活化设备斯列普炉尾气出口也增加焚烧和余热回收装置。通过增加这些设备，大大提高了全厂的热效率，降低单位产品能耗 10%～20%。

2012 年 11 月 26 日，宁夏颁布实施了中国第一个活性炭生产企业的地方排放标准，国家排放标准也即将发布，说明中国对活性炭产业环保标准的重视程度有所增加，将有利于提高产业的准入门槛，淘汰落后产能。宁夏地方标准要求新建活性炭厂 SO_2 排放限值为 350 mg/m^3（已建厂 400 mg/m^3），粉尘为 50 mg/m^3（已建厂 80 mg/m^3）。这就要求不达标企业必须新增减排设施，如车间需增加除尘设施，不密封设备需更换成密封良好设备等；烟气中 SO_2、烟尘需增加喷淋装置和脱硫设备，目前新建的大型活性炭厂均要求建有脱硫除尘设施。

（6）加强技术创新

在国家“863”、“973”等科技计划的支持下，在我国率先实现了活性焦干法脱硫技术的产业化并开始工业推广，自主开发的煤基脱硫专用活性焦系列产品已在山西、宁夏、内蒙古等地实现产业化，产品目前已占据国内 60%以上的活性焦市场份额，并出口日本、韩国。在煤炭科学研究总院的示范带动作用下，越来越多的企业认识到，科技创新对提高产品性能的重要性。企业纷纷通过与科研院所、高校联合开发，或者成立自己的研发中心，不断优化活性炭的生产工艺，提高产品性能，开发新型产品，保护和开拓活性炭的应用市场。

（7）开发活性炭下游产品，向活性炭应用技术服务方向拓展

目前，利用活性炭制成活性炭布、成形活性炭、蜂窝状活性炭块、饮用水处理用活性炭罐、空调净化光催化剂载体、血肾等，均能把活性炭的价值成倍提高。

和其他行业一样，发达国家的活性炭企业也经历了生产活性炭产品、开发下游产品，进而向特定行业直接供应使用活性炭的终端设备并提供环境突发事件应急处理、设备维修、活性炭更换与再生等专门化的服务发展历程。

我国活性炭企业如果能顺应国际上各专业市场逐渐细分的潮流，从活性炭产品生产向开发下游产品、提供专门技术产品服务领域拓展，必将真正打破行业局限、突破单一煤炭产品的框框，有不可限量的发展前景。

作者简介

李贺军：西北工业大学材料学院院长，教授、博导，兼任超高温复合材料国防重点实验室副主任，陕西省碳/碳复合材料工程技术研究中心主任。兼职：教育部科技委材料学部委员；中国材料研究学会常务理事；中国复合材料学会常务理事；中国电工学会碳-石墨材料委员会委员；中国金属学会炭素材料专业委员会委员；《无机材料学报》、《新型炭材料》、《中国材料进展》、、《炭素技术》等杂志编委；主要研究方向为高性能抗氧化碳/碳复合材料，在国内外发表论文 300 余篇；获授权国家发明专利 50 余项；曾获国家技术发明二等奖、国防科技一、二等奖、陕西省科技进步一、二、三等奖、教育部科技进步一等奖，航空

科技进步二、三等奖，航天科技进步二等奖、国家教学成果二等奖等省部级以上奖12项。享受政府特殊津贴。

张守阳：西北工业大学材料学院，博士，副教授。先后参与多项国防基础科研、863、装备预研、国家杰出青年基金、国家自然科学基金、航空基金、航天基金项目的研究工作。发表学术论文20余篇。获国家和省部级各种奖项多项。

第 8 章 高性能纤维复合材料

中国材料研究学会咨询部

高性能复合材料又称先进复合材料（Advanced Composite Materials-ACM），是20世纪60年代发端于航空航天应用的一种新型材料。高性能复合材料最大的优势在于轻质、高强、高模，以及材料性能的可设计性和制造工艺的可选择性，半个多世纪以来，经过了一段快速的发展历程。

国务院2010年发布的关于《加快培育和发展战略性新兴产业的决定》中，将新能源、生长、新一代信息、节能环保、高端制造、新材料和新能源汽车列入我国重点培育和发展的战略性新兴产业。其中新材料产业重点提出“提升碳纤维、芳纶、超高分子量聚乙烯纤维等高性能纤维及其复合材料发展水平，”充分显示了高性能复合材料在国民经济和国防建设中的重要作用。

8.1 发展高性能纤维复合材料产业的背景需求及战略意义

复合化是新材料发展的重要趋势之一，即是将两种或两种以上不同性质和不同形态的材料，用专门成形技术和方法复合而得到的一种高性能的新材料体系，复合的目的之一是取两种材料之长，形成优势互补，使材料高性能化。所谓高性能化，就是实现了轻质、高强，用作结构材料时，较轻的结构质量，就可以满足承载的要求，使材料的效率得以充分的发挥。例如航空航天结构件用高性能碳纤维增强的树脂基复合材料代替轻质高强铝合金，减重效果可达20%～40%，体现出节能减排的巨大效益。

复合的另一个目的是使材料得到具有某种物理性能如光、电、热、声、磁等的特殊功能，实现材料的高功能化和多功能化。因此复合材料按使用要求大致分为结构复合材料和功能复合材料，随着复合材料技术的发展，现在也在大力发展结构/功能一体化、或智能化的复合材料。

另外，从材料技术的发展历程来看，复合化也是势在必行。现代材料技术100 多年的发展表明，单一材料技术的发展已相当成熟，现在，单一材料包括金属、无机非金属和有机高分子材料，在性能上继续实现重大突破的空间已经有限，但现代高新技术例如航空航天技，却对材料提出了越来越高的要求，这就促使人们去研究开发更新的和更高效的材料。

有的单一材料尽管性能很好，但在使用中却常表现出一些不能尽如人意的不足，例如金属材料强度高，耐热性好，但金属材料一般都密度高，重量大，不利于减轻结构重量；新型陶瓷材料耐高温、耐腐蚀，但致命的缺陷是脆性大，限制了在结构上的使用；新型高分子材料综合性能好，加工容易，成本低，适合于大量推广，但本身的强度和耐热性都不够。

目前，能有效克服单一材料的某些不足的方法就是复合，通过复合，人们可以根据自己的愿望来获取一种高性能或具有某种特殊功能的新材料，这就是复合材料。复合材料这种取不同材料之长达到优势互补的作用被称为复合效应。通过复合效应就可以设计各种新型材料，因此，现在也把复合材料称为“设计材料”。

进入 21 世纪，材料复合化的趋势愈演愈烈，业界认为，从材料发展的进程看，21 世纪已进入复合材料时代，就材料而言，现在的趋势是一切都要复合，一切都可复合，一切都在复合。在今后一段时期内，只有复合材料才有潜力取得 20%～25%的性能提升。这是指结构材料而言。而对于功能材料，复合正在为各种新功能、高功能、多功能材料提供前所未有的发展空间。

8.1.1 高性能纤维复合材料的性能特征及应用

高性能纤维的界定主要是依据其优异的力学性能，即轻质、强和高模，也就是单位质量的强度和模量称之为比强度和比模量，它们比传统的结构材料如轻质高强的铝合金还要高于许多倍，主要应用是作为高性能复合材料的增强体，用来制造轻质高强的复合材料构件如用作航空航天结构件在提高材料效率和节能减排上体现出巨大经济效益。

芳纶是一种高强度、高模量、低密度和耐磨性好的有机合成的高科技纤维，它的全称是芳香族聚酰胺纤维。国外通常称 Aramid fiber，我国称为芳纶。

芳纶具有很高的拉伸强度和优异的韧性，可与树脂基体或陶瓷基体制成复合材料，用于装甲和防护，利用芳纶的阻燃性制成的复合材料可用来制造飞机的内舱件，此外，在造船、体育器材、汽车、建筑等工业也有广泛应用，如在建筑业可以作增强混凝土构件，汽车业可替代石棉来制造刹车片、离合器、整流器等，芳纶子午线汽车轮胎是发展很快的新产品，能有效地提高轮胎的使用寿命和防爆安全性。耐热制品如芳纶增强的橡胶传送带，以及高性能的绳索等。

超高分子量聚乙烯纤维又称高强高模聚乙烯纤维，是近年来出现强度量最高的纤维，是用相对分子质量在 100 万～500 万的聚乙烯所纺出的纤维。

超高分子量聚乙烯纤维具有众多的优异特性，在现代化国防和航空、航天、海域防御装备等领域发挥着举足轻重的作用。

在航空航天工程中。由于该纤维复合材料轻质高强和抗冲击性能好。适用于各种飞机的翼尖结构、飞船结构和浮标飞机等。也可以用作航天飞机着陆的减速降落伞和飞机上悬吊重物的绳索。

在国防军需装备方面。由于该纤维的耐冲击性能好、比能量吸收大、可以制成防护衣料、头盔、防弹材料，如直升机、坦克和舰船的装甲防护板、雷达的防护外壳罩、导弹罩、防弹衣、防刺衣、盾牌、降落伞等。

在民用工程中。由于超高的拉伸强度，广泛用于负力绳索、重载绳索、救捞绳、拖曳绳、帆船索和钓鱼线等。用于超级油轮、海洋操作平台、灯塔等的固定锚绳、各种纤维的比强度和比模量比较见图 8-1。

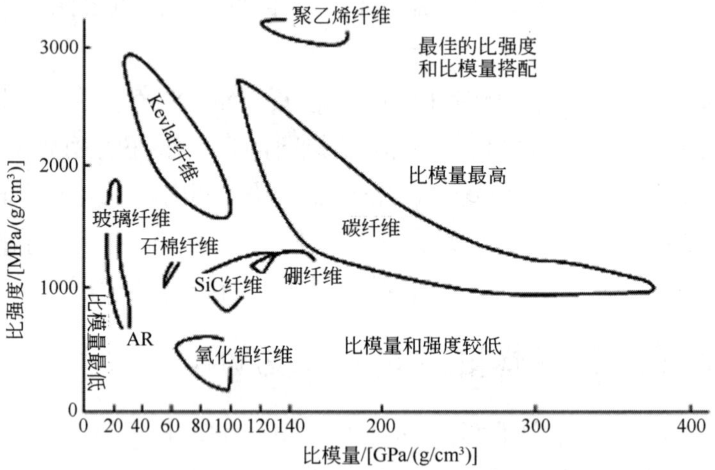

图 8-1　各种纤维的比强度和比模量比较

如图 8-1 所示，尽管超高强聚乙烯纤维和芳纶的比强度高于碳纤维，但综合比强度和比模量，碳纤维仍是高端结构复合材料的首选增强材料。

高性能纤维目前主流产品是碳纤维，还包括芳纶和超高分子量聚乙烯纤维，碳纤维复合材料几十年来得到很大发展，已从航空航天领域向其他工业部门迅速推广。因此，本章将主要讨论高性能碳纤维复合材料。

8.1.2　复合材料的性能特征

碳纤维是一种高性能的连续细丝材料，直径在 6～8μm，目前用在复合材料中的碳纤维主要有两大类，即聚丙烯腈基碳纤维和沥青基碳纤维，它们是分别用聚丙烯腈原丝，或称之为前驱体（Precursor），或沥青原丝通过专门而又复杂的碳化工艺制备而得的。由于碳化，使原丝中的氢、氧等元素得以排出，成为一种含碳量在 90%以上的纯碳材料，而本身重量大为减轻。而且由于碳化过程中对纤维进行了沿轴向的预拉伸处理，使得分子沿轴向进行取向排列，因而碳纤维轴向拉伸强度大大提高，成为一种轻质、高强、高模、化学性能极为稳定的高性能纤维材料。

用碳纤维和高性能的树脂基体复合而成先进树脂基复合材料是目前用得最多，也是最重要的一种结构复合材料。

碳纤维复合材料的性能特点主要表现为：

（1）优异的力学性能

对于航空应用的高端结构材料，轻质、高强是不断追求的目标，而碳纤维复合材料正是在这一点上体现出独特的优势，具体表现在超高的比强度和比模量（表 8-1）。比强度和比模量是单位质量所能提供的强度的模量，比强度和比模量高的材料，能提高承载能力，减轻结构质量，充分发挥材料效率。

表 8-1 几种工程材料性能比较

材料	密度ρ /(g/cm^3)	拉伸模量 E /GPa	拉伸强度σ /MPa	比模量 E/ρ	比强度 σ/ρ
高强钢	7.87	207	340～2100	26.30	0.04～0.2.7
铝 6061-T6	2.70	68.9	310	25.52	0.11
高强碳纤/环氧（单向）	1.55	137.8	1550	88.90	1.00
高模碳纤/环氧（单向）	1.63	215	1240	131.90	0.76
玄武岩纤/环氧（单向）	1.90	70	1000	36.84	0.53
E 玻纤/环氧（单向）	1.85	39.3	965	21.24	0.52
芳纶 49/环氧（单向）	1.38	75.8	1378	54.93	1.00

由表 8-1 可看出，碳纤维复合材料的比强度可达钢的 14 倍，是铝的 10 倍；而比模量则超过钢和铝的 3 倍。碳纤维复合材料这一特性使其利用效率大为提高，目前，碳纤维复合材料在航空航天领域已大量替代铝制造飞行器结构，这种趋势还在继续。可以说，复合材料是对航空航天技术的发展的重要基础和支撑。不仅如此，复合材料已迅速扩大到汽车、海运、交通、风电等与运行速度有关的部门都会因采用而大为受益。

（2）从材料到结构的设计和制造一体化，材料性能的可设计性

碳纤维复合材料用得最多的是层压结构的复合材料，由单向预浸带逐层叠合并加热加压制得，宏观上表现出非均匀和各向异性。单向带沿纤维方向的性能与垂直纤维方向的性能差别很大，因此可通过设计增强纤维的取向及用量而对结构材料的性能实行“剪裁”，达到性能最佳化。例如，可把复合材料设计成在主受力方向上有足够的纤维来承受拉伸和压缩载荷，而其他方向有适当的纤维来承受剪切载荷或其他载荷，而这种多纤维取向结构的制造又可通过不同的成形工艺来完成。复合材料这种材料性能可剪裁性（Tailor ability）的优点，不

仅可提高材料的使用效率，而且在设计阶段就考虑了可制造性，为大型复杂构件的整体化成形奠定了基础，不仅提高了结构的整体性，还简化了制造程序，降低了制造成本。

（3）制造成形的多选择性

复合材料的材料成形和结构成形是同时完成的，这使得大型和复杂的结构件整体化成形成为可能，经过数十年的发展，到现在有数十种不同的成形工艺供选择，如热压罐、模压、纤维缠绕、树脂传递模塑（RTM）、拉挤、注射、喷塑以及高度自动化的预浸带自动铺叠和纤维丝束的自动铺放等，实际应用时可根据构件的性能要求、材料的种类、产量的规模和成本的考虑等选择最适合的成形方案。

复合材料大型和复杂的结构件的整体成形，是相对于金属结构材料最大的优势之一，能大幅减少金属结构件机械加工和紧固件数量，提高工效，降低成本。

（4）良好的耐疲劳性能

层压的复合材料对疲劳裂纹扩张有“止扩”作用，这是因为当裂纹由表面向内层扩展时，到达某一纤维取向不同的层面时，会使得裂纹扩展的断裂能在该层面内改变方向，从而分散或降低了断裂能，这种特性使得复合材料的疲劳强度大为提高。研究表明，钢和铝的疲劳强度是静力强度的50%，而复合材料可达90% 。

（5）良好的抗腐蚀性

由于复合材料的表面是一层高性能的环氧树脂或其他树脂塑料，因而具有良好的耐酸、耐碱及耐其他化学腐蚀性介质的性能。这种优点使复合材料在未来的电动汽车或其他有抗腐蚀要求的应用具有强大的竞争力。

综上所述，优异的比强度和比刚度以及性能可设计性是复合材料两个最突出的优点，它们为复合材料的应用提供了极为广阔的空间，也使得各种新型材料，如结构-功能一体化、多功能化、高功能化、智能化材料的开发成为可能。

8.1.3 复合材料的应用及发展前景

先进复合材料发端于航空航天需求，几十年来，特别是进入新世纪以来，应用范围不断扩大，除航空航天外，在船舰、交通、能源、建筑、机械以及休闲等领域也得到越来越多的应用。

（1）航空航天

航空航天结构上应用先进复合材料半个多世纪以来走过了一条由小到大、由次到主、由局部到整体、由结构到功能、由军机扩展到民机的发展历程。

值得一提的是进入新世纪后，复合材料在民机上的应用实现了跨越式的发展，最具代表性的美国波音新推出的 B-787 梦想飞机，其复合材料用量达 50%。另一家航空巨头-空客也不甘于示弱，为了形成现波音抗争局面，计划推出新款 A-350XWB 超宽体客机，复合材料用量达 52%。业内表示，大型民用飞机结构复合材料的用量最高可达 60%（图 8-2）。

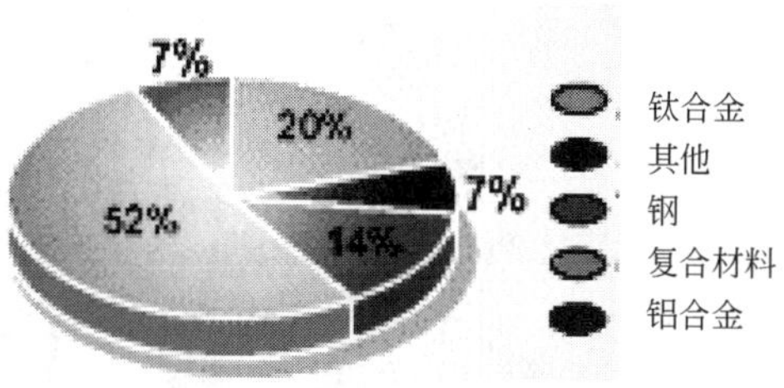

（a）A-350XWB

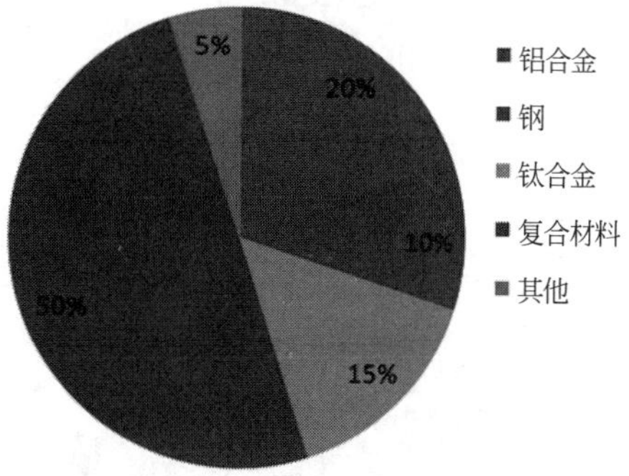

（b）B-787

图 8-2　A-350XWB 和 B-787 梦想飞机结构用材分配

与此同时，直升机和无人机结构用复合材料发展更快，如美国的武装直升机科曼奇 RAH66，共用复合材料 50%。欧洲最新研制的虎式（Tiger）武装直升机，复合材料用量高达 80%。X-47C 无人机复合材料用量达 90%以上，甚至出现了全复合材料无人机，如“太阳神”（Helios）号。

今后 20～30 年，航空复合材料将迎来新的发展时期，在飞机结构用量的比例将继续增大，未来飞机特别是军机为了进一步达到结构减重与降低综合成本，复合材料将不断取代其他材料，用量继续增长。

（2）航天领域

在航天领域，由于高模量碳纤维质轻，刚性、尺寸稳定性和导热性好，被成功地应用于人造卫星结构体、太阳能电池板和天线中。而太空站和天地往返运输系统上的一些关键部件也大量采用碳纤维复合材料。以高性能碳（石墨）纤维复合材料为典型代表的先进复合材料作为结构、功能或结构/功能一体化构件材料，在导弹、运载火箭和卫星飞行器上也发挥着不可替代的作用，有力地推动了航天技术的发展。最近，美国 NASA 成功地完成了用于火箭发射用的复合材料大型低温液体推进剂贮罐，直径达 5.4864m（18ft），是有史以来建造的最大复合材料燃料罐之一，贮罐采用自动纤维铺放技术和非热压罐固化技术成形（图 8-3）。同时 NASA 还开发了适用于 8.382m（27.5ft）燃料罐的设计和制造方案，这已是当今大型运载火箭中金属燃料罐的尺寸。用复合材料代替金属，贮罐重量减轻 30%，成本节省 25%。不仅如此，从金属到复合材料结构的转变有潜力使未来空间发射系统（Space Launch System，SLS）的重型运载火箭的性能大幅提高，促进航天技术的发展。

此外NASA研发中的韦伯太空望远镜(James webb space telescope，JWST)，采用的复合材料背板作为铍合金制成的望远镜镜片的支架（图8-4），复合材料背板由10000多个轻质碳纤维复合材料零件组成，组装后的尺寸达7.3m高，5.9m宽和超过3.4m深。而质量仅227kg（500lb），它支持超过自身重量三倍的主反射镜和光学仪器。

图8-3 机器人自动纤维铺放技术成形复合材料大型燃料贮罐

图8-4 JWST主反射镜复合材料支持背板

复合材料用的是一种高模量碳纤维，通过专门的铺层设计，使零件具有超高的尺寸稳定性，使背板在整个运行中，变形量不超过38 nm（约为人类头发直径的1/1000）。此外，复合材料零件要与精密金属配件连接。这些金属配件由不胀钢和钛材料制成，保证整个背板的尺寸精确性，复合材料的连接是一种要求非常高的技术，用数以万计的零件连接成一个如此大型整体构件，这是前所未有的，它标志复合材料向构件大型化、精密集成化方向发展。

（3）汽车及轨道交通

新能源汽车已被正式列入我国战略性新兴产业，发展新能源汽车主要体现在两方面，一是发展新型动力电池，二是发展汽车轻量化材料。

发展汽车轻量化材料主要方向是新型工程塑料、以塑代钢以及纤维复合材料。

据报道，汽车结构每减重10%，燃油消耗可节省7%，大大减少了寿命期内的使用成本。若车体减重20%～30%，每车每年CO_2排放可减少0.5t。

汽车用复合材料主要是玻璃纤维增强热塑性树脂复合材料，现已发展到用碳纤维复合材料。20世纪90年代初，随着汽车轻量化和节能环保等呼声越来越高，以GMT（玻璃纤维毡增强热塑性复合材料）、LFT（长纤维增强热塑性复合材料）为代表的热塑性复合材料得到了迅猛发展，主要用于汽车结构部件的制造，年增长速度达到10%～15%。

复合材料汽车零部件主要分为三类：车身部件、结构件及功能件。

① 车身部件：包括车身壳体、车篷硬顶、天窗、车门、散热器护栅板、大

灯反光板、前后保险杠等以及内饰件。主要适应车身流线型设计和外观高品质的要求，目前开发应用潜力依然巨大。主要以玻璃纤维增强热固性塑料为主，典型成形工艺有：片状模塑料/块状模塑料（SMC/BMC）、树脂传递模塑（RTM）和手糊/喷射等。

② 结构件：包括前端支架、保险杠骨架、座椅骨架、地板等，其目的在于提高制件的设计自由度、多功能性和完整性。主要使用高强 SMC、GMT、LFT 等材料。

③ 功能件：其主要特点是要求耐高温、耐油腐蚀，以发动机及发动机周边部件为主。如：发动机气门罩盖、进气歧管、油底壳、空滤器盖、齿轮室盖、导风罩、进气管护板、风扇叶片、风扇导风圈、加热器盖板、水箱部件、出水口外壳、水泵涡轮、发动机隔音板等。主要工艺材料为：SMC/BMC、RTM、GMT 及玻璃纤维增强尼龙等。图 8-5 是汽车复合材料典型部件图例。

（a） SMC 双层顶盖

（b） SMC 后盖箱

（c）混合动力车碳纤维复合材料车身骨架

图 8-5 汽车复合材料典型部件图例

高速铁路也在越来越多地使用复合材料，由于复合材料轻质高强的优点，一些传统零部件都升级为用复合材料生产。如包括机车玻璃钢齿轮箱、轴箱，制动模块和齿轮箱；车厢内嵌板、座椅、屋顶水箱、洗手间配件、盥洗槽、窗框，门（正门、车厢门、卫生间的推拉门，滑动门等）、折叠桌、行李架等，车厢部件使用复合材料，还可以带有阻燃功能，有效提高运行安全性。

近年来，国内外也在大力推进复合材料在列车整体车厢和机车头盖的应用，用复合材料代替铝合金或钢材，车身自重可减轻 25%以上（图 8-6）。

（a）座椅及行李架

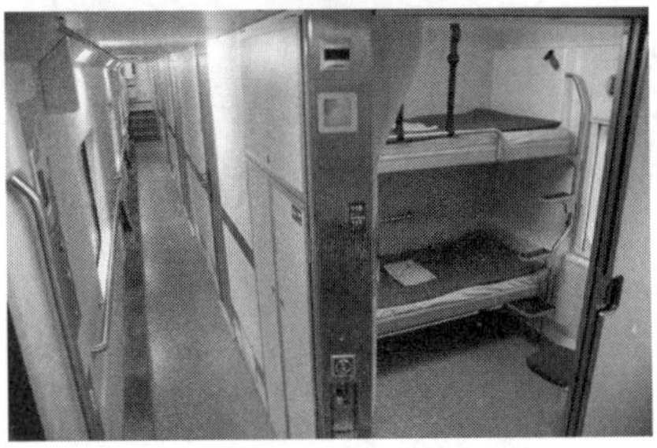

（b）卧铺间设施

（c）复合材料机车头盖和整体车厢

图 8-6 复合材料在高轨交通中的应用

（4）新能源

风力发电是绿色能源的一种，复合材料在新能源的应用主要用来制造风电机组的叶片。

随着风力发电功率的不断提高，捕捉风能的叶片也越做越大，对叶片的要求也越来越高，叶片的材料越轻、强度和刚度越高，叶片抵御载荷的能力就越强，叶片就可以做得越大，它的捕风能力也就越强。因此，轻质高强、耐蚀性好、具有可设计性的复合材料是目前大型风机叶片的首选材料（图 8-7）。

图 8-7 风电机组复合材料叶片

（5）船舶及海洋工程

复合材料在船舶及海洋工程应用的优势主要在于：一是高比强度、高比刚度、能大幅降低船体重量；二是耐腐蚀、抗疲劳。木材长期浸泡在水中会腐烂，钢铁经海水腐蚀要生锈，而复合材料可耐酸、耐碱、耐海水浸蚀，水生物也难以附生，大大提高了使用寿命；三是成形方便，建造工艺简单，建造周期短；最后是透波、透声性好，无磁性，介电性能优良，适宜作舰艇的功能结构材料。例如船艇依靠声呐在海上定位、测距、发现目标，作为声呐设备保护装置的声呐导流罩，其材料要求透声波性好，声波的失真畸变小，具有一定刚度和强度，必须采用复合材料。

纤维复合材料是船舶应用的主要品种。基体可以是热塑性树脂（如尼龙等）或热固性树脂（如不饱和聚酯、环氧树脂等）。增强纤维则有玻璃纤维、碳纤维、有机纤维等。

复合材料在舰船上的应用发展很快，被广泛用作各种船体、内装上层建筑、桅杆、舱壁、舵、推进器轴以及潜艇的表面、升降装置、推进器上的应用（图 8-8）。

（a）玻璃钢制造的 30.5m 豪华游艇

（b）用复合材料制造的驱逐舰躯体

图 8-8 复合材料在船舶及海洋工程中的应用

（6）建筑及其他

建筑工业中使用树脂基复合材料对减轻建筑物自重，提高建筑物的使用功能，改革建筑设计，加速施工进度，降低工程造价，提高经济效益等都十分有利。

复合材料建筑结构品种繁多，应用广泛，包括承载结构，如柱、桁架、梁、承重折板、屋面板、楼板等；围护结构，包括波纹板、夹层结构板、外墙板、隔墙板、防腐楼板、屋顶结构、遮阳板、天花板等；门窗装饰材料，如门窗拉挤型材，装饰板（平板、浮雕板、复合板）；采暖通风材料，如冷却塔、管道、栅板、风机、叶片及整体成形制品，中央空调的通风橱、送风管、排气管、防腐风机罩等。

复合材料在基建的另一种应用是建筑结构的补强加固，与传统的钢板螺栓加固相比，碳纤维复合材料加固具有施工简单、易操作、适用性强、无须专用设备、外形美观等优点。

尽管碳纤维复合材料价格要比钢板高，但考虑人力、设备、时间、施工条件、能耗等综合因素，碳纤维的补强加固仍具有发展前景。图 8-9 是用碳纤维复合材料进行高速公路立柱的修补和加固。

图 8-9　碳纤维复合材料加固高速公路立柱

除上述几个领域外，复合材料在机械、电气、石化、体育及休闲器材等也得到越来越广泛的应用，如用碳纤维复合材料代替铝合金制作复合导线的芯线，具有更轻和更耐用的特点。其他如体育休闲用品的复合材料自行车、渔杆、高尔夫球杆、网球拍等都有了几十年的发展历史，市场也在不断扩大。

8.2　高性能纤维复合材料产业的国际发展现状及趋势

业内专家分析，未来 20～30 年航空复合材料将迎来发展新时期，CFRP 的大范围应用，将带来航空产业链革命性的变革，包括设计理念的创新和设计师的知识更新和设计团组的重组，航空产品供应链的战略性的改变，以及对航空维修业提出前所未有的挑战。

从材料技术的发展来看，有人认为，20 世纪是硅材料的世纪，而 21 世纪将是碳材料的世纪，而碳纤维及其复合材料将占有重要的一席。

当前复合材料仍然呈现出快速发展的态势，据估计未来 5 年内先进复合材料将有每年 5% 的增长率，而碳纤维产需量每年将有 10% 左右的增长率，亚太地区将会有更高的增长率，全球先进复合材料业进入新的发展时期的同时，发展重心逐渐向亚太地区转移。

出于对安全性的严格要求，航空航天复合材料最基本的特点是高性能、高质量、高可靠。此外，由于航空航天飞行器技术密集、高度集成，产品的多样性和小批量生产，导致了航空航天复合材料研制和生产上的多品种、多规格、小批量、技术质量要求高等特点。

半个多世纪以来，航空航天复合材料形成了以美国和西欧两大生产和市场集聚地，在技术和产业处于领先和相互竞争局面，其中有代表性的是美国波音公司和欧洲空客公司在民用飞机上的复合材料的技术、产业和市场的竞争局面。

由于技术的成熟和经验的积累，自动化和数字化制造技术的发展和推动，使航空航天复合材料目前的发展现状和趋势体现出以下特点：

（1）复合材料构件的大型化或超大型化

材料和结构的设计和成形一体化使航空航天复合材料结构朝着大型化或超大型化发展，促进复合材料更大范围的应用，对结构减重，降低能耗发挥更大作用。如本节介绍的复合材料大型贮罐，减重 30%，与相同尺寸的金属贮罐相比可多贮存 30%的燃料。另一方面，复合材料大型结构的整体成形则更能保证结构完整性，同时大幅减少机械连接，提高工效、降低成本、减少原材料浪费。

（2）自动化制造技术

居高不下的成本仍然是制约复合材料应用的重要因素，其中制造成本占 30%以上，随着航空航天复合材料构件朝着大型化和整体化发展，传统的预浸料的手工铺叠工艺无论是从工期保证或工件质量都满足不了要求，必须采用高效精密的数字化的自动制造技术，有代表性的是自动铺丝技术（Automated Fiber Placement，AFP）和自动铺带技术（Automated Tape Laminating，ATL）。自动铺丝技术是在纤维缠绕基础上发展起来的多被用来制造纤维复合材料旋转体结构如整流罩、燃料储罐、进气道、机身等，它不仅可以实现连续变角度和变带宽铺放，还可以对铺层进行裁剪以满足局部加厚/混杂、铺层递减及开口铺层等多方面的需要。自动化制造不仅能提高工效，保证工期，而且能保证大型工件的整体质量。

AFP 和 ATL 朝着大型化、高速化、自动化和集成化方向发展，大大提高了生产效率，降低了复合材料的生产成本。20 世纪 90 年代初的复合材料结构制造成本为 1100 美元/kg，现在已降到 275～330 美元/kg。此外，AFP 和 ATL 在理念上和技术上也不断创新。如 NASA 的洛克希德-马丁公司经过 20 多年的研究，开发出一种新的纤维铺放技术——在位纤维铺放（In situ fiber placement，ISFP），可以制备出净厚度（Net-thickness）的层压结构，而无需真空袋排气压实或热压罐固化。ISFP 工艺采用经过尺寸优化后的狭窄薄层预浸带或丝束预浸带，可消除截留在内的空气，或不完全浸胶所产生的缺胶。通过加热和压实，ISFP 可以得到铺层之间完全的固化，加热是通过热氮气的加压辊在铺放过程中实行，而加压是通过铺丝机头本身拉紧纤维的张力施加。

（3）非热压罐成形

热压罐固化成型是为高性能航空航天复合材料而开发的一种成形技术，至今仍在广泛使用。

对于由预浸料层片铺叠而成的航空航天层压复合材料结构，热压罐成形的优点主要在于：压制密实、纤维含量高（60%～70%）、低空隙率（<1%）；固化均匀（无富胶或贫胶区）、层间结合强度高。但热压罐设备成本太高，能耗大，

如 NASA 为固化直径 10m 的运载火箭桶状复合材料，专门建造的 12m × 24m 热压罐，设备的生产、运输、安装共耗资 1 亿多美元还没算加压液氮和能源费。航天复合材料大尺寸制件一般都是单件或小批量，如果专门建造一个大型热压罐来成形，将大幅提高成本，因此航空航天复合材料今后面临的一个重大挑战就是避免热压罐及其运作经费的投入。

非热压罐成形，又叫热压罐外成形（Out of Autoclave，OoA），目标是用非热压罐成形制造出与热压罐成形具有同等性能和质量的制件，对于像燃料贮罐这样的大型制件，OoA 无疑是大幅降低制造成本和节约能耗的正确选择。

（4）材料品种多规格化和专门化

为保证复合材料的性能和不同的成形工艺要求，纤维、基体直至预浸料等品种形成规格多元化和专门化的发展局面。

碳纤维形成多元化发展局面，强度在不断提高，以日本东丽（Toray）PAN 基碳纤维为例，自 1971 年 T300（强度 3535MPa），经过了 T700 和 T800 到 T1000 三个阶段，T1000 的拉伸强度已达 6370MPa，超过 T300 近一倍，T800 是民机复合材料生产的主流纤维。

另一个重要特点是发展大丝束产品。各厂商在继续提高碳纤维的力学性能、改善韧性同时，更加注重低成本。因此，低成本碳纤维已成为技术进步的重点，研究内容主要是制取廉价原丝技术（包括大丝束化、化学改性、用其他纤维材料取代聚丙烯腈纤维）、等离子预氧化技术、微波碳化和石墨化技术等。

大丝束碳纤维主要目的是提高纤维铺放速率，提高复合材料生产效率，降低制造成本。碳纤维按用途大致可分 24K 以下的宇航级小丝束碳纤维（1K 的含义为一条碳纤维丝束含 1000 根单丝），和 48K 以上的工业级大丝束碳纤维。目前小丝束碳纤维纤维基本为日本 Toray（东丽）、Tenax（东邦）与 Mitsubishi Rayon（三菱人造丝）所垄断。而大丝束碳纤维主要生产国是美国、德国与日本，产量是小丝束碳纤维产量的 33％ 左右。最大支数发展到 480K。工业级大丝束碳纤维可有效降低复合材料成本，但随之带来的问题是树脂浸润充分和均匀的问题

再就是发展适用于不同成形工艺的专门化的树脂和预浸料，例如，用于 OoA 的预浸料就有 Advanced Composites Group（ACG）公司的 MTM44、MTM45、MTM46 和 MTM47；Cytec 公司的 CYCOM 5320 以及 Hexcel 公司的 HexPly M56 等。这些预浸料共同的特点是树脂基体流动性好、纤维浸渍性强、挥发性溶剂含量低；可低温固化（80～120℃），而制得的复合材料最高使用温度可达 150～180℃，力学性能与热压罐固化件相当，能满足航空航天高性能复合材料构件的要求。

复合材料大型贮罐采用自动铺丝技术成形，要保证层间压制密实和高纤维含量（60%～70%），开发了专门的薄层预浸料技术（Thin-ply Technology），如诺斯罗普•格鲁曼公司在制造贮罐壁时层采用非常薄单向预浸带（2.5 mils），只是标准预浸带厚度的一半。这样可使贮罐壁在相同的厚度下包含更多的铺层，提高纤维含量，从而整体上提高贮罐的耐压能力。

（5）复合材料结构一体化综合技术

包括多功能化、功能/结构一体化、智能化，满足高性能飞行器的需要，其研究和应用涉及设计、材料、制造、测试、验证、使用和维护等诸多专业技术领域，具有跨学科、跨行业的特点。

结构/功能一体化的复合材料有代表性的是结构隐身复合材料（Stealthy/Structural composites），它既能隐身又能承载，可成形各种形状复杂的部件，如机翼、尾翼、进气道等，具有涂覆材料无可比拟的优点，是当代隐身材料主要发展方向。各种隐身方式的有机结合，使得飞机达到综合隐身状态。如 F-22 采用翼身融合体隐身外形，在机身内外金属件上全部采用吸波材料及吸波涂层，同时在机翼及进气道等腔体内侧采用吸波结构和吸波材料。隐身复合材料对于导弹等武器装备同样具有重要意义。

智能复合材料（Intelligent composite），有时也称机敏复合材料（Smart composite）是一类基于仿生学概念发展起来的高新技术材料，它是在复合材料多功能化的基础上，为适应高性能飞机越来越高的飞行速度于 20 世纪 90 年代开始研发的新型复合材料，智能复合材料是将复合材料技术与现代传感技术、信息处理技术和功能驱动技术集成于一体，将感知单元（传感器）、信息处理单元（微处理机）与执行单元（功能驱动器）联成一个回路，通过埋置在复合材料内部不同部位的传感器感知内外环境和受力状态的变化，并将感知到的变化信号通过微处理机进行处理并做出判断，向执行单元发出指令信号，而功能驱动器调可根据指令信号的性质和大小进行相应的调节，使构件适应这些变化，整个过程完全是自动化的，从而实现自检测、自诊断、自调节、自恢复、自我保护等多种特殊功能。

智能复合材料是高技术的综合，其发展将全面提高材料的设计以及应用水平。实现复合材料的智能化将显著降低工艺成本，提高飞行器服役可靠性与使用效率，拓展复合材料的应用范围。但由于涉及学科多、综合性强、技术条件要求高，在航空航天智能复合材料结构方面，大规模应用还需要加强基础性研究。

（6）新型热塑性复合材料开发和应用

以连续纤维或长纤维增强的高性能热塑性复合材料（采用 PEEK、PES、PPS 等高性能热塑性基体材料），既具有热固性复合材料那样良好的综合力学性能，又在材料韧性、耐腐蚀性、耐磨性及耐温性方面有明显的优势，而在工艺上还具有良好的二次或多次成形和易于回收的特性，有利于资源充分利用和减少环境压力，具有良好的发展和应用前景。重视发展热塑性复合材料，是先进树脂基复合材料今后发展的一个重要方面，目前主要在民机上的应用开发。空客在这方面处于领先，已从次承力结构件向主承力结构件发展，如空客 A-380 就采用了玻璃纤维增强的 PPS 热塑性复合材料制造机翼前沿。但热塑性复合材料的大量推广和应用，特别是在飞行器主承力件上的应用，还需要经过较长期的使用和验证过程。

（7）环境问题已引起重视

碳纤维制品多用于特殊领域，其使用寿命和更新周期均有严格要求，大量废弃的碳纤维产品所导致的二次污染问题亟待处理。据日本三菱人造丝公司估计，目前全球废弃的碳纤维增强塑料大约为 10000t，2015 年可达 20000t。随着碳纤维生产能力的扩大及增强材料的大量使用，环境友好要求企业重视碳纤维的回收利用。德国 Thudngian（TITK）研究所、英国诺丁汉大学等采用化学和热解处理技术开发了碳纤维-环氧树脂复合材料回收再利用的新途径，其回收产品可用于一般的碳纤维增强塑料。日本东丽公司、帝人公司（日本东邦和三菱丽阳公司，计划联手从飞机和其他设备中回收和循环利用使用过的碳纤维。

8.3 高性能纤维复合材料产业的国内发展现状及趋势

我国对发展先进复合材料历来非常重视，在规划和经费长期给予大量的支持，半个多世纪以来，我国先进复合材料产业取得快速发展，目前我国复合材料的发展水平要快于世界的平均水平。国家培育和发展战略性新兴产业，也给复合材料带来空前的机遇和挑战。

我国复合材料发展取得的成就主要在以下几方面。

（1）航空航天领域

我国各种型号的边机都不同程度在采用复合材料结构，最新研制成功的我国四代战机 J-20 上复合材料的应用有了突破，达 20%左右，目标用量会增至 29%，比例可超过美国 F-22 水平。直升机上用量更大，直 9、直 10 等用量在 35%以上，新研制的专用武装直升机目标用量会达到 50%左右。

现在备受关注的几个大型军民用飞机项目，复合材料的技术和应用成为技术关键之一，我国自主设计的大型客机 C919 复合材料已用到尾翼一级部件，包括中央翼、后承压框等用量在 20%左右（图 8-10）。

图 8-10 C919 飞机复合材料应用情况

在航天方面，我国自行研制的航天器包括火箭发射系统、人造卫星、神舟截人飞船都不同程度地采用先进复合材料。

国内航天航空复合材料技术虽有很大的发展，但与国外先进水平相比尚存在相当的差距。以飞机结构复合材料技术为例，我国应用的规模与水平、设计的理念和方法、材料的基础和配套、制造的工艺和设备均落后很多，落后是全方位的，差距甚至有越来越大的趋势！

其中应用的落后是根本的落后，带有标志性的落后。现世界上的大飞机如 B-2、B787、A350、A400M 都采用了复合材料机翼，机身也大量采用了复合材料，而我们在研的大飞机，没有一个是用复合材料机翼的。国外军民机复合材料用量普遍达到或接近 50%，而我们只在 10%～20%之间徘徊。

（2）新能源领域

新能源领域的复合材料主要是指风机叶片，随中国风电产业的发展，风机叶片大型化的进展也非常迅速。如中国目前已能生产 100m 长的叶片，在世界上也是领先的，海上风电的发展对大型叶片有强烈的需求。据知 5 MW 的 45m 长叶片必须采用碳纤维。

但我国的多数风机叶片还没有用先进复合材料，应用进展远落后于世界进程。其原因主要是我国的风机叶片多数是引进工程，缺乏自主设计的知识产权，原设计未用先进复合材料，现在就不能改。一旦我国的风机叶片进入自行设计、自主研发阶段情况会有改观，届时先进复合材料会有较多的应用。

还应看到我国风电产业的发展增速近来已明显放缓，2011 年增速仅为 39.4%，由以前历年均增长 100%下降到 40%左右。国内叶片生产厂家达 50 多家，产能严重过剩，世界上主要叶片生产厂家也不过 10 家左右而已。所以国内叶片厂家正面临调整重组，重新洗牌，优胜劣汰的局面。

（3）新能源汽车

新能源汽车的发展主要包括两方面，一是开发高效案件的动力电池，目前以锂电池为主：一是实现轻量化。汽车轻量化主的措施就是大量使用塑料和先进复合材料。目前国外汽车公司如美国福特、德国奔驰、大众等，塑料和复合材料用量已达15%～20%，奔驰的目标是在近几年塑料用量达30%，占整个车身总质量的1/3。而我国的塑料用量水平为10%左右，还有相当大的发展空间。其中用先进复合材料代钢用于汽车的各种结构，包括如承力骨架、底盘、侧板、车顶、车门、帽罩、保险杠、翼子板、轮毂、传动轴、板簧等部位。车种则包括了赛车、高档跑车、轿车、大客车、货车以及特种车辆上。

我国将重点发展新能源汽车，规划2015年累计达50万辆，2020年达500万辆，当年要有200万辆/年的产能。新能源汽车减重的需求尤为迫切，其车载电池、电机等增重急需减重予以平衡，另外一次充电希望行驶的里程要长，也希望重量要轻。所以新能源和轻结构的结合一定有良好的发展前景，先进复合材料在新能源汽车上应用大有作为。

其中重点是发展长纤维增强热塑性复合材料（LFTP），LFTP具有高强度、高刚度、高尺寸稳定性、低翘曲度、使用寿命长、耐蠕变等性能优点，成形工艺性能也有优势，如组分材料配混的灵活性，包括不同类型的纤维的选用，连续可变的纤维含量，树脂基体的多种选择。另一方面，LFTP最大的优势是可回收和循环再用，这对实现资源、能源和环境的协调的可持续发展具有重要意义。

8.4 发展我国高性能纤维复合材料产业的主要任务及存在主要问题

经40多年来我国高性能复合材料取得了很大发展，无论是技术和产业规模都形成了的水平和规模。在航空航天领域，复合材料在各种军、民机型号以及航天飞行器上已获得了较多应用。在通用性产品方面，我国的发展速度很快，其中渔杆已占全球约60%份额，大量出口，在新能源的风机叶片、新能源汽车部件等方面也在加快发展进程。

但我国高性能纤维复合材料与先进国家还有较大差距，尽管落后是多方面的，但归纳起来，实际是还是材料和制造的问题。

（1）碳纤维

材料问题的主要仍是碳纤维。我国碳纤维虽然经过了一段时期的发展，但是与国外的技术水平还存在一定的差距，主要有以下几个方面：

① 原丝质量与国外比还存在差距。由于国产碳原丝在生产过程中大部分采用民用腈纶原液，杂质含量较高，造成碳纤维性能不稳定，离散系数较大，产

品成品率较低。

② 大部分国产碳纤维未经过表面处理，制成复合材料层间剪切强度偏低。没有经过表面处理的国产碳纤维不能用作高性能要求的先进复合材料增强体，也不能在航空、航天等国防部门中用来制造主承力构件。

③ 尚未形成经济规模，价格太贵，成本组成不合理。国产碳纤维目前售价太高，远高于国外进口的价格。究其原因，存在很多不合理因素。如成本结构存在问题，据我国某碳纤维厂对碳纤维成本的粗略统计，原丝费用约占碳纤维成本的 25%，而车间费用约占碳纤维成本的 44%。

④ 品种单一、规格单一。宇航级碳纤维大部分依赖于进口。根据不同行业、不同产品、不同零部件的不同需求，希望能采用不同类别、不同品种、不同规格的碳纤维。除了供结构材料使用的碳纤维，还希望有供功能材料使用的碳纤维，而我国目前碳纤维只有相当于 T-300 的一个品种。

根据以上问题，提出如下建议：

① 从国家层面加强扶持和引导，建立专门的办公室和专家队伍，采取专项和重大工程的形式，选择国内一到二家基础较好的企业，进行重点扶持，针对目前存在问题，制定规划目标和相应政策措施，推进技术和产业化的发展。

② 加强相关企业整合，形成碳纤维完整的产业链，从聚丙烯腈浆浆料配制到原丝抽丝到碳化，最后形成各种纤维制品，如织物、预浸料等上下游产业链。

③ 在技术和管理上要加强质量控制，严格制定各相关技术标准，从原材料验收使用到各个工艺阶段，严格按标准进行材料质量控制和工艺质量控制，要求在每个关键阶段能将产品质量准确有效地控制在标准的范围内。

④ 加强关键技术的研究突破，如 1800℃ 以上的碳化炉，纤维上浆等问题，加强技术改造和设备技术更新，提高关键设备的技术指标，能保证产品质量控制达到预期目的。

⑤ 加强从业人员的培训的教育，提高专业技术水平和责任心，避免人为因素造成质量问题。加强国际合作，认真吸收和引进先进技术和管理经验。

（2）制造技术

总体看，当前我国的复合材料制造业仍是一个以经验和主观判断为主要生产手段的粗糙型产业，未来的发展必须是以理论代替经验，以数字分析代替主观判断，结合表征、测试和质量控制技术的发展，最终成为理论预测先行、过程规范操作、实时可视监控的现代化产业。

复合材料技术中至为关键的是制造技术，在该领域中我们也落后较多。最有代表性的是大型航空航天复合材料结构的数字自动化制造技术，如用自动铺带（ATL）和自动铺丝（AFP）取代手工铺层。ATL/AFP 主要是数字化自动控制技术，设备操作复杂，造价昂贵，而且需要专门的人才操作，目前我国在这方面的设备、经验及人才都相当缺乏，有较大差距。

再如复合材料低成本技术。低成本技术包括低成本设计，低成本材料技术，低成本制造技术，特别是制造技术，大约占了总成本近 80%的份额。西方国家对此给予了相当大的关注，具体执行，努力实现，已有了较多的应用成果。比较而言我们国内至今没有系统的低成本计划的制定和执行，致使航空复合材料产品价格居高不下，极大的限制应用的发展。

8.5 推动高性能复合材料产业发展的对策和建议

（1）提高我国碳纤维生产过程和质量稳定性

应该加强在民用航空领域的应用体系建设，按照适航验证的要求组织碳纤维的生产过程和质量管理，由需求牵引带动发展，从而推动我国碳纤维行业质量的稳定性体系建设。

应该加强政策和科技投入等国家扶持力度，鼓励国内航空高端产品加大应用国产碳纤维的力度。在应用中发现问题，进行改进和提高，促进高端碳纤维的发展。建立符合中国市场特征的自主碳纤维产品规格和质量评价体系，科学论证产品和技术的质量定位，以终端复合材料的应用来评价碳纤维的质量。

强化碳纤维生产线的全方位的质量控制和质量保证体委和标准化体系。特别是重点发展前驱体原丝入厂检验和验收标准、碳化过程的最佳工艺参数和质量保证体系，保证批量生产性能质量稳定，在此基础上形成年产能达千吨规模的高性能碳纤维生产基地。实现主要生产设备国产化，重点是大规格的反应釜、预氧化炉、碳化炉、收丝机、尾气焚烧炉及高温碳化炉用耐高温（≥1800oC）、大尺寸（≥1500mm×1000mm×10mm）石墨等辅助材料及装备的标准化、系列化、规模化生产。

以环氧树脂为主，结合发展高温型的双马树脂，大力发展新型增韧的高强高温树脂体系，形成产品系列，扩大生产规模，与复合材料结构制造形成产业链，以满足航空航天高端产品应用的需要。

要推动民用航空复合材料使用国产碳纤维，航空复合材料结构研发能力建设是根本，应尽快建立我国民用航空复合材料的研发能力，为现有 C919 等型号的复合材料本土化提供技术支持，只有复合材料现实本土化生产，才有可能使用国产碳纤维。同时为新机型或机型改进提供使用更多国产碳纤维复合材料的技术支持。

重视预研，加强基础研究，密切结构工程实际，需要逐步攻克设计、材料和制造诸领域的关键技术问题，彻底改变复合材料应用效益不足，麻烦不少，较普遍存在的“不好用，不敢用，不爱用”，实质是“不会用”的现象，使预研为应用提供强有力的必要的技术支撑。

加强国际的合作和交流。当前复合材料的技术发展存在着国际化的趋势，强调“采用世界上最新的技术，生产最优秀的产品”，成果共享，风险共担。故 B787 的 65%的工作量外包，A350 也将有 50 %外包。因此，我们在发展复合材料技术时，也应充分注意，对内整合，对外合作，融入世界的复合材料技术圈，合作共赢，跟上世界复合材料技术发展和前进的步伐。

在技术上，加快发展高效低成本的整体化树脂基复合材料成形技术，包括树脂传递成形（RTM）技术、预浸带自动铺放（ATP）技术、拉挤成形技术、纤维缠绕技术等，形成规模化生产能力，满足航空、航天和民用工业需求，特别是大飞机复合材料次结构件及主结构件制造技术需求等。重点发展设计、材料成形和配套保障技术体系，加快发展纺织复合材料/液态成形技术和自动化技术（纤维缠绕、拉挤、编织、丝束铺放、隔膜成形、自动成套裁减、激光样板等）；发展非热压罐固化技术（使用微波、电子束、超声波、X 射线）等高效率能量的新固化方法。发展复合材料的快速转化技术，重点是大规模计算机应用分析工具来预测复合材料的加工性能、结构完整性以及耐久性；发展将先进的分析法及模拟方法与数据库相结合建立智能化设计和验证体系。

（2）培育中国特色的碳纤维应用大市场

应用市场的开发是我国碳纤维复合材料发展的关键，必须高度重视。碳纤维应用生产包括航空航天、国防和科技、能源、汽车等。必须根据市场需求制定碳纤维产业发展策略。如我国汽车产量 2500 万辆/年，如果新生产的车每辆用 50kg 复合材料，需要 30kg 碳纤维，就需要 75 万吨碳纤维，这完全可以支撑碳纤维产业的应用发展。关键问题是低成本化，包括碳纤维低成本化和复合材料成形低成本化。因此低成本碳纤维制备路线和技术，汽车零部件快速成形低成本化技术的开发是关键。

总体来说，在碳纤维制备低成本化技术、热塑性复合材料及其快速成形技术、热固性复合材料快速固化成形技术和汽车轻量化零部件一体化设计方面，投入研发力量，建立示范工程，将对我国碳纤维及其复合材料产业的发展具有重要意义，并且可望在产业规模方面实现跨越式发展，促使我国成为国际碳纤维及其复合材料产业的领头羊。

（3）通过政策和科技专项，推动国产碳纤维应用

通过科技专项和融资、土地使用、贷款、税收等优惠政策，鼓励支持各行业使用国产碳纤维加强复合材料。一方面是现在已经使用进口碳纤维和芳纶等高性能纤维的企业，使用国产碳纤维和芳纶。

另一方面是鼓励和支持各行业使用轻量化复合材料。用复合材料代替钢材，不仅在交通运输工具领域可以降低油耗、降低污染，实现低碳经济；在机型制

造行业可以减少运动部件的惯性，提高精度，减少能耗，提高制造业水平，提高国家竞争力；在建筑、化工和海洋灯领域，可以提高建筑物质量，减少设备锈蚀等浪费。

（4）加大人才培养力度

在复合材料领域，特别是民用领域，我们严重缺乏有经验的专业技术人才，特别是缺乏掌握现代设计技术和工程制造技术的人才，即人才现状远不能满足发展的需求。国际上讲培养一个成熟的复合材料设计师至少需要十年。人才的问题与高校的培养机制有关，应加大人才的培养力度、培训力度，以满足产业发展对人才的需求。

（5）大力加强下游产品的开发

复合材料产业的发展，首先是应用的发展，是适销对路产品的开发和投产。只有促进应用，才能促进发展。中国的碳纤维已有上万吨的产能，而且还会不断增加，如果没有足够的市场就会陷入困境。故发展的重点应在工业领域，并首推风机叶片和汽车行业，当然也包括其他的应用。目前国内的产品低端的较多，上档次的较少，技术含量较低，附加值不高。我们要进行有创造性革新的研发，除占领国内市场外，也要有勇气参加世界市场的竞争。有关国际会议已指出“现在世界上最大的潜在的复合材料制造商和终端用户就是中国。”这一结论意味着中国复合材料产品的开发有着广泛的前景和市场。

（6）要大力降低成本，发展低成本复合材料技术。

先进复合材料毕竟成本较高，是阻碍其进一步扩大应用的主要障碍之一。有鉴于此西方发达国家都已制定了低成本复合材料计划，多年来认真执行并已取得了积极成果，成功的用在了产品研发上。相比之下，我们国内一直没有系统制定并执行的低成本计划。低成本技术包括了低成本设计技术、低成本材料技术、低成本的制造技术，其各有详细的内涵，但核心是低成本的制造技术，在航空航天领域大约要占到 80%的份额，民用产品领域估计也要占到 50%～60%以上的份额。我们应该坚信，成本下不来，应用上不去！

（7）加强发展回收再利用技术

使用到期的复合材料制品或加工中的边角余料的回收再利用是个重要问题。传统的办法多是粉碎、焚烧和掩埋，带来严重环境影响，现在欧洲有些国家如德国等已禁用这些办法。很多国家如英国、美国和日本等已组建专门的机构研究解决这一问题，并建起多个从事此项产业的企业开始了实际工作。办法可有高温裂解、溶剂萃取等，旨在将碳纤维回收再利用，应用多以短纤维，磨成碎料等形式使用，可用于建筑等领域，应有较大市场需求的。但国内尚未系统的开展此项工作，从可持续发展的角度出发，国内从现在起就应着手此项工作，为扩大先进复合材料的应用扫清障碍。

（8）加强发展可回收的热塑性复合材料

现在高性能复合材料以热固性为主，热固性树脂性能稳定，不易降解，更不能通过热加工回收，大量采用热固性树脂，势必给环保带来巨大压力。目前国外用高性能的热塑性树脂代替热固性树脂制造复合材料，空客用热塑性复合材料制造飞机次承力件，已在A-380使用。从发展趋势看，这种替代趋势将会越来越明显，其中在新能源汽车领域，用长纤维增强的热塑性复合材料具有品种多，成形快速简单、可回收再循环利用等优点，近年来发展迅速，我国应在之方面加在发展力度，从政策层面上推动发展，以适应新能源汽车产业发展的需要。

第9章 新能源汽车轻量化材料

唐见茂

国务院2010年发布的关于《加快培育和发展战略性新兴产业的决定中》，将新能源、生长、新一代信息、节能环保、高端制造、新材料和新能源汽车列入我国重点培育和发展的战略性新兴产业。新能源汽车产业的发展主要涉及两个方面，一是新能源领域中中的动力电池，二是新材料领域中的汽车轻量化材料。

9.1 发展汽车轻量化材料产业的背景需求及战略意义

9.1.1 汽车工业快速发展面临的新问题

随着国民经济的高速增长，近10年来我国汽车产业保持了高增长的态势。2009年我国汽车产销量双双达到1300万辆以上，超过日本首次位居世界第一位，并在接下来的四年里继续保持了世界第一。2013年，我国汽车产量及销量分别为2211.68万辆和2198.41万辆，同比增长14.76%和13.87%，比上年分别提高10.2和9.6个百分点，其增长速度远高于经济和人口增长的速度。汽车产业的发展在给国民生活带来便利的同时，也产生了资源、安全和环保三大问题，给可持续发展带来严峻的挑战。如何应对这三大问题，各国政府都提出了相应的对策和措施。包括制定各种条令法规，如油耗法规，安全法规以及排放法规。而其中各国汽车工业界一致认为，汽车轻量化是应对上述三个问题的有效途径和方法。

9.1.2 全球对汽车节能减排的应对

欧盟，北美，日本等都制定了严格的燃油经济型指标，如美国的CAFÉ（Corporation Average Fuel Economy）规定乘用车燃油消耗27.5英里/加仑（约11.8km/L)。轻型货车不低于8.8km/L。日本规定2010年汽油乘用车燃油经济性为 15km/L，比 1995 年提高 22.8 %，柴油乘用车比 1995 年燃油经济性提高 14.9 %，达到 12km/L。欧盟乘用车燃油经济性目标为 18.8km/L，单车平均排放 CO_2 减少到 140 g/km。为应对全球变暖，全世界已有 140 多个国家签订了《京都议定书》，我国于 2004 年开始实施《乘用车燃料消耗量限制标准》，2012 年乘用车平均油耗比 10 年前下降约 15 %。

9.1.3 汽车轻量化的重要意义

20 世纪 70 年代的两次石油危机，促进汽车工业提高了燃油经济性，80 年代中期以后，可持续发展的理念又一次推动汽车工业提高燃油经济性和节能减排。按《BP 世界能源统计 2008》的数据，2007 年全球石油产量的勘探结果表明，全球探明石油储量可满足 40 年的需求；目前美国所需石油的 53 %依赖进口，欧洲高达 76 %，日本几乎全部依赖进口，中国石油对外依存度接近 50 %。而在各行业的石油消耗中，汽车工业是耗油大户。

近年来，我国石油消费中汽车燃油的增长情况迅速，以 2012 年为例，汽车用燃油消耗占国内石油消耗总量的 25%以上，其中车用汽油占到汽油总消耗量的 85%，车用柴油约占柴油总消耗量的 40%，由此引起的交通运输的温室气体排放量是仅次于电力工业，汽车工业节能减排对于一个国家的能源供应、环境保护、乃至于国家安全都具有重要的意义。

9.1.4 汽车轻量化是节能减排的有效途径

研究表明，约 75 %的油耗与整车质量有关，降低汽车质量就可有效降低油耗及排放。汽车质量每下降 10 %，油耗下降 8 %，排放下降 4 %（图 9-1）。

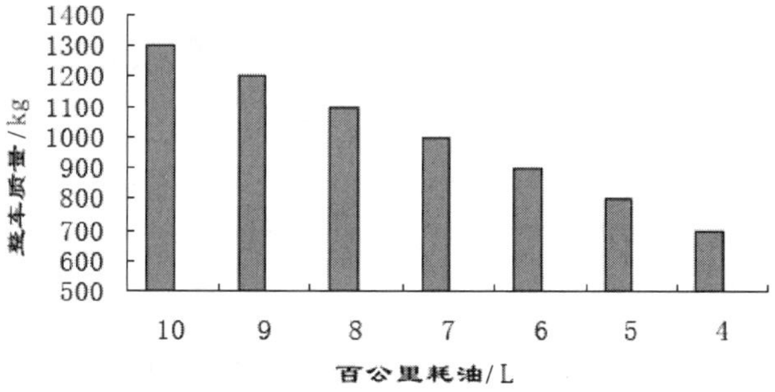

图 9-1　整车质量减少与百公里耗油的关系

对商用车的研究表明，汽车质量每减少 1000kg，油耗可降低 6%～7%。油耗的下降，意味着 CO_2，氮氧化物（NO_x）等有害气体排放量的下降。据报道，在美国汽车质量如果减少 25%，燃油消耗按减少 13%计，一年可节省 2.7 亿桶石油，按文献的数据，每消耗 1L 燃油，将产生 CO_2 量为 2～2.5kg。因此降低燃油消耗，就意味着温室气体和其他有害气体排放减少。

减少汽车质量，能减小动力和动力传动系统负荷，可在较低的牵引负荷下表现出同样或更好的性能。另一方面，为提高轿车安全性，增加一些辅助装置，导致车的质量增加，这些又需要通过轻量化予以补偿。例如，混合动力汽车由于增加了混合动力系统装置而增加了车重，也需要在混合动力汽车中实现轻量化，来减少油耗和降低制造费用。再如，纯电动汽车按目前的电池生产水平，每行驶 1km 需电池质量 1kg，也就是说满足汽车续驶里程 200km，仅汽车的电池重量就高达 200kg，因此对于这类新能源汽车轻量化意义更为重大。

无论从战略角度、商业角度还是社会发展来看，高燃油经济性和环保特点的汽车对可持续发展都具有重要的战略意义。

9.1.5 轻量化的概念和轻量化工程

汽车轻量化是一个完整的概念，是指汽车在保持原有的行驶安全性、耐撞性、抗震性以及舒适性等性能不降低，及汽车本身造价不被提高的前提下，有目标地减轻汽车自身的重量。汽车轻量化的概念应从以下三个方面来阐明。首先是对于已有的功能可满足要求的汽车，轻量化是降低重量而保持原功能不变，其轻量化的效果是直接减重。其次是现有功能尚不能全部满足要求或需要提升的汽车，轻量化是完善功能而保持质量不变，如改进汽车的动力学性能、操纵稳定性、噪声从及提高汽车的刚度和安全性等。第三是汽车轻量化既要提高和改进性能，同时也使汽车减重。汽车的轻量化的设计实际上是功能改进，质量降低，结构优化和合理价格的结合。

实现汽车轻量化目前主要有两个途径，一是新材料应用：主要是采用轻量化材料和轻量化材料成形技术，以达到减轻零部件重量的目的。二是轻量化设计：使零部件薄壁化、中空化、小型化、复合化以及对车身零部件进行结构和工艺改进等。

汽车轻量化是设计、材料和先进的加工成形技术的优势集成。可见汽车轻量化实际上设计念是汽车性能提高、重量降低、结构优化、价格合理四计概念、轻量化材料和加工成形技术等相结合的系统工程。具体而言，汽车轻量化包括 4 种优势的集成：一是车型轻量化创新概念的设计，二是零部件的几何形状优化，三是新型轻量化材料的使用，四是先进加工成形技术（图 9-2）。

可以看出：在汽车轻量化设计和轻量化工程实施中，轻量化材料和先进成形技术具有十分重要的地位。

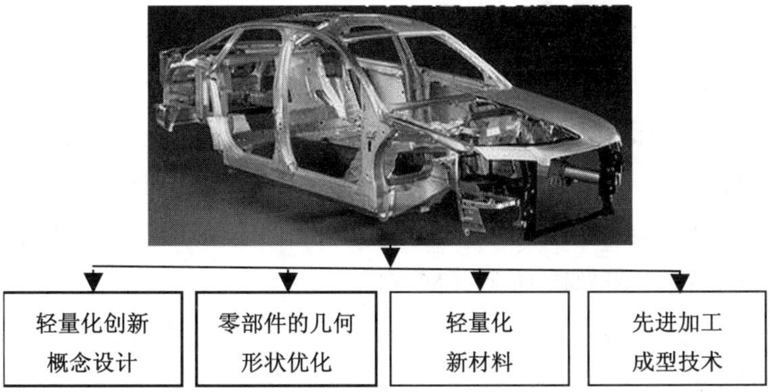

图 9-2　汽车轻量化的实现

众所周知，材料是现代高技术和产业的物质基础，而轻量化材料产业是汽车轻量化实施和发展的基础和条件保证。新能源汽车的发展对材料产业提出了新的性能要求，如新能源汽车的动力电池系统增加了车身自重，对汽车轻量化提出了更高的要求。新能源汽车生产上的这种需要，导致汽车轻量化材料产业的迅速发展，而高强度轻量化材料的使用又产生了汽车构件成形和制造工艺的新问题，从而导致了先进成形工艺的发展。这些问题的综合解决，为汽车轻量化的实施创造了条件，推动了新能源汽车的产业发展。

在汽车中，一般家庭用车用材构成为：钢 54%，铸铁 10%，塑料 8%，铝合金 8%，镁合金 1%，橡胶玻璃 7%，其他 12%。从家庭轿车用材的构成中可以看出，钢铁材料仍然是乘用车的基本构成材料，在相当一段时间内，它仍然具有不可替代的作用。其次是铝合金、塑料复合材料，然后是镁合金。在汽车轻量化的用材中，这四种材料是轻量化的基本材料。可以说，钢铁材料是汽车轻量化而又保证汽车安全性的性价比高的一种基础材料，铝合金是既提升汽车性能又是满足某些法规要求的轻量化材料，塑料复合材料是汽车轻量化和内饰件及部分外饰件的重要材料，镁合金是具有广泛发展前景的汽车轻量化的结构材料。这些材料的合理选用奠定了汽车轻量化实施的基础。

9.2　汽车轻量化材料产业的国内外发展现状和趋势

9.2.1　汽车轻量化用高强度钢和先进高强度钢的发展现状和趋势

（1）高强度钢和先进高强度钢

近年来高强度钢和先进刚强度钢发展很快，并在汽车轻量化和汽车安全性能的提升方面发挥了重要作用，按力学性能分类（抗拉强度和屈服强度）：通常将屈服强度小于 210MPa，抗拉强度小于 270MPa 的钢为低强度钢，屈服强度大于210MPa小于510MPa，抗拉强度大于270MPa小于700MPa的钢为高强度钢，屈服强度大于510MPa，抗拉强度大于700MPa称为超高强度钢；按冶金学特征又可分为低强度钢包括IF钢和软钢；普通高强度钢包括：C-Mn，烘烤硬化钢（BH钢）高强度IF钢和高强度低合金钢（HSLA钢）；先进高强度钢（AHSS其强塑积约为20000）：双相钢（DP钢），相变诱发塑性钢（TRIP钢），复相钢（CP钢）和马氏体钢（M钢）。

在先进高强度钢中，双相钢是研究较多和应用较广的一类冷成形钢，它是由在连续的铁素体基体中分布硬质马素体第二相组成，这类钢具有高的初始加工硬化速率，高的延性，低的屈强比，高的抗拉强度和高的烘烤硬化性等特点。TRIP钢是由分布于基体中的残留奥氏体岛、贝氏体和马氏体所组成。这类钢具有类同于DP钢的高的加工硬化速率，而残留奥氏体转变为马氏体的时候又增加了附加的延性因素；为增加钢中残留奥氏体量，TRIP钢中的碳含量高于DP钢，并且在贝氏体转变时必须抑制碳化物的沉淀析出，加入硅和铝将有利于这一技术的实现。残留奥氏体中碳含量高可使其在更高的应变水平下转变为马氏体，从而有助于TRIP钢延性的改善，如果残留奥氏体中的碳含量较低，那么它的稳定性就不够，在变形一开始就开始向马氏体转变，这样就不利于TRIP钢延性的提升。复相钢是铁素体和更高体积分数的硬质相（通常为精细的沉淀强化相）所组成的以高强度为特征的冷成形钢，为了形成较多的沉淀相和复合沉淀相，这类钢中通常加入微合金元素，包括Ti、Nb和/或V。马氏体钢是在热轧过程中的中间平台上由奥氏体淬火产生的，或在连续退火生产线上产生的，主要有马氏体组成的一类钢，这类钢具有高的屈服强度和抗拉强度，但延性较低，为改善延性可在淬火后进行适当的回火。

第二代先进高强度钢中的U-AHSS通常具有高含量的Mn、Si、Al所组成的奥氏体钢，这类钢同时具有TRIP和TWIP效应，是一种超高强度的韧性高、延性好的强塑性高的冷成形钢类；由于其合金含量高，处理工艺较复杂，目前在汽车应用中还很有限，但是优良的高强度和高韧性的结合，今后有望在汽车的安全件上得到应用；这类钢的另一特点是具有高的延迟断裂抗力。

第三代先进高强度钢X-AHSS是通过淬火分配处理所获得的较高强度和延性相结合的TRIP钢，其中有可分为马氏体基体加片状残留奥氏体组织的TRIP钢以及无碳贝氏体加残留奥氏体的TRIP钢。

（2）高强度钢在汽车轻量化的应用

高强度钢在汽车车身结构件特别是安全件的应用，是保证汽车轻量化而又提升汽车安全性能的基本材料和手段。国际上高强度钢和超高强度钢在汽车轻量化上的应用项目的具体的效果列于表 9-1。2009 年，欧洲车身会议上报道了关于乘用车轻量化和高强度钢应用的项目情况，其中，一个明显的趋势是在各车型中扩大了热成形用钢的应用。

表 9-1　国际上已进行的轻量化项目和效果

序号	项目名称	轻量化目标	技术路线	组织方
1	PNGV	30%	多材料	美国钢铁协会
2	SuperL IGHT-Car	40%	多材料	欧洲钢铁协会
3	AI	40%	铝	国际铝协会
4	ULSAB-AVC	20%	钢	国际钢铁协会
5	ABC	30%	钢	阿赛乐钢厂
6	NSC	20%	钢	蒂森钢厂

欧洲部分车型应用高强度钢占车身重量的百分比见表 9-2。

表 9-2　欧洲部分车型的车身高强度钢应用状况

车型	Fat new 500	Fat Grande	SKoda Roomster	Audi A5	New V70	Nissan Oashqai	New Mondeo	New HONDA	OPEL Antara
HSS/%	65.0	67.0	59.0	60.8	70.0	63.0	60.3	48.0	57.5

注：HSS——高强度钢占车身用量比。

（3）高强度钢和先进高强度钢国内发展情况

国内新能源汽车高强度钢和先进高强度钢发展也很快，图 9-3 是国内自主品种轿车高强度钢的应用进展。

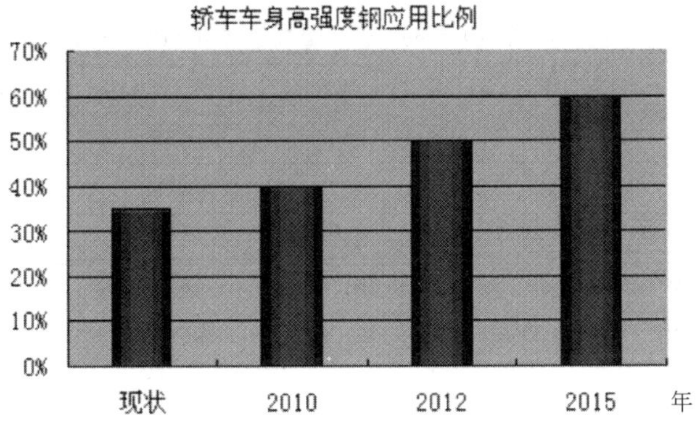

图 9-3　国内自主品种轿车高强度钢的应用

随着各车型高强度钢的用量增加，各钢厂的高强度钢生产的品种和生产量都在迅速增长，如中国的上海宝钢，各类高强度钢生产的情况见表 9-3 和表 9-4。

表 9-3　由宝钢生产的超高强度先进高强度钢的一些典型性能

型号		拉伸强度（最低拉伸强度保证值 MPa）								
		440	490	540	590	690	780	980	1180	1470
DP	CR/EG	○ ○拉轧	● ○拉轧		●	○	●	○		
	GI/GA	○ ○拉轧	● ○拉轧		●	○	●	○		
	HR/PO			○	●	○	○			
TRIP	CR/EG				●		●	○	☆	
	GI/GA				○	○	○	○	☆	
	HR/PO						○			
CP (M:Mart)	CR/EG							☆900M	● ☆HPF	● HPF
	GI/GA							☆900M	●	● HPF(Al)
	HR/PO								☆ HPF	○ HPF
FB	CR/EG				☆		☆			
	GI/GA				☆		☆			
	HR/PO	●		●	● ☆(HGI)		●			
TWIP	CR/EG						☆	☆		
	GI/GA						☆	☆		
	HR/PO						☆	☆		

● 商业化，○ 研制成功，☆ 研制中，HPF 高性能锻造。

表 9-4　由宝钢生产的一些典型双相钢和其他超高强度钢的性能

编号	等级	厚度/mm	伸长率/%	屈服强度/MPa	拉伸强度/MPa	冷却
1	HC420/780DP	1.8	19	454	799	氢脆
2	HC550/980DP	1.6	8	608	1056	氢脆
3	HC550/980DPD+Z	1.4	12.2	642	997	氢脆
4	HC550/980DP	1	10	637	1077	水冷
5	HC700/980MS	1.6	9.2	765	1119	水冷
6	HC1200/1500MS	2	2.2	1457	1605	水冷

9.2.2　汽车轻量化用铝合金材料的发展现状和趋势

（1）铝合金是汽车轻量化的有效材料

铝合金的密度只有 $2.68g/cm^3$，仅为钢的 30%，在等弯曲刚度的条件下，铝对钢的厚度比为 1.43，在等弯曲刚度的条件下，铝的减重的潜力是 49%，在等弯曲强度的情况下，铝对钢减重的潜力是 38%；据美国铝业公司的数据，汽车中典型的铝质零件的一次减重效果可达 30%～40%，二次减重可进一步提高到 50%；每使用 1kg 铝，可使轿车寿命周期中减少 20kg 的尾气排放；在发动机中，用铝合金代替铸铁，其减重效果达 50%，每应用 1kg 铝，则可使轿车寿命周期中减少 22kg 的 CO_2 排放量；轻卡和轿车发动机中如果平均用铝 45kg，则 20 万公里可节油 375L；如用铝合金代替钢做保险杠，则可使该车行驶 20 万公里减少 61kg 的 CO_2 排放；用变形铝合金制作发动机盖板，和钢制零件相比，可减重 50%，行驶 20 万公里可减少排放 CO_2 排放量 161kg；同时铝制发动机盖板对行人碰撞的伤害也远低于钢制零件。应用铝合金所节省的能量，是生产该零件所用原铝耗能的 6～16 倍。如用铝合金车轮代替钢制车轮，则节能减排效果更加显著。而且铝合金是绿色材料，可回收，可循环利用。

（2）汽车用铝合金的种类

汽车轻量化和安全碰撞法规以及对行人保护的法规要求，我国汽车工业的发展，国产 B 级车和 C 级车以及档次较高的车型相继问世，这为铝合金在汽车中的应用提供了一个很好的市场和应用基础，而铝合金在汽车工业中的应用也为国内 B 级车和 C 级车及整个汽车行业的技术升级提供了条件。铝合金在汽车中的应用形式有：铝合金锻件（一些结构件，如悬架支架以及铝合金车轮等，即在汽车中要求强度较高的结构件和疲劳件），模铸件和金属模铸件（主要有轿车车轮、各类壳体，发动机的缸体缸盖等零件），铝合金挤压和拉延产品（制作各类车身结构件和公交车辆结构件的铝合金型材），铝合金轧制板材（各类车厢制件，乘用车的外覆盖件，如发动机的盖板、行李箱盖板等），砂型铸件，消失模铸件，流变铸件，半固态铸造件（制造各类壳体，精密尺寸构建和强度较高的尺寸较小的铸件）。

（3）变形铝合金板材在汽车中的应用

目前国外应用的铝合金汽车板材有：

2XXX 系，以铜和镁作为合金元素，具有良好的成形性和较高强度，但抗蚀性较差，烘烤硬化能力低，其强化相 $CuMgAl_2$ 时效析出成核困难，主要用于汽车内板。

5XXX 系，由镁原子固溶强化和晶粒细化强化，室温放置后在拉伸时容易出现 Luders 伸长，冲压成形后表面起皱，影响外观，且延展性和弯曲能力会由于 Fe 的增加而恶化，烤漆中出现软化现象。

6XXX 系，是可热处理强化的铝合金，是当前汽车板研发的主要方向，固溶处理后，加适当预处理，具有良好的成形性，随后在油漆时又具有高的烘烤硬化性，如何解决预处理后的抗时效稳定性、成形性及烘烤硬化性的合理匹配，是该合金研发的关键。

目前车身板主要以5000系和6000系为主。由于汽车内板和外板的要求不同，内部面板材料的要求主要是深冲成形性和接合性（焊接和连接），以使用部分6000系合金材料和5000系合金为主，而外板要求强度较高，因而目前汽车外板主要应用可热处理强化6000系材料为主。

国际上采用较多的铝合金汽车板型号有：AA6016、AA6022、AA6111、AA6005、AA6009和AA6010、AA5182、AA5754、AA5052等，如：Plymouth Prowler采用6022车身板，Audi A8采用6016车身板，Acura NSX使用5052作为内部面板以及6000系作为外部面板，Jaguar XJ220和GM EV1都采用5754作为车身材料.国内变形铝合金物理和力学性能与国外有差距，无法满足冲压性能的要求，尤其难以冲压成形深拉延件。

（4）半固态成形铝合金的应用

半固体是指在铝合金的液相和固相之间的状态，1972年美国MIT首先发现半固态金属特性，并申报有专利。1980年进入研究热潮，并逐步产业化。当时，半固态成形的产业化技术有流变成形和触变成形。考虑到触变成形工艺的稳定性，目前半固态成形基本上是以触变成形为主；法国、美国、德国、日本等都有产业化，并在汽车工业中应用。

半固态成形的关键技术是半固态浆料的制备。传统铸造法得到的金属铸锭为树枝晶组织，该组织会严重影响到材料的致密度及性能，而通过机械搅拌法或者电磁搅拌法等制得半固态浆料的非树枝晶组织可明显改善随后半固态压铸时的流动性，且晶粒细小，组织致密、力学性能好。非树枝晶金属坯料的制备方法主要有：机械搅拌法、电磁搅拌法（EMS）、应变诱发熔化激活法（SIMA）、电磁脉冲振动法、超声振动搅拌法（UVS）及喷射沉淀法（Ospray）、液相线法等。在工业化生产的多用机械搅拌法、电磁搅拌法（EMS）以及液相线法。

制备半固态浆料后，可以通过压铸、挤压铸造或锻造工艺进行成形；半固态铸造又分为触变铸造和流变铸造两种，这种工艺过程的优点是：降低了凝固过程中的皱缩，在模具的深腔处发生了部分相变，降低了模具中的凝固过程中的潜热和凝固时间，减少了模具的热疲劳应力，延长了模具寿命；可以制造形状复杂的近终成形的铸件；再加上这种工艺方式的铸件性能优良，因而受到人们的关注。其性能可以和锻造铝合金相比。

铝合金半固态成形已经广泛应用于汽车的高强度的结构件，军事、航空、电子等高强度高疲劳寿命零件。如汽车中的油缸、转向系统零件、臂、发动机活塞、传动系统零件等。以Buick高级轿车从从动链轮支架为例，毛坯净重1.85kg，铸件厚壁处15～40mm，薄壁处5～7mm，机加工后进行气密实验，原采用真空铸造产品废品率10%～20%，采用半固态压铸后，产品废品率下降为 5%，经探伤和金相组织观察，铸件的内部显微组织结构均匀致密，无毛孔，缩孔等缺陷。

（5）锻造铝合金车轮及其在商用车上的应用

美铝公司（AlcoA）曾对锻造铝合金进行了大量的研究，大量的实验表明：锻造铝合金车轮具有强度高，承载能力高，重量轻、导热性能好、圆形度好，使用安全、维护费少，高回收、高回报等优点。

采用 6061 铝合金锻造成重量 25kg，车轮轮毂外径 500mm 左右，在车轮径向施加载荷，使车轮产生 50mm 的变形量，则锻造车轮承受的载荷量可达 71200kg，而钢制焊接车轮只可承受的载荷为 13600kg，铝合金车轮承载能力比钢制车轮高 5.2 倍。

锻造车轮的抗冲击能力强，按照日本 JWL 标准，将一卡车以每小时 50km 的速度撞向路边基石（CHI GI-151-15 标准），铸造铝合金车轮和钢制车轮都未通过实验测试，只有锻造铝合金车轮符合测试要求。

锻造铝合金车轮的重量轻，减重效果明显，和钢制车轮相比，可减重 50%，和铸造铝合金车轮比可减重 15%～20%。

锻铝车轮具有优良的导热性，在环境温度为 25℃时，铝合金的热导率为 167W/(m·K)（6061 T6 状态），而钢制的热导率为 50W/(m·K)；在同样的行驶条件下，铝合金车轮的温度可以比钢制车轮低 10～15℃，从而降低轮胎偏差和温度，节约轮胎，可以使轮胎寿命延长 10%～13%。长途客车还可提高制动性能，摩擦片寿命延长一倍。

锻铝轮毂由 6061 单体坯料锻压而成，没有焊接，圆形度好，与无内轮轮胎能具有良好的密封性。同时轮毂疲劳寿命高，对于商用车可承诺轮毂 5 年 20 万公里无损坏。锻铝车轮具有 Dura 光亮，不需喷漆，不会生锈，维护费用低，车辆形象好。

锻铝车轮可回收，按目前市场价格，回收价格为 1.5～1.7 万/t，如果考虑到回收价值，那么铝合金车轮的价格就不那么高。

实验表明：对于载重 10t 的日本标准重型卡车，从不同的速度：50km/h 到 90km/h，锻铝车轮和钢制车轮相比，可节油 2.58%，按日本市场油价，则不到一年就可将锻铝车轮高出钢轮的成本回收。韩国某客运公司的油耗实验表明：和钢制车轮相比，锻铝车轮可节油 3.7%，由于降低了油耗，从而降低了汽车的总排放。

我国秦皇岛戴卡轮毂股份有限公司试制了商用车的锻铝合金车轮，并通过了部分使用试验；取得了轻量化和节能减排的效果；宁波、江北、金属制品有限公司已试制了直径为 450mm、轮辐宽为 230mm 的锻镁车轮，已经通过了各种性能检测，有可能成为锻铝车轮的竞争对手。

9.2.3 汽车轻量化用的镁合金的发展现状和趋势

（1）汽车轻量化材料的镁合金发展前景广阔

镁的密度为 $1.74g/cm^3$，是最轻的金属结构材料之一；镁合金代替某些钢铁材料可以有效地减轻汽车的重量，如以刚度为设计准则的材料。在等弯曲刚度条件下，采用镁代替钢可减重61%，在等弯曲强度条件下，镁代替钢可减重74%，每使用1kg镁，可使轿车寿命期减少30kg尾气排放（和铝的比对值）；镁还是绿色环保材料，可循环回收，但目前和铝相比尚有一定的差距。因此镁是一种有前景的汽车轻量化的材料。

虽然目前北美汽车生产厂家每辆汽车用镁量为 1.5～3.5kg，但镁在汽车中的应用增长很快，某些车型已达到将近10kg；美国福特汽车公司已经先行一步，在澳大利亚购买了镁的矿产开采权。为镁合金的扩大应用做准备。

国外对镁合金在汽车上的应用十分重视。2004年6月，美国、加拿大的相关机构和公司共同设立了一项汽车用镁合金中长期研究计划。2006年12月，北美汽车研究联盟（USCAR）发布的《2020年北美汽车用镁合金及轻量化战略展望》研究报告令人瞩目。该研究项目和行动计划由美国汽车研究联盟中的“汽车材料伙伴计划”支持和组织，得到了美国能源部的资金支持。是以美国克莱斯勒、福特、通用三大汽车公司为主体，有来自美国能源部、加拿大资源部、北美材料和零部件供应商、大学及科研机构的61个成员单位共同参与。此次发布的报告相当于一个行动纲领和计划，历时两年研究后对外发布，将汽车用镁合金的议题分解为163个有待研发的项目，提出了研发的方向与目标，并在联盟组织下开始合作攻关。这份报告的发布，为全球镁合金产业和汽车产业提出了新的目标和挑战，也再一次肯定了镁合金在汽车轻量化中将要承担的重要使命。报告强调，将通过所有参与者的密切合作，在产业链所有环节都进行努力，以满足市场复杂和多样化的需求，巩固和提升镁合金材料的地位。根据这一报告中的规划，到2020年，北美乘用车用镁量将会达到 160kg/辆，届时镁将会成为第二大汽车材料，在乘用车中材料重量的比例将从目前的 0.3%增加到 12%。这将是呈现给世界的一个巨大贡献。

研究表明，从技术性和经济性角度考虑，镁是很有希望的轻质材料，使用镁不仅可以有效减轻自重，同时也可以有效降低汽车噪声。镁合金在交通工具中的应用，在降低油耗的同时，尾气排放也将大幅度降低。镁合金应用于汽车还可以改善车辆的设计，提高车的性能和舒适性。镁合金将有能力使汽车实现轻量化，从而成为解决石油资源紧缺和和全球气候变暖的重要解决方案之一。

据有关方面预测，2020 年中国汽车产量将会超过 2000 万辆，如果单车用镁量达到 100kg，国内汽车业对镁的年需求量将会超过 200 万吨。

我国拥有丰富的镁资源，菱镁矿、白云石矿和盐湖卤水等优质炼镁原料的储量十分丰富，是镁资源大国（见表 9-5）。

表 9-5　中国镁资源

矿源	已探明储量	主要分布
菱镁矿	34 亿吨	辽宁、山东、河北
白云石	＞40 亿吨	全国各地
蛇纹石	30 亿吨	江苏、江西、山东、四川
盐湖卤水	48 亿吨	青海
沿海盐场卤水	410 万吨/ 年	沿海各省市盐场

经过四十多年的发展，中国已成为当今世界上第一大镁生产国。2010 年中国年产量为 65.3 万吨，同比增长 34%。2013 年达总产量 769 吨，同比增长 3.65%。

我国汽车工业已经成为支柱产业，2009 年我国汽车产销量就突破 1300 万辆，跃居世界第一，2103 年产销量突破 2200 万辆，形成世界最大的汽车生产与消费市场，成为促进世界汽车工业发展的驱动力，但我国汽车实际用镁量远远落后于国际水平。

从目前发展趋势看，未来汽车设计将更注重减轻车辆质量、改善燃料经济性、降低尾气排放、降低车辆制造成本。从技术发展的角度看，镁正处于在汽车中批量应用的前夜，新型镁合金的开发以及镁在汽车零部件中应用的相关技术已成为当前研究的热点。我国应加大在该方向上的研发和应用力度，以提高在国际大市场中的竞争能力。

（2）汽车镁合金材料产业的国内外发展现状及趋势

汽车产业中镁合金用量较多的国家和地区主要是北美、欧洲、日本和韩国，1991 年汽车工业中镁合金的用量仅为 2.4 万吨，到 1997 年则增至 6.4 万吨，目前这些国家和地区汽车工业对镁合金的需求已达到每年 40 万吨。欧洲正在使用和研制的镁合金汽车零部件已超过 60 种，单车镁合金用量 9.3～20.3kg；北美正在使用和研制的镁合金汽车零部件已超过 100 种，单车镁合金用量 5.8～26.3kg；我国汽车镁合金产业的总体技术水平不高，在汽车镁合金部件设计、制造加工等方面还有较大差距，平均单车用镁量不足 1kg。经过近几年的发展，目前已有 20 余种汽车零部件可以采用镁合金生产。

① 镁合金及其在汽车零部件上的应用。国内外汽车零部件常用镁合金主要有 AZ（Mg-Al-Zn）系、AM（Mg-Al-Mn）系、AS（Mg-Al-Si）系和 AE（Mg-Al-RE）系四大系列，广泛应用的仍然为铸造镁合金，目前已开发应用镁合金汽车零部

件见表9-6。

表9-6 汽车常用镁合金及其零部件

镁合金	汽车零部件
AZ91D	手动变速箱、进气歧管、后窗框、门内框、辅助转动支架、离合器壳、反光镜支架、机油过滤器壳体、气门罩和凸轮罩、脚踏板、转向柱支架、变速箱上盖、操纵装置壳、气缸盖罩、前端齿轮室
AZ61	行李架骨架、立柱梁
AZ31	轮毂
AM50	座椅框架
AM60B	方向盘芯骨、电器支架、仪表梁骨架、转向盘、散热器支架、大灯托座、座椅框架、轮毂
AS41B	自动变速离合器活塞及定子、变速器壳体
AE44	变速箱壳体、油底壳、发动机托架

② 高强韧镁合金及耐热镁合金。镁合金在室温和高温的强度和韧性不能满足汽车中广泛零部件的性能要求，提高镁合金强韧性是扩大镁合金在汽车产业中应用范围的有效途径。以现有镁合金为基础进行合金化，加入微量元素如Ca、Sr、Ba、Sb、Sn、Pb、Bi以及稀土元素等是研制新型镁合金的主要方法。Mg-Al系合金是汽车产业中应用最为广泛的一类合金，压铸镁合金主要就是Mg-Al系合金。为改善镁合金的韧性、耐高温性、耐腐蚀性，以Mg-Al系为基础发展形成了AZ（Mg-Al-Zn）、AM（Mg-Al-Mn）、AS（Mg-Al-Si）、AE（Mg-Al-RE）系列合金。AZ91合金作为成熟的商业应用镁合金，是AZ系列镁合金的代表之一，目前在汽车产业中应用最为广泛。二元Mg-Zn合金具有明显的时效硬化特性，有共格的GP区。在Mg-Zn二元系基础上发展起来了Mg-Zn-Zr合金、Mg-Zn-RE合金以及具有良好综合力学性能的Mg-Zn-Cu合金。Mg-Zn-Zr合金中典型的是ZK61合金，其T5态下的抗拉强度可达310MPa，但是较脆，伸长率基本为零。有代表性的Mg-Zn-RE合金是ZE41和ZE33合金，其力学性能一般。Mg-Zn-Cu合金中由于加入Cu，改善了铸件韧性和固溶处理特性，表现出良好的室温和高温力学性能，但其耐腐蚀性能差。Mg-RE系合金中稀土元素主要以稀土Ce、稀土Y或富Ce混合稀土的形式加入，此外，La、Pr、Nd、Gd、Dy等稀土元素也被应用于镁合金中。研究表明Mg-Y系合金是很有发展潜力的一类耐高温合金，在此基础上，开发的一些多元的稀土镁合金，如Mg-Y-Nd-Zr合金，室温强度和抗高温蠕变性能都较高，使用温度可达300℃。通过调整Gd/Y、RE/Zn，综合运用固溶强化、时效强化、长周期有序结构强化和形变强化等手段开发的高强度耐高温Mg-Gd-Y-（Zn）-Zr系变形镁合金，抗拉强度达490MPa，伸长率3%～6%，且其高温稳定性非常好，在200～300℃之间仍具有良好的力学性能。Mg-Li合金有LA141、LA91及LAZ933，这些合金的密度只有1.25～1.35g/cm^3，却具有很高的弹性模量。Mg-Li合金比强度高、振动衰减性好、切

削加工性好，但高昂的价格限制了其在汽车产业中的应用。目前，镁合金正逐渐在原有合金系的基础上由二元、三元向多元化发展，这将是未来提高镁合金综合性能的主要趋势。

9.2.4 汽车轻量化用的塑料和复合材料

9.2.4.1 概述

塑料复合材料具有密度小，比强度高、优良的抗腐蚀性、易成形，使形状复杂的零部件加工简单、耐冲击抗振动、设计自由度大、外观多样、电绝缘性和绝热性优良的特点；是汽车工业中的重要的轻量化材料。当前塑料在新能源汽车应用的发展趋势是提高应用比例，以塑代钢、塑料合金及热塑性复合材料。

塑料在汽车上的应用主要由内装件和外装件，其应用的种类世界各国大体相同。日本车塑料使用主要有聚氯乙烯（PVC）、聚丙烯（PP）、聚氨酯（PU）、ABS 塑料合金和长纤维复合材料（LFRP）。美国车塑料使用量 PU、PP、PE、PVC、ABS；欧洲车塑料使用量 PVC、PU、PP、PE、ABS。用于内装件主要有仪表板、门板、坐垫、方向盘、车内饰、座椅扶手；外装件主要有前、后保险杠、侧保险杠、阻流板、车顶盖、挡泥板、发动机罩、车门把手、车顶内饰件、车厢内衬、发动进气支管、散热器的水池（PA66+30%GF）、油箱（HDPE）、前左右翼子板等。

塑料的比重低于镁合金，根据不同的填料其密度在 1.0～1.5g/cm^3 之间，是非常称职的轻量化材料；在等弯曲钢度的条件下，和钢相比 PC 类的塑料可减重 35%；在等弯曲强度的条件下，和钢相比可减重 72%；近几年，塑料在汽车中的应用增长很快，在发达国家，汽车塑料已经达到塑料总消费量的 5%～8%，在北美和日本，这个比例达到了 12%，且还在继续增加。

可以看出：塑料复合材料从 20 世纪 80 年代后，一直在快速增长，年增长率达到 10%左右。

在塑料基础上发展起来的纤维增强塑料，最典型的是增强热塑性材料技术，目前取得了卓越进展，进一步提升了它们的性能和开发出更多新的应用。高性能的长纤维增强热塑性复合材料（Long Fiber Reinforced Thermoplastics，LFT）是近年来取得突破进展的纤维增强复合材料，具有高强度、高刚度、尺寸稳定、低翘曲度、使用寿命长、耐蠕变等显著特点。

LFT 是当今热塑性复合材料中发展最快的新材料之一，在过去十年中以 30% 的年增长率上升。业内人士预计 LFT 还有 5～10 年的高速发展时期，特别是在汽车零部件制造领域的设计与应用将继续以两位数字的年增长率快速增长，图 9-4 是 LFT 制造的运输汽车构件的实例。图 9-5 是纯电动的复合材料公交巴士车体。

图 9-4　LFT 制造的长途运输汽车部件

图 9-5　纯电动的复合材料公交巴士车体

9.2.4.2　汽车轻量化塑料复合材料的发展现状和趋势

20 世纪 90 年代，发达国家汽车平均用塑料量是 100～130kg/辆，占整车整备质量的 7%～10%；到 2011 年，发达国家汽车平均用塑料量达到 300kg/辆以上，占整车整备质量的 20%；预计到 2020 年，发达国家汽车平均用塑料量将达到 500kg/辆以上。按 2013 年我国汽车产量及当前我国车用塑料用量比例计算出当前我国车用塑料约为 180～230 万吨，按照当前欧美等发达国家使用量计算，我国车用塑料的理论容量为 700 万吨，二者相差悬殊，在未来几年我国车用塑料还有巨大的发展空间。而这些数据还不包括未来我国汽车产量增长带来的容量扩张，也不包括未来每辆车使用塑料由目前的 100kg 增长到 500kg 所带来的容量。

目前，德国、美国、日本等国的汽车塑料用量已达到 10%～15%，有的甚至达到了 20%以上。从现代汽车使用的材料来看，无论是外装饰件、内装饰件，还是功能与结构件，到处都可以看到塑料制作的影子。且随着工程塑料硬度、强度、拉伸性能的不断提高，塑料车窗、车门、骨架乃至全塑汽车已逐步出现，汽车塑化进程正在加快。工程塑料在汽车中所使用的比例，已经成为衡量一个国家汽车业发展水平的重要标志。随着汽车轻量化与节能减排的需要，高性能汽车用塑料将会有更大的发展空间。

除了轻量化和节约能源外，汽车零部件塑料化目的还在于提高零部件的功能、简化制造工艺、提高汽车的舒适性、增加安全性、降低生产和维护成本，并赋予更高的设计自由度。塑料汽车配件，主要分为内饰件、外饰件和结构件三大类。对于内饰件和外饰件，对塑料的性能要求不高，可用普通的塑料材料，而对于具有一定功能的结构件，对塑料的性能要求比较高，需要用优质工程塑料及其合金。

聚合物基复合材料，如前述的 LFT 汽车工业发展也非常快。美国是世界上第一大聚合物基复合材料生产与消耗国，美国在汽车上大量采用聚合物基复合材料，使汽车轻量化取得了显著效果。据估算，目前美国汽车用复合材料年消耗量超过 70 万吨。20 世纪 80 年代就已有 65%的美国轿车采用片状模塑复合材料（SMC）作前脸和散热器护栅板，后续用量继续增加，95%以上汽车前灯反射镜已采用块状模塑复合材料（BMC）作为主要材料。聚合物基复合材料在汽车上的应用几乎涵盖了美国本土的所有汽车制造厂家，如通用汽车公司、福特汽车公司、戴姆勒・克莱斯勒（DC）公司三大汽车公司以及 Mack、Aero-star 等重型车厂。

在欧洲，英、德、法、意、瑞典等国家较早采用了聚合物基复合材料汽车部件。目前聚合物基复合材料已在戴姆勒・克莱斯勒（DC）公司、梅德赛斯-奔驰、BMW、大众、沃尔沃、莲花、曼恩等欧洲汽车厂的轿车、客车和载货车等各种车型中大量应用。汽车复合材料年消耗量约占其复合材料年产量的 25%; 其中 30% 以上的 SMC、80% 以上的 GMT 与 LFT 均用于汽车部件制造。

日本汽车制造业与欧美同属领先地位，但采用聚合物基复合材料的步伐和进展要落后很多，主要原因是日本冶金工业发达，钢材质优价廉。直到 20 世纪 80 年代中期，日本才正式开始积极研究开发聚合物基复合材料汽车部件，并转入规模生产，其中大部分采用 SMC 工艺，而且呈逐年上升趋势。韩国汽车工业基本上走日本汽车材料发展之路。

中国聚合物基复合材料在汽车中的大规模应用开始于引进车型，自主开发车型也得到部分应用，总体速度缓慢。目前我国聚合物基复合材料年产量已超 100 万吨，但汽车工业中年用量不到 10 万吨，所占比例较小，汽车复合材料厂家普遍规模较小，创新发展能力不够。

目前中国轿车生产仍然以进口车型为主，其复合材料部件基本沿用原厂设计，部分实现本地化生产配套，但相当一部分部件依然进口；国产品牌轿车上复合材料部件还较少使用。

聚合物基复合材料在国内大型、豪华客车中均有应用，几乎囊括所有厂家的所有车型，如厦门金龙、亚星- 奔驰等涉及应用部件有前后围、前后保险杠等。由于此类客车部件类多、较大、量小，一般采用手糊/喷射或 RTM 工艺成形。在中小型客车中，聚合物基复合材料也有广泛应用。如南京依维柯 S 系列车的 SMC 前保险杠、后行李厢门总成和后围总成等。

随着载货车技术的引进、消化、吸收以及自主创新，近年来国内载货车技术得到很大的提高、优化与改进，同时随着国民经济的高速发展带来的市场驱动带来载货车产量的不断攀升，聚合物基复合材料在载货车中取得了突破性的应用，尤其在中重型卡车方面。以 SMC、RTM 为主导的复合材料应用尤为活跃，涉及前翻转盖板、前围面罩、保险杠、翼子板、导流板以及发动机内部件等。

9.3 发展汽车轻量化材料的主要任务和主要问题

汽车轻量化材料在汽车轻量化中具有十分重要的作用，对于获得高性价比的轻量化设计，轻量化部件具有举足轻重的作用。正确的理解轻量化材料的特点优点和应用的合理性是发展轻量化材料的重要任务，现对四种重要的轻量化材料分别论述。

（1）高强度钢是汽车轻量化的基础材料

汽车轻量化用高强度钢和先进高强度钢是汽车轻量化而又保证安全的基础材料。近年来，高强度钢和先进高强度钢发展很快，作为汽车轻量化材料，必须满足其成形性和高强度的良好的合理匹配。虽然，高强度钢发展很快，除双相钢之外，先后出现了铁素体为基体的 TRIP 钢、贝氏体 TRIP 钢以及马氏体出现的 TRIP 钢（通过 Q&P.T 处理淬火分配处理和淬火回火分配处理）。从所报道的资料来看，这些 TRIP 钢都具有良好的成形性和高的力学性能，尤其是高的强塑性，但其钢材的处理工艺通常较为复杂，如果装备的性能稳定性不良，就会影响到工艺的稳定性；从而影响到的材料性能的稳定性。如何用简单的工艺过程，生产出性能良好的工艺材料，是钢铁生产的企业的重要任务；从这个意义说，处理工艺简单、性能稳定、生产成本低和生产工艺设备成熟，又可以和涂层相结合的连续退火生产的双相钢是有广阔应用前景的钢材，而目前这类钢（不同强度级别）已在汽车行业广泛应用，其内在原因就在于此，而 TRIP 钢和 TWIP 钢在汽车行业生产中的广泛应用尚有待时日，而纳米贝氏体的 TRIP 钢，由于其较高的碳含量所带来的焊接性能、成形性等问题，其生产上应用也有待改进。

汽车行业通常系大批量生产，尤其是通过冲压成形的一些构件要求原材料的不同批次和同一批次不同部位的产品质量具有较好的一致性；否则，会影响冲压时的回弹和相关性能的稳定性；对于轻量化的高强度产品，这一特点尤为重要，性能的稳定性和不同批次产品的一致性正是我国轻量化用钢的和国外的产品的差距之一。

另一个问题和任务是，对汽车轻量化的高强度钢和先进高强度钢开展深入的应用研究，材料科学与工程课题的完整研发链条可用下面四个方面说明：材料研发中首先要进行的是组织性能、成分、工艺之间的关系研究，优化出合理的成分和工艺，然后进行冶金工艺（炼钢、杂质和热处理等）的技术研究，用简单的工艺技术生产出高性价比的钢材；用所生产的钢材通过经济、方便、快捷的生产模式转换为有用的物件，即材料制作构件的工艺性能良好；所生产的构件的功能可否满足使用要求，即在材料的使用性能，这四个方面构成了材料科学与工程课题的完整研发链条；长期以来在材料研发中，往往只重视前面两部分，而轻视、忽略了后面两部分的应用研究，导致不少的材料方面的研发成果难以在生产中应用，因此对轻量化的先进汽车用钢，应加强应用研究。

对于汽车轻量化的钢铁材料企业还必须和汽车工业紧密结合，确定汽车轻量化用材工艺方案；例如像 2009 年欧洲车身会议上所提出的用材趋势，普通高强度钢加少量双相钢+热冲压成形超高强度马氏体钢的方案和发展趋势，并认为这是既经济有效又可以保证车身安全碰撞性能的具有高性价比的轻量化的用材方案；同时，这一用材方案的材料性能稳定性也容易实现；那么，发展钢铁材料产业时 TRIP 钢和 TWIP 钢仅只作为技术储备，而重点解决的是热冲压成形工艺技术和相应的用钢产业发展的问题；大方向确定之后，来指导汽车用材和相应的加工工艺，这对于汽车轻量化产业的发展是至关重要的。

（2）铝合金是轻量化的重要材料

汽车用铝合金的产业发展来说，大量的铸造铝合金已在生产中进行了应用；尤其是出现了全铝的发动机，实现了轻量化；同时也开发了全铝车身，如：奥迪 A8，而目前对于汽车轻量化用的铝合金应该大力发展的是锻造铝合金，用于制造悬架支撑和商用车的锻铝车轮；而铝合金挤压材已开始在混动客车上大量使用，以便得到轻量化的车架以及商用车的车厢车架；而铝合金冲压用板材经过 11 • 5 和 10 • 5 国家科技部 863 项目的支持下攻关，已取得了较大进展，但要得到性能稳定，及成形性、抗失效稳定性、烘烤硬化性、抗凹性、油漆光鲜性、Ropping 性能、翻边延性等七种性能的合理匹配的铝合金汽车板，还有大量的工作和工艺技术有待深入进行。铝合金汽车板是铝合金在汽车工业中应用的顶级产品，国外只有美国铝业、日本神户和德国的个别铝业公司可以生产，今后该产品仍然是铝合金产业发展中的重点主攻产品；随着汽车碰撞对行人保护法规的实施，对高性能铝合金汽车板的需求必然会迅速增加，对铝合金汽车板的重点研发方向为汽车用铝合金板材，尤其是汽车用铝合金外板是铝合金板材生产中的顶级产品，在其研发中重点需解决的是抗时效稳定性、成形性、烘烤硬化性、翻边延性、油漆光鲜均匀性、抗凹性、其表面处理技术等这些既相互联系又相互矛盾特性的合理匹配和统一，满足铝合金汽车板的力学性能、工艺性能、构件成形性以及零部件的功能要求。其具体研发内容为：通过合金成分设计软件，完成汽车外覆盖件用铝合金板合金系列的选择和确定，以首先满足板材的成形性为依据，确定 Fe，Mn，Mg，Si，Ti 和 Zn 等合金元素及含量对板材不同性能的影响，达到最高的性价比及最佳的性能匹配。

① 热轧板的均匀化和组织细化处理技术（均匀化加热工艺、保温时间等），重点解决晶粒度、成形性和翻边延性，达到强度和延性的合理匹配。

② 冷轧工艺控制及优化技术，道次控制、轧制压下量的控制、轧辊表面处理和板材表面处理技术，达到合理的板材表面粗糙度并为保证表面的涂漆质量做准备。

③ 通过预处理技术，包括板材固溶处理、淬火冷却方式及淬火速率控制技术、强化相形核过程的控制技术、预时效工艺、固溶和强时效之间的停留时间等达到成形性、抗时效稳定性和高烘烤硬化性的合理匹配和统一。

④ 板材晶粒度和第二相细化和均匀性的控制技术，达到第二相均匀分布，呈细棒状，长宽比 2～5，平均长度不超过 10 μ m，平行于轧制方向的平均晶粒度不超过 80 μ m，并且大小均匀，以保证翻边延性和拉延涂装后不出现 Roping line；同时变形后不出现表面橘皮状等缺陷。

⑤ 铝合金汽车板成形性和抗凹性的评估方法、冲压构件的抗凹性、刚度以及铝合金发罩的行人保护特性等性能检测、评价方法及表征参量的开发研究。

⑥ 翻边延性的表征参量、试验方法及影响因素和评价指标的研究。

⑦ 研究铝合金的连接方式方法，包括不同的焊接方法、连接、铆接方法等连接技术。

（3）镁合金是有发展前景的轻量化材料

经过 11 • 5 和 10 • 5 国家科技部 863 项目的支持下镁合金项目的攻关，所取得的成果以为镁合金在汽车轻量化下的应用打下了基础；但从当时的课题目标和任务以及所取得的进展来看，大多集中在镁合金的组织性能及生产工艺的改进研究上，对于镁合金在汽车实际应用时，零部件的功能和镁合金性能特点之间的关系，及关联性上的研究工作尚需深入研究，并进行相关的试验，这方面的研发不足将影响镁合金在汽车工业轻量化中的应用；在做大、做强镁合金在汽车轻量化中的应用时，应进一步研究镁合金的性能特点和物理本质，如何通过合适的工艺技术使镁合金制件的功能达到汽车零件的使用要求；将零件的优化设计镁合金牌号的合理选用，以及先进的加工工艺再配以必要的试验检测技术等各专业的优势支撑，充分发挥镁合金的优势，扬长避短；所取得的成果一定会在中国汽车轻量化中得到应用，促进中国汽车轻量化的进步，对汽车节能减排发挥轻量化材料的技术作用。

镁合金的电化学为（标准氢电极为−2.37V），在所有的金属材料中是最低的，镁合金在汽车中应用时人们最担心的问题之一是腐蚀问题以及腐蚀产生后对疲劳和寿命的影响，如何解决镁合金的防腐问题应作为镁合金扩大应用的重点课题，进行全面的深入研究，要拿出可靠的试验结果，给人们和镁合金应用者提供选用镁合金的可靠的依据。

镁合金是六方结构，室温只有一个基面滑移系，但在一定的温度下可以开动其他滑移系；镁合金和其他金属材料一样，通过锻造轧制及挤压可以大幅度提升其力学性能，如何根据镁合金的变形特点，开发其相应的成形工艺；在镁合金零件成形的同时，也使其性能得到提升，进而拓展镁合金在汽车轻量化中的应用。

（4）塑料和复合材料的汽车轻量化的新型材料

塑料复合材料是非常重要的轻量化材料，已在汽车上得到了广泛应用，还将会继续扩大应用；尤其是随着国内的技术发展，如塑料前端模块和原钢制冲压零件相比，不仅将 15～20 个冲压件合并为一件，而且减重 30%，同时前端的装配方便，降低成本，但必须解决塑料前端模块的设计技术，CAE 优化技术，工艺分析及汽车批量应用技术。前端模块的模具设计技术、制造技术、性能结合技术、碰撞分析等；这些想起的解决将为前端模块的扩大应用打下基础，即突破某些关键零件的制造和应用的重要任务。

在汽车中应用的塑料复合材料种类很多，有聚乙烯类（PE）、聚丙烯类（PP 类）、聚氯乙烯类（PVC 类）、聚酸铵类（PA 类）、聚碳酸酯圭类（PC 类）、聚氨酯类（PU 类）、聚甲醛类（POM 类）、聚甲基丙烯酸甲酯类（PMMA 类）、聚苯醚类（PPO 类）以及 ABS 等；再加上不同的改性和长纤维与短纤维增强的不同数字基的复合材料（热固性和热塑性的），实际上汽车应用的复合材料种类有数十种，广泛应用于汽车中的装饰件、功能件和结构件。但复合材料品种多，不仅造成产品批量少，而且对产品的回收和分类管理也造成了一定的困难；同时也不利于汽车部件的成本下降。因此，轻量化的塑料复合材料的发展与应用的另一类任务，是进行汽车塑料单一化的工作，塑料制造和用材单一化将有利于高性能塑料复合材料零件的推广应用，有利于零件性能的综合提升和管理，有利于塑料复合材料的零件的分类和回收，有利于零件的检测技术检测规范的统一。

为了改进和提升热塑性塑料和复合材料的性能，大力推广应用釜内合金、PP 塑料也是发展汽车轻量化塑料的重要任务和课题，和釜外合金的共混 PP 塑料相比，用釜内合金方法生产的 PP 塑料，其橡胶和弹性体和基体数字结合的更好、颗粒更细、更分散、分布更均匀，同时釜内合金的 PP 塑料可以实现大批量生产；因此，同一批材料的性能更均匀，而不同批次的材料的性能的一致性也较好，更适合与汽车行业的应用。为推广釜内合金在汽车工业中的应用，应尽快实行用于釜内合金生产的国产化、性能的稳定化、一致性，同时生产的釜内合金的装置实现大批量的工业运行；由于釜内合金的优异性能，在对釜内合金 PP 塑料改性时应进行充分的工艺技术研究，开发出适合与釜内合金的 PP 塑料改性的合金配方和相应的工艺技术，以保留其釜内合金的优点，提升其性能，并研究扩大应用的品种；如应用与塑料的前端模块以及开发可用于代替 PA66+GF30%的釜内合金的 PP 塑料，制作发动机的进气歧管，降低成本，以有利于汽车塑料单一化和回收利用。

9.4 推动汽车和新能源汽车轻量化材料产业发展的对策和建议

① 大力开展汽车轻量化的共性基础和应用基础研究。自 20 世纪 70 年代，提出汽车轻量化的概念以来，经过二、三十年的发展，轻量化作为提高汽车性能节能减排的一个重要手段以为人们所认同，并提出了表征轻量化的质量，实施路径和方法等，使轻量化的概念日渐完善和清晰，但迄今为止，还有不少人对轻量化的认识停留在简单的材料替换和减轻汽车自重，而关于轻量化的许多科学技术问题：如对轻量化概念的全面准确理解和定义，轻量化的表征参量相关参量的物理含义，测试方法以及轻量化的设计、材料、先进加工工艺之间的关系等诸多问题需要深入研究，只有对轻量化有了全面深刻的理解，才可推动汽车轻量化产量和轻量化材料产业的发展。

② 认真分析四种轻量化结构材料的特点，发挥每种材料的优势，做好每种汽车轻量化材料和在汽车轻量化中的作用和定位。每种材料的性能都在改进，作为汽车轻量化材料也在竞争中完善和扩大应用；针对每种材料不同的特点，选用轻量化效果好，性价比高的材料扩大应用和产量化。

③ 针对传统汽车和新能源汽车的轻量化的不同要求和特点，以及对价格的期望值，和轻量化的指标的不同要求，选用不同的轻量化方案，使其得到最佳轻量化效果，同时得到最佳性价比。

④ 作好汽车轻量化的应用研究，建立轻量化材料的扩大应用和产业发展的改性发展平台和数据库，为轻量化设计提供技术支撑。

⑤ 对于四种具体的轻量化材料，高强度钢和超高强度钢应简化工艺，提高性能稳定质量，满足轻量化和安全构建的性能问题；对铝合金应加强锻铝半固态成形以及高性能的铝合金板材的开发和应用，以满足汽车轻量化和特殊功能要求的一些构件的需求；对于镁合金应在提高镁合金综合性能的同时重点解决各种成形工艺和防腐性能的提升，满足轻量化的一些结构件对镁合金性能的要求；对塑料复合材料做好单一化的工作，扩大釜内合金的 PP 塑料的应用，以满足汽车轻量化对塑料复合材料的性能要求和汽车回收法规对塑料复合材料单一化的要求。

第10章 新型阻燃材料

王玉忠 陈 力

10.1 发展新型阻燃材料产业的背景需求及战略意义

作为三大类材料之一的有机高分子材料，与金属材料和无机非金属材料相比，具有密度低、易成形加工等特点，已广泛应用于国民经济和人民生活的各个领域，成为体积产量最大的大类材料。从2006年到2014年，我国规模以上企业高分子制品产量平均增长率为16%，目前我国的五大合成高分子材料：塑料、化学纤维、合成橡胶、涂料和胶黏剂的产量分别达到6190万吨、4120万吨、400万吨、1300万吨和700万吨，均位居全球第一。然而，与金属和无机非金属材料不同，绝大多数有机高分子材料属于易燃、可燃材料，在燃烧时热释放速率大，热值高，火焰传播速度快不易熄灭，通常还伴随着烟气和熔融滴落，由此引发重特大火灾事故不断发生，造成巨大的经济损失和人员伤亡。赋予高分子材料阻燃性，即对高分子材料进行阻燃化，是解决高分子材料引发火灾事故最重要的途径，因此一些发达国家很早就制定了各种与阻燃有关的法律法规，限制了在有些领域使用的高分子材料必须具有一定的阻燃性，并且不断地加以完善，从当初的仅仅考虑阻燃，逐渐发展到对阻燃材料附加更苛刻的要求，如低烟、低毒、环境友好等。我国近年来也陆续出台了一些相关法律法规。阻燃材料已被广泛用于化学建材、电子电气、交通运输、航天航空、采矿、日用家具、室内装饰等各个领域，并且涉及塑料、纤维、橡胶、涂料和胶黏剂等各种高分子材料及其复合材料，而赋予高分子材料阻燃性的阻燃剂又是化工行业的新的经济增长点，因此对火安全的强化催生了一个跨行业的阻燃产业。

然而，阻燃材料产业的发展面临着多方面的挑战。一方面，高分子材料阻燃化会显著增加材料的成本，在法律法规没有限制使用的领域不会使用，甚至还存在有限制使用的领域也偷工减料的情况；另一方面，赋予高分子材料阻燃性往往伴随其他性能，特别是加工性能、物理力学性能等的恶化；还有某些高效的阻燃剂本身存在毒性或容易生物积累对人体和环境产生危害，有的在高温或燃烧时产生有毒物质，因而欧盟先后颁布了 RoHS 指令和 REACH 法规，分别对电子及电气设备中禁用物质做了规定和实行化学品注册、评估、许可和限制制度，而联合国《斯德哥尔摩公约》也限制了现有一些高效阻燃剂的使用。遗憾的是，我国目前还在大量使用的某些阻燃剂已被列入禁用名单。市场急需环境友好、对材料其他性能负面影响小的高效阻燃剂和阻燃材料，因此研究开发和生产这类新型阻燃材料对我国的阻燃材料产业健康发展和提高国际市场竞争力具有重要的意义。

10.2 新型阻燃材料产业的国内外发展现状及趋势

10.2.1 阻燃剂

阻燃剂作为赋予易燃高分子材料难燃性的功能性助剂，是高分子材料阻燃的关键。阻燃剂的研究与应用受到了全球性的重视，经过多年发展，业已成为高分子材料的重要的助剂，在各类高分子材料助剂中仅次于增塑剂而居第二位。图 10-1 为近十五年来全球阻燃剂市场的变化情况。

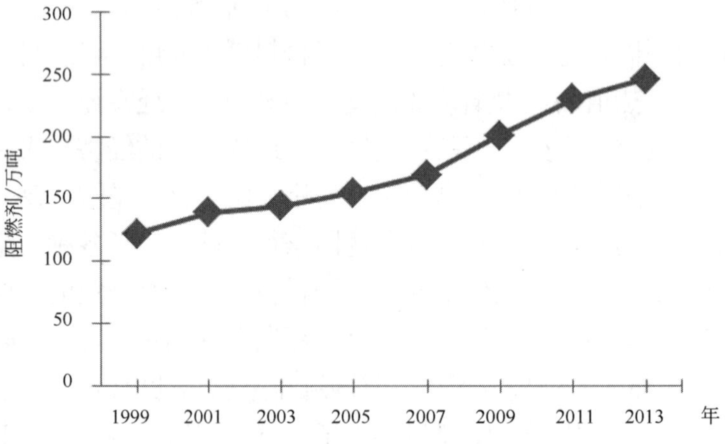

图 10-1 1999～2013 年全球阻燃剂消费增长情况

随着日渐严格的防火安全标准和高分子材料产量的快速增长，近几年全球阻燃剂的市场需求呈增长趋势。工业发达国家通过制造商的自觉行为和国家专门立法，改善了材料的阻燃性能，从而也带动了阻燃剂的应用开发不断发展。从地区分布来看，美国、欧洲、日本以及亚洲其他地区（包括中国、印度、韩国）为全球最主要的四个阻燃剂消费市场，2012 年上述四大市场的份额分别为

33.30%、27.36%、9.75%和 30.09%。美国和欧洲地区作为阻燃剂的发源地，行业发展较早，亚洲地区阻燃剂行业起步较晚，但其用量是增长最快的地区，特别是中国，是近年全球阻燃剂市场需求增长最快的国家（见图 10-2），阻燃剂使用量年均增长率在 15%左右，而全球阻燃剂用量的年平均增长率近 5%。因此，我国从事阻燃剂与阻燃材料制品生产、贸易的企业的数量近年增长迅速，到目前约为 16300 家，其中生产类企业约为 11770 家，约占企业总数量的 72 %。这些企业主要分布在沿海经济发达地区，如广东约有 4350 家，江苏约 2530 家，浙江约 2210 家，山东约 1350 家，上海约 1300 家。

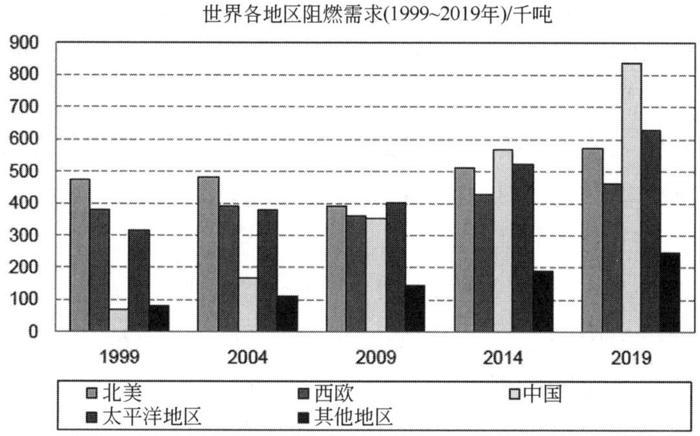

图 10-2 全球按地区的阻燃剂需求量及预测（数据来源：The Freedonia Group, lnc.）

据统计，至 2014 年底全球阻燃剂的用量及销售额分别达到 262 万吨及 61 亿美元，折合人民币逾 360 亿元，而由此生产的阻燃高分子材料的销售额数倍乃至于数十倍于阻燃剂的销售额。阻燃产品本身的销售额大小的意义远不及因使用了这些产品而可能避免的火灾而减少的财产损失和人员伤亡的意义。据美国消防署统计，美国 1980～2011 年火灾造成的经济损失每年平均近 200 亿美元，而 2011 年的防火总消耗占当年 GDP 的 2.1%，达 3 千多亿美元。由于统计项目的不同，我国统计的火灾损失数据远低于美国，例如在 1992～2013 年间我国火灾造成的直接经济损失每年平均不到 20 亿元人民币。

在众多的商品化阻燃剂品种中，溴系阻燃剂的市场规模及应用领域长期雄居各类阻燃剂之首。但是，在全世界范围内，有关阻燃剂的生产、使用和回收方面的安全问题正受到各国政府及企业的普遍重视，特别是《斯德哥尔摩公约》和 RoHS 指令的强制执行，欧洲和美国的溴系阻燃剂用量急剧下降，溴系阻燃剂占阻燃剂总量的比例在 10%左右，而亚洲特别是我们国家的溴系阻燃剂占阻燃剂总量的比例超过 40%，甚至高达 50%以上。在全球化经济的大背景下，阻燃剂及相关阻燃材料市场也在逐步实现国际化，而一个国家或地区的法规往往会对全球同业产生连锁影响。目前众多阻燃剂和阻燃材料生产厂家已走上国际化，在欧美主要表现为重组合并或建立新的生产基地，提高其市场份额；在亚洲则表现为扩大销售网络和增加地区合作伙伴，这主要是因为亚洲国家或地区阻燃标准不断完善和日趋严格，导致阻燃剂和阻燃材料的消费增长迅速，成为世界阻燃剂和阻燃材料的主要目标市场。与此同时，国内外已经出台和即将出台的有关环保法规，在安全与环保方面对阻燃剂和阻燃材料的使用，做出了越来越严格的限制。只有遵守这些规定，并采取有效的防范措施，阻燃剂和阻燃材料对环境产生负面效应将降低。在这种背景下一些传统的溴系阻燃剂，已受到日益严格的环保和阻燃法规的压力，迫使用户寻找溴系阻燃剂的代用品，同时也将促进新阻燃材料的问世。这些新的阻燃材料将具有低放热率、低生烟性和低毒性，而且阻燃效率不会降低。由于溴系阻燃剂在阻燃领域的历史地位，而且在很多应用领域还很难找到适合的代用品，所以溴系阻燃剂在部分场合(尤指国内市场）仍然是重要的选择。但寻找溴系阻燃剂（尤其是十溴二苯醚等）的代用品，是一个长期的目标。

为此，国内阻燃剂的研发也正处于一个非常活跃的时期，无论从发表研究论文的数量还是申请专利的数量，在过去十年都是增长最快的国家，特别是近五年，专利数量急剧增多，成为全球阻燃领域专利申请数量最多的国家（见图10-3)。截至目前，以阻燃为关键词，检索到的2014年公开的国内专利达到3500多份（含公开未授权专利），涉及高分子材料阻燃占 80%以上，其中电线电缆料、纤维增强工程塑料和泡沫塑料占绝大多数。尽管研究论文和专利申请数量激增，但是阻燃新产品的开发速度却非常缓慢，特别是具有市场竞争力的阻燃新产品数量与专利数极不相称。这里，简要介绍一下目前国内外市场上主要的阻燃剂情况。

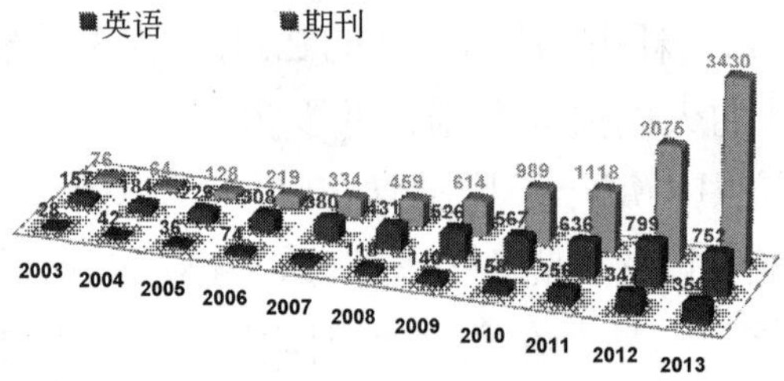

图 10-3　2003～2013 年中国发表的与阻燃有关的论文和专利情况

10.2.1.1　溴系阻燃剂

溴系阻燃剂的生产和使用已有 30 多年的历史，目前生产的溴系阻燃剂有70 多种，其中最重要的是十溴二苯醚（DBDPO）、四溴双酚 A（TBBPA）和六溴环十二烷（HBCD）等，其中前两者的产量占溴系阻燃剂的 50%左右。一些传统的溴系阻燃剂由于受到日益严格环保要求的压力，迫使用户寻找溴阻燃剂的代用品，同时促进了新阻燃体系的问世。多溴二苯醚等传统溴系阻燃剂市场的萎缩，为溴化环氧树脂、十溴二苯乙烷等“环境友好”型溴系阻燃剂产品提供了相应的市场空间。同时必须指出的是，在众多的含卤阻燃剂品种中，仅部分对环境和人身健康存在不利影响，而其他含卤阻燃剂由于自身结构差异，尚无实验证据证明也会产生类似的负面影响，因此完全可以继续使用。目前，已被证明不会生成多溴代二苯并二噁英和多溴代二苯并呋喃的含卤阻燃剂，如十溴二苯乙烷、溴化环氧树脂和溴化聚苯乙烯等溴系阻燃剂已部分取代十溴二苯醚应用在诸多高分子材料中。

（1）十溴二苯乙烷

十溴二苯乙烷（2，2'，3，3'，4，4'，5，5'，6，6'-decabromobibenzyl，DBPE）由美国 Albermale 公司率先开发，其相对分子质量、热稳定性和溴含量与 DBDPO 相当，但不属于多溴二苯醚系统的阻燃剂，在燃烧过程中不产生多溴苯对位二噁英（PBDD）和多溴二苯呋喃（PBDF），同时也符合德国有关二噁英的条令和美国环保局的规定。十溴二苯乙烷的耐热性、耐光性和不易渗析性等特点都优于十溴二苯醚。其阻燃的塑料可以回收使用，这是众多溴系阻燃剂所不具备的特点。目前该产品已在多种工程塑料，如 ABS、PBT、PA 和 HIPS 中应用，效果良好。我国十溴二苯乙烷生产技术已于 2004 年底工业规模试验成功，并于 2005 年开始投于市场，目前有多家企业生产，合计生产能力约 30000t/年。十溴二苯乙烷以其优良的性能和特性，在国内外阻燃剂市场上皆具有广阔的前景。

（2）溴化环氧树脂

溴化环氧树脂由于具有优良的熔流速率、较高的阻燃效率、优异的热稳定性和光稳定性，又能使被阻燃材料具有良好的物理力学性能、不起霜，从而被广泛地应用于 PBT、PET、ABS、PA66 等工程塑料以及 PC/ABS 塑料合金的阻燃。溴化环氧树脂按相对分子质量分为低、中、高三大类，按端基结构又可分为 EP 型、EC 型，可分别应用于不同的塑料材料中，使用过程需要和锑化物配合使用。近年来，我国溴化环氧树脂发展迅速，尤其改变了含溴量低、相对分子质量小，只能用作绝缘灌封材料等缺点。目前我国溴化环氧树脂技术可根据被阻燃高聚物的相对分子质量，生产与之相匹配的产品，以达到最佳阻燃效果和优良的阻燃性能。国内目前的产能力超过 10000t/年。在溴系阻燃剂中，溴化环氧树脂作为一种新型阻燃剂已开始在国内外市场上日益受到重视。

（3）溴化聚苯乙烯

溴化聚苯乙烯（简称 BPS）依据其合成途径分别命名为溴化聚苯乙烯和聚溴化苯乙烯。从命名上可以看出溴化聚苯乙烯是通过对聚苯乙烯进行溴化来完成的；聚溴化苯乙烯是通过将苯乙烯首先进行烯键保护，然后进行溴化，再将烯键脱保护得到溴化苯乙烯，最后通过自由基聚合得到BPS。BPS作为一种新型溴系有机阻燃剂，具有高阻燃性、热稳定性及光稳定性等良好的物理力学和化学性质，广泛应用于PBT、PET、PPO、PA66等工程塑料，使用过程需要和锑化物配合使用。同时，BPS符合RoHS指令，具有与材料相容性好、无析出、不起霜、电性能好、对材料力学性能影响小、价格低等优点。目前国内的生产能力较小，只有几千吨。随着国内工程塑料行业的快速发展，对溴化聚苯乙烯的需求将大大增加，市场前景广阔。

10.2.1.2 卤–磷阻燃剂

这类阻燃剂的特征是：分子中同时兼有溴和磷或溴、磷和氮原子，在阻燃性能方面彼此起协同增效作用；分子中的溴含量较低，燃烧过程伴随较少的发烟量，有害性的气体挥发物较少；一定程度的溴含量可改善一般磷酸酯类阻燃剂挥发性大、抗迁移性差和抗热老化性欠佳的缺点。目前国内市场上的卤–磷系阻燃剂大多为卤代磷酸酯，脂肪族卤代磷酸酯多系黏稠液体，热稳定性较低；但芳香族卤代磷酸酯则为固体，具有较高的热稳定性。由于分子中同时含有磷元素及卤元素，因此其阻燃性比单独使用有机磷酸酯高得多，当然也兼具增塑作用。主要产品品种包括二溴辛戊二醇（DBNPG）、二溴新戊二醇磷酸酯（DBPGP）以及二溴新戊二醇磷酸酯三聚氰胺盐（BPMS）等。卤–磷系阻燃剂通过利用不同的作用机理，互相补充，达到协同增效的结果。

10.2.1.3 无卤阻燃剂

无卤、低烟、低毒的环保型阻燃剂一直是人们追求的目标，近年来全球一些阻燃剂供应和应用商对阻燃剂无卤化表现出很高的热情，对无卤阻燃剂及阻燃材料的开发也投入了很大的力量。无卤阻燃剂主要品种为磷系阻燃剂及金属氢氧化物，此外还有些含氮、硅等。磷系阻燃剂主要包括红磷阻燃剂，无机磷系的聚磷酸铵、磷酸二氢铵、磷酸氢二铵、磷酸酯等，有机磷系的非卤磷/膦酸酯等；金属氢氧化物主要包括氢氧化铝、氢氧化镁及改性材料如水滑石等；含氮阻燃剂多为基于三聚氰胺的衍生物，如三聚氰胺氰尿酸盐、三聚氰胺磷酸盐、三聚氰胺焦磷酸盐等。这里仅介绍几种近年用量大并且不断进行改进的无卤阻燃剂，其他阻燃剂将结合其应用在“新型无卤阻燃材料”部分进行介绍。

（1）聚磷酸铵

聚磷酸铵（APP）又称多聚磷酸铵或缩聚磷酸铵，是长链状含磷、氮的无机元素聚合物，其分子通式为：$(NH_4)_{n+2}P_nO_{3n+1}$。按其聚合度可分为低聚、中聚以及高聚3种，其聚合度越高水溶性越小，反之则水溶性越大。按其结构可以分为结晶形和无定形，结晶态聚磷酸铵为长链状水不溶性盐。由于其具有化学稳定性好、吸湿性小、分散性优良、比重小、毒性低等优点，近年来广泛用于塑料、橡胶、纤维的阻燃剂；还可用于配制膨胀性防火涂料，用于船舶、火车、电缆及高层建筑的防火处理；也用于生产干粉灭火剂，用于煤田、油井、森林大面积灭火。APP 的聚合度是决定其作为阻燃剂产品质量的关键，聚合度越高，热稳定性越高，耐水性也越好。国内已经有聚合度超过 100 的产品，而国外已有聚合度在 1000 以上甚至达到 2000 的 APP。国内聚磷酸铵研制始于 1978 年，经过 30 多年的发展，我国聚磷酸铵生产已具有一定的基础，基本上适应了国内市场的需要，并且还有一定量的出口。随着聚磷酸铵消费市场的不断扩大，其产量将继续增加。

目前生产 APP 的主要原料有磷酸、五氧化二磷、磷酸二氢铵（MAP）、磷酸氢二铵（DAP）、磷酸脲、尿素、三聚氰胺（MA）和双氰胺等。国内外对其合成方法一直在进行探讨，期望能找到一种合成高聚合度、低水溶性、耐高温 APP 的方法。最近，日本和美国一些公司已经开发出了水溶性极小的 APP，如 Hoechst Celanese 公司开发的一种 APP 化合物（聚合度达到 2000），不仅提高了 APP 热稳定性，水溶性也有了较大的降低。选用摩尔比（1∶0.9）～（1∶1.1）的五氧化二磷和磷酸氢二铵，升温到 270～290℃时，通入氨气，同时喷淋尿素溶液，尿素溶液中尿素与磷酸氢二铵的摩尔比为 1∶2，尿素溶液温度为 80℃，重量百分比浓度为 80%，喷完后继续通氨气反应 3～4h 再进行熟化，熟化温度控制在 280～300℃，同时持续通氨气熟化 1～3h，此方法制备的 APP 分解温度大于 270℃，平均聚合度大于 2000。四川大学最近研制出一种利用低成本的 I-APP 市售产品制备低水溶性和高热稳定性的 APP 方法：选用 I-APP、五氧化二磷和缩合剂（三聚氰胺、硫脲和双氰胺中的一种或多种）为反应原料，在 130～260℃的温度范围内，反应 1h，通入氨气 1～3h 结晶氨化后，即可获得水溶性为 0.15g/100mL、失重 1%时的最高热分解温度为 282℃（比商业 II-APP 高大约 20℃）、失重 5%时的最高热分解温度为 322℃（比商业 APP 高大约 13℃）的 APP，而且此种方法适合大规模的工业生产。

从目前国内外的研究结果来看，通过改善合成工艺，制备的 APP 在聚合度、水溶性和热稳定性方面都有了一定程度的提高，但受其结构限制，还不能从根本上解决 APP 所面临的问题，所以不得不考虑用其他方法对 APP 进行改进。广泛采用的表面改性、表面活化处理和微胶囊包覆均由于 APP 固有的理化性质难以达到理想的效果。主要原因如下：

① APP 自身分子结构的缺陷。不管是哪种晶型，铵盐均会在 300℃左右开始分解，所以其最大分解温度很难超过 320℃；且 APP 分子链在酸性和碱性较强的溶液中易降解断链，所以其改性只能在相对温和的环境中进行。

② 作为一种典型的无机大分子多聚磷酸盐，没有活泼的可反应基团，故很难从结构上对其进行化学改性，微胶囊化处理后芯材和囊壁材料之间没有化学

键作用，只是一个简单的物理包覆，在粉碎和加工共混的过程中很容易受到外力和剪切力的影响，破坏壳层，使得微胶囊化的效果下降。而从APP近年需求发展的趋势来看，市场对APP类产品提出了越来越高的要求，呈现出功能化、专业化、精细化的趋势。基于此，四川大学最近开创了一种全新的改性方法，通过离子交换的方法将有机胺（包括脂肪族二胺、脂环族二胺、醇胺等）连接到APP分子链，形成一种新型有机–无机杂化聚磷酸铵，有机链段改善了无机阻燃剂与高分子基体的相互作用，而且不同的有机铵片段在材料热解/燃烧过程中同时扮演碳源角色，可作为单一组分膨胀阻燃剂应用于不同的烯烃类热塑材料，而且可以作为阻燃固化剂实现环氧树脂本质阻燃。

（2）金属氢氧化物

金属氢氧化物类阻燃剂以氢氧化铝（ATH）和氢氧化镁（MH）为主。其中，ATH是问世最早的无机阻燃剂品种之一，消费量也是最大，占无机阻燃剂总量的70%，阻燃剂总使用量的约40%。ATH的用途极其广泛，它不仅用于阻燃，也用于消烟和减少材料的腐蚀性气体的生成量；不仅可单独使用，也常与其他阻燃剂并用。BCC发布的最新技术市场研究报告显示，未来ATH的需求量预计将超过60万吨。目前国外已大量使用以ATH和MH为主无机阻燃剂，美国、日本、西欧无机阻燃剂消费量分别占阻燃剂总消费量的60%、64%和50%。高品质和高端阻燃产品所用的ATH几乎全产自于国外的企业，而我国ATH阻燃剂研究起步较晚，虽已取得了一些进展，但是与美日等先进国家比起来，在产量和品种结构上都还有一定的差距。中国铝业公司所属的中州分公司和山东分公司在国内人造大理石干白ATH产品市场占据了90%以上的市场份额，近年来也相继开发了超细ATH阻燃剂生产线，生产规模已达数万吨，产品质量接近美国Abermarle公司同类产品；但Fe_2O_3、SiO_2和Na_2O等杂质含量仍较高，导致阻燃制品（尤其是电线电缆护套料）电绝缘性能降低，对产品的使用性能有不利影响。有鉴于此，我国未来改进氢氧化铝阻燃剂性能的研究将集中于下述几个方面：

① 提高氢氧化铝的化学纯度，减少Fe_2O_3和Na_2O等杂质的含量，Fe_2O_3和Na_2O杂质的存在，不仅降低产品的绝缘性，而且Na_2O还影响ATH的初始热分解温度。

② 开发氢氧化铝粒度分布和颗粒形貌控制技术，开发不同粒度分布和形貌的系列化产品，满足不同领域的需求；超细粒径制品可以增加表面积，增强阻燃效果，降低阻燃剂的用量，同时提高材料的力学性能和耐热性能；而颗粒的形貌影响产品的填充性能和应用性能，不同的应用领域对产品的形貌也有不同要求。大多数行业需要表面光滑、球形度高的ATH产品，造纸行业需要采用片状ATH制品，还有一些行业希望添加纤维状的ATH来提高复合后产品的机械

强度和阻燃性能。

③ 对 ATH 表面功能化改性。ATH 作为一种典型的极性无级分子，与有机高聚物的相容性较差，应开发高效的 ATH 表面有机物改性技术；另外，与有机阻燃剂相比，ATH 阻燃性能较差，需对其进行功能化改性，利用协同阻燃效应，提高其阻燃性能。

④ 提高 ATH 的热稳定性，提高其填料加工性能；高的加工温度可以提高挤塑设备的生产效率，改善加工后复合产品的机械性能。

与 ATH 相比，氢氧化镁（MH）热分解温度更高（约 140～190℃），能满足更高加工温度要求的聚合物基材；而总吸热量高约 17%，MH 发生在固相降解区域的阻燃作用更优越，抑烟能力也更高。ATH 脱水吸热反应是在聚合物从固态转变为熔融/黏流态之间产生的，故对抑制早期材料的温度上升起作用；而 MH 需要在更高的温度下起脱水反应，MH 阻燃作用不仅来自脱水反应引起的吸热效应，它对聚合物还有一定的促进成炭作用。在抑制材料温度上升、降低表面放热量、推迟点燃时间方面，ATH 低于 MH；在提高燃点（少量填充）、提高极限氧指数（LOI）与促进炭化方面，MH 优于 ATH。美国是世界上 MH 产量最大、品种最多的国家。用于不同用途的 MH 达 14 种，作为阻燃剂使用超过 10 个品种。

与 ATH 类似，未来 MH 阻燃剂的发展趋势也集中在如下几个方向：

① MH 的超细化，增加表面积，增强阻燃效果，降低阻燃剂的用量，同时提高材料的力学性能和耐热性能。

② 开发高效表面处理剂，增强与有机高分材料的相容性，提高阻燃性能，减小对材料物理力学性能的影响。

③ 研究开发高性能的阻燃协效剂，改善 ATH 填充体系的性能，如提高阻燃性、抑制滴落、改善力学性能等。

（3）水滑石

在无机阻燃剂的应用中，阴离子型层状功能材料作为阻燃剂的发展迅速。它是一类具有特殊结构的无机化合物 M^{2+}为二价离子，一般为钙、镁、锌等，M^{3+}为三价金属离子，一般为铝、铁等，A^{n-}为阴离子。这种材料简称为层状双氢氧化合物（LDH），俗称水滑石。由于 LDH 独特的层状结构及层板组成和层间阴离子的可调变性，使其作为无机功能材料在催化、离子交换、吸附、医药等领域都得到了广泛的应用。作为无卤高抑烟阻燃剂，LDH 可广泛应用于塑料、橡胶、涂料等领域。LDHs 的阻燃机理是：

① 特殊的片层结构中，层板上有羟基，层间有结晶水，在受热分解时吸收大量热量，能降低燃烧体系的温度；

② 分解释放出的 H_2O 和 CO_2 能稀释、阻隔可燃气体；片层中存在的 Al^{3+}、

Mg^{2+}等离子是消烟的有效组分，有益于材料表面成炭和绝热保护层的形成；

③ 分解后的产物为碱性多孔物质，比表面积大，能吸附有害气体特别是酸性气体。

我国镁质阴离子层状功能材料的发展起步于20世纪90年代后期，虽然发展历史较短，但发展迅速。1999年，北京化工大学与宜兴助剂化工厂合作，在江苏宜兴建成了500t/年的水滑石的生产线，成为国内第一家水滑石的生产厂，并形成了自主知识产权的全套生产技术。在此基础上，2000年，依托我国优势的海洋化工卤水资源，大连建成了1000t/年的LDHs生产线，为进一步建设更大规模的生产装置奠定了基础。从我国镁资源的现状及新型阻燃剂市场的迫切需求和巨大潜力，不难判断我国镁质阴离子层状功能材料快速发展的时机已经成熟，将有更多的镁质阴离子层状功能材料开始替代一些溴系阻燃剂。

（4）次膦酸盐

次膦酸盐一般指烷基取代的次膦酸盐，属于无机次磷酸的衍生物，是一类有着固定母体结构的化合物。次膦酸盐的基本结构为：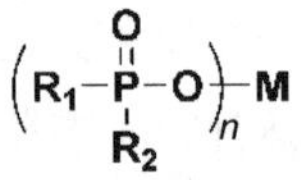

在结构式中，R_1以及R_2可以为相同或者不同的基团，一般常见的有甲基（$-CH_3$）、乙基（$-C_2H_5$）、甲氧基（$-OCH_3$）、乙氧基（$-OC_2H_5$）等，也有通过环烷基将R_1和R_2合二为一。M为金属元素，常见的有Al、Zn、Mg、Ca等，n代表金属M的键合数。当R_1和R_2均无有机取代时为次磷酸盐。

美国Pennwalt公司在20世纪七八十年代就已对Zn和Zr的烷基次膦酸盐进行了制备。德国Clariant公司也致力于次膦酸盐类阻燃剂的研究工作，该公司于2004年之后分别推出了牌号为Exolit®OP 930、Exolit®OP 1311、Exolit®OP 1312以及Exolit®OP 1240等以次膦酸盐为主的阻燃剂品牌。其中OP 930是二乙基次膦酸铝；OP 1311以及OP1312是由二乙基次膦酸盐与含氮阻燃剂MCA或MPP组成的复合阻燃剂，分别对应阻燃PA6及PA66。

目前次膦酸盐阻燃剂在国内研究尚处于起步阶段，一些科研工作者也开始尝试制备或应用不同结构的次膦酸盐阻燃剂。然而，从目前来看，这些阻燃剂表现出阻燃效率较低，尚未达到完全替代国外优异次膦酸盐类阻燃剂的程度。国内于2010年开始相继投产类似次磷/膦酸盐类阻燃剂，但生产线规模有限，质量良莠不齐，特别是阻燃效率高的次膦酸盐阻燃剂受制于国外的专利，主要产品仍依赖进口。

（5）其他无卤阻燃剂

除了以上提到的阻燃剂外，国内还有一些近年已形成批量生产供应市场的新型无卤阻燃剂。例如，聚磷酸酯、聚烯烃用无卤高效成炭剂及其高效膨胀阻燃剂等。

10.2.1.4 环保型阻燃剂前景分析

综上所述，我国环保型阻燃剂虽有一定量的生产，但规模不大，在阻燃剂产品中所占的比例较小。我国阻燃剂发展应定位于环保、高效性的品种，加大新型环保阻燃剂的研发，通过产品结构调整，扩大环保型阻燃剂所占的比例，才能在未来竞争中立于不败之地。

作为阻燃领域的传统品种，溴系阻燃剂显著的地位、悠久的历史和良好的性能价格优势使其在未来相当长的一段时间内仍然会发挥重要的作用，难以完全被无卤阻燃剂替代，而且国内外研发人员正在致力于研发一些环保型的溴系阻燃剂以适应市场需求。尽管无机阻燃剂难以克服其添加量大的缺陷，并且对高分子材料的物理力学性能影响大，但是随着人们对环境越来越重视，一些具有优良分散性和特殊性能的新型无机阻燃剂或协同阻燃剂将具有良好的发展前景和市场空间。

含磷、氮、硅等阻燃元素的有机物阻燃剂的阻燃效率通常高于不含这些阻燃元素的无机阻燃剂，在高效与环境友好等方面具有更广阔的发展空间，是新型环境友好阻燃剂最活跃的研发方向，市场前景看好。

10.2.2　新型无卤阻燃材料

与阻燃剂的发展轨迹类似，我国阻燃材料与阻燃制品行业历经 30 多年的发展，企业数量逐渐增多，产品种类日益丰富，包括了阻燃工程塑料、阻燃 PVC 管材、阻燃 PE 穿线管材、阻燃地毯、阻燃窗帘、阻燃棉涤混纺织物、阻燃铝塑复合板、阻燃胶合板、阻燃地板、阻燃墙纸、阻燃中密度纤维板、阻燃交联 PE 绝缘护套料、阻燃 PVC 绝缘护套料等诸多品种，在塑料、化学纤维、合成橡胶、涂料和胶黏剂五大领域均有所涉猎。根据中国阻燃产品网（http://www.china-fr.com/）登记的“具有合格阻燃性能产品的生产企业信息”名录，统计分析了国内阻燃产品生产企业的分布情况，如图 10-4 所示。这些企业仅是指具有“合格的”阻燃性能产品的生产企业，未申请和未获得相关标示的企业还有很多。

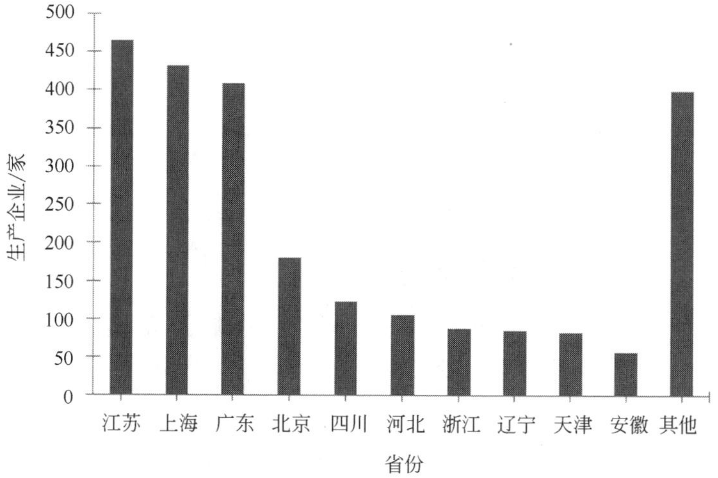

图 10-4　我国合格阻燃制品生产企业的数量分布情况

除考察阻燃材料生产情况之外，以“阻燃”为主题词，集合中国学术期刊网（http://www.chinaqk.org/）、维普资讯网（http://2010.cqvip.com/）和万方数据知识服务平台（http://www.wanfangdata.com.cn/）三大主流中文学术期刊网数据，整理了近三年典型阻燃高分子材料的发表文献情况（包括期刊论文、会议论文和硕博士学位论文），如图 10-5 所示。值得注意的是，国内期刊数据库普遍存在录入延时的问题，因此 2014 年的数据并不能反映真实的全年文献发表情况。由图可知，受复合材料飞速发展这一大环境影响，尤其是环氧基复合材料在航空航天、轨道交通、电子电气和建筑建材等领域应用日渐广泛，阻燃要求也是迫在眉睫，因此在各种高分子中，阻燃环氧树脂的文献数量最多。除此之外，以聚乙烯、聚丙烯、聚氯乙烯为代表的通用塑料阻燃研究也是方兴未艾；另一通用塑料聚苯乙烯的阻燃研究更多集中在可发性聚苯乙烯（EPS）和挤出型聚苯乙烯泡沫塑料（XPS）上，这也和最近国家对阻燃外墙保温材料的重视有关。类似的发展趋势也可从阻燃聚氨酯的发表文献数量上看出。以 ABS、尼龙、PET 和 PBT 为代表的阻燃工程塑料文献数量也较多，但整体呈下降趋势。阻燃橡胶的文献数量同样较多，其中硫化橡胶和热塑性弹性体的研究大致相当。另一值得注意的体系就是阻燃涂料，除作为阻燃剂的外延广泛用于易燃性结构类材料阻燃应用外，近年来阻燃涂料（又称防火涂料）在提升钢结构材料耐火极限、实现建筑承重结构防火保护方面也起到了显著的效果。阻燃胶黏剂主要应用集中在航空航天、电子电气灌封黏结、印刷电路板耐高温胶黏、建筑装饰用层压板、车船工矿堵漏等领域，建筑行业用阻燃胶粘剂也受到更多的重视，用于堵漏、布线、装修的阻燃环氧胶泥、用于室内设施安装的阻燃氯丁胶、聚氯乙烯胶在国内建筑行业已经普遍使用。这些阻燃材料的近年发展趋势与其在国内的工业生产规模、受到的重视程度基本一致。

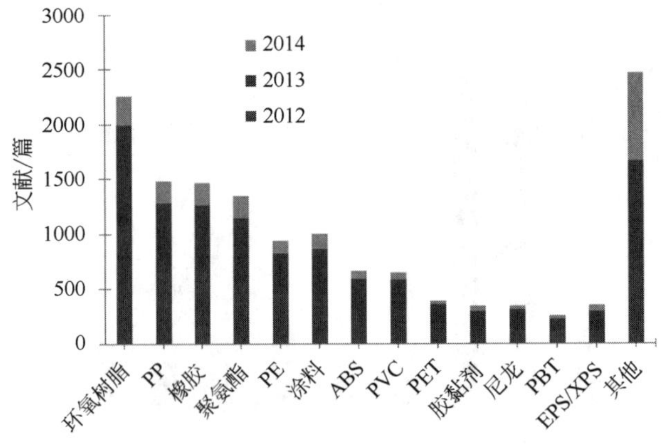

图 10-5　2012～2014 年国内期刊发表的典型阻燃高分子材料文献统计

上述阻燃材料，除阻燃性能之外，还应对阻燃材料的物理–力学性能、热性能、加工性能、光电性能、老化性能、着色性等方面有着综合考虑，但其根本仍然是前述阻燃剂在不同基体树脂中的具体应用，尚不足以反映我国阻燃科技及相关产业的实际发展水平。在此基础上，我们针对几种典型的阻燃高分子材料体系进行分析。

10.2.2.1 阻燃环氧树脂

凡分子结构中含有环氧基团的高分子化合物统称为环氧树脂。环氧树脂以分子链中含有活泼的环氧基团为其特征，环氧基团可以位于分子链的末端、中间或成环状结构。由于分子结构中含有活泼的环氧基团，使它们可与胺类、酚类、酸酐类等固化剂发生交联反应而形成不溶、不熔的具有三维网状结构的高聚物。固化后的环氧树脂具有良好的物理、化学性能，它对金属和非金属材料的表面具有优异的粘接强度，介电性能良好，变定收缩率小，制品尺寸稳定性好，硬度高，柔韧性较好，对碱及大部分溶剂稳定，因而广泛应用于国防、国民经济各部门，作浇注、浸渍、层压料、粘接剂、涂料等用途。

环氧树脂的生产主要集中在中、日、欧等国家，其中中国大陆的生产能力约占世界总生产能力的 60%。此外，还有韩国、美国、泰国、南非和委内瑞拉等。世界环氧树脂生产，主要由 Shell、Dow、Ciba 三大巨头所垄断，另外日本的东都化成、大日本油墨、日本环氧树脂制造公司，韩国的国都化学（与日本东都化成合资）等几家以其先进的生产工艺在世界环氧行业中亦占令人瞩目的一席之地。我国环氧树脂生产厂家逾 100 家，但除了岳阳和无锡等少数几家外，大都规模很小；截至 2013 年国内产能约为 200 万吨，而产量刚超过 100 万吨，产能过剩明显；与之相反，高端制品却广泛依赖进口，每年进口量约为 20 万吨。2010 年开始全球范围内环氧树脂各主要应用市场的需求出现恢复性增长，《2014—2018 年中国环氧树脂行业产销需求与投资预测分析报告》数据显示，2011～2013 年美国和西欧的环氧树脂需求量分别以 3.2%和 2.8%的速度增长，2014～2018 年将继续保持 2%～3%的增长；而受益于中国市场的快速发展，全球环氧树脂需求量将以 4.5%左右的速度增长。虽然全球的环氧树脂业已进入成熟期，根据前瞻产业研究院的预测，未来 5 年全球环氧树脂行业复合增长率在 4%～5%左右。但从国内市场看，2002～2013 年国内环氧树脂表观消费量年复合增长率在 10%以上，远高于全球环氧树脂行业的平均增长率。预计未来国内环氧树脂行业仍能稳定增长，一方面是全球产业转移使得电子、船舶等下游行业都转移到中国生产，拉动了对环氧树脂的需求；另一方面，国内企业生产产品的质量在不断提高，与国外企业相比逐渐具备比较优势。

阻燃环氧树脂国内外产业呈现出与环氧树脂相同的格局和发展趋势。根据前瞻产业研究院的预测，在我国 GDP 继续保持高增长的态势下，未来几年国内环氧树脂需求量年复合增长率可达10%左右，2015年消费总量将达到150万吨，其中阻燃制品量达到50万吨，均占到全球消费市场60%左右。尤其是在国内航空航天、轨道交通、电子电气和建筑建材等领域发展迅速，也在一定程度促进了阻燃环氧树脂的飞速发展。从图10-5也可以看出，2012～2014年间国内期刊发表的典型阻燃材料文献中涉及最多的高分子体系就是环氧树脂。环氧树脂主要靠在固化成形过程中混入添加型阻燃剂、或在固化剂或环氧树脂分子结构中引入含阻燃元素（主要是溴或磷）的官能团来实现阻燃。在众多的阻燃环氧树脂品种中，溴化环氧树脂除可用作阻燃剂以外，由于其优良的熔体流动性、较高的阻燃效率、优异的热稳定性和光稳定性、良好的物理力学性能及不起霜等优点，作为本质阻燃环氧树脂广泛应用于各种阻燃电子电器元器件，是研究最早、应用最广的阻燃环氧树脂。

无卤阻燃环氧树脂也是无卤阻燃高分子材料最早的品种之一。发展至今，常规无卤阻燃元素，如磷、氮、硅、硼等，均有在环氧树脂中的相关应用。

（1）含氮阻燃环氧树脂

氮系阻燃固化剂具有低毒低腐蚀、高阻燃性、高温稳定性和环境友好等优点，近年来备受关注。最近报道了大量含胺基或酰胺基的含氮阻燃固化剂的制备和环氧树脂阻燃应用。通过对羟基苯甲醛双缩对苯二胺席夫碱（AZ）与环氧氯丙烷在NaOH水溶液中缩合，合成一种新型环氧树脂DGEAZ，该数树脂反应活性与DGEBA相当，固化后树脂成炭性优异（800℃，43.6%），且可通过UL-94垂直燃烧V-0级。

（2）含磷阻燃环氧树脂

对环氧树脂而言，磷系阻燃是继卤系阻燃之后应用最为广泛的阻燃方法，含磷官能团结构设计多样、且容易制备，引入到环氧树脂结构中可制备得到电学性质和阻燃性能优良的制品。其中最常用的磷系阻燃分子是含有9，10-二氢-9氧杂-10-膦酰杂菲（DOPO）侧基的物质。一般而言，由于DOPO分子具有活泼氢结构，因此它能作为反应中心构建反应型含磷环氧树脂体系，其途径主要有以下两种：

① 通过环氧树脂和DOPO直接反应得到含磷环氧树脂。如采用阻燃剂DOPO环氧丙烷反应，合成含磷反应型阻燃环氧化物DOPO-Gly，并在间苯二胺固化作用下得到阻燃环氧树脂。与环氧树脂DGEBA相比，DOPO-Gly显示出更高的阻燃效率，LOI值从22提高到27；

② 将DOPO在一定条件下转化为含磷中间体，然后将中间体与EP反应得到含磷EP。DOPO的苯二酚衍生物（DOPO-BQ）和萘二酚衍生物（DOPO-NQ）、4-（5，5-二甲基-2-氧化-1，3，2-二氧磷杂环-己-4-氧基）-苯酚（DOD-PP）、苯丙基（4-羟基苯氧基）-环三磷腈（PN-OH）等均是近年来广泛采用的用于制备

阻燃环氧树脂的含磷中间体。

除含磷环氧树脂外，含磷固化剂可在较低温度下热分解，形成耐热残炭层，实现环氧树脂的阻燃能。同时，采用含磷固化剂制备含磷阻燃环氧树脂可以克服含磷环氧化合物自身合成工艺复杂、成本高、难于大规模生产等缺陷。目前市面上的含磷固化剂主要有含磷胺类固化剂、含磷羟基类固化剂及含磷异氰酸酯固化剂等 3 种。含磷胺类固化剂大都是由相应的化合物经硝化反应生成硝基化合物，再氢化还原得到胺类化合物，该类固化剂可以使环氧树脂的阻燃性与热稳定性得到提高。用曼尼希反应（Mannich reaction）苯甲醛、脂肪族二胺以及$(C_2H_5O)_2P(O)H$ 在三乙胺/乙醇混合溶液中可以合成新型固化剂 PEDA。利用 PEDA 对环氧树脂进行固化，所得体系的玻璃化转变温度从 73℃提高到 147℃，在 700℃条件下的残余物从 9.3 提高到 26.7%，LOI 值也从 21 提高到 30。含磷羟基类固化剂主要包括 DOPO 型固化剂和含羟基的磷酸酯。用 DOPO 衍生物和氰溴酸反应，可以合成含磷氰酸酯类固化剂（DOPO-TCY）。当采用 DOPO-TCY/BADCY 自固化体系时，自固化体系的热分解温度随氰酸盐的增加有明显的降低，而玻璃化转变温度随氰酸盐的增加而有所提高。随着磷含量的增加，体系的阻燃性能也会增加，当磷含量为 1%时，阻燃性能达到 V-1 级；而当磷含量达到 1.5%时，阻燃性能达到 V-0 级。但遗憾的是介电常数和损耗因子略有增加。另一种含 DOPO 的新型胺类阻燃固化剂 DOPO-PHM 可以与 DDM 共固化环氧树脂制得不同磷含量的阻燃环氧树脂，在磷含量为 0.3%时，氧指数为 25.5%，磷含量增至 1.7%，氧指数可达 33.5%。除反应型含磷阻燃环氧树脂外，磷酸酯或磷酸盐/次膦酸盐类添加剂也是应用于环氧树脂中常见阻燃剂。例如，添加 15%的甲基环己基次膦酸铝 Al（MHP）（磷含量为 2.18%）可使阻燃环氧树脂垂直燃烧可通过 V-0 级，且氧指数达到 28.8%。

（3）含硅阻燃环氧树脂

有机硅类阻燃剂具有低烟、低毒、耐熔滴等优势，作为阻燃剂的后起之秀，近 20 年来开始得到迅速发展。有机硅类物质除了可以提高阻燃性能之外，还通常具有改善基材的加工性能、耐热性能的优势。但硅系阻燃剂效率不高，市面上已知的含硅阻燃剂多与磷、氮等环氧阻燃剂协效使用，很少有单独使用的商业化品种面市。通常认为，有机硅类阻燃剂是按凝聚相阻燃机理，即通过生成裂解炭层和提高炭层的氧化/热稳定性能实现其阻燃功效的。高分子材料中添加有机硅阻燃剂后，有机硅阻燃剂多半会迁移到材料表面形成表面为有机硅阻燃剂富集层的高分子梯度材料。一旦燃烧，就会生成聚硅氧烷特有的、含有 Si—O—Si 和（或）Si—O—C 键的无机隔氧绝热保护层，这既阻止了燃烧分解产物外逸，又抑制了高分子材料的热分解，达到了阻燃抑烟的目的。用双（氨基苯氧基）二甲基硅烷与环氧氯丙烷（EHC）反应，打开环氧键，然后在碱催化条件下脱除氯闭环，获得硅改性环氧树脂。将 DGEBA 与上述环氧树脂用二氨基二苯甲烷（DDM）固化，LOI 值可达 33。若以双（氨基苯基）苯氧膦（BAPPO）为固化剂，由于磷硅存在协同效应，LOI 值可至 42。用氯化锡催化三硅醇异丁基倍半硅氧烷（TPOSS）与异氰尿酸三缩水甘油酯（TGIC）反应合成环氧基修饰笼状倍半硅氧烷（NPOSS），将其与 DGEBA 共混后固化，该类笼状结构嵌入环氧树脂网络中，有效改善了材料的热性能。可以将笼状倍半硅氧烷 ODPSS 和 DOPO 同时用于环氧树脂的阻燃，二者含量均为 2.5%时（磷含量为 0.36%），阻燃环氧树脂垂直燃烧可通过 V-0 级，氧指数为 29.8%。若有机硅材料具有多氨基结构，例如氨基封端的聚二甲基硅氧烷（PDMS），则也可作为固化剂直接引入到环氧树脂体系中。将胺基封端的聚二甲基硅氧烷（AS）、二（对氨基苯氧基）二甲基硅烷（DS）和 1，3-二（3-氨基丙基）1，1，3，3-四甲基双硅烷（TS）3 种带有氨基的含硅化合物用于固化环氧树脂 DGEBA 表明，用不含硅元素的 DDM 固化的树脂 LOI 值仅为 19，而氨基硅氧烷固化的环氧树脂其 LOI 值达到 31～34，表现出较好的阻燃性能。

经过多年的无卤阻燃发展，环氧树脂已形成以含磷和含硅环氧树脂为主的产业发展趋势，新的研究成果不断出现。但这些体系在开发应用过程中均存在诸多不足，如以 DOPO 为代表的含磷单体生产条件苛刻、制备成本偏高；无卤阻燃环氧树脂的制备工艺复杂；单纯含磷或含硅阻燃环氧树脂玻璃化转变温度降低、介电性能恶化等。只有解决了上述问题，无卤阻燃环氧树脂才能迎来更广阔的发展前景。

10.2.2.2 无卤阻燃通用塑料

在一些塑料大国中，目前通用塑料占塑料的比例为 75%～90%，而聚乙烯（PE）、聚丙烯（PP）、聚氯乙烯（PVC）、聚苯乙烯（PS）及丙烯腈-丁二烯-苯乙烯共聚合物（ABS）是最重要的五大通用塑料品种。除了本身含卤的 PVC 外，PE、PP、PS 和 ABS 等的最有效的阻燃剂仍然是溴系阻燃剂。为了研究开发出适合于这些高分子材料的高效无卤阻燃剂，学术界和产业界都长期开展相关的研究开发。

（1）无卤阻燃 PE 和 PP

PP 和 PE 的无卤阻燃主要是通过添加无机氢氧化物和膨胀阻燃剂实现。由于 ATH 的热稳定性较 MH 差，因此 ATH 多用于 PE 的阻燃，而 MH 多用于 PP 的阻燃。因阻燃机理所致，目前仍没有突破低添加量获得高阻燃性的技术，通常需要添加 50%以上才具有阻燃效果，而添加 60%以上才能达到 V0 阻燃等级。金属氢氧化物阻燃剂主要的研究方向包括表面改性处理（表面活化、包覆等技术）、协同复合技术和粒度超细化等几个方面，以降低因高添加量造成的力学性能下降的程度。

近年在 PE 和 PP 的高效无卤阻燃技术在膨胀阻燃剂（IFR）体系取得了重要的进展。膨胀型阻燃剂主要包括物理膨胀阻燃剂和化学膨胀阻燃剂，在加热或火焰的作用下，通过不同组分（酸源、炭源、气源）之间的化学反应而在材料表面形成具有隔热、隔氧作用的泡沫炭层，是化学膨胀型阻燃的基本概念；物理膨胀阻燃的概念是相对于化学膨胀阻燃而提出的，二者的本质区别在于膨胀炭层的形成是否需要不同组分之间的化学反应。

可膨胀石墨（EG）与 APP 复配组成的膨胀阻燃剂用于 LDPE 的阻燃时，当 EG/APP 质量比为 3∶1，添加量为 15%时，材料 LOI 为 29%，与市场已有的无卤阻燃剂相比表现出很高的阻燃效率，但由于 EG 的颜色问题使其在有些领域不受欢迎。目前市场上对 PE 和 PP 阻燃效率最高的无卤阻燃剂是由 APP 与一些三嗪类化合物构成的膨胀阻燃剂体系。三嗪类化合物既能充当有效的发泡源，又发挥成炭作用。这类成炭剂国内最早由四川大学研发成功，以三聚氯氰与氨水、乙二胺、乙醇胺等反应合成了一系列的三嗪类成炭剂，后来进一步合成了分子量相对较高的低聚物成炭剂 CA，当 CA 与 APP 复配用于阻燃线性低密度聚乙烯（LLDPE）的阻燃时，其阻燃剂总添加量保持在 30%，CA 与 APP 质量比为 11∶4 时，LOI 可达到 31.2%，UL-94 V-0 级，当添加金属络合物或纳米粒子作为协效剂时，达到上述同样阻燃效果的阻燃剂总量可以降低到 22.5%。四川大学还合成一系列耐水性更佳的线性和支化/超支化的三嗪类聚合物型成炭剂，在纳米协效剂的存在下，在阻燃剂总添加量为 17.5%的情况下，可使 PP 的 LOI 达到 30.5%，UL-94 V-0 级，即使是长玻纤增强的 PP 复合材料，也可达到类似的阻燃效果，并且对力学性能影响较小，有些力学性能指标甚至有所提高，目前已得到商业化应用。东北林业大学在三嗪类低聚物成炭剂的合成方面也做了大量工作，部分成炭剂也实现了商业化。

近年来，针对 IFR 的不足，国内外科技工作者进行了大量研究：

① 炭源改进。炭源一般为含碳的多羟基化合物，具有相容性差、水溶性大和热稳定性不足等缺点，应用受到了限制。研究表明，三嗪环的成炭剂具有优异的效果。

② APP 表面改性。一般采用偶联齐、微胶囊化等进行表面改性，可降低 IFR 的表面能，改善水溶性等缺陷。大量研究通过表面改性和包覆的手段可改善传统 IFR 酸源（聚磷酸铵）的相容性以及易吸潮的缺陷，配合高效成炭剂表现了更好的耐水性和抗迁移性能。通过表面改性不仅可以改善阻燃剂与聚合物的相容性，而且可改善阻燃剂的热稳定性及阻燃材料的成形加工性能；

③ 协效阻燃，在膨胀型阻燃剂中添加少量的矿物，不仅可以不同程度减少阻燃剂用量，提高阻燃性能，而且可使材料物理力学性能的损失减小；

④ 开发新型膨胀型阻燃剂，开发制备“三源”一体的阻燃剂。主要通过化

学反应合成具有“三源”阻燃元素的新型 IFR，或通过改性传统 IFR 制备新型阻燃剂。研究表明，“2.1.3 无卤阻燃剂”提到的通过哌嗪接枝改性聚磷酸铵成功合成三源一体高效膨胀阻燃剂，在 PP 中添加 22%可通过 UL-94V-0 级，氧指数大于 30%。

（2）无卤阻燃 PS 和 ABS

PS 和 ABS 的无卤阻燃至今仍未获得令人满意的结果，特别是阻燃剂的引入对 HIPS 和 ABS 的抗冲击性能影响很大。将纳米改性氢氧化铝（nano-CGATH）和包覆红磷（RPM）用于 HIPS 的无卤阻燃，在配比为 HIPS/nano-CGATH/RPM=68/20/12 时，体系的垂直燃烧能达到 V-0 级别，且加入少量 SBS 能够在不影响体系阻燃性能的同时改善其力学性能。最近，四川大学的研究表明，当采用三嗪环结构的大分子作为成炭剂（CA）与聚磷酸铵（APP）复配成膨胀阻燃剂（IFR）阻燃 PS 时，当 CA/APP 的比例为 1∶3 时，在总添加量为 30%时，阻燃 PS 的 LOI 值高达 32.5%，垂直燃烧通过 V-0 级，最大热释放速率（PHRR）、总热释放（THR）、最大烟生成速率（PSPR）和总烟生成量（TSP）的降低幅度分别高达 93%、84%、97%和 98%，但膨胀阻燃 PS 的拉伸强度和弯曲强度比纯 PS 降低 20%～30%，但由于 PS 本身的脆性，阻燃 PS 的缺口冲击强度反而提高了 7%；当采用次磷酸铝（AP）作为阻燃剂时，25% AP 可使阻燃材料达到 V-0 级，LOI 值提高到 25.6%，但拉伸强度和弯曲强度均下降了 30%左右，缺口冲击强度下降 14%；异丁基次膦酸铝对 ABS 具有较好的阻燃效果，添加 30%时 ABS 可通过 UL-94V-0 级，氧指数高达 29.8%；而加入 1/4 的红磷时，在阻燃剂总添加量为 20%即可通过 V-0 级，氧指数达到 28.0%。韩国××大学（Hoang DQ 等 2008PDST）合成了一种磷含量为 24.19%的双螺环磷/膦酸酯 PBMP，添加量为 15%时，可使 ABS 的垂直燃烧通过 UL-94 V-0 级，但 LOI 不高。

随着家电、电子、汽车等行业的快速发展，ABS、HIPS 的消费量与日俱增。如上所述，HIPS 和 ABS 的无卤阻燃仍然需开展大量的研发工作来提高材料的综合性能，拓展材料的应用领域。

10.2.2.3 无卤阻燃工程塑料

目前工程塑料已成为塑料工业中增长速度最快的领域，虽然我国已经初步建立起工程塑料产业，但由于基础薄弱，工程塑料产业整体水平不高，生产能力和现有产量还远远满足不了国内市场的需要，我国仍是世界上最大的工程塑料进口国。据统计，通用工程塑料产能的复合年均增长率为 39.8%，其中聚碳酸酯（PC）、聚对苯二甲酸丁二酯（PBT）产能的复合年均增长率分别为 116.5%和 23.9%，通用塑料自给率从 11%增长至 31%。2009～2015 年我国通用工程塑料产能的复合年均增长率为 7.6%，PC 和 PBT 仍是主要增长点，至 2015 年自给率将提升至 41%。此外，还有一些产量较小的特种工程塑料，近年也将迎来比较好的发展机遇。

工程塑料具有优良的综合性能，刚性大，蠕变小，机械强度高，耐热性好，电绝缘性好，可在较苛刻的化学、物理环境中长期使用，可替代金属作为工程结构材料，被广泛应用于电子电气、汽车、建筑、办公设备、机械、航空航天等行业。因此，对于易燃的工程塑料进行必要的阻燃处理非常重要。由于工程塑料品种较多，这里重点就用量较大的 PA、PC、PBT 等体系的无卤阻燃进行介绍。

（1）无卤阻燃 PA

尼龙（PA）最早由杜邦公司开发，并于 20 世纪 50 年代开始生产注塑产品。PA 是通用工程塑料中产量最大、品种最多、用途最广、性能优良的基础树脂。其中 PA6 及 PA66 是尼龙系列塑料中最重要的两种，在市场中占据绝对的主导地位，并以其优异的力学性能、电气性能、耐热、耐油等特性被作为工程塑料广泛地使用在汽车零部件、电子电气以及机械等行业，如汽车内各种电气接线柱、电气配件、插座、铆钉等。目前国内尼龙工程塑料使用情况为电子电气与汽车行业占到 60 %，伴随着我国汽车工业、电子电气配件的国产化，尼龙工程料需求将越来越大。但同大多数高分子材料一样，尼龙自身为可燃塑料，其阻燃也成为关注的热点，特别是对其玻纤增强材料因玻纤引起的“灯芯效应”使其更难阻燃。

提高工程塑料 PA6 和 PA66 的阻燃性主要通过复合过程中加入阻燃添加剂。三聚氰胺基阻燃剂：三聚氰胺氰尿酸盐（MCA）、三聚氰胺磷酸盐（MP）、三聚氰胺聚磷酸盐（MPP）以及三聚氰胺焦磷酸盐（MPyP）是一类适用于阻燃尼龙的无卤阻燃剂。其中 MCA 以促熔滴的机理为主，对未增强尼龙阻燃效率较高，而阻燃玻纤增强尼龙优势不明显。MCA 在尼龙树脂中分散性差，因此对三聚氰胺基阻燃剂进行表面处理和改性或协效阻燃，使其综合性能得到提高。红磷也是一种常见和实用的阻燃剂，在玻纤增强 PA 66（23% GF）中仅需添加 6%～8%即可使材料通过 UL-94 V-0 等级。然而红磷自身可燃，颜色问题，在基材中混合不均匀等缺点，使其应用受到一定限制。为了解决这些问题，采用微胶囊包覆红磷的技术。以次膦（磷）酸盐为主的阻燃剂是目前市场上商品化阻燃玻纤增强尼龙的主要阻燃剂。为了使材料的综合效果达到最好，一般采用复配阻燃剂方法、引入协效剂以及对阻燃剂进行改性。

耐高温尼龙是指可长期在 150℃以上使用的尼龙工程塑料。目前已经工业化的品种有荷兰 DSM 公司的 PA46，杜邦、巴斯夫等多家公司开发的 PA6T 系列半芳香聚酰胺，日本 KURARAY 公司开发的 PA9T 和我国金发公司实现商品化的 PA10T 等。由于耐高温尼龙的加工温度较高，因此限制了很多阻燃剂的应用，现以改性红磷和耐高温次膦酸盐为主。美国杜邦公司研究开发了多种利用次膦酸盐 Exolit OP1230、Exolit OP930（主要成分为二乙基次膦酸铝和甲基乙基次膦酸铝）等对 PA6T，PA66/6T 阻燃的体系，并开发了锡酸锌、勃姆石等耐高温无机物协效阻燃体系的阻燃耐高温尼龙。四川大学最近开发的纳米金属氧化物-次膦酸盐杂化阻燃剂已被证明是耐高温尼龙的高效耐温无卤阻燃剂。

目前对耐高温尼龙的阻燃研究成功的阻燃体系数量有限，未来的发展方向是开发新的耐高温阻燃剂，以及改善次膦酸铝阻燃产品的其他综合性能，尤其是力学性能，从而进一步扩大耐高温尼龙的应用范围。

（2）无卤阻燃 PC

传统的阻燃 PC 材料常采用溴系阻燃剂阻燃，如加入质量分数 6%～9%的溴化环氧树脂（一般不添加 Sb_2O_3，以免引起 PC 加工降解并恶化 PC 的透明性）即可使 PC 的阻燃等级达到 UL-94 垂直燃烧 V-0 级，且对其热变形温度影响甚小，甚至可增加 PC 的冲击强度。在此类阻燃 PC 材料中加入一定量的热致液晶聚酯（如 Vectra 950），可改善其流动性，因而可用于注塑薄壁型制品。或者加入质量分数约 10%的含溴碳酸酯低聚物也可使 PC 达到 UL-94 垂直燃烧 V-0 级，且阻燃 PC 的力学性能较佳。另外，溴代三甲基苯基氢化茚也是很适于 PC 的溴系阻燃剂，且不影响材料透明性；但为了使 PC 达到 V-0 等级，阻燃剂添加的质量分数需在 15%以上。含溴磷酸酯（三（二溴苯基）磷酸酯）具有分子内磷-溴协同效应，质量分数为 8%～10%时即可赋予阻燃材料 V-0 等级。但随着对阻燃高分子材料环保方面的要求越来越高，溴系阻燃剂的应用受到越来越多的限制，因此无卤阻燃剂开始在阻燃 PC 中得到越来越广泛的应用。可用于 PC 的无卤阻燃剂有新型固态磷酸酯阻燃剂、反应型磷系阻燃剂、磺酸盐、磺酰胺盐、有机硅系阻燃剂及红磷等。

磷酸酯类阻燃剂［如间亚苯基四（二甲苯基）双磷酸酯 XDP、2，2'-二亚苯基丙烷四苯基双磷酸酯 BDP、间亚苯基四苯基双磷酸酯 RDP、对亚联苯基四苯基双磷酸酯 DHBDP、二亚苯基砜四苯基双磷酸酯 BSPP］用于 PC 无卤阻燃，主要在凝聚相中发挥阻燃作用，对于某些低沸点磷酸酯（如三苯基膦酸酯 TPP）也同样存在气相阻燃活性。通常认为，这些磷酸酯阻燃的 PC 与未阻燃 PC 的残炭率（700℃，N_2）相差无几，其阻燃作用主要依靠提高成炭速率和改善炭层质量实现。

磺酸盐/磺酰胺盐［如二苯砜磺酸钾 KSS、三氯苯基磺酸钾 STB、全氟丁基磺酸钾 PPFBS、三氟甲基磺酰胺钾 PFMSA、双（三氟甲基磺酰）胺钾 PBFMSA］对 PC 的阻燃作用主要发生在凝聚相。在高温下磺酸盐/磺酰胺盐能促进 PC 异构化和发生 Fris 重排，加速基体树脂的交联成炭，并放出 CO_2 和 H_2O 等不燃气体稀释可燃物。同时含氟磺酸盐则可抑制 PC 熔滴的形成。然而，磺酸盐/磺酰胺盐作为一种盐，其吸水性会显著恶化 PC 基体的耐水解稳定性，导致材料表面起霜；且由于磺酸盐/磺酰胺盐在 PC 中含量甚低，如何使其在集体中实现均匀分散也是至关重要的。

对于阻燃 PC 的有机硅系阻燃剂而言，主要有线性和支化聚硅氧烷两种。二者主要在凝聚相发生作用，阻燃剂在受热时与基体树脂相互作用，生成富含 Si-O-Si 和 Si-O-C 键的炭层，同时由于含硅物质极低的表面能，燃烧时含硅碳层会富集至燃烧表明，提高炭层质量，最终实现阻燃。

在市场应用方面，拜耳推出了 Bayblend FR 4000 系列新型阻燃材料，该材料达到 960℃最高灼热丝温度的要求，在防火性能方面，这类产品优于常规的 PC/ABS 混合材料，在很多情况下是一种对环境友好的替代材料。Bayblend FR 4000 系列的属性可针对特定的定制化应用进行优化，其中一个品种具有良好的耐化学性和低温抗冲性，适合电动车的封装锂离子电池应用，另一种具有极高硬度和强度的纤维增强混合材料，可供用于具有低壁厚的大型结构件。我国南通星辰开发出 LED 照明用光扩散聚碳酸酯 PC 改性工程塑料，具有高透光率、高雾度、易加工、重量轻等特点，并且兼具有好的表面外观品质、较高的韧性、较强的耐黄变能力和良好的阻燃特性，现进入批量试产和市场推广阶段。最近，拜耳材料科技在其位于上海的拜耳聚合物研发中心成功安装了一台由拜耳特定等级的 PC 制成的电动汽车充电桩，该充电桩能够在−40℃的极端温度下保持良好的抗冲击性能，具备耐化学腐蚀性，且这些 PC 材料具备 UL V-0 和 5VA 阻燃等级，能够在较高的充电电流下确保充电桩的安全使用；该公司的 PC 板材扩建项目在广州投产，新生产工厂装配多套实心板生产装置和多层板生产装置，除了服务于建筑业、农业、公共轨道交通、灯箱等主要目标行业，尤其关注高光性能要求的安防、透明制品和 LCD/LED 行业。

总而言之，PC 在电子、电气、机械、汽车、航空航天、建筑、办公及家庭用品等诸多领域应用广泛，而 PC 的阻燃化、高功能化将更能满足市场的需求。

（3）无卤阻燃 PBT

聚对苯二甲酸丁二酯（PBT）是一种结晶、线形的饱和聚酯。PBT 具有耐热性、耐候性、耐化学品性、电气性能优异、吸水性小、表面良好等优点，被广泛应用于电子电气、汽车、机械、家用电器等。玻纤增强改性后的 PBT 的拉伸强度、弯曲强度可提高一倍以上，热变形温度也大幅提高，可以在 140℃下长期工作，因此目前市场上 70%的 PBT 产品为玻纤增强品种。传统的阻燃 PBT 材料主要采用溴系阻燃剂（如十溴二苯乙烷、溴化环氧树脂等）阻燃，近年正在发展无卤化阻燃。

DSM 首先成功开发出无卤阻燃 PBT 材料，制造的新产品尤其适用于家用电器，如洗衣机、干燥机和洗碗机等这些要求包括 850℃下的灼热丝可燃性指数测试（GWFI，IEC 60695-2-12）以及 750℃下的灼热丝点燃温度实验（GWIT，IEC 60695-2-11），无卤阻燃的 PBT 完全能满足这些要求。三菱工程塑料公司（MEP）研制出一种无卤阻燃 PBT 树脂，具有极高阻燃性能，该阻燃 PBT 材料已被 Omron 公司用于继电器。此后，MEP 打算在其他电器部件应用上扩大销路，例如将它用于连接器、转换器和断路器等。在 GWIT 方面，它比传统阻燃 PBT 有耐更高温度的优势。国内厂家如济南泰星与川大合作开发生产 PBT 高效无卤阻燃剂，广东金发、福建奥峰等也相继推出了无卤阻燃玻纤增强 PBT 制品，该材料可替代含卤的 PBT 增强材料应用于电子电气家电等行业，如电子电器零件、接插件、连接器、变压器骨架、开关零件、节能灯壳，日光灯座等。

红磷是一种性能优良的阻燃剂，但易吸潮、自燃，与聚合物相容性欠佳，且无法制作浅色制品，因此在实际生产应用中多对其进行包覆处理，微胶囊化是最为有效的方法。微胶囊化红磷用于 PBT 具有阻燃效率高、添加量少，电气性能优良，性价比高等优点；但制品颜色问题仍无法完全避免，且加工过程中易产生 PH_3 等有毒害气体。

自德国 Clariant 公司 2004 年推出了不同牌号的次膦酸盐系列阻燃剂之后，次磷/膦酸盐类阻燃剂及其复合协效体系成为阻燃 PBT 的主要方案。我国也开展了大量相关研究。采用一种稀土膦酸酯盐阻燃 PBT，该阻燃体系由几种有机膦酸酯复配得到，稀土元素为镧，镧离子的引入使其具有偶联增容性，还引入了季戊四醇基团，季戊四醇的引入提高了耐热性和耐水解性，而且有利于阻燃高聚物燃烧生成碳隔热层，得到的阻燃 PBT 阻燃性能优异，达到 UL-94 垂直燃烧 V-0 级。采用经过硅烷偶联剂研磨及高温处理的次磷酸盐与三聚氰胺磷酸盐复配，在 PBT 中能够起到很好的阻燃效果，而且力学性能没有明显恶化。

发展至今，薄壁制品的阻燃是 PBT 今后的阻燃研究开发热点之一。随着 PBT 的应用范围日益广泛，其在薄壁制品尤其是电子电器产品等方面的阻燃要求也越加苛刻。通常，制品越薄，越难通过垂直燃烧等级，目前市场上多数只能通过 1.6 mm V-0 级。近年来，更薄的阻燃制品已被相继开发出来。德国朗盛 DPBF4232、中国台湾长春 4115-104F、德国巴斯夫 B4406G4、济南泰星 HT-202B 等牌号的 PBT 均能通过 0.8 mm V-0 级，而德国朗盛 KU2-7204 的 PBT 更是能够通过 0.4 mm V-0 级，中国大陆企业也推出了 0.38mm 薄壁制品改性 PBT 工程塑料，这在 PBT 阻燃领域已是极大的进步。

（4）其他阻燃工程塑料

聚甲醛（POM）是五大工程塑料之一，具有优良的综合性能，被用于替代金属、合金等材料，广泛应用于汽车、电子电气、精密机械和建材等诸多领域。但 POM 极易燃，其极限氧指数（LOI）只有 15，这一缺陷严重制约其在电子电气等高阻燃性要求领域的应用。由于 POM 自身结构特点，其在燃烧过程中以“解拉链式”直接分解并产生大量极易燃的甲醛气体，而卤素自由基对其分解有加速作用，因此采用传统卤素阻燃剂不但不能对 POM 起到阻燃作用，还会导致其严重分解。POM 链对酸和碱性物质比较敏感，许多阻燃剂都会加剧 POM 在加工过程中的分解，同时极大恶化其力学性能。因此，POM 的阻燃是阻燃界的一个难题。最近，山东旭锐与四川大学合作开发生产的一种无卤膨胀阻燃体系对 POM 表现出良好的阻燃性，可望解决 POM 难阻燃的问题。

还有一些特种工程塑料，其自身具有自熄、甚至不燃的特点，市场前景也因此看好。阻燃性的聚合物主要包括：聚醚醚酮（PEEK）、聚醚酰亚胺（PEI）、聚苯硫醚（PPS）、聚苯砜（PPSU）、聚醚砜（PES）、聚偏氟乙烯（PVDF）、聚四氟乙烯（PTFE）和部分液晶聚合物（LCP）。其他一些聚合物，诸如改性聚苯醚（PPO）等具有一定的阻燃性，但是需要加入一定量的添加剂来强化这种性能。以 PEI 为例，作为一种典型的无定型聚合物，连续使用温度达到 180℃，对于烃类、含卤溶剂、水以及汽车液体具有很强的耐受性，其玻璃化转变温度为 217℃。据 PEI 供应商 GE 公司提供的数据，0.25mm 的样条能通过 UL-94 垂直燃烧 V-0 级，并具有较低的烟排放量，能够耐受多种化学物质，具有较高的强度、模量以及高温抗蠕变性。在汽车零部件的制造中，PEI 可以代替金属制造风门、传感器、空气调节器、点火系统零部件以及传动系统配件。PEI 的阻燃性以及低发烟量和低有毒气体排放也使这种材料应用在航空航天器上，例如气体和燃料阀门、方向盘、内装饰表面、食品托盘等。采用 PEI 材料制造的电子照明部件，如连接器、反射镜也是为了发挥该聚合物阻燃性的优势。这些具有自身阻燃性的工程塑料多属特种工程塑料，通常也具有其他一些独特的优良性能，例如强度、尺寸稳定性、耐化学品性和耐磨性等，但是这些材料通常比那些不具备阻燃性的材料更昂贵，然而在要求高性能以及高阻燃性的应用场合就需要这些树脂来突显其优势。

10.2.2.4 无卤阻燃聚酯纤维及涤棉纺织品

聚对苯二甲酸乙二酯（PET）是产量最大的聚酯品种，目前的全球总产量达 8957 万吨/年，其中我国占 53%，成为第一大 PET 生产国。PET 纤维（即“涤纶”）因具有高模量、高强度、高弹性、保形性和耐热性等优点已成为了合成纤维中产量最大、用途最广的纤维品种，2013 年我国的 PET 纤维产量为 3340 万吨，占合成纤维的 89.5%。因此，PET 纤维的阻燃对于整个合成纤维而言举足轻重。实际上，仅就 PET 的阻燃而言，无论是国内还是国外，已得到长足的发展。磷是 PET 最有效的阻燃元素。一些商业化的本质阻燃聚酯是通过 PET 单体与 2-羧乙基甲基次膦酸、2-羧乙基苯基次膦酸（CEPPA）或它们的环状酸酐共聚而成的，如德国的 Trevira CS®和我国的 Gospring®系列阻燃聚酯（采用四川大学技术生产的本质阻燃聚酯产品）。另一个在聚酯中商品化使用的含磷反应型单体是 9，10-二氢-9-氧杂-10-磷酰杂菲-10-氧化物（DOPO）与衣康酸的加成产物-阻燃单体 9，10-二氢-9-氧杂-10-磷酰杂菲-丁二酸（DDP），将其与聚酯的单体共聚合成阻燃共聚酯。目前，以我国 Gospring®为代表的基于 CEPPA 阻燃剂合成的阻燃共聚酯及其纤维在阻燃 PET 市场上占主导地位。然而，无论含磷结构单元位于主链还是侧基上，都存在严重的熔滴问题，这是因为这类阻燃剂实现阻燃作用的一个重要途径是靠促进聚合物的降解而加速熔融滴落来带走热量和火种，增加燃烧表面的质量损耗和热损耗达来到阻燃的目的，而熔滴会产生二次灾害。因此，聚酯的阻燃与抗熔滴是一对难以调和的矛盾，成为聚酯阻燃领域长期没有解决的技术难题。

为了解决聚酯同时具有阻燃性和抗熔滴性这一难题，国内外学界和产业界都做出了极大的努力，申请了专利。这些专利更多的是通过在聚酯中混入一些难熔或不熔物质，如在聚酯中混入磷酸酯、蜜胺氰脲酸、聚四氟乙烯，混入聚苯醚、次磷酸铝、三聚氰胺磷酸盐和酚醛树脂、包覆含氟聚合物、膦酸盐、含卤酰亚胺类阻燃剂和氧化锑、包覆红磷、硼酸锌、固体硅树脂和云母、三嗪的缩合物等。然而，有些体系含有卤素，而且阻燃剂及协效组分的总添加量很大，往往大于 25%，这使上述聚酯材料只可能用作工程塑料，而不能用于纤维纺丝，因为体系中引入大量的不熔物会影响聚酯的纺丝工艺。为了规避聚酯本质阻燃抗熔滴的困难，一些研究者试图通过聚酯纤维织物的辐照交联或其他后处理改善其阻燃与抗熔滴性，这种方法会对织物的其他性能产生不良影响。

最近，聚酯的阻燃抗熔滴技术取得了重大突破，通过在 PET 大分子链中引入可智能化热交联的化学结构而非传统的阻燃剂分子，在纺丝温度下不交联而在高温下发生自交联、成炭，实现阻燃和不熔滴，为解决聚酯的阻燃与抗熔滴相矛盾这一阻燃界长期未解决的难题开辟了全新阻燃途径。这项由四川大学发明的技术已申请了一系列的发明专利，并系统研究了阻燃与抗熔滴机理。

涤棉混纺织物是用途最广的一类混纺织品，而棉纤维也是易燃材料，只能通过阻燃后整理实现阻燃。由于目前市场上的阻燃涤纶主要是熔滴型阻燃产品，当这种阻燃涤纶与阻燃处理的棉纤维混纺后，因其阻燃机理的差异甚至造成阻燃作用相互抵消，难以实现高阻燃性。

从已报道和市场上可见的棉织物以及涤棉织物的无卤阻燃情况来看，磷系阻燃剂仍然是主流。商品化的含磷阻燃剂主要有日本 Nicca 化学公司研制的磷酰基和亚苯基类阻燃剂，其对棉织物的手感影响不大，并且具有耐水性、耐久性好的特点；商品名为 Fyroltex HP 阻燃剂与交联剂结合整理出的棉织物 LOI 值可达 31%，白度和手感变化小，经水洗 10 次，LOI 值仍可达 28%；四川大学研制的反应型阻燃剂 PEPBP 阻燃处理的棉织物 LOI 值可达 33.8%；瑞士 Ciba

公司开发的N-羟甲基-3-（二价氧膦酰基）丙酰胺（商品名Provetex CP）的反应型阻燃剂对棉织物阻燃效果较好，氧指数可达30%，织物经50次洗涤后阻燃性能仍能达到阻燃整理产品的性能要求，但是该阻燃剂具有甲醛含量高的明显缺点；美国Stauffer公司生产的商品名为Fyrol 76阻燃剂由乙烯基膦酸二（-氯乙基）酯和甲基膦酸酯缩聚制得，该产品已广泛用于织物的阻燃整理；美国Cyanamide公司商品名为Cyagard RF-1的有机磷盐阻燃剂能与棉纤维的活性基团反应，因而阻燃性能持久、耐水洗，对织物的手感和其他性能影响较小，可用于军用棉布、防雨布和工作服的阻燃处理。

除了开发新型的阻燃剂，采用新技术制备阻燃织物同样可以显著改善阻燃织物的综合性能，并且新技术的使用可以取得一些独特的良好效果。目前在阻燃织物制备中报道应用较多的新技术主要有：纳米技术、层层自组装技术、溶胶-凝胶技术、等离子体技术、超声波技术和电子束辐射技术等。虽然处理后织物所报道的阻燃性能参差不齐，但是研究者们做了众多有意义的尝试，特别值得关注的是，层层自组装技术（LbL）近年来作为一种新型的阻燃方法，得以迅速发展，并广泛地应用于织物后整理阻燃。这种技术是通过交替沉积具有相互驱动力的聚电解质水溶液，使其在基材上组装为多层膜，是一种简易、快速的多功能表面改性技术。随着基础研究的深入，LbL适用的原料由最初的经典聚电解质扩展到无机带电纳米粒子，如蒙脱土、碳纳米管、胶体等，对棉织物、涤棉混纺织物和涤纶织物的无卤阻燃进行了广泛的探索。对于棉布织物的阻燃，将聚丙烯胺/多聚磷酸钠作为正电解质溶液/负电解质溶液，通过层层自组装技术在棉布上构建涂层，极大地提高了棉布的阻燃性能，通过这种技术改性的棉布，在垂直燃烧测试时可以达到明火点不燃的效果。在苎麻织物上通过层层自组装技术构建基于聚磷酸铵的阻燃涂层，也可取得了较好的结果。分别采用壳聚糖/聚磷酸铵和纳米硅粒子/聚磷酸铵作为LbL吸附体系，对涤棉共混织物进行阻燃处理，也可获得较好的阻燃效果。然而，因织物往往需要水洗，故其阻燃性需经过耐水洗测试，而现有LbL阻燃方法仍不能解决阻燃织物的耐水洗问题。同时，通过LbL阻燃方法改性涤棉混纺织物和涤纶织物，其阻燃效率并不尽如人意，目前通过层层自组装技术，要获得阻燃性能优异的聚合物材料并不容易。但不可否认的是，LbL阻燃方法是一种新型的、有研究价值的纳米涂层阻燃技术，最重要是的，相比传统织物阻燃方法，环境友好是其最大的优点，且不影响织物的力学性能，通过这种方法对织物进行有效的阻燃改性是非常有研究价值。

设计新型无卤阻燃体系在未来的一段时间内必将还是阻燃研究的热点。同时，纳米技术、层层自组装技术和溶胶-凝胶技术等表面处理技术在织物后整理中的应用能够改变织物的燃烧行为，提高阻燃性能，帮助获得综合性能优良的阻燃织物。新技术的应用可以实现织物产品的多功能化，满足人们多样化的需求，扩大产品的应用范围，是今后发展的一种趋势。

10.2.2.5 无卤阻燃橡胶与弹性体

橡胶与热塑性弹性体（TPE）的共同点是在室温下处于高弹态，是具有可逆形变的高弹性高分子材料。前者需要化学交联后才具有使用价值，而后者既具有橡胶的高弹性，又具有可热塑加工特性的高分子材料。正因为其弹性是其特性，从而使保持其弹性的无卤阻燃更加困难，需要研究开发添加量少的非常高效的无卤阻燃剂。

天然橡胶、异戊橡胶、丁苯橡胶、顺丁橡胶、氯丁橡胶、乙丙橡胶、丁腈橡胶、硅橡胶等各类橡胶及各类热塑性弹性体，如苯乙烯（SBS、SIS、SEBS、SEPS）、烯烃类（POE、EVA、EPDM）、氨酯类（TPU）、酯类（TPEE）等因其用途不同，对阻燃性的要求也不同。对于橡胶，因需要交联和添加补强剂等各种助剂，故还需要考虑阻燃剂受这些因素的影响，从而使阻燃更加复杂化。考虑这类材料的种类很多而其阻燃存在共性的问题，因此这里仅给出一些有代表性的研究成果。

在橡胶的高效无卤阻燃方面的一个重要进展是源于四川大学最近根据阻燃机理而设计制备的由三聚氰胺类衍生物与碳材料（如改性膨胀石墨等）复合而成的无卤阻燃剂，在橡胶（如氯丁橡胶、硅橡胶等）中的添加量为4%～5%时即可达到UL-94 V-0级，LOI达到30以上，热释放速率和烟密度都显著降低。由于添加量少，橡胶的拉伸强度和断裂伸长率均可保持较高的水平。这是迄今为止研究开发成功的综合性能好的橡胶用最高效的无卤阻燃剂。

纳米氢氧化镁对橡胶基体有较好的增强作用，且纳米氢氧化镁分散得越好，增强效果越显著，可以实现材料的力学性能和阻燃性能的兼顾。对纳米粉体进行表面处理可改善其与橡胶间界面的相互作用，提高其分散性，从而提高复合材料的力学性能。目前已用于橡胶的无卤阻燃的纳米体系主要有纳米氢氧化镁、碳纳米管、纳米层状硅酸盐（如蒙脱土等）、层状双金属氢氧化物（LDH）、α-ZrP、纳米硅材料等。

将有机改性的镁铝层状双氢氧化物（OLDH）与三嗪类聚合物型成炭剂和APP构成的膨胀阻燃剂配合使用对EPDM进行阻燃，在阻燃剂总添加量为24%的情况下，使EPDM的LOI达到27、ULL-94 V0级、热释放速率显著下降，并且拉伸强度和断裂伸长率都有显著提高。这也是近年来开发EPDM无卤阻燃比较成功的体系。

向硅橡胶中添加白炭黑、云母及其复配物、硅灰石、蒙脱土、玻璃熔块等含硅无机填料和碳酸钙等，也能达到阻燃目的。云母阻燃效果与其种类、粒径、长径比及与其他阻燃剂的相互作用有关。在硅橡胶中加入硅灰石可以提高其阻燃性能，如增加自熄性、降低热释放速率、促进生成和增强陶瓷层，同时还可以提高其在高温下的尺寸稳定性。纳米体系与其他阻燃剂协同阻燃技术可以成为一个新的研究方向。

利用有机膦酸对 ATH 表面进行功能化改性，可以制得一种新型的有机–无机含磷杂化 ATH。将其应用于 EVA 阻燃时显示出有较好的热稳定性，添加 60%的改性 ATH 就可以使阻燃 EVA 达到 UL-94 的 V-0 级，LOI 值可从 19.0 提高到 33.4%，且燃烧过程中完全没有熔滴现象。改性 ATH 对 EVA 起到了更好的阻燃效果，含磷片段促进残炭的形成，提高隔热隔氧的作用，降低了热释放速率峰值（PHRR）、总热释放量（THR）和总烟生成量（TSR）等燃烧参数值，从而提高了阻燃材料的阻燃性能。在加工和力学性能方面，较之未改性 ATH，改性 ATH 的加入改善了复合材料的拉伸强度和断裂伸长率，提高了阻燃材料的力学性能。采用气相二氧化硅协效 KH550 改性氢氧化镁制备 EVA 复合材料，当二氧化硅占体系的 8%时，体系的 UL-94 垂直燃烧达到 V-0 级，断裂伸长率达到 168%。

值得注意的是，阻燃橡胶的一个重要应用领域是矿用输送带，这种用途的阻燃橡胶还需要具有抗静电性。轨道交通、汽车及电子电气所使用的橡胶对阻燃性的要求也越来越高。另一方面，热塑性聚烯烃类弹性体最大的应用领域是汽车行业，占总消费量的 46%；其次是建筑行业和电子电气行业，分别占总消费量的 30%和 20%。世界聚烯烃热塑性弹性体在汽车上的用量约为 45.36 万吨/年，其中 90%用于汽车外装件。建筑行业和电子电气行业的产品主要包括电线电缆绝缘及护套材料、外墙保温板、电子包装薄膜、隔音板以及防水板等。出于安全、环境和健康的考虑，阻燃 TPE 材料的无卤低烟低毒化将是未来的发展趋势；此外，考虑到实际应用中对材料综合性能（包括力学性能、耐候性等）有特定要求，以及特殊应用领域对材料性能有特殊要求等问题，阻燃 TPE 材料的高性能化、功能化以及低成本化也是未来追求的目标。

10.2.2.6　无卤阻燃电线电缆材料

随着国民经济的蓬勃发展，电线电缆的用量急剧增大。线缆所用的高分子基体树脂主要是聚烯烃类高分子。常用的线缆料高分子包括：聚氯乙烯（PVC）、聚乙烯（PE）、聚丙烯（PP）、天然橡胶、氯丁橡胶、热塑性弹性体（TPE）等。因此，电线电缆用高分子材料的阻燃与前面提到的聚烯烃、弹性体及橡胶类似。但是，在很多情况下，电线电缆材料是由多种高分子共混制备的，这就需要在阻燃设计时，要同时考虑相应高分子的燃烧机理而选择相应的阻燃剂。同时，在考虑阻燃体系应具有必要的加工性、力学性能、抗老化性能等外，电性能也是必须加以考虑的。因此，如何合理选用阻燃剂达到高阻燃性并保持材料的其他性能均衡是技术的难点。从阻燃方面考虑，在原理上与前面几节提到相应高分子材料的阻燃相同，因此这里就不再赘述。但是，这里将特别强调一类高性能电线电缆材料：可瓷化防火电线电缆材料。

普通的电线/电缆绝缘层材料大多由易燃的高分子材料制成。在发生火灾时，电线/电缆绝缘层经过火焰烧蚀后会熔融滴落，使铜导线裸露在外，易发生短路，起不到防火作用，不能保障火灾中电力和通信的畅通。可瓷化高分子（ceramifiable polymer）防火电缆材料是一种比较优异的防火材料，其优点是室温时具有与普通电线/电缆绝缘层相同的性质，遇高温着火后经过瓷化转变成坚硬的陶瓷保护层，可抵抗上千度明火的烧蚀，并且具有一定的机械强度，能够抵御水浇而不破裂。其加工和成形工艺与传统高分子材料相同，近年来发展较快。这种新型材料在澳大利亚陶瓷聚合物控股有限公司研究较早，并获得了一定的商业应用。另外意大利皮雷利有限公司也开展了相关工作，并申请了专利。而我国对这方面的研究刚刚起步，近两年研究工作发展较快。这方面的研究目前主要集中在无机物/硅橡胶复合体系上，芜湖航天特种电缆厂、深圳市沃尔核材料股份有限公司，深圳市奔达康电缆股份有限公司等这两年申请了一些无机物/硅橡胶复合体系方面的专利，但尚未见成熟的产品。对无机填料与普通橡/塑复合体系的研究目前相对较少，目前主要是南京工业大学、绿宝电缆集团公司、中利科技集团股份有限公司、四川大学等开展了相关研究，并申请了专利，特别是四川大学还开展了的高阻燃性的无机填料与普通橡/塑复合体系。目前，陶瓷化电缆料的研究存在的主要问题有以下几方面：燃烧后陶瓷化产物的强度还不高，可陶瓷化的温度还较高；可陶瓷化电缆的加工和力学性能还不够理想。未来，陶瓷化耐火电缆料的研究开发向如下方面发展：将基体材料从硅橡胶扩展至通用橡/塑材料以扩大基体材料来源、增加电线/电缆品种；加强高效阻燃剂的研究以减少阻燃剂用量、减少填充材料的总用量从而提高耐火绝缘层材料的加工与力学性能；加强成瓷填料间的匹配性研究以扩大材料来源；使无机/硅橡胶复合体系实现陶瓷化的情况下还能抗辐射，达到核电缆的要求；加强做为助溶剂的低熔点玻璃粉的研究，减少碱金属氧化物的用量，提高电缆绝缘性。以上几点将是今后陶瓷化耐火绝缘层材料发展中的热点与难点。

10.2.2.7 防火涂料

防火涂料（或高阻燃阻燃涂料）能隔离火焰、推迟可燃基材的着火时间、延缓火焰在物体表面的传播速度、阻滞火灾的迅速蔓延，也可以提高构件的耐火极限，推迟结构被破坏的时限，起到防火保护和装饰作用，还能防腐、防锈、耐酸碱、防烟雾等。在各类材料表面涂覆放火涂料，是一种简单而有效的方法，在不影响材料本身性能及外观的前提下，可以赋予其优良的阻燃性能。

从近年来阻燃涂料的发展情况来看，考虑到防火阻燃效果、装饰效果以及经济成本方面，膨胀型阻燃涂料的应用更加广泛。膨胀型阻燃涂料一般由基料、膨胀阻燃体系（酸源、碳源、气源）、填料颜料、助剂等组成。鉴于此，膨胀型阻燃涂料的阻燃性能会因其组成种类的不同而差异较大。

利用聚磷酸铵-三聚氰胺-季戊四醇［APP(II)-MEL-PER］这一传统的膨胀阻燃体系和不同的填料［$Al(OH)_3$、$Mg(OH)_2$、TiO_2及其混合物］与相应的高分子树脂一起即可制备出水性阻燃丙烯酸树脂涂料和水性环氧树脂涂料。加有$Mg(OH)_2$和TiO_2的水性阻燃丙烯酸树脂有更好的阻燃效果，能够形成良好泡孔的阻燃碳层；而加有$Al(OH)_3$和$Mg(OH)_2$的水性阻燃环氧树脂涂料对金属材料的更好的附着力。不同的基料、不同的填料会明显影响膨胀型涂料的阻燃性能、耐水性能及力学性能。

利用 5 种不同聚合度（5、30、78、125 及 184）的 APP 作为膨胀阻燃体系的酸源，MEL 为气源，PER 为碳源，TiO_2和海泡石为填充物制备水性环氧树脂涂料，在老化过程中，聚合度更高的 APP 由涂料内部向外迁出的速率更低，分散在涂料中的 APP 能在高温下与TiO_2形成TiP_2O_7的釉层以保护碳层，含有更高聚合度的 APP 的涂料在高温下有更好的热稳定性，也具有更好的抗老化能力及保持涂料的膨胀阻燃性能的能力。

对膨胀型阻燃涂料来说，无机填料比例虽然较小，但是在阻燃涂料的配方中起着重要作用，它们的加入量直接影响到涂层的膨胀高度和耐火时间。一般来说，加入量越大，膨胀碳层越致密，强度越高。特别是，近年来一些纳米物质引入到膨胀阻燃体系中，明显提升了涂料的阻燃效率。在 2014 年，阻燃涂料领域的研究热点也集中在各类天然或人工合成纳米及微米级填料对涂料阻燃性能、热稳定性及耐久性等性能的影响，并试图制备出综合性能更优的膨胀型阻燃涂料。

利用 APP-MEL-PER 及TiO_2、OMMT 和 CA 制备水性阻燃环氧树脂涂料。1%的 OMMT 能够良好分散在涂料中，但随着 OMMT 含量的增加，导致其有一定的团聚效果，而降低其分散的均匀程度。1%的 OMMT 可以明显增强涂料膨胀碳层的强度及耐火能力，提升涂料的热稳定性及耐水、耐腐蚀性能，用水浸没 200h 后涂料仍具有良好的阻燃性能。

利用 APP、MEL、硼酸、膨胀石墨及高岭土制备水性阻燃环氧树脂涂料。随着高岭土含量的增加，涂料的膨胀程度及残余质量都有所提升，加入 5%的高岭土可以使涂料在 800℃的残余质量增加 49%。高岭土是一种增强材料，用以在高温下形成陶瓷层而提升碳层的强度及致密程度，有效增强碳层阻隔效果。

利用 APP-MEL-PER 及纳米级 BN 和微米级 BN 制备水性阻燃环氧树脂涂料，拥有多层结构的纳米级 BN 在涂料中有更好的分散效果。纳米级 BN 可以明显降低可膨胀碳层在高温下的氧化度，提升其在高温下的抗氧化能力。加入纳米级 BN，可改善阻燃涂料碳层的膨胀过程，形成体积更大、强度更高的膨胀碳层，进而提升涂料的热稳定性及阻燃性能。

将LDH及多种改性的LDHs（LDH-LA、LDH-GL、LDH-FA及LDH-RS）作为纳米填料加入到一种商品化的阻燃涂料Char22中。研究表明，加入改性的LDHs的阻燃涂料有着最好的隔热能力，而各种LDH对涂料隔热能力贡献值大小依次为LDH-GL > LDH-RS > LDH-LA > LDH-FA > LDH。同时，随着改性LDHs含量的增加，阻燃涂料的隔热能力也随之增强。

以上研究仅是近两年膨胀型阻燃涂料领域的部分较有代表性的研究，膨胀型阻燃涂料已成为该领域的主流。凡涉及涂料产品，必然会考虑到阻燃防火这一性能。然而，已报道或商业化的膨胀阻燃涂料仍难以满足急剧增长的市场需求，故而开发更为优良的膨胀阻燃涂料体系也刻不容缓。膨胀型阻燃涂料的发展应考虑如下方面：

① 膨胀阻燃涂料的成膜基料方面，开发具有耐水、耐候、耐酸、耐碱、耐磨性能且价格适宜的基料。例如丙烯酸改性聚氨酯，兼有丙烯酸的耐候性和聚氨酯的耐磨性及力学性能。同时，利用各类树脂的复合使用来改善阻燃涂料的防火性能和各种理化性能，是一种应用越来越广泛的方法。

② 膨胀阻燃涂料的膨胀阻燃剂方面，其中酸源和气源的开发相对成熟，由于传统成炭剂存在一些缺陷，因而对新型成炭剂的研究成为现今阻燃研究的热点和突破点。聚酰胺、超支化大分子衍生物、三嗪类聚合物因其具有成炭性好、阻燃性能高等优点被人们用作成炭剂，与酸源复配后可以起到很好的阻燃效果，但价格较高。兼顾成本与性能，且对环境友好的成炭剂是市场所急需的。

③ 膨胀阻燃涂料的填料方面，各类天然及人工合成的纳米或微米级无机物逐渐被研究人员应用到膨胀阻燃涂料中，特别是蒙脱土、高岭土、水滑石及碳纳米管等，能够以较少的添加量对阻燃涂料的耐水、耐候、耐酸碱及热稳定性、阻燃性能有明显提升。但纳米阻燃技术虽然在锥形量热实验中能显著降低材料的热释放速率及质量损失速率，但在传统的阻燃实验如垂直燃烧实验（UL-94）及极限氧指数测试（LOI）中却不尽如人意。因此有必要研究不同阻燃机理与各种燃烧试验方法之间的关联性，在此基础上，将纳米阻燃剂与传统阻燃剂的复配，取长补短，以达到协同阻燃的目的。

10.2.2.8 阻燃木塑复合材料

我国的天然木材资源日益减少，木质制品的市场需求量却与日俱增。在国家循环经济政策的鼓励和企业潜在效益需求的双重推动下，全国性的“木塑热”正在逐渐兴起。与北美的木塑产业相比，我国的木塑是一个非常年轻的产业，但近年来发展迅速，现已成为世界第一大木塑材料生产国和出口国。巨大的市场需求和技术突破必然会不断拓宽木塑材料的市场通道。从市场需求角度分析，木塑最有可能在建筑材料、户外设施、物流运输、交通设施、家具用品等领域开始规模性拓展，其中建筑方面约占木塑复合材用品总量的 75%。在最近举办的中国建材板业 4G 时代创新发展论坛暨新产品发布会上，中国林业科学研究院木材工业研究所的研究人员表示，目前建筑模板市场需求在 2000 亿元以上，木塑建筑模板在未来的 3～5 年将占有市场份额的 30%～50%，产值可达到 600 亿以上，市场前景十分广阔。对建筑材料、交通运输等领域的应用也提出了更高的阻燃要求。

由于木塑复合材料的组成复杂，除了要考虑“木”成分的阻燃还要考虑“塑料”成分的阻燃，因此需要根据其具体的高分子成分与复合材料的组成选用与之阻燃机理相适应的阻燃剂体系。除常见卤系阻燃剂外，应用于木塑复合材料的无卤阻燃剂主要有金属氢氧化物、磷系阻燃剂和膨胀阻燃剂这三大类。

木材主要成分纤维素为典型多羟基化合物，在含磷高沸点酸存在的情况下可有效脱水成炭，起到凝聚相阻燃作用。因此，用于木塑复合材料的磷系阻燃剂一般可以直接使用 APP 或红磷。APP 可以促进木塑复合材料燃烧过程中炭层的生成，减缓材料的燃烧过程，使木塑复合材料达到了 UL94 V-0 级，但是材料的拉伸强度、弯曲强度以及冲击强度等都有所下降。无机红磷也是一种阻燃效率很高的阻燃剂，10%的添加量就可以使材料的可燃性显著降低，但目前将无机红磷应用于木塑复合材料阻燃的研究很少，只有少数企业进行了试验。湖州美典新材料公司利用无机红磷为阻燃剂，制备了高性能的阻燃型木塑复合材料，该材料经过相关的阻燃测试，最终获得了上海世博会中国馆 $5000m^2$ 的场地铺设机会。

膨胀型阻燃剂是近年来受到木塑领域关注的复合型阻燃剂，特别对基于聚烯烃的木塑复合材料，膨胀阻燃剂显示出一定的优势。膨胀型阻燃体系可以提高复合材料的极限氧指数与成炭性，且阻燃剂的加入对提高材料的拉伸强度和弯曲强度有一定作用。为了降低膨胀阻燃剂体系的成本，有专利报道了将 APP 和淀粉作为阻燃剂对木塑复合材料进行阻燃，发现平均热释放速率、产烟量以及一氧化碳产率都有所降低，且材料的点燃时间长，燃烧中不发生熔滴，成本低，力学性能没有下降。为了解决 APP 作为阻燃剂主体不适合成形加工温度要求高等问题，用焦磷酸三聚氰胺盐或聚磷酸三聚氰胺盐替代 APP 制备木塑复合材料，也可以制备出烟雾小、力学性能和阻燃性能好的木塑复合材料。用可膨胀石墨与 APP/三嗪类成炭剂组成的复合膨胀阻燃剂进行协效阻燃木塑复合材料，在 25%（质量分数，下同）的阻燃剂添加量时可以获得力学性能良好、LOI 达到 38%的木塑复合材料。最近，四川大学研究开发出一种全新的膨胀阻燃剂——乙醇胺改性聚磷酸铵（ETA-APP）成功地用于木粉/PP 复合材料的无卤阻燃。由于阻燃剂 ETA-APP 含有大量—OH 能够提高阻燃剂与木粉之间的相容性，因此即使添加 30%，木塑材料的力学性能也几乎不降，而木塑复合材氧指数能达到 43.0%，燃烧时无滴落现象，垂直燃烧过 V-0 级，热释放速率（HRR）和总热释放（THR）得到很大程度上的降低。

此外，上海杰事杰新材料有限公司采用水溶性的含磷阻燃剂和含氮阻燃剂，制备出无卤阻燃纤维素，利用其作为木塑复合材料的增量剂、增强剂和阻燃剂。阻燃处理后材料的极限氧指数达到 28%～32%，且力学性能也有所提高。上海日之升，在推出阻燃高灼热丝防范安全的 PP、PA、PET 等改性材料后，又推出具有高氧指数的阻燃木塑 PP 材料，如氧指数达到 36 以上，同时还具有优异的防霉性、耐磨性、抗菌性，使其在传统室外建材、公共设施、室内装修等领域外的洗衣机、空调等领域具有更多的应用。国强木塑开发的套装门氧指数为 48%，其防火性能等级为 B1 级。国外很多公司也开发了一系列阻燃型木塑复合材料，但其具体阻燃方式没有公开。泰国 Artowood 公司研发的木塑复合材料，兼具良好阻燃性能的同时，具有防蚁、防菌、防分裂、抵潮湿和耐候性等各种优异的性能，适用于室内和室外。由芬兰芬欧汇川公司（UPM）研发的木塑复合材料 UPMProFi 系列产品已成功地应用于世博会芬兰馆的外墙材料，具有优异的阻燃性能。

用于木塑复合材料的阻燃剂及其阻燃技术已经得到了广泛的研究和开发，但仍存在一些亟待解决的问题：如继续寻求不同阻燃剂间的协同效应，提高阻燃效率、改善阻燃型木塑复合材料的力学性能、降低生产成本仍是一项重要的工作；以及如何利用新型的表面活性剂及表面接枝改性技术，改善阻燃剂与木塑复合材料的相容性；或者研发适合木塑复合材料的防火涂料，开发表面阻燃型木塑复合材料等。

10.2.2.9 阻燃外墙保温材料

我国建筑单位面积能耗是气候相近的发达国家的 3～5 倍，建筑能耗已占到社会总能耗的 30%～40%，因此建筑节能已成为国策，而外墙保温材料是建筑节能的关键材料。目前大量使用的保温材料主要有无机保温材料和有机保温材料两大类：前者主要有发泡水泥、玻璃棉、岩（矿）棉、无机保温砂浆等；后者主要是各种有机高分子发泡材料（如各类聚苯乙烯泡沫塑料、聚氨酯和聚异氰脲酸酯硬泡、酚醛泡沫等）。有机高分子发泡材料密度低，并且其保温性能和力学性能都优于无机保温材料，但是有机高分子泡沫保温材料易燃，无机保温材料难燃。按照建筑材料及制品燃烧等级划分国家标准（GB 8624—2012），有机保温材料无法达到无机保温材料可以达到 A 级的燃烧性能等级，只有通过阻燃处理才有可能达到 B2 或 B1 级，这使其无法用于公安部关于《民用建筑外保温系统及外墙装饰防火暂行规定》（公通字[2009]46 号文）中高层建筑要求使用 A 级保温材料。因此，热导率低、力学性能好、难燃和密度低等综合性能好的建筑保温材料是市场急需的产品。

为了使具有优异保温性能的有机高分子泡沫材料具有好的阻燃性能或高的燃烧等级（如 B1 级或 A 级），从基材和阻燃剂及保温材料整体结构设计等多方面入手研究开发新产品。

（1）聚苯乙烯（PS）泡沫塑料

各种聚苯乙烯（PS）泡沫是目前市场上用量最大的有机建筑保温材料。六溴环十二烷（HBCD）是 PS 的一种非常有效的阻燃剂，也是目前 PS 泡沫塑料使用的最主要的阻燃剂，通常是在聚合阶段加入，形成阻燃型的可发性的聚苯乙烯颗粒。然而，由于 HBCD 能够长期地存在于环境中，并在生物组织中积聚，会对人体健康造成影响，联合国于 2001 年 5 月 11 日通过《关于持久性有机污染物的斯德哥尔摩公约》，一致投票通过将禁止在全球范围内使用 HBCD，因此在几年的过渡期后，该阻燃剂将被禁止使用。近年来，研究开发 HBCD 的替代阻燃剂和 PS 泡沫塑料新的阻燃方法一直没有间断。

（2）硬质聚氨酯泡沫塑料

硬质聚氨酯泡沫（RPUF）是第二大有机高分子建筑保温材料。含磷/氮及含磷/硅的阻燃剂是 RPUF 的主要无卤阻燃剂，其中以多聚磷酸铵（APP）、三苯基膦酸酯（TPP）等传统含磷化合物与可膨胀石墨（EG）复配使用的低成本阻燃剂是目前的研究开发重点，但在确保各种性能的情况下使 RPUF 能达到 30 的氧指数非常困难。这就意味着这种建筑保温材料难以达到 2012 年修订的 GB8624 国家标准的 B1 级标准（对于墙面保温泡沫塑料，达到 B1 级还应满足 LOI≥30）。因此，近年来对硬质聚氨酯泡沫的研究开发主要集中在如何提高其氧指数方面。

（3）酚醛泡沫塑料

酚醛泡沫是近几年国内市场上发展起来的新型泡沫塑料，以酚醛树脂为主要原料，加入固化剂、发泡剂及其他辅助成分，在树脂交联固化的同时，发泡剂产生气体分散发泡形成泡沫材料。酚醛泡沫具有均匀微细的闭孔结构，热导率为 0.022～0.040 W/（m·K），绝热性能优于 PS 泡沫，耐热性能则优于 RPUF。该保温材料具有阻燃、低烟、耐高温、绝热隔热、隔音、易加工、耐久等特点。酚醛树脂分子主链上含有大量的芳基，芳构化趋势明显，热解残余量高，燃烧的炭化层迅速覆盖于燃烧着的聚合物表面，无需加入任何阻燃剂即可使火焰熄灭，达到 B1 级。酚醛泡沫塑料的阻燃性能主要表现为：①材料不扩散火焰。若保温材料局部产生火焰，火焰将自熄而不扩散；火焰喷射下不燃烧，无滴落物，不卷曲，不熔化，只具有结炭，形体基本保留。②材料本身具有绝热性能。即使材料一侧着火，另一侧的温度也不会随之升高，从而防止火灾范围扩大。

然而，由于普通酚醛泡沫塑料伸长率低、脆性大、硬度大，其应用范围受到很大限制，所以目前对酚醛泡沫的改性大多以在保证阻燃性能损失不大甚至提升的前提下进行力学性能的改进为主。

（4）三聚氰胺泡沫塑料

三聚氰胺泡沫是一种新型泡沫塑料，具有优异的吸音性、绝热性、保温性，且安全无毒，具有优异的阻燃性能。但其不足之处在于三聚氰胺泡沫燃烧时易收缩，残留质量低，难以形成有效的阻隔层，达不到隔离火焰的效果。这一缺陷可以通过层层自组装阻燃技术形成吸附力强的可膨胀纳米阻燃涂层得以解决，泡沫在750℃持续高温下不易收缩，可以在火灾中形成有效的阻隔层，大大提高了三聚氰胺泡沫在火灾中的阻燃作用，并且三聚氰胺泡沫的极限氧指数从34%提升至46%，锥形量热测试功率为50 kW条件下点不燃，热释放峰值和热释放总量分别只有9.9 $kW \cdot m^{-2}$ 和0.4 $MJ \cdot m^{-2}$，相比未处理三聚氰胺泡沫的83.7$kW \cdot m^{-2}$和2.6 $MJ \cdot m^{-2}$，分别下降了88%和85%。但三聚氰胺泡沫硬泡的生产工艺尚处于研发或初步工业化阶段，其力学性能、绝热性能等综合性能有待提高，所以目前对这类泡沫的改性多以在保证其阻燃性能的前提下提升其综合性能为主。

（5）气凝胶

气凝胶是湿凝胶中的液体被气体取代，凝胶的网络结构基本保持不变而形成的一种固体物质形态的材料，是一种超低密度的多孔性固体材料，具有密度低、孔隙率高、孔径小、高比表面积、高声阻率、低热导率（室温热导率低至0.012 $W \cdot m^{-1} \cdot K^{-1}$）等特点。气凝胶相比几种传统有机保温材料最大的优点在于基材本身阻燃性能优异。传统的二氧化硅气凝胶已经在建筑保温材料方面有所应用。然而，由于该类气凝胶的制备过程非常复杂，并且需要大量非绿色溶剂以及超临界干燥等苛刻的条件，导致价格昂贵，阻碍了其在建筑保温材料中的广泛应用。目前国际上关于气凝胶材料的研究受到极大的关注，如德国的维尔茨堡大学、BASF公司、美国的劳伦兹·利弗莫尔国家实验室（Lawrence Livermore National Laboratory）、桑迪亚国家实验室（Sandia National Laboratories）、美国凯斯西储大学、法国的蒙彼利埃材料研究中心、日本高能物理国家实验室及国内的同济大学波尔固体物理实验室、国防科技大学、清华大学、浙江大学、四川大学、纳诺科技有限公司、广东埃力生高新科技有限公司等，但是适用于建筑外墙保温材料的低成本气凝胶材料的研究较少。四川大学与美国凯斯西储大学合作，通过“绿色溶剂”和冻干法代替非绿色溶剂和超临界干燥法制备了一系列的有机高分子/无机复合体系的气凝胶材料，使气凝胶材料走向低成本化和绿色化，使制备的气凝胶具有低密度、高阻燃性和低热导率及良好的力学性能，在一定的组成下可以制备出综合性能好的A级保温材料。最近，国外报道了以纳米纤维、海泡石、氧化石墨烯和硼酸为原料，用冷冻浇铸的方法制备各向异性的、纳米孔径的气凝胶。该气凝胶热导率为 0.015W·m^{-1}·K^{-1}，轴向模量为 77kN·m·kg^{-1}，具有好的阻燃性，其 LOI 值高达 34 且锥形量热时难点燃。硼酸使海泡石、氧化石墨烯以及纳米纤维交联以增加力学性能和防潮性，同时促进氧化石墨烯在燃烧时转化为石墨烯，进一步提升残炭。

国内每年新建成房屋达 16 亿～19 亿平方米，如果外墙面积按照建筑面积 2.5 倍计算，每年新增外墙面积就是 40 亿～47.5 亿平方米，同时每年还有大量的老旧建筑需要节能改造，因此，建筑外墙保温材料市场潜力巨大。随着我国对建筑保温隔热材料性能要求和人民对住房要求的提高，轻质多功能建筑材料的需求量不断增大，新型保温隔热材料也将层出不穷。防火型外墙外保温材料发展趋势将是向着轻质、高强、环保、高效保温、良好防火性能和更高性价比的方向发展。

10.3 推动我国阻燃产业发展的对策和建议

新型阻燃材料的发展依赖于新型阻燃剂的发展。目前国内市场上的阻燃剂产品主要分为无机阻燃剂和有机阻燃剂两类。其中，无机阻燃剂以三氧化二锑、氢氧化镁等阻燃体系组成；有机阻燃剂包括溴系、磷系及氮系化合物为代表的一些阻燃产品。值得注意的是，尽管我国阻燃剂产业发展迅速，但国内阻燃剂产品的消费结构并不合理，表现在溴系阻燃剂所占市场份额巨大。在 2008～2010 年，随着国内溴素价格上涨，溴系阻燃剂价格水涨船高，被价格相对较低的无卤阻燃剂（尤其是含磷阻燃剂，自 2006 年以来，我国磷酸盐岩产量超过美国，居世界第一）替代的趋势不断被强化，溴系阻燃剂的市场呈现出一定的萎缩状态。

我国的阻燃剂和阻燃产品工业仍处于比较低级的阶段，生产技术落后，生产规模过小，品种配套性差，质量也与国外产品存在差距，科研单位研究的新产品不能及时地被企业开发生产和推向市场，即使一些常用的阻燃剂还部分依赖进口。为了推动我国新型阻燃材料产业，提升我国材料工业核心竞争力，应着重考量以下诸方面。

（1）提升已有产品质量和档次

不少阻燃剂和相应阻燃产品在我国已生产使用多年、或已研制多年，但其产品质量仍然与国外同类产品存在明显差距，如指标较低或不稳定等质量问题，以致对有些重要的阻燃材料，用户不敢使用国产品，宁可退而以更高的代价使用质量更为可靠的进口产品。这一问题必须引起我国阻燃界的高度重视，并下决心和花力量解决。这不仅是改善某一产品质量的问题，而是关系到提高我国整个阻燃剂的生产技术水平、增强行业竞争力、提升产业声誉、扩大国内外市场份额的重大举措。

（2）开发新产品、调整产品结构

首先是开发具有自主知识产权，且在性能、价格及环保方面都可为用户承受的含溴阻燃剂的代用品（包括低毒溴系品种及无卤产品）及其他具有独特性能的改性聚合型卤系阻燃剂（如低渗出、与玻纤相容等），其次是开发可用于聚烯烃及一些含氧工程塑料（如PC、PA、PBT及其合金等，特别是用于电子-电气工业的这类塑料）的无卤聚合型成炭阻燃剂。在开发无卤阻燃剂时，其重点不宜单纯放在合成新的单组分阻燃剂，而且还要利用现有组分进行复配协效，并对现有品种进行表面改性，这是一个较易取得成效和实际可行的广阔领域，在我国现阶段，开发无卤阻燃剂和阻燃产品尤为如此。

（3）加强相互协作，发挥规模效应

在开发和试产新阻燃剂时，应加强行业协作，不要一拥而上，造成低水平重复建设和小规模生产。在国际化工企业通过并购、合作和跨国化以增强竞争力的今天，缺乏规模效益是很难与国外同行争雄的。因此，建议各个企业加强相互协作，组建行业协会或发挥行业协会的作用，强化行业管理、建立市场秩序、协调企业发展。

（4）开展应用研究，为用户全方位服务

阻燃产业发展到今天，生产厂家不能满足于单纯为用户提供产品，而是应指导用户正确而有效地使用产品，为用户设计产品，并加强售后技术服务，这样才能牢固掌握已有的市场份额，不断开拓新的用户。我国阻燃剂生产厂家的应用研究非常薄弱，与国外同行根本不可同日而语，应加速改变这种局面。

（5）推动阻燃法规和标准的建设

阻燃需要付出必要的代价（产品成本的提升、综合性能的下降等），如果没有国家明令的强制性法规，人们会在应当阻燃的场所不阻燃。阻燃剂市场在很大程度上是由法规推动的，法规是阻燃剂市场的巨大推动力，没有完善的法规制度，就不会有阻燃剂和阻燃材料工业的持久繁荣和旺盛的生命力。

目前，我国的阻燃行业正处在一个生产结构重组和转型时期，一部分阻燃剂会退出历史舞台，另一部分替代品将问世。溴系阻燃剂仍将在未来数年甚至十数年内大规模使用，但随着环保压力增大，新型绿色环保阻燃剂必将成为今后研究开发的热点，并且随着下游市场需求的增加，我国阻燃剂行业将会迎来一个繁荣发展的时期。近年我国阻燃剂的生产和消费形势持续发展，年均消费增长率超过20%，增加的市场份额主要来源于两个方面：电子电器和汽车市场。世界各国对电子电器的阻燃性能日益重视，中国也不例外。特别是我国出口的电子电器产品要求更为严格。目前汽车塑料配件在汽车总重量份额中的比例已经达到 10%左右，特别是汽车、轨道交通等交通工具塑料内饰件，一般都要求阻燃。这两个领域占阻燃剂消耗量的 80%以上。另外值得关注的领域包括外墙阻燃保温材料。预计未来 5 年内，我国阻燃剂消费量年均增长率可达到 15%。目前我国阻燃剂无论在品种上还是用量上与发达国家存在较大差距，随着国家对阻燃技术要求力度的加强，我国阻燃剂的开发和发展将出现更好的广阔前景。我们应该提高开发创新能力，推动阻燃剂工业朝着环保化、低毒化、高效化、多功能化的方向发展。

作者简介

王玉忠：博士，博士生导师，四川大学教授。1994 年四川大学（高分子）材料学博士研究生毕业，现任环保型高分子材料国家地方联合工程实验室、环境友好高分子材料教育部工程研究中心和降解与阻燃高分子材料省高校重点实验室等三个研究机构的主任、四川大学化学学院副院长。中国材料研究学会环境材料分会理事、国家自然科学基金委专家评审组成员、教育部科技委材料学部委员等。获得中国工程院光华工程科技奖青年奖、四川省杰出青年科技创新奖、四川省优秀研究生指导教师称号。主持过国家 863、国家重点科技攻关/支撑计划项目、国际科技合作重点项目、国家重点技术创新项目，国家杰出青年科学基金、国家自然科学基金重点项目和面上项目等国家级和部省级计划项目 30 余项，获各类科技奖多项。在 SCI 收录刊物上发表论文 200 余篇，申请发明专利近 70 项。

第11章 超导材料

张平祥

11.1 发展超导材料产业的背景需求

超导材料在环境温度下降到某一值时，电阻会突然消失，这一奇特的物理现象叫做超导现象。它是1911年由荷兰物理学家昂尼斯首先发现的。后来科学家又相继发现了数千种金属、合金、化合物和有机物等都能呈现超导电性。超导材料具有三种特性：零电阻、抗磁性和宏观量子效应。这三种特性是常规材料所不具备的，也是超导技术得到广泛应用的基础。目前超导体的最高转变温度为160 K。超导材料在超导状态下电阻为零，可输送大电流而不发热、损耗低，具有高载流能力，可长时间无损耗地储存大量的电能以及能产生极强的磁场，同时超导材料以其优异的微波特性及宏观量子效应，在弱电应用及高精度仪器装备领域也取得了广泛的应用。超导材料被认为是当代凝聚态物理中最重要的研究领域之一，是当代新材料科学研究领域一个十分活跃的重要前沿，它与凝聚态物理中一系列有重大意义的基本科学问题都有紧密联系，并将推动功能材料科学的深入发展。超导技术又是21世纪具有战略意义的、有广泛应用和巨大发展潜力的高新技术，在能源、医疗、交通、科学研究及国防重大工程等方面有重要的应用价值和巨大的开发前景。超导技术越来越成为一种不可替代的具有经济战略意义和巨大发展潜力的高新技术，将会对国民经济和人类社会的发展产生巨大推动作用。美国能源部认为：超导电力技术是21世纪电力工业唯一的高技术储备，是检验美国将科学发现转化为应用技术能力的重大实践。芬兰科学家最新的研究结果表明，全面应用超导技术可节省能耗、减少二氧化碳的排放，从而可帮助欧洲达到京都议定书的目标。因此发展能耗低、环境友好的超导材料技术对我国在21世纪国民经济和人与社会协调发展具有重要的战略意义。

超导材料是超导技术得以广泛应用的基础，超导材料主要分为低温超导材料（工作在液氦温区 4.2K，以 NbTi 和 Nb_3Sn 为代表）、中温超导材料（工作在制冷机温区 20-30K，以 MgB_2 为代表）及高温超导材料（工作在液氮温区 77K，以 YBCO 和 BSCCO 为代表）。最近几十年传统的低温超导材料，特别是以 NbTi 合金和 Nb_3Sn 合金为主的低温超导材料，由于其具有优良的机械加工性能及超导电性，已经进入产业化阶段，并在超导材料市场中居于主导地位。由于低温超导材料仅可以工作在液氦温区，制冷成本很高，因此应用领域有限。自 20 世纪 80 年代高温超导材料被发现以后，由于其可以工作在液氮温区，而液氮的价格很低廉，因此受到了世界范围内的广泛关注并引发了研究热潮，成为超导材料研究的发展方向。自 90 年代后以 BSCCO 高温超导带材为代表的第一代高温超导带材已经进入产业化阶段，并开始用于在液氮温区应用的实用化超导设备及装置的制造。以 YBCO 涂层导体为代表的第二代高温超导带材，由于其在高场下载流能力大大优于第一代 BSCCO 高温超导带材，在近年来成为超导材料领域的研究热点，美国、日本和欧盟相继开展了大规模研究计划，投入了大量的人力物力，同时也取得了很好的研究成果，日本国际超导技术中心（ISTEC）明确表示：到 2005 年以 YBCO 涂层导体为代表的第二代高温超导带材将完全取代第一代 BSCCO 高温超导带材，使高温超导材料真正实现在液氮温区的强电应用。发达国家清楚地看到了新材料产业所蕴藏的巨大商机和具有的重要战略地位，纷纷制定出相关战略计划并投入巨资进行开发。

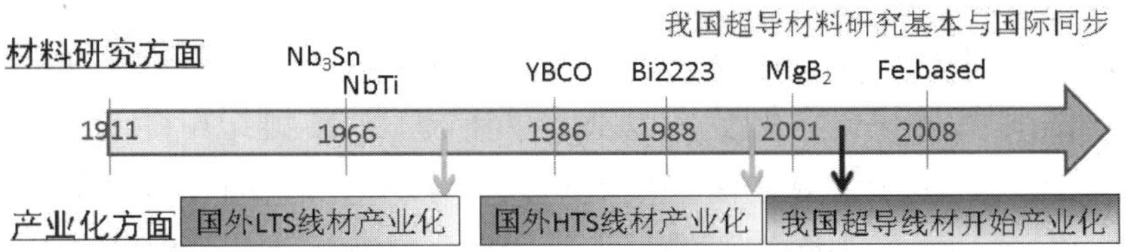

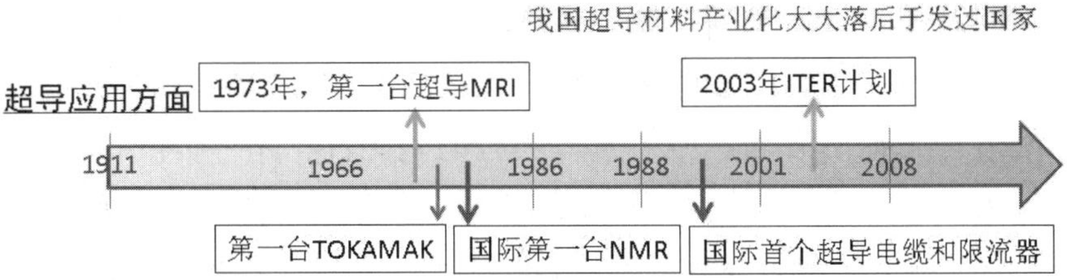

在“十五”期间，国际高温超导材料产业化技术取得重大突破，高温超导材料已经进入了商品化阶段，以美国和日本为代表的发达国家政府和跨国公司大规模地开展了高温超导应用技术研究，大部分应用产品已开发出样机，并投入实际应用。目前，正进一步加大投入，开始了以商业化产品为目标的新一轮研究与开发热潮，高温超导应用技术不断取得突破，超导应用技术产业处于起飞的前夜，今后几年是在未来高温超导技术产业的国际竞争中取得优势的关键时期。可以说，高温超导材料与技术正处在大规模产业化的前夜。

在国际高温超导材料急速发展的背景下，"十五"期间我国在高温超导理论、超导材料及超导应用等方面取得了长足的进步，缩小了与国际先进水平的差距。同时我国超导材料的产业化也开始了实质性的进展，以超导材料为主业的高技术公司相继成立。

但是必须指出的是近年来，由于市场及技术需求的双重推动，国际上超导材料研究重点发生了变化，低温超导材料的产业化和应用项目的发展不断加快，YBCO 第二代高温超导带材的制备受到高度重视，高温超导技术在民用和国防的应用发展迅速，发达国家在这些方面投入力量很大，而我国在这些方面经费总体投入幅度偏小，所以目前这些领域与国外的差距正在进一步扩大。总体看来，目前我国超导材料与技术的发展，在低温超导材料产业化、超导强电应用技术、超导弱电应用技术等方面可以达到国际水平，但是在高温超导材料与技术研究发展总体水平，尤其是在 YBCO 第二代高温超导带材的制备和电力、医疗设备、国防装备等领域高温超导技术应用方面存在明显差距。同时高温超导材料产业化整体水平也亟待提高。因此，必须在保持优势的基础上，整合国内研究力量，以民用和国防应用项目的实施带动超导材料的发展和产业化，

11.2 发展超导材料产业的意义

超导现象以其独特的魅力持续不断地吸引着广大科学家的关注，这不仅因为它能完美地展示量子力学的一些重要规律，同时又具有很多潜在的应用。寻找到室温超导体更是人们梦寐以求的事情，也是 21 世纪可能的重大科技突破点之一。另外，量子计算在密码传输和大数分解方面具有常规计算机所无法替代的优点，而超导作为库柏对的量子凝聚体，具有宏观量子相干特性，因此可能蕴含着实现量子计算的新方法。另外，人们在常规超导体电子-声子耦合图像的基础上急需发展出新的图像来解释氧化物高温超导电性，并力图获得更高温度新型超导体。在这方面，近年来人们对铜氧化合物超导体的机理问题进行了大量的研究，但是机理问题仍然迟迟未能解决。人们预测，目前机理问题的研究正接近于其本质，预计未来 10 年左右时间这个问题会被解决。而伴随着高温超导机理问题的解决，一大类强关联电子材料的物理问题将会得到解决，现有的固体物理教科书的内容将会作重大修改和补充。实用高温超导材料 BSCCO、YBCO 带材等，在全世界范围内经过近三十年的发展，目前在国际上不论从材料制备技术，还是其应用技术都逐渐走出实验室，开始了产业化阶段。在 20 世纪 90 年代后期就实现了大规模生产，材料的性能、成品率、成本等都得到了有效控制。

在应用领域，有很多的重大科技和市场需求。超导技术将成为一种巨大发

展潜力的高新技术，将会对国民经济和人类社会的发展产生巨大的推动作用。随着我国经济实力的增长，能源问题日益显出其重要性。要积极想办法开源节流，否则将有可能严重影响我国的国民经济和国家安全。能源和电力等部门呼唤着稳定可靠的超导能源装置，如储能器、磁体、限流器、电缆等。另外，随着我国人民生活水平的提高、对环保的意识也会逐步加强。而且，随着国际竞争的发展，环保这一概念将会越来越成为发达国家制定游戏规则的一个重要依据。廉价的超导磁分离除污技术将在 21 世纪起到非常重要的作用。在能源日益紧张的今天，全面应用超导技术可节省能耗、减少二氧化碳的排放。因此、发展能耗低、环境友好的超导技术具有重要的战略意义。

在强电应用技术方面，高温超导电流引线已经商品化，高温超导磁体技术急需实现真正实用化，高温超导电缆、高温超导限流器、高温超导变压器、高温超导电动机已经进入示范试验运行阶段，磁悬浮系统以及高温超导磁储能系统也有相应的试验模型问世，但是离大规模使用仍然有相当的距离。这方面仍然存在许许多多的技术和基础问题需要解决。在弱电应用方面，高温超导滤波器系统在国内外移动通信和军用通信领域的应用迅速发展，高温超导 SQUID 心磁图仪已有初步产品，高温超导无损检测装置和 SQUID 扫描磁显微镜的研究也已向实用方向迈进。

总之，超导应用技术产业正处于起飞的前夜，今后几年是在超导技术产业的国际竞争中取得优势的关键时期。超导科技发展正处于陡峭的上升沿，超导产业在国民经济中的比重将会越来越重。谁抓住机会，谁就会在未来超导的巨大市场中占有重要份额。我国对于超导材料也存在巨大市场需求，因此急需开始大规模产业化。目前我国超导材料发展水平已经可以基本满足市场需求，但在成材技术及应用技术等方面与国外还存在差距，主要原因是高温超导材料大多是氧化物陶瓷，加工性能很差，成材工艺复杂、成本高，而获得实用性能材料所必须解决的组织结构复杂、各向异性、交流损耗高等一系列技术问题都需要进一步加以解决。国外提高高温超导材料性能行之有效的途径正是通过产业化推动材料制备及应用技术的发展，因为满足市场需求就是材料发展的动力。因此我国有必要借鉴国外的经验，积极推动、发展高温超导材料产业化，提高我国高温超导材料制备及应用技术水平。

11.3　国外超导材料市场、产业化现状和发展趋势

11.3.1　国外高温超导材料市场情况

国际上高温超导材料的产业化已经走向成熟，据美国能源部（DOE）预测，

到2010年，低温超导材料应用市场仍将达到74%，高温超导材料市场达到26%，到2020年，低温超导材料应用市场达到45%，高温占55%，到2030年，低温占31.3%，高温占68.7%。可见，整个超导技术的市场是迅猛增加的，高温超导材料市场份额的绝对值是不断增加的（图11-1）。

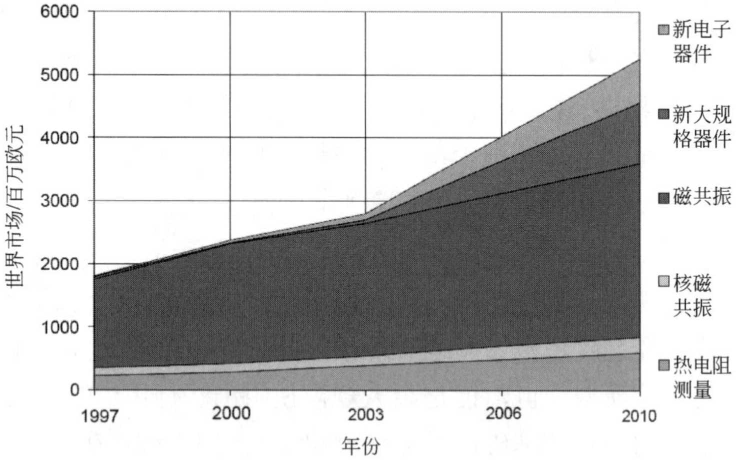

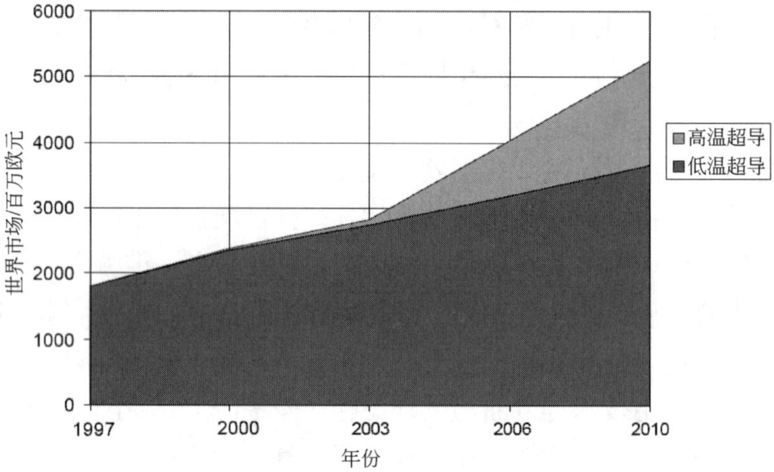

图11-1　超导材料市场预测

作为超导技术基础的高温超导材料在当今世界上有着巨大的市场需求，尤其是在“十二五”期间是全球高温超导材料技术加速发展实现产业化的关键时期。从国际上看，这些市场目前主要表现在：

① 高温超导强电应用材料：高温超导材料是未来超导应用技术发展的基础，而超导应用技术的开拓将会带动高温超导材料迅速走向产业化。高温超导材料巨大的潜在应用需求牵动着超导材料的迅速发展，使得超导材料的产业化已成为世界范围内关注的重要高新技术材料之一。目前国际上在Bi系线带材方面，已迈向商品化，其性能指标为：I_c大于115 A（77 K）；工程电流密度J_e大于13500 A/cm^2；标准生产长度为200m；售价大约为250$/KA·m。近几年，

高性能 YBCO 涂层导体（Coated conductor，CC）越来越引起重视，这是一项制作新一代高温超导线材的很有希望的技术。看重 CC 导体，是因为 YBCO 在 77 K 具有更好的高场性能，是建造液氮温区使用的高场磁体，是 BSCCO 带材无法比拟的。BSCCO2223 带材在 30 K 以下具有较好的高场性能，可以用 BSCCO 建造在 20 K 左右使用的高场磁体，但建造 77 K 左右使用的高场磁体，就必须使用 YBCO 带材。在超导电机、变压器、限流器、磁体、核磁共振成像、超导磁体储能装置（Superconducting Magnetic Energy Storage）、磁源成像（Magnetic Source Imaging）等领域，一些需要高磁场的方面只能由超导材料来完成，而目前在市场应用的均为液氦温度下的低温超导材料，所以市场企盼高性能 Y 系带材技术的研制成功。由于 MgB_2 超导体在 20 K、2 T 的磁场中的临界电流密度已经可以达到 9.4×10^4 A/cm^2，已经达到了制作 2 T 超导磁体的实用要求。随着研究的深入，其高场临界电流密度可能进一步提高。预期的应用可以从磁感应强度为 2 T 的医用核磁共振超导磁体突破。由于使用液氦制冷而使病人目前承担的高额费用，必然由于改用常规交流电而大幅度降低。核磁共振成像设备的成本也将大幅度降低，运行也将更加安全可靠。另外 MgB_2 超导磁体在空间技术上及科学研究上也有着广泛的应用。

② 高温超导强电应用技术：提高电力系统的输送能力和提高系统稳定性已成为世界范围内电力系统需要迫切解决的问题。超导技术应用于电力行业是解决这一问题的最佳方案。目前国内外均存在巨大的市场需求。随着经济和社会的发展，人们对电能的需求量日益增长。电能需求量的日益增长使得电力系统的容量越来越大，与此同时人们对电能质量的要求越来越高。为了改善电能的质量并提高电力系统的稳定性和可靠性，要求电力系统各部分电气紧密连接，从而使电力系统向更大规模方向发展。然而，由于常规电力设备和电力系统存在着一些自身的缺陷，严重地阻碍了电力系统的发展。常规电力系统的效率受到铜、铝等基本导电材料的限制，要进一步提高难度很大。美国电网的功率损耗约占总发电量的 7%，这是一笔巨大的浪费。采用超导电力技术，不仅可以大大提高单机容量和电网的输送容量并大大降低电网的损耗，而且还可以明显改善电能的质量、提高电力系统运行的稳定性和可靠性、降低电压等级、提高电网的安全性、降低电网的占地面积和电网的造价及改造成本，并使超大规模电网的实现成为可能。不仅如此，通过大容量的超导输电系统，可将排污的发电厂建在煤矿和油田附近或将核电站建在比较偏远的地区，从而改善人类生存环境的质量。通过超导储能，还可大大改善可再生能源的电能质量，并使其与大电网有效地联结。

③ 高温超导器件：基于高温超导薄膜的高温超导移动电话基站的优越性将产生巨大的经济利益。据专家估计到 2004 年，信号强度、通信质量等原因不得

不使用超导薄膜滤波器。这是一个巨大的市场。美国、日本、欧洲的研制工作已取得突破性进展。目前已经有大约1500台超导滤波器系统在美国、欧洲、日本和韩国的移动通信基站实际运行并且增长迅速。美国多个权威机构估计，移动通信用超导薄膜滤波器子系统的市场到2003年即可达数十亿美元量级，其中超导薄膜将占 1/3。由于高温超导器件的卓越性能，该子系统将给移动通信基站性能的提高带来革命性的变化。

产业部门、科学研究和军事领域对精密电磁测量一直有很强的需求。SQUID 作为最灵敏的弱磁测量手段有其他方法不可替代的优越性。使用液氦的 LTc SQUID 已有相当市场（几千万美元/年），而目前国际上 HTc SQUID 一般被用于应用研究，使用单位主要是研究所、大学和产业部门的研究实验室。其中用于无损检测的研究最多，包括飞机部件、涡轮发动机叶片、材料微铁颗粒杂质的检测等等。其他应用还有人体心磁测量、大地电磁测量。我国在HTC SQUID应用研究领域开展了无损检测、大地测量和心磁测量方面的工作，特别是地矿部门对 HTc SQUID 大地电磁测量的研究十分重视。其次，因为 SQUID 是体现宏观量子干涉现象的最直接仪器，可作为大学生的教学实验设备，已被列入高校近代物理实验教学大纲。高温超导 SQUID 目前年销售量为几十套到一百套。磁强计本身售价为 1.5～2 万美元，针对特殊使用进行配套后（可能包括低温杜瓦、数据采集设备和数据处理软件和其他相关设备），其价格可能增加 5～10 倍。最近，国际和国内一些大医院对于用超导磁强计进行心磁图的研究兴趣迅速增长。心磁图研究一般需要多通道系统。考虑到这一趋势，对高温超导磁强计的需求在近几年会上升到几百到上千套，其产值估计 3～5 年内能达到几千万美元。从长远来看，例如十年以后人体心磁测量最终必会被医院接受，那时的市场将是数十亿美元。

④ 国防应用需求：在国防和军事方面，高温超导电机研究的应用背景是新一代驱逐舰、航母、潜艇及战机中的应用。美国海军实验室与美国超导公司合作，研制 48660 马力（1 马力=745.7W）船用交流同步高温超导推进用电机，这标志着高温超导技术已经开始走向军事领域的实用化。论证计算结果表明高温超导电机与同功率、转速的常规交流或直流电机相比，重量减小 80%，体积减小 65%，超导电机还具有更高的效率。美国国家宇航局和美国国防部（DoD）已经和美国佐治亚技术研究院合作开发高温超导宇航和飞机推进装置，计划在2010年制造出500马力的高温超导同步发动机，用于为下一代宇航器及战机提供大推重比高效动力。高温超导滤波器系统在军事通信方面具有重要的应用价值。接收机是现代信息战武器装备，如预警飞机、雷达、电子战设备、导弹制导部件等中的关键部件。高温超导滤波器可以同时具有很高的带边陡峭度、很低的插入损耗和很低的噪声系数，是普通滤波器所无法比拟的。将其应用于军

事电子装备的接收机前端，可以同时大幅度地提高接收机的灵敏度和选择性，增强抗干扰能力，提高通信距离和质量，加长预警时间，减小发射机功率，提高制导精确度，增加末端制导距离等。目前美国已将高温超导微波接收机广泛应用于雷达、军事通信和导弹制导等，使现代武器装备的性能提高到了一个全新的水平。高温超导限流器是接入电力系统中的一种限流装置。随着舰船电力需求的日益增长，舰船电力系统的容量也成倍增长，因此电力系统发生短路故障时产生的短路电流也越来越大，而目前舰船上采用的常规交流低压断路器以及直流断路器的开断容量已经发展到了极限，无法满足舰船电力系统容量日益增长的需要。开发高温超导限流器将故障电流限制在断路器可开断水平以下就成为发展舰船大容量电力系统的关键技术。

11.3.2 国外超导材料产业化现状和发展趋势

① NbTi 超导材料：NbTi 超导线材是目前应用最广泛的低温超导材料。NbTi 超导线材的制备主要通过真空熔炼、锻造、挤压和拉伸的工艺来实现。首先采用真空熔炼技术制备 NbTi 锭，通过锻造技术制备出 NbTi 棒，将 NbTi 棒和无氧铜管组装拉伸成多芯线材，芯径一般为 5～7μm。从 20 世纪 80 年代开始，NbTi 超导线材的制造多采用多次时效热处理和冷加工技术相结合的工艺使 NbTi 超导体中析出大量纳米级 α-Ti 来增强磁通钉扎，使 NbTi 超导线的临界电流密度达到 $3.68\times10^3 A/mm^2$（4.2K，5T）。NbTi 超导线材性能的改善促进了其应用，其中应用最广泛的是医用超导磁共振成像装置（MRI）。超导 MRI 中的关键部件——超导磁体是由 NbTi 超导线材绕制而成。

从 20 世纪 90 年代开始，随着基于低温超导磁体技术的大型科学工程开始建设（如美国的 SSC 计划、欧洲的 LHC 计划、俄罗斯的 VNK 计划、ITER 计划），对 NbTi 超导体提出了非常严格的性能及质量要求，所以从实验室制备到工业化规模生产过程中，国外研究人员先后开展了大量研究工作才使 NbTi 超导体工业化生产及工程化应用取得巨大进展。目前 IGC、OST、Supercon 等公司都能工业规模生产 J_c>$3000A/mm^2$（5T，4.2K）SSC 电缆。另外，法国 Alstom 公司制作的芯丝直径为 5μm 的 NbTi 超导体 J_c 达 $1150A/mm^2$（8T，4.2K）和 $1225A/mm^2$（11T，1.7K）。意大利 Europa Metalli SPA 公司、芬兰 Outokumpu Superconductors Oy 公司、德国的真空熔炼公司（VAC）等都已具备生产 J_c 为 2300-$2600A/mm^2$（5T，4.2K）的多芯 NbTi 超导线的能力。

② Nb_3Sn 超导材料：Nb_3Sn 超导材料是 A15 晶体结构的金属间化合物。它比 NbTi 材料具有更高的临界温度和临界磁场，但同时又具有高的脆性，因此 Nb_3Sn 超导材料的 J_c 易受到应力影响。Nb_3Sn 线材的制备方法是将 Nb、Sn 和 Cu 等延展性材料做成复合体进行加工，形成线缆，然后进行热处理形成 Nb_3Sn。

近年来不同的 Nb_3Sn 线材制备方法，包括青铜法、内锡法。青铜法已经有 20 多年的发展历史，由于其制备方法简单，成本相对较低，近年来仍然大规模应用于线材制备。青铜法的制备工艺采用纯 Nb 棒或者含有少量 Ti 或者 Ta 的 Nb 棒装入锡青铜基体，经过挤压、拉拔等工艺达到最终要求尺寸。由于锡青铜中 Sn 的固溶度较低（13.5wt%），就需要大量的锡青铜基体来提供足够的锡源以形成 Nb_3Sn。内锡法克服了青铜法中 Sn 含量不足的缺点（小于 13.5%），使 A15 相中 Sn 含量增高，从而提高了 Nb_3Sn 层的临界电流。方法是在 Sn 棒的周围放置 Nb 棒，一起放入铜包套中加工。包套不需退火可拉伸到最终尺寸，就避免了退火过程中可能生成 Nb_3Sn。但由于最终热处理过程中，由于芯丝搭接易使磁滞损耗升高。近年来，由于受到 ITER 计划的刺激，用青铜法和内锡法制备出的 Nb_3Sn 超导线材性能近年来得到了大幅度的提高。复合超导体中的 Sn 含量是决定其临界电流密度的最重要参数之一。青铜法超导线中的 Sn 含量是由 Cu-Sn 固溶限的 15.5%所限制。但相比而言，内锡法可以更容易地调节 Nb 合金、Cu 和 Sn 的组分，从而有效地提高临界电流密度。目前最好的 J_c 达 3000A/mm^2（12T，4.2K）。

③ BSCCO 高温超导带材方面：粉末套管法（PIT）制备 Bi-2223 带材技术已经比较成熟。美国超导公司（ASC），IGC 公司、日本住友电工（SEI）、澳大利亚金属制造公司（MM）和德国真空冶炼公司都具备批量化生产千米长带的能力。美国 ASC 公司在 Bi 带制备技术和批量化制备能力上处于世界领先地位，其制备带材的最高临界电流密度（J_c）已超过 7.4×10^4A/cm^2（77K），百米长带的工程电流密度（J_e）超过 1.4×10^4A/cm^2（77K），临界电流最高达 190A（77K），平均 140A，千米长带的工程电流密度（J_e）也达 1.0×10^4A/cm^2。目前 ASC 公司带材产量为 500km/年，并在 2001 年启动了一条年产 20000km 的生产线建设，预计 3 年内将达到 5000km 的年生产能力，并将带材价格由目前的 250$/(kA・m）大幅降低到$50/(kA・m)。德国 Trithor 公司的 Bi 系带材临界电流维持在 130A，临界电流密度（J_c）为$(2.0\sim3.5)\times10^4$A/cm^2（77K），年产量为 300km/年。目前国际上 BSCCO 带材的性能和产量已基本满足高温超导应用技术的需求，BSCCO 带材占整个高温超导材料市场的 70%以上。

④ YBCO 涂层导体：目前各国正在努力研究开发一种在柔性金属基带上涂以 YBCO 厚膜的涂层导体（Coated Conductor，称 CC 导体或第二代高温超导带材）。美国能源部（DOE）和能源技术办公室（OPT）在 2000 年开始了 ACCI（Accelerated Coated Conductor Initiative）计划，投资规模达到 1000 万美元/年，其目的是加速高性能 YBCO 第二代高温超导带材的连续制备技术研究，确保美国在这一领域的领先地位。计划到 2007 年达到商业化生产的水平(km 级长带)，液氮温度下成本低于$50kAm，20～60K 下成本低于$30kAm。到 2010 年成本

低于\$10kAm，进入实用化阶段。目前美国电网中 70%的电缆和变压器已经使用超过 25 年，总电力的 7%损失在输送过程和变压器上，预计 2020 年第二代高温超导带材实现实用化将超导技术引入电力系统，增强电网的稳定性和输送能力。日本通产省和 ISTEC 在 1999 年开始了“2nd Generation YBCO HTS Technology”计划，投资规模达到 10 亿日元/年，其目的是开发高性能 YBCO 第二代高温超导实用化带材的连续制备技术。目前以 ISTEC 为代表的研发单位无论从设备技术水平还是带材指标已经全面超越美国，居于世界领先地位，2002 年 ISTEC 采用 PLD/IBAD 技术制备 46m 长 YBCO 带材 I_c 达到 74A。预计 2020 年进入电网，实现产业化。2001 年开始，韩国 CAST（Center of Applied Supercon. Technol.）开展了 DAPAS（Dream of Advance Power System）计划，欧洲也开展了 Frame Work 计划，到 2010 年总投资额均接近 1 亿美元。主要由材料和电力研究单位参加，同时企业也参与研究计划的投资，目标是跟踪美日两国 YBCO 第二代高温超导带材制备技术研究。2002 年，日本藤仓电工开发出大型 IBAD 装置，该装置的蒸发腔体为 60cm×8cm，沉积速度达到 1m/h。采用该装置制备出以 $Gd_2Zr_2O_7$ 作为阻隔层长度达到 60m 的柔性基带。采用 PLD 技术在这种基带上制备出 30m 长 YBCO 带材，在 77K 自场条件下 I_c 达到 39A，J_c 达到 0.78MA/cm^2。2003 年橡树岭国家实验室和美国超导公司合作，采用 MOD 技术在双轴织构镍基带上沉积 Gd_2O_3 作为阻隔层，采用 BaF_2 先驱物的后处理法制备了长度为 0.8m，J_c 达到 1.1 MA/cm^2（77K，0T）的 YBCO 带材。采用 TFA 原位法在 Ni/CeO_2/YSZ/CeO_2 基带上制备了长度为 10m，J_c 达到 1.3 MA/cm^2（77K，0T）的 YBCO 带材。2004 年 3 月，美国 IGC-Superpower 和美国洛斯阿拉莫斯国家实验室合作，采用 MOCVD 技术制备出 I_c 达到 80A 的 100m YBCO 带材，创造了 YBCO 带材长度的世界纪录，已经达到了商品化的要求。

⑤ MgB_2 超导材料：2001 年初临界温度为 39K 的二硼化镁（MgB_2）新超导体的发现引起了国际学术界的普遍关注，MgB_2 超导体的基础和应用研究也成为近年来超导材料研究的热点。虽然 MgB_2 超导体的临界温度仅为 39K，但与氧化物高温超导体不同，MgB_2 具有十分简单的化学成分和晶体结构，材料的成本很低，晶界能承载很高的电流，其本征 J_c 非常高（超过 10^7A/cm^2）。同时 MgB_2 的相干长度与钙钛矿型结构的氧化物相干长度要大，这就意味着 MgB_2 中更易于引入有效磁通钉扎中心，改善超导电性。MgB_2 可以在液氢温区（20～30K）就实现应用，而低温超导体在这一温区无法工作，液氢温区通过制冷机就能容易获得而无需复杂和昂贵的液氦。综合制冷成本和材料成本，MgB_2 超导体在 20～30K，低场条件下应用具有很明显的价格优势，尤其在 MRI 磁体（工作磁场 1～2T）领域。这也是国际 MgB_2 超导体应用研究持续升温的关键原因之一。由于具有广阔的应用前景，目前国际上 MgB_2 超导体的应用基础研究进

展很快。目前国际上已经开展了磁体制备技术研究。日本国立材料研究院已经采用10m长不锈钢包套MgB_2线绕制了磁体，中心孔径10mm，在4.2K条件下，中心磁场为5000G。美国空军实验室2003年和Hyper Tech Research公司签订2年的合同研发MgB_2超导线材用于制造MHD磁体，美国Los Alamos实验室和Hyper Tech Research公司合作已经制造出在25K中心场达到1.6T的磁体。Ohio state大学和美国国家高场实验室（NHMFL）正在使用Hyper Tech Research公司制造的MgB_2超导线材绕制磁体线圈。在2012年美国电力研究院（EPRI）提出了“Supercity”计划，发展采用液氢冷却MgB_2超导电缆，结合液氢的输送和超导电缆输电，实现未来城市中高洁净、高效能源的利用。

⑥ 高温超导电力应用：强电领域的应用是极为重要的超导材料产业发展方向之一，目前世界范围内能源供应越来越紧张，而电能又大量地浪费在所使用的传统材料上。仅美国每年在输电线路上的损失就高达400亿美元。而如果使用高温超导线材，不仅可避免这些损失，还可以节约大量的金属材料。因为同样直径的高温超导线材和普通铜导线相比，前者的导电能力是后者的100倍以上。正因为其损耗小，制成器件的体积小、重量轻、效率高，高温超导线材可广泛应用于民用和国防领域，如制造超导变压器、超导电缆、超导电机等，是对国民经济、国防建设具有重大战略意义的新材料。科学家认为，正如光纤的发明催生出崭新的信息时代，高温超导线材也将带来电力工业史上划时代的革命。

世界各国和相关公司都投入了大量的资金和力量。例如，1996年，美国能源部成立了以发展高温超导电工技术为目的的SPI计划，其中有多家国家实验室和超导技术公司参与研究工作。2001年，美国能源部（DOE）宣布对7个超导应用产品下一阶段的支持，总资金达到1.17亿美元，其中DOE拨款5700万美元，比上一轮（8个项目，DOE投资3255万美元）有较大的增长。

⑦ 高温超导弱电应用：高温超导微波应用仍然是一个很重要的方面，高温超导材料在微波频段的表面电阻接近零，用它做出的滤波器几乎达到理想的滤波性能，这种“无阻”特性是常规金属滤波器无法比拟的。采用超导滤波器系统后，由于信号损耗少，手机发射功率降低为原来的一半左右，可以显著提高基站的接收灵敏度，增强抗干扰能力，改善通话质量，减少掉话率，扩大基站的覆盖范围，增加通信容量，降低对人体健康的影响，其应用主要集中在移动通信基站滤波器系统、雷达接收机前端系统以及卫星通信系统等。其核心部件为高性能的高温超导滤波器和液氮温区工作的低噪声放大器，以及与之相配合的小型化制冷机和小型化杜瓦系统。目前这些高温超导微波系统及部件正逐渐向实用化和商品化快速发展。以美国STI为例，继2000年和2001年连续两年超导滤波器的销售额增速达到150%以后，2002年超导滤波器的销售额比2001

年又增长了 150%，年销售超导滤波器系统达到 927 台，超导滤波器的军事应用迅速发展。

弱电磁信号检测方面的应用是基于超导量子干涉仪（SQUID）。这是目前人类所掌握的能测量弱磁场的手段中最灵敏的磁测量传感器，它的灵敏度比现有其他任何方法都要好 2～3 个数量级，可以探测强度为地磁场十亿到百亿分之一的磁信号，在弱电磁检测领域具有不可被替代的优越性。世界上目前已知有六家公司提供包括 dc 和 rf 高温超导 SQUID 产品，灵敏度从 100fT/ Hz1/2 到 1pT/ Hz1/2，并已形成小规模市场。实验室中最好的灵敏度约为 13fT/Hz1/2，SQUID 产业（包括为某种应用所必需的配套系统）年产值在几千万美元。高温超导 SQUID 的应用则更为广泛。在这些广泛的应用领域中，目前认为供医院使用的心磁图仪将会是高温超导 SQUID 较为重要的一个市场。特别要注意的是，高温超导 SQUID 可工作在制冷机或液氮温区，在军事上的应用，如远距离探潜等方面，与低温超导 SQUID 相比，抛弃了液态氦带来的诸多不便，操作上更加灵活，利于实现军队装备的实战配备。

11.4 国内高温超导材料产业市场、产业现状和发展趋势

11.4.1 国内超导材料市场现状

① 低温超导材料：我国政府分别在 2006 年 5 月和 2006 年 11 月签署了《成立国际聚变能组织联合实施 ITER 计划的协定》、《赋予 ITER 国际组织特权与豁免的协定》和《ITER 计划联合实施协定》。未来 5～10 年，我国将负责 ITER 计划 180t 低温超导线材（NbTi 线材和 Nb_3Sn 线材）的生产，总价值约 8 亿人民币。ITER 计划直接促进了我国低温超导材料产业化的发展。

② 高温超导强电用材料：国内自 1988 年以来，一直在开展铋系高温超导材料的研究，在现有装备条件下，已对 Bi 系带材的制备技术，包括粉末加工，热处理等都有了较深入的研究，取得了国际公认的成果，同时在提高材料机械强度和降低交流损耗方面的研究也取得了较好的成果。目前我们已经将这些有自己特色的成果在 Bi 系长线上实现，并进一步提高，形成具有我国特色的高温超导线材产业，在激烈竞争的国际市场中占有一席之地。目前，美国、德国、日本、法国和我国等利用单畴 REBaCuO 块材已成功地研制出带有超导磁浮轴承的飞轮储能装置和飞轮发电机、磁浮实验车、超导永磁电机等多种实用样机，应用研究正向更大规模方向发展。2000 年，我国先后研制出载重超过 500kg 的高温超导磁悬浮实验车和转速接近 10000 rpm 的高温超导磁浮轴承样机以及 77 K 温度下俘获磁场大约 1 T 的超导永磁体。对单畴超导块的需求量是由应用项

目的规模决定的，以九五期间我国研制高温超导磁浮实验车为例，在大约20 mm悬浮高度下浮重500kg，使用了约300块30 mm直径的单畴超导材料。随着样机规模的扩大，需求量将大幅度增加。目前我国30 mm直径单畴超导块的单价约1000元人民币；美国SCI公司六方单畴超导块（对角长30 mm）的单价是125美元，50 mm直径单畴超导块的单价约400美元；德国IPHT 25 mm直径单畴超导块的单价约200美元，35 mm直径单畴超导块的单价是684马克约310美元；捷克CAN超导公司28 mm直径单畴超导块的单价是280美元；日本ISTEC 100 mm直径的单畴超导块的单价约2000美元。综上所述，我国在价格方面具有明显的优势。随着生产规模的扩大和工艺的更加成熟，超导块的成本还有相当大的降低余地。

③ 超导强电应用技术：提高电力系统的输送能力和提高系统稳定性已成为世界范围内电力系统需要迫切解决的问题。超导技术应用于电力行业是解决这一问题最佳方案。目前国内外均存在巨大的市场需求。随着经济和社会的发展，人们对电能的需求量日益增长。根据预测，到2020年，我国的装机容量可达到800GW。电能消耗情况是：电动机的电能消耗量占总发电量的60%～70%，而负荷中心大多数在中、东部及沿海地区。电能需求量的日益增长使得电力系统的容量越来越大，与此同时人们对电能质量的要求越来越高。为了改善电能的质量并提高电力系统的稳定性和可靠性，要求电力系统各部分电气紧密连接，从而使电力系统向更大规模方向发展。加之我国电力资源的分布不均和负荷分布不均所造成的矛盾日益突出，使得长（远）距离高压输电成为必要。因此，我国电力系统的发展趋势是：电力系统的容量越来越大，电网向超大规模方向发展，在不远的将来，我国各地区的电网将联成一体。三峡电站建成运行后，这一趋势将更为明显。然而，由于常规电力设备和电力系统存在着一些自身的缺陷，严重地阻碍了电力系统的发展。常规电力系统的效率受到铜、铝等基本导电材料的限制，要进一步提高难度很大。我国电网的功率损耗约占总发电量的8.5%，这是一笔巨大的浪费。采用超导电力技术，不仅可以大大提高单机容量和电网的输送容量并大大降低电网的损耗，而且还可以明显改善电能的质量、提高电力系统运行的稳定性和可靠性、降低电压等级、提高电网的安全性、降低电网的占地面积和电网的造价及改造成本，并使超大规模电网的实现成为可能。不仅如此，通过大容量的超导输电系统，可将排污的发电厂建在煤矿和油田附近或将核电站建在比较偏远的地区，从而改善人类生存环境的质量。通过超导储能，还可大大改善可再生能源的电能质量，并使其与大电网有效地联结。超导电力技术主要包括超导储能系统、超导限流器、超导电缆、超导变压器、超导电机和基于超导技术和现代电力电子技术及控制技术而产生的灵活功率变换和调节技术，它的应用将产生巨大的经济效益和社会效益。研究表明，我国

超导电力技术的潜在市场 2020 年可以达到 70 亿美元。

④ 高温超导器件：国际上移动通信高温超导薄膜滤波器的成功应用和迅速发展有助于该产品在中国市场的开拓。移动通信在中国有着广阔的市场前景。目前中国已拥有世界最大移动通信网络和用户。据统计，全国移动电话用户已由 1995 年的 363 万用户增加到 2001 年 7 月的 12600 万用户以上而成为全球最大市场，6 年新增加 12237 万户，仅 2000 年全年就净增了几乎是前 4 年的总和（根据信息产业部 1999 年 12 月的统计结果表明，移动通信用户是 4200 万户）。然而，全国移动电话普及率仅为 6.7%，仍有十分巨大的上升空间，发展潜力巨大。目前中国移动通信基站约为 21 万台。预计后三年的中国移动通信市场，在 2000 年基础上，其发展将以 50% 以上的速度增长。这其中也有 20%～50%的基站不得不使用高温超导薄膜滤波器。大面积双面超导薄膜的用量是可观的，因而蕴含了巨大的商机。

SQUID 作为最灵敏的弱磁测量手段有其他方法不可替代的优越性。我国在 HTC SQUID 应用研究领域开展了无损检测、大地测量和心磁测量方面的工作。特别是地矿部门对 HTc SQUID 大地电磁测量的研究十分重视，“九五”期间立项支持廊坊物探化探研究所，期望将该项技术推广应用。其次，因为 SQUID 是体现宏观量子干涉现象的最直接仪器，可作为大学生的教学实验设备，已被列入高校近代物理实验教学大纲。高温超导 SQUID 目前年销售量为几十套到一百套。磁强计本身售价为 1.5～2 万美元，针对特殊使用进行配套后（可能包括低温杜瓦、数据采集设备和数据处理软件和其他相关设备），其价格可能增加 5～10 倍。最近，国际和国内一些大医院对于用超导磁强计进行心磁图的研究兴趣迅速增长。心磁图研究一般需要多通道系统。考虑到这一趋势，对高温超导磁强计的需求在近几年会上升到几百到上千套，其产值估计 3～5 年内能达到几千万美元。从长远来看，例如十年以后人体心磁测量最终必会被医院接受，那时的市场将是数十亿美元。

11.4.2 国内高温超导材料产业化现状及发展趋势

我国在超导研究领域已有相当的工作基础，获得了百余项专利，为超导技术在中国的发展奠定了很好的基础。在十一五期间我国初步已形成超导材料产业化。目前已有一批主业为超导材料并进入商业化运营的超导公司，如年产 150t NbTi 锭棒和批量化 BSCCO 高温超导带材的生产线的西部超导材料科技有限公司、生产 BSCCO 高温带材的英纳超导公司、生产移动通信用高温超导滤波器的海泰超导公司等。

在十二五期间，超导材料存在很大的发展空间和需求。低温超导材料的发展存在巨大发展机遇。国际热核聚变实验反应堆（ITER）就是以实现核聚变这一技术为目的设施。该项目由多个国家联合参与研发，投资数十亿美元，项目对低温超导材料的性能提出了很苛刻的要求，同时需要大批量的 NbTi 和 Nb_3Sn 线材。这不仅为低温超导材料的研究提供了机遇，而且为低温超导材料产业提供了市场。而对于低温超导材料我国已进行 30 多年的研发，形成了具有自主知识产权（专利）的 NbTi 锭、棒及线材制造技术，达到国际先进水平。低温超导 Nb_3Sn 材料具有高的高临界转变温度 T_c、V 临界磁场（H_{c2}）、临界电流密度（J_c），是制作 10T 以上高场超导磁体的理想材料。目前在国际上只有美国 IGC 公司、意大利 EM 公司、德国 VAC 公司和日本古和电气公司等能生产 Nb_3Sn 线材。我国从 20 世纪 60 年代开始研究 Nb_3Sn 超导材料，所制备材料的性能达到国际先进水平，并向法国提供得许多 Nb_3Sn 线材，拥有生产线材的成熟技术。同时在“十一五”期间低温超导材料已开始产业化进程，从研发和产业化能力来讲，低温超导材料已成为我国和国际水平差距最小的领域。十二五期间，高温超导材料的研发也取得进展，BSCCO 高温超导带材与国际先进水平的差距已经大大缩小，主要技术指标基本达到实用化要求，已经开始进入产业化发展阶段。MgB_2 材料理论和实用化研究水平达到国际先进水平。但是 YBCO 第二代高温超导带材差距很大，由于经费投入幅度小，而同期国外投入力量很大，所以目前差距正在进一步扩大。高温超导强电应用样机和弱电应用器件取得一定进展，由中国科学院电工研究所牵头，联合中国科学院理化技术研究所、甘肃长通电缆科技股份有限公司、河北宝丰企业集团有限公司，共同研制开发 75m\10.5kV/1.5kA 三相交流高温超导电缆，将于 2004 年年底完成系统集成，进行并网试验运行。北京英纳公司与云电合作，在云南建成了 30m\12kV/1.5kA 三相交流高温超导电缆，并已投入商业运行。中国科学院电工研究所成功研制出了一台 400 V/25 A 的新型三相高温超导限流器样机，其短路电流缩减率达到了 80%。并完成 10.5 kV/1.5 kA 有源型高温超导限流器的原理设计，在高温超导限流器与电网的匹配协调运行方面也提出了优化设计原则。目前已基本完成了大型样机用高温超导线圈的设计和电力电子系统的设计研究等各项工作，取得了阶段性的进展。清华大学在超导滤波器系统的理论与系统实现的研究上取得进展，研制成功了我国第一台移动通信用高温超导滤波器系统。该系统是根据我国目前广泛使用的 GSM1800 移动通信系统的要求设计的，由超导滤波器、低噪声前置放大器、小型电制冷机和电子学控制 4 个部分组成，工作频段为 1710～1785MHz。系统的关键性能，通带带边陡峭度为 14dB/MHz，通带最大插损为 0.26dB，噪声系数小于 0.6dB。其中的核心单元超导滤波器，由铝酸镧为衬底的 YBCO 双面高温超导薄膜制成，该系统目前已经在唐山进入基站运行，并且已经开始了产业化进程。但总体看来，目前我国超导材料与技术与国际超导材料与技术研究发展水平，尤其是产业化水平方面相比存在明显差距。

目前国内资本市场已经注意到高温超导材料作为一种高新技术材料所蕴藏的巨大价值，已经开始和超导材料和技术研发单位联合进行产业化开发。

11.5 我国超导材料产业发展思路、目标、重点和对策建议

我国超导产业发展应体现国家意志，并与经济社会发展需求、国家安全需求、可持续发展紧密结合；体现全局性、战略性、前瞻性；要突出超导技术的发展重点，坚持“有所为，有所不为”；体现可持续发展、军民结合、走新型工业化道路的原则，体现开放的原则；要重点地建设超导技术的国家平台和研究基地，要立足于世界科技前沿、以自主创新为主导，在超导科学技术涉及的基础研究和能源电力、医疗和科学工程、交通和信息技术等方面部署若干重大项目，起到带动全局的作用。

我国缺少的是具有真正原始创新性的成果。在未来的 10～20 年中，我国科学家在超导研究方面，在原始创新性成果方面应有所建树和重大突破。另外，新型超导材料的发现会为超导应用带来契机，我们争取在这方面率先发现新超导材料。在应用方面，应开拓超导技术新的应用途径。与此同时，应注意加强相关技术（如低温技术和制冷技术）的研究开发。

坚持新材料探索、超导机理、应用材料特性和制作工艺、应用技术并重的原则，重视源头创新和抢占技术制高点，加速科学技术研究成果的生产力转化，以应用研究促进基础研究的发展，以产业化开发为目标关键技术问题的解决，并提高超导技术的社会经济生长能力。

11.5.1 超导材料产业发展的战略目标

① 开发以超导材料为中心，包括低温技术、制冷技术、电力技术、通信技术的超导技术集成，在低温超导材料的制备工艺取得重大突破 2020 年形成超导材料高技术产业，对我国 GDP 贡献达到 20 亿美元。

② 发展 YBCO 第二代高温超导带材实用成材技术，实现 YBCO 高温超导带材产业化的生产。

③ 选择几项有重大发展前景和带有示范性的民用和国防应用技术项目（高温超导电缆、储能系统、变压器、电动机、滤波器），促进带材、缆材，薄膜，高温超导结型器件等实用成材技术的产品化步伐，并带动相关技术的发展，并在电力系统、弱电和通信等领域中获得应用。

④ 按照应用技术带动材料研究发展的思路，通过超导技术应用的发展，在前瞻性领域取得具有我国自主知识产权的原创性成果，增强我国超导技术领域的竞争力，形成我国超导技术产业，满足能源、信息、交通、科学仪器、医疗

技术、国防等方面产业的发展要求。

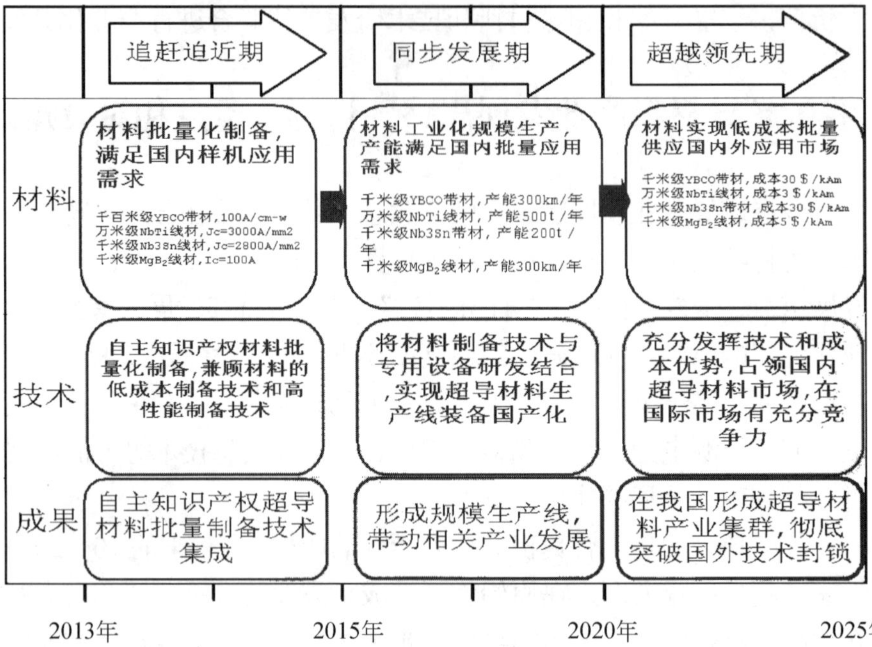

11.5.2 超导材料产业化发展重点

根据国家需求和超导科学技术的发展趋势，我们选择下列方向作为“十一五”高温超导材料战略发展重点：

① 发展产业化规模实用化超导材料的制备技术：发展高温超导材料新技术，提高材料的性价比，参与国际市场竞争。进一步提高Bi系带材的临界电流和应用性能、降低制造成本，带动我国超导材料的应用发展。大力发展YBCO第二代高温超导带材的制造技术，在柔性金属基带、组隔层和超导层的合成工艺方面取得突破，制造出千米量级的实用导体，满足强电应用要求，并形成规模化产业。高温超导大面积薄膜实现批量生产，满足弱电应用需求。

② 安全可靠的高效超导电力系统：主要包括超导储能系统、超导限流器、超导电缆、超导变压器、超导电机和基于超导技术和现代电力电子技术及控制技术而产生的灵活功率变换和调节技术，基于超导电力技术对传统电网进行改造的相关技术的研究开发。常规电力技术已经难以取得突破性的发展，已经越来越难以适应电力工业发展的需要。超导电力技术的应用可以大大提高电网的稳定性、供电可靠性、改善供电品质，而且可以提高电网的输电能力、降低网络损耗，从而提升我国电力工业的发展水平，为实现我国电力工业长期发展战略提供可靠的技术保障。

③ 超导新概念武器和装备：主要包括将高温超导滤波器用于军事通信、雷达、电子对抗和导弹制导；将高速高温超导发电机与涡轮发动机直接对接、组

成高效紧凑的发电模块，将高温超导低转速大扭矩电动机直接与螺旋桨连接作为舰船的电力推进系统；将高温超导限流器用于舰船电力系统的过电流保护；将高温超导磁储能器（SMES）用于新型高能脉冲（激光、微波、粒子束）武器及电磁发射器的储能器；SMES 也可用于舰船电力调节系统等方面。通过这些项目的研究，可大大地提高海军舰船的机动性、攻防能力和信息战能力，从技术上得到跨越式的发展，为我国海军下一代舰船现代化建设打下一个良好的技术基础。此外超导强磁体可用于多种新概念武器系统的研究和制备中，SQUID 可以用于军事探潜等领域的应用。

④ 新型高温超导材料探索及重大科学问题：超导体一切基础研究和技术应用都基于新超导材料的发现，因此，寻找新的高温超导体是超导研究的一个永恒主题。将在掺杂莫特绝缘体、轻元素化合物、有机导体和巡游磁性材料中寻找和合成新型高温超导材料。另外，新超导材料往往蕴涵重大的科学问题和重要发现，因此将对其机理和宏观量子相干等相关问题进行研究。针对超导体的强弱、电应用，研究磁通钉扎和约瑟夫森效应，从基础的角度帮助解决应用中的关键技术问题。

⑤ 超导生物医学仪器：包括高温超导心磁测量和脑磁测量、核磁共振成像技术、核磁共振谱仪技术、功能成像技术、霍尔成像技术、磁悬浮微重力生物效应实验平台等。比如，心电图仪对可能引起心肌梗死的冠心病漏诊率就高达 40%。心磁图能给出心电图不能获得的信息，被认为是对心电图必要的补充。要发展心磁图仪，就必须应用超导量子干涉器件（SQUID），除此之外无其他替代技术。因此，开发供医院使用的 SQUID 心磁图仪，特别是高温超导 SQUID 心磁图仪，将对心脏病以及胎儿心脏发育异常的早期诊断发挥重大作用。另外，由于此项目研究内容包括了微弱电磁信号检测中的关键技术开发，因此本项目的研究不仅直接促进医疗诊断技术的发展，而且能够推动其他方面，如大地电磁测量、无损检测。

⑥ 超导信息技术：高温超导滤波器系统在国内外移动通信的应用发展迅速。高温超导滤波器能有效解决当前 GSM、CDMA 和第 2.5 代移动通信中存在的频率资源紧张、抗射频干扰能力不强、基站覆盖面积小、通话质量不高等问题，特别在我国，第三代移动通信必将面对急剧增加的容量需求和具备很高的处理射频干扰的能力（少量的射频干扰就会导致第三代移动通信系统的瘫痪），而高温超导技术恰好是解决这一矛盾的有效手段。另外，超导滤波器系统、雷达接收机前端以及卫星通信系统等在军事领域的应用更应引起我们的重视。在国外，日渐增多的超导滤波器被配置在军用及情报系统中，自 20 世纪 90 年代中期以来已投入战场使用。基于超导宏观量子相干和纠缠态的研究将可能为量子计算找到最有希望的方法。

⑦ 平台建设：围绕超导科学技术的战略发展重点，要建立相应的国家平台或研究开发基地，主要包括：超导科学基础研究基地、超导材料研究发展基地、超导电力技术研究发展基地、超导信息技术研究发展基地。基地建设的目标在于提升自主创新能力和国际科学创新竞争力，对国家的经济、社会和国家安全急需技术具备快速反应能力。

11.5.3 超导材料产业化发展对策建议

自20世纪90年代末以来，超导材料产业化技术取得重大突破，部分超导材料进入了商业化阶段，发达国家政府和跨国公司大规模地开展了超导应用技术研究，很多应用产品已开发出样机，并进行了应用试验，有些产品已开始批量销售。超导应用技术产业处于起飞的前夜，“十一五”期间是在未来超导技术产业的国际竞争中取得优势的关键时期。

自2000年以来，国内企业资本积极参与超导材料技术产业的发展，西安西部超导材料科技有限公司、北京中数威利超导技术有限公司、北京云电英纳超导电缆有限公司和天津海泰超导公司相继成立。国内不少应用部门也提出较为迫切的发展超导实际应用的需求，中国科学院电工研究所与5家电力设备制造企业和应用单位就超导限流器、超导电缆和超导变压器等签订了技术开发合同，共同推进超导电力技术的产业化。另外在十五“863”计划下，也组织了高温超导电缆、超导储能系统、MRI磁体、超导限流器等原型机的开发研究。所有这些应用项目都是以超导线带材为基础，成本占到项目成本的50%～80%，所以应用研究单位和应用开发企业迫切希望国内超导材料迅速实现规模化生产，提高材料性能，降低材料价格。

鉴于目前我国国内的许多应用项目对超导材料的需求和国外许多大公司及国际大型科学工程大量使用超导材料的强大推动作用，“十三五”正是实现超导材料产业化、推动超导技术实用化最好的时机。充分利用我国在超导材料研究、中试及产业化方面的取得的进展，“十三五”发展的战略目标和发展重点是完全可以实现的，并且可以大大促进正处于成长期的中国超导产业，提高我国在未来国际超导高技术发展、竞争中的能力。根据我国高温超导材料的发展现状、技术优势以及良好机遇，从全局出发，提出下列对策和建议，供国家决策部门及有关领导参考。

① 超导技术及应用（包括低温超导和高温超导的研究与开发）应列入国家中长期科技发展计划。

② 利用我国进入WTO的有利形势，积极参与国际高温超导市场竞争，促进高温超导与新能源研究的国际合作，培养一支高温超导材料研究和先进制造技术等所需的高级人才队伍。

③ 加快我国高温温超导应用产业化的步伐，发展我国自己的核磁共振人体成像仪、超导电机、超导磁悬浮列车以及高温超导装置在污水处理、选矿和制备高质量单晶研发等工业领域的应用项目，为国民经济建设服务。

④ 积极支持中国高温超导材料产业的形成和发展，同时带动低温制冷技术及相关领域的技术进步。

作者简介

张平祥：教授级高级工程师，东北大学、西北工业大学等高校兼职教授、博士生导师，主要从事超导材料及其应用技术研究。兼任中国材料学会理事、中国材料研究学会超导材料技术委员会常务副主任、西安市纳米技术学会副理事长、陕西省期刊学会副理事长。是国家级新世纪百千万人才、陕西省科技新星、陕西省有突出贡献专家、陕西省“三五人才工程”人选、政府特殊津贴专家，先后荣获国家技术发明二等奖一项、省部级科技进步奖近 8 项，获国家发明专利授权 13 项，在国内外重点学术期刊和会议上发表了百余篇的学术论文。

第12章 超硬材料

林　峰

12.1 发展超硬材料产业的背景需求及战略意义

超硬材料主要是指金刚石和立方氮化硼。金刚石（Diamond）是目前已知的世界上最硬的物质，含天然金刚石和人造金刚石两种。天然金刚石原生矿主要分布在南非、扎伊尔等国，印度和我国有少量砂矿，人造金刚石是利用石墨为原料、镍钴等触媒金属为催化剂，在大约5GPa和1700K的高温高压条件下由石墨转化生成的。金刚石有硬度高、耐磨、热稳定性好等特性。立方氮化硼（缩写为 cBN）在自然界是不存在，是人造的，在人工合成金刚石成功之后，科学家发挥联想，采用类似于合成金刚石的原料、设备和技术，创造出来的一种新材料，其硬度仅次于金刚石，但具有比金刚石更高的热稳定性和对铁族金属及其合金的化学惰性。

超硬材料的硬度远高于其他材料（包括磨具材料刚玉、碳化硅以及刀具材料硬质合金、高速钢等）的硬度，且具有其他材料无可比拟的优异力学、热学、光学、声学、电学和生物等性能，属于高效、高精、长寿命（半永久性）、节能、绿色环保型材料，享有“材料之王”的赞誉，是用途广泛的极端材料，不仅可加工各种难加工材料，而且正在向高灵敏、高精度、高功率、高透光、高热传导、高电子迁移、高人体亲和、高耐磨、抗腐蚀、抗辐射等功能性元器件方向发展，对七大战略性新兴产业和其他高新技术产业的支撑作用极大，不仅可以解决层出不穷的新材料用传统工具无法加工（如新型坦克防弹装甲多层复合板、大飞机新型耐热合金零部件、大型军用舰船关键零部件等）的难题，也可达到事半功倍或意想不到的效果。超硬材料行业的诞生和发展催生了一些新兴工业领域（如石材、地板砖、玻璃家具等制造业），还成百倍地提高了一些传统加工的效率（如照相机、摄像机、望远镜等光学镜头，精确制导导弹头罩等高效加工），更成百倍地降低了消耗及废物排放（如用立方氮化硼砂轮代替传统刚玉砂轮加工轿车轴类零件，金刚石线锯代替钢丝和碳化硅游离砂浆切割光伏产业用多晶硅单晶硅，金刚石磨块代替碳化硅磨块磨抛石板和地板砖等），在诸多应用领域具有不可替代性。超硬材料及制品已广泛应用于军工、航空航天、电子、机械、汽车、机床工具、精密制造、医疗、石材、建材、机场、清洁能源、高速铁路、公路、石油与天然气钻井、地质勘探、煤炭及矿物采掘、救灾抢险、家庭装修等，几乎涉及国计民生的各个领域，如目前用量最大的石材工业离开人造金刚石及其工具就极难发展，可以说人造金刚石工具的推广应用推动了石材工业的蓬勃发展。金刚石在光学玻璃冷加工、地质钻探、陶瓷、汽车零件等机械加工、金属拉丝等方面引起了革命性的工艺变革，使加工效率、加工精度几十倍甚至上百倍的提高，一些过去难加工甚至无法加工的材料能顺利、高精度地加工。除了用来制造工具之外，超硬材料在光学、电学、热学方面具有一些特殊性能，是一种重要的功能材料，引起了人们的高度重视，这方面的性能和用途正在不断地得到研究开发。超硬材料及工具对高新技术材料及各类制成品的发展提供强力支撑，对国民经济的发展有数百倍的杠杆撬动作用，为整个国民经济发展作出了不可磨灭的巨大贡献。超硬材料及工具已成为国民经济、国防建设和人民生活不可缺少的重要组成部分，其消耗量成为衡量一个国家工业发展水平的重要标志，正因为超硬材料及制品具有极端性、不可替代性、应用于涉及国家安全的领域，西方发达国家甚至将超硬材料及工具作为一种战略性储备物资。

我国的超硬材料（这里主要指人造金刚石和立方氮化硼）及其制品的研究和生产起步于 20 世纪 60 年代。1963 年 12 月 6 日我国成功合成出第一颗国产人造金刚石，1966 年 11 月，成功合成出第一颗国产立方氮化硼。为了实现我国超硬材料及制品的产业化生产，1966 年 10 月 4 日第一机械工业部以（66）机计字第 1229 号文批准第六砂轮厂设计任务书，10 月 10 日第一机械工业部以（66）机密二字 1234 号文批准成立第六砂轮厂筹备处，实施我国“四五”计划项目，建设我国第一个超硬磨料磨具生产厂——第六砂轮厂，1969 年 4 月 1 日第六砂轮厂生产出第一棒人造金刚石，从此拉开了我国人造金刚石工业化生产的序幕，结束了我国人造金刚石完全依赖进口的状况，1969 年 7 月 1 日我国第一个人造金刚石及制品专业生产厂初步建成。

自 20 世纪 50 年代中期人造金刚石在美国诞生（我国则在 1963 年研制成功）以来，拥有该项制造技术的少数几个发达国家均将其视为战略物资而严格控制，一直对其他国家施行技术封锁和产品垄断、甚至曾订立禁止向社会主义国家出口的条约。我国改革开放后的 80 年代后期和 90 年代曾花费数亿美金巨资从发达国家引进了数十套当时世界最先进的金刚石生产成套装备与生产技术，终因其技术不到位而被废弃，造成巨大损失。在国家各级领导的关心和支持下，在我国几代科学家和技术人员努力下，通过发展拥有自主知识产权的、与发达国家根本不同的独特“六面顶”设备及工艺等技术方法，于2008年终于在金刚石单晶制造方面达到了国际先进水平。近年来发达国家的最强大、最先进的几家公司，全都不约而同地选购中国设备，并借鉴中国的独特方法生产超硬材料产品，这在我国整个制造业中是独一无二的，在所有行业中都是罕见的。

目前，我国人造金刚石年产量已达到150亿克拉以上，占世界总产量的90%以上，立方氮化硼的年产量也达到3.5亿克拉以上，占世界总产量的近70%，我国已成为世界超硬材料生产大国。

超硬材料制品从使用方式划分主要包括：磨具、钻进工具、锯切工具等几大类。

超硬材料磨具是指以金刚石或立方氮化硼为磨料，借助于结合剂或其他辅助材料，在一定的生产条件下制成的具有一定形状和性能，用于磨削、研磨、抛光等加工用途的工具，是我国最早出现的超硬材料制品之一，其产品种类主要包括固结磨具、涂附磨具、膏状液态磨具三大类，根据结构、形状的不同，超硬材料磨具分为砂轮、磨头、切割片、磨盘、油石、砂布、砂带、抛光膜、研磨膏、研磨液等。20世纪80年代，我国以青铜作为结合剂的光学玻璃用金刚石精磨片技术发展，改变了过去“一把砂子一瓢水”的落后的加工方式，提高了光学玻璃加工效率和加工表面质量，降低了工人的劳动强度，改善了劳动条件环境，在很大程度改变了我国光学冷加工落后的面貌。超硬材料磨具具有磨削效率高、磨削表面质量好、磨具使用寿命长、绿色环保等特点，成为磨削加工技术发展的主要方向之一，产品广泛应用于国民经济建设的各个领域，起到了“四两拨千斤”的重要作用，而且还有部分产品达到国际先进水平，远销海外，获得了良好的国际声誉。

钻进工具主要包括人造金刚石地质钻头、油（气）井钻头、工程薄壁钻头，其分别用于地质勘探、油（气）勘探与开采及各类建筑物钻孔。我国从20世纪70年代后期开始人造金刚石地质钻头、油（气）井钻头研发，1969年开发中国首个人造金刚石钻头小样，在机加工车间的钻床上试钻花岗岩，所取出的几毫米厚的岩心，显示了这一创新的光明前景。随后在试验台试验取出的一段半米长的花岗岩岩心，则成为继续前进和立题的依据。为了得到生产试验，紧接着在北京延庆县东三叉工地上进行了第一次生产试验，虽然5个小时钻进只采取到半米多的岩心，效率不高，但这是在生产条件下的第一次，参加研制试验的各方几十人到试验现场。这一初步成果，使中国的岩心钻探技术从此向前迈出了跨时代的一大步，我国探矿工程发展的技术思想从此发生了根本性的转变，1977年后全国开始推广人造金刚石地质钻探，将人造金刚石钻头成功应用于地质钻探，使中国的钻探技术从此由“钢粒钻进”进入了“金刚石钻进”新时代，1985年“金刚石地质岩心钻探配套技术的推广应用”这项科技攻关成果获得国家科技进步一等奖，标志着在 15 年的时间内完成了国外 100 年的历程，目前我国人造金刚石地质钻头的制造水平已经达到国际先进水平，特别是具有中国特色的孕镶金刚石钻头的制造水平与工艺已经处于领先地位。

超硬材料锯切工具包括金刚石锯片、锯条、绳锯、线锯、PDC 及 PCBN 刀具等。金刚石圆锯片是石材加工的主要工具，由于天然金刚石价格昂贵，早期不能大规模的应用于生产，随着人造金刚石诞生，它使得金刚石工具制造业得到迅速发展，金刚石圆锯片大规模应用于石材加工才成为可能。近年来，用于石材加工业的人造金刚石的数量直线上升，其耗用量约占我国人造金刚石总产量的 80%左右，而世界上工业金刚石 70%左右用于制造石材加工工具，其中占绝大多数的是金刚石圆锯片。在金刚石锯切工具中，金刚石绳锯是“柔性”切割工具，近来的应用快速增长，且代表着锯切工具的高级水平。“柔性”切割这种结构上的特点，不仅使其锯切尺寸不受“限制”，而且能很方便地锯切各种异形面，这就使绳锯不仅能承担其他金刚石锯切工具能做的工作，还能做其他金刚石工具不能（或难）做的事，并且还具有噪声小，浪费材料少，对环境污染小等特点。金刚石绳锯自 20 世纪 70 年代在国外问世以来，取得了长足的发展，大有取代传统的钢砂锯、链锯、圆筒锯等金刚石工具的趋势，成为 21 世纪金刚石工具制作技术现代化的标志。我国本世纪初自主研发出了金刚石绳锯全套制备技术，打破了发达国家的技术禁锢和封锁，解决了我国大尺寸石材开采和加工长期依赖爆破法破坏性生产的关键技术难题，显著提高了国产石材成材率和石材品质，提升了我国石材国际高端市场的竞争力。金刚石线锯则是近几年才发展起来的又一种“柔性”切割工具，主要用于光伏硅片、陶瓷、蓝宝石等较为昂贵的材料加工，极大提高该类材料的加工效率和加工质量。自 1963 年我国成功合成金刚石以来，历经 50 年，金刚石锯切工具技术发展坚持“引进技术和自主创新”并举的方针，在生产和科研实践活动中形成了近千家面向国内外五金工具市场、建筑施工、石材陶瓷玻璃加工、地质矿产与石油天然气勘探等应用领域金刚石工具生产基地和企业群，对推动相关行业的技术进步起到了至关作用。

超硬刀具是新型超硬材料工具，随着国际高速数控加工技术的出现和不断普及，以及国外加工企业向国内的转移，促进了国内超硬刀具的发展。目前国内的超硬刀具类型主要有单晶金刚石刀具、PCD 刀具、CVD 金刚石刀具、PCBN 刀片和整体 CBN 刀具等应用于车刀、镗刀、切刀、铣刀和宽刃光刀，与传统硬质合金刀具相比，其耐用度提高 50～280 倍，加工光洁度提高 1～2 级，生产效率提高 1.6～4 倍，使机械加工业产生极深刻的变革，这类刀具将作为换代刀具部分替代机械加工中的普通刀具，在机加工行业将有广阔的发展前景，已广泛应用在汽车、航空航天、能源、军事、模具等重要领域，从某种意义上说，它是一种战略物资，各工业发达国家把它作为提高经济效益，达到节能、高效、精密、自动化等目的的重要材料加以发展，并将其发展水平视为衡量一个国家技术进步的重要标志。

我国超硬材料制品产业实现了从无到有、从小到大，形成了一个门类齐全、具有相当规模的完整工业体系，包括配套的原材料供应体系、设备供应体系、辅助材料体系和市场体系，已经能够生产出基本满足各行业发展所需的超硬材料制品，每年还有大量产品出口，尤其在中低端产品上具有明显竞争优势。

在全球经济一体化条件下，我国已成为世界最大的石材、陶瓷、汽车、机械制造生产、消费与出口大国，这些有利条件有力地促进了我国超硬材料及工具的迅速发展，中国在世界超硬材料工具市场中已占有重要地位。但我国超硬材料及工具的质量与性能和国外发达国家相比，仍有一定差距，高品级率低，品牌少，难以大量进入国外高端市场，每年还需进口一些优质的超硬材料及工具，而出口的只是中低档产品，因而进一步提高与发展我国超硬材料及其工具制品具有非常重要的意义。

全球超硬材料制品生产遍及世界各地，其中，建筑陶瓷、石材等领域加工工具制造水平最高的是意大利，磨削切削类工具以日本、德国、美国及韩国制造水平为高，这些国家磨削工具正快速向超硬材料制品转化，其他磨具用量已在逐年减少。由于超硬材料制品具有高效、节能、寿命长、环境友好的突出特点，其效率和寿命比传统工具高数十倍。

在国外超硬材料的应用领域，已经在不断地拓展，尤其是在开发超硬材料功能性方面的应用，已经取得很好的进展。而在超硬材料功能性方面的应用，国内几乎还是空白，因此，加大超硬材料功能性的应用研究，是我国超硬材料未来重点研究的方向。

我国已经成为世界超硬材料及制品生产大国，人造金刚石年产量已达到 150 亿克拉以上，占世界总产量的 90%以上，立方氮化硼的年产量也达到 3.5 亿克拉以上，占世界总产量的近 70%，超硬材料制品基本上占领了世界超硬材料制品低端市场，在很大程度上改变了世界超硬材料产业的格局，成为世界超硬材料产业的主导力量之一。但却不是强国，尤其在超硬材料高端制品的研究开发以及应用上，和国外发达国家存在较大的差距。加强我国超硬材料的发展，不仅国内超硬材料行业的需求，更是国内工业体系产业升级，结构调整的需要。培育我国具有自主知识产权的高端超硬材料制品，满足国内航空航天、电子、机械制造等高精尖产业的发展需要，对促进我国经济、国防发展具有重要意义。

新材料产业将成为 21 世纪初发展最快的高新技术产业之一。国家“十二五”规划中把“节能环保、新一代信息技术、生物、高端装备制造、新能源、新材料和新能源汽车”七大产业列为新阶段转变经济发展方式重点发展的战略性新兴产业，而在新材料产业项下列入了超硬材料及制品。因此，国家将在产业政策方面向超硬材料及制品产业倾斜，同时超硬材料及制品在其他六项战略性新兴产业中将发挥不可或缺的重要作用，“十二五”期间将是我国超硬材料及制品产业发展的重要机遇期，这将加速我国超硬材料制品产业全面向世界强国行列迈进。

12.2 国外超硬材料产业的发展现状及趋势

12.2.1 国外超硬材料产业的发展现状

20 世纪 60 年代初即人造金刚石投入商业性生产之前，工业金刚石的唯一来源是天然金刚石。全世界生产天然金刚石的国家有 20 多个。近年来，澳大利亚、扎伊尔、博茨瓦拉、南非、俄罗斯五大天然金刚石生产国的年产量就占到世界总产量的 86%～94%，年产量徘徊在 1.1 亿～1.2 亿克拉之间，工业金刚石平均为 47%。90 年代初，全球主要发达国家的金刚石与立方氮化硼的总耗量为 3.5 亿～4 亿克拉。至 2013 年，全球的金刚石与立方氮化硼的总耗量保守估计已高达 160 亿克拉，大量的人造金刚石应用于工业中。超硬材料作为一个行业，其最大价值环节不在于金刚石材料、不在于原辅材料，更不是标准检测工具业，而在于价值含量最大的金刚石制品和立方氮化硼制品领域。1Ct 人造金刚石和 1Ct 金刚石制成如砂轮、钻头等，在国外制品与材料的价值比往往在 20∶1 左右。

目前，中国、美国、爱尔兰、韩国、乌克兰、日本等国是主要的人造金刚石生产国，其中美国拥有研发成功世界第一颗人造金刚石和立方氮化硼的 DI 公司（即原 GE 公司的超硬材料部），美国现在也是世界主要的工业金刚石生产国、最大的消耗国和进口国，2013 年美国进口金刚石 7.27 亿克拉，其中从我国进口量为 5.92 亿克拉，占其总进口量的 81.4%，美国是我国金刚石出口的最大市场。表 12-1 为 2013 年美国进口金刚石的相关数据。

表 12-1　2013 年美国进口金刚石的相关数据

国家	数量/万克拉	占总量/%	增长率/%
中国	592	81.4	32.3
爱尔兰	49	6.8	−17.2
罗马尼亚	34	4.7	35.5
韩国	16	2.3	−37.3
俄罗斯	15	2.1	5.6
瑞士	10	1.4	16.8
其他	10	1.4	−29.4
合计	727		22.1

表 12-2　近 5 年日本进口金刚石统计表

年份	进口数量/万克拉	价格/（美元/Ct）
1999	10187	0.68
2000	11325	0.59
2001	9243	0.613
2002	9957	0.53
2003	12815	0.35　6

表 12-3　2013 年日本进口金刚石

国家	数量/万克拉	占总量/%	增长率/%
中国	96.2	43.4	−16.0
爱尔兰	34.5	15.6	−31.4
美国	29.2	13.2	1.7
韩国	17.9	8.1	23.7
瑞士	5.0	2.3	−1.5
比利时	3.3	1.5	−31.9
英国	1.4	0.6	−19.0
其他	1.3	0.6	−22.4
合计	188.8		−14.7

日本是世界进口人造金刚石第二大国家，1999 年日本进口金刚石 1.0187 亿克拉，平均价格 0.68 美元/Ct，总金额 6927 亿美元。2003 年日本进口了 1.2815 亿克拉，平均价格为 0.356 美元/Ct，总金额 4562 亿美元，具体相关数据见表 12-2。2013 年日本进口我国金刚石 0.969 亿 Ct，占其进口份额的 43.4%。主要竞争对手中爱尔兰占 15.6%，美国、韩国分别占 13.2%、8.1%，这三个国家加起来所占比例稍小于我国，具体相关数据见表 12-3。

国外从事超硬材料及制品生产有影响立的主要公司有：英国的元素六公司（E6 公司，即原来的 De Beers 公司）、美国 D.I 公司（即原来的 G.E 公司）、美国合成公司、日本住友、日本昭和电工、韩国日进等，E6 公司是世界上最大的金刚石垄断企业，控制天然金刚石的 85%，其人造金刚石产品系列最为齐全：

① 高强度金刚石 SDA、SDB、DSN 系列，SDA 系列（SDAD、SDA+）为该公司久负盛名的传统高品级产品，SDBl000 系列（DBl025-SDB1125）为粉状触媒生产的高档新产品，DSN 系列（DSN41～DSN47）为新购德国温特技术生产的高档新产品；

② 中强度金刚石 MDA 系列；

③ 特殊产品系列 CDA（PDA321），为低强度自锐性金刚石。G.E 公司是与 E6 公司并列的世界著名金刚石公司，也有类似的各系列金刚石产品：高强度产品 MBS700 系列、MBS900 系列；中强度产品 MBG 系列（MBG300，MBG600-660）；低强度产品 RVG 系列。

国外超硬材料制品的发展主要体现在以下几个方面：

（1）金刚石与工具的镀覆技术大幅度提高和完善工具性能

金刚石镀覆的优越性在于镀覆能与金刚石形成化学键合，并与周围胎体形成化学/冶金结合而提高金刚石的把持力。在锯片刀头使用过程中，能使金刚石的脱落率大为降低，在相同寿命情况下，使锯切效率提高 50%。此外镀覆还可保护金刚石，完善其使用性能。镀覆可保护金刚石表面，防止胎体中石墨化形成的元素如铁、镍、钴的浸蚀作用，并可防止金刚石氧化，提高其热稳定性，还可强化金刚石性能。金刚石经过不同的金属镀覆，在金刚石表面会形成各种不同的碳化物而产生新的化学键合，提高了金刚石把持力，与胎体金属则形成化学/冶金结合，增加金刚石/胎体之间结合强度，并能抵抗对金刚石的氧化与石墨化，最终提高金刚石工具的使用效率与寿命。

近年来采用 CVD、PVD、PACVD 等工艺将金刚石、立方氢化硼、TiN、cBN、TiAlN-cBN 沉积在碳化钨硬质合金工具上，提高了高速切削工具的效率及使用寿命和表面光洁度，对降低汽车工业、航空航天工业加工成本方面带来了巨大效益。

（2）金刚石均匀有序排列技术显著提高锯切效率与寿命

在常规金刚石工具中，金刚石在金属胎体中是随机分布/无序排列的，因此金刚石在刀头中容易产生偏析与聚集。在金刚石富集区，金刚石不能有效利用而浪费，且由于此区金刚石浓度高，金刚石密集，金刚石锯切力小，易于抛光与磨损，同时易于堵塞与阻碍岩屑有效排除，致使锯切效率下降。在金刚石稀少区，由于承受大的负荷，冲击力大，金刚石易于碎裂与脱落。因此金刚石随机分布/无序排列常常导致降低锯切效率与缩短工具寿命的恶性循环。2005 年韩国新韩公司实现了钻石阵，将其产业化，推出 ARIX 技术，均匀/有序排列锯片使用效果很好，其锯切效率和锯切寿命均得到大幅度提高。

（3）柔性金刚石工具制造技术进步

国外金刚石绳锯的应用已近 30 年，由于其技术的不断创新，其应用的范围也越来越广。近 10 年来的发展具有以下特点：

① 串珠与绳锯生产设备系列化与自动化。德国 Dr.Fritsch（飞羽）公司经过几年的开发，推出一整套串珠与绳锯生产专用设备。

② 针对不同使用条件生产串珠专用金属粉末。德国 Dr.Fritsch（飞羽）公司粉末事业部为串珠生产能提供各种专用粉末。

③ 采用热等静压（HIP-Hot IsostaticPressing）法提高串珠致密化程度及其性能。采用热等静压的优点是：从微观结构上看，串珠具有很高的化学-物理均匀性；串珠金刚石胎体层无孔隙或很少孔隙，密度提高；提高了胎体对金刚石的把持力；较低的烧结温度与时间，有利于防止晶粒长大和金刚石表面石墨化，

特别是采用Co、Fe、Ni金属胎体时有其优越性。

④ 采用金刚石注射成形技术，生产双凸肩几何形状串珠，改善串珠性能；

⑤ 适应建筑工程需要，研制小型绳锯机，针对建筑工程特点，绳锯应用不断创新。

⑥ 小直径绳锯及组锯绳锯机的成功开发。

（4）金刚石与cBN单层钎焊技术的发展

与单层电镀工艺相比，采用金刚石与cBN单层钎焊工艺，金刚石与cBN颗粒凸出高（72%对 45%），因此切深大、容屑好、排屑与冷却良好、锯切磨削效率高，它可实施金刚石与cBN规则有序排列，因此可更好地控制加工件的表面粗糙度、平面度与表面质量。若将金刚石与cBN相适应的镀覆工艺相结合，可进一步提高其把持力，改善对磨料的保护作用，有利于提高其寿命与效益。

12.2.2 国外超硬材料产业的发展趋势

① 随着世界上工业化生产技术的不断发展，超硬材料工业在世界范围内受少数国家（公司）垄断的时代已经过去，生产布局向多极化方向发展。

② 由于超硬材料在各工业领域得到越来越广泛的应用，超硬材料市场的总体需求稳定增长，市场价格稳中有降，用于加工非金属材料和建筑材料的工业金刚石所占比重将继续增大。

③ 根据各工业应用领域的特殊要求制定的产品系列以及专用产品系列，规格品种进一步完善。

④ 以精密、超精密、高效率、长寿命以及经济实用为特点的金刚石工具正逐步形成系列。金刚石工具的应用技术开发研究和产品的标准化工作发展迅速。一些小型金刚石工具（如小规格金刚石切割片、金刚石电镀修整工具等）已进入家庭。

⑤ 高技术产品不断涌现，工业用单晶大颗粒和纳米级超细微粉产品开始进入市场。采用单晶大颗粒人造金刚石制成单晶钻石工具在工业上得到成功应用。

⑥ 低压气相沉积（CVD）技术取得重大进展，金刚石薄膜作为新型结构材料和功能材料进入市场。充分显示出人造金刚石新应用领域的广阔发展前景。

⑦ 静压法及金刚石压机仍是当今生产超硬材料最主要的装备，不同类型的合成设备各有所长，压机大型化是超硬材料工业发展的必然趋势。

⑧ 动态法台成金刚石已走上工业化生产规模，新的合成方法（如液相外延、激光法等）将引起人们的普遍关注。

12.2.3 国外超硬材料及制品应用领域的拓展

中国是世界人造金刚石和立方氮化硼的最大生产国，然而在高端超硬材料及制品的研究开发和应用上却落后国外发达国家。国外，尤其以德国、美国、日本、韩国等国家为主，在超硬材料的开发应用上处于世界领先，其应用遍布各个领域。

（1）传统应用领域

① 研磨和抛光。人造金刚石和立方氮化硼材料在研磨和抛光领域获得广泛应用。研磨是指使用磨料以特定方式磨去工件表面的材料，从而加工出精确的形状，并达到合乎要求的表面质量。研磨加工通常需要用到将磨粒与陶瓷、树脂或金属结合剂制成的砂轮，是机械、汽车、玻璃工业或行业精密加工和建筑业顶级研磨和抛光工具的关键组成部分，图 12-1 为金刚石磨片用于石材的打磨、抛光。

图 12-1　金刚石磨片用于石材打磨、抛光

② 地质勘察、采矿和隧道挖掘。国外发达国家在地质勘察、天然岩石和矿石的采掘、运送和加工时，由于面临极端严酷的磨损环境。已大量使用超硬材料工具替代传统工具，这样可极大提高钻探速率和延长工作寿命，从而实现卓越的性能和生产力。（图 12-2）

人造金刚石磨料已用作勘探和爆破钻孔的工作介质，用以穿透最坚硬的地层。PCD（聚晶金刚石）、PDC（聚晶金刚石复合片）可镶嵌在钻头和截齿上，用作大型切割或撞击/冲击表面，以实现更高钻进速率和更长使用寿命，其价值在偏远地域作业时更加凸显。对于岩层过于坚硬，PCD、PDC 切削齿不能有效钻探的场合，则使用孕镶人造金刚石钻头来解决问题。针对不同的地质条件，设计制作各种系列的钻头样式、耐磨件和钎片，用于硬岩采矿和软岩采矿。

图 12-2　金刚石工具用于采矿和隧道挖掘

③ 石油和天然气开采。目前，开采地球现存能源的难度越来越高，而能源的可持续供应至关重要，必须开发种类齐全的工具材料来满足石油和天然气行业钻探需求。油气勘采领域对工具材料更是提出了很高要求，包括极高耐磨性、高负荷、高工作温度以及耐受侵蚀和腐蚀性外部环境。使用聚晶金刚石（PCD）、聚晶金刚石复合片（PDC）可以提供更快更持续的钻井，减少钻井时间，并将昂贵的停工期最小化，PDC 由顶层的聚晶金刚石与硬质合金衬底在高压高温条件下烧结而成，金刚石层能控制磨损并保持刃口锋利，而硬质合金衬底可增强产品韧性，且方便与钻头基体相连接。这种层结合方式使 PDC 保持一贯的高钻进性能，可以通过使用最新的材料技术和优化的工程设计，以实现各种应用场合最优的钻进性能（图 12-3）。

图 12-3　金刚石工具用于石油和天然气钻探

④ 石材开采、加工和建筑工程施工。国外发达国家甚至一些发展中国家出于节能、降耗、环保和保护资源、减低生产成本方面的考虑，已在石材开采、加工和建筑工程施工等领域全面推广使用超硬材料工具，人造金刚石微粉、聚晶金刚石（PCD）为锯切、切割、研磨、抛光、地基钻探、挖沟、隔墙切割、隧道挖掘和土壤加固提供最佳性能。使用大直径金刚石锯片、金刚石绳锯进行矿山开采，实现比传统黑火药爆破开采石材出材率提高到 3 倍，由 30%提高到 90%，同时有效扼制了黑火药爆破带来的资源破坏、浪费和生态环境污染、破坏及安全问题。使用大直径金刚石锯片、金刚石绳锯进行石材板材切割，实现高速、高效率和寿命长的绿色环保施工。高品质金刚石工具用于路面、机场跑道和其他沥青和混凝土中定量清除沥青或混凝土层的冷刨和打磨，不但使其达到一定的深度或横向坡度，而且铣刨机将沥青切下，可直接将其装到货车上，并带走供回收利用，这种材料后来被重新用来铺设新的路面，这种全新的路面基础设施恢复方式既经济又环保。金刚石薄壁钻头已普遍用于混凝土钻孔进行公用设施电缆的铺设施工，此外，金刚石工具在地基钻探、混凝土路面开槽、挖沟、隔墙切割、隧道挖掘和土壤加固等苛刻的地面施工中得到了广泛的应用。

（2）高新技术应用领域

① 航空工业

a. 航空零部件的切削、铣削、钻孔和研磨。超硬材料被应用在航空零部件及系统的精密切削、铣削、钻孔和研磨加工领域，满足了航空航天业因引进难加工材料（如复合材料和高强度金属）而不断变化的新需求。可以提高切割速度及运营生产率，工具寿命比传统的工具材料高几个数量级（图 12-4）。

图 12-4 金刚石工具用于石材板材切割、沥青或混凝土层的冷刨和钻孔、取芯

b. 碳纤维增强复合材料（CFRP）和钛钻孔、铣削和车削。在碳纤维增强复合材料零部件制造，以及碳纤维增强复合材料（通常与钛合金连接）零部件铣削、钻孔方面，人造单晶金刚石和 PCD（聚晶金刚石）钻头和刨槽工具可以大幅延长工具寿命，为除极小部件之外的应用领域提供最佳解决方案。用 PCD 车削和铣削钛合金，切割速度、寿命是其他工具材料的几倍。航空工业中使用的碳纤维增强复合材料部件与钛合金部件连接在一起形成的所谓“叠层”极难加工。PCD 是加工“叠层”组件的唯一选择（图 12-5）。

图 12-5 金刚石工具用于碳纤维增强复合材料零部件制造

c. 航空发动机部件研磨。cBN（立方氮化硼）材料用于研磨涡轮叶根以及加工发动机罩的精确间隙（图 12-6）。相对于传统磨料，cBN 可在较宽的温度范围内保持较高的硬度和锋利度，其耐磨性比最常见的传统氧化铝磨料高两个数量级，从而使外形精度维持得更久，并大幅度提高研磨效率。

d. 高温合金车削。PCBN（聚晶立方氮化硼）材料被越来越多地用于镍基高温合金盘件和轴的半精加工，在镍基和钴基高温合金的精加工方面，与涂层及无涂层硬质合金工具相比，PCBN 工具能够可靠地实现 300m/min 或更高的加工速度，实现更长的工具寿命，使生产率提高 6 倍，并提高表面质量(图 12-7)。

图 12-6　立方氮化硼材料用于研磨涡轮叶根

图 12-7　PCBN 用于高温合金车削

② 汽车工业。超硬材料已被大量用于汽车行业的精密加工领域。每个汽车零部件都需要稳定、精密的生产工艺，以满足最终的可靠性需求，超硬材料可满足镗孔、铣削、机械加工、开槽、铰孔、研磨、车削和珩磨等应用场合的极端性能需求，可用在汽车制造的整套流程中，从合金轮毂、缸体、凸轮和曲轴套管加工到变速箱铣削、钻孔和铰孔。如在汽车覆盖件生产中，它们可用于加工临界发动机和变速箱部件、中介轴、车轮和刹车盘装配、车窗以及模具等。与传统的工具材料相比，超硬材料可以帮助发动机和动力系统工厂实现更可靠的切削和研磨工艺，提高切削和磨削速度、延长工具寿命、降低总运营成本并提高操作效率（图 12-8）。

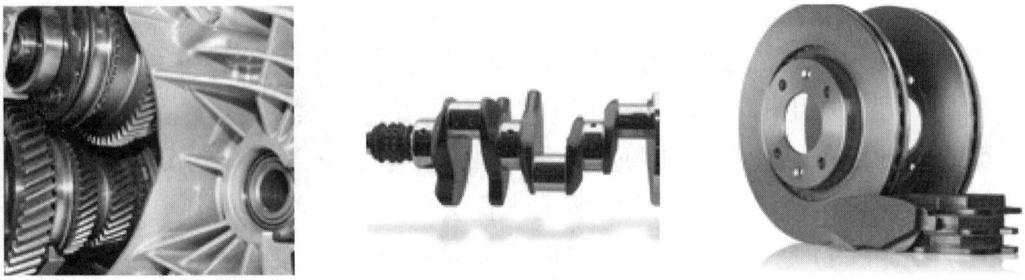

图 12-8　超硬材料工具用于汽车合金轮毂、缸体、凸轮和曲轴套等零部件加工

③ 电子、通信行业。超硬材料已广泛于电子行业。人造金刚石单晶应用范围包括热管理、半导体、传感器、电子元器件、医疗辐射测量仪、高能物理研究用安全系统探测器、辐射探测器和红外传感系统。主要通过其先进的单晶 CVD（化学气相沉积）金刚石材料服务电子行业。人造金刚石单晶有优良的导热性和电绝缘性能，是一种宽带隙半导体，可以支持高电场而不被击穿。国外某实验室公司已经开发并率先商业化提供由氮化镓（GaN，世界上最强大的半导体材料）和人造金刚石（热导率最高的材料）通过原子级结合构成的复合型半导体晶片。这一组合可以为通信和雷达领域提供更高功率和更高频率的电子器件，也可针对铁路、混合动力/电动汽车、太阳能和风力发电领域提供体积更小、更节能的电源转换/传输产品。此外，该实验室公司目前与一家商业伙伴合

作开发高性能、高效节能的金刚石上氮化镓基LED（图12-9）。

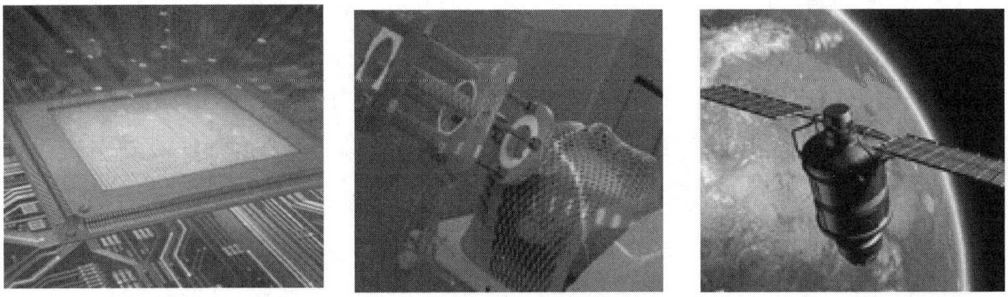

图12-9 超硬材料工具用于电子行业

④ 激光与光学。人造金刚石将一系列优异的光学、导热、辐射硬度等性能完美结合在一起，使其成为富有挑战性的应用领域的首选材料。在所有已知材料中，人造金刚石的光谱波段最宽，可实现从紫外线到远红外及毫米波微波的理想透过率，再加上其高硬度、高导热性和化学惰性，人造金刚石成为许多工业、研发和国防光学应用中的理想窗口材料。

人造金刚石光学材料主要应用在激光光学元件、红外光谱仪和无线电射频（RF）光学元件上。人造金刚石相关材料及制品已应用于激光和光学行业。人造单晶金刚石和多晶CVD（化学气相沉积）金刚石是高功率CO_2激光器、碟片激光器和固态激光器的核心组成部分，可以确保持久稳定地发出高光学质量的激光束。人造金刚石单晶和多晶CVD金刚石已在分子光谱领域获得广泛应用，人造金刚石衰减全反射棱镜用于FTIR（傅氏转换红外光谱分析仪），可提供强大功能的支持，并促使这一通用技术产业化转化。人造金刚石用于ATR（拉曼激光器），其极端特性可令激光功率提高两个数量级以上。

人造金刚石已应用于红外光谱学领域，包括ATR（衰减全反射）棱镜、安装夹具或探针上的ATR棱镜、斜面窗和半球形镜片。红外光谱学领域不仅利用了人造金刚石在较长红外波长的透光性，还运用了它优异的化学惰性及机械强度。由人造金刚石光学元件制成的样品座即使在最恶劣的环境下和磨损度最高的作业方式下，依旧能保持原样，其光学元件不会因化学侵蚀或恶劣的机械作业而受到损坏，并且信号质量可以一直保持稳定。以上这些特性都有助于开发强大的FTIR（傅立叶变换红外）光谱仪，即使在传统的实验室环境外，它也能发挥其优异的性能。

人造金刚石可用于RF光学元件，包括高功率陀螺仪的出射窗（安装和未安装）和光束线窗口的出射窗。人造金刚石在开发可持续能源系统（如核聚变）中也发挥着举足轻重的作用。人造金刚石在RF频率范围的低吸收特性及其优异的机械强度有助于建成两兆瓦的回旋管，用于加热聚变反应堆的等离子体（在托卡马克装置中）。光束线窗口有助于降低高能辐射从发射源（回旋管）到靶材（等离子体）传输过程中的损耗。

HPHT（高温高压）Ⅱa 板状人造金刚石可用于制造 X 射线单色仪。大型的第三和第四代光源设备（同步加速器和自由电子激光器）是采用极高能量、亮度和/或极高脉动密度电子束的超级显微镜，用以研究从新型纳米结构到生物分子和庞大沸石等一系列材料的结构。光束线发射极高能量的 X 射线，因此需要有散热极快且不会因为高密度射线照射而损坏或变形的光学窗口及一系列其他部件，如光束分离器、相位板、单色仪板、波动器和滤波器等。人造金刚石具有优异的热学、光学和力学性能及极高的回复性，因此它在严苛的应用场合中表现远胜过其他晶体材料。Ⅱa 型高温高压人造金刚石被视为同步加速器光学元件的人造金刚石顶级材料选择，原因在于其具有极高的导热性，且内部含有极少可导致晶格扭曲的缺陷和杂质。

⑤ 其他应用。除上述领域外，超硬材料在国外其他领域也得到拓展应用：人造金刚石已成为一系列量子应用（安全量子通信、量子计算和磁/电场感应）的候选材料；聚晶金刚石轴承摩擦系数低，极为坚硬，非常适用于在恶劣的环境中工作的；聚晶金刚石（PCD）推力和径向轴承摩擦系数非常低，具有高导热性，高断裂韧性和极高硬度，可以在高负荷、高温，甚至最具侵蚀性和腐蚀性的场合实现独一无二的高性能作业，如潮汐技术和在最恶劣环境中运作的风力涡轮机；人造金刚石电极可用于处理各种常规手段很难或无法处理的工业废水和填埋场沥出物，有效实现废水处理；人造金刚石可以实现臭氧的大规模生产，臭氧是强大的消毒剂，几乎可以杀死所有已知的病原体；人造金刚石的所有极端特性，特别是它的硬度、耐磨性和化学惰性，都可以应用在传感器上，与其他任何传感器相比，人造金刚石的性能使其对水中更广范围的杂质更敏感，人造金刚石有望成为污染物探测器的首选，用于各种应用环境中可能会危害健康的污染物探测。

人造金刚石的许多极端特性，如导热性、化学惰性和半导体特性，提供了极为广泛的应用潜力。除了耐磨应用外，国外正专注于研究电力、环境和生命科学应用，不断探索超硬材料新用途，占据超硬材料技术领先地位。

12.3 国内超硬材料产业的发展现状及趋势

12.3.1 国内超硬材料产业的发展现状

1963 年 12 月 6 日我国成功合成出第一颗国产人造金刚石，1964 年由济南铸造锻压机械研究所和郑州磨料磨具磨削研究所联合设计并制造出我国第一台 6x6MN 铰链式“六面砧”合成人造金刚石专用机，为我国人造金刚石的工业化生产奠定了基础，1966 年成功合成出我国第一颗 cBN。超硬材料产业自从形成以来，一直在蓬勃发展，发展历程可分为以下几个阶段：从金刚石投入中试生产的 1966 年开始到 1984 年为从无到有的发展历程，年均复合增长率高达 47%；1985 到 1999 年为从小到大的发展历程，年均复合增长率还高达 33%；2000 年到 2010 年为从弱向强的发展历程，年均复合增长率为 21%；2011 年至今，受国际经济下行的影响，超硬材料行业也受到了一定影响，但年均复合增长率仍保持在 15%左右，此期间超硬材料及制品的质量在快速提高，金刚石及立方氮化硼单晶已接近、部分已达到国际先进水平，国内中、高档制品不断涌现。用批量生产后的 1982～2013 年的金刚石产量增长率与我国同期的国民生产总值（GDP）增长率进行对比，除了个别年份外，30 余年间金刚石产量增长率均远高于 GDP 的增长率，说明我国超硬材料行业发展速度大大高于 GDP 的发展速度，这是在国家没有特别政策支持状态下和在国内外充分竞争下取得的发展成果，是金刚石及其制品本身的高精、高效、长寿命、低成本、低消耗等特性所使然，未来相当长的时间内仍将延续这种态势。

我国超硬材料行业经过 50 多年的发展，现已发展成了具有自己特点的产业，形成了多个各具特色的超硬材料产业集群或产业带：

① 单晶材料。经过几十年，尤其是在河南省政策和资金的支持下，河南的金刚石工业得到了空前的大发展，先后建立起了黄河旋风股份有限公司、中南工业有限公司和郑州华晶金刚石股份有限公司三家“航母”量级的金刚石制造企业，成为中国和世界超硬材料生产的最大基地，其产量占中国金刚石单晶产量的 80%，为使得中国占世界金刚石总产量的 90%以上作出主要贡献。河南富耐克超硬材料有限公司和郑州中南杰特超硬材料有限公司是国内两家顶级从事立方氮化硼材料研发与生产的大型企业，2013 年立方氮化硼单晶产量突破 3 亿克拉，约占世界总产量的 60%。

② 制品。随着金刚石及其工具制品应用领域扩大，各地纷纷利用自身的技术、资源、市场和地域优势，不断地壮大金刚石及其工具制品生产规模，延伸其范围，先后形成了长江三角洲（主要分布于丹阳、苏州、无锡与上海，以出口为主的烧结类金刚石工具基地）、珠江三角洲（主要分布于佛山南海、广州、东莞和云浮，以陶瓷石材工具为主的加工与出口基地）、河北石家庄地区（以民营股份制企业为主，针对国内外市场为主的烧结和激光焊接金刚石工具基地）、北京地区（主要以国有股份制企业为主，生产中高档烧结锯片、激光焊接工具为主，以出口市场为主体的金刚石工具企业，以科研院所为基础发展的金刚石工具研发与生产基地，具有雄厚的研发力量，始终引领金刚石工具新潮流与前沿阵地）、

河南郑州、湖北鄂州（以生产刀头为主的金刚石工具基地）和福建泉州（加工石材大锯片与刀头的金刚石工具基地）等六大金刚石工具区域性产业集群。

在形成上述产业基地和企业群的同时，行业发展也锻炼和培养了成千上万专门从事金刚石工具研究开发和企业管理的人才队伍；并建立了以中国有色桂林矿产地质研究院、郑州磨料磨具与磨削所为依托单位的国家级工程技术研究中心，以及吉林大学为依托单位的国家级重点实验室，以北京钢铁研究总院、北京有色金属研究总院、安泰科技、黄河旋风等企业为依托单位的国家级企业技术中心，以及吉林大学、燕山大学、华侨大学、河南工业大学、中国地质大学等高端人才培养基地，形成行业技术创新开发体系。五十年的发展历程，凝聚着金刚石工具界老中青从业员工的辛勤汗水与智慧精华，通过“引进技术高效消化吸收、自主创新新颖实用高效”的技术发展过程，形成了蓬勃兴旺、高速发展、充满活力的中国特色金刚石工具产业体系，为我国金刚石工业发展做出了巨大贡献。

与国外相比，我国超硬材料行业现状具有以下特点：

（1）生产设备独具特色

我国合成金刚石绝大部分采用的是六面顶压机，该设备及相应的人造金刚石合成技术具有自己的知识产权。这种设备具有结构简单、操作及维护方便、使用要求不高及易于推广、投资小等特点，非常适合中国国情。特别是生产中、低档次金刚石具有较大的优势，近年来随着该设备的性能不断完善和合成工艺水平的提高，超硬材料单晶质量和性能已大幅度提高，接近、部分产品性能已达到国际水平。但是，由于六面顶压机结构上的原因，扩大腔体较为困难。

（2）制品发展相对滞后

我国在超硬材料制品方面，包括品种、规模、工艺技术、制品制造设备、产品性能及应用领域等多方面，与国际先进水平相比均存在差距。在制品的系列化、标准化、专业化方面的工作做得也不够，特别是在制品研发和投入上差距更大，未形成很强的综合开发能力。

（3）大而不强

生产总量大，但技术水平普遍不高，据保守估计国内从事超硬材料及制品生产的厂家上千家以上，除超硬材料单晶产品生产相对集中外，绝大多数制品生产企业规模都不大，尤其是石材工具制造企业，产品技术水平不高，制品品种多，但产品系列化差，稳定性差。总的说来，我国能生产绝大部分超硬材料制品品种，但缺乏系列性产品，产品的质量稳定性差，难以满足用户高端使用的需求，阻碍了我国超硬材料制品的应用和发展。同时，由于生产企业行政管理主管部门的不同，分属机械、石油、地质、煤炭、建材、核工业、冶金、有色、航空航天等，无法统一规划，统一管理，难以统筹协调，因而难以整合我国超硬材料现有力量，进行集约化规模发展，目前小企业多、大企业少的现状近期内难以改变。

（4）配套原材料及设备自给能力较强，但水平不高，滞后发展

我国从合成人造金刚石的原材料、各种制品的原材料到合成、分选设备以及绝大多数制品的制造设备均能自己生产、制造，奠定了具有中国特色的超硬材料产业化基础。但从整体来看，水平不高，发展滞后，特别是在高端产品制造方面，我国的原材料及设备等都不能满足要求，严重地制约了我国超硬材料由弱向强的发展步伐。

国内超硬材料及制品的发展主要体现在以下几个方面：

（1）超硬材料单晶单产、质量快速增长

随着设备大型化的变化，超硬材料单晶合成腔体由 40 年前的直径 Φ10～12mm 发展到了目前的直径 Φ58mm，金刚石单产由几克拉提高到了目前的 200～250Ct（最高达 400Ct），增加了 40～80 倍，单晶质量大幅度提高，接近、部分达到国外高端产品水平。目前，我国人造金刚石年产量已达到 150 亿克拉以上，占世界总产量的 90%以上，立方氮化硼的年产量也达到 3.5 亿克拉以上，占世界总产量的近 70%，我国已成为世界超硬材料生产大国。在 20 世纪 90 年代我国还只能生产 40/45、45/50、50/60 高品质金刚石，进入新世纪，开始突破了 30/35、35/40，继而有了 20/25、25/30，更甚至到了 10/12、12/14、14/16、16/18……目前毫米级金刚石大单晶实现了量产。此时期又发展了 170/200、200/230、230/270、270/320……优质细粒金刚石。现在发展的总趋势是：粗的更粗，细的更细。国内对立方氮化硼开展针对性研究工作较早，优质、结晶好的、晶形完整的、透明的工艺已经成熟，产品性能已达国际先进甚至领先水平，迫使国外主要生产商减产、停产，转而购买中国产品进行贴牌销售，中国产品具有定价话语权（图 12-10～图 12-13）。

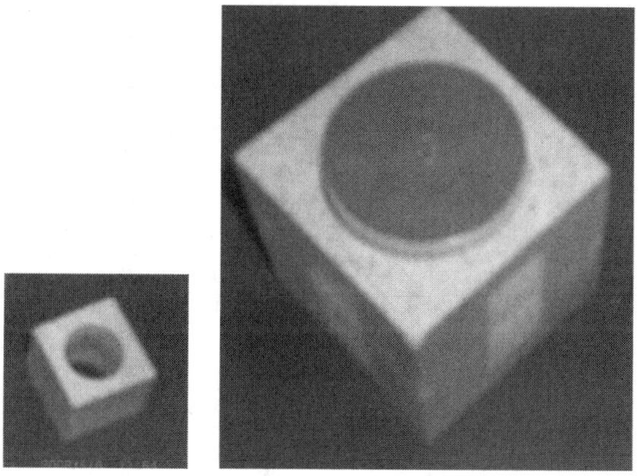

（a）ϕ10～12mm 合成块　　（b）ϕ58mm 合成块

图 12-10　40 年前的合成块与现用的合成块比较

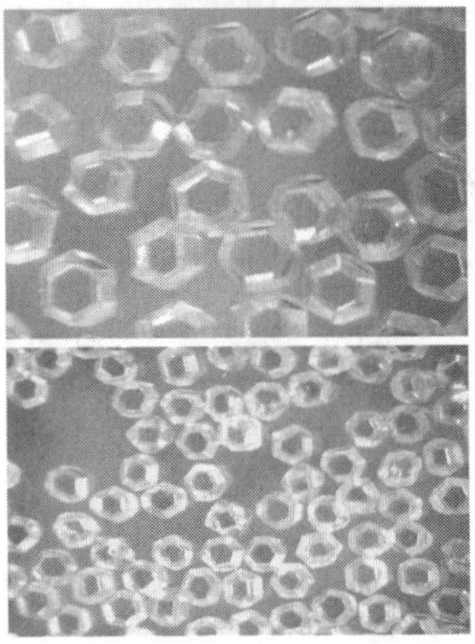

图 12-11　金刚石单晶

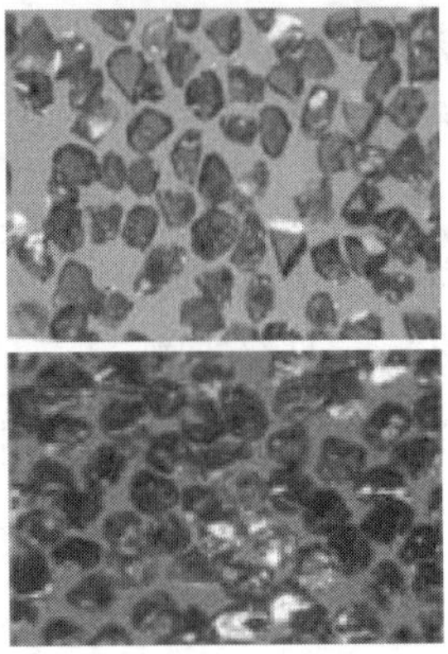

图 12-12　CBN 单晶

图 12-13　不同形状与尺寸的国产金刚石复合片（齿）

（2）超硬复合材料得到广泛应用

近年来，国内超硬复合材料（PCD、PDC、PCBN）在产能和产量上都有迅速的发展，广泛用于石油、地质、冶金、煤田勘探等钻头的制造和机加工刀具的制作。地质用 PDC 主要通过提高金刚石浓度，选用多峰的粒度配比、高耐热黏结剂，以及采用多层过渡层的配合及波浪形、沟壑型等合金交界面技术，有效降低了 PDC 的热膨胀应力，提高了其抗冲击性能。这些技术的发展有效地延长了工具的使用寿命，提高了使用效率，使产品性能（硬度、耐磨性、抗冲击性）进一步提高。

刀具用超硬复合材料（PDC、PCBN），其应用领域决定了其技术发展的特点。PDC 的技术发展具体表现在：

① 粒度细化。具国际先进水平的国外 PDC 合成已使用 1μm 粒度的金刚石微粉，甚至于纳米级粒度的 PDC 也已成功合成，而国内市场流通的 PDC 使用的金刚石微粉最细的只有 5μm。

② 性能优化。国外在 PDC 配方设计及合成工艺优化工作成效显著，其产品 D-D 结合多，性能均匀性高，并实现了产品耐磨性和抗冲击性的合理兼顾，产品具有良好的自锐性。

③ 尺寸大型化。目前，国际市场流通的 PDC 产品其片径一般在 Φ50～60mm 左右，E6 公司的 PDC 在 Φ70mm 以上，最大的甚至达 Φ110mm 左右，而国内市场流通的 PDC 产品其片径一般在 30mm 以下。而刀具用超硬复合材料产品尺寸的增大，可有效降低刀具制造者的使用成本，提高了超硬复合材料的使用面积。现阶段国内 PDC 产品性能主要朝着高硬度、强的红硬性、好的抗冲击性、良好的导热性以及优良的工件表面质量等方面发展。

近十多年来，国内相继开发了多种专用刀具用 PCBN 复合片产品，使 PCBN 规格品种不断增加，切削性能更加优良，应用范围也更加广泛。产品呈现出粒度细化、性能均匀化、尺寸大型化、高硬度以及良好的红硬性等发展趋势（图 12-14）。

图 12-14 PCBN 及其刀具

由 PDC、PCBN 制造的刀具，广泛应用于高性能合金及陶瓷材料的加工，在超硬材料工具中占有很大的份额。超硬材料刀具的发展主要取决于 PDC 及 PCBN 刀具材料的发展。随着国内对 PCD 和 PCBN 刀具材料研究与开发的不断深入，产品性能将明显提高并逐步形成系列化，性价比优势突出，相信在未来不太长的时间内，国产 PDC 和 PCBN 产品也会像其他的超硬材料产品一样，将大部分取代进口产品，并且可以大量出口。

（3）超硬材料磨具制造技术取得突破

随着我国经济和科学技术的快速发展，一些新材料、新工艺和新装备不断涌现，超高速、高精加工要求越来越多，目前 CNC 磨床已在国内被广泛应用，其磨削线速度已提高到 150～200m/s，陶瓷结合剂超硬材料砂轮已成为磨床加工的首选磨具，以前每年都要大量地进口，近年来国内陶瓷超硬材料砂轮以其优越的性能而获得快速发展，不少企业已能提供与进口砂轮相当的高精密砂轮，尤其高强度低熔点的微晶玻璃结合剂 CBN 砂轮已获得突破，性能接近进口砂轮水平，可用于高速精密磨削加工。金属结合剂超硬材料砂轮适合于玻璃加工，而中国玻璃生产企业的疯狂扩张，尤其是近几年光伏玻璃的巨大市场，推进了中国玻璃深加工行业的快速发展，促进了我国玻璃加工金刚石工具一些品种的高档产品制造上的突破，性能达到国际水平，质量与国外同类产品相当甚至更好，少量产品达到国际领先水平，例如高速钻头及倒角套、汽车前挡风玻璃加工的快速砂轮、太阳能微晶玻璃加工的双边快速砂轮等。国内某公司经多年努力，不仅已成为国内太阳能镀膜玻璃和液晶玻璃加工的主要供应商之一，而且产品远销欧美发达国家，在国外产品连年下调价格的背景下，该公司的几种精优产品逐步提高售价，并影响国外国外同类产品的价格体系，显示其已具有国际市场定价话语权。目前，在该公司产品售价高于国外同类产品的情况下，国外多家知名公司仍要求贴牌销售（图 12-15）！

图 12-15　超硬材料磨（砂）轮

（4）金刚石钻头向广普化方向发展

我国从 20 世纪 70 年代后期开始人造金刚石地质钻头、油（气）井钻头研发，20 世纪末开始工程薄壁钻头研发。1969 年冶金部开发中国首个人造金刚石钻头，1977 年后全国开始推广人造金刚石地质钻探，人造金刚石钻头成功用于岩心钻探，使中国的岩心钻探技术从此向前迈出了跨时代的一大步，我国探矿工程发展的技术思想从此发生了根本性的转变。人造金刚石钻头应用于地质钻探，开启了中国地质钻探的新纪元。1985 年“金刚石地质岩心钻探配套技术的推广应用”这项科技攻关成果获得国家科技进步一等奖，标志着在 15 年的时间内完成了国外 100 年的历程。目前我国人造金刚石地质钻头的制造水平已经达到国际先进水平，特别是具有中国特色的孕镶金刚石钻头的制造水平与工艺已经处于领先地位。1985 年引进技术与生产线后，我国油（气）井钻头的水平与产量均有大幅度提高，目前，我国已研制出许多不同规格形状的油（气）井钻头，解决了钻井中一些难题，在国内外的油（气）井生产中得到了广泛使用，效果显著，其制造水平已接近于国际先进水平。工程薄壁钻头目前的制造工艺与产品综合技术水平已达到国际先进水平，并大量出口国外。

人造金刚石地质钻头是我国超硬材料工具中最早的金刚石工具之一，其广泛用于地质勘探、水电勘察、工程勘察、建筑施工等领域，岩心钻探目前是提取地球深部样品的唯一手段。国产人造金刚石及其工具产业的发展也是围绕金刚石岩心钻探的应用发展起来的；人造金刚石钻头的碎岩原理、工具设计方法、制造工艺均是国内后来快速发展的其他人造金刚石工具的基础。

近 10 年来，国内油（气）井钻头已逐步过渡为复合片钻头，其钻进效率和寿命均有了较大提高。随着国内深部钻探工程的不断推进，国内的钻探设备、钻进技术、钻探工具（包括金刚石钻进工具）等在近几年时间里发展十分迅速。

对于长寿命金刚石钻头工具方面，在深部找矿工程中，其要求已由早期单纯追求钻头长寿命逐渐过渡到了长寿、高效、稳定、低耗的“深需求”时期。许多钻头革新技术已经逐渐从理论研究阶段一步步迈向了现场实地实用阶段，并有相当一部分新型钻头已经进入量产并应用到深部钻探工程中。国内自主开发和生产的一次成形热压钻头、二次成形镶嵌钻头和二次成形电镀钻头在中国大陆科学钻探科钻 1 井作业中，钻进 5158m 取出 4290.91m 岩心，钻头达到国际先进水平，中国因此成为世界上仅有的 8 个实施了大陆科学深钻的国家之一（图 12-16）。

图 12-16　孕镶金刚石钻头、工程薄壁钻头 PDC 钻头

（5）金刚石圆锯片飞速发展

整体冷压烧结金刚石圆锯片多是 Φ400mm 以内的小规格锯片，以 Φ105～230mm 锯片居多，应用范围十分广泛，已普遍用于石材加工、陶瓷切割、家庭装修、混凝土工程的切割和公路的切缝等。我国是金刚石锯片的生产大国，据粗略估计，国内年产量已达 4000 万～5000 万片产品，是国内外金刚石消耗量最大的部分，消耗金刚石年总产量的 50%～60%，产品大量出口欧美等国家，较具代表性的是 DIY 锯片，约占国内金刚石圆锯片出口总量的 65%以上。随着品种扩大和产品质量的提升，近年来我国的冷压锯片开始从 DIY 低档锯片向专业锯片方向发展。经过业内人员的多年努力，创造并生产出具有中国特色的自动冷压机，成功地减轻了繁重的体力劳动，减少了环境污染，得到各生产厂家的认可，目前正处于大量推广之中，与此同时，国产隧道炉逐步替代了过去的井式炉和钟罩炉。自动冷压机和隧道炉在整体冷压片生产中的推广，大大减少了劳动力的投入，实现了生产过程的节能减排、保护环境，进一步巩固和提高了我国金刚石锯片在国际市场上的竞争地位。

金刚石陶瓷锯片（也叫瓷砖片）用于釉面砖、通体砖的切割加工，在国内陶瓷产地如佛山、淄博、德化等地用量很大，规格尺寸 Φ105～350mm，锯片较薄，切割锋利。该类产品以前全部依靠进口，近十年来，经有关企业努力，制造技术和产品性能水平得到跳跃式的提高，目前，国产金刚石陶瓷锯片不但完全取代进口，而且已实现大量出口。

激光焊接锯片是传统超硬材料工具最有发展前景的产品之一，它的特点是焊接强度高，可以在无水条件下干切，激光焊接热影响区小，基体不变形，可实现自动化控制生产，工人劳动强度低，生产效率高，产品质量稳定，适于大规模批量生产。本世纪初，我国的激光焊接锯片产品有了飞速的发展，在引进国外先进的高功率激光焊接设备后，国内建立了近20家专业生产厂，产品以中低档锯片为主，几乎全部出口，规格尺寸从 Φ105～600mm，以混凝土和沥青锯片为主。近年来，有企业研制开发并出口大直径和高性能的激光焊接锯片，最大直径达到 Φ1200mm。随着我国公路、高速公路、高速铁路、机场的发展和建筑工程量的不断扩大，对安全、高效、长寿命的激光焊接锯片需要量非常之大，相信这个巨大的潜在内需市场，随着工人对操作安全要求的提高，国内大量使用的低档高频焊接锯片终究会被激光焊接锯片所取代（图 12-17）。

（6）金刚石绳锯全面替代进口并大批量出口

本世纪初，国内用于石材加工的金刚石绳锯全部依赖于进口，在矿山开采中没有应用，近几年来，在石材矿山开采中，由于金刚石绳锯实现了开采的节能环保和低碳，在国内外得到迅速的发展，特别是近两年我国绳锯生产技术取得重大突破，生产规模和产值产量迅猛增长迅猛。目前国产金刚石绳锯切割效率已达到国外高端产品的80%以上，切割寿命达85%～90%。国内异型及石材矿山开采绳锯已全部取代进口，钢混绳锯处于与欧洲品牌同台竞技的格局，并在全球广泛销售，据不完全统计，2013年全国各种绳锯产量超过100万米，其中出口约占50%，中国也成为世界最大的绳锯生产国和出口国。在世界经济危机影响下，我国许多金刚石工具的出口严重下滑，而绳锯出口量却倍增，在当今超硬材料行业发展中可谓一枝独秀（图 12-18）。

图 12-17　金刚石锯片

图 12-18　金刚石绳锯

总的说来，我国超硬材料行业是一个新生并不断壮大的行业，经过50余年的发展，从无到有，从小到大，已成为金刚石生产大国，正在逐步迈向世界强国行列。特别是近 10 年来，我国超硬材料业在取得了一些重大技术突破，金刚石单晶产量占全球总产量 90%以上，约 40%出口国外，独占鳌头 10 多年，在国际市场享有一定话语权，产品的质量和技术水平已达到世界先进水平，挤占了发达国家该类产品的市场份额，改变了世界生产格局，甚至迫使某些世界著名公司退出了该类产品的竞争，现基本统治着国际中低端市场，正在稳步扩大中高端市场占有率。制品方面，保守估计我国金刚石烧结锯片产量占据全球市场份额的 80%；金刚石绳锯可与国外产品相抗衡；超硬材料磨具高端产品不断涌现，个别产品性能甚至处于国际领先地位，具有国际市场定价话语权；金刚石钻头广普化技术开发成果显著；复合超硬材料也有达到世界先进水平的产品，但市场占有率相对单晶产品来说是很低的，甚至国内的该类产品中高端市场几乎仍被发达国家所垄断。

12.3.2 国内超硬材料产业的发展趋势

随着原材料制备、新型结合剂、专用生产设备、检测仪器等技术的不断完善，超硬材料制品的制造技术水平将会大幅度提高，新品种将不断涌现。具有高速度、高厚度、超薄、复杂型面等特点的产品将会朝更高水平继续发展，产品质量将明显提高。产品将向系列化、标准化、专业化方向发展，各生产企业将形成各自的产品特色。超硬材料制品的应用技术，包括数控机床、修整技术、专用磨削液等将得到发展和完善。超硬材料制品的应用领域将逐渐扩大，在汽车、计算机、微电子、光电子、通信、家电、新型陶瓷等产业领域将得到更多的应用，cBN 制品将会得到更大的普及和发展。随着世界制造业中心向中国的转移，我国超硬材料制品在未来 10 年中将会得到迅速发展，技术水平将迈入世界强国行列。特别是国家工业和信息化部将超硬合金材料纳入《新材料产业“十二五”发展规划》，明确指出：“巩固人造金刚石和立方氮化硼超硬材料、激光晶体和非线性晶体等人工晶体技术优势，大力发展功能性超硬材料和大尺寸高功率光电晶体材料及制品。积极发展高纯石墨，提高锂电池用石墨负极材料质量，加快研发核级石墨材料”。此规划为我国“十二五”时期及后续几年超硬材料工业发展指明了方向，提供了政策保障。

国内超硬材料产业的发展趋势与国外相似：生产布局向多极化方向发展；在各工业领域得到越来越广泛的应用；产品系列以及专用产品系列、规格品种进一步完善；产品的标准化工作将得到迅速发展；高技术产品不断涌现等。此外，未来国内超硬行业发展的趋势还表现在以下几个方面：

（1）超硬材料与硬质合金等材料复合

超硬材料与硬质合金的完美结合，可实现工具的高耐磨、高耐热、强韧化。

将金刚石复合片（齿）制成牙轮钻头、潜孔钻头和钎头用于开采油（气）田、煤田开采，在相同硬度的岩层、同等条件下可得到比普通的硬质合金钻头提高20多倍的使用寿命，最近甚至有报道称其使用寿命可提高700倍之多，且钻速快、钻进成本低。超硬材料与硬质合金复合技术是一种技术创新和技术革命，近10年来得到快速发展，也是未来工具的发展方向。随着科学技术的发展和社会的进步，航空业、汽车工业、高铁、地铁、隧道开通，军工业的需求和发展，对刀具、钻具、钎具的要求更高，对一些难加工的新材料，使用传统的硬质合金等工具已难以胜任加工要求，必须使用由超硬材料与硬质合金复合材料制作的超硬刀具、超硬钻具（PCD和PCBN及PDC），并且可实现“以车代磨”、“硬态加工”、“干式切削”等，有效避免了生产过程中的灰尘，磨削液对环境的污染，达到清洁化生产的目的。超硬刀具是一种高速、高效、高稳定性及低碳环保的切削工具，是21世纪理想的绿色切削刀具，是未来机械加工的主流。

（2）研究与应用超硬材料的功能性

金刚石除了具有优异的力学性能外，还具有很多卓越的物理化学性能。如：金刚石的导热性好，可用于微波器件、大功率固体激光器、散热片和大规模集成电路等。用金刚石制造的对顶砧（DAC）是高压物理、高压化学研究不可缺少的手段；金刚石从深紫外到远红外全透明，可应用于巡航导弹红外探测器的窗口、激光窗口材料、透镜材料和光学保护涂层；还可用来做半导体热阱、热敏电阻及高灵敏度温度计。加强金刚石功能性研究与应用是行业未来可持续发展的技术保障。

立方氮化硼晶体是一种十分优异的半导体材料，它在高温高功率宽带器件微电子学领域有着广泛的应用前景。立方氮化硼能产生二阶非线性光学效应，可以用于光的高次谐波发生器、电光调制器、可见-紫外光转化器、光学整流器等等。此外，立方氮化硼与金刚石一样还有很强的抗辐射能力，可用于抗辐射器件。因此，对立方氮化硼材料功能性的研究与开发有着重要的现实意义。

（3）CVD材料产业化

CVD金刚石薄膜生长技术的研究始于20世纪80年代中期，从90年代后期至今，各类用途的CVD金刚石材料及其制品已经开始工业化生产，其应用前景和潜在市场极为广泛。CVD金刚石已成为加工、汽车、信息、能源以及国防、军工等领域和尖端技术的关键材料。因此，加快CVD生长技术研究及其产业化过程，是超硬材料行业当前急需解决的现实问题。

（4）研究开发新型超硬材料

寻找高硬度、高化学惰性和高热稳定性的新型类超硬材料是超硬材料研究领域的热点问题。如果从理论设计的角度出发设计新型超硬材料，在通过实验进行验证能够开发出新型的超硬材料，将使它兼有金刚石和立方氮化硼这两种超硬材料的优点，克服它们的缺点，必然将成为新一代的超硬材料，具有广阔的应用前景。

（5）加速原辅材料的改进与研发

传压介质、顶锤压缸、触媒合金、碳源材料及氮化硼原料是超硬材料生产不可或缺的五大支柱，为了适应我国超硬行业可持续发展的需要，必须加速原辅材料的改进与研发，抓紧研制新型传压介质、纳米-亚纳米铁基制品金属粉、新型碳原材料及优质氮化硼，特别是硬质合金件的配套跟进尤为重要。

12.4 国内超硬材料产业存在的主要问题及发展本产业的主要任务

在早期得到国家领导关怀与支持、工程技术人员钻研和实干下，经过了 50 年的风风雨雨，团结协作、艰苦奋斗、不畏艰险、顽强拼搏，我国超硬材料行业终于从无到有、从小到大，从弱向强，已经几乎覆盖了国民经济的各个领域。国内传统的超硬材料制品在机械、地质、石材、工程建筑等领域中的应用日趋成熟，金刚石锯切工具等产品在国际市场中占有较高的份额，个别产品在全球还处于领先地位，如金刚石绳锯、激光锯片等。但在光伏、电子信息、国防军工、石油及天然气勘探和汽车加工业等高端新兴产业的应用仍落后于发达国家，如光伏及电子信息产业半导体加工用金刚石线锯、金刚石减薄轮、国防军工及汽车制造业加工用高速、精密磨削砂轮、PDC、PCBN 等。同时我国的金刚石工具企业都还不够强、不够大，存在的行业竞争无序、新兴产业应用领域开展的研究起步较晚、制造装备技术水平不高、超硬材料工具技术研究创新能力强的人才缺乏等诸多问题尚待解决：

（1）盲目扩张，主要产品呈现甚为严重的产能过剩状态

近年来，国内超硬材料合成除设备大型化进程不断加快外，每年新增大型合成设备高达几百台，保守估计，目前国内 Φ500mm 缸径以上的超硬材料合成压机总台数已经达 7000 台以上，年生产能力可达为 250 亿克拉以上，远高于目前年总产量的 150 多亿克拉，产能严重过剩。超硬材料制品生产具有相似的状况，比如：据粗略估计，国内年产金刚石锯片 4000 万～5000 万片，而产能远高于此数量。近年来由于国际经济下行，国内经济增速减缓，市场对超硬材料及制品的需求相对疲软，供求矛盾更为突出，一些企业为了保住市场份额或为了避免市场份额急剧下滑，大打价格战，造成国内市场和出口产品竞争无序、相互压价的不利局面。从当前国内外经济环境分析，行业产能过剩问题短期内难以解决，各企业的决策者应调整思路，在求量和求质的取舍中能在求质中去发展，向优质企业方向努力，大企业在技术创新中寻找突破口，培育新的经济增长点；小型企业走特色产品道路，以避免受到大企业的挤压和冲击。

（2）企业科研投入严重不足，可持续发展能力不强

近年来，我国诸多国家级、省市级超硬材料工程技术研究中心、重点实验室与产业化基地的建设，得到国家和地方政府的支持，开展了大量技术创新和产品开发工作，有效提升了我国超硬材料及制品企业的自主创新能力，促进企业制造高新产品中一些关键技术难题的突破，打破了欧美企业对高端超硬材料制品的垄断。但据调研，目前国内企业科研投入最多的也仅有2%～3%，绝大多数企业科研投入不足1%，有不少企业甚至没有投入，只是低档产品的重复制造，这将会严重影响企业生存与发展，阻碍我国超硬材料行业的进步和发展。技术创新是企业发展的原动力，是企业可持续发展的根本保证，是我国超硬材料及制品追赶国际先进水平的必由之路，企业应加大科研投入力度，政府也应提供更大的支持，为推进中国由超硬材料大国迈向超硬材料强国而努力。

（3）制品质量、性能整体稳定性与国外先进水平还有较大差距

① 磨具。随着我国汽车工业和装备制造业的发展，高速超高速磨削技术逐渐得到重视。尤其在汽车曲轴和凸轮轴的磨削加工，利用CNC高速磨床，使用陶瓷结合剂CBN砂轮，可以有效提高加工效率和磨削精度，从而提高产品的性能，并降低产品的成本。然而加工用的陶瓷结合剂CBN砂轮需要从国外进口，价格昂贵，但其稳定性和寿命是国内产品难以比拟的。国内产品的突出不足是产品的寿命短，形状保持性较差。这与国内产品结合剂性能、组织均匀性差有关。国内的研究主要专注于磨具本身，比如结合剂的强度、耐火度、膨胀系数以及高速时的应力分布情况等，而对和工件相互作用时的实际情况研究的少。针对高速超高速磨削技术发展的需求，国内磨具的研究应注重以下几个方面：

a. 新型结合剂的开发。在考虑低温高强的基础上，还应该考虑结合剂的耐磨性及形状保持性。目前国内有采用纳米技术来提高结合剂的强度，以及和磨粒更好的结合。国外也有报道在陶瓷结合剂的基础上利用特殊树脂来增强结合剂的强度，以改善磨粒周围的结合剂在反复的加载后疲劳性能。

b. 成形技术的提高。不同的成形方式，对磨粒及结合剂在成形过程中受挤压程度不同，形成组织均匀性不同。

c. 检测技术的完善。目前高速超高速磨具的检测和传统常规磨具检测的手段基本相同，甚至更少。比如硬度检测目前还没有看到相关的标准。

② 钻进工具。由于传统陆地浅地层油气可开采的资源越来越少，开采范围已扩展到3000～6000m深的陆地深井油田及海洋深井油气田，此外页岩气等非常规能源开采方兴未艾，今后一段时间将会成为我国能源主要组成部分。这些深井地质结构复杂，地层密实，对钻进工具有着非常强的磨蚀性，且钻井过程需穿过许多特性各异的地层，既有研磨性，又有冲击性岩层，且随着钻井深度

的增加，钻井工作区域的地温会逐渐升高。这些复杂的地质条件对钻进工具尤其是钻头提出了更高的要求：更高的耐磨性、更好的抗冲击性、更好的耐热性。经过近 20 年的努力，国内石油天然气钻探用金刚石复合片（PDC）与国外优质产品在性能方面的差距正在缩小。对于 3000m 以浅的竖井作业，国产 PDC 已基本胜任，但对于 3000m 以深的地层，高密度石英砂层对 PDC 的磨蚀作用极强，频繁出现的夹层对 PDC 的冲击破坏直接终结了 PDC 钻头的工作寿命，国产 PDC 钻头的钻进效率明显下降，可钻进深度急剧缩短。而采用进口 PDC，可以提高钻头的进尺数，减少提钻次数，节约钻进成本。此外，在水平井、定向井方面对 PDC 要求更高，大多采用进口 PDC。因此，急需提高国产油用 PDC 复合片的质量，需要从下面几个方面进行创新：

a. 原料的控制。金刚石微分杂质的控制、粒度分布；硬质合金衬底的含钴量、抗冲蚀性、超细碳化钨颗粒的使用等。

b. 检测技术的创新。现有的检测方法主要针对耐磨性、抗冲击性和耐热性进行评估，而实际使用条件对 PDC 的破坏程度和表现形式远比实验室的检测复杂，因此很有必要对检测方法创新，以更好的评估 PDC 的性能，如通过声发射法测试 PDC 复合片在载荷作用下产生裂纹的载荷量，从而评估其阻抗微裂纹的能力；利用高频冲击法测试 PDC 的抗冲击性；利用铣削测试法考察 PDC 在较高工作温度下的耐磨性和抗冲击性能等。

③ 锯切工具。经过数十年的发展，国内传统的超硬材料制品在机械、地质、石材、工程建筑等领域中的应用日趋成熟，金刚石锯切工具等产品在国际市场中占有较高的份额，个别产品在全球还处于领先地位，如金刚石绳锯、激光锯片等。

金刚石绳锯是柔性金刚石切割工具，其柔性切割的特点为其快速推广应用起到较大推动作用。20 世纪我国石材荒料开采基本上是用凿眼爆破法，石材荒料成材率低、资源浪费严重、开采效率低、环境影响大、危险系数高，金刚石绳锯开采石材荒料是解决爆破法开采这些弊病的最佳选择。近几年，在石材矿山开采中，由于绳锯开采的诸多优点，在国内外得到迅速的发展，并逐渐将应用范围扩展到建筑切割市场。近两年我国绳锯生产技术又有新的创新，如用低钴预合金胎体，保持原有性能情况下，降低成本。为适应混凝土工程用绳锯需求量不断增长的需要，进一步提高冷压、注胶工艺的机械化、自动化水平等。生产规模增长迅猛，据估计，2013 年全国各种绳锯产量超过 100 万米，其中出口约占 50%，金刚石绳锯生产逐年扩大，出口逐渐占据国际市场。但仍需开展以下工作：

a. 进一步提高产品质量，不断扩大应用范围；

b. 大力发展小径多绳锯和多组绳锯机的研制。按《国家石材行业“十二五”

发展规划纲要》中提出花岗岩板材产量2015年要求达到6.5亿～7亿平方米，这是用常规的框架砂锯和金刚石圆锯片加工所达不到的。因此，必须尽快在技术基础上，大力投入人力物力，开展小直径多绳锯和多绳锯机的研究开发。多绳锯机用小直径串珠绳锯（Φ7.2mm以下）是目前国内厂家的攻关重点，到目前还不能稳定的批量出口，但市场需求增长很快。要从原料、结构、工艺等多方面研究探索。

目前，国内多家企业都在瞄准世界上最先进的智能多组绳锯机的研制开发。国内各有关企业应该多方协作，背靠国内强烈需求的市场平台，一定能像当年研制金刚石绳锯和绳锯机一样在国内开创一个花岗岩板材加工的新时代。

金刚石线锯也是柔性金刚石切割工具，是超硬材料行业最新发展、最具有市场发展潜力的产品之一。我国金刚石线锯产业刚刚起步，且主要加工对象——光伏硅晶及蓝宝石行业也属于新兴产业，硅片、半导体芯片、LED、LCD、蓝宝石、功能陶瓷、其他人工晶体等贵重硬脆材料的高精度切割为金刚石线锯的应用提供了广阔的市场。但目前国产金刚石线锯然存在着许多的问题。主要表现在：

a. 产品使用性能与国外先进水平还具有一定的差距，包括锯切效率、使用寿命、加工精度以及断线率等都还有待进一步提升；

b. 制造技术、锯切理论、工艺原理等产品生产与使用相关基础研究工作还处于初始阶段，有待进行系统的分析研究，产品相关国家标准还有待建立；

c. 制造用原材料，包括金刚石、钢丝、结合剂等材料的性能指标要求，检测标准与方法等有待进一步明确和建立；

d. 生产设备的微粉浓度控制、上砂均匀性等技术还有待于进一步提高；

e. 随着国产金刚石线锯性能的不断提升，我国金刚石线锯在国内外市场占有率将不断增加，正是由于金刚石线锯潜在的巨大市场，各种行业、各种企业都希望能占有一席之地，产品市场竞争将逐渐白热化，应避免行业内的恶性竞争，使金刚石线锯产业良性发展。由于中国人口基数、工业成本等各方面的条件优势，可以预料，在不远的将来，国产金刚石线锯将会占据世界硬脆性材料加工用金刚石线切割工具的半壁江山，我国现在正处在金刚石线锯急速发展与扩张的转折期，未来数年金刚石单线锯、多线锯产品以及切割技术的研发势必成为行业技术攻关的重点之一，行业人士应当牢牢把握机遇，不断完成自主创新，为我国金刚石线锯产业的良性、健康发展，为我国硬脆性材料精细加工技术的进步做出更大的贡献！

PDC广泛用于有色金属及非金属材料加工刀具。大尺寸PDC具有成本低，可以依据客户需要加工成各种形状的更大、更复杂的刀头，用于对加工要求很高的场合。因此，研究开发大直径PDC成为目前超硬复合材料的发展方向。然而，随着尺寸的增大，金刚石层厚度均匀性、组织均匀性、质量可靠性、整体使用性能方面出现缺陷，和国外产品差距很大，只能用于加工要求不高的场合。合成高质量大直径 PDC，需要开展以下几个方面的工作：

a．主要原材料的优选。包括金刚石微粉洁净度；硬质合金基体具有合理的钴含量、无游离碳和高强度；采用高熔点金属屏蔽杯，以防止外部杂质污染 PDC，阻止硬质合金中及金刚石层中钴的外漏。

b．配方和混料新技术的开发。选用低金属含量、细粒度金刚石以及不同粒度金刚石微粉合理搭配，都有助于提高产品的耐磨性和韧性；PDC 金刚石层中的金属黏结剂的纯度、粒度及分散程度是影响微观组织均匀性主要原因，由于金属黏结剂和金刚石的比重不同，在混料过程中容易分层，而使黏结剂和金刚石分布不均。

c．高温高压组装结构的优化。国内采用的六面顶压机合成 PDC 时，圆柱形芯棒被六面顶锤挤压向方形转变，变形不规则；此外组装结构是内园外方的保温层，保温层厚度差异大，造成温度场不均匀。因此，需要解决合成腔体变形量大和温度场不均匀的问题。在导电堵头、加热器和碳管的设计时要保证复合片和隔片部分在高压保温阶段时的轴向和径向的温差小于 40～60℃，同时还要保证复合片各部位在升温过程中的温度差距小，在高温阶段差距要小于 100℃，以避免复合片掉边、面裂纹、分层、断裂及部分过烧火欠烧的现象。

d．高温高压烧结工艺的优化设计。考虑腔体内温度分布状态、钴的扩散需要、烧结效率和防止硬质合金中钴在合成阶段向金属屏蔽杯外部泄漏造成硬质合金脆化，需要合理的设计烧结温度和合成压力。

PCBN 刀具在加工铁族金属领域具有独特的优势，可用于淬火钢、模具钢、白口铸铁、合金钢、工具钢及钴基和镍基高温合金、热喷涂材料、硬质合金、陶瓷等其他难加工材料进行高速切削，甚至可以实现以车代磨，减少加工工序，缩短工艺流程。国内开展了大量的研究工作，取得一定进展，但和国外产品还是存在一些距离，主要表现在几个方面：

a．原材料质量及质量稳定性无法控制导致 PCBN 的质量不稳定。国产 PCBN 材料的合成基本上是以国产原材料为主，国内用于合成 PCBN 的粉料纯度（在 99%左右）与国外粉料纯度（控制在 99.8%以上）相差一个数量级，国内用于合成 PCBN 材料的硬质合金基体的质量与国外使用的硬质合金基体的质量也有明显的差别，国内使用的叶蜡石及其组件的质量更是无法控制，且其质量稳定性难以检测，就叶腊石块而言，一般使用厂家只检测其外观完整性及尺寸，有的企业可能还检测其密度，但这对稳定控制 PCBN 的质量要求来说是远远不够的。

b．合成腔体扩大后合成压力及温度差进一步加大，均匀化技术有待改善。对国内外企业生产的PCBN刀具材料的性能均匀性进行过系统的分析研究，检测数据显示：国外著名PCBN刀具材料供应商提供的直径Φ50.8mm以上的产品性能均匀、稳定，其显微硬度的最大差值可控制在15%之内，而国产PCBN刀具材料只要直径大于Φ20mm其性能均匀性就变得较差，有的产品的中心与边缘的磨耗比差（或硬度）甚至超过30%。

c．工艺技术精细控制没有引起足够重视，精细控制程度有待提高。国内PCBN合成工艺控制基本属于粗放型控制，导致批量产品的质量稳定性不足。普遍的情况是PCBN研究、生产企业比较注重合成工艺的精细控制，使用的工艺方法也较为成熟，但PCBN生产整个流程的其他工序工艺的精细控制往往被忽略，出现产品质量问题时无法追踪，难以判断导致产品质量事故的影响因素。

d．产品单一，产品系列化研究工作有待加强。目前国内PCBN刀具材料产品尚未形成系列，具有PCBN刀具材料规模生产能力的厂家很少，仅有几家可商品化提供PCBN刀具材料的专业厂商，其产品单一。国内的PCBN刀具材料供应商提供的产品基本是按原材料的粒度或结合剂加入量来分类，供应商对以不同粒度或不同结合剂加入量合成的PCBN刀具材料的性能和其切削加工性能的对应关系知之甚少，无法指导自己的客户更好地使用产品。国外PCBN材料基本以加工目的来分类，针对性很强，基本能够满足不同材质难加工材料的粗、半精、精加工的要求。

因此，为提高我国PCBN质量，必须开展以下工作：

a．合理选用原材料。要改善、提高国产PCBN的质量及其稳定性，需要选用粒度更小（亚微米级甚至纳米级）的CBN和黏结剂微粉以及使用纯度更高的CBN和黏结剂微粉。

b. 对混合原材料进行预处理。对混合原材料进行预处理可以实现各种粉料的充分混合，防止结合剂在PCBN中的富集和偏析，PCBN的组织均匀性将大幅度提高。

c．精细控制生产工艺。采用腔体径向温度补偿技术及轴向压力补偿技术，可以有效增加合成腔体中的发热量，提高烧结的均匀性，从而有效改善产品质量的稳定性。

12.5 推动我国超硬材料产业发展的对策和建议

尽管我国超硬材料产业已经取得了举世瞩目的成就，作为世界超硬材料及制品大国，超硬材料及制品产量居世界第一，然而不可忽略的是，在这世界第一的背后，却是低端制品占据多数，而在一些高端产业如航空航天、电子、生物医学等方面的产品和应用远落后于发达国家，还需要从国外进口，这和我们超硬材料生产大国的地位极其不符，对行业的发展以及资源的有效利用极为不利，尤其是随着国家对环境保护以及资源的重视，将会对超硬制品的发展产生巨大压力，但同时也会是技术创新、技术发展的良好机遇。

推动我国超硬材料产业发展，不仅是我国超硬材料产业本身升级的需要，更是我国经济、科技发展的需要，加强超硬材料产业的开发研究，为我国航空航天、地质钻探、石油开发、环境保护、汽车制造、电子工业、生物医学、精密加工等各领域的发展提供高品质的产品和技术支撑，促进我国工业体系的升级，加快我国经济的发展。

12.5.1 加强基础性研究

超硬材料工具，基本上是以“孕镶”构造为特征，对其工作过程的认识比常规工具要困难得多。如一个孕镶锯片的切割刃数是不确定的，其受设计参数和使用条件的双重控制。正是由于这种复杂性，使金刚石工具设计中的不少关键技术问题至今未能得到解决。发达国家一直在努力改变这一局面，建立了现代化的试验手段，做了大量的试验工作，探索工具内在的各种因素如金刚石的浓度、粒度等和外在因素（使用条件）如锯切深度、圆周速度等对工具性能（寿命、锋利度）的影响。但从公布的试验结果来看，这些工作还只是丰富了他们的经验，还未能跳出“凭经验”的束缚。例如，工具设计中最基本的问题是如何选择浓度，这是切削刃数量的决定因素之一。试验得到，浓度对寿命的影响曲线上存在一个临界点，在其左边的“低浓度”区段，浓度的增加会使寿命急增。而在其右边“高浓度”区段，浓度再增加对寿命的增长作用不大，甚至还有降低。原因何在，难以解释。再如金刚石的粒度选择，传统的说法是粒度粗的工具寿命短，锋利度好，但也有相反的试验结果。至今，我国在探讨人造金刚石的发展问题时，总是把切割工具要求高强度、大颗粒作为一个重要依据。要求高强度，这似乎争议不大，但是否一定要粗粒度？如果中粒度的金刚石可制出性能良好的锯切工具，那么目前作为我国生产超硬材料的主力装备——六面顶压机就有用武之地。如果能解决在切削工具中广泛应用中粒度金刚石这一关键技术，不但能较快地提高我国工具的竞争力，而且会对人造金刚石本身的发展注入新的思路。此外还有一些是涉及外部（使用）参数对工具性能影响的问题，也未达成共识。如在一定的锯切率条件下，不同的锯切深度和推进速度的匹配对工具性能的影响。有研究证明小切深、快推进可得到高寿命、低功耗，但也有研究者得出相反的结论。因此对超硬材料工具，有诸多因素对其性能的发挥起着作用。这诸多因素的作用不是孤立的，而是相互联系的，应存在着一个作用的关联点。通过对工具“最优转速”现象的剖析，认为切削元件（超硬质点）在工件材料中的吃入深度可能是这个关联点。如果这个认识是正确的，那么许多微观的和宏观的试验研究工作就应紧紧地围绕着这个关联点进行，才能透过现象显本质。

可见，有关超硬材料工具设计、使用的一系列关键技术问题确实远未解决。要解决这些问题也确有不小的难度，要花费很大的力气。但要想在超硬材料的世界市场上有立足之地，必须正视和解决这些难题，以实现工具设计和应用的科学化。

12.5.2 推广或完善新技术、新工艺

提高质量、降低成本是一切产品占领市场的根本。要想使我国的超硬材料工具行业全面与国际市场接轨，必须认真分析在工艺技术和装备上与国际水平的差距，依据超硬材料工具产品具有高科技与劳动密集相结合的特点，结合国情，有效吸收国外的先进技术和装备。采用新技术、新工艺提升低端超硬制品的性能，毕竟我国低端产品占据了国际市场，对我国超硬行业的发展具有不可替代的作用。同时也要推进高端超硬制品的研发，成为超硬材料制品强国。

（1）采用制粒技术实现容积计量

粉末制粒在粉末冶金中早有应用，在医药行业中是制药丸、药片的常规手段，但在烧结金刚石工具的制作工艺中采用制粒却是近 10 年来的事，应用该技术有许多优点，但最为引人瞩目的是因此实现了粉料的容积计量。与传统的机械化称重计量相比，装置简单、效率高且在很大程度上解决了金刚石与胎体粉的分离而出现混料不均，导致产品性能不稳定的问题。目前的制粒有两种不同的工艺流程，一种是金刚石与胎体粉混合后制粒，另一种是胎体粉单独制粒，两种办法各有特点。

（2）采用激光焊接技术提高刀头与钢基体间的连结强度

用金刚石单晶制作成孕镶块（刀头）再焊接到钢基体上是目前金刚石工具最主要的制作方法。传统的手段是用低温钎焊，温度在 700℃以下，不必担心对刀头的热损伤。但其连结强度低，室温时一般不超过 390MPa，并且热强度下降很快，如在 350℃时为 140MPa，仅为室温时的 36%，因而很难保证在工具作业时不掉刀头，尤其是在要求干切的工况下。随着建筑工程施工成为金刚石工具的一大用户，因其作业点分散且移位频繁，经常会遇到无水源而需干切的要求；施工设备也比较轻便简易，又是近人作业，刀头脱落不仅会影响工具的正常工作而且极易造成人身事故。因此十分有必要应用高强焊接技术，激光焊则成为首选。激光光束聚焦点仅几千分之一英寸，能量极为集中，因而热作用区很窄，不会损伤刀头，也不需真空，焊接强度可达 1800MPa，焊缝的软化点不会低于刀头的软化点，不存在掉刀头的可能。因此，在金刚石工具制造中它是一种极具发展潜力的新技术。但是，激光焊也有局限性，虽然它属于熔融焊法，具有较广的异种材料焊合能力，但同样存在着高碳钢可焊性差的问题。

另外，激光焊不适用于基体可复焊的工具。

（3）采用金刚石表面金属化技术来提高胎体对金刚石的包镶能力

金刚石表面预金属化或在烧结、高温钎焊过程中实现金属化，其目的均是使胎体与金刚石颗粒间实现化学键接。金刚石表面预金属化技术近年来在国内受到了极大的重视，有关论文和成果报道甚多。据我们的试验观察，国内的“镀”钛和“镀”钨后的金刚石，在烧结成锯（或钻）齿后，其折断面上暴露出的金刚石均失去了镀层，而脱落了金刚石的残留坑表面十分光滑。同行们所研究试验的“镀”钼也有这种现象。观察齿工作后的唇面，可看到刚出露但还未与工件接触的金刚石表面镀层保留良好，而参与切削工作后，出露部分的镀层就不存在了。上述现象是乎表明目前的国内金刚石表面预金属化技术还未能达到实现化学（包镶）的水平。但不可否认，采用预“镀”了这些（活泼）金属的金刚石能提高工具寿命，这可能是由于强化了金刚石周围的胎体从而增强了机械包镶能力。

不少人致力于在烧结过程中实现金刚石表面金属化的研究。在胎体材料中添加或在金刚石表面预粘上强碳化物金属，期望它们在烧结过程中实现对金刚石的化学键接。尽管有文献论证了一些金属，例始钨在较低温度（800℃左右）就能在金刚石表面形成 WC 层。但从采用的工艺来看，需在真空条件下、600℃以上 1h 的加热才能得到理想的结合力。以目前常用的孕镶金刚石工具的烧结条件来分析，非真空或低真空度（＞60Torr，1Torr=133Pa）中不超过 900℃的温度加热 5min 左右，是不大可能使金刚石表面生成金属化层的。因此，在这方面有许多研究工作可开展。

另外，国外十分看好采用高温钎焊技术制造金刚石工具，已成功地用于制作单层超硬材料工具。高温钎焊单层金刚石工具实质上是表镶型式。从文献来看，金刚石的出刃值可达到粒径的 2/3，粒径为 250～212μm 的金刚石，当焊料层厚为 80μm 时就可牢固地焊住金刚石。这对于提高工具的锋利度和寿命以及改善散热条件均是有明显优点的。目前也在探索开发多层工具，但若不解决工作层中金刚石的更新技术，则难以应用于“孕镶”工具的制作工艺中。

（4）采用精密加工技术提高刀磨具水平

机械加工中对零件精度和光洁度的要求越来越高，特别是超硬材料工具的大用户——汽车工业和航天航空工业以及功能材料的加工方面，对精车和精磨工具的要求极高。如硅晶片，除表面粗糙度要求达到 R_a<0.05μm 外，总的厚度变化（TTV）是一个十分重要的质量评价因素，800μm 厚的晶片，要求 TTV<2μm。特别是在加工中防止晶片亚表面的损伤是最为关键的。这就要求工具本身的高精度，工具制造者必须拥有精密加工（制造和修磨）技术。否则，即使我们产品的内在质量达到要求，也无法实现其预想的加工效果。

对于超硬材料刀具，首先要解决刀头毛坯的加工，特别是对那些在制成刀具后再无法修磨的棱、面。对于超硬材料磨具，制品的动平衡和工作面的精度和形貌是关键。

12.5.3 重点发展几种产品

基于超硬材料工具目前已在众多领域得到应用并有繁多的工具类型，我们应重点选择一些具有比较优势并可望较快成为全球供应基地的产品进行开发，同时运用新的技术对一些市场广阔的老产品实施升级和国产化。

（1）高精密长寿命超硬刀具材料

机加工领域是国外超硬材料工具的大用户，以往主要是应用磨具，20 世纪 80 年代中期起，聚合体刀具得到迅速发展，金刚石聚合体（PCD）刀具以 15% 的平均年增长率发展，立方氮化硼聚合体（PCBN）刀具则稳定达到 20%，可见刀具发展之快。另一方面，PCD 刀具和 PCBN 刀具的构成也发生了很大的变化，目前国外 PCD 刀具与 PCBN 刀具的产值已大致相同，而国内对超硬材料刀具材料的开发应用一直不够重视，水平较低，PCD 刀具与 PCBN 刀具比例严重失配，目前国内市场还需大量进口片径 Φ50～70mm 的国外产品，进口产品的高价位阻碍了该类产品在我国的应用广度。依据实际应用情况，只要开发直径达 Φ30mm 的 PCD、PCBN 就可满足最大刀具毛坯尺寸要求，这就意味着国内只要能开发出质高价优的 Φ30mm 片径的 PCD、PCBN 就具有市场竞争力，随着国内合成设备的大型化推进，这种片径的超硬复合材料在国产大型装备上能够合成，国内近几年有单位成功开发出片径达 Φ35～40mm 的 PCD、PCBN，个别单位甚至合成出片径达 Φ50mm 左右的 PCD、PCBN，但未见批量投放市场。

（2）金刚石绳锯

国外近 10 年来重点发展的另一个工具是烧结串珠绳锯，其在石材加工及建筑工程施工中大有用武之地。在石材行业，其不仅是加工异形石制品的重要手段，也是彻底淘汰传统、落后的钢砂锯的理想工具，从而实现锯板工具的完全金刚石化。目前，国外出现了多条（60～80 条）金刚石串珠绳锯组锯，其开板效率和板面光洁度均远优于砂锯。绳锯也是石材荒料开采、整形的最理想手段，近年来由于绳锯性能水平的提高及直径的减小等一系列技术进步使工具成本大为降低，在石材开采和加工中普遍推广使用金刚石绳锯。绳锯在建筑工程施工中由于其可进行任意方向的锯切，噪声小并适用于各种作业条件，如水下切割，因而也越来越得到广泛应用，另一方面，绳锯更是锯割大型构件的唯一手段。可以说，目前石材矿山开采和板材加工已经步入绳锯时代。随着金属构件金刚石绳锯的开发和投入使用，金刚石绳锯用于海底沉船打捞、扁窄型金属矿富矿带的开采的时代必将带来。

（3）超硬材料高速超高速磨削磨轮

超硬材料磨轮消耗要占到超硬材料工具总耗量的近 1/4，因而也是一类重要的超硬工具。在该类工具中，金刚石磨轮与立方氮化硼磨轮的产值比约为 2∶1。在金刚石磨轮中，用于玻璃加工的又要占 1/4，即金刚石磨轮加工最多的工件材料是玻璃。我国该类产品的量还远达不到这一比例，水平也不高，中高档产品的市场大部分被进口品占领。21 世纪是我国“城市化的世纪”，对玻璃用量及加工的要求必会有大的增长和提高。我们应在提高质的基点上扩大量，尽快实现替代进口。立方氮化硼磨轮是机加工行业铁族零部件的最主要磨削工具，其开发和生产在我国更显薄弱，必须加速发展。超硬材料磨轮过去是采用低强单晶和树脂结合，而国外近年来这型磨轮已退居次要地位，高速超高速长寿命磨轮已成为开发的重点。金刚石磨轮向采用金属胎体发展，立方氮化硼磨轮采用陶瓷胎体的比例猛增，立方氮化硼微晶体磨轮也越来越多的得到应用。

（4）激光焊接金刚石工具

用金刚石单晶制作成孕镶块（刀头）再用钎焊手段焊接到钢基体上是目前金刚石工具的最主要制作方法。采用激光焊接手段是近 10 年发展起来的，这种焊接技术的采用又涉及孕镶块结构和参数的改变。如既要采用与胎体材料有好的烧合性又要对基体材料有好的可焊性的非工作（过渡）层，再如高的焊接强度给孕镶块增高创造了条件从而可在锋利度不变的前提下增长寿命等，因而形成了一个新的工具类型。这类工具不仅使用安全性高且可以干切，这给流动性大且常会遇供水困难的建筑工程施工带来了极大的方便。该类工具尽管问世不久但增长迅速，据统计，在发达国家建筑工程施工领域中该类工具已超过 1/5 市场份额，有些国家从安全角度出发已作出必须使用激光焊工具的规定。可见，这类工具极有发展前景，特别具有出口前景。目前我国已成为全球低档激光焊锯片的生产基地，成为中高档激光焊工具的全球主要供应商应是下一个目标。

（5）功能材料加工用金刚石工具

功能材料加工用金刚石工具将是一个有前景的产品。很多功能材料的硬度高又需达到高的加工精度和光洁度，由于该类材料比较昂贵，因而加工时要求能得到高的材料利用率。这些要求与宝石加工有相似之处，只有超硬材料工具能理想地满足这些要求。随着高科技产业发展，其用量越大越大。以硅单晶加工为例，全球超过 2000 亿美元的电子通信半导体市场中，95%以上的半导体器件是用硅材料制作的，其中直拉硅单晶的用量超过 85%。据世界半导体贸易统计中心（WSTS）数据，国际芯片市场近几年将增长迅速，而中国已逐步成为全球芯片生产基地，国内外企业家纷纷在中国建立和准备建立晶片厂，这给我国超硬材料行业提供了极好的机遇。光伏硅晶及蓝宝石行业也属于新兴产业，硅片、半导体芯片、LED、LCD、蓝宝石、功能陶瓷、其他人工晶体等贵重硬脆材料的高精度切割为金刚石工具（比如：金刚石线锯、超薄金刚石带锯、内圆切割片等）的应用提供了广阔的市场，我们必须抓住时机，加快相关工具的开发、产业化步伐。

（6）深孔钻探工具的开发

随着国内深部钻探工程的不断推进，国内的钻探设备、钻进技术、钻探工具（包括金刚石钻进工具）等在近几年时间里发展十分迅速。对于长寿命金刚石钻头工具的要求，在深部找矿工程中已由早期单纯追求钻头长寿命逐渐过渡到了长寿、高效、稳定、低耗的“深需求”时期。许多钻头革新技术已经逐渐从理论研究阶段一步步迈向了现场实地实用阶段，并有相当一部分新型钻头已经进入量产并应用到深部钻探工程中。

12.5.4 加强合作，推动技术创新

推动我国超硬制品的发展，技术创新是有力的推进剂。然而，单靠一个单位或企业来完成整个产业的发展，是不可能的，需要上下游企业协同一致，既要在各自领域里进行创新，提升自己技术能力和产品性能，也要考虑下游企业的技术需求，才能有的放矢，抓住技术突破方向，满足下游企业的需求。我国超硬材料制品历经 50 年的发展，不仅产业取得巨大成就，成为世界超硬材料和制品大国，在学术研究方面也取得显著进展，国内多所高校开办相关专业，还有多家研究机构。推动技术创新，更需要产学研结合，从理论到产品，从技术到产业，相互促进，才能更有效地推动我国由超硬大国向强国迈进。

12.5.5 政府扶持，给予更大的支持力度

国家“十二五”规划中把“节能环保、新一代信息技术、生物、高端装备制造、新能源、新材料和新能源汽车”七大产业列为新阶段转变经济发展方式重点发展的战略性新兴产业，而在新材料产业项下列入了超硬材料及制品。因此，国家将在产业政策方面向超硬材料及制品产业倾斜，同时超硬材料及制品在其他六项战略性新兴产业中将发挥不可或缺的重要作用，“十二五”期间及后续的几年里是我国超硬材料及制品产业发展的重要机遇期，这将加速我国超硬材料制品产业全面向世界强国行列迈进。

随着经济的高速发展，世界各国在技术层面的竞争，犹如逆水行舟，不进则退。业界有识之士未雨绸缪，开发新技术，提高产品技术含量，是超硬材料制品业奋斗的方向。

我们建议：加强国家层面对我国超硬材料及制品研究的投入，实施大

项目产学研联合攻关战略，加强对国家级科研机构和技术创新平台的构建和建设、整合目前有效资源营造开发超硬材料高端工具的环境，提升我国超硬材料研究开发的软件条件。依据我国产业结构调整、国防发展需要，依托现有国家级科研中心，针对约束我国超硬制品高端化的技术瓶颈问题，设立相应的技术攻关项目，从设备、材料、人才、标准等方面进行全方位、多层面的突破，不仅解决当前我国急需的超硬材料高端制品，更要从深层次解决影响我国超硬材料及制品难以高端化的问题，才能真正实现超硬材料强国的追求。

作者简介

林峰：博士，教授级高级工程师。现任桂林矿产地质研究院国家特种矿物材料工程技术研究中心总工程师、桂林矿产地质研究院学术委员会委员、国家特种矿物材料工程技术研究中心学术委员会委员。2010 年被评为全国“劳动模范”。长期从事超硬材料及制品、晶体材料、有色金属深加工等研究、开发工作，曾先后参加或主持完成国家级、省部级重大科技攻关项目二十余项，获省部级科技进步一等奖 2 项、二等奖 5 项、三等奖 1 项，新产品开发成果二等奖 1 项。先后在全国性学术会议或学术期刊上发表学术论文近 50 篇，其中获“优秀论文”4 篇。

第13章 材料3D打印技术

黄卫东

13.1 发展材料3D打印技术产业的背景需求及战略意义

3D打印是一种逐点、逐线、逐面增加材料而形成三维复杂结构零件的制造方法。一方面，它可以适用于几乎任何类型材料的制造；另一方面，它又将通过创造适合于其独特工艺特性的大量新材料而推动材料技术的发展。

发展材料 3D 打印技术产业的背景需求及战略意义突出体现在以下几个方面：

（1）我国经济社会转型发展的需求

我国正处在经济社会转型发展的一个根本转折点上。党的十八大要求把国家经济和社会发展转变到创新驱动的轨道上来，从根本上改变改革开放以来依靠投资、廉价的自然和人力资源拉动的"技术跟踪"型发展方式。创新驱动的发展主要依靠先进的科学技术和创新人才支撑，3D打印不仅本身是引领制造业发展方向的先进科学技术，还是一种开启创新设计、培养创造性思维方式和能力的极佳手段。

3D打印开创了一种全新的增材成形原理。在其发展初期，由于材料技术不过关，而只能用于快速原型制造，使得这一新技术一度以"快速原型"技术而闻名世界。随着材料技术的发展，3D打印进入了直接制造高性能构件的新阶段，从而开启了制造业革命性发展的序幕。

提高我国制造业总体水平对 3D 打印制造技术提出了许多重大需求。随着在零件直接制造方面取得进展，3D打印制造技术突破了产品结构形态的约束，能够加工出传统制造工艺方法无法加工或难以加工的非常规结构特征的零部件，从而丰富和拓展制造工艺手段。3D打印制造工艺流程短，能与铸造、金属冷喷涂、机加等现有制造工艺集成，形成复合制造工艺，从而降低制造成本和缩短制造周期。与传统的减材制造（切削加工）不同，3D打印是一个新发展的技术，我国在 3D 打印制造技术方面与世界先进技术水平差距不大，甚至在某些方面还处于世界领先地位。通过有效的国家支持和引导，强化并保持 3D 打印方面的优势，弥补传统制造方面的不足，对实现我国制造业的跨越式发展和弯道超车，提高我国制造业的整体水平具有重要的现实意义。

产业结构转型升级对 3D 打印制造技术提出了重大需求。3D 打印制造技术将实现从大规模生产方式向“按需定制”、“因人定制”的个性化定制方式发展，实现社会化“泛在制造”。与互联网相融合，依托 3D 打印制造技术，将催生创新创意设计、个性化定制、专业化服务、数据服务等一批现代制造服务业。一方面能够推动制造产业向价值链高端拓展，促进制造业与服务业融合发展，另一方面能够大大提高我国现代服务业在整体服务业中的比重，提高服务业在经济结构中的比重。这些对促进我国经济整体向服务化方向发展，优化三大产业之间的结构都具有重要的促进作用。

建设创新型国家、实现强国战略对 3D 打印制造技术也提出了迫切需求。3D 打印制造技术能够让设计师在很大程度上从制造工艺及装备的约束中解放出来，更多关注产品的创意创新、功能性能，减少创新设计过程受到的工艺约束与限制，从而拓展创新设计空间，实现更丰富的产品设计创新。3D 打印制造技术也能够极大地提升产品性能，制造出传统工艺方法难以实现甚至无法实现的空心结构、多孔结构、网格结构、异质材料结构和功能梯度结构，实现产品结构轻量化、高性能化和功能集成化。借助互联网，普通大众可以将新颖的构思、想法在数字空间进行表达，并通过 3D 打印在物理空间得以实现，这必将极大激发普通大众的创新激情，开启经济和社会运行模式的革命性变化，为我国建设创新型国家提供不竭的原动力。

（2）材料 3D 打印对于工业化和信息化深度融合具有十分重要的意义

工业和信息化部于 2013 年 8 月发布了“信息化和工业化深度融合专项行动计划”，指出：“推动信息化和工业化深度融合是加快转变发展方式，促进四化同步发展的重大举措，是走中国特色新型工业化道路的必然选择……对于破解当前发展瓶颈，实现工业转型升级，具有十分重要的意义。”关于“智能制造生产模式培育行动”的目标，明确提出了“加快工业机器人、增材制造（3D 打印）等先进制造技术在生产过程中应用。”

诞生于 20 世纪 80 年代末期的 3D 打印技术是制造技术原理的一次革命性突破，它形成了最能代表信息化时代特征的材料制造技术，即以信息技术为支撑，以柔性化的产品制造方式最大限度地满足无限丰富的个性化需求。

1892 年一个立体地形模型制造的美国专利首创了叠层制造原理，在其后的 100 年间，类似的叠层制造专利有数百个之多，实践中的技术探索也层出不穷。

但以1988年第一台可以工业应用的立体光刻机器的诞生为标志，以快速满足柔性化需求为主要应用目标的现代3D打印技术才真正形成。可以说，如果没有CAD实体模型设计和对其进行分层剖分的软件技术，没有能够控制激光束按任意设定轨迹运动的振镜技术、数控机床或机械手，3D打印技术的柔性化特征就只能停留在一种理想化的原理层面。因此，3D打印技术应该被称之为信息化增材制造技术或数字化增材制造技术。从这个意义上看，3D打印技术本身就是两化深度融合的先进制造技术。更进一步，3D打印技术为机械结构的拓扑优化设计提供了技术实现途径。拓扑优化设计是高度信息化的设计技术，但过去因为没有可行的技术实现途径而难以在机械结构设计和制造中发挥作用。3D打印技术与拓扑优化设计相结合，为制造业带来了高度信息化的美好前景。

（3）在高新技术发展前沿与发达国家并驾齐驱的难得机遇

我国在传统的材料制造技术领域与发达国家差距很大，短期内很难显著缩小差距。但在3D打印的科学研究和技术发展方面，中国和发达国家差距很小，有个别方面甚至领先。

在国家研发投入的持续支持和重大工程需求的拉动下，我国已形成体系结构基本完整的3D打印技术研发体系，在个别领域达到国际领先水平，具备跨越式快速发展的良好基础。比如：在3D打印的材料科学基础方面有一些比较系统深入的研究，开发了一系列3D打印非金属材料，金属3D打印达到了非常优异的力学性能；研制了一批先进光固化、激光选区烧结、激光选区熔化、激光沉积成形、熔融沉积、电子束制造等工艺装备；在航空发动机零件制造、飞机功能件和承力件制造、航天复杂结构件制造、汽车家电行业新产品研发、个性化医疗等方面得到了初步应用；涌现出几十家3D打印设备制造与服务企业；近年来在多地相继出现的一批3D打印技术服务中心，利用3D打印技术辅助当地企业的新产品快速开发，为家电、数码、汽车等行业新产品快速开发与创新设计提供了支撑。

在此基础上，通过进一步加强研究和产业化应用，我国完全有可能在这一将对未来社会产生重大影响的高新技术发展前沿与发达国家并驾齐驱。

（4）材料已经成为影响3D打印未来发展方向的关键因素

美国材料与试验协会（ASTM）F42国际委员会在2012年公布的标准中对3D打印有明确的概念定义：3D打印是指采用打印头、喷嘴或其他打印技术沉积材料来制造物体的技术（3D打印技术也常用“增材制造”技术来表示）。近二十年来，3D打印技术取得了快速的发展，到目前为止，已经形成了20多种不同的3D打印装备。随着3D打印装备趋于成熟和商业化，3D打印材料已经成为影响3D打印未来发展方向的关键因素。目前，3D打印用材料根据化学组分大体上可以分为有机高分子材料、金属材料、无机非金属材料和复合材料。根据行业知名报告 wohlers report 的数据，2013 年全球 3D 打印产业产值达到了 30.7 亿美元，与 2012 年相比增幅 34.9%，3D 打印用材料 2013 年的产值达到了 5.288 亿美元（如图 13-1 所示），与 2013 年相比增幅 26.8%，其中光敏类高分子材料约为 2.29 亿美元，激光烧结用高分子材料约为 1.35 亿美元，金属材料 3260 万美元。材料在整个 3D 打印产业中的产值份额目前仅占约 17.2%，但据 IDTechEx2014 年 11 月的市场预测报告，3D 打印材料产值将在 2023 年超越 3D 打印设备的产值，而在 2025 年将达到 83 亿美元。

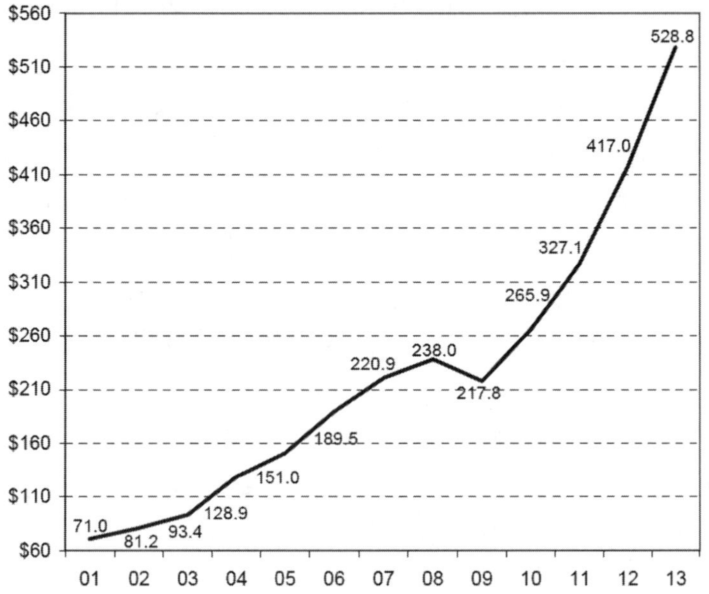

图 13-1　2001～2103 年全球 3D 打印材料产业情况（单位：百万美元，数据来源：Wohlers Associates, Lnc.）

3D 打印作为快速发展的战略性新兴产业，欧美等发达国家纷纷制定针对发展 3D 打印技术及材料的国家战略。美国奥巴马政府 2012 年 3 月投资 10 亿美元组建美国国家制造业创新网络（NNMI），3D 打印是其中一个主要方向，而材料则是 3D 打印研究方向的重点研究内容。

美国材料与试验协会（ASTM）针对 3D 打印技术组建了 F42 国际委员会进行标准化的制定工作，在其制定的标准框架中，将材料作为独立分支开展相关工作，同时与国际标准化组织 ISO 开展标准的联合制定工作，部分标准已经上升为国际标准。

从总体上看，我国 3D 打印装备的技术水平与国外先进水平差距较小，但在 3D 打印成形材料方面差距较大，表现在 3D 打印材料的种类少、质量有差距，产值规模小等。因此，加强 3D 打印材料研究，完善 3D 打印产业链，扩大产业规模，是中国 3D 打印事业发展的一个十分重要的战略方向。

13.2 材料 3D 打印技术产业的国际发展现状及趋势

2012 年 8 月，作为落实美国制造业创新网络计划的第一步，美国政府高调宣布成立国家增材制造创新中心（National Additive Manufacturing Innovation Institute，NAMII），并于一年后将该中心更名为“美国制造”（America Makes），体现美国政府强化“美国发明，美国制造”的战略构想。奥巴马总统强调这个创新中心的成立是强化美国制造业的重要步骤。这一事件，说明美国政府明确把 3D 打印技术作为引领制造业发展新方向的最先进的新技术之首。英国国家技术战略委员会在“未来的高附加值制造技术展望”的报告中则把 3D 打印技术作为提升国家竞争力应对未来挑战亟需发展的 22 项先进技术之一。法国快速原型制造协会（Association Française de Prototypage Rapide，AFPR）则致力于 3D 打印技术标准的研究和 3D 打印技术的应用。而德国于 2008 年就成立了以 3D 打印为主要技术对象的直接制造研究中心（Direct Manufacturing Research Center，DMRC），西门子（Siemens）、空客（AirBus）、波音（Boeing）公司等知名单位为该中心提供资助。澳大利亚和新西兰等澳洲国家对增材制造也给予相当关注。2012 年，澳大利亚政府倡导成立“增材制造协同研究中心（Advanced Manufacturing Cooperative Research Centre，AMCRC）”，促进以终端客户驱动的协作研究。日本在前期就开始重视 3D 打印技术，积极领导企业发展。从 1988 年到 2011 年，日本的所有增材制造设备厂商共销售了 1825 套设备。新加坡政府也投资 4 亿美元建设 3D 打印研究设施。可以看到，世界科技强国和新兴国家都将 3D 打印技术作为未来产业发展新的增长点加以培育和支持，力争抢占未来科技产业的制高点，通过科技创新推动社会发展。

欧美等发达国家在积极发展 3D 打印装备的同时，将 3D 打印材料作为 3D 打印技术的必要组成部分而予以重点发展，已经形成了涵盖装备、材料和工艺的完整产业链，一批重点 3D 打印企业已经由单一的设备制造商过渡为综合解决方案提供商，为客户提供从设计到终端零件制造的一体化解决方案，并在陶瓷、金属、复合材料以及生物材料方面进行研发和产业化工作。

13.2.1 非金属 3D 打印材料技术与产业

Stratasys 和 3D Systems 作为两家占据全球 3D 打印市值 70%的上市公司，涉及的 3D 打印非金属材料产品多达上百种。其中，Stratasys 公司研发了彩色打印技术及材料，通过 14 种基本材料相互调配形成超过 100 种不同色彩的材料（图 13-2）。该公司新近研发的尼龙材料具有优异的抗折和耐冲击性能，能够有效解决航空航天、汽车、家用电子领域经受强烈震动，重复压力以及频繁使用的功能零部件（图 13-3）。

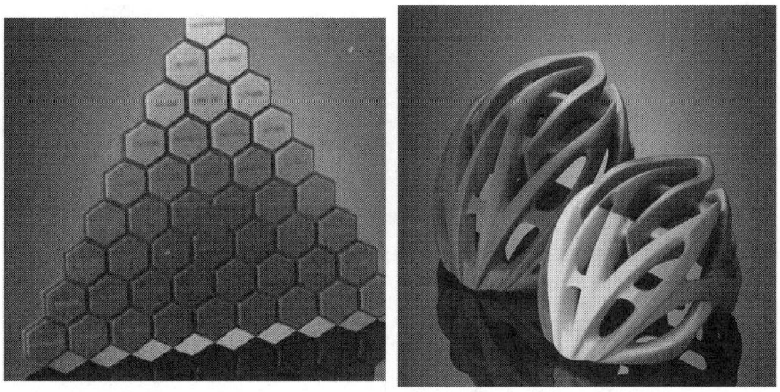

图 13-2　彩色 3D 打印材料

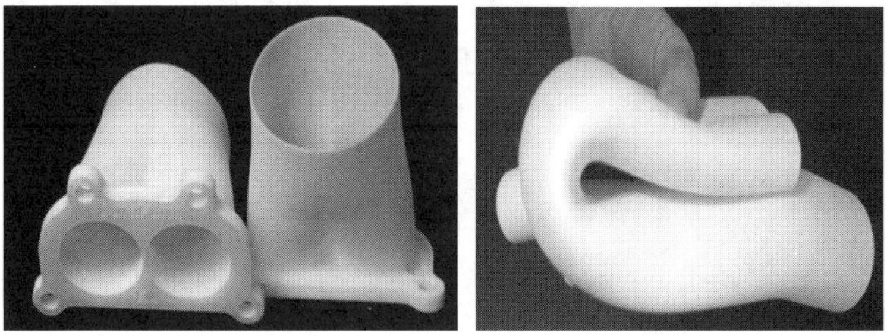

图 13-3　高性能 3D 打印尼龙复合材料零部件

3D system 公司除了拥有通用型的 3D 打印材料，针对细分市场又针对性地研发了专用材料，如牙模领域的耐高温性树脂材料（图 13-4）。

荷兰皇家帝斯曼公司旗下的DSM公司拥有超过十种以上的3D打印光敏材料，是一家专门生产 3D 打印材料的企业，其研发的光敏树脂材料在全球范围的众多领域得到了广泛应用（图 13-5）。

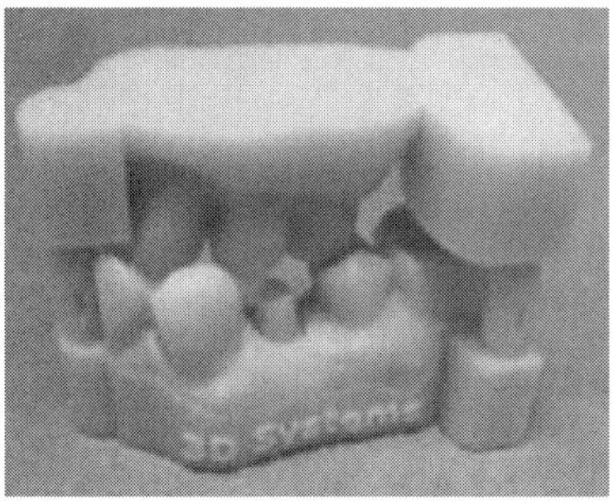

图 13-4　3D 打印牙模树脂材料

图 13-5　光敏树脂材料 3D 打印件

德国 EOS 公司研发了高性能材料的 3D 打印技术装备及工艺，以聚醚醚酮材料（PEEK）为代表，使用这种材料制作的 3D 打印零件（图 13-6），其抗拉强度达到 95MPa，杨氏模量达到 4400MPa。作为动态机械元件，其工作温度高达 180℃，作为静态机械元件，其工作温度高达 240℃，而作为电器元器件，其工作温度更是高达260℃。

图13-6 3D打印聚醚醚酮复杂管道和多孔结构

英国布里斯托的西英格兰大学的研究人员开发出了一种改进型的3D打印陶瓷技术（图13-7），可以在1200℃下对其进行烧制，陶瓷对象可迅速完成上釉和装饰。研究人员声称他们的材料会使3D打印陶瓷对象所需的时间、劳动力和能源减少超过30%。

图13-7 3D打印陶瓷零件

采用碳纤维等高强纤维复合材料等3D打印新材料可使汽车车身减重40%（图13-8），德国宝马电动汽车i3和其他车厂的碳纤维车身多是采用树脂转移模塑成形技术（RTM）。

图13-8 碳纤维3D打印复合材料

生物材料是3D打印材料的一个新的发展方向。英国牛津大学的黑根•贝利教授利用 3D 打印机分层次喷出大量被脂类薄膜包裹的液滴，这些液滴形成网状结构，构成特殊的新材料（图 13-9）。这样打印出来的材料其质地与大脑和脂肪组织相似，可做出类似肌肉样活动的折叠动作，且具备像神经元那样工作的通信网络结构，可用于修复或增强衰竭的器官。

具有的形状记忆功能的材料通过 3D 打印技术制造的零件，能够响应外部环境的变化，直接呈现材料形态的变形自组装（图 13-10）。

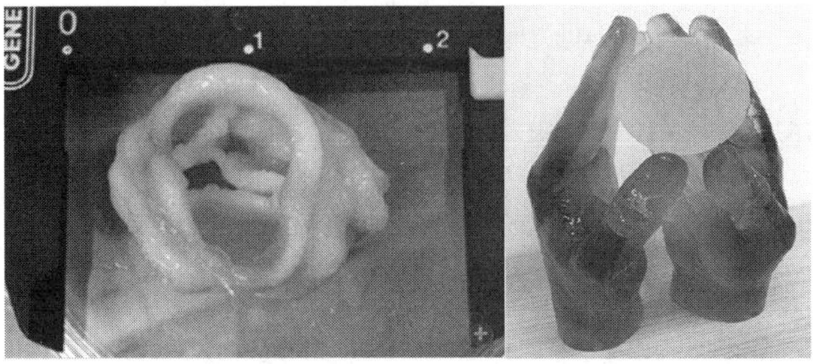

图 13-9　生物 3D 打印材料

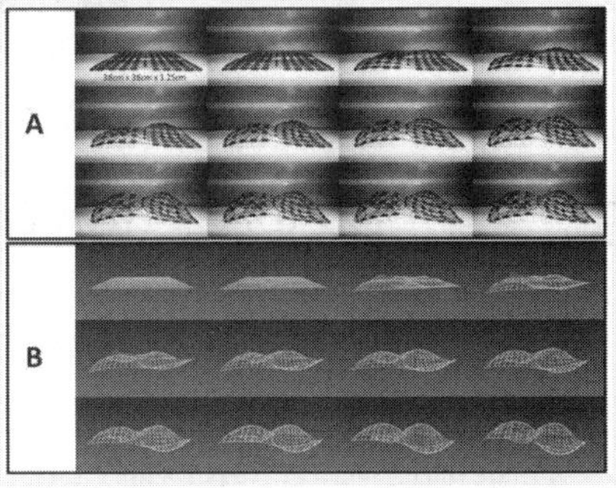

图 13-10　形状记忆功能 3D 打印材料

美国劳伦斯•利弗莫尔国家实验室和麻省理工学院利用面投影微立体光刻技术（3D 打印技术的一种方式），开发了一种超轻型新材料，该种材料承重量可达到自身重量的 16 万倍，在重量和密度相当情况下，刚度是气凝胶材料的 1 万倍。预计该种材料将对航空航天、汽车工业等所需采用轻型、高刚度、高强度材料的行业产生重大影响意义（图 13-11）。

图 13-11　超轻型结构材料

美国 Coriolis 复合材料公司和赛峰集团 Aircelle 公司利用 3D 打印技术，采用自动铺放工艺，共同研制了碳纤维增强材料和自动铺放工艺制造的推力反向器组件（图 13-12）。这种技术的主要优点是解决了大曲率制造难点和纤维铺放角度偏差问题，从而优化了复合材料结构的设计。全机身主要由复合材料制作的波音 787 飞机，完成了大型民用飞机由传统的铝合金向碳纤维增强塑料复合材料（CFRP）的转变。

图 13-12　A350XWB 的机身板

13.2.2　金属 3D 打印材料技术与产业

与非金属 3D 打印在材料技术还不成熟的初期发展阶段将其应用目标聚焦于快速原型制造不同，金属 3D 打印的目标在一开始就聚焦于直接制造，因而实现相当于传统金属材料成形技术能够获得的材料性能就是金属 3D 打印一以贯之的目标。

目前，金属 3D 打印技术主要包含以激光立体成形（Laser Solid Forming，LSF）技术为代表的同步送粉（送丝）高能束（激光、电子束、电弧等）熔覆成形技术，和以选区激光（电子束）熔化技术（Selective Laser Melting，SLM）为代表的粉末床成形技术两个技术方向（图 13-13）。

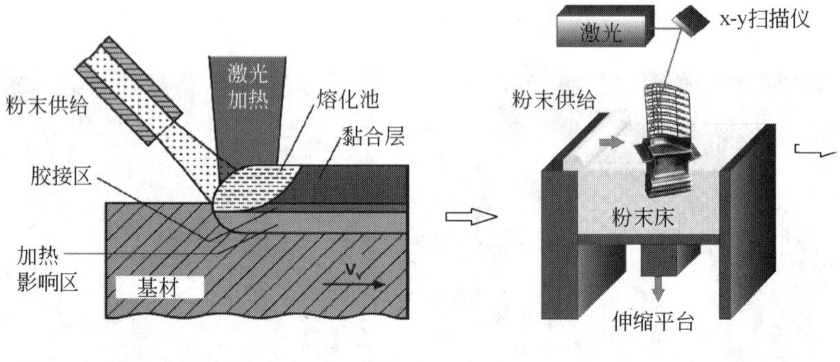

（a）LSF 方法　　（b）SLM 方法

图 13-13　两类金属 3D 打印技术

在金属 3D 打印制造过程中，高能量密度的载能束在很短的时间内和很小的区域内与金属材料发生交互作用，材料表面局部区域的快速加热和熔池周围冷态的基材的强换热作用，导致激光熔池及其热影响区通常具有极高的冷却速率，呈现典型的近快速凝固和固态相变特征。在这种条件下，材料的凝固和固态相变将会显著偏离平衡，使得材料的固溶极限扩大，晶内微观亚结构显著细化，并可能出现新的亚稳相甚至非晶，从而改善材料的物理、化学和力学性能。

同时，基于同步材料送进的金属 3D 打印技术还赋予了这项技术实现成分柔性化设计的技术可能性，即通过实时控制送进材料（可以是构成合金的各元素粉或中间合金粉）的组成和组分，实现同一构件上均匀材料或多材料的任意复合和梯度结构制造，为实现高性能复杂结构金属零件的材料设计-制备成形-组织性能一体化控制创造了重要的条件。

由于目前金属 3D 打印技术的首要应用领域是航空航天工业，因此，对于现有材料的 3D 打印适应性研究主要针对的是航空航天材料，如高性能钛合金、高温合金、超过强度钢以及铝合金。随着 3D 打印技术向生物医疗、动力、能源等领域的推广，钴合金、铜合金、复合材料、梯度材料、非晶合金的 3D 打印也逐渐受到了研究者和 3D 打印企业的重视。总体来说，目前研究最为成熟的适用于 3D 打印的材料主要是 Ti-6Al-4V 合金、Inconel718 和 Inconel625 合金，并已制定了相关标准。如美国汽车工程师协会（SAE）在 2002 年即已针对 Ti-6Al-4V 合金激光 3D 打印制品的需求，发布了 AMS4999 退火态 Ti-6Al-4V 合金激光沉积制造产品的航空航天材料规范，并于 2011 年 9 月进行了对该规范进行了修订，并将规范的使用范围扩展到了退火态 Ti-6Al-4V 合金直接沉积制造产品，包括电子束 3D 打印技术和选区激光熔化技术生产的 Ti-6Al-4V 合金制品，版本号升级为 AMS4999A。从 2011 年开始，ASTM 国际标准组织（ASTM International，ASTM）也先后发布了十项增材制造技术标准，其中针对材料的主要有 ASTM F2924-14（采用粉末床选区熔化增材制造 Ti-6Al-4V 合金零件的标准规范），ASTM F3001-14（采用粉末床选区熔化增材制造 Ti-6Al-4V ELI 合金零件的标准规范），ASTM F3056-14（采用粉末床选区熔化增材制造 UNS N06625 镍基合金零件的标准规范），ASTM F3055-14（采用粉末床选区熔化增材制造 UNS N07718 镍基合金零件的标准规范）等。尽管这些标准还非常粗糙，如标准中的很多指标要求都是由供货商和采购商（supplier and purchaser）协商，但是，这对于材料 3D 打印技术的发展和应用来说迈出了突破性的一步。除此之外，一些设备制造产商，主要是选区激光熔化设备的制造商，如德国 EOS 公司，SLM Solution 公司，Concept Laser 公司等也发布了一些典型材料选区激光熔化制品的数据库，主要涉及 AlSi7Mg、AlSi10Mg、AlSi12、6061 等铝合金，316L、17-4PH、15-5PH、H13 等结构钢和工具钢，Hastelloy X、Inconel939 等高温合金，CoCr 基医用合金等。

表 13-1 给出了采用不同金属 3D 打印方法所成形的 Ti-6Al-4V（TC4）合金的室温力学性能。可以看到，采用这些方法所成形的试件的室温静载力学性能都与锻件性能相当。其中 EBF3、EBM 和 WAAM 分别指电子束自由成形制造技术（Electron Beam Freeform Fabrication，EBF3），电子束熔化成形技术（Electron Beam Melting，EBM）以及电弧增材制造（Wire + Arc Additive Manufacture ，

WAAM）技术。

表 13-1　金属增材制造 Ti-6Al-4V(TC4)合金的室温力学性能

材料	成形工艺及状态	σ_b/MPa	$\sigma_{0.2}$/MPa	δ/%
Ti-6Al-4V（TC4）	LSF，热处理态（AeroMet 公司）	896～999	827～896	9～12
	SLM，热处理态（EOS 公司）	1030～1080	980～1020	13～16
	EBF^3，沉积态（NASA）	907	837	11
	EBM，热处理态（Arcam 公司）	1020	950	14
	WAAM，热处理态（Crankfield 大学）	918～965	805～865	8.2～14.1
	锻件，退火态	≥895	≥825	≥8～10

美国军方对金属增材制造技术的发展给予了大力的关注和支持，在其直接支持下，美国率先将这一先进技术实用化。自 1995 年开始，军方先后实施了一系列专门研究计划，资助包括 Sandia 国家实验室、约翰•霍普金斯大学、宾州大学、MTS 公司等在内的数家研究机构开展金属零件的激光立体成形研究。其中 AeroMet 公司和 Optomec 公司是专门从事该技术商用化研究的两家美国公司。

美国 Sandia 国家实验室发展了名为 LENS 的激光立体成形技术，并针对镍基高温合金、不锈钢、工具钢、钛合金、钨等多种金属材料进行了大量的激光立体成形零件制造研究，所制造的金属零件不仅形状复杂，而且其力学性能比采用锻造技术制造的零件有全面、显著的提高。1997 年 Sandia 国家实验室牵头成立了一个 LENS 联盟，以促进这一先进技术的工业应用。Optomec Design 公司是这个联盟的主要成员之一，通过和 Sandia 实验室长达四年的合作，该公司获得了 LENS 技术的商用化许可。图 13-14 是该公司研制的 750 型 $LENS^{TM}$ 装备和应用该装备成形的钛合金叶片零件。$LENS^{TM}$ 装备具有熔池和沉积高度监测和闭环控制系统，通过对成形过程中的热效应和几何效应进行补偿，以此提高零件的成形精度。其成形零件的表面粗糙度达到 4.68～11.7μm，但沉积速率较低，一般仅为 0.4～4.0 in^3/h（5.125～51.25 cm^3/h）。

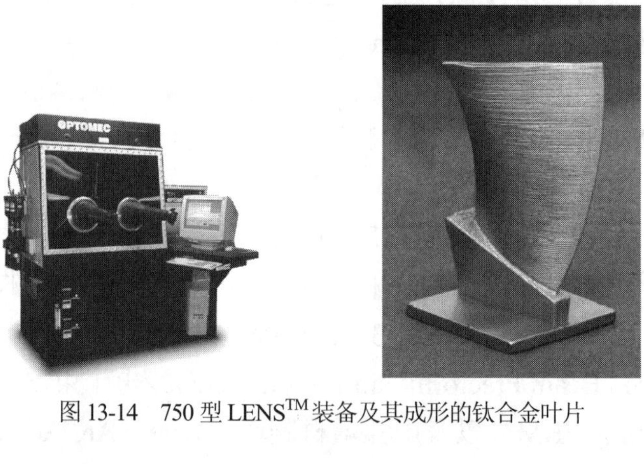

图 13-14　750 型 $LENS^{TM}$ 装备及其成形的钛合金叶片

成立于 1997 年的 AeroMet 公司在短短几年就使钛合金（Ti-6Al-4V）激光立体成形技术达到了实用阶段。该公司发展的 Lasform^{TM} 技术是基于宾州大学、约翰•霍普金斯大学和 MTS 公司共同进行的“钛合金的柔性制造”研究。同时该公司受到军方及包括波音、洛克西德•马丁、格鲁曼公司在内的美国三大军机供应商的资助。其努力的方向是实现高性能大体积钛合金零件的制造，尤其是大型整体带筋加强结构钛合金零件的快速成形。为了实现这一目标，该公司采用三台功率达 14kW、18kW 和 30kW 的 CO_2 激光器为光源，以提高金属粉末的激光沉积速率，惰性气氛加工室的最大尺寸达到 12ft×12ft×4ft。AeroMet 公司激光立体成形 Ti-6Al-4V 的沉积速率达到 2～15 pounds/h（0.9～6.8 kg/h）。

AeroMet 公司生产的三个 Ti-6Al-4V 激光立体成形零件已经于 2000 年获准在实际飞机上使用。这三个零件分别是 F-22 上的一个接头件、F/Al8-E/F 的机翼翼根吊环以及 F/A-l8E/F 上的一个用于降落的连接杆。其中，F/A-l8E/F 的翼根吊环属于飞机结构关键零件，其长度大约 900mm，宽 300mm，高 150mm，是在美国海军研究部（the Office of Naval Research）的资助下由 AeroMet 公司为波音飞机公司制造的。据报道，F-22 上的两个全尺寸接头满足疲劳寿命谱的两倍要求，F/A-l8E/F 的翼根吊环满足疲劳寿命 4 倍要求，随后静力加载到 225%也不破坏，而降落用的连接杆满足飞行试验要求，寿命超出要求 30%。2002 年 10 月该公司获得美国国防部后勤局（U. S. Defense Logistics Agency）0.194 亿美元的资助，其目的是加速该公司由单纯的技术研究开发到成为军用及民用飞机上通过认证的、性能可靠的激光立体成形钛合金结构件供应商的转变。通过两年的研究，该公司于 2004 年通过了这项认证。正当波音公司准备大规模应用 Lasform^{TM}技术的时候，美国的航空锻造技术获得了重要进展，可以比 Lasform^{TM} 技术更为高效和经济地生产飞机大型钛合金结构件。Lasform^{TM} 技术的应用暂时搁置，AeroMet 公司也于 2005 年关闭，相关技术转让给另一家公司进行进一步的研究。

Sciaky 公司则主要在洛克希德-马丁公司和美国宇航局的支持下，发展更为经济和高效的电子束送丝增材制造技术（Electron Beam Freeform Fabrication，EBF^3）。从 1999 年开始，Sciaky 公司对钛合金 EBF^3 成形技术进行了系统深入的研究，包括丝材化学成分控制、基础工艺参数、成形的闭环控制、材料质量控制、设计裕度、应力变形控制和质量检测方法等。到 2014 年，Sciaky 公司完成了以 F-35 飞机的副翼翼梁为典型件的 EBF^3 技术示范性研究（图 13-15）。相对现有制造技术，成本降低一半，交货期提前 80%。该技术将以项目驱动的方式完成认证，最终批量应用的挑战主要在质量检测方面。预期 F-35 飞机将有 900 个零件采用增材制造技术进行制造。Sciaky 公司还应用 EBF^3 技术为美国宇航局制造了直径 7 英尺、沉积金属重量 1600 磅的火箭前舱盖（图 13-16）。

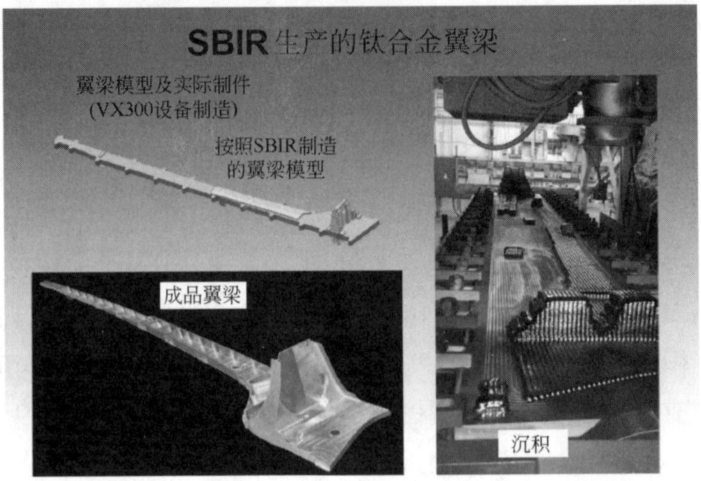

图 13-15　Sciaky 公司 EBF^3 技术成形的 F-35 飞机的副翼翼梁

图 13-16　EBF^3 技术成形的大型火箭前舱盖

美国宇航局下属的多个机构也广泛地应用 SLM 技术制造空间飞行应用金属零件。2013 年，格林研究中心（GRC）和 Aerojet Rocketdyne 公司合作研制了龙飞船的火箭喷射器，整个系统只有三个增材制造的零件。2014 年，马歇尔空间飞行中心（MSFC）则对两个复杂的 3D 打印火箭喷射器、热气和低温流体阀进行了测试。格林研究中心（GRC），兰立研究中心（LaRC），和马歇尔空间飞行中心（MSFC）联合研制了增材制造的镍-硅-青铜合金燃烧室和铜燃烧室+铜/镍梯度结构护套与多歧管，并进行了高温火焰测试（图 13-17）。

马歇尔空间飞行中心（MSFC）对 SLM 技术的空间应用进行了深入研究，图 13-18 是其 SLM 成形制造的火箭推进器零件。其研究结论是：SLM 技术实现了高价值复杂结构推进器零件的快速制造；SLM 技术增大了设计自由度，可制造更复杂的几何结构；设计者可探索轻量化结构、多功能集成和适应特定用途和环境的定制化；SLM 技术可减少零件数量、焊缝和机械加工量，从而节约资金和时间。表 13-2 给出了图 13-18 中所列零件采用 SLM 增材制造技术与传统制造技术的技术经济性比较。

图 13-17 美国宇航局 3D 打印镍-硅-青铜合金燃烧室与铜燃烧室+铜/镍梯度结构护套与多歧管

主注射机　　Pogo Z-缓冲板　　涡轮泵诱导轮　　RS-25 弯曲接头

图 13-18 马歇尔空间飞行中心（MSFC）SLM 成形制造的火箭推进器零件

表 13-2 SLM 增材制造技术与传统制造技术的技术经济性比较

零件	成本节约	时间节约	RS-25 弯曲接头	传统设计	SLM 设计
主注射机	90%	85%	零件计数	45	17
Pogo	64%	75%	焊接	70+	26
涡轮泵诱导轮	50%	80%	机加工	约 147	约 57

美国 GE 公司以很大的力度推进 3D 打印技术在航空发动机制造上的应用，他们认为航空发动机的所有部件中都有适合于 3D 打印的零件（图 13-19）。其正在研制中的最先进的 LEAP 发动机的燃油喷嘴已进入批量 3D 打印生产，单这一个零件的生产数量就将超过 10 万件，GE 为此建了一个工厂专门进行燃油喷嘴的 3D 打印生产（图 13-20）。GE 在 3D 打印发展上的重大事件是在 2013 年收购了 Morris 公司和 AVIO 公司。Morris 公司拥有超过 20 台最先进的德国 EOS 公司的 SLM 设备，其 SLM 工艺技术世界领先。AVIO 公司具有很强的电子束粉末床增材制造能力，这种技术特别适合于制造室温脆性的金属零件。图 13-21 是 AVIO 公司用电子束粉末床增材制造的 TiAl 合金航空发动机叶片。

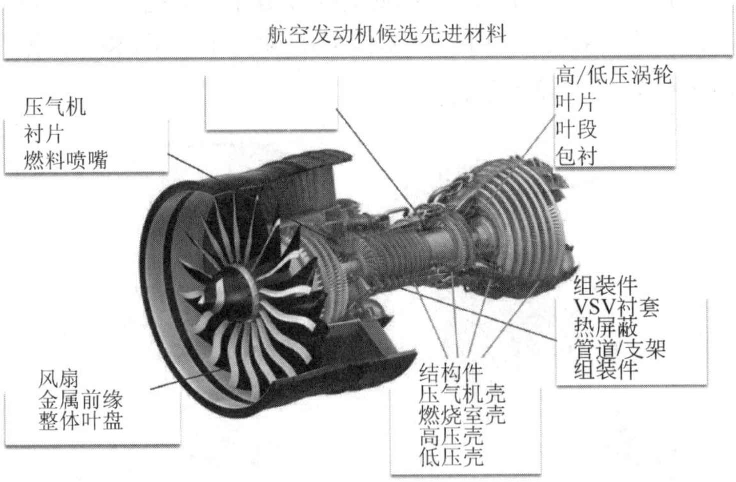

图 13-19　GE 梳理的可应用 3D 打印制造的航空发动机零件

图 13-20　LEAP 发动机燃油喷嘴（左）在阿拉巴马州 Auburn 的专业化 3D 打印工厂

图 13-21　AVIO 公司用粉末床电子束增材制造的 TiAl 合金航空发动机叶片

发达国家的政府和企业界普遍认识到，3D 打印不是传统技术的一个替代或补充，它最重要的作用是推动产品结构革命性创新设计。图 13-22 是空客公司依托 3D 打印对 A380 和 A320 飞机舱门铰链进行创新设计的范例。传统设计零件局部最大应力已接近材料的极限强度，采用拓扑优化设计方法进行均匀应力设计之后，最大应力减小了一半，相应的 3D 打印零件只有传统技术制造的零件重量的 40%。

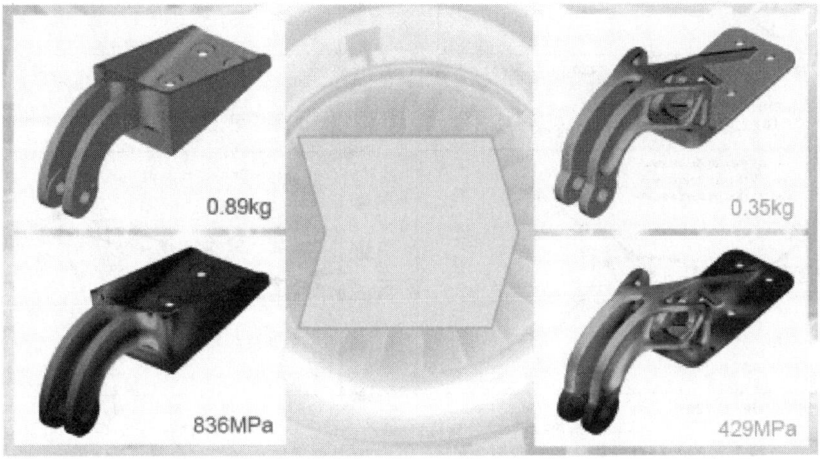

图 13-22　A380 和 A320 飞机舱门铰链（左：传统设计，右：新设计）

在采用 3D 打印技术进行新材料研发方面，目前的工作主要来自高校。英国利物浦工程学院激光组的 Takeda 和 Steen 等人分别使用混合元素法研究了激光熔覆 Fe-Cr-Ni 和激光表面处理 Fe-Co-Al 系合金，并建立了 Fe-Co-Al 系合金硬度及磨损抗力随成分变化的关系图。美国俄亥俄州立大学的 Fraser 等人采用混合元素法激光 3D 打印技术，针对目前在医用植入体领域具有重要应用前景的新型 Ti-Nb-Zr-Ta 系钛合金的成分-组织-性能的关系展开研究。通过考察激光立体成形 Ti-20Nb-xTa（0< x<10）和 Ti-xNb-10Zr-5Ta（20< x< 35）两类成分梯度钛合金在不同热处理制度下的组织，显微硬度 H 和弹性模量 E 值，分析了不同元素含量以及热处理制度对医用钛合金的组织和力学性能的影响，建立了成分、微观组织以及力学性能对应关系的数据库。在该数据库的基础上，一方面可以通过训练和测试模糊控制模型实现对相关不同成分钛合金力学性能的预测，反过来通过该预测也可以反馈优化合金成分及组织。图 13-23 为部分实验及模型预测结果的对比，二者吻合较好。这种分析建模的方法对于研究新型合金非常有效。

将材料与设备捆绑销售是国外 3D 打印设备厂商的一个重要销售策略。德国 EOS 公司是全世界制造和销售 SLM 设备最多的厂商，总计向全世界的客户销售了 600 多台 SLM 设备，远远超过了其他所有厂商 SLM 设备销售量的总和。只有在从 EOS 公司购买合金粉末的情况下，EOS 公司才保证其设备可以生产出合格的金属零件。

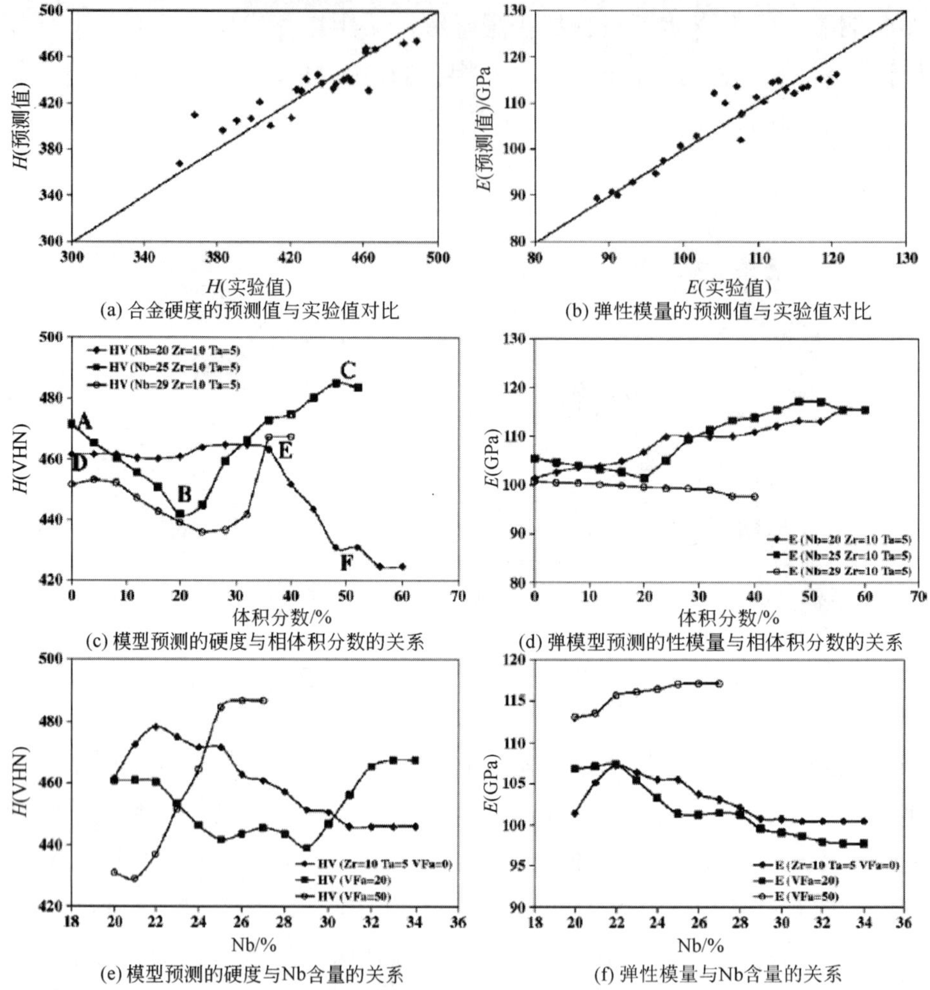

(a) 合金硬度的预测值与实验值对比

(b) 弹性模量的预测值与实验值对比

(c) 模型预测的硬度与相体积分数的关系

(d) 弹模型预测的性模量与相体积分数的关系

(e) 模型预测的硬度与Nb含量的关系

(f) 弹性模量与Nb含量的关系

图 13-23 Ti-*x*Nb-10Zr-5Ta 合金硬度和弹性模量的模糊控制模型预测结果与实验结果的对比

13.3 材料 3D 打印技术产业的国内发展现状及趋势

3D 打印技术自 1988 年诞生后，我国自 20 世纪 90 年代初开始迅速投入了这一科学技术前沿的研究。在 3D 打印技术研发的过程中，以大学和研究所为主的一批科研单位也开展了 3D 打印材料的研究工作，研发出了一批专用 3D 打印材料。近年来，随着 3D 打印技术的迅速升温，一些企业也参与了对 3D 打印材料的研发工作。

13.3.1 非金属 3D 打印材料技术与产业

我国最早开展非金属 3D 打印研究的是华中科技大学、清华大学和西安交通大学，最早的专业 3D 打印企业是北京隆源公司。

陕西恒通智能机器有限公司依托西安交通大学，形成了 9 种型号的光敏树脂 3D 打印材料（图 13-24），并配合其研发的 SPS 系列光固化 3D 打印装备进行产业化工作，在各地建设了地区服务中心、地区示范点、地区推广基地，目前已在宁波、慈溪、河南、苏州、青岛、河北、广东等地成功建立了示范中心，向行业企业进行工程化技术服务。

图 13-24 西安交通大学光敏树脂材料 3D 打印件

珠海正邦科技有限公司利用其在 UV 胶方面的研发优势，成功进行 3D 打印光敏树脂材料的研发工作，也是国内为数不多的专门从事 3D 打印材料生产厂商之一。国内的一些企业及高校也进行小批量的生产及研究，包括武汉纺织大学、华中科技大学、珠海西通电子、桑 D 科技等。

北京的太尔时代、闪铸科技、珠海西通电子等桌面式 3D 打印厂商配合其设备的销售，进行了塑料丝材与设备适配性研究工作。图 13-25 为使用塑料丝材打印出来的零件。

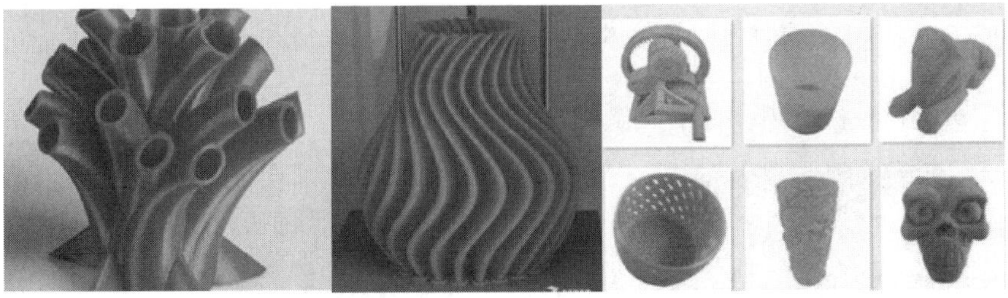

图 13-25 PLA 及 ABS 塑料 3D 打印零件

在高分子粉末材料方面，湖南华曙高科有限责任公司、华中科技大学及北京隆源自动成形有限公司进行了尼龙粉末、覆膜砂（如图 13-26 所示）材料的产业化开发，并已在汽车缸体、缸盖等复杂零件的铸造方面进行了成功应用。同时，进行了玻璃微珠/尼龙粉末复合材料、碳纤维/尼龙粉末材料的尼龙复合材料研发工作，形成了一批材料型号，但是，目前产业发展的方式还是以配合设备销售为主。

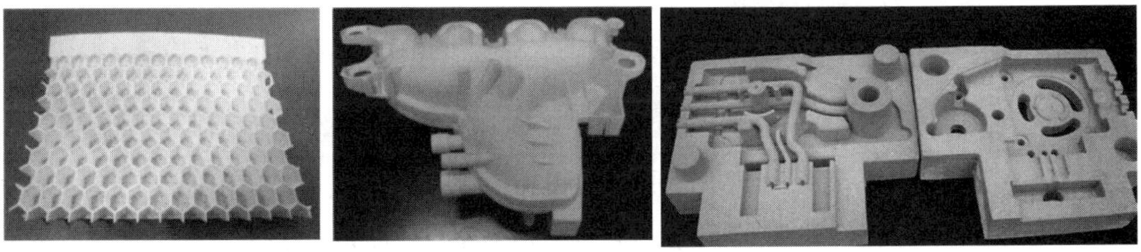

图 13-26 尼龙及覆膜砂 3D 打印零件

西安交通大学进行了 3D 陶瓷材料的研究工作，如陶瓷瓷浆的挤出成形、陶瓷浆料的光固化成形及陶瓷粉末黏结成形，并使用 3D 打印技术成功进行了陶瓷零件的制备，如图 13-27 所示。

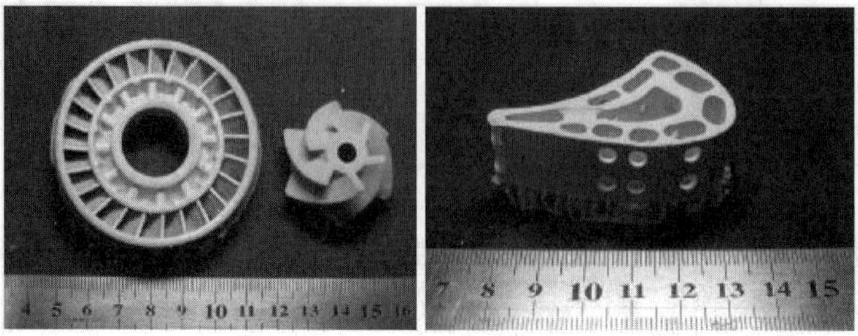

图 13-27　陶瓷浆料光固化成形

3D 打印材料按形态可分为片、丝、浆、粉四类，华中科技大学材料科学与工程学院史玉升团队在这四个方面均做了一定的研究工作，有些材料已产业化。

片材主要用于分层实体制造技术（Laminated Object Manufacturing，LOM）。该技术是以薄片材料作为原料，激光或者刀片在计算机的控制下将薄片材料一次切成零件的各层形状并叠加起来成为实体件，层与层之间的粘接靠加热和加压来实现。片材的材料可以是：纸、陶瓷、塑料、金属和复合材料。图 13-28 是史玉升团队研发的纸片材及其 3D 打印装备与制件。

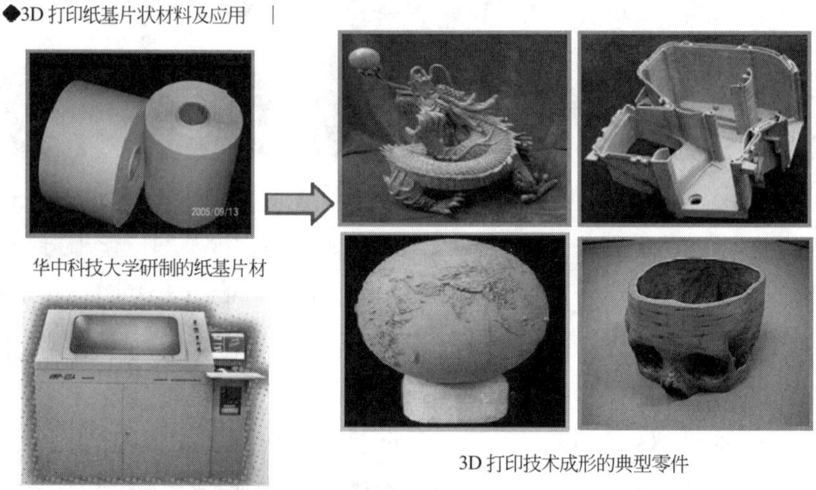

图 13-28　史玉升团队研发的纸片材及其 3D 打印装备与制件

丝材主要有塑料、金属、陶瓷等。其中塑料丝主要用于熔融沉积制造（FDM-Fused Deposition Modeling Technology）3D 打印技术，它利用喷头将 ABS、PC 等热塑性塑料丝材加热至熔融态，并在控制系统的控制下，按一定扫描路径逐层自黏结成形，然后逐层成形得到所需零件。熔融沉积制造 3D 打印技术一般采用低熔点的丝状材料，如蜡丝或 ABS 塑料丝，他们不用高能量的激光作为热源，只需在喷头内以电加热的方式即可将丝材加热到熔融状态。然后在计算机的控制下，喷头底部的喷嘴将熔融的材料以一定的压力挤出。史玉升团队在塑料和金属丝材方面已有商品化产品。

浆材主要用于光固化成形（Stereo-Lithography Apparatus，SLA）3D 打印技术。史玉升团队研发了系列光固化材料及其 3D 打印装备并商品化，其应用实例见图 13-29。

华中科技大学研制的第二代SLA设备

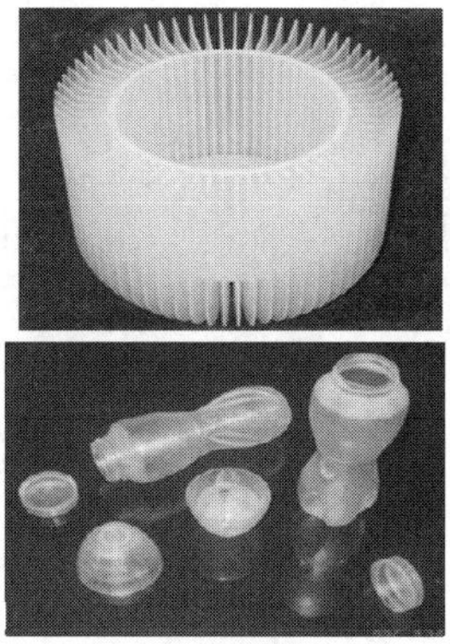

SLA成形的典型零件

图 13-29　史玉升团队研发的 SLA 装备、成形材料及其制件

在粉材方面，史玉升团队主要研发用于激光选区烧结 3D 打印的粉末，其高分子、陶瓷、砂及其复合粉末已商品化，模具钢等金属粉末正在和武钢联合研发并产业化。

13.3.2　金属 3D 打印材料技术与产业

西北工业大学于 1995 年在国内首先提出激光立体成形的技术构思，致力于把增材成形原理与送粉式激光熔覆相结合，形成一种可以获得具有锻件力学性能的复杂结构金属零件的快速自由成形技术。1997 年，“金属粉材激光立体成形的熔凝组织与性能研究”获得航空科学基金重点项目资助，是中国金属增材制造第一个正式立项的科研项目。2001 年，“多材料任意复合梯度结构材料及其近终成形”项目获得国家 863 计划资助，其成果于 2005 年应用于我国研制的首台推重比 10 航空发动机轴承后机匣制造（图 13-30），为该发动机按时装机试车做出了关键贡献。该零件下部为

图 13-30　激光立体成形的航空发动机零件

In961 合金铸件，上部为 GH4169 镍基高温合金激光立体成形件，是以铸件为基材，异种材质增材制造的首个应用案例。

西北工业大学也是首先实现激光立体成形装备商业化销售的单位，图 13-31 是 2006 年销售给航天 306 所的 LSF-III 型激光成形装备及其工作照片。

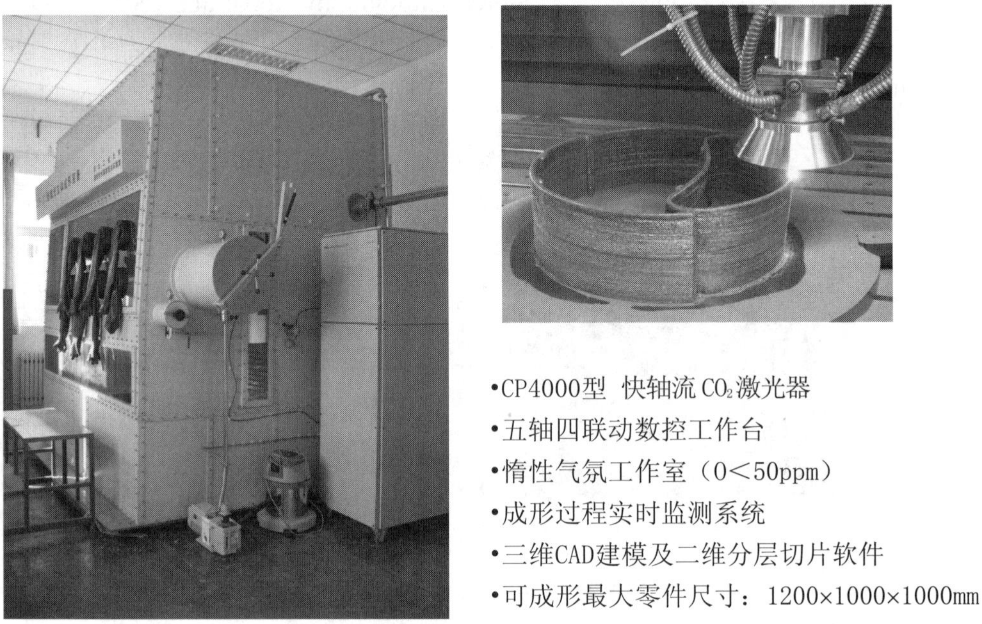

图 13-31　LSF-III 型激光成形装备及其工作照片

2011 年 7 月，依托西北工业大学增材制造技术成立了西安铂力特激光成形技术有限公司，该公司完成的首个重要科研任务，是为中国商飞激光增材制造大型钛合金机翼梁（图 13-32）。经过中国商飞进行的材料性能测试、结构性能测试、零件取样性能测试和大部件破坏性测试所有环节的力学性能测试，完全满足设计要求，包括疲劳性能在内的综合性能优于锻件，强度一致性优于 2%，远远高于商飞 5%的指标要求。铂力特公司于 2012 年开始发展 SLM 技术与设备，迅速在航空航天工业中获得广泛应用，图 13-33 是铂力特公司 SLM 成形件和在 2014 年珠海航展上推出的首款 SLM 装备。图 13-34 是铂力特公司的 SLM 成形件。到 2014 年底，成立仅 3 年半的铂力特公司已经销售收入过亿元。

北京航空航天大学是另一所在金属增材制造上具有重大国际影响的中国大学，重点研究飞机大型钛合金、超高强度钢结构件的送粉式激光 3D 打印技术，为我国军用飞机大型钛合金结构件的激光增材制造做了大量研发工作，并已经在多个型号中获得应用（图 13-35），其“飞机钛合金大型复杂整体构件激光成形技术”获得 2012 年度国家技术发明一等奖。

C919大型客机翼身组合体大部段成功下线，这是大型客机首次在国产机型采用激光成形技术加工中央翼缘条

图 13-32　西北工业大学采用 LSF 技术制造的 C919 大型客机中央翼肋上、下缘条

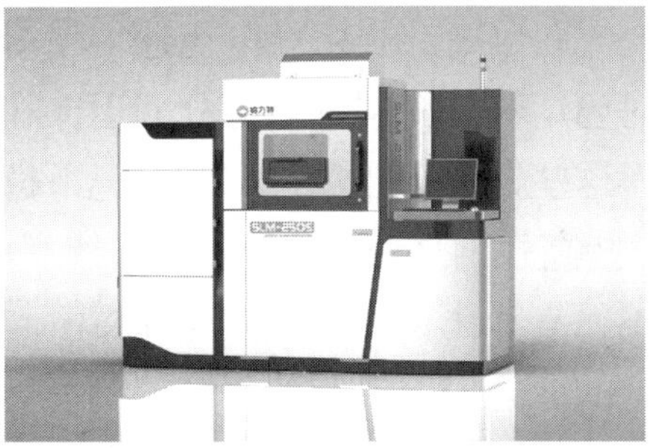

图 13-33　西安铂力特公司的 SLM 装备

图 13-34　西安铂力特公司的 SLM 成形件

图 13-35　北京航空航天大学激光增材制造的飞机大型钛合金加强框

北京航空工艺研究所参与了西北工业大学 1997 年的金属增材制造航空科学基金重点项目，也是国内最早一批开展金属增材制造研究的单位。其优势技术是大功率电子束丝材增材制造技术，即美国 Sciaky 公司的 EBF^3 技术。该所近年也开展了激光 SLM 成形技术研究。

我国最早开展激光 SLM 技术研究的单位有华南理工大学和华中科技大学，两所大学都自行研发了 SLM 装备。华南理工大学杨永强团队专注于 SLM 技术的医学植入体应用，华中科技大学曾晓雁团队则首先开拓了 SLM 技术的航天应用。

西北有色金属研究院是我国电子束粉末床增材成形技术研究的主要单位，拥有两台先进的 Arcam 公司电子束粉末床增材成形设备。该院也开展了 3D 打印金属粉末制备研究。

表 13-3 分别给出了 LSF 制造典型钛合金、镍基高温合金及钢的室温拉伸力学性能。其中 Ti-6Al-4V（TC4）钛合金、Inconel718 镍基高温合金以及 316L 不锈钢，作为目前应用最为广泛的金属合金，研究相比其他合金更为成熟，无论是拉伸强度、屈服强度还是伸长率，普遍满足锻件标准。尤其是对于α钛合金（如 TA15）和α+钛合金（如 Ti-6Al-4V），由于 β→α 相变的体积变化效应小，相变应力值低，且因体心立方相自扩散系数高，β→α相变迅速，使得在恰当的工艺条件下，可利用往复熔覆沉积对已熔覆沉积层进行充分的退火和回火热处理，实现成形和热处理一体化，使得这些钛合金在沉积态的情况下也可以满足锻件指标。而对于镍基高温合金和一些高强钢来说，由于合金化程度较高，凝固过程中容易在枝晶间产生有害的低熔元素、化合物相或共晶偏析，同时在激光往复熔覆沉积的快速加热和冷却导致的应力作用下，若工艺控制不当，极易产生热裂等冶金缺陷，导致力学性能的降低。如对于 Rene88DT 粉末冶金高温合金，尽管其 LSF 构件的室温力学性能已经十分接近粉末冶金（加热等静压）的技术标准，但仍然存在一定差距，而对于 300M 超高强度钢，尽管拉伸强度和屈服强度已基本满足锻件标准，但伸长率相比锻件还有一定差距。

表 13-3 LSF 典型金属合金的室温力学性能

材料	成形工艺及状态	σ_b/MPa	$\sigma_{0.2}$/MPa	δ/%
Ti-6Al-4V 钛合金（TC4）	沉积态	955～1000	890～955	10～18
	LSF+热处理态	1050～1130	920～1080	13～15
	锻造/退火态标准	≥895	≥825	≥8～10
TA15 钛合金	沉积态	1030～1190	955～1150	10～14
	LSF+热处理态	1160～1330	1040～1140	8～9.5
	锻造/退火态标准	930～1130	≥855	≥8～10

续表

材料	成形工艺及状态	σ_b/MPa	$\sigma_{0.2}$/MPa	δ/%
Inconel718 镍基高温合金	LSF+热处理态	1325～1380	1065～1165	16.5～30
	锻造标准	≥1240	≥1030	≥6～12
Rene88DT 镍基高温合金	LSF+热处理态	1440～1450	1060～1080	20～23
	粉末冶金标准	1520～1600	1080～1210	17～25
316L 不锈钢	LSF+热处理态	约 605	约 400	约 53
	锻造/退火态标准	≥586	≥241	≥50
300M 超高强钢	LSF+热处理态	1895～1965	1748～1849	5.5～8
	锻造标准	≥1862	≥1517	≥8

表 13-4 给出了 SLM 成形的 Ti-6Al-4V 钛合金和 Inconel718 镍基高温合金的室温拉伸力学性能。与 LSF 构件相似，SLM 成形的 Ti-6Al-4V 钛合金和 Inconel718 镍基高温合金的拉伸强度、屈服强度和伸长率同样满足锻件标准。另外，由于 SLM 成形过程中熔池的冷却速率要高于 LSF 过程，同时沉积态的晶粒尺寸要小于 LSF 构件的晶粒尺寸，这使得沉积态 SLM 成形件的拉伸强度、屈服强度要高于沉积态 LSF 构件，但是，经过热处理后，SLM 成形件和 LSF 构件的力学性能基本相当。需要指出的是，由于 SLM 成形件难以完全消除孔洞，使得 SLM 成形件的伸长率要比 LSF 构件稍低，这也将导致 SLM 成形件的疲劳性能要明显低于 LSF 构件及锻件。而通常材料的静载拉伸强度对微小缺陷不敏感，因此，SLM 成形件中的微小孔洞并未对 SLM 成形件的静载拉伸强度产生明显影响。

表 13-4 SLM 成形典型金属合金 SLM 的室温力学性能

材料	成形工艺及状态	σ_b/MPa	$\sigma_{0.2}$/MPa	δ/%
Ti-6Al-4V 钛合金（TC4）	沉积态	1267±5	1110±9	7.28±1.12
	SLM+热处理态	1082±34	1026±35	9.04±2.03
	锻造/退火态标准	≥895	≥825	8～10
Inconel718 镍基高温合金	沉积态	1137～1148	889～907	25.9～19.2
	SLM+热处理态	1280～1358	1102～1161	10～22
	锻造标准	≥1240	≥1030	≥6～12

在新型合金研发方面，西北工业大学围绕最广泛应用的 Ti-6Al-4V 及其所属合金系 Ti-Al-V 系合金，结合激光立体成形 Ti-xAl-yV 合金硬度测试、神经网络模型预测以及典型成分合金室温拉伸性能测试，获得 Ti-xAl-yV 合金成分-硬度-强度的关系，实现激光立体成形 Ti-xAl-yV（$x \leqslant 10$，$y \leqslant 25$）合金的强度预测，并开发了一种综合力学性能与 Ti-6Al-4V 合金锻件相当的新型激光 3D 打印专用钛合金 TX。表 13-5 给出了 LSF 制备成形 TX 合金试件的力学性能。可以

看到，TX 合金的力学性能在沉积态下与 Ti-6Al-4V（TC4）合金的锻件性能具有良好的匹配。目前，西北工业大学还正在利用激光 3D 打印技术进一步开发综合力学性能与 TC4 和 TA15 合金锻件相当的新型激光 3D 打印专用钛合金，以及与 Inconel718（GH4169）合金锻件、Rene88DT 粉末冶金件力学性能相当的新型激光 3D 打印专用镍基高温合金。

表 13-5 激光立体成形 3D 打印专用 TX 钛合金的室温力学性能

材料	成形工艺及状态	σ_b/MPa	$\sigma_{0.2}$/MPa	δ/%	Ψ/%	$K1C$/MPa·$m^{1/2}$
TX	激光立体成形沉积态	895～930	815～870	10～14.5	29～51.5	86.2～121.3
TC4（Ti-6Al-4V）	锻造退火态标准	≥895	≥825	≥8～10	≥25～30	≥50

13.4 发展我国材料 3D 打印技术产业的主要任务及存在的主要问题

20 世纪 90 年代初，我国以大学和研究所为主的一批科研单位开展了 3D 打印技术及材料的研发工作，主要以光敏树脂材料、高分子粉体材料、金属材料为主。与发达国家相比还有一定差距，主要体现在以下两个方面：

（1）材料的基础研究薄弱，材料的性能、种类无法满足需求

非金属 3D 打印材料有别于传统工业所用材料，其对于材料的形态、性能都有严格的要求。随着 3D 打印技术应用领域的不断扩大，对于 3D 打印材料的性能和普适性提出了更高的要求。目前，对于 3D 打印用非金属材料主要为光敏树脂材料、高分子粉体材料、陶瓷材料、塑料丝材等几类产品，对于这些材料的制备技术、基础理论及成形微观机理研究还没有广泛开展，制备材料的性能无法满足实际应用需求，不得不从国外采购，而这进一步限制了 3D 打印材料产业化的发展。

金属 3D 打印材料方面，全世界目前都是采用现有的合金牌号体系。虽然原则上所有具有可焊性的金属材料都适合 3D 打印，但进行过系统深入的工艺研究的材料种类却十分有限，导致可以进行 3D 打印工业应用的合金非常少，这是限制金属 3D 打印广泛工业应用的瓶颈之一。要真正发挥金属增材制造的优势，非常有必要开发金属增材制造专用合金，这方面还只有极少的探索性研究。

（2）材料的成本较高，产业化处于起步阶段

与传统材料产业相比，3D 打印材料产业规模较小，且具有一定特殊性，难以实现规模化生产。同时，受到材料研发周期长、材料配方技术难度大等问题影响，造成 3D 打印原材料成本居高不下。以光敏树脂材料为例，目前打印零

件的价格仍然以克为单位，尼龙等粉末高分子材料的价格也从每公斤几百元到几千元不等。因此，国内专业从事 3D 打印材料的企业为数不多，大多数由设备制造商直接提供。送粉式增材制造所需的金属粗粉国内已可提供，但成分的批次稳定性还需要提高。SLM 技术所需的金属细粉目前还依赖进口。

发展我国材料 3D 打印技术产业的主要任务有：

① 加强 3D 打印材料的基础研究，包括 3D 打印材料的成分设计和形态设计，3D 打印材料的工艺特性，材料与载能束的作用规律，3D 打印件的材料组织形成规律与控制方法等。

② 开发系列化的 3D 打印专用材料，包括各种非金属材料和金属合金牌号系列，并形成产业化生产能力。

③ 建立完善的 3D 打印零件的材料缺陷检测方法与质量控制标准。

13.5 推动我国材料 3D 打印技术产业发展的对策和建议

世界 3D 打印技术发展的最先进国家当推美国和德国：美国领先 3D 打印的原始创新和产业发展，占据国际 3D 打印产业市场的三分之二；德国领先 3D 打印的技术发展，在主要的 3D 打印技术与装备水平上全球领先。推动我国材料 3D 打印技术产业发展应该认真地研究和借鉴美国和德国的成功经验。

美国在 3D 打印原始创新和产业化发展上的优势，主要得益于科技界和产业界强烈的创新意识和强大的商业运作能力。GE 在全球首先建设专业化工厂，大批量 3D 打印生产航空发动机零件，并以此显著提升了其正在研制的最先进航空发动机的性能。美国宇航局已经制订了直到 2040 年的空间 3D 打印技术发展的详细计划。全球 3 家主要的 3D 打印上市公司都在美国，其中前两位（3D System 和 Stratasys 公司）都是经过了约 50 次商业并购后形成目前的约 50 亿美元市值规模的全球最大 3D 打印龙头公司。但美国人仍然认识到他们的产业技术创新体系不如德国，他们缺少像德国弗劳恩霍夫研究院那样一个科技、产业和教育密切协同的创新体系。美国于 2012 年 8 月建立了“国家增材制造创新中心”，并于 2013 年 8 月更名为“America Makes”（美国制造），体现其主要宗旨是实现“美国发明、美国制造”。美国“国家增材制造创新中心”是一个针对产业应用的 3D 打印共性技术发展与转化的国家平台。美国 3D 打印领域的科技、教育、产业和社会团体的主要力量都汇集到了“国家增材制造创新中心”中，形成了一股强大的合力，为 3D 打印技术发展和产业化应用，包括人力培训和教育搭建了一个高水平的国家平台。可以预计，吸收了德国技术创新体系后的美国，其强大的基础研究和创新能力将更加有效地支撑 3D 打印产业发展。

德国弗劳恩霍夫研究院是一个面向应用技术研究的国家研究院，其经费来源由国家、工业部门和其他方面各三分之一构成。一个弗劳恩霍夫研究所的国家拨款的多少，直接由其从工业界得到研究经费的数量决定。德国领先于全球的金属3D打印工艺与装备技术，主要就是由位于亚琛的弗劳恩霍夫激光研究所研发的。但德国弗劳恩霍夫研究院不能直接将其研发的技术进行商业化应用，而是必须通过德国公司来商业化应用。其从产业转化所得收入再用于新技术研发。弗劳恩霍夫研究院的骨干研究人员，大多也同时是大学教授，他们的很多研究生就从事研究所的课题研究。这就使弗劳恩霍夫研究所不但可以从大学的基础研究中吸收营养，同时也为企业培养了熟悉市场需求、具有技术开发能力的人才。这种科技教育与产业有效协同的技术创新体系，与严谨扎实的德国精神相结合，是德国技术领先的根本原因。然而，德国在基础研究和商业运作方面比美国有明显差距，这是德国在原始创新和产业化发展方面落后于美国的主要原因。

中国发展3D打印技术的起步时间比欧美仅晚3～5年，如果仅就个别研究单位之间进行比较，中国几个持续二十年3D打印研究的团队并不比国际上任何单位的水平更差，更适当的评价是各有千秋。但从国家整体比较，我们的原始创新不多，技术链不够完整，产业发展（包括3D打印技术本身及工业应用两方面的产业）与美国和德国相比就差距显著了。产生这种差距的主要原因，是我们还没有形成像美国和德国那样有效的技术创新体系。目前很多地方政府都很热衷于支持3D打印，工业界和社会各个方面也都对3D打印充满热情。然而，我们各方面的热情大多处于跟风的肤浅层面和想在热点领域快出亮点的惯性思维。在这种情况下很多地方盲目快上3D打印，可能又会重蹈光伏和风能发展的覆辙。因此，尽快形成一个像美国和德国那样有效的国家技术创新体系，是我国3D打印技术与产业健康发展并尽快赶超美国和德国的关键。

中国的3D打印国家技术创新体系，应是一个3D打印的产业、科研与教育三个方面协同发展的系统工程，它包括以下六个层次：

① 工业部门提出明确的应用需求并成为技术研发投入的主体。这要求工业界对3D打印的技术特性有准确清晰的认识，最要紧的是认识到3D打印不是传统制造技术的替代或补充，而是开启产品创新设计和功能提升的全新途径。国外的许多大企业都已形成自己详细的3D打印技术与应用发展规划，如GE、波音、洛克希德-马丁、空客、美国宇航局等，而国内企业大多还处在个案应用探索阶段。

② 大规模的3D打印技术产业及所属的企业技术研究机构。竞争性的应用技术应该主要由企业自身发展，3D打印的高新技术特性要求3D打印企业把技术研发放在十分重要的位置。美国3D System公司在18年的时间里累计投入了1.8亿美元的自有资金进行3D打印的材料和技术开发，平均每年1千万美元的

研究经费。没有这样的投入就不可能有领先的技术。

③ 面向产业共性技术研究、标准制定和人才培养的“国家增材制造协同创新中心”。美国和德国这样的机构都是由政府、企业和社会组织共同资助的，研究成果由所有参与单位共享。这个机构也应负责国家 3D 打印技术和产业发展的顶层设计。

④ 支撑产业应用技术的基础研究和高层次人才培养的研究型大学科教系统，以及以职业教育为主的普通高校和专科学校的工程师、技术人员培养体系。3D 打印是一个必将在全社会普及和长远应用的基础技术，在大学和高等专科学校建设相关的新学科和实验室是迫在眉睫的任务。

⑤ 面向中小学和普通高校的基础教育和创新意识培养体系。3D 打印是创新意识和能力培养的绝佳技术手段，在青少年的基础教育中普及 3D 打印是为建设创新型国家培养大批创新型人才的重要途径。

⑥ 发展 3D 打印产业所需的创新生态环境建设，包括创新要素的集成、创新的法制环境和文化环境建设。这是政府责无旁贷的任务。

建成这样一个系统工程，才能实现“3D 打印中国梦”（世界增材制造的科技强国、产业强国、服务强国和人才强国），与美国和欧洲一争高下。我们的项目安排和平台建设计划，都应当围绕着这个系统工程的框架来展开。

作者简介

黄卫东：西北工业大学工学博士，教授，博士生导师。1989 年在法国国际空间大学空间资源与制造系短期进修，1994 年美国伍斯特工学院铝合金铸造研究室客座教授，1995 年和 1996 年日本宇宙科学研究所客座教授；1998 年获国家杰出青年科学基金资助，1999 年起任凝固技术国家重点实验室主任，2001 年被聘为教育部长江计划特聘教授。国内外发表学术论文 126 余篇，被 SCI 收录 37 篇，Ei 收录 44 篇，获国家和省部级各种奖项多次。

第14章

半导体照明材料

吴 玲 吴鸣鸣 马 宁
国家半导体照明工程研发及产业联盟（CSA）

引言

2014年，诺贝尔物理学奖授予了赤崎勇（Isamu Akasaki）、天野浩（Hiroshi Amano）和中村修二（Shuji Nakamura）三位科学家，以表彰他们发现了蓝色发光二极管（LED）这种新型高效、环境友好型光源。此次获奖将半导体照明产业推向了大众视野，是对半导体照明产业巨大价值予以最大程度的肯定，同时也引发人们的思考。

一是看到诺贝尔奖的风向标。一方面，更加关注能够为人类创造福祉的科学技术，通过颁奖词也可以看出，半导体照明是一种新型高效、更加友好、更加持久的生态光源，能够为全球15亿尚未能受益于电网的人们带来更高的生活品质；另一方面，更加关注科技的产业化和商业化，尤其是诺贝尔物理奖，以往比较偏重理论物理研究，未来将更加关注与产业技术结合的应用物理。半导体照明获奖不仅仅是因为它是一个好的技术，更重要的是它已经得到实际应用，取得了巨大的社会效益。

二是看到科技发展的风向标。以Si、Ge为代表的第一代半导体材料从1956年到2009年获得过四次诺贝尔物理奖，以GaAs、InP为代表的第二代半导体材料从1985年到2009年也获得过四次诺贝尔物理奖。今年，诺奖颁给了第一只GaN基蓝光LED的发明，它是以GaN、SiC为代表的第三代半导体材料产业化应用的第一个突破口。从获得诺贝尔物理奖的9项半导体技术分布来看，未来科技发展的方向将会是第三代半导体。

三也是最重要的，半导体照明获得诺贝尔奖是对我国产业界的充分肯定和莫大鼓舞。我国在推动高效半导体照明产业化和创新应用方面做出了巨大贡献，加快了产业发展进程。特别是在对能源战略、节能减排战略、国防安全和下一代高性能信息技术具有重大影响的第三代半导体领域，我国的研究工作一直紧跟世界前沿，与国际先进水平差距不大，有可能在该领实现弯道超车、抢占国际战略制高点。

14.1 发展半导体照明产业的背景需求及战略意义

进入 21 世纪以来，全球性的能源危机日益严重，生态环境和气候变化成为人类社会面临的最大挑战，以节能减排和保护环境为主要标志的绿色发展已成为主流，发展低碳经济成为带动经济增长的内生动力。而发展半导体照明材料对我国实现节能减排、拉动消费需求、改变我国新材料产业发展方式、带动相关产业发展、推动第三代半导体技术发展等方面具有深远的战略意义。

14.1.1 推动节能环保、实现可持续发展的重要途径

我国已经成为世界第一能源消费大国，在实现持续每五年 GDP 单位耗能下降 20%的目标前提下，到 2020 年之后我国能源消费仍将占世界总消耗量的30%以上。据国家能源局发布的数据，我国发电量已跃居世界第一位，2013 年我国发电总量 5.25 万亿千瓦时，同比增长 7.6%；全社会用电量为 5.32 万亿千瓦时，同比增长 7.5%，而照明用电占全社会用电量的 13.6%，且每年以 5%～10%的速度增长。我国 80%以上的电力是火力发电，因此，电力行业是碳排放的重要领域，我国燃煤发电碳排放占全国碳排放总量的将近一半，发电使得大量煤炭资源消耗的同时也成为空气和环境的首要污染源。我国节能减排的需求十分迫切。

目前，LED 的光效已经高于传统的照明与显示光源，显现出较好的节能效果，如景观照明节能 70%以上，室内照明节能 60%左右，液晶电视背光源节能50%，路灯节能 40%。同时，LED 产品不含汞、制造过程几乎不存在污染、废弃物少，具有可循环、可回收的特点，是真正的绿色照明光源。

通过半导体照明技术和产品的应用可以大大减少能源消耗，还可以有效保护环境，推进节能减排，实现低碳经济。据国家半导体照明工程研发及产业联盟测算，如果 2015 年我国 LED 照明在通用照明市场渗透率能达到 30%，则年节电可达 1000 亿度，减少 CO_2、SO_2、NO_x、粉尘排放 1.5 亿吨。

14.1.2 转变经济发展方式、培育新的增长点的现实选择

半导体照明是一场成功的技术革命，已经确立了在照明产业变革中的主导地位。随着产品性价比的不断提升，LED 灯具开始进入千家万户，并向更高光

效、更优品质、更低成本、更可靠方向快速发展。基于其自身可控性强、光谱可调等特性，LED将与传感技术、新一代信息技术融合，从替代照明走向智能照明、按需照明，进入以应用需求驱动的发展新时期，从单纯“取光”变为营造健康、智能的“光环境”。

此外，LED还将在光通信、智能交通与家居、医疗、农业等超越照明领域催生出新的应用，成为信息社会中重要的“连接”媒介，为人类生活提供巨大的便利。如目前已实现的基于LED可见光通信技术的可穿戴电子产品和室内定位系统的运用，不仅仅是技术上的突破，更多是应用层面的多维度呈现和更多需求的满足，其未来发展有着不可忽视的前景。随着半导体照明技术与计算机、物联网、云计算、移动互联网、大数据等技术的深度融合，将成为智慧家庭、智慧城市、智能社会不可或缺的组成部分。

14.1.3 带动相关产业发展、推动第三代半导体技术进步

半导体照明产业是典型的技术、劳动双密集型产业，包括芯片制备、器件封装、应用制造等环节，涵盖节能、环保、高技术、微电子、基础装备制造等众多领域，产业关联性强，对原材料与装备制造、信息显示、汽车电子、消费类电子、航空航天、太阳能光伏及整个光电子产业等领域都有重要的带动作用。

同时，以氮化物LED发光芯片为核心的半导体照明技术也是第三代半导体材料产业化第一个成功的突破口。第三代半导体由于高能效、大功率、耐高温和辐照等优异特性，在固态照明、移动通信、新能源汽车、智能电网、国防工业等领域展示出了极其广阔的应用前景，具有极强的应用战略性、前瞻性和产业带动性。发展第三代半导体抢占国际战略制高点、提高核心竞争力、推动节能减排、转变经济发展方式、构建下一代高性能信息技术、提升国家信息安全和国防建设水平等方面具有重要意义，将为我国经济发展和人民生活水平进步提供更有力的科技支撑。

14.2 半导体照明产业的国际发展现状及趋势

近年来，全球半导体照明产业发展迅猛，世界各国都在全力抢占这一战略性新兴产业的制高点，专利、标准、人才竞争白热化，产业整合速度加快，呈现爆发式增长态势。

14.2.1 积极部署国家战略

当前，世界上主要经济体纷纷将半导体照明作为新兴产业，立足国家战略进行系统部署，从国家层面推动技术研发；发布对白炽灯等低效照明灯具的禁、

限令；出台政策开展示范应用与推广；加快检测与标准化进程，抢占技术与产业发展主导权。

如美国将半导体照明作为能源战略的重要组成部分，实施“国家半导体照明研究计划”；美国能源部（DOE）发布《固态照明商业化支持五年计划》草案，加速高效固态照明产品进入市场；美国环保部和能源部共同推行“能源之星”，要求联邦及各州对“能源之星”认证的产品进行补贴；克林顿气候提案（CCI）在洛杉矶市示范推广 14 万盏 LED 路灯；2011 年，对使用节能照明产品的商业楼宇实施减税政策。欧盟在欧洲第七框架计划中将半导体照明技术列入优先发展主题；并建设半导体照明共性技术研发平台；还发布“照亮未来——加快新型照明技术利用”绿皮书。日本实施“21 世纪光计划”；并将 LED 球泡灯纳入环保点制度积分（“Eco-Point”制度）补贴范围，促进产品的应用推广。韩国启动了“GaN（氮化镓）半导体开发计划”，并确定太阳能、半导体照明、混合动力汽车为绿色增长三大引擎，目标是成为半导体照明产业世界前三强。

14.2.2　技术进步日新月异

（1）LED

2013 年大功率白光 LED 产业化水平达到 160 lm/W。日本 Nichia 公司的小功率白光 LED 实验室光效超过 249 lm/W。

根据美国能源部（DOE）2014 年发布的半导体照明技术路线图（表 14-1），预计 2015 年冷白 LED 器件的光效可以达到 190 lm/W（暖白：162 lm/W），冷白 LED 器件成本降至 2 $/klm（暖白：2.3 $/klm）；至 2020 年冷白 LED 器件的光效可以达到 231 lm/W（暖白：225 lm/W），LED 器件成本降至 0.7 $/klm。

表 14-1　美国能源部（DOE）2014 年半导体照明技术路线图

		2013	2015	2017	2020	目标
冷白光器件	光效/（lm/W）	166	192	211	231	250
暖冷白光器件		135	169	197	225	250
LED 灯具		100	—	—	200	—
冷白光器件	价格/（$/Klm）	4	2	1.3	0.7	0.5
暖白光器件		5.1	2.3	1.4	0.7	0.5

然而，LED 光效的提升已经不再是 LED 技术水平的最重要方面，技术关注点更多的集中于应用系统技术的开发以及如何降低成本，技术研发模式也将会出现较大的转变。其发展趋势主要有：技术向集成化方向发展，结合集成电路工艺的芯片级光源技术、多功能系统集成封装技术、超越封装的 LED 模组技术，如 COB、COH、光引擎集成等成为技术研发热点。同时，产品向模块化、

智能化方向发展，如开发低成本、高可靠、高效率的应用产品及系统；依不同室内外照明环境的需求，形成标准化的产品种类与规格，解决用户长期使用的维护与替换问题；开展LED光源、电子控制装置模块化及灯具内相应的接口标准统一，形成大规模的制造生产，促进成本的快速下降；随着IT技术，尤其是互联网、物联网以及云技术的迅猛发展，LED技术将与新一代信息技术深度融合，呈现智能化、远程化、数字化、网络化的趋势，其与通信、控制、传感、信息技术乃至医学与生物技术结合，这将大幅提高照明产品的附加值，未来LED照明将成为智慧家居、智慧城市的重要组成部分。

（2）OLED

近年来，全球OLED技术不断取得突破。通过同时提高内量子和外量子效率，白光OLED的发光效率已经突破达到156 lm/W。在大尺寸OLED面板方面，已有LG和三星公司推出的55in曲面OLED电视产品。

14.2.3 市场规模不断增长

（1）LED

随着LED技术进步，LED的应用领域不断拓宽，市场规模迅速增长。据市场研究机构Strategies Unlimited公布的最新数据表明，2013年全球LED器件市场为144亿美元（如图14-1所示）。LED已在景观、小尺寸背光、显示屏、指示显示等领域得到广泛应用；在汽车照明、大尺寸背光等领域进入规模化应用阶段；通用照明呈现爆发式增长态势；在农业、医疗、智能交通、光通信、航空、航天等领域也不断开发出新的应用，市场潜力巨大。

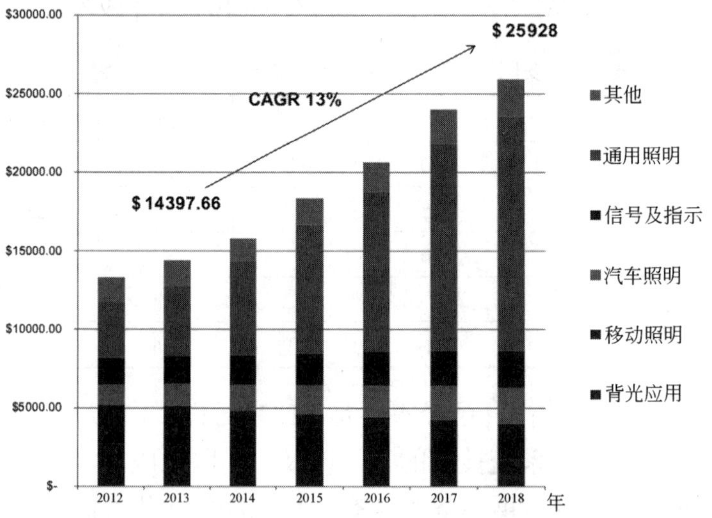

图14-1 全球LED器件市场规模预测（单位：$，M）

［数据来源：Strategies Unlimited（2014）］

（2）OLED

随着 OLED 技术的不断进步，不论是其面积尺寸、发光效率还是寿命都在不断提升，与之相对应，OLED 的应用领域也从小尺寸应用的便携终端显示向中大尺寸应用的电脑屏幕和电视发展，并积极向通用照明领域渗透，此外，在军工、航天等领域的应用也有较大空间。据市场研究机构 HIS Electronics 以及 Media & Display Search 发布的数据，2012 年全球 OLED 照明产业规模接近 0.5 亿美元，主要面向住宅。随着成本降低和发光效率提高，OLED 照明产业市场竞争力快速增强，产业规模不断扩大，预计 2016 年达到 25 亿～30 亿美元，2020 年达到 60 亿美元左右，主要面向医院和店铺（图 14-2）。

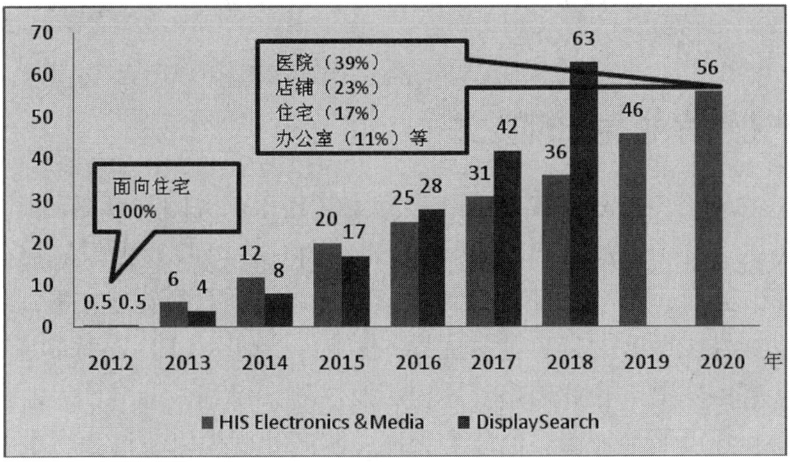

图 14-2　OLED 照明全球市场规模预测（单位：亿美元）

（数据来源：HIS Electronics & Media & Display Search）

14.2.4　标准检测认证进程加快

由于半导体照明的发光原理等诸多特性不同于传统照明，检测方法和评价标准存在较大差异，半导体照明的标准化逐渐成为照明领域国内外标准化组织的工作重点，且标准化重点将由半导体照明替代传统照明产品的安全、性能要求，逐步转向体现半导体照明技术特点的可靠性测试、接口要求、智能控制、系统能效、健康舒适照明等方向。

为保证半导体照明相关的照明机理研究、测量技术和标准体系的建立能跟得上半导体照明应用急剧发展的脚步，国际上各标准化组织以及发达国家，如 IEC（国际电工委员会）、CIE（International Commission on Illumination 国际照明委员会，ISO/IEC 认可的国际标准制定组织之一）、ANSI（美国国家标准学会）等均积极应对。自 2010 年以来，飞利浦等跨国公司为了抢占 LED 标准化的制高点，相继组织成立了国际联盟组织 Zhaga Consortium、TALQ Consortium、

The Connected Lighting Alliance（CLA，互联照明联盟），国际标准化组织 ISO 在 CIE 的影响下也成立了新的标准化技术委员会 TC 274 Light and Lighting（光与照明），形成了国际照明领域半导体照明新的标准化格局。由我国发起成立的国际半导体照明联盟（ISA）也成立了标准化技术委员会（TCS），并召开了四次工作会议，旨在促进全球或区域标准的推广应用、添补已有标准领域的空白点，并就半导体照明新的应用领域制定 ISA 标准。

认证方面，不同的认证体系对产品在安全、电磁兼容、节能等方面均有不同的认证要求，如美国“能源之星计划”自愿性认证、欧盟的 CE 认证和 ErP 指令、中国的 CQC 节能认证、日本的 PSE 标志、墨西哥的 NOM 认证、国际高效照明产品认证 ELI 等。全球各主要区域市场的标准、检测、认证的渠道基本畅通，市场秩序将逐步建立。

14.2.5 产业竞争格局出现变化

从全球整体格局来看，LED 产业主要分布在美国、日本、中国大陆、中国台湾地区、韩国以及欧洲。由于经济的全球化，LED 产业发展也在逐步形成国际分工。美国、日本在 LED 芯片等核心器件方面具有竞争优势；欧洲在汽车照明及功能性照明方面具有竞争优势；我国台湾地区 LED 芯片制造、封装的产能最大；韩国凭借大企业战略显现出后发优势。专利、标准、人才竞争白热化，产业整合速度明显加快。全球半导体照明产业规模以超过 20%的速率增长，亚洲引领全球产业，中国由于传统照明产业基础以及应用市场前景巨大，是亚洲的核心地区之一，目前已成为全球产业转移的热点地区。

14.3 半导体照明产业的国内发展现状及趋势

我国将半导体照明作为节能环保产业的重要领域，列入战略性新兴产业。2013 年是我国“国家半导体照明工程”启动十周年。十年来，在国家持续支持和市场强力需求的拉动下，我国半导体照明产业取得了长足发展，形成了较完整的产业链和一定的产业规模，产业集聚初步形成，一批骨干企业正在茁壮成长，示范应用已居于世界前列，功能性照明市场正在逐步开启。中国已成为全球半导体照明产业变革中转型升级发展最快的区域之一，具备了由大变强的发展基础。

14.3.1 政策环境逐步完善

我国政府高度重视半导体照明技术创新与产业发展，出台了一系列相关政策和计划支持我国半导体照明产业的发展，体现了国家层面上有序、合力推进的特点，支持的重点方向也从支持科技创新、扶持产业发展、推动产品应用，到培育和规范市场。

2003 年，我国半导体照明工程正式启动。2006 年，半导体照明被纳入国家中长期科技发展规划纲要“能源”领域“工业节能”优先主题，科技部分别在攻关项目和 863 项目中设立专项计划进行支持。2009 年，国家发改委联合科技部、工信部等六部门发布《半导体照明节能产业发展意见》；科技部将半导体照明列入新材料领域六大重点专项之一，通过 973 计划、863 计划、支撑计划和条件平台建设等科技计划联合支持半导体照明的技术研发，并启动“十城万盏”半导体照明试点示范应用工程。2010 年，国务院发布《国务院关于加快培育和发展战略性新兴产业的决定》，将半导体照明列入我国战略性新兴产业的重要发展方向；国家发改委等三部委联合组织“半导体照明产品应用示范工程项目”，在全国共选择 50 个半导体照明应用项目开展示范；启动了国家半导体照明领域科技和产业方面的“十二五”专项规划研究。2011 年，国家发改委等五部门正式发布《中国逐步淘汰白炽灯路线图》。2013 年，发改委、科技部等六部委联合发布《半导体照明节能产业规划》，明确了我国半导体照明节能产业“十二五”期间的指导思想、基本原则和发展目标，并提出了主要任务、重点工程和保障措施。2013 年，国务院发布《“十二五”国家自主创新能力建设规划》，将节能环保电光源作为制造业创新能力建设重点之一，将半导体照明作为战略性新兴产业创新能力建设重点之一。2014 年，科技部、工信部发布《2014～2015 年节能减排科技专项行动方案》，鼓励半导体照明等具有明确产业化前景的重大节能减排技术；国务院发布《2014～2015 年节能减排低碳发展行动方案》，大力实施节能技术改造工程，推广应用半导体照明，实施能效领跑者计划。同时，地方政府也制定了半导体照明产业的发展规划并出台了相关政策。这些政策的出台极大促进了我国半导体照明产业的健康有序发展。

14.3.2　关键技术取得突破

（1）LED

在国家科技计划的引导和市场需求的牵引下，我国半导体照明技术也得到了迅速提升。目前，我国已初步形成了从上游外延材料与芯片制备到中游器件封装及下游集成应用比较完整的技术创新链，关键技术与国际水平差距逐步缩小，创新应用基本与国际同步，部分单项核心技术国际领先。

高端外延芯片、新型衬底及 MOCVD 重大装备。2013 年我国蓝宝石衬底功率型白光 LED 研发水平超过 160lm/W，产业化水平达到 140 lm/W；芯片国产化率 75%；具有自主知识产权的功率型硅衬底白光 LED 研发光效水平达到 160 lm/W，产业化光效水平达到 130 lm/W；深紫外 LED 在 20mA 电流下输出功率超过 4MW，处于国际先进水平；国产芯片已全面进入指示、显示、景观、背光、照明等主流应用领域，芯片国产化率已超过 75%。GaN 等新型衬底已开始小批量产业化；开发出生产型 MOCVD 设备定型产品并实现销售。

封装、应用技术。采用进口芯片封装光效已到 150 lm/W，新型软板封装（COF）技术；室内照明产品光效超过 90 lm/W，道路照明产品光效超过 100 lm/W，已高于所有传统照明产品，并有超过 50%的应用产品出口国外。具有自主知识产权的 LED 道路照明等应用产品的规格接口标准在国内开始大规模应用，并得到了国际厂商的采用。

（2）OLED

目前国内储备了一批 OLED 专利技术和研发力量，国内有 30 多家科研机构和企业从事 OLED 的研发和产业化工作，在机理研究、材料开发、器件结构设计、生产工艺技术等方面做了大量工作，取得了一系列有价值的研究成果，获得了较多的专利技术，培养了一批技术人才。白光 OLED 实验室光效已达 128 lm/W，产品光效已达 43 lm/W。我国在有机发光材料的合成方面已经掌握了一定的关键技术，可以自主提供有机半导体材料，这使中国企业进入 OLED 产业具备了一定的有利条件。

14.3.3 产业规模不断扩大

（1）LED

我国半导体照明产业总体发展势头良好。我国半导体照明产业发展迅速，产业链相对完整，产业初具规模。“十一五”期间，我国半导体照明产业规模年均增长率接近 35%。2013 年，我国半导体照明产业整体规模达到了 2576 亿元，较 2012 年的 1920 亿元增长 34%。其中上游外延芯片规模达到 105 亿元、中游封装规模达到 403 亿元，下游应用规模则突破 2000 亿元，达到 2068 亿元。（如图 14-3 所示）预期到 2015 年整体产业规模将超过 5000 亿元。珠三角、长三角、闽赣三大区域集中了 80%以上的 LED 照明企业和产值，初步形成产业集聚。

我国 LED 应用示范在产品种类和应用规模上都居于全球领先地位。如图 14-4 所示，2013 年通用照明市场迅速启动，增长率达 65%，产值达 696 亿元，占应用市场的份额也由 2012 年的 28%增加到 2013 年的近 34%，LED 照明产品的国内市场渗透率达到 8.9%；背光应用保持较快增长，增长率约 35%，产值达到 390 亿元。同时，LED 在汽车、医疗、农业等新兴照明领域的应用增长幅度超过 25%。

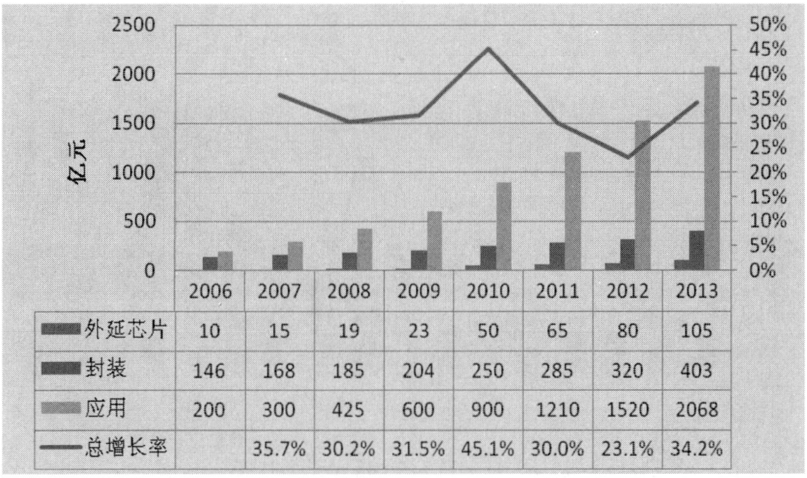

图 14-3　2013 年我国 LED 产业链各环节产业规模

（数据来源：CSA Research）

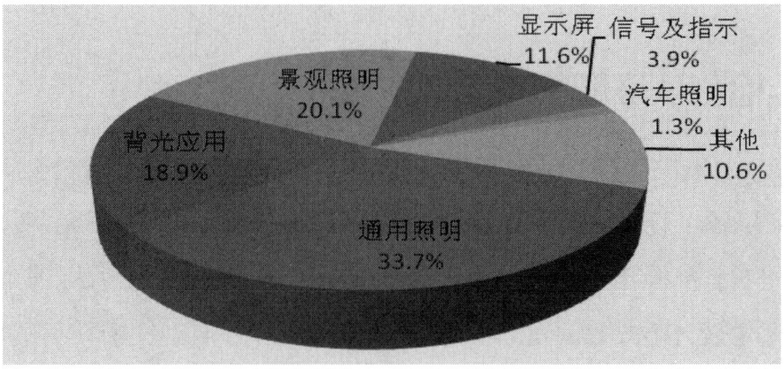

图 14-4　2013 年我国 LED 应用领域分布

（数据来源：CSA Research）

如图 14-5 所示，2013 年我国 LED 照明产品出口金额超过 55 亿美元，同比增长 71%；2014 年上半年约 43.5 亿美元，同比增长高达 135%。从出口目的地看，欧美仍是我国 LED 照明产品出口的主流市场，而金砖国家、中东地区等新兴市场迅速崛起。2014 年上半年，我国 LED 照明产品 50%以上的出口主要集中在美国、欧盟和日本，而俄罗斯以 9%的市场份额一举跃升成为我国第二大出口市场。

（2）OLED

我国在 OLED 产业化方面处于起步阶段，有多条 PMOLED 量产线陆续投产，为中国 OLED 产业发展奠定了较好的基础。我国中小尺寸面板出货量已比肩韩国和中国台湾，进入了高速发展的快车道。目前中国大陆发展 OLED 技术的企业主要有京东方、天马微电子、维信诺、虹视与彩虹、南京第壹有机光电等，这些企业大多以 OLED 显示进入 OLED 领域，目前也纷纷开始进行 OLED

照明产品的开发。

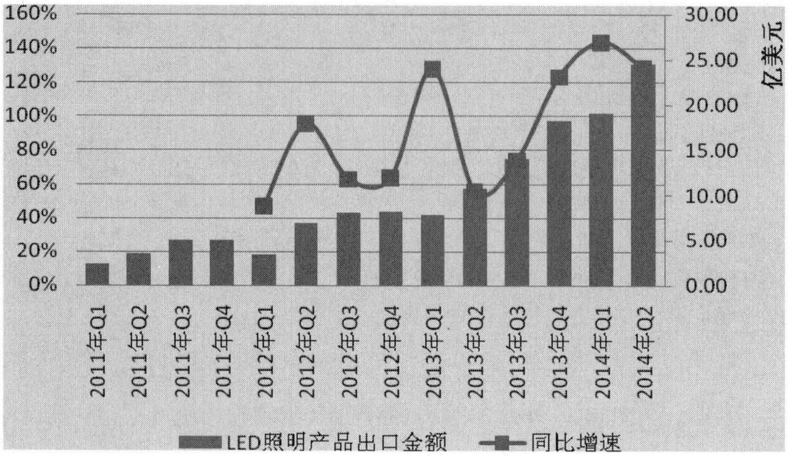

图 14-5 2011～2014 年上半年我国 LED 照明产品季度出口金额

（数据来源：中国海关，CSA Research）

14.3.4 标准检测认证取得阶段性进展

截至2014年9月底，我国现行国标中，“照明”相关标准达106项，“LED”相关国家标准已达 43 项，覆盖 LED 产业链上中下游和相关配套材料。涉及 LED 的行业标准达 30 项。为建立我国半导体照明标准体系，加快半导体照明关键技术标准制定，积极推动我国半导体照明产业的健康发展，2011 年，国家标准委组织六部委（国家发改委、科技部、工信部、财政部、住建部、质检总局）成立“半导体照明（LED）标准领导小组”。依托半导体照明工程研发及产业联盟成立的半导体照明创新国家实验室获批成为“半导体照明应用及能效”工作组组长单位之一，承担部分领域半导体照明国家标准的制修订工作。

为落实《半导体照明科技发展“十二五”专项规划》、《“十二五”技术标准专项规划》等相关要求，进一步推动半导体照明技术创新和产业发展，改变标准化滞后于技术与产业发展的现状，建立协同创新的标准化工作模式，在科技部等相关部门支持下，在联盟标准化协调推进工作组工作基础上，为进一步完善技术规范等标准化工作，国家半导体照明工程研发及产业联盟于 2012 年成立了 CSA 标准化委员会，以“公开、透明、协商一致”的宗旨开展标准化工作。截至 2014 年 11 月，共发布 28 项联盟标准，1 项联盟技术报告，6 项联盟标准正在制定。其中，道路照明规格接口、光通量衰减加速测试等 3 项被纳入国家发改委、国标委“百项能效标准”，已有 2 项联盟标准成功立项国标并发布，正在牵头 4 项国家标准制定，参与 3 项国家标准制定，已经初步建立了联盟标准转化为国家标准的工作机制。

2013 年，在国标委的支持下，国家半导体照明工程研发及产业联盟成为新成立的 ISO/TC 274（光与照明标准化技术委员会）国内技术归口单位联合工作组组长单位，牵头承担国际标准文件研究和投票、组织中国代表团等国内技术对口单位开展工作。在国际半导体照明联盟（ISA）的 TCS（标准化技术委员会）正在开展的工作中，CSA 提案 4 项标准技术文件，2 项已经形成 ISA 推荐性规范的草案，其中 1 项已经向全球发布。

在产品认证方面，中国质量认证中心于 2011 年 8 月开展了 LED 路灯/隧道灯、LED 筒灯、LED 射灯、LED 球泡灯 4 项节能认证，2014 年开展了 LED 平板灯和 LED 管灯的节能认证。同时，国家半导体照明工程研发及产业联盟联合方圆认证，将国际 ELI 认证引入国内，采用先进的联盟标准作为技术支持，推出了 LED-ELI 认证，目前推出 5 项高效照明产品认证（LED 路灯/隧道灯、LED 筒灯、LED 射灯、LED 球泡灯、LED 装饰灯），未来将覆盖全产业链。LED-ELI 认证以能效、安全、质量、寿命为宗旨，以高标准、高要求的执行原则，截至 2014 年 11 月，已认证 25 家龙头企业的近百款 LED 照明产品，且产品成功应用在道路、超市、工厂、办公等场所，通过了市场验证。

14.3.5 产业整合速度加快

随着市场需求的快速提升，LED 行业迎来了前所未有的发展高峰期，行业整合并购潮涌，产业格局加速调整。2014 年以来，LED 行业并购事件频频发生，行业整合大戏渐入高潮。上半年 LED 行业共发生 11 起重要的并购交易，其中披露的交易总金额超过 35 亿元人民币，交易结果绝大多数是以取得控股权为目标，并购目的除了延伸产业链实现多元化发展，更多的是渠道、品牌建设以及产能扩充。与前几年相比，目前企业间的整合并购更加频繁，而整合方向也由“强者并购弱者”转为“强者并购强者”，企业之间通过收购、参股等方式，迅速打破技术、专利壁垒，凸显规模优势，实现产业化突破，使得优势资源向行业巨头集聚。

14.4 发展我国半导体照明产业的主要问题

我国半导体照明产业将步入新的发展阶段，向智能化、数字化、多功能、更广泛领域应用的发展态势将更加明显，技术创新和应用空间也将随之不断增大，未来 3～5 年将是半导体照明产业发展最关键的时期，我国半导体照明产业发展面临着重大历史机遇，具备跻身世界产业强国的基础与条件。但面对激烈的国际竞争，仍有严峻挑战。

第一，产业集中度低。我国企业规模普遍较小，而且比较分散、产业结构性过剩、产业资源不集聚。据国家半导体照明工程研发及产业联盟统计，我国半导体照明产业集中度（前 10 家企业销售额占行业总销售额比重）仅约 7%，与国际差距较大（全球前 10 家销售额占比约 67%），下游应用环节准入门槛低，企业数量多但普遍规模小、缺乏龙头品牌，存在低水平重复建设、盲目投资现象。

第二，持续创新能力不足。研发力量分散，企业研发力量薄弱；单个企业无法解决产业共性难题，正在建设的公共技术研发平台需要进一步加大投入；可靠性、光品质、高附加值产品化研究、系统集成技术和创新应用研究需加强。

第三，市场低层次过度竞争。缺乏行业规范，产品质量良莠不齐，同质化市场竞争激烈，价格战现象严重。特别是一些工程缺乏质量监控，导致部分不成熟应用产品出现了不同程度的质量问题以及照明效果较差，影响了公众对于半导体照明的认可与行业信誉。

第四，核心产业化装备依赖进口。目前国内以 MOCVD 为代表的重大核心装备市场被国际大企业完全垄断，要打破受制于人的局面需要国家在政策、资金等方面的大力支持，特别是引导自主研制重大核心装备、采购和使用国产装备、开拓海外市场等配套政策的落实，改变目前生产企业进口设备地方政府给予高额补贴的现状，构建国产重大装备与国际大公司公平竞争的市场环境。

第五，产业环境需进一步完善。产业服务支撑体系虽已初步建立，还需要政府给予相关政策支持；半导体照明产业标准、检测、认证等工作滞后于技术和产业发展，且多头管理，缺乏整体规划；结构性人才紧缺，特别是高端人才、创新团队及熟练的技术工人；基于互联网的发展理念和服务模式还没有形成；节能环保的消费理念需要加强。

14.5 推动我国半导体照明产业发展的对策和建议

半导体照明是战略性新兴产业中少有的几个走在世界前列的产业，打开了第三代半导体产业化应用的突破口，是一个孕育着全球性产业革命的领域。未来十年是半导体照明产业发展的关键时期，应抓住这一重要发展机遇，通过体制机制创新和深化改革引领推动产业发展，实现我国从产业大国变为强国的战略目标。

第一，建立开放、协同创新的公共研发平台，提升自主创新能力。

立足于市场应用需求，针对产业发展的共性关键技术问题，支持建立体制机制创新的、可持续发展的、国际化、开放性的公共研发平台，集技术研发、标准研制、孵化转化、人才培养为一体，引导企业、高校、科研院所共同参与。推动协同创新，实现共性关键技术突破与共享；支持平台为企业提供跨领域技术集成与验证、新产品和新技术的开发设计模拟与优化、产品和工程设计整体解决方案等技术服务；建设面向产业化的中试平台和包括技术评估、工程化验证、工艺改进、专利评估与运营等在内的技术转让服务体系，引入风险投资以及市场培育机制，实现技术成果的零重力转化、孵化；探索建立分层次、多领域的引才、用才平台，开放式培养创新人才和团队；在现有创新载体基础上，优化和集成创新资源，建设国家重大创新基地。

第二，优化产业发展生态环境，完善科技服务支撑体系。

建立以半导体照明产业发展为核心的科技服务平台，支持设立 PPP 模式的产业发展基金，鼓励民间资本和财政资金共同参与技术成果转化孵化的创新商业模式，鼓励并购重组提高产业集中度；加强标准建设，通过联盟标准试点工作推动联盟标准升级为国家标准；开放分析、测试、评价等行业专业化服务，完善产业服务支撑体系的多元化建设；修订认证规范，放开认证门槛，引入产品认证竞争机制；支持实施半导体照明产品的“领跑者”制度，培育龙头品牌企业，规范半导体照明应用市场；充分发挥联盟、学会、协会等行业组织在整合资源、产学研对接、公共服务等方面的作用，推动光电子与微电子技术的集成应用，推动跨界资源整合。

第三，坚持开放、合作以及经济的国际化和全球化。

搭建国际化的创新技术平台、标准检测平台和科技服务平台，以开放的国际化的“聚智”服务，聚集战略性、引领性的全球创新资源；开展标准规范推广、标识互认、技术转让、产业对接、商务贸易拓展、海外渠道建设等方面的工作；要大力支持在海外建立研发中心、孵化中心以及测试比对中心，应用示范项目等；扩大科技开放合作，广泛参与高层次的国际科技合作，在更高起点上推进自主创新；拓展国际交流与合作的广度和深度，积极参与各类国际组织，特别是要支持由我国主导的国际半导体照明联盟在标准制定、加强与欧美国家交流、推动与金砖国家合作、促进中国标识认证和全球战略性产业研究等方面的工作。

作者简介

吴玲：女，教授级高级工程师，自 2003 年任北京半导体照明科技促进中心主任，2004 年任国家半导体照明工程研发及产业联盟（CSA）秘书长。

2009 年出任中国材料研究学会常务理事、中国照明学会常务理事、中国产学研促进会常务理事，海峡两岸 LED 照明合作项目工作组组长。2010 年被推选成为国际半导体照明联盟（ISA）第一届主席。2011 年被推选为半导体照明联合创新国家重点实验室理事长。2014 年当选为首都创新大联盟的首届理事长。

第15章 地方新材料产业的发展

15.1 北京市

15.1.1 北京市新材料产业总体发展情况

北京在新材料领域拥有众多国家级科研机构和基础设施，获得了大量的国家科技进步奖和发明奖，拥有许多新材料产业领域专利。据不完全统计，2014年北京拥有新材料规模以上企业100多家，实现产值约330亿元，其中上市企业26家。主要特点如下：

① 前沿新材料极具潜力和发展空间，涌现出了一批创新型企业，清华-富士康、中科纳新、综艺超导、有研亿金及天奈科技等企业均在相关领域掌握了关键核心技术，产业化初具规模，成为未来北京新材料高端发展的重要引擎。

② 特种金属功能材料、先进高分子材料及高性能复合材料具有雄厚的科技创新能力，具备一定的产业基础，产品竞争力强，涌现出了安泰科技、中科三环、碧水源、中航复材等一批知名企业，未来仍有很大的发展空间。

③ 传统的金属结构材料、高分子材料及无机非金属材料正在深入推进产业结构调整。首钢、金隅等凭借在京强大的研发及市场优势，正在形成“两头在内、中间在外”的总部经济发展模式。燕山石化、江河创建等正在深入推进技术升级和产品结构调整，逐步向高端化、服务化方向转型。

15.1.2 北京市新材料重点领域发展情况

（1）特种金属功能材料领域

① 功能合金材料。该领域以安泰科技股份有限公司为依托，重点生产LED半导体配套难熔材料、纳米晶超薄带及制品、高端粉末冶金制品等新材料；以有研亿金为依托，重点生产高代线大尺寸平板显示器用高纯金属靶材、分立器件及封装镀膜用超高纯金属及合金材料、微电子封装用焊料等新材料；以北冶功能材料公司、首钢吉泰安公司为龙头，重点发展高温合金、金属纤维材料、

金属多孔材料、非晶合金等产品。

② 半导体材料。该领域以京东方、有研硅谷、华进创威、八亿时空等企业为依托，突破大尺寸硅单晶抛光片、外延片等关键材料技术瓶颈，推动以碳化硅单晶和氮化镓单晶为代表的新一代半导体材料产业化进程，提高北京电子信息产业的本地化配套能力。

③ 先进储能材料。该领域以当升科技、中信国安盟固利、北大先行等动力电池正极材料生产企业为依托，推动企业技术创新，提升锂离子电池正极材料的性能指标，满足新能源汽车对高效率、大容量、长寿命、高安全性能锂离子电池的需求，整体提升北京新能源汽车配套能力。

④ 稀土磁性材料。该领域以中科三环、安泰科技、北矿磁材、银纳金科、京磁强磁、北京三吉利等稀土永磁材料生产企业为依托，突出发展具有核心竞争力的高端环节产品，大力发展新能源汽车电机、音圈电机、核磁共振等高端领域所应用的稀土永磁产品，实现产品升级。同时加快发展电动汽车用高容量、高稳定性新型储氢合金。目前，北京拥有磁学国家重点实验室等 3 家国家重点实验室，稀土材料国家工程中心等 4 家国家工程中心。

（2）先进高分子材料领域

该领域依托碧水源、蓝星东丽、科泰兴达等反渗透膜生产企业，开发反渗透膜、纳滤膜、微滤等相关产品及膜组件，积极开展在污水处理及海水淡化领域的推广应用；依托燕山石化特种橡胶、工程塑料等现有产品优势，加强自主研发和产品创新，重点发展顺丁橡胶、丁基橡胶、集成橡胶、溴化丁基橡胶、稀土顺丁橡胶、乙丙橡胶等新材料产品，推进进口替代进程。

（3）高性能纤维及其复合材料领域

该领域以中航复合材料、中材集团、同益中等龙头企业为支撑，重点是加快高性能纤维及其增强复合材料的开发和产业化，为新能源汽车、风力发电和轨道交通等战略新兴产业发展做好配套。其中中航复材整合了中航工业航材院与航空制造所在复合材料领域的技术优势，在顺义区建设了复合材料产业基地，最先在我国开展复合材料技术研究，并将复合材料技术应用于飞机和发动机结构，是我国航空复合材料研发工程化的核心力量。

（4）前沿新材料领域

① 纳米材料。该领域以天奈科技、中科纳新、首创纳米、清华富士康等纳米材料制备应用企业为依托，重点突破碳纳米管、富勒烯、石墨烯等纳米材料的制备与应用关键技术，积极推进纳米材料在新能源电池、绿色印刷、电子触摸屏等重点领域的推广应用。重点支持清华富士康超顺排碳纳米管项目落地建设及其规模应用，支持中科纳新纳米油墨绿色制版产业化及其发展模式创新，支持中科纳通纳米银浆在绿色制卡和印刷电路方面的规模应用。

该领域拥有国家纳米中心、中科院化学所、北京大学、清华大学、北京化工大学等研发资源。

② 生物材料。该领域以纳通医疗、乐普医疗、百慕航材、爱康宜诚、安泰生物等生物医用材料企业为依托，大力发展医用高分子材料、生物陶瓷、医用金属及合金等医用级材料及其制品，积极推动有研亿金形状记忆合金、纳通医疗牙科种植体产品、乐普医疗介入瓣膜和可降解支架等生物医用材料技术创新及高端化、规模化发展，满足人工器官、血管支架和体内植入物等产品应用需求。

③ 其他前沿材料。以综艺超导、云电英纳等企业为依托，突破高温超导线材、薄膜材料制备技术，推进超导滤波器示范推广应用，满足核磁共振成像、超导电缆、无线通信等领域的需求；以有研亿金等企业为依托，开发智能材料与结构制备加工技术，发展记忆合金、智能高分子材料等，实现智能材料在医疗等领域的示范应用；以北京隆源等企业为依托加快增材制造技术研发和产业化，满足 3D 打印产业需求。

15.2 天津市

15.2.1 天津市新材料产业总体发展情况

新材料产业作为天津市重点发展的战略性新兴产业，近年来产业规模进一步扩大，产业水平不断提升。2014 年，天津市新材料产业实现工业总产值 470.72 亿元，占全市工业比重 1.7%；实现主营业务收入 474.29 亿元，利润 12.08 亿元。涉及新材料的重点投资项目 38 项，实现行业投资 162 亿元。

天津市新材料产业在先进储能材料和功能性膜材料不断升级完善的同时，形成了以高端金属结构材料和特种金属功能材料为主导，前沿新材料为新增长点的产业体系。先进储能材料和功能性膜材料领域，拥有巴莫科技、贝特瑞、金牛电源、东皋膜等涵盖电池材料生产各个领域的企业，包括天津力神、天津比克、三星等国内知名新型电池生产企业均在天津设厂，锂离子电池的市场占有率位居全国前列。高端金属结构材料和特种金属功能材料领域拥有雄厚的科研基础及较大的市场占有率，代表企业为环欧半导体、天钢集团、荣城钢铁、三环乐喜、包钢稀土、一阳磁材等，主要产品有半导体材料、稀土功能材料、功能合金、新型建材等；前沿新材料领域异军突起，纳米材料、生物材料、智能材料和超导材料发展潜力巨大，以国家纳米技术产业化基地为依托，以国家纳米技术与工程研究院为主要载体，拥有国家纳米产品质量监督检验中心，能够提供材料检测、科技研发等高端服务。

15.2.2 天津市新材料重点领域发展情况

（1）特种金属功能材料领域

① 半导体材料。拥有环欧半导体、电子材料研究所、三环乐喜等重点企业。天津市环欧半导体材料技术有限公司是国内生产硅单晶种类最齐全的厂商之一，2014年实现产值16.7亿元，是我国大直径区熔硅单晶产业化基地，其中区熔硅单晶系列产品的国内市场占有率超过65%。天津电子材料研究所在大直径半绝缘砷化镓单晶、抗辐射硅单晶、高阻区熔硅单晶、特种硅外延片研制方面居国内领先水平，是国内砷化镓材料的主要供货单位，Φ50～75mm 半绝缘砷化镓单晶国内市场占有率达 60%以上。三环乐喜新材料有限公司，具备每年5000t 钕铁硼永磁体的生产能力，产品广泛应用于各种高质量传感器、医疗器械、节能家电、消费类电子等领域。

② 稀土功能材料。以天津包钢稀土研究院有限责任公司为代表，公司研制成功的稀土光谱转换高分子膜，经中国电子科技集团第十八研究所测试评价，其对晶硅太阳能电池效率可以提升2.3%以上，达到了行业先进水平。天津包钢稀土研究院有限责任公司与南开大学联合研发的稀土改性 Fe-分子筛基烟气脱硝催化剂，具有良好的烟气脱硝性能，其NO转化效率在95%以上。

（2）高端金属结构材料领域

① 高品质特殊钢。拥有天津钢管集团公司等龙头企业，钢管公司的超深复杂井用TP155V高强度高韧性套管及其特殊管串结构设计开发获得2014年度冶金科学技术奖二等奖，110ksi 钢级耐硫化物应力开裂腐蚀油套管的开发获得2014年度天津市滨海新区科学技术进步奖三等奖。产品方面，拥有荣程钢铁集团的各类高品质盘条，天津重型装备工程研究有限公司的核电用钢等高端产品。

② 新型轻合金材料。拥有天津立中合金集团有限公司等龙头企业，公司专业制造、销售汽车和摩托车工业用铸造铝合金锭，高性能铝合金设计产能为15万吨（其中纯铝10万吨、再生铝5万吨）。2014年，公司实现工业总产值138亿元，较去年增长24.8%。

（3）先进高分子材料领域

① 特种橡胶。拥有天津市陆港石油橡胶有限公司、天津市镇海橡胶科技发展有限公司等企业。其中天津市陆港石油橡胶有限公司建成 10 万吨/年丁苯橡胶、6 万吨/年丁基橡胶、5 万吨/年异戊橡胶装置，项目全部投产后将成为华北地区最大的橡胶生产基地。天津市振海橡胶科技发展有限公司依托天津市橡胶工业研究所，开发出水声橡胶制品、防污橡胶制品、特种功能橡胶制品等。

② 其他高分子材料。拥有天津膜天科技股份有限公司、中沙（天津）石化

有限公司等企业。其中天津膜天膜科技股份有限公司是国内膜行业中历史悠久、规模较大的中空纤维制造基地，在深交所创业板成功上市，成为国内首家也是唯一一家登陆资本市场、以膜材料研发、生产和销售为主营业务的国家级高新技术企业，2014 年生产能力达到 415 万平方米/年。中沙（天津）石化有限公司拥有世界级规模的 45 万吨/年聚丙烯装置和 30 万吨/年高密度聚乙烯、30 万吨/线性低密度聚乙烯生产装置。

（4）新型无机非金属材料领域

特种玻璃。主要有天津远洋烘彬光伏玻璃有限公司生产太阳能超白压延玻璃，沽上真空玻璃制造有限公司生产真空节能玻璃等特种玻璃。

特种无机非金属材料。拥有欧文斯科宁（天津）建筑材料有限公司、凯诺斯（中国）铝酸盐技术有限公司等企业。其中欧文斯科宁（天津）建筑材料有限公司生产玻璃纤维保温隔热材料，2014 年公司实现产值 1.9 亿元；西控茵诺威达、和能新型建材等项目进一步推进；凯诺斯（中国）铝酸盐技术有限公司生产铝酸盐耐火材料深受市场好评。

（5）高性能复合材料领域

拥有天津波音复合材料有限责任公司、固瑞特（天津）复合材料有限公司、航天长征睿特科技有限公司等企业。其中，天津波音复合材料有限责任公司为商用飞机生产高质量的复合次结构件和内装饰件，产能达到 10000 件/月，复合材料种类 850 多种，年产值 5.2 亿元。固瑞特（天津）复合材料有限公司主要生产泡沫芯材盒预侵料，用于风机叶片以及为天津空中客车项目提供配套产品，年产值 2.8 亿元。航天长征睿特科技有限公司生产的碳/碳复合材料及特种石墨制品、缝编织物及预浸料、纤维复合材料及制品、密封和阻尼减振制品、粉末冶金制品、特种涂料等产品广泛应用于航天航空、新能源、节能环保、交通运输等领域。此外，米德（天津）复合材料有限公司、雷可德高分子（天津）有限公司、PPG 航空材料（天津）有限公司等企业发展速度也较快。

（6）前沿新材料领域

① 纳米材料。拥有天津国家纳米技术产业化基地，基地以国家纳米技术与工程研究院为主要载体，拥有国家纳米产品质量监督检验中心。富纳源创（纳米触摸屏）、兆阳纳米科技（纳米颜料墨水）、瑞凯科技（纳米石油催化剂）等创新型企业发展迅速。

② 生物材料。拥有天津国韵生物材料有限公司、天津伊川生物材料有限公司等企业。天津国韵生物材料有限公司具有年产万吨 PHA 的生产能力，并已成功开发了吹膜粒料（绿素 2013），性价比在全生物降解膜粒料中最优。国韵还独家开发了 PHA 发泡粒料，发泡倍率在 20 倍以上，可制成取代传统的聚苯乙烯（PS）的全降解发泡餐盒。天津伊川生物材料有限公司生产医用钛丝，天

津市威曼生物材料有限公司生产脊柱内固定系统产品，节动力安达（天津）生物科技有限公司从事自体软骨组织再生技术研究。

15.3 河北省

河北省新材料产业经过多年发展，已初具规模，特别是在特种金属功能材料、高端金属结构材料等方面具有较强竞争力，初步形成了较完整的产业链，拥有石家庄、邯郸、唐山、保定、邢台等新材料研发和生产基地。河北省处于全国三大高技术产业集聚区之一的环渤海地区，相对于西部地区具有较好的产业基础和区位优势，相对于东部沿海发达省份具有资源和劳动力成本优势，特别是当前京津冀一体化给河北省新材料发展提供了难得的历史机遇。

河北省新材料产业也存在一些问题：一是以新材料为代表的高新技术产业规模总量偏小，技术水平不高，经济发展带动力不足；二是产业链较短，产业结构不尽合理；三是产业发展总体投入不足，融资渠道不畅；四是高素质的科技人才和管理人才匮乏；五是产业发展政策环境待进一步完善；六是产学研用衔接不紧密，科技成果转化率低，高新技术产业专利数偏少。

15.4 山西省

15.4.1 山西省新材料产业总体发展情况

近年来，山西省充分发挥资源能源优势，新材料产业得到较快发展。部分产品在国内外享有较高知名度，具备明显的竞争优势：太钢不锈钢生产规模全球最大，高品质特殊钢在高铁、核电等多个领域占有重要地位；金属镁及镁合金材料发展基础良好，产能产量全国领先；钕铁硼永磁材料产量占全国 1/3，产业发展居全国先进水平；煤系高岭土成为全球主要产地，生产技术和加工规模国内领先；铝质、硅质新型耐火材料国内外知名，聚丙烯腈碳纤维、连续玄武岩纤维等新型纤维产品初步产业化。

15.4.2 山西省重点新材料领域发展情况

（1）特种金属功能材料领域

① 钕铁硼永磁材料。山西省现有磁材生产企业 26 户，主要分布在太原、运城、阳泉、长治等地，现有产能 3 万吨，占到全国总产量的 30%以上。拥有运城恒磁、太原刚玉、山西汇镪、长治易通等一批在国内具有较强竞争优势的

磁材生产企业，能够生产六大系列 30 多个品种的钕铁硼永磁材料及元器件产品，产业发展居全国先进水平。山西省钕铁硼永磁材料产业目前主要面临高端产品较少、技术创新能力不足、下游产品开发缓慢等问题。未来将重点布局太原、运城两大钕铁硼永磁材料产业基地。依托汇镭磁材、中磁科技等企业，重点研发高性能稀土永磁材料中镝或铽减量化应用技术，发展磁能积加矫顽力大于 70 的永磁材料，拓展在新能源汽车、高效节能电机、变频空调、核磁共振等高端应用领域。

② 新型铜合金。晋西集团下属山西春雷铜材有限责任公司是山西省最大的铜材深加工企业，具备 3 万吨高精度无氧铜带的年生产能力，产品主要为射频电缆带、仪器仪表专用无氧铜带等。未来将重点布局晋南铜合金材料产业基地。依托中条山有色集团，积极应用富氧底吹熔池熔炼核心技术，建设 150 万吨/年多金属捕集综合回收技术改造项目，实现阴极铜生产规模化；延伸产业链条，重点发展光亮高导铜杆线、压延铜箔、挠性覆铜板等深加工产品。发挥晋西春雷军工民品铜合金板带生产技术的互融性，发展 IC 封装用高性能铜合金带、大规模集成电路引线框架、铜镍硅合金等产品。

（2）高端金属结构材料领域

① 高品质特殊钢。依托太钢集团，山西省现已形成 420 万吨不锈钢生产能力，居世界第一位。太钢先后自主开发了新型铁路货车车辆用不锈钢、造币用钢、超级双相不锈钢、高磁感取向硅钢、超超临界电站锅炉用钢和核岛主设备堆内构件用钢、客车用 301L 不锈钢及抗菌不锈钢等一批战略品种；在高强韧热轧钢、液化天然气用超低温 06Ni9 钢、高速铁路车辆用车轴钢和模具钢等特钢品种上拥有自主知识产权。山西省特殊钢目前主要面临某些关键领域用钢难以满足市场需求、关键技术有待突破、应用基础研究薄弱、深加工发展缓慢、材料优势有待进一步转化为制造优势等问题。未来将重点布局太原特殊钢产业基地。发挥太钢集团技术优势和不锈钢工业园区集聚优势，以满足高端装备制造和重大工程需求为目标，加快发展高强高韧和特种专用钢材，重点发展取向硅钢、高铁专用钢、镍基耐热合金、非晶带材等特殊钢产品。

② 镁合金。山西省白云石资源丰富，储量占全国的 35%，是镁产业大省，现有镁及镁合金企业 34 户，已形成原镁冶炼、镁合金熔炼和镁合金深加工较为完整的产业链，运城、太原、长治和大同四个产业集群初步形成，培育出太原富士康、闻喜银光镁业、广灵精华镁业等一批镁及镁合金深加工龙头企业。闻喜银光镁业自主研究开发的镁合金连铸连轧板材、太原富士康生产的 3C 镁合金制品、广灵精华镁业的镁挤压型材和镁压铸件等在国内外同行业中具有较强的竞争力。山西省镁合金深加工产业目前主要面临产品档次低，深加工产品少；产业集中度低，无序竞争严重；产品开发和技术创新能力弱等问题。未来将重

点布局太原和运城两大镁合金材料产业基地。依托银光镁业、康镁科技等企业，重点发展应用于汽车、高速列车及轨道交通、航空航天、电子信息、军工等领域新型轻量化镁合金产品，拓展镁深加工产品应用范围。引导太钢集团、中条山有色等企业进入高端镁合金深加工领域，开发与主业关联度高的镁板连铸连轧技术、高性能稀土镁合金等关键材料生产技术，提升镁合金产业的核心竞争力。

③ 铝合金。山西省是铝资源大省，铝土矿资源保有储量约占国内总储量的41%，居全国之首。依托资源、能源优势，已形成铝土矿、氧化铝、电解铝、铝合金及其深加工等较完整的产业链；拥有中铝山西分公司、华泽铝业、华圣铝业、鲁能晋北铝业等一批在国内具有较强竞争力的氧化铝、电解铝优势企业和阳泉铝业、千军铝业、路宝铝铸件、粟海铝业、运城龙飞等铝合金深加工企业。山西省铝合金深加工产业目前主要面临产业集中度较低、深加工产品较少、自主创新能力不强等问题，未来将重点布局运城铝合金材料产业基地。依托运城龙飞、飞宇建材等企业和河津、永济两大铝产业园区，积极发展铝板带、铝箔材、铝型材等产品，重点开发轨道交通用大型铝合金型材、汽车车身用铝合金材料、高纯高压电子铝箔等高端材料，满足战略性性新兴产业领域的发展需求。

（3）先进高分子材料领域

山西省现有现金高分子材料相关企业34户。山西焦化股份公司从法国IRH工程公司引进的煤焦油加工装置，年处理能力达30万吨，是国内单系列规模最大、技术最先进、加工品种最多的煤焦油加工装置；山西宏特煤化工公司是国内规模最大、产业链最长的煤焦油深加工企业，年加工煤焦油能力45万吨，可生产煤焦油深加工产品21种，拥有国内唯一具有自主知识产权的15万吨/年煤系针状焦生产装置，针状焦深加工项目年产2万吨超高功率电极生产装置正在建设中。未来将重点布局晋北化工新材料基地、晋东化工新材料基地和晋中化工新材料产业基地。依托焦煤集团、同煤集团等骨干企业，延伸甲醇制烯烃产业链，重点发展聚丙烯、聚乙烯等产品；依托阳煤太化、蓝星化工、山西宏特、潞宝集团、兰花科创、翔宇化工等企业，延伸煤焦油、焦化苯深加工产业链，重点发展高档炭黑、针状焦、超高功率石墨电极等高性能碳素材料以及尼龙工程塑料、TDI、聚碳酸酯、橡胶助剂等产品；依托山西三维、山西合成橡胶、阳煤氯碱等企业，立足乙炔路线，重点发展白乳胶、聚四亚甲基醚二醇（PTMEG）、聚乙烯醇缩丁醛、氯丁橡胶、管材级氯化聚氯乙烯等产品。

（4）新型无机非金属材料领域

① 新型耐火材料。山西省现有规模以上新型耐火材料生产企业68户，总

产能 286 万吨，占全省耐火材料的比重为 63%。近年来，随着钢铁、焦化、建材和有色工业的快速发展，工业炉窑建设所需的新型耐火材料市场不断扩大。依托铝矾土资源优势，山西省新型耐火材料行业取得快速发展，初步形成了太原、阳泉、吕梁孝义、运城河津四大产业集群，培育了太钢禄纬堡耐材、盂县西小坪耐材、孝义濮耐高铝耐材、中铝耐材等龙头企业，可生产白云石砖、高档耐火棕刚玉、高铝刚玉、硅砖、镁铝砖、合成莫来石等 20 多个品种，除满足国内市场需求外，还远销欧美、东南亚等地区。山西省耐火材料产业主要面临高档产品比例低、产业集中度低、工艺和技术装备落后等问题。未来将重点布局阳泉、吕梁两大新型耐火材料产业基地。依托盂县西小坪公司、方山县恒亚新材料有公司等企业，发挥高铝耐火黏土资源优势，加强产学研结合攻关，大力发展均质料、电熔改性料、转型料等优质合成原料，发展各种用于钢铁行业、煤化工行业、建材行业的优质高铝质、硅质耐火材料产品。支持研发引进生产焦炉、高炉、热风炉用长寿节能环保耐火材料生产工艺，实现耐火材料质量、品位和附加值的提升。

② 煤系高岭土材料。山西省是全球高岭土主要产地，生产技术和加工规模居国内领先水平，现有中高档高岭土（超细煅烧高岭土、硅酸铝纤维等）加工企业 12 户，可生产涂料、造纸、橡胶、乳胶、塑料等专用高档高岭土系列产品，培育出山西金洋、山西晋坤、山西琚丰、山西恒源等优势企业；孝义兴安化工、田园化工等企业依托铝矾土资源优势，发展了 4A 沸石、表面活性剂、阻燃剂等无机化工新材料。未来将重点布局忻州煤系高岭土材料产业基地。依托忻州金洋等企业，积极开发高岭土深加工产品，着力提升高档高岭土品质，实现煤系高岭土深加工多元化、精细化。加快煤系高岭土新型煅烧工艺开发与关键设备产业化，鼓励发展 10 万吨级以上节能型超细煅烧高岭土生产工艺。

③ 特种玻璃。未来将重点布局吕梁特种玻璃产业基地。依托利虎玻璃，加快提升现有浮法玻璃生产工艺技术水平。以满足建筑节能和太阳能利用等领域为目标，重点发展低辐射镀膜玻璃、光伏超白玻璃、太阳能光热发电反射镜玻璃等特种玻璃产品。

④ 新型建筑材料。依托海诺科技、中海金源等企业，以绿色建筑和建筑节能工程发展需求为导向，以节能墙体、节能门窗、节能屋面系统为重点，鼓励发展蒸压加气混凝土、泡沫混凝土、膨胀珍珠岩玻化微珠制品、烧结多孔自保温砌块、岩棉等不燃型保温隔热材料及制品、防燃型屋面保温材料体系、石膏板、硅酸钙板、超薄石材复合板、居室环境净化与装饰功能一体化材料等产品。

（5）高性能纤维材料领域

重点布局太原、大同两大新型纤维材料产业基地。依托太钢集团、中科院山西煤化所等企业和科研院所，加快聚丙烯腈基碳纤维向规模化、高水平炭化、高端制品发展，拓展在军工、国产大飞机、航天等领域的应用。依托山西三元炭素、山西宏特等企业，发展煤沥青原料路线的碳纤维产业，实现煤沥青高附加值利用。鼓励发展玄武岩连续纤维、硅酸铝陶瓷纤维、石膏纤维（晶须）等产品，加快下游产品的开发和应用推广。

（6）前沿新材料领域

重点布局晋城纳米材料产业基地。依托兰花华明纳米等企业，重点发展纳米碳酸钙、纳米氧化锌、纳米二氧化硅等产品，扩大产业规模，提高产品档次。拓展纳米材料在建材、化工等领域的应用，发展高附加值应用产品和高技术含量的纳米终端材料产品。

15.5 内蒙古自治区

15.5.1 内蒙古自治区新材料产业总体发展情况

内蒙古自治区新材料企业有 75 家，包括特种金属功能材料企业 61 家，先进高分子材料企业 5 家，高性能纤维及复合材料企业 2 家，高端金属结构材料企业 2 家，新型无机非金属材料企业 4 家，前沿新材料企业 1 家 2014 年已投产企业产值达到 83.384 亿元，同比增长 39.95%；行业投资额为 202.72 亿元，同比增长 67.15%。

15.5.2 内蒙古自治区重点新材料领域发展情况

（1）特种金属功能材料领域

① 稀土功能材料。2014 年，内蒙古自治区稀土功能材料企业达到 49 家，生产能力分别为：钕铁硼合金分别为 1.6 万吨、毛坯 1.75 万吨，储氢材料 0.7 万吨，抛光材料 1.38 万吨。产值达 31.33 亿元，同比增长 12.7%。其中，稀土永磁材料产量 11428t，同比增加 31%，产值 21.9 亿元，同比增长 31%；稀土储氢材料产量 1858t，同比增加−18.4%，产值 2.14 亿元，同比增长−31.2%；稀土抛光粉产量 5000t，同比增加 5.1%，产值 3.31 亿元，同比增长−30.6%。主要形成了稀土永磁及电机、核磁共振仪等应用产品产业链、稀土储氢及电池等应用产品产业链、稀土抛光及应用的产业链条。内蒙古稀土功能材料产业发展优势在于稀土资源丰富、上游精矿冶炼分离能力强、稀土新材料及应用产业具有一定规模、稀土高新区作用突出、技术支撑体系健全、公共服务平台逐步完善。存在的主要问题是：核心专利的缺失限制产业国际化发展战略的实施、原料优势未能充分凸显、配套不健全、稀土人才结构不合理等。

② 半导体材料。内蒙古自治区相关重点企业有 9 家，其中呼和浩特市 3

家、巴彦淖尔市 3 家、鄂尔多斯市 2 家、阿拉善盟 1 家。截止到 2014 年底，多晶硅生产能力达 3.6 万吨（单晶硅 3.1 万吨），在建规模多晶硅 5 万吨、单晶硅 3 万吨；产值为 27.42 亿元，同比增长 21%，形成了一定的产业基础。产业发展优势主要有政策支持力度大、自然环境利于企业生产及下游产业的发展。

（2）先进高分子材料领域

主要集中在乌兰察布市丰镇市、四子王旗、阿拉善盟、鄂尔多斯（2 家企业未生产），有相关企业 5 家。2014 年实现产值 15.3 亿元，同比增长 920%；增加值 5.71 亿元，同比增长 998%；行业投资额为 10.5 亿元，同比增长−30%；研发经费支出 0.42 亿元，同比增长 950%。主要形成了萤石、氢氟酸为原料的氟化工产业链条，产业发展优势主要是资源丰富，存在的主要问题是产能利用率低、跨行业的上下游联系不够紧密、产品附加值较低等。

（3）高性能纤维及其复合材料领域

内蒙古自治区高性能纤维及复合材料企业有 3 家，其中，呼和浩特 2 家（建成），阿拉善 1 家（在建），分别生产 F-12 高强度有机纤维（聚酰胺纤维）、碳纤维复合芯软铝型线导线、连续纤维增强热塑性复合板材（PPS）、碳纤维等产品。2014 年实现产值 0.21 亿元，同比增长−65%。产品广泛应用于航天、航空和高端民用领域，如高性能压力容器、航天飞机贮能罐、压力仓、飞机机翼蜂窝板、直升机螺旋桨、飞机发动机包容环等，同时还在高端民用等领域也得到了广泛应用，如高性能防弹、防护产品、浮空器飞艇蒙皮材料、升降机缆绳及各类高性能体育运动器材等。

（4）新型无机非金属材料领域

内蒙古自治区新型无机非金属材料主要集中在乌兰察布市、呼和浩特市，主导产品有石墨电极，高纯石墨碳块，石墨阳极，石墨复合材料，锂离子正、负极材料等系列产品。2014 年，产量约为 1 万吨，实现产值 2.45 亿元，同比增长−51%。产业发展优势主要是拥有优质大鳞片石墨的矿产资源，存在的主要问题是碳素产业整体水平较低、高附加值产品少、自主研发能力弱等。

15.6 辽宁省

15.6.1 辽宁省新材料产业总体发展情况

2014 年，辽宁省新材料行业呈现良好发展势头，新材料工业总产值达到 1000 亿元，实现年均增长超过 10%。呈现出以下几个特点：投资规模大、科技水平高的项目不断涌现。辽宁省重点建设的新材料项目有：东北特钢集团大连特殊钢有限责任公司 718 系列大型模块项目、鞍钢股份有限公司高端技术装备用特厚特宽钢板制造关键技术项目、鞍山鑫普新材料有限公司超低成本超长寿命型储氢合金的开发及产业化项目、本钢集团有限公司出口优质气瓶用钢30CrMo及34CrMo4项目、辽宁金力源新材料有限公司高纯度铜铬合金触头项目、营口华润有色金属制造有限公司多系列高硅稀土铝合金发动机缸体材料制备技术项目、盘锦和运新材料有限公司第二套3万吨/年卤化丁基橡胶项目、营口康辉石化有限公司两条8万吨/年PBT工程塑料生产线项目、本溪玉晶玻璃有限公司150t/d超薄电子、600t/d超白玻璃生产线项目、辽宁超烁图码科技板业有限公司年产5000万平方米炫彩多功能图码板项目等一大批的重点新材料项目正在加快建设。众多产品填补产业空白，赶超国际先进水平。营口康辉石化有限公司已形成年产16万吨PBT工程塑料的能力，填补了辽宁省特种工程塑料产业化空白；辽宁通达建材实业有限公司研发的核电站安全壳用预应力钢绞线填补了辽宁省安全壳用钢绞线生产的空白，部分可替代进口产品；鞍钢在高端船舶用钢方面的耐蚀船板产品已经在油轮上成功应用，打破了国外的技术封锁，同时在核电用钢方面成功生产特厚核一级设备用钢16MND5钢板，填补了国内空白；鞍山紫竹集团开发研制的热轧U肋产品填补了国内外空白，达到国际领先水平；鞍山鑫普新材料有限公司研制的高端含镁超晶格储氢合金成功解决了循环寿命差的国际性难题，性能达到了国际先进水平。

15.6.2 辽宁省重点新材料领域发展情况

（1）特种金属功能材料领域

① 稀土功能材料。鞍山鑫普新材料有限公司研制的高端含镁超晶格储氢合金成功解决了循环寿命差的国际性难题，性能达到了国际先进水平。同时攻克了含镁超晶格储氢合金的产业化熔炼技术，解决了其在熔炼过程中镁挥发严重的技术难题，实现了含镁超晶格储氢合金的产业化生产。

② 钨钼板材及深加工。锦州新华龙钼业股份有限公司一方面重视自主研发，一方面与中南大学、东北大学、安徽冶金科学研究所、美国OMT公司、北京科技大学等建立合作关系，致力于钼的采、选、冶、钼化工、钼深加工的多层次的技术研发，为企业的发展服务。公司生产的主要产品性能均达到国内先进水平，并销往全国各大钢厂，出口到世界数十个国家和地区，钼铁生产量与销售量位居中国钼业第一方阵，深加工产品—钼酸铵和高纯氧化钼的产量和质量居行业内前列。

③ 硬质合金。大连远东钨业科技股份有限公司经过近几年的高精技术生产线改造，已经从生产简单的毛坯制品转向以从钨砂原材料开采-生产粉末原料为基础，突出以硬质合金顶锤，油田用硬质合金齿，矿山、地质工具用硬质合金为优势产品的生产。可完成年产混合料及硬质合金小制品400t，各类硬质合金

大制品、挤压光杆棒材 500t，可为硬质合金的生产配套各种类型的精密压制模具及毛坯产品深加工。

（2）高端金属结构材料领域

① 高品质特殊钢。鞍钢股份有限公司充分发挥自身优势，在新材料产品研发方面取得了喜人的成果。在汽车用钢方面，重点开发了双相钢、高锰相变诱导塑性钢、孪晶诱导塑性钢等先进高强钢；在油井管用钢领域，重点开发了 J55 级低屈强比电阻焊石油套管、M65 级电阻焊石油套管两个新品种，还开发了耐硫化氢腐蚀 AG80S 油井管、耐磨管等；在建筑桥梁用钢方面，在公司历史上第一次成功试制了 Q345GJC（80mm 以上规格）、Q420GJC 强度级别抗震高层建筑用钢板；研制的高性能低屈强比桥梁钢 Q370qE、Q420qE 应用于世界跨度最大的公铁两用斜拉桥——沪通长江大桥；在船舶及海洋工程用钢方面，鞍钢研制出了完全满足 IMO 指标要求、产品各项性能及实物质量优于国外同类产品的油船货油舱耐蚀钢；在核电用钢方面，研发的核电用钢雄踞钢企榜首，独家承接生产世界首台 CAP1400 两座机组，成功生产特厚核一级设备用钢 16MND5 钢板，填补国内空白；在容器用钢方面，鞍钢重点开发了 9Ni 钢中 Ni 含量控制技术、高强度特厚锅炉用钢、15CrMoR 临氢设备用钢等品种和技术，其中实现了特厚规模临氢装置的生产；在线材方面，鞍钢重点开发了电梯曳引钢丝绳内层丝用盘条、高强预应力钢绞线用盘条、90 级超高强度胶管钢丝用盘条和 70 级、80 级帘线外绕丝用盘条等产品。本钢集团有限公司研制的优质气瓶用钢 30CrMo 及 34CrMo4，改变原有的电炉-模铸工艺，根据自身条件产用了“铁水脱硫扒渣→转炉冶炼→炉外精炼（LF+RH）→连铸→热送→加热→800 棒材生产线→保温→修磨→检验”工艺来生产气瓶钢，在压缩比很低的情况下，通过工艺的优化，提高了铸坯致密度，使其内部质量满足高强度气瓶的要求；本钢还相继开发了调质型屈服强度 900MPa 级热轧钢板、GCr15 高品质轴承钢、高品质 80 级帘线钢、免酸洗汽车大梁用钢 500L、耐蚀管线钢系列产品、冷轧低合金高强钢系列产品等多种新材料，实物质量均达到国内外先进水平。东北特殊钢集团有限责任公司在国内首次成功生产出一支直径 1770mm，长度为 4200mm，重量为 75.58t 的 H13 电渣钢棒材，为冶炼百吨级电渣钢棒材奠定基础。该产品为我国具有自主知识产权的核电、风电、大型水面舰船主轴、大型高端轧辊、大型及超大型模块等诸多领域所需原材料提供了强有力支撑；研制的 718 系列大型模块，从提高大钢锭的纯洁度，改良大型钢锭的浇注工艺、扩散加热工艺、锻造工艺研究、消除白点工艺、预硬化工艺等方面入手，使其达到预硬化硬度偏差为同截面小于±3HRC。研制的铝型材模具用钢 H13 用于各种铝型材及压模具，可生产航空、航天、高铁各种用铝型材，规格达到 800mm。通过不断的优化工艺，组织要求均匀达到 NADCA207 北美压铸协会退火组织

A1～A3 级，冲击值达到优质钢水平。鞍山紫竹集团开发研制的热轧 U 肋产品为我国钢桥建设提供了标准化产品，建立了相应的行业标准，填补国内外空白，达到国际领先水平。

② 新型轻合金材料。辽宁忠旺集团有限公司开发大型复杂截面铝型材产品具有强度高、拼装工艺简单、易于表面处理等特点，成为新型轻量化车辆、航空大型飞机的必要材料；其研制的大规格优质铝合金锭坯硬度高、组织性能均匀，是制造大规格复杂截面铝型材基础原材料；今后几年生产线还要进一步的升级改造，形成年产 40 万吨航空与车辆轻量化用大规格优质铝合金锭坯和年产 8 万吨大规格复杂截面铝型材的生产能力。营口银河镁铝合金有限公司研发的镁合金蚀刻板材打破了国外的垄断，对我国印刷等行业的发展起到了关键的作用。营口华润有色金属制造有限公司开发的多系列高硅稀土铝合金发动机缸体材料（硅含量 19%～21%）是过共晶 AL-Si 系列压铸合金，具有很好的流动性、气密性和抗热裂性，特别是具有高的耐磨性和低的热膨胀系数，属国内首创，解决了初晶硅的控制、初晶硅贫乏层处理、硬点的预防等问题，应用到普通轿车发动机缸体上，显现出综合性能提高，燃油消耗降低等明显优点，使用该种材料制造的汽车发动机缸体替代传统铁基材料缸体或铝缸体镶嵌铸铁缸套，还可实现汽车轻量化、结构紧凑化，减少汽车尾气排放，对解决环境污染问题，建设环境友好型社会发挥积极的作用。

③ 其他金属新材料。辽宁金力源新材料有限公司研制开发的 CuCr25、CuCr50、CuCr-X 等高纯度铜铬合金触头材料有效解决了合金中杂质含量的问题，极大地提高了触头的使用性能，降低了生产成本，产品主要用于真空断路器、真空接触器及负荷开关等，对我国电网智能化改造做出较大贡献。

（3）先进高分子材料领域

① 特种橡胶。目前，辽宁特种橡胶产业已初步实现产业化，现已拥有 6 万吨/年丁基/卤化丁基橡胶、4 万吨/年异戊橡胶生产能力，另有 5 万吨/年异戊橡胶项目储备。盘锦和运集团投资 2.6 亿元联合俄罗斯雅拉斯拉夫研究院、列别杰夫国家橡胶研究院、大连理工大学共同组建了辽宁和运合成橡胶研究院，研究院的建成将为辽宁省合成橡胶的新产品研发、技术改造等方面提供强有力的技术支撑。

② 工程塑料。辽宁省工程塑料产业正处于起步阶段，结合辽宁省庞大的 PTA 产能，拉伸下游产业链，大力发展 PBT、PTT 等高性能聚酯工程塑料。目前，营口康辉石化公司的一期 16 万吨/年 PBT 工程塑料项目已于全部建成投产。

③ 高性能氟材料。国家实施振兴东北等地区老工业基地振兴战略以来，辽宁氟化工产业实现了较快发展，形成了一批具有发展潜力的企业。2008 年在省委、省政府的高度重视下，阜新氟化工产业基地正式成立，依托阜新及周边地

区萤石资源优势，大力发展氢氟酸、氟橡胶、含氟聚合物和含氟精细化学品等产品。为提高阜新氟化工产业基地技术研发水平，阜新市投资 8000 万元联合中科院上海有机所、辽宁省石化规划院共同建设了氟化工技术研发中心。

（4）新型无机非金属材料领域

① 工业陶瓷。主导产品有高压陶瓷、高级碳化硅、氮化硅、电子陶瓷、石英坩埚等，其中高压陶瓷、氮化硅等部分产品达到了国际先进水平。一批骨干企业成为行业领跑者，抚顺高科电瓷电气制造有限公司拥有国内最先进的等静压生产线和电瓷湿法生产线，具备大批量生产 2m 以上的干法和湿法大型整体瓷套的能力，是我国特高压、超高压、高压电瓷产品的研发制造基地。

② 人工晶体。长期以来，大尺寸蓝宝石单晶体生长技术及设备主要掌握在美、俄、以色列等少数国家手中，辽阳市粉末冶金研究所开发出了生产大尺寸蓝宝石单晶体的主体设备——蓝宝石单晶体生长炉，突破了我国晶体行业发展的瓶颈，加速了蓝宝石单晶体生长关键设备、钨钼制品配套件和大尺寸蓝宝石制品的国产化进程。

③ 特种玻璃。主导产品有节能玻璃、超白玻璃、超白玻璃、钢化玻璃、抗菌玻璃等，形成了本溪玉晶玻璃有限公司、信义玻璃（营口）有限公司、辽宁晟祥暖边中空玻璃系统有限公司以及辽宁容驰特种功能玻璃制造有限公司等初具规模的重点企业。其中本溪玉晶和信义节能玻璃年生产规模达到 3500 万重量箱，辽宁容驰与台湾合作生产多功能镀膜玻璃，节能率达到了国先进水平。东旭（营口）光电显示有限公司电子基板玻璃具有替代进口产品的能力，使我国成为世界上掌握 G5 及以上玻璃基板生产技术国家之一。

（5）高性能纤维及复合材料领域

辽宁碳纤维产业正处于研发阶段，抚顺方泰精密碳材料有限公司、抚顺齐隆化工有限公司等企业正在对 PAN 基碳纤维和沥青基碳纤维进行研发。

15.7 吉林省

15.7.1 吉林省新材料产业总体发展情况

2014 年吉林省新材料产业集群不断发展壮大，正在加速建设以吉林化学工业循环经济示范区为核心的化工新材料生产基地、以吉林市为核心的碳纤维生产基地、以长春为核心的光电材料生产基地、以临江为核心的镁合金生产基地、以辽源为核心的铝型材生产基地、以白山为中心的硅藻土生产基地等若干新材料产业基地，一个集聚特色、集聚优势、协同创新发展的新格局正在形成，极大地推动了吉林省新材料产业的科学布局和快速发展。2014 年在“创新驱动”

战略推动下，吉林省加快培育和发展新材料产业，促进材料工业产业转型升级，新材料产业集群实现了快速增长。

吉林省集中了长春应化所、吉林大学、长春工业大学等一批国际知名、国内一流的科研院所和大专院校。拥有高分子物理与化学、电分析化学、稀土资源利用、超硬材料等10余个国家级重点实验室和工程中心；拥有两院院士、千人计划、国家杰出青年、长江学者和中科院百人计划等百余人，为吉林省新材料与化工产业发展提供了重要的平台和智力支撑。

2014年，吉林省长春新材料产业集群、长春生物化工产业集群、长春光电子产业集群、辽源高精铝加工产业集群、白山新材料产业集群、通化新材料及多金属产业集群、吉林市精细化工产业集群和吉林市碳纤维产业集群等8个产业集群实现了快速发展。8个新材料产业集群企业达248户，新增23户；工业生产总值达到1174.8亿元，增长7%；增加值305亿元；实现利润39亿元，用工人数43000人。

虽然吉林省新材料产业已具备了一定的产业基础和技术优势，但也存在着一些突出问题，主要表现在：一是加工产业链条较短，产品相对单一，初加工和中间产品多，终端高附加值产品少。二是技术优势不明显。技术创新水平不高，与国外同类技术相比尚有差距；科研力量比较分散，同一领域，同一课题，多家机构重复立项的现象比较普遍，技术资源无法共享，相互协作少，难以形成合力。三是成果转化率较低。产学研结合不紧密，成果转化的机制不健全，缺乏科技成果转化的中介服务机构，产业承载能力不强。四是缺乏统一的发展规划。

15.7.2 吉林省重点新材料领域发展情况

（1）高性能铝合金领域

吉林省高精铝产业集群起步早、产业基础好、发展速度快、发展潜力大，特别是近年来国际国内轨道列车需求不断增大，骨干企业麦达斯铝业、利源铝业产品订单不断增加，企业处于满负荷生产状态，产品供不应求，企业具有较强的发展潜力和后劲。目前吉林省高精铝加工产业集群共有企业6户，2014年完成工业总产值39亿元。高精铝加工产业集群现有160MN、110MN等铝挤压生产线31条，主导产品为轨道列车车头、车体、轴箱及骨架、支架、车窗、门内饰件、灯箱、行李架、铺椅、地板等，铝材年加工能力30万吨；年加工铝合金车体1600辆、车头400辆，铝门窗制作能力20万平方米，安装能力12万平方米，已发展成为具有较强国际影响力的轨道客车型材产业基地。2014年完成产值39.04亿元，增长28.38%；销售产值完成38.56亿元，产销率达到99%，利润完成5.5亿元。吉林省高精铝加工产业以吉林麦达斯铝业股份有限公司、吉林利源铝业股份有限公司骨干企业为核心，不断延伸铝加工产业链，发展预拉伸板、铝精深加工为主的铝加工产业链，努力实现原铝、铝加工、铝产品的一体化发展模式，重点实施吉林麦达斯轻合金有限公司铝合金板带箔材生产线等一批项目。

（2）特种金属功能及结构材料领域

吉林省金属材料产业形成了以吉恩镍业、吉林炭素、吉林铁合金、东峰镁业、通钢集团等企业为代表的金属新材料产业基础。

吉林省政府从资源可持续开发和产业集约发展的全局高度，把镁合金产业作为经济转型跨越的战略性新兴产业进行重点培育，不断深化同吉林大学、中国矿业大学、中科院长春应化所等高校院所的合作，携手打造国家级产品研发和检测中心，形成了以白山和临江金属镁特色工业园为依托的特色鲜明、规模领先、技术先进的新型产业体系。2014 年吉林省白山市金属镁产业规模以上企业 5 户，产品主要有镁锭、镁牺牲阳极、颗粒镁粉、稀土镁合金。目前金属镁锭年生产能力达到 4.55 万吨、稀土镁合金 6500t、颗粒镁 4000t、雾化法球形镁粉 1000t，被评为中国金属镁产业示范基地。吉林省目前正在围绕白云石-球团料-煤气还原-镁锭-（稀土）镁合金-镁合金压铸件、镁粉、镁合金板材等产品，构建以东锋有色、天安镁业等企业为龙头的镁产业生产体系，加快推进年产 20 万吨金属镁、5 万吨镁合金深加工、40 万件稀土镁合金压铸件等项目。预计到 2020 年，白山市镁系列产品达到 40 万吨，实现产值 200 亿元。

吉林省昊融集团与中科昊融共同形成了羰基铁、羰基镍、羰基钴为启动项目的羰基系列及功能材料产品研发平台，并充分利用先进的常压法羰基镍技术和自主创新的中压法羰基铁技术，从高起点出发，全力推进包覆型羰基铁粉、羰基镍丸的研究，同时全力推动羰基钨中试建设以及铁基喂料的研究工作，不断开发高端功能性金属粉体材料，实现羰基金属产业规模化。目前吉恩镍业现有羰基镍产能 1000t、羰基铁产能 2000t，下步将新建年产 5000t 羰基铁、2000t 羰基镍粉、1000t 羰基镍丸生产线，计划 2018 年下半年项目全部达产。

通钢集团目前开发汽车动力系统用钢材（40Mn2BH）已经取得了较好进展，其经济效益、社会效益及发展空间都将是巨大的。近年来，吉林建龙加大了钢材品种开发投入，已成功开发了汽车大梁钢、汽车车轮钢、耐候钢等品种钢材，初步具备了为冷轧机组提供镀锡用热轧基板的能力。积极在汽车、食品包装、轨道交通、农机装备和建筑等用钢领域延伸钢铁产业链，开展钢材深加工。

（3）无机非金属材料领域

吉林省发展无机非金属材料具有一定的资源优势，在已查明资源储量的

115 种矿产中，油页岩、白云岩、冰洲石、硅灰石、硅藻土、浮石、火山渣、玄武岩、安山岩、大理岩等保有资源储量均居全国首位。特别是硅藻土资源十分丰富，已探明硅藻土储量 2 亿吨，占全国总量的 50%。2014 年吉林省白山市硅藻土产业规模以上企业 28 户，实现工业总产值 84.8 亿元，销售收入 81.8 亿元，增加值 22.9 亿元，利润 1.76 亿元。硅藻土产品已达八大系列二十多种产品，500 多个规格。国家批准专利 4 项，十几个新产品填补了国内空白。目前生产的助滤剂产品占全国 85%以上的市场份额，并远销美国、加拿大、韩国和东南亚等地区。主要产品有助滤剂、硅藻土白炭黑、保温隔热制品、功能填料、催化剂、过滤器材、缓释化肥、硅酸钙板、天然分子筛、铸管涂料、无毒杀虫剂等产品。目前，吉林省白山市已经初步形成了以围绕硅藻土初加工和助滤剂产品向主流型-高端硅藻土助滤剂、高效型-功能性填料和复合材料、节能型-中高档保温隔热材料、环保型-水处理剂和吸附剂与潜力型-原土提纯系列产品，构建以吉林远通矿业、临江圣迈、长白硅藻土、长白赛力特等企业为龙头的硅藻土产业体系，并与中国建材科学研究院等科研单位进行产品定位和试制，全力打造以硅藻土产业为龙头的新材料产业集群。预计到 2020 年，白山市硅藻土及系列产品产能达到 75 万吨。

（4）精细化工领域

吉林省吉林市作为国家“一五”期间建设的大型石油化工基地，经过几十年的发展，现已形成包括石油化工、合成材料和精细化工等在内的产品体系。吉林市精细化工产业具有原料优势、技术人才优势、区位资源优势等；依托吉化的原料及增量发展空间的优势，以石油化工和生物化工为基础，向精细化工、化工新材料和新能源领域进行拓展和延伸，以康乃尔化学、众鑫化学等公司为龙头，突出发展与终端消费市场相贴近、附加值高的精细化工，加快建立康乃尔化工园、众鑫化工园、化学合成药等产业园区，全力打造精细化工产业基地。近年来，吉林省精细化工产业发展高速增长。吉林众鑫羟乙基磺酸钠精制提纯等 7 项技术居世界领先地位，磷酸三乙酯制备方法等 23 项技术填补省内空白，拥有国内首套、世界第三套异戊烯醇装置，其技术获国家发明专利授权，处于世界领先位置。吉林康乃尔化工公司现为亚洲最大、世界第二大苯胺生产销售企业，其绝热硝化技术引自世界最先进的德国技术，苯胺生产技术引自美国杜邦的最先进技术。“怡达牌”醇醚经过省部级鉴定，质量达到国际先进水平。神华化工 30 万吨环氧丙烷装置是目前世界第二大装置，也是国内第一套采用过氧化氢直接氧化技术，是目前世界上生产环氧丙烷工艺中技术先进、环保、节能的清洁生产工艺。截至 2014 年末，吉林省规模以上精细化工企业 153 家，包括化学农药制造企业 10 家，涂料、油墨、颜料制造企业 27 家，合成材料企业 28 家，专用化学品企业 88 家。2014 年主营业务收入 520 亿元，增长 8%，精细化学品率 31.47%，较去年增长 1.37 个百分点。

（5）碳纤维领域

吉林省是全国最早研制碳纤维的省份之一，拥有较为完整的碳纤维研发、生产产业链和雄厚的产学研用基础。吉林省碳纤维产业主要集中在吉林市。吉林市作为国家科技部认定的全国唯一的碳纤维高新技术产业化基地，拥有“二甲基亚砜一步法”和“二甲基乙酰胺两步法”两条不同的碳纤维原丝生产工艺路线的核心技术，形成了“原料—原丝—碳丝—终端产品”完整的产业链条。近年来在碳纤维原丝、碳纤维生产以及下游制品开发等方面取得了重大突破，初步形成了碳纤维产业的规模化、集群化发展态势，拥有了“丙烯—丙烯腈—聚丙烯腈基碳纤维原丝—碳纤维—碳纤维下游制品”国内完整的产业链。吉林化纤、方大江城碳纤维、吉研高科等一批龙头骨干企业均坐落在吉林经济技术开发区。目前，吉林市碳纤维产业基地现有从事碳纤维及其制品研发与生产的企业 30 余家，基地内碳纤维原丝产能达到了 5400t、碳纤维产能达到 818t，产品规格涵盖 1K、3K、6K、12K、24K、48K 等。现拥有吉林市吉研高科技纤维有限责任公司的粘胶基碳纤维的制备方法（专利号 2007100563162）及江城碳纤维有限公司的高温碳化炉碳纤维生产引丝方法及其高温碳化炉（专利号 201210186204.X）等多家重点企业的多项专利。在碳纤维及其制品研发方面建有“院士工作站”1 个，“国家碳纤维工程技术研究中心”1 个，“碳纤维技术创新团队”3 个，“碳纤维增强碳基复合材料企业技术中心”和“碳纤维发热技术企业技术中心”2 个。在碳纤维原料供应方面，国内最大的年产 42 万吨丙烯腈生产装置就在中油吉化公司。

15.8 黑龙江省

15.8.1 黑龙江省新材料产业总体发展情况

2014 年，黑龙江省规模以上新材料企业实现工业总产值 307 亿元，实现主营业务收入 315 亿元，同比分别下降 6.77%和 4.26%；实现利润总额−3.12 亿元。从产业分布看，大庆市、哈尔滨市、绥化市是全省新材料企业的主要分布地，三个市规模以上新材料企业数分别占全省的 31.4%、24.4%和 15.1%。大庆市新材料产业主营业务收入占全省的半壁江山，占 57.3%。从产业构成看，以大庆石化和大庆炼化为代表的高性能复合材料产业占新材料产业的 50.2%，以东轻、建龙、北满特钢为代表的先进结构材料占 41.5%，新型功能材料占 8.3%。

目前，省内新材料科研院所 8 个，重点实验室 16 个，工程技术中心 13 个，新材料中试基地9个，新材料产业基地6个，全省有10所高校设有13个涉及材料专业的学院。

15.8.2 黑龙江省重点新材料领域发展情况

（1）先进高分子材料领域

先进高分子材料是黑龙江省新材料产业的主体，其企业数和产值占全省新材料产业的 50%左右。其中，大庆市是省内先进高分子材料的重要生产基地，大庆拥有石化生产企业719家，规模以上企业91家，主要分布在石油加工业、化学原料及化学制品制造业、塑料制造业、橡胶制造业等领域，可生产燃料成品油、润滑油、合成树脂、腈纶纤维、合成橡胶、油田化学品、有机化工原料、化肥等八大系列150多个品种500多个牌号产品，形成年2000万吨炼油、120万吨乙烯、191万吨合成树脂、76万吨尿素等产品生产加工能力。省内哈尔滨市发展先进高分子材料也具备良好的科研优势和产业基础，初步形成以省石油化学研究院、蓝星化工、哈轻塑胶、鑫达公司为代表的石化新材料发展集群。

（2）高端金属结构材料领域

高端金属结构材料占新材料产业的20%左右。哈尔滨铝镁合金新材料产业化基地和齐齐哈尔高品质合金钢研发和生产基地是黑龙江省高端金属结构材料的主要生产地，东北轻合金、北满特钢、中国一重等企业具有较强的技术优势。黑龙江省正在积极建设和谋划一批重点大项目，这些项目投达产后将形成巨大的市场空间，对上下游产业链也将起到极大的带动作用。其中，大庆忠旺铝合金加工材项目计划总投资327亿元，项目已于2012年8月开工，项目达产后将形成年产120万吨铝合金板、带、箔生产能力，年可实现销售收入1000亿元。目前，该项目已累计完成投资23.8亿元。航天科工集团三院的航天海鹰（哈尔滨）钛业有限公司钛产业园项目计划总投资16.75亿元，项目于2013年9月18日正式开工建设。项目一期计划形成年产500t高端钛合金产品的生产能力，预计年可实现销售收入4亿元。

（3）新型无机非金属材料领域

① 石墨新材料。石墨产业是全省新材料产业发展的重点。目前黑龙江省共有各类石墨采选、深加工企业64户，其中深加工企业14户。2014年石墨精粉产量39万吨，深加工产品产量7.1万吨，实现总产值21.35亿元。深加工产品主要有球形石墨、高纯石墨、负极材料、膨胀石墨、石墨纸及人造金刚石等。省内初步形成以鸡西市贝特瑞公司为龙头的负极材料产业链、以鸡西市瑞诺恒公司为龙头的硬质材料产业链和以鸡西市黑龙江奥星能源科技公司为龙头的密封材料产业链。省内一批石墨深加工项目正在加快推进，北汽集团普莱德石墨

深加工项目已于 2014 年 9 月正式开工建设;中铁资源石墨深加工项目已与贝特瑞签订深加工合作协议。随着重大项目的建成投产，黑龙江省石墨产业链条将不断完善延伸。为加快谋划和推动黑龙江省石墨烯产业发展，在中国石墨烯产业技术创新战略联盟的支持下，“石墨烯军工应用委员会”正式落户哈尔滨市南岗产业园区，为促进石墨新材料军民结合发展和提升产业发展层次提供重要支撑。

② 先进陶瓷。重点依托牡丹江国家特种材料产业化基地，作为国家“863”计划特种材料产业基地和国家级新材料产业基地，牡丹江碳化硼粉产量达到 1600t，占国内实际需求量的 60%。碳化硼产量达到 900t，国内市场占有率达到 40%。牡丹江金刚钻公司年产 3000t 碳化硼精细微粉生产线项目于 2013 年完成改扩建，形成精细微粉、超精细微粉、精细陶瓷产业链。2014 年，牡丹江金刚钻碳化硼有限公司和牡丹江前进碳化硼有限公司实现产值 3 亿元。

③ 新型建筑材料。省内新型建筑材料主要以空心砌块为主，2014 年全省生产建筑砌块及新型墙体的规模以上企业 74 户，实现产值 83 亿元。双鸭山东方墙材集团有限公司主要从事煤矸石、粉煤灰等烧结空心砖生产、技术开发及设备制造，技术装备水平居行业领先水平。

（4）高性能纤维及复合材料领域

省内哈尔滨南岗产业园区、省先进复合材料产业基地与东轻铝镁合金、哈飞空客复合材料、航空产业园区共同构成了哈南工业新城新材料产业集群。园区的龙头企业天顺化工是复合材料上游企业，省石化院、镓宇轨道交通装备、腾远预浸料、空天工大复合材料、飞天复合材料等二十余家园区入驻企业是复合材料下游企业，实现了上下游紧密衔接和优势互补。

（5）特种金属功能材料领域

① 半导体材料。黑龙江省新型半导体材料龙头企业带动效应明显，哈尔滨奥瑞德光电技术股份有限公司开发生产的大尺寸蓝宝石晶体、大庆佳昌晶能有限公司生产的砷化镓抛光片其技术水平、产量规模均处于国内领先地位。2014 年，奥瑞德蓝宝石晶棒（折合 2in）销售数量 1643 万毫米，销售收入 61950 万元。

② 硬质合金材料。主要集中在牡丹江市，牡丹江北方合金工具公司是国内最早生产硬质合金和钨合金产品的基地，目前约占有国内钨合金市场 18%的份额。牡丹江工具有限责任公司生产的硬质合金数控刀片年产 100 万片，在国内市场占有较大份额。

③ 稀有金属材料。省内钼资源储量居全国第二位，仅伊春地区现有储量占全国保有查明资源储量 13.7%。目前，伊春鹿鸣采选项目已投产，2014 年生产钼精矿（含钼 45%）4729.4t。下步将围绕钼铁、钼氨酸等开展精深加工项目，

不断延伸产业链条。

（6）前沿新材料

重点鼓励支持哈尔滨利用现有技术、研发等优势，谋划建立石墨新材料深加工产业园和石墨烯产业孵化基地，积极推动哈尔滨工业大学材料学院和黑龙江科技大学石墨烯项目中试及产业化。

15.9 上海市

15.9.1 上海市新材料产业总体发展情况

2014 年上海新材料产值 1951.19 亿元，全年新材料产值占战略性新兴产业（制造业部分）产值（8113.34 亿元）的 24.05%，占上海市规模以上工业企业工业总产值（32237.19 亿元）的 6.1%。作为高端装备产业和新一代信息技术产业之后的第三大产业，新材料产业增长缓慢。

① 产业结构转型升级趋势初步显现。新材料占原材料行业的比例不断上升，2012 年、2013 年、2014 年，上海新材料产值分别为 1707 亿元、1984.81 亿元和 1951.19 亿元，占全市原材料工业产值的比重分别达到 27.1%、29.9%和 31.3%，新材料产值占比稳步上升，产业结构调整已初见成效。

② 产业抗风险能力依然偏弱。高附加值产品组成的新材料产业体系，理论上应该对外围经济环境的波动有一定的抵御能力。然而在 2013 年国际和国内经济出现起伏的时候，上海市新材料产业未能很好地实现自我调节。在全市 GDP 实现年度 7.7%增长的条件下，新材料领域仅上升了 0.3%，表明上海市新材料体系中，高品质、高附加值的产品比例仍显不够。来源于重化行业的金属及化工行业的产品仍然占据相当一部分比例，高附加值新材料产品比例有待提高。

15.9.2 上海市重点新材料领域发展情况

（1）高端装备制造业材料领域

在高端装备制造业材料领域，上海材料研究所针对民用航空超高强度材料疲劳试样加工难的问题，选取了典型国产超高强度材料 300M 钢做为研究用材，研究出了一种低应力疲劳试样的加工方法，并通过 Nadcap 疲劳试样加工方法的认证。该项目结合技术攻关、试验研究以及国际航空材料试验认证标准要求，制订了相关的操作规程和规范，提高了性能试验的技术、设备、管理水平，建立了符合国际规范的高周疲劳实验室，为民用航空材料的相关检测奠定了良好的基础。

（2）新一代信息技术材料领域

在新一代信息技术材料领域，上海晶盟硅材料有限公司的 8in 低温 CAP 硅外延片产品已被广泛用于华虹 NEC、华润微电子、台积电等国内外多家知名半导体公司；默克液晶中国中心在上海开业，上海在高端液晶材料生产实现零的突破。

（3）生物医药材料领域

在生物医药材料领域，多肽产业所需高纯化学试剂配给基地的建设，将为上海等地的生物制药（多肽）产业发展提供原料并致力于解决企业发展的环境污染后顾之忧；上海微创医疗器械（集团）有限公司生产的冠脉药物支架系统、冠脉金属支架系统、颅内动脉支架系统、腹主动脉瘤和胸主动脉瘤等支撑型人造血管支架等产品，绝大多数达国际先进水平；上海其胜生物制剂有限公司生产的第二代医用透明质酸钠、医用几丁糖、医用胶原蛋白海绵、眼舒康人工泪液系列产品，在国内处领先地位；2013 年 12 月由同济大学任杰教授领衔负责的、联合第二军医大学附属上海东方肝胆医院、中科院上海药物所、北京 301 医院、上海同杰良生物材料有限公司等单位承担的国家 863 计划新材料技术领域重大专项——“新型纳米载药与治疗技术研究及应用”正式启动。

（4）节能环保材料领域

在节能环保材料领域，上海市凌桥环保设备厂有限公司的“高性能聚四氟乙烯纤维及深加工产业化研发”项目顺利验收；郎特集团研发的新型复合稀土基汽车排气三效催化剂和催化转化器性能满足国Ⅳ、国Ⅴ排放标准，已与国内众多汽车厂配套；研究开发具有完全自主知识产权的 SCR 催化剂，打破了国际大公司在 SCR 催化剂方面的控制，降低了 SCR 系统建设和运行成本；上海同杰良生物材料有限公司完成了国家“十一五”生物质工程高技术产业化专项，完成了“年产一万吨级生物质材料——聚乳酸”的建设并通过了上海市发改委组织的专家验收。

（5）新能源材料领域

在新能源材料领域，上海玻璃钢研究院有限公司的大型风力机复合叶片材料完成产值 5000 万元，其 2MW/48.3m 的风力叶片已累计生产 40 余套，并在江苏国华东台风场成功安装运行；中科院上海硅酸盐研究所和上海电力公司合作，成功研制具有自主知识产权的大容量钠硫储能单体电池，使我国成为继日本之后世界上第二个掌握大容量钠硫储能单体电池核心技术的国家。

（6）新能源汽车材料领域

在新能源汽车材料领域，宝钢汽车用先进超高强钢项目完成 980MPa 级别

Q&P钢的首次批量生产并实现供货260t，与上海通用汽车公司联合进行的Q&P钢全面认证工作正式启动，950MPa级别的TWIP钢实现大生产研制，产品性能完全满足设计要求；杉杉科技有限公司为打造全球规模最大的新能源锂离子电池负极材料产业基地，已计划斥巨资在国家级上海闵行经济技术开发区临港园区战略性新兴产业基地建设年产20000t新能源锂离子电池负极材料项目和年产1000t新能源锂离子电池合金材料项目。

15.10 江苏省

2014年，江苏省继续以战略新兴产业的高度发展新材料产业，加强新材料产业基地建设和技术创新，不断增加投资强度，产业规模不断壮大，创新能力不断提高。全年新材料产业完成现价产值1.53万亿元（江苏统计口径），同比增长13.1%，比全省规模以上工业高5.4个百分点，与上年相比，增速提高1.7个百分点。产业规模在全省十大新兴产业继续居第一位，在全国新材料产业中位居前列。

① 产业结构不断优化。产业集聚发展明显，产业基地规模不断壮大。南京膜产业基地目前已入驻20家多膜材料及相关配套企业。苏州工业园区以中科院纳米研究所及纳米产业基地为基础，集聚了纳微科技、汉朗光电、新纳晶光电、龙能科技等一批企业，目前已成为纳米微球、多稳态液晶、氮化镓LED外延片和新能源电池材料以及石墨烯等领域的行业领先者。连云港市国家新材料高技术产业基地硅材料产业链初步形成。淮安凹土科技园有凹土企业40余家，凹土生产能力达2亿余吨，实现产值20亿元，利税2.8亿元，成为真正的中国“凹土之都”。区域发展各具特色。南京市膜材料、徐州市多晶硅、常州市石墨烯、苏州市纳米材料、连云港市石英材料、淮安市凹土材料、镇江市高性能合金和碳纤维等在全省已成为特色产业，在全国有一定的影响。

② 产业高端化推进取得新进展。2014年，江苏省新材料产业瞄准世界前沿技术，产业高端化不断取得突破。在锂电池电解质领域居国内领先地位，大直径光纤预制棒扩能达到500t/年，MO源材料建成国内最大生产基地，在高端纳米负极材料领域制备技术水平达到国际领先。纳米产业实现产值近120亿元、年增长近20%。镁合金产量全球第一，占全球市场40%。年产6000t碳纤维以及10000t复合材料制品加工项目一期已竣工投产，2014年产量达4000t；年产10t SiC纤维、15t陶瓷制品及30t SiC微粉项目一期工程已完成调试，可实现连续稳定量产。年产3200t超高分子量聚乙烯纤维及其制品项目，生产设备已完成安装，基本达到正常生产条件，达产后可满足年产10万件防弹衣的材料需求。膜华科技自主研发的中空纤维膜，其各项技术指标均超过

国际最高制膜水准。

③ 技术进步明显，自主创新能力不断增强。2014 年，江苏省新材料产业利用自身优势，加强产学研用合作；同时，不断引进国际和国内高端人才，培养学术带头人；加大研发投入，加强技术平台建设，创新能力不断提高，技术进步取得较大成果。2014 年，江苏省在国内率先突破 T800 碳纤维关键技术；国家特种分离膜工程技术研究中心、无机膜国家地方联合工程研究中心无机陶瓷膜技术跻身于国际先进行列；国家玻璃纤维及制品工程技术研究中心、国家企业技术中心（中材科技南玻院）是我国玻璃纤维及制品生产技术与装备的开发源和辐射源，在特种玻璃纤维及制品、特种立体织物、玻璃纤维覆膜过滤材料领域具有世界先进水平；以苏州纳米所为依托的“江苏省纳米技术测试、加工和工程化平台”，已向苏州乃至全国近 120 家科研院校和企业提供了相关技术支持与服务。在石墨烯领域，依托江南石墨烯研究院平台，抢占石墨烯领域技术制高点和行业“话语权”，积极打造“东方碳谷”品牌，成为全国石墨烯产业发展的“领头羊”。

15.11 浙江省

15.11.1 浙江省新材料产业发展总体情况

据统计，2014 年浙江省新材料产业共实现产值为 4155.03 亿元，同比增长 7.4%，高于全省规模以上工业产值平均增幅 1.5 个百分点；新材料规模以上企业实现工业增加值 533.96 亿元，同比增长 9.1%，增幅高于全省九大战略性新兴产业平均增幅 0.5 个百分点。新材料产业利润实现利润 171.81 亿元，同比增长 6.8%。在全省九大战略性新兴产业中，新材料产业产值占 26.07%，产业规模在九大战略性新兴产业中处第 2 位。

2014 年浙江省各地重点培育发展的新材料企业、新材料产业基地发展态势稳定，新材料研发能力不断增强，一批关键技术、关键品种研发取得重要进展。2014 年全省新增 1 家新材料类国家级企业技术中心，新增省级新材料类企业技术中心 8 家，通过审核公示的省级新材料类企业研究院 24 家。尚越光电凭借全球领先的技术，成功量产新一代柔性铜铟镓硒薄膜太阳能电池，整体技术处于世界一流水平；宁波墨西科技建成目前全球规模最大石墨烯生产线，其平均厚度 2.4nm（7 层）的石墨烯微片制备技术处于全球领先水平；宁波创润新材料有限公司年产 250t 电子级低氧超高纯钛项目正式投产，标志着“国内首创电子级低氧超高纯钛”第一炉下线，一举打破美、日垄断，成为全球第四家能生产同类产品的企业。赛昂电力基于纳米隧道异质结技术的高效率混合型太阳能电池大幅提高了转换效率和实际工况下发电能力等特性，实验室转换效率为22.1%，量产转换效率为21.4%，采用金属铜代替银浆作为栅线电极，实现了高效低成本太阳能电池技术的重大突破，填补了国内空白，达到国际先进水平；浙江古纤道新材料股份有限公司和浙江理工大学共同承担的“液相增黏熔体直纺涤纶工业长丝关键技术及产业化”项目的实施，引起了涤纶工业丝生产的一次技术革命，实现高性能涤纶长丝低成本生产；中宁硅业的“电子级多晶硅材料研发”项目列入“极大规模集成电路制造装备及成套工艺”国家科技重大专项。

15.11.2 浙江省重点新材料领域发展情况

（1）特种金属功能材料领域

① 磁性材料。浙江省是磁性材料门类齐全，铝镍钴、铁氧体、稀土永磁三大品种在国内占有相当份额和地位。2014年稀土高端应用新材料研发和产业化深入推进，新能源汽车用钕铁硼磁性材料、微波铁氧体材料、大功率白光LED用稀土发光材料、汽车尾气催化材料、高矫顽力高工作温度低重稀土烧结钕铁硼永磁材料等一批新材料进入研发与产业化，全省6个稀土新材料项目纳入国家稀土专项项目计划。

② 铜及铜合金材料。高性能铜镍、铜铁合金材料、高铁接触网铜合金导线、铜铝复合材料等一批新材料品种实现了批量生产。2014年全省铜及铜合金材产量达296.38万吨，同比增长17.05%，产量居全国第二位，实现销售收入1175.01亿元，利润23.99亿元。

（2）高品质特种钢材料领域

2014年，一批耐温、耐蚀特种合金材料研制成功。我国具有自主知识产权的大型压水堆CAP1400核电机组用蒸汽传热管研制和生产取得突破性进展，3月5日CAP1400核电机组首台蒸汽发生器传热管和援外ACP1000核电蒸发器传热管正式启动生产，9月26日第一批产品完工，为我国第三代核电设备自主化生产作出了贡献。N08810、N08825、N06625等耐蚀合金通过国家标委评审，永兴特钢研制的N08825材料首次替代进口，应用于福建泉州千万吨炼油工程高压临氢装置。2014年全省不锈钢材产量265万吨，高品质不锈钢约占1/3。

（3）氟硅新材料领域

浙江省是国内氟硅新材料重要产业基地，已形成了氟材料、有机硅、无机硅三大产业链。2014年以巨化为核心的浙江省氟硅新材料产业技术创新综合试点基地共有企业31家，总产值155.43亿元。巨化的“氟改性热塑性聚酰亚胺材料产业化关键技术研究”项目成功列入国家科技支撑计划；凯圣的超大规模集成电路用氢氟酸正式向上海华虹公司供货，成为国内第一家向8in半导体公司供应氢氟酸的供应商；中宁硅业与巨化、富士特联合开展三氯氢硅歧化制备硅烷技术协同攻关，实现了企业间的副产循环利用，降低了电子级多晶硅、区熔多晶硅、白炭黑等新产品生产成本。新安化工开发的具有自主知识产权的草甘膦和有机硅单体联产技术，荣获国家科技进步二等奖，新安化工、杭州之江有机硅、杭州传化精细化工等骨干企业为已形成有机硅单体合成、有机硅下游制品深加工的较完整的产业链和硅橡胶、硅油、硅树脂、硅烷偶联剂、氟材料及纺织专用化学品等系列产品。

（4）高性能纤维领域

浙江省是纤维生产大省，拥有巨石集团有限公司、桐昆集团股份有限公司、浙江海利得新材料股份有限公司、浙江古纤道新材料有限公司、浙江恒逸高新材料有限公司等龙头企业。2014 年，公司化学纤维产量 1839 万吨，玻璃纤维产量 75.39 万吨。

15.12　安徽省

2014 年，安徽省实现地区生产总值 2.08 万亿元，同比增长 9.2%；其中，规模以上工业企业实现增加值 9530.9 亿元，同比增长 11.2%。截至 2014 年末，全省战略性新兴产业企业 2745 户，比上年净增 111 户；实现产值 8378.9 亿元，增长 22.5%，总产值占全部规模以上工业的比重由上年的 20.5%提高到 22.6%。

（1）产业规模不断壮大，骨干企业发展迅猛

2014 年，全省纳入统计的新材料企业 344 家，累计实现工业总产值 1724.5 亿元，同比增长 22.7%；在全省八大战略性新兴产业中占比为 20.6%；实现主营业务收入 1741 亿元，同比增长 14.8%。产值超 10 亿元的 34 户企业中，22 户增幅超过 10%，其中 12 户增幅超过 20%；2 户企业下降。部分骨干企业发展迅猛，重大项目不断涌现，全省涉及新材料亿元以上在建（含新建、续建）项目 167 个，投资总额超过 600 亿元。

（2）重点领域（产品）不断突破，技术水平提升明显

2013 年，合肥“超高韧性高强度聚丙烯组合物及其制备工艺”获得第十五届中国专利奖金奖。2014 年，全省 20 余项新材料产品/工艺入选国家火炬计划和国家重点新产品计划；蚌埠实现 0.3～0.5mm 超薄玻璃量产；马钢车轮通过 IRIS 国际铁路行业标准认证。尖端材料领域，铁基超高温超导材料项目获得 2013 年度国家自然科学奖一等奖，把世界高温超导研究推前一步。

安徽省新材料产业发展还存在如下问题，一是产业结构层次偏低，产品附加值不高。产品跟踪仿制较多，原创性产品缺乏。传统材料仍然是企业盈利的

主要来源，产品以中低档产品为主，拥有核心技术的自主知识产权少，高端品种发展滞后，后续产品链发展的需求难以满足。二是科技与产业要素缺乏有效整合，产学研用结合不够紧密。新材料的研发、生产与应用之间尚未建立有效结合机制，研发的市场需求导向不明显，缺乏装备制造、工艺设计、品牌运营等方面专家的深度参与，导致很多新材料在研发制备过程中由于缺少其他专业技术的支撑而流产或仅处于实验室阶段，产业化率不高，产业化过程较长。

15.13 福建省

15.3.1 福建省新材料产业总体发展情况

据福建省统计局统计，福建省 2014 年新材料产业实现产值 2462.44 亿元，增长 17.7%；增加值 536.42 亿元，增长 19%。福建省立足本省资源条件，发展精深加工产品提高产品附加值，部分主要产品年产能：稀土功能材料 12000t 以上(其中荧光粉 2000t、储氢合金材料 5000t、磁性材料 5000t)、硬质合金 2699t、聚四氟乙烯 3500t、六氟丙烯 3000t、聚对苯二甲酸丁二醇酯 6 万吨、高性能纤维的水溶性聚乙烯醇纤维 6.3 万吨等。

15.3.2 福建省新材料重点领域发展情况

（1）稀土功能材料

福建省在稀土磁性材料、发光材料和储氢材料生产研发方面处于国内领先和国际先进水平。以厦钨为龙头整合全省稀土资源，以稀土深加工为导向配置稀土资源，发展稀土深加工及应用产品的发展，确立了厦钨在国内稀土行业的重要地位，被国家列入组建全国稀土大集团 6 家企业名单之一。同时，厦钨实施“以钨为主业，以钼和能源新材料为两翼”的战略规划，重点发展稀土永磁材料、发光材料、储氢材料、锂电池材料等新材料及应用产品，在继续保持钨行业国内领先和国际龙头地位的同时，发展成为国内能源新材料行业的龙头。

福建省在稀土产业链延伸加工方面发展较好，其中 LED 发光产品、储氢合金混合动力电池材料、激光晶体等产品的生产居全国前列，永磁电机已进入应用开发阶段。主要生产企业有厦钨海沧分公司（储氢合金材料）、长汀金龙稀土公司（稀土发光材料、永磁材料）、厦门通士达公司（稀土荧光材料、节能灯）、福州大学（催化剂）、中科院福建物构所（激光晶体）等，以及其他一些生产汽车尾气净化器、电子元件和 VCM 组件、显像管、特种铁合金的企业。预计到 2018 年稀土产业产值可突破 400 亿元。

（2）先进高分子材料领域

① 含氟聚合物。福建省从“十二五”初期就制订了全省氟化工产业发展专项规划，充分利用福建省萤石资源丰富的优势，大力推进氟化工产业链的延伸和高技术高附加值氟产品的发展。2014 年初，福建三农化学农药有限责任公司 3500t/年聚四氟乙烯及 3000t/年六氟丙烯项目建成投产，填补福建省氟化工产业没有含氟聚合物的空白，同时六氟丙烯也为福建省氟化工产业链的延伸提供基础原料。当年福建三农化学农药有限责任公司生产聚四氟乙烯 2200t、六氟丙烯 1700t，实现工业总产值 1.5 亿元。

② 聚对苯二甲酸丁二醇酯（PBT）。福建湄洲湾氯碱工业有限公司 6 万吨/年聚对苯二甲酸丁二醇酯（PBT）产品采用直接酯化法技术生产，该项目是福建湄洲湾氯碱工业有限公司 4 万吨/年 1，4-丁二醇的产业链延伸项目，于 2014 年 3 月份建成投产。当年生产聚对苯二甲酸丁二醇酯 1.53 万吨，该产品实现产值约 1.7 亿元。

③ 聚乙烯醇新纤维。福建省聚乙烯醇纤维材料产业，以福建福维股份有限公司、永安市宝华林实业发展有限公司、永安市九如纺织有限公司为代表企业。近年来，福建省永安市高性能纤维的水溶性聚乙烯醇纤维产能 6.3 万吨，总量位居全国前列；高强高模 PVA 纤维也占有一定的份额。中国产业用纺织品行业协会授予永安市宝华林实业发展有限公司“中国聚乙烯醇（PVA）纺织品研发基地”，宝华林公司先后开发了水溶性非织造布、水溶性纤维、高强高模 PVA 纤维、特种水溶纱系列产品；现拥有 13 条水溶性非织造生产线、10 条多功能纤维生产线、7 万绽特种水溶纱的生产规模。

15.14 江西省

15.14.1 江西省新材料产业总体发展情况

江西新材料产业主要是特种金属功能材料、高端金属结构材料、先进高分子材料、新型无机非金属材料。2014 年，江西新材料产业完成主营业务收入 2091.1 亿元，同比增长 11.3%，实现利税总额 246.5 亿元，同比增长 14.8%。

15.14.2 江西省新材料重点领域发展情况

（1）特种金属功能材料

① 稀土材料。江西省离子型稀土资源品种类型齐全，是迄今为止国内外独具特色的优良稀土资源，富含铽、镝、铕、钇等高价值的中、重稀土元素，是

稀土磁性材料、发光材料、储氢材料、催化材料、抛光材料等生产不可或缺的关键元素，也是江西省决定产业链发展方向和重点的支撑条件。2014年，江西省稀土矿山企业2家，年生产能力约1.6万吨；稀土分离企业17家，离子型稀土矿年分离能力4.6万吨；稀土金属冶炼企业9家，稀土金属年生产能力2万吨；永磁材料生产企业14家，钕铁硼年生产能力2万吨；稀土荧光材料生产企业7家，年生产能力5000t；储氢合金粉生产企业2家，年生产能力2600t；稀土添加剂企业1家，年产能1万吨。2014年，江西省稀土产业全年实现主营业务收入398亿元，同比增长12.3%。

近几年江西省大力发展稀土产业，江西理工大学、赣州稀土研究所等科研院所为江西稀土产业发展提供了有力支撑。赣州稀土新材料产业基地于2010年被国家工信部授予“国家级新型工业化产业示范基地”。江西省的稀土产业链不断延伸，稀土永磁电机、稀土节能灯及稀土陶瓷等应用产品生产渐成规模，稀土发光材料、稀土磁性材料产能达到全国20%左右，稀土锆陶瓷占全国50%左右。离子型稀土原地浸矿技术、冶炼分离、金属冶炼技术水平先进。稀土氧化物、金属、中重稀土合金、稀土铸铁等产品质量居全国前列。

② 钨材料。江西省钨特别是黑钨资源十分丰富，全省保有钨资源储量102万吨，位居全国第二，已经形成比较完整的产业链，是我国乃至世界重要的钨原料产地。2014年，江西省规模以上钨企业109个，钨精矿（折65%三氧化钨，下同）年产能约6万吨，钨冶炼综合年产能13万吨，其中仲钨酸铵10万吨、钨粉2.6万吨、碳化钨粉1.5万吨，硬质合金5200t。2014年，江西省钨精矿（折三氧化钨65%）累计生产5.1万吨，同比增加0.1%，钨冶炼产品约占全国同类产品一半以上。全年钨产业主营业务首次突破500亿元，达到517.4亿元，同比增长10.2%。

江西稀有金属控股集团公司、江西钨业集团有限公司、崇义章源钨业股份有限公司、赣县世瑞新材料有限公司、江西耀升工贸发展有限公司等企业是江西省钨矿山开采到冶炼、深加工集约化大型钨企业。南昌硬质合金有限公司是江西省钨棒材和微型钻专业化生产的重要企业。钨企业的开采和冶炼生产技术和装备居世界先进水平，江西赣州有色冶金研究所是我国主要涉钨研究所。

（2）先进高分子材料——有机硅

江西有机硅产业基础主要在永修县星火工业园。星火工业园成立于2000年6月，主要围绕江西星火有机硅厂建成的国内首套万吨级有机硅单体生产装置进行有机硅下游产品的生产、研究和开发。自2006年以来，江西有机硅产业在经济效益、产销能力、带动作用方面发生较大变化，在全省化工行业中占据重要地位。星火有机硅厂单体产能从10万吨扩大到50万吨。

（3）高端金属结构材料

2014 年高端金属结构材料行业实现主营业务收入 110.3 亿元，同比增长 10%；实现利税 10 亿元，同比增长 33%。重点产品主要有新余钢铁集团有限公司的核岛压力容器钢板、高强度造船板、电工钢、家电用钢，方大特钢的汽车板簧钢及空气悬挂支架等。方大特钢与德国 BPW 车轴公司，厦门福田等企业和北京科技大学、南昌大学等高校有着技术上的密切交流和合作，产品技术水平处于国内领先水平。

（4）新型无机非金属材料

① 先进陶瓷。先进陶瓷产业主要集中在江西省萍乡市、景德镇市。湘东区是“中国工业陶瓷之都”，共有工业陶瓷企业 149 家，产品主要包括高温结构陶瓷、耐磨陶瓷、高韧性陶瓷、高（超）硬陶瓷、纳米结构陶瓷、多孔陶瓷、陶瓷超滤膜等。年生产能力达 500 万吨，产值达 175 亿元，以化工填料为主的化工陶瓷产品占全国同类产品的 70%，部分产品出口欧美、东南亚等国家和地区。湘东区工业陶瓷集群是国家工业陶瓷高新技术产业化基地，成立了江西省工业陶瓷工程技术中心、博士后科研工作站，与北京大学、湖南大学等 83 所高校科研院所进行合作。拥有龙发实业、普天高科、宝安新材料等龙头企业。芦溪县是“中国电瓷之乡”，共有电瓷企业近 70 家，产品主要包括高压、超（特）高压、超强度绝缘电网用电瓷，轨道交通专用绝缘子、变电站电瓷电气等，拥有中材电瓷、中南绝缘子、华维电瓷等龙头企业。2014 年，全省先进陶瓷产业实现主营业务收入 320 亿元。

② 碳酸钙粉体材料。该产业主要集聚区在永丰县，该县是“中国碳酸钙产业基地县”、“江西省碳酸钙新材料产业基地”，其碳酸钙产业集群是全省积极培育发展 60 个重点产业集群之一，主要产品有重质碳酸钙、纳米碳酸钙 PVC 活性专用钙、硫酸钡、硅灰石粉、轻钙等。永丰县的碳酸钙粉体材料年产能达 230 万吨，占全国总产量的 12%。2014 年，碳酸钙产业共实现主营业务收入 82.3 亿元，同比增长 18%。

③ 玻璃纤维。该产业主要集聚区在江西省九江市庐山区、赣州市上犹县和宜春市奉新县。全省现有主要玻璃纤维和玻璃纤维制品生产企业 90 余家，其中规模以上企业 21 家。龙头企业有巨石集团九江有限公司、江西大华云通玻纤有限公司和江西元亨复合材料有限公司等。主要产品有增强型热塑性无碱玻纤纱、无捻粗纱和直接无捻粗纱、玻纤布、耐碱玻纤纱、增强砂轮网布、玻纤布、短切毡、过滤布、绝缘布和电子级玻纤纱等。2014 年，全省玻璃纤维纱及制品产量 48.5 万吨，实现主营业务收入 90.4 亿元，同比增长 20.0%。

15.15 山东省

15.15.1 山东省新材料产业发展情况

2014 年，山东省重点调度新材料企业 225 家，实现销售收入 2234.3 亿元，利润 136.7 亿元，研发投入 195.4 亿元，申请专利两千多项；主营业务收入突破 100 亿的有 5 家，东岳集团、翔宇化纤、南山铝业、创新金属和潍焦集团分别达到 234 亿元、142 亿元、141 亿元、123 亿元和 101 亿元，50 亿元～100 亿元的有 6 家，10 亿元以上的 46 家。在诸多新材料领域形成了较强的产业和规模优势。

15.15.2 山东省新材料重点领域发展情况

（1）特种金属功能材料

① 稀土新材料。全省拥有矿产品开采企业 1 家、冶炼分离企业 3 家、深加工及应用企业 20 余家，具备从矿山、冶炼分离到深加工应用较齐全的产业链。微山湖稀土是山东省唯一的稀土矿产地，资源储量 30 万吨。冶炼分离企业 3 家，分离能力 17500t/年，约占全国的 17%，居全国第二位。稀土深加工和应用企业 20 余家，在磁性材料、催化材料、抛光材料等领域生产规模、产品技术等方面在全国居于领先水平。以烟台正海和烟台首钢为主的稀土磁性材料生产企业 6 家，年生产能力 12000t，占国内市场份额的 10%左右，产品主要应用于风力发电、汽车、电子信息等高技术领域；以山东天璨、淄博爱亿普等为主的稀土催化材料生产企业 6 家，年生产石油裂化催化剂 25300t、高效环保脱硝催化剂 12000m^3，占全国市场 20%左右；以淄博鑫方园、烟台鹏宇、淄博包钢灵芝为主的高性能抛光粉生产企业 3 家，年生产能力 9000t，主要产品用于液晶显示器、精密光学仪器及电子等领域；烟台希尔德、莱芜祥鹏稀土发光材料企业 2 家，年生产能力 56t，主要产品为 LED 荧光粉。另外，还有一些稀土储氢材料、稀土橡胶、稀土镁合金、稀土功能陶瓷等生产企业。

② 新型半导体材料。山东天岳与山东大学联合成功实现了 SiC 半导体材料产业化，打破国外技术垄断和封锁，达到世界先进水平；济南晶正在世界上率先开发出 3in 铌酸锂单晶薄膜产品，成为世界唯一实现工业化生产的企业。

（2）高端金属结构材料

① 高性能铝合金。南山铝业和兖矿铝材相继引进世界先进的 150MN 正反向挤压机及自动生产线，铝加工能力达到世界领先水平，南山铝业年产 20 万吨

超大规格、高性能特种铝合金材和年产 2 万吨航空航天用高强度精密锻件生产线新建项目即将投产；丛林集团以研发生产高速列车、船舶汽车等工业铝合金型材为主，轨道交通车辆车体材料国内市场占有率 70%以上。

② 钛合金。中航钛业拥有钛合金大型铸锭熔炼、大规格棒材锻造和坯料热处理三条国际先进水平生产线，产品工艺达到国内领先水平。

③ 粉末冶金材料及制品。以莱钢粉末冶金、莱芜新艺冶金、山东金麒麟等企业为龙头，制粉、制品能力约占全国的 30%。莱钢粉末冶金是国内规模最大、品种齐全的钢铁粉末生产企业，年生产还原和雾化系列铁粉 10 万吨，并牵头联合北京科技大学等相关科研机构和企业 21 家，成立“钢铁粉末冶金产业技术创新联盟”；莱芜新艺冶金年产 2 万吨粉末冶金制品、3 万吨高密度轿车变速箱齿轮，是长江以北最大的轿车零部件粉末冶金制品生产基地；山东金麒麟年生产汽车（轿车）刹车片 2500 万套，有 3100 多个品种，其中有 1600 多个品种通过了欧盟 E-MARK 产品质量认证，是我国摩擦材料行业规模最大、出口量最大的外向型、高新技术企业。

（3）先进高分子材料

① 聚氨酯。以万华集团、莱阳巨力、淄博蓝星东大等龙头企业为主，形成从原料到中间体再到终端产品、工程施工服务等较为完整的产业链。万华集团 MDI 年生产能力 224 万吨，规模居世界首位。

② 特种工程塑料。山东浩然特塑有限公司建设国内首条千吨级特种工程塑料聚砜（PSU）、聚苯砜（PPSU）生产线，多项关键技术拥有自主知识产权。

③ 酚醛树脂。山东圣泉是亚洲最大的酚醛树脂生产基地，年产新型节能阻燃建材、电子、航天航空、高档摩擦等多用途的酚醛树脂产品 30 万吨，国内市场占有率 30%，是国内最大的外墙保温材料生产基地。

（4）新型无机非金属材料

① 高性能氟硅材料。以东岳集团为主，现为亚洲规模最大的氟硅材料生产基地，年生产新型环保制冷剂 60 万吨、含氟高分子材料 8.5 万吨、烧碱用离子膜 5 万平方米、硅橡胶及硅油 4000t，形成了从萤石初加工到功能膜材料完整的产业链，建成了全国第一家以氟化工高分子材料和绿色环保制冷剂为主的氟硅化工产业园。

② 先进陶瓷。主要集中在淄博、济南、潍坊、东营等地，是全国重要的结构陶瓷、功能陶瓷和电子陶瓷生产地区。淄博成立了先进陶瓷产业技术创新联盟，建设了集研发、孵化、人才培育与公共信息技术服务和科技创新创业服务于一体的淄博高新区先进陶瓷产业创新园。中材高新的熔融石英陶瓷辊达到国际先进水平，是国内最大、国际上仅有的三家生产企业之一，国内市场占有率 40%；华创精细陶瓷承担的“863”陶瓷柱塞和缸套项目生产

规模和市场占有率均居国内第一；山东国瓷是国内唯一一家商业化生产高档纳米钛酸钡的厂家，拥有国内最大的电子陶瓷材料规模化生产基地，国内市场占有率达到80%。

③ 特种玻璃。山东金晶拥有在线低辐射镀膜玻璃年产300万平方米和离线低辐射镀膜玻璃年产1240万平方米的生产能力，是全国最大的低辐射镀膜玻璃生产基地；威海蓝星是全国最大的在线镀膜玻璃研发生产基地，年产阳光控制、低辐射等镀膜玻璃3200万平方米。

④ 岩棉。山东鲁阳拥有20万吨陶瓷纤维制品及10万吨岩棉保温材料生产能力，是亚洲最大的陶瓷纤维制造基地。

（5）高性能纤维及复合材料

① 碳纤维。威海拓展拥有从纤维到制品完整产业链，年产GQ3522（T300）、GQ4522（T700）、QZ5526（T800）碳纤维2200t、碳纤维预浸料1000万平方米、碳纤维系列制品800万件，碳纤维生产规模全国领先；泰山体育年产碳纤维自行车10万辆，位居同行业第一；胜利新大集团自主研发碳纤维连续抽油杆、碳纤维石油套管、碳纤维复合材料桥塞等系列产品，在油田应用中走在世界前列；济宁碳素集团下属科能新型碳材料与武汉科技大学联合研发煤系沥青基碳纤维，自主研发了国内第一台煤沥青专用纺丝机，填补国内空白。

② 芳纶。烟台泰和新材料是国内规模最大的高性能纤维研发和生产基地，年产间位芳纶7000t，芳纶纸500t，居世界第二位，年产对位芳纶1000t，居世界第五位。

③ 超高分子量聚乙烯纤维。济宁翔宇化纤、山东爱地等企业率先在国内实现超高分子量聚乙烯纤维的研发和生产，年生产能力4000t，约占全国产能的1/5。

④ 玻璃纤维。泰山玻纤年产玻璃纤维60万吨，生产能力居国内前三，近年来相继研发出高模量玻璃纤维和耐酸玻璃纤维等新产品，并在邹城建成了以生产电子细纱及电子布为主的玻纤生产基地。

（6）前沿新材料——石墨烯

济宁利特纳米率先建成国际先进水平吨级石墨烯生产线，开发出10余种新型石墨烯纳米材料，并牵头山东大学等5家高校和9家企业成立了山东省石墨烯创新战略联盟，初步形成了以济宁高新区为研发、鱼台为生产基地、青岛、济南等地为应用开发的完整产业链。

15.16 河南省

2014年，河南省新材料产业稳步发展。超硬材料及其制品行业，产量及技术水平居国内首位。在黄河旋风、郑州华晶、豫金刚石、四方达、新大新材四家上市公司之后，河南最大的单晶金刚石生产企业中南钻石作为江南红箭的全资子公司也顺利上市，为河南超硬材料的发展注入了新的活力。在特种金属合金材料、先进高分子材料、无机非金属材料、高性能纤维及复合材料等方面也取得了长足的进步。河南煤化集团永煤碳纤维有限公司 GQ4522 级碳纤维产品已完成了航天领域和民用领域用户性能测试和应用评价，并实现批量供货，航天领域完成了工艺定型。标志首河南省 T700 碳纤维已挤入国内先进行列。2014 年河南省新材料产业要推进实施近 20 个重点项目建设顺利，为今后河南新材料产业快速发展奠定了坚实的基础。

15.17 湖北省

15.17.1 湖北省新材料产业发展基本情况

据统计，截至 2014 年底，全省规模以上新材料企业 430 多家，实现销售收入 1700 多亿元。湖北省在高端金属结构材料、电子信息材料、新型无机非金属材料、先进高分子材料等领域已具有良好的发展基础，初步形成了品种门类较为齐全和人才培养、研发设计、生产应用等环节较为完备的新材料产业体系。

15.17.2 湖北省新材料重点领域发展情况

① 高端金属结构材料。金属材料行业是湖北省优势传统产业，同时也是我国钢铁和有色金属行业重要生产基地。多年来，武钢不断调整优化产品结构，在高端产品开发和技术创新等诸多领域取得重要进展，生产的取向硅钢、高速重轨、第五代桥梁钢、高强汽车板、压力容器钢和帘线钢等高端钢铁产品生产技术和市场占有率全国领先。湖北新冶钢经过多年努力，已经由普通钢材生产加工企业逐步转型发展成为国内重要的特殊钢生产基地，其航空航天用超高强度钢、轴承钢、齿轮钢、中厚壁无缝管、核电行业高温合金等产品在国内外具有重要的地位。武汉重冶机械成套设备集团有限公司的模具金属材料、高精锻件，大冶有色金属公司等企业铜铝精深加工产品在国内具有较强竞争优势。

② 电子信息材料。光纤预制棒及特种光纤、半导体微电子、激光晶体、电子陶瓷、LED/LCD/PDP 平板显示材料、电子级玻璃纤维等电子信息材料快速发展。长飞公司光纤预制棒及特种光纤等新材料产品的市场份额在国内居第一位，产能达 1500t，保障了国产光纤的市场份额不断提升。鼎龙化学股份公司是全球电荷调节剂、彩色化学碳粉、彩色再生硒鼓和永久紫色颜料主要制造供应商。荆门格林美公司拥有循环再造钴镍、铜钨、金银、钯铑等十多种稀缺资

源和多种高技术产品，在再生钴镍资源的循环利用领域具有国际先进水平。宜昌南玻硅材料有限公司具有完整的高纯多晶硅全闭路循环生产体系，是国内生产电子级多晶硅和超薄玻璃显示屏的重要企业。

③ 新型无机非金属材料。湖北省无机非金属材料行业在原有传统玻璃、陶瓷、墙体材料和防腐保温材料产业的基础上，依托一批国防、高新技术企业逐步发展，形成了一批在特种玻璃和陶瓷、新型保温隔热材料、新型墙体材料、摩擦材料等领域具有影响力的新型无机非金属材料产品。湖北新华光公司特种光学材料、微晶玻璃，菲利华公司光纤石英玻璃棒材、半导体用石英材料、航空航天用石英纤维材料，襄阳汉江弘源公司碳化硅特种陶瓷制品，武汉大学石墨基柔性复合材料等产品填补了国内高科技领域的空白。咸宁南玻和武汉长利的路易、钢化、中空和彩色镀膜玻璃生产技术达到国际先进水平，鄂州市的人造金刚石产业集群在国内外具有较强的影响力。

④ 先进高分子材料。湖北省有机硅材料的研发生产处于全国领先水平，有机硅单体规模处在全国首位，湖北兴发集团、武大有机硅新材料公司、荆州江汉精细化工公司等是国内有机硅行业的重点企业。湖北卓熙氟化股份公司高纯氟气和氟化石墨填补国内空白，武汉力诺双虎公司高档防腐涂料，襄阳三沃航天公司生产的材料表面保护膜等产品处于国内先进水平。武汉 80 万吨乙烯工程的建成投产和荆门武汉双千万吨炼油改造升级及副产原料精深加工工程的组织实施为湖北省复合材料产业发展提供了广阔发展空间。

15.18 湖南省

15.18.1 湖南省新材料产业总体发展情况

2014 年湖南省规模以上新材料企业共 625 家。其中，金属新材料 157 家，化工新材料 275 家，先进复合材料 67 家，先进储能材料 81 家，先进硬质材料 41 家，其他新材料 4 家。

2014 年，湖南省纳入统计的 625 家规模以上新材料企业共完成新材料产值 2907.43 亿元，同比增长 15.5%；实现增加值 755.61 亿元，同比增长 18.9%，较全省规模工业增加值增速高出 9.3 个百分点。14 个市州新材料产值、增加值均实现正增长，长沙、株洲、湘潭、衡阳、岳阳、郴州、娄底 7 市新材料产值均超 200 亿元，其中，长沙产值达 813.2 亿元，长沙、湘潭、常德 3 市增速为 30%左右。统计的 220 种新材料产品中，有 167 种产品实现正增长，其中高档船舶钢、矿用钻头、水性涂料等 38 种产品产量及销售额增长幅度在 40%以上，交通运输用铝型材、EVA 树脂等 13 种产品销售额超过 50 亿元。

总体来看，2014 年，湖南省新材料产业形势比较严峻，在市场经济环境不佳、原材料上涨、市场需求不足、产品竞争加剧等负面因素影响下，经济增长速度明显趋缓，部分企业出现同比下降趋势，企业利润率偏低，经营形势不太乐观。制约产业发展的因素主要有：一是宏观经济环境依然偏紧，对市场需求的制约影响还在继续。二是产业整体发展水平不高，龙头企业带动作用不明显。三是产业资源能耗大，资源环境型企业约束进一步增强。四是企业融资困难，许多成长型企业发展受资金制约。五是政策效应发挥不够，一些优惠政策未落实到位。

15.18.2　湖南省新材料重点领域发展情况

（1）特种金属功能材料——先进储能材料

2014 年，受时尚电子消费品和电动车、电动工具的拉动，湖南省先进储能材料保持稳定增长势头。纳入统计的 81 家先进储能材料规模企业共完成产值 251.61 亿元，同比增长 11.9%；实现增加值 69.42 亿元，同比增长 13.5%。全行业钴酸锂正极材料产量 3.37t，销量 3.09t，销售额 47.9 亿元；尖晶石锰酸锂正极材料、氯化钴、泡沫镍、超细碳粉等产品产值增速均在 40%以上。科力远、杉杉、瑞翔等先进储能材料龙头企业聚集，已形成集群效应。杉杉新材、金瑞新材全年产值均过 10 亿元，瑞翔产值过 5 亿元；杉杉新材、金瑞新材、邦普循环等企业产值增幅在 25%左右；星城微晶石新材料产品“墨锂离子电池负极材料石墨”销售收入同比增长 100%。

省会长沙在先进储能材料领域有两院院士 5 人，拥有 3 个国家级重点实验室、5 个国家级工程技术中心及中南大学、国防科大、长沙矿冶研究院等研发机构，已成为国家级先进储能材料研发机构最为集中的城市。在此领域工作的技术人员超过 2 万名，累计获得与先进储能材料有关的发明专利 1000 多项。部分专利成果已经实现产业化，基本上达到国际先进水平。2014 年，先进储能材料领域引进和新上了一批重点项目，拉长了产业链，为今后快速增长打下了基础。其中，湖南中锂新材湿法锂离子电池隔膜、湖南紫皇冠公司动力性锂离子电池陶瓷隔膜、湖南中大技术孵化器公司高稳定型电解液等项目一举填补了湖南省在锂电池电解液和隔膜材料领域的空白。

（2）高端金属结构材料

2014 年，纳入统计的 157 家金属新材料规模企业共完成产值 1503.32 亿元，同比增长 19.5%；实现增加值 391.51 亿元，同比增长 24.8%，高出全省新材料增速 5.9 个百分点，居各领域之首。

受国家政策偏向整顿、叫停部分矿山开采企业及市场竞争加大等因素影响，金属新材料领域大部分原材料价格上涨，产品价格下降，产品利润空间被压缩，但依托龙头企业的拉动，金属新材料整体保持快速增长之势，其中工业型材企业好于建筑型材企业。龙头企业中，新振升产值 52.9 亿元，同比增长 19.8%；晟通集团着重发展“201”工程（20 万吨铝箔世界第一）、轻量化汽车、铝型材、建筑模板、铝工艺品等，在向高附加值产业转型升级的同时强力推进品牌建设，实现产值 305 亿元；金龙铜业年生产再生铜 10 万吨，用再生铜加工成铜板、铜材、铜管、铜合金、扁铜线等产品，成为实现经济效益和社会效益“双赢”的典范，实现产值 79.8 亿元，同比增长 15.63%；鸿源稀土已成为集南、北稀土分离冶炼技术优势、深加工、科研为一体的综合性稀土生产企业，是湖南省唯一一家具备三项国家资质（稀土出口配额、国家环保核查、稀土企业行业准入）的核心稀土生产企业。

分产品来看，铝及铝合金箔带和复合带材产量 110.4 万吨，同比增长 179%；销售量 109.5 万吨，同比增长 180%；销售额 161.8 亿元，同比增长 104%倍。高档船舶钢产量 434.42 万吨，同比增长 60.5%；销售量 435.2 万吨，同比增长 61.5%；销售额 141 亿元，同比增长 50.8%。高强度钢筋、交通运输用铝型材、铝合金精密铸锻件、复合铜芯丝、特殊性能镀膜靶材、压延铜箔、防腐石油管材等产品增长均在 40%以上。

受益于国家电网设备 4000 亿大投资以及国内汽车产业、家电产业持续稳定发展态势，预计金属新材料将继续保持较快增长之势、引领湖南省新材料产业发展。

（3）先进高分子材料

2014 年，纳入统计的 275 家化工新材料规模企业共完成产值 804.22 亿元，同比增长 10.2%；实现增加值 199.30 亿元，同比增长 11.4%。水性涂料、聚芳砜、多功能改性尼龙-6、新型聚醚、新型丁苯胶乳、新型加氢处理催化剂等产品同比增长在 40%以上。

分产品来看，高档涂料产量 25.3 万吨，销量 26 万吨，销售额 56.2 亿元，同比增长 16.8%；聚己内酯（PCL）产量 54.2 万吨，销量 44.7 万吨，同比增长 30.5%，销售额 61.2 亿元，同比增长 17.1%；精细化学品合成催化剂产量 3.56 万吨，销售额 63.2 亿元，同比增长 24.7%；EVA 树脂产量 16.7 万吨，销量 16.7 万吨，销售额 54.4 亿元，同比增长 16%。

湖南省化工新材料企业主要集中在岳阳、衡阳，岳阳已发展成以巴陵石化、岳化化工、长炼石油为龙头的千亿石化产业集群。目前，湖南省化工新材料技术普遍落后，导致化工新材料产品一直处于产品链的低端环节，在原材料价格上升、用工成本上涨、环保要求提高的条件下，行业发展整体不景气，但基于化工企业数量众多，加上汽车、通信电子产品的快速发展，在一批工业涂料企业的拉动下，湖南省化工新材料仍保持较稳定的增长。重点企业方面，巴陵石化实现销售收入 208 亿元，税费 30.82 亿元；湘涂涂料实现产值 26 亿元，同比增长 12.7%；海利化工实现产值 17 亿元，丽臣实业实现产值 14.2 亿元。

（4）高性能纤维及复合材料

伴随着我国航天航空建设的快速发展和风电建设全面回暖，以及国家高铁“走出去”的战略布局，碳/碳复合材料、高分子减振降噪产品、风电叶片等一批高技术含量、高附加值产品加快增长，带动了湖南省先进复合材料的快速发展。2014 年，纳入统计的 67 家先进复合材料企业完成产值 233.13 亿元，同比增长 17.5%；实现增加值 61.49 亿元，同比增长 20.1%。优势领域碳/碳复合材料产品主要居于产业链的下游，2014 年完成产量 707.2t，销售量 721t，销售额 14.33 亿元，同比增长 32.2%。碳纤维增强树脂基复合材料完成产量 79.5t，销量 75.2t，销售额 20.9 亿元，同比增长 40%。碳纤维完成产量 48.9 万吨，销售 48.7 万吨，销售额 4.71 亿元，同比增长 29.1%。

15.19 广东省

15.19.1 广东省新材料产业总体发展情况

① 新材料产业初具规模。2014 年，广东省新材料产业实现工业总产值 1646.59 亿元，增长 10.8%；实现工业增加值 336.73 亿元，产业总体规模位居全国前列。新材料领域的规模以上企业 1800 多家，其中高新技术企业 600 多家，新材料产品产值超亿元的企业 300 多家，培育出一批新材料产业的龙头骨干企业，涌现出一批创新能力较强的“小巨人”企业。新材料产业的发展为广东省战略性新兴产业的培育发展和传统产业的转型升级作出了重要贡献。

② 带动传统产业转型成效。“十二五”期间，广东省通过引进、实施一批先进金属材料重大项目，如广州 JFE40 万吨热镀锌冷轧板生产线、万吨级铝型材挤压装备、单机架双卷曲铝精箔轧制生产线等，带动了传统钢铁、有色、建材行业的转型升级。珠江钢管研制生产的石油、天然气输送管线钢占据全国 60% 的市场份额；广东省铝镁加工企业在国内具有明显的规模和品牌优势；电容器用高压阳极箔的生产技术和产品质量处于国内领先地位，完全替代了进口产品；镁合金生物医用材料在国内首次进入临床试验；节能型隔热铝型材得到推广应用，这都标志着广东省优势传统产业转型升级成效明显，并继续保持着旺盛的发展势头。

③ 产业集聚态势初步形成。广东省已建成国家级新材料产业基地 1 个（广州新材料产业国家高技术产业基地），国家级特色材料产业基地 15 个（佛山新材料产业基地、中山精细化工特色产业基地、肇庆金属新材料产业基地等）、

省级新材料特色产业基地 32 个，初步形成了深圳国家半导体照明基地、佛山光伏产业基地、南海区“有色金属加工镇”、顺德区“中国涂料之乡”等一批特色鲜明的新材料产业集聚区，并培育出一批处于国内领先地位的新材料龙头企业。

④ 产业链条基本成型。广东省新材料产业的重要门类已初步形成了较为完整的产业链。如先进高分子材料产业已经建立石油化工—树脂合成—改性塑料—塑料助剂—塑料加工—塑料机械—制品应用—再资源化的特色产业链条，在合成树脂、合成纤维、改性塑料、塑料薄膜、塑料注剂等产品的技术和市场占有率方面处于国内领先水平。半导体照明材料基本形成衬底材料—外延片生产—芯片制造—封装—检测和应用示范的产业链条。锂离子电池材料初步构建起正极材料—负极材料—电解液—隔膜—电池生产的产业链条。电子信息材料基本形成圆晶—裸片—真空电镀—引线框架—引线键合—焊接封装—元件—组装电路板—印刷电路板—元器件—产品的产业链条。

⑤ 骨干企业带动作用凸显。广东省新材料骨干企业的带动作用明显，对产业发展和上下游产业链条的聚集起到显著的主导作用。如铝加工已形成若干个龙头企业引领产业发展的态势；能源电池则以河源、三水骨干企业为核心，奠定了广东省能源材料在全国的优势地位；黄埔造船厂、广船国际、南沙龙穴等在大型船舶、军民船舶制造领域在全国居优势地位，引领海洋工程材料、造船用焊接材料等的长足发展；深圳光启研究院研制的特种电磁超材料，实现了电子材料行业的革命性突破。

⑥ 培育了一批拳头产品。广东省有 10 多种新材料产品产能位居全国前列，如居全国第 1 位的改性塑料产能 80 万吨、双向拉伸聚酯薄膜产能 2.7 万吨、复合氧化锆产能 2300t、钴镍废弃资源处理能力 5 万吨、稀土发光材料产能 1200t、覆铜板产能 2500 万平方米、高纯电子化学品产能超过 3 万吨。同时，广东省在新型电子材料、显示材料、电池材料、密封材料、纤维材料、化学试剂、储氢材料、纳米粉体材料领域也培育出一批国内领先的新材料产品。

15.19.2 广东省新材料重点领域发展情况

（1）稀土及稀有金属金属功能材料领域

广东省稀土资源储量居全国前列，种类齐全且以离子型稀土为主，锗、碲铌、钽、硒、钨、钼、锆等资源也较为丰富，培育出一批涉及领域广、竞争力强的稀土新材料龙头企业。如稀土磁性材料方面有江粉磁材（国内最大铁氧体磁性材料元件制造商之一，稀土发光材料销量全国第一）、肇庆三环等；稀土发光材料方面有江门科恒（国内最大稀土发光材料制造商之一）、佛山朗达等；稀土稳定剂、助剂方面有广东广洋（国内外最大的稀土多功能稳定剂制造商）、广东炜林纳等；钽铌新材料方面有肇庆多罗山（钽铌行业全球排名第四）、广晟有色等；钨新材料方面有潮州翔鹭（钨粉及碳化钨粉的出口量位居第一）、深圳金洲精工（中国最大设计和生产硬质合金钻头、铣刀以及IT 用行业精密刀具和精密模具的高科技企业）等；锆新材料方面有东方锆业（产能居全国前列）等；铟、锗、硒、碲新材料有中金岭南、清远先导、佛山钜仕泰等。

（2）电子信息材料领域

广东省在微电子、光电材料等领域的产业配套能力较强，目前已成为世界重要的电子信息材料研发生产基地。广东省是全球最大的液晶模组材料（TFT-LED）制造基地，生产能力占全国的 70%，约占全球四分之一。近年来，随着华星光电、广州 LG8.5 代液晶面板项目以及信利半导体、广州创维、深超光电等重大项目落地，广东省高世代显示材料加速聚集。在 ITO 玻璃生产方面，有深圳南玻显示（全球最大、最主要的透明导电膜玻璃供应商之一）、深圳莱宝高科（我国少数自主掌握液晶显示专项核心技术的上市企业）等；在掩膜板方面，有深圳清溢光电（我国规模最大、技术最先进的集研究、设计、生产、销售于一体，专业制作高精度掩膜版的企业）、深圳美精微光电（我国第一家集研发、生产销售各类光掩膜版及其光掩膜铬版版材的企业）等公司能供应各种铬板型掩膜板及其他配套材料。在 OLED 材料方面，广州奥翼电子（拥有国内独有、世界领先的最新显示技术）的纳米粒子电泳 OED 电子纸、东莞彩显的 OLED 经典材料均处于国内领先水平。

（3）新能源材料领域

目前，广东省已经形成具备相当技术优势的新能源材料产业集聚区，建立了从材料基础研发到产品应用的完整产业链，并在产业链关键环节拥有一批国内外知名企业。在镍氢电池材料方面有四会达博文（销量全国第一）、广州有色金属研究院等；正极材料方面有深圳天骄（国内最大锂离子电池三元材料制造企业，占国内市场份额 50%）、贝特瑞（全球重要的磷酸铁锂供应商，销量全球第一）等；电解液方面有东莞杉杉（国内市场占有率 20%以上）、珠海赛纬电子（国内市场占有率超过 10%）等；电池隔膜方面有星源材质科技（世界上唯一同时拥有锂离子电池隔膜干法、湿法制备技术的企业）、佛塑科技（中国塑料新材料行业龙头企业、中国制造业 500 强）等。

（4）高分子材料领域

高分子材料是广东省新材料产业体系中特色和优势明显的标志性领域，占新材料总产值的 30%左右。在合成树脂、合成纤维、改性塑料、塑料薄膜、化学建材、塑料助剂等产品技术和市场占有率方面处于国内领先地位。合成树脂平均装置规模接近发达国家水平，主要生产企业有茂名石化、广州石化、中海油惠州石化、广州泛亚聚酯有限公司等；规模以上塑料制品企业约占全国的20%，拥有广东德冠（国内最大的塑料包装材料企业）、金发科技（国内最大的高性能改性塑料企业）、珠海中富（亚洲最大的塑料饮料瓶企业）等在内的一批大型、超大型塑料加工企业。

15.20 广西壮族自治区

（1）特种金属功能材料领域：稀土及其功能材料

拥有中铝广西有色金源稀土有限公司、广西贺州金广稀土新材料有限公司两家企业。中铝广西有色金源稀土有限公司已经形成年产 3500t 稀土氧化物、年产 2000t 稀土钕铁硼永磁材料和年产 3000t 稀土的生产能力，2014 年完成工业总产值 16.3 亿元，销售收入 8.29 亿元，利润 1.58 亿元。广西贺州金广稀土新材料有限公司形成 2000t 稀土金属生产能力，2014 年金属镨钕年产量 800t、镉铁合金年产量 200t、金属钕年产量 200t，完成工业总产值 13.16 亿元，销售收入 10.64 亿元，利润 1.67 亿元。

（2）高端金属结构材料领域

拥有广西盛隆冶金有限公司、北海诚德镍业两家龙头企业。2014 年，盛隆公司总资产达 122 亿元，主导产品是金属镍及镍合金系列产品，有员工 7100 人。目前盛隆公司正在加快二期技改的工程进度，并致力于延伸镍合金产品的产业链，研发产业政策鼓励的“难选贫矿、（共）伴生矿综合利用先进工艺技术”和“海洋工程用钢”技术，研制生产钢筋混凝土用耐腐蚀含镍铬带肋钢筋，这既符合镍合金产品精深加工发展方向，更符合国家鼓励和推广应用高强度钢筋的要求。

北海诚德镍业以不锈钢冷轧深加工项目以及高品质不锈钢冶炼项目为依托，积极拓展不锈钢材料下游产业链，发展不锈钢制品，引进冷弯型钢、装饰建材、医疗器械、化工容器及焊管、不锈钢拉丝、不锈钢五金、不锈钢餐具、厨具、厨房设备生产线、汽车零部件生产线，建设配套的不锈钢剪切配送中心、交易中心、研发中心及商业服务业，实现广西以铁、铜、铝、镍深加工为主，集中度高、产业链长、产业配套完善的冶金产业集群。2014 年，北海诚德不锈钢集团（镍业公司和压延公司）完成总产值 244 亿元，营业利润 5.13 亿元，交纳税金 1.7789 亿元。

（3）新型无机非金属材料领域

拥有中信大锰崇左分公司和广西埃赫曼康密劳化工有限公司两家龙头企业，重点发展锰系新材料，目前产能状况是：中信大锰崇左分公司年产 1 万吨四氧化三锰、1000t 钴酸锂、1000t 锰酸锂。广西埃赫曼康密劳化工有限公司年产 2 万吨电解二氧化锰，现有产品主要是锰酸锂、钴酸锂、四氧化三锰、电解二氧化锰等，下游产品主要是发展电解金属锰——四氧化三锰——锰锌软磁铁氧体——各种电器元件、电解金属锰——金属锰粉、锰锭、锰桃、锰铝合金、电解二氧化锰——锰酸锂——锰锂二次电池等。

（4）前沿新材料领域

拥有广西合山东来化工科技有限公司、广西华纳新材料科技有限公司等龙头企业，利用广西丰富的有色金属矿产资源和非金属矿产资源，重点构建纳米材料产业链，发展纳米级氧化锌、纳米氧化铝、纳米氧化硅、纳米碳酸钙等纳米粉体材料，同时开发和丰富纳米新材料的应用产品，建设完整产业链。

15.21　海南省

2014 年，海南省拥有新材料企业 61 家，总产值 249.7 万元，同比增长 6.01%。在高性能膜材料、先进电池材料、新型节能环保建材等新材料领域具有国内领先的研发能力，具备一定产业化、规模化基础，形成了较为明显的特色。

（1）高性能膜材料

海南立昇公司在海口建立了全球最大的超滤膜生产基地之一，具备年产 300 万平方米 PVC 和 PVDF 超滤膜的生产能力。

（2）先进电池材料

海南汉能光伏有限公司的硅基薄膜太阳能电池项目采用其自主知识产权的三叠层非晶硅锗薄膜太阳能电池技术是国内最先进的二代薄膜技术，转换率已达 10%，组件成本比晶硅低 20%以上；产业链短，能耗小，能量回收期短，无污染；弱光发电性能好，温度系数低，应用广泛，能做成半透明和柔性电池，在发电应用上易与建筑一体化结合，具有其他电池无法比拟的独特优势。海南中航特玻材料有限公司的透明导电氧化物（TCO）玻璃是我国第一条生产超白在线镀膜 TCO 太阳能玻璃基片生产线，可为薄膜太阳能电池的生产提供基础材料。

（3）新型节能环保建材

海南瑞图明盛环保建材（昌江）有限公司是一家专门从事混凝土砌块、砂加气、预应力管桩、商品混凝土及其各种配套建材产品的设计开发、加工制造及销售服务的专业公司。公司拥有“固废砌块设备”和“WDM 法设备”两项专利成套设备的自主知识产权。瑞图全自动砌块生产线（系列型号）采用免烧结工艺，通过更换模具可以生产墙体材料、地面铺路材料、公路护坡材料及水工砌块等四大系列近百个品种的产品。采用的原材料来源广泛，多以城市建筑垃圾、尾矿、页岩、煤矸石、沙、石屑、污泥、粉煤灰等为主要原料，不使用黏土，不破坏耕地，减少能耗，产品强度和密度等级、抗渗性均达国标。

15.22 重庆市

15.22.1 重庆市新材料产业总体发展情况

① 产业培育初见成效。截止到2014年底，规模以上新材料企业46家，完成总产值390.22亿元，同比增长25.5%，已初步建成新型铝合金、镁合金、特种橡胶、功能材料和高性能玻璃纤维及其复合材料5个国家级的新材料产业基地，形成了高端铝材、高强船板、测温材料、新型镁合金、铜基粉末、氯丁橡胶、高性能玻璃纤维及制品、石墨烯等在全国具有影响力的拳头产品。

② 创新能力显著提高。重庆市新材料研发投入在销售收入中的占比上升到4%，企业及科研机构通过协同创新，在新材料研发、产业化及应用等方面取得一些突破，形成了仪表功能材料、镁合金材料、西南铝技术中心和重钢集团技术中心4个国家级研发中心，以及万达薄板技术中心、重庆国际复合技术中心等33个省级技术中心。

③ 产业链逐渐完善。初步形成了以汽车用钢为代表的高端钢铁结构材料产业链，以电子用石墨烯薄膜为代表的前沿新材料产业链，以交通用铝为代表的高端轻合金产业链，以风电纱、电子布、微棉制品为代表的高性能纤维及复合材料产业链，以汽车玻璃、功能玻璃为代表的玻璃新材料产业和以自保温空心砌块为代表的新型建筑材料产业链，依托全球领先的高性能材料龙头企业巴斯夫、沙特基础工业公司等企业，打造聚氨酯、聚碳酸酯等化工新材料产业，为产业集群的形成奠定了基础。

④ 产业布局不断优化。按照重庆市五大功能区定位，新材料产业基本形成向都市功能拓展区和城市发展新区集聚的格局，即在綦江、北碚形成特种金属功能材料产业，长寿、涪陵形成高端钢铁结构材料产业，在九龙坡形成石墨烯产业，在九龙坡、万盛形成高端轻合金产业，在长寿、涪陵形成先进高分子材料产业，在长寿、大渡口形成高性能纤维及复合材料产业，在永川、万盛形成玻璃新材料产业，在綦江、铜梁形成新型建筑材料产业。

15.22.2 重庆市重点新材料领域发展情况

（1）特种金属功能材料领域

重点企业10家，新材料产值67.4亿元，同比增长32.5%。主要产品有金属粉体材料、多晶硅、蓝宝石材料、稀贵金属材料等。重庆材料研究院的传感器敏感材料和磁致伸缩材料，四联集团蓝宝石 LED 衬底材料，有研重冶铜合金粉体材料，大全集团电子级多晶硅光伏材料均取得国内领先地位。

（2）高端金属结构材料领域

重点企业 14 家，新材料产值 182.5 亿元，同比增长 2%。主要产品有高强汽车钢、海洋工程钢、工模具钢、交通用铝材、交通用镁材等。依托重钢集团、万达薄板等龙头企业和科研院所在高温合金、耐蚀合金、汽车用高强钢板、海洋工程用高性能船板、特殊不锈钢及合金精密管等钢铁结构材料的创新成果，满足了航空航天、石油化工、汽车制造、船舶制造、国防等行业的部分需求；西南铝业、中铝萨帕、盛镁镁业等企业开发的高性能铝合金、镁合金制品在飞机制造、列车车身、汽车结构件、摩托车、笔记本电脑制造得到应用。

（3）先进高分子材料领域

重点企业 7 家，新材料产值 55.4 亿元，同比增长 66.9%。主要产品有特种橡胶、聚乙烯醇、己二酸、聚四氟乙烯、锂离子电池隔膜等。中石化川维公司开发的聚乙烯醇偏光膜、EVA（乙烯-醋酸乙烯共聚物）树脂、乙烯/乙烯醇共聚物、PTT（聚对苯二甲酸丙二醇酯）、VAE（醋酸乙烯－乙烯共聚物）干粉等产品国内领先；纽米新材料科公司的高性能锂离子隔膜生产技术国内领先，产品实现产业化。

（4）新型无机非金属材料领域

重点企业 10 家，新材料产值 41.98 亿元，同比增长 1.87 倍。主要产品有高档汽车玻璃、镀膜玻璃、新型一体化建筑材料、建筑部品部件、特种陶瓷等。远大环保公司的选择性蜂窝式陶瓷催化剂、金阿建材的自保温烧结墙体材料达到国内一流水平。

（5）高性能纤维及复合材料领域

重点企业 3 家，新材料产值 36.9 亿元，同比增长 16.2%。主要产品有玻璃纤维机器复合材料。重庆国际的先进池窑拉丝、高性能玻璃纤维及电子布，再升科技微纤维玻璃棉过滤纸及绝热制品等产品和技术均为国内领先水平，在复合材料制造、电子、风力装备、航空、生物医药及环境保护领域得到广泛应用。

（6）前沿新材料领域

重点企业 2 家，新材料产值 0.64 亿元，同比下降 58.7%，主要产品有石墨烯薄膜、磁流变材料等。墨希科技的石墨烯薄膜生产线已达到工业化应用标准并处于国际领先水平。

15.23 四川省

15.23.1 四川省新材料产业总体发展情况

2014年，四川省以特种金属功能材料、高端金属结构材料、先进高分子材料、新型无机非金属材料、高性能复合材料、前沿新材料为重点的新材料产业加快发展，产业体系初步形成，产业规模快速提升。2014年全省新材料产业实现销售收入1140亿元，同比增长15.8%；实现利税100亿元，实现利润95亿元。目前已拥有四川江铜稀土、万凯丰、银河磁体、新力光源、自贡硬质合金、四川科力特、乐山永祥多晶硅、鑫炬矿业、攀长钢、天成不锈钢、三星铝业、天民钛业、中昊晨光、辉腾科技、自贡中天胜、东材科技、得阳科技、上之登、飞亚新材料、航天拓鑫、成都硅宝、中光电、南玻、台玻、157厂、环球特种玻璃、一名微晶、四川鑫通、东骏激光、成都贝瑞光电、四川玻纤、创越碳纤维、新万兴碳纤维、烯碳科技、广汉牧甫、环碳科技、普川生材、金沙纳米等近400户新材料企业。

15.23.2 四川省新重点材料领域发展情况

（1）特种金属功能材料领域

四川省特种金属功能材料重点在稀土新材料、钨钼硬质合金、铼合金、泡沫铝、高导热铜合金、薄膜和晶硅光伏材料等领域快速发展，拥有规上企业达到近50家。稀土深加工和应用发展迅速，稀土磁性材料、储氢材料、催化材料、交流LED、光学玻璃、稀土治污合性剂等产品走在全国前列，2014年四川省稀土行业完成销售收入64.4亿元，实现利税7.78亿元，利润5.96亿元。稀有金属材料发展较快，钨钼材料、铼合金、镍基硬质合金、金属陶瓷材料、双面顶金刚石、人造聚晶金刚石、立方氮化硼复合片、数控刀具等具备很强的研发生产实力和竞争优势，硬质合金生产能力居全国前列，特别是自贡硬质合金销售收入达到39.2亿元，同比增加48%；四川科力特连续两年销售收入增长30%以上，实现利润翻番，产品80%出口。半导体和光伏材料发展迅速，已经形成了涵盖工业硅、多晶硅、单晶硅、切片、太阳能电池、组件以及多晶硅副产物回收利用等全产业链条，四川永祥多晶硅完成了冷氢化技术改造，产量大幅度增长，成本大幅度下降，效益显著回升。

（2）高端金属结构材料领域

四川省高端金属结构材料重点发展高品质特殊钢、新型轻合金材料等方面。主要有二重、攀钢集团的长城特殊钢、西昌钢钒和成都钢钒，金广集团的西南不锈钢和天诚不锈钢、六合锻造、天民钛业、三星铝业、阳光铝业等 10 多户企业。随着四川省页岩气、节能环保装备、信息安全、航空与燃机、新能源汽车五大高端成长型产业的加快发展，二重 8 万吨压机的建成投入使用，高温合金、钛及钛合金、2-7 系铝合金及大型铝合金加工材等产品发展较快，逐步满足了产业发展的需要。

（3）先进高分子材料领域

先进高分子材料一直是四川省的比较优势，特别是成都、自贡等市先进高分子材料发展较快，2014 年仅成都市先进高分子材料主营业务收入达到 118.9 亿元。目前全省已拥有先进高分子材料企业 75 家。中昊晨光、中蓝晨光、成都硅宝等企业的有机氟、有机硅、氟橡胶、氟树脂等氟硅材料生产技术水平国内领先，得阳科技的聚苯硫醚产能全国第一。自贡中天胜与四川大学、上海交通大学合作，研发的特种聚酰亚胺系列产品打破了国外垄断，填补了国内空白。四川黄铭的非氢氟酸工艺生产的六氟磷酸锂为世界首创，东材科技、中科百博等企业在国内功能性膜材料领域具有先进地位。

（4）新型无机非金属材料领域

目前四川省已拥有新型无机非金属材料企业 70 余家。巨峰玻璃、中光电、南玻、光明光电、环球特玻、157 厂、泳泉玻璃等企业在特种玻璃领域，宏明电子在先进陶瓷领域，东骏激光、鑫通新材料、天乐信达等企业在人工晶体领域，成都炭素、四川士达、雅安恒圣等企业在高纯石墨领域具有行业先进地位。从 2012 年起，连续两年安排省长基金共 2000 万，支持全省新型节能建材项目 10 个，已经全部建成，有力地推动了全省新型节能建材产业的发展，成都市青白江区被工信部认定为全国绿色建材新型工业化示范基地。

（5）高性能复合材料领域

四川省的高性能复合材料主要集中在成都、德阳、自贡等市，目前全省已拥有高性能符合材料企业 35 家。成都为国家高性能纤维高新技术产业化基地，在该领域具有行业引领地位。中蓝晨光的芳纶纤维、航天拓鑫的玄武岩纤维、巨石集团和四川玻纤的特种玻璃纤维、得阳科技的聚苯硫醚纤维、创越炭材料在行业内拥有明显优势，特别是新万兴的碳纤维预浸料和碳纤维复合材料制品的生产规模项目及关键技术设备和研发仪器分别从美国、瑞士、法国等国家引进，碳纤维预浸料、碳纤维复合材料制品成为国内最先进、预浸料规格最大（幅宽 1600mm）、单机生产能力最大的预浸料生产线，可望成为国内高端预浸料生产基地。

（6）前沿新材料领域

目前四川省已拥有前沿新材料企业 9 家。主要集中在纳米材料、石墨烯、生物医用高端材料等领域。德阳烯碳科技的 300t 一期工程 30t 项目正在抓紧建设，年内可建成。广汉牧甫锂动力有限公司采用液相法制备石墨烯/磷酸铁锂中试获得成功，用石墨烯/磷酸铁锂生产的半电池容量大于 155mA·h/g，全电池容量大于 142A·h/kg，超过了工信部的要求，同时液相法制备石墨烯/磷酸铁锂获得了国内和国外的发明专利授权。四川省拥有国家级生物医学材料工程技术研究中心、国家认可的医疗器械生物材料和制品检验中心和一批掌握核心技术的生物医学工程高技术企业。在骨诱导人工骨、表面改性人工关节、牙种植体、人工心瓣膜、血管支架、聚乳酸内固定器械等高技术植入器械以及高端医用耗材和器械的研发方面已居国际先进或国内领先地位。

尽管四川省新材料产业发展取得了一定的成绩，但也存在如下问题：一是产业规模偏小，产业链不长，聚集度偏低，配套能力不强，在工业经济中占比不高；二是资本与技术嫁接通道不畅、机制不活，新技术、新材料的本地产业化率不高；三是产品档次不高，初加工产品多，精加工、高附加值产品少；四是人才不足，特别是一些关键的新材料产业领域，专业人才不足成为制约发展的重要因素。

15.24 贵州省

15.24.1 贵州省新材料产业总体发展情况

2014 年，贵州省新材料产业实现工业总产值 146.9 亿元，实现工业增加值 39.7 亿元，实现利润 1.1 亿元。截止到 2014 年底，新材料重点企业共计 72 家，主要分布在贵阳市、遵义市、铜仁市、黔东南州等地，企业注册资本共计 105.96 亿元，总资产共计 492.08 亿元；新建、改扩建项目共计 131 个，固定资产投资达 570 亿元，涵盖高性能金属及合金材料、新型无机非金属材料、精细化工材料、高分子材料、电子信息材料、新能源材料等领域。

15.24.2 贵州省重点新材料领域发展情况

（1）高端金属结构材料领域

贵州省高端金属结构材料领域主要立足于省内铝、钛、钡、钒、锰、铁等原材料资源和钢铁产业基础，推动耐热高强韧铝合金系列材料、海绵钛及制品深加工、工程塑料等高品质特殊钢及制品产业化，促进系列产品和产业集群形成，其中华科铝材耐热高强韧铝合金年产量已达 944.65t，贵阳特殊钢钢材年产量已达 8.75 万吨，生产和加工技术处于国内先进水平，遵义钛业海绵钛年产量已达 6024t。

（2）新型无机非金属材料领域

贵州省新型无机非金属材料主要立足于省内铝土矿、重晶石等优势矿产资源，推进高强度陶粒支撑剂、先进陶瓷材料、硅系新材料、高性能耐火材料、棕刚玉磨料等材料的产业化。其中贵州鑫益能陶粒支撑剂有限公司研制的高强度低密度陶粒支撑剂，年产量已达 3.5 万吨，开磷集团自主研制开发的磷石膏新型建材系列产品已形成了年产 69 万吨的生产能力。

（3）精细化工材料领域

贵州省精细化工材料的发展主要是通过湿法磷酸高效萃取净化成套技术的推广应用，提高萃取、净化水平；利用含氟硅渣联产高品质白炭黑和氟化铵，发展可控沉淀技术。其中瓮福集团已达到年产磷酸二铵 19 万吨、磷酸一胺 3.4 万吨和净化磷酸 4 万吨的生产能力。

（4）先进高分子材料领域

贵州省高分子材料主要集中在新型膜材料及组件、聚合物基复合材料研发、高纯元素及化合物等领域，其中，时代沃顿的复合反渗透膜年产量达 622.9 万支，纳滤膜年产量达 1657 支，产品生产和加工技术处于国内先进水平。

（5）电子信息材料领域

电子信息材料主要依托省内铝矾土、重晶石、石英等矿产资源及产业基础，依托贵阳晶华电子材料有限公司、贵州振华亚太高新电子材料有限公司、中昊电子有限公司等核心企业，加快推进电子浆料、封接玻璃、超高纯钛、高功率无铅 PTC 发热体材料等电子信息材料产业化。

（6）新能源材料领域

贵州省新能源材料主要通过组织开展铝酸盐系、镍钴锰三元系、锰酸盐系等锂离子电池正极材料研发，依托贵州威磷晶顿、红星发展等公司，开展关键设备及关键技术的研究，促进锰系基础材料及石墨、钛酸盐类负极材料及太阳能电池掺杂剂产业化。其中，红星发展已具备年产新一代锂离子动力电池专用型电解二氧化锰 3.8 万吨的生产能力。

尽管贵州省新材料产业发展较好，但还是存在如下问题：一是新材料企业规模偏小，自主创新能力不强，各个产业园区没有形成有特色的产业集群，各企业及产品的品牌效应还有待进一步提升，整体竞争力待加强。二是产业链配置待优化与延长，新材料产业多以原材料加工生产为主，产品附加值不高，产业较为分散，与其配套的上下游产业未完全进入。三是低附加值项目多，高附加值项目少。大部分项目仍是依托当地的资源优势进行建设，原料类产品占 50%以上，产业链中端产品约占 40%，硅单体、膜单体等材料终端产品不到 10%。四是资金短缺、融资难度大，部分产业项目建设速度慢。

15.25 云南省

15.25.1 云南省新材料产业总体发展情况

截止到2014年底，全省共有新材料企业约50户，主要涉及稀土稀贵金属材料、有色金属深加工、合金材料、光电子材料、新型建材、化工材料等，实现销售收入约150亿元。全省初步建立了新材料开发创新人才队伍，拥有一批国家工程研究中心、国家工程实验室、国家级企业技术中心、国家级企业孵化器及省级重点实验室、省级中试基地、省级企业技术中心、企业博士后工作站；云大、昆工、云师大等高校均有专门从事新材料教学和研究的专业队伍；各龙头企业、科研院所、行业协会也高度重视新材料的研究；为全省新材料产业的发展奠定了良好的基础。

15.25.2 云南省重点新材料领域发展情况

① 钛行业。云南钛业股份有限公司是云南省钛行业的骨干企业，具备年产工业纯钛热轧钛卷4000t/年，冷轧钛卷15000t/年，钛合金1000t/年的生产能力。

② 贵金属产业。贵研铂业一批以贵金属新材料、光电子封装材料、精细化工用均相化工催化材料等重点项目的申报和建设正有序推进。贵金属二次资源综合利用产业化项目一期建设已经竣工投产，电真空钎焊料、蒸发金材料等贵金属合金材料产业龙头地位进一步提升，贵金属化学品及电子较量产品市场份额持续增长，多种材料及器件应用于航天航空及国防安全领域。

③ 稀土催化剂。昆明贵研催化剂有限责任公司是国内规模最大的三效稀土基催化剂企业，拥有年产150万升国Ⅲ、国Ⅳ标准汽车尾气催化剂产能以及400万升国Ⅴ标准产能。

④ 锡材及锡化工。云南锡业股份有限公司是国内最大的锡生产、加工、出口基地，现有年产8万吨锡、2.4万吨锡化工产品、2.5万吨锡材产品的生产能力，主要产品包括锡锭、铟锭、铋锭、锡铅焊料及无铅焊料，锡材、锡基合金、有机锡及无机锡化工产品等。

⑤ 光电子材料。以云南锗业为主体的“云南国家锗材料基地”建设项目已于2011年11月正式开工，预计总投资18.3亿元，主要发展高纯锗材料、光纤四氯化锗、锗元器件，以及锗有关的终端高新技术产品。驰宏锌锗与北方夜视集团合资成立北方驰宏光电有限公司，隶属于昆明经济技术开发区，驰宏锌锗的新材料产业已全部划归北方驰宏光电，主要发展锗系

光学材料。云南三奇光电 800t/年单晶硅产能，昆明冶研新材料 3000t/年多晶硅产能。

15.26 陕西省

15.26.1 陕西省新材料产业总体发展情况

2014 年陕西省规模以上工业企业实现工业总产值 20142.06 亿元，同比增长 10.8%；实现增加值 8090.39 亿元，同比增长 11.0%；工业企业实现利润 1706.45 亿元，增长较上一年度有所回落。2014 年陕西省新材料产业实现产值约 900 亿元，同比增长约为 16%；实现工业增加值 355 亿元，净增 40 亿元，增长 12.7%；全年新材料产业完成固定资产投资约 840 亿元，增长 20%。

15.26.2 陕西省重点新材料领域发展情况

陕西新材料产业主要集中在特种金属功能材料、高端金属结构材料、高性能复合材料等几大领域。特种金属功能材料主要集中在以钨钼为主的金属功能材料和特种高温合金领域，高端金属结构材料主要集中在以钛为主的轻质合金材料领域，高性能复合材料主要集中在金属复合材料和碳/碳复合材料领域。另外，陕西省在新型无机非金属材料、先进高分子材料、硅材料领域也有个别品种的产品在行业内市场占有率较高。

15.27 甘肃省

甘肃省重点新材料企业发展情况如下。

（1）金川集团股份有限公司

金川集团股份有限公司（以下简称“金川公司”）是以有色金属生产为核心的垂直一体化、相关多元化的大型企业集团，是中国镍钴生产基地、铂族金属提炼中心和北方地区最大的铜生产企业，主要生产镍、铜、钴、铂族贵金属、有色金属压延加工产品、化工产品、有色金属化学品等。目前已形成镍产品 20 万吨、铜产品 100 万吨、钴产品 1 万吨、化工产品 440 万吨的生产能力。钴产量居世界第二位，镍产量居世界第四位，铂族金属产量居国内第一位，铜产量居国内第三位。公司位列 2014 年中国企业 500 强第 89 位、中国制造业 500 强第 31 位、有色金属行业第 4 位。2014 年，金川公司实现营业收入 2012.5 亿元，实现利税总额 36.2 亿元，其中利润总额 6.17 亿元，资产总额达到 1362 亿元；

其中有色金属新材料产业完成产量 10.75 万吨，实现销售收入 131 亿元，占公司年度销售收入的 23.8%，实现利润−2.7 亿元，完成固定资产投资 5.4 亿元。

（2）酒泉钢铁（集团）有限责任公司

酒泉钢铁（集团）有限责任公司位于甘肃省嘉峪关市，始建于 1958 年，是国家“一五”期间重点建设项目之一。在形成“采、选、烧”，“铁、钢、材”完整配套的钢铁工业生产体系基础上，以钢铁业为主，延伸兼营资源开发、煤电联产、机械制造、种植养殖等多种产业，是西北地区具有较大影响力的钢铁联合企业之一。目前，公司拥有采矿、选矿、烧结、焦化、炼铁、炼钢、热轧、冷轧、不锈钢生产等一整套具备现代化生产工艺流程，以及与之配套的能源动力系统、销售物流系统等，形成一条完整的碳钢生产一体化产业链条，和“板、线、型”三大系列产品。

（3）甘肃稀土新材料股份有限公司

甘肃稀土新材料股份有限公司始建于 1969 年，截至 2014 年年底，公司总资产 29.33 亿元，净资产 26 亿元。2014 年，全年共完成北方矿处理总量 2.75 万吨氯化稀土，同比增加 9.1%；完成南方矿投矿量 1570t，同比降低 2.42%；完成各种稀土金属 1758t，同比增长 10.78%；完成抛光粉 1400t，同比增长 19.13%；完成贮氢粉 343t，同比降低 7.14%；完成钕铁硼 850t，同比增长 116.9%；完成荧光粉 34t，同比降低 2.9%。全年完成工业总产值 15.01 亿元，工业增加值 5.4 亿元，营业收入 14.16 亿元，利润 7081 万元，税金 1.89 亿元，完成出口创汇 2274 万美元，人均实现劳动生产率 28.68 万元/年人。2014 年，公司投资 1.2 亿元，组织实施了 10 项重点技改开发项目和 20 多项内部技术改造项目。

（4）甘肃银光化学工业集团有限公司

甘肃银光化学工业集团有限公司始建于 1954 年，逐步发展成为了国家重点化工骨干企业，成为了我国含能材料、聚氨酯、精细化工生产研发基地，拥有硝化、氢化、光化等特种化工与精细化工核心技术，拥有年产 17 万吨 TDI（甘肃聚银 12 万吨、辽宁葫芦岛北方锦化 5 万吨）、12 万吨 PVC、6 万吨一硝、2.9 万吨甲基苯胺、17.5 万吨氯碱、1.7 万吨苯二胺生产能力。2014 年公司总产值 52.7 亿元，利润亏损 1.23 亿元。

（5）方大炭素新材料科技股份有限公司

方大炭素新材料科技股份有限公司是国内最大的炭素制品研发、生产企业。炭素制品综合生产能力达到 15.4 万吨/年，其中石墨电极 12 万吨，炭砖 3 万吨，特种石墨制品 2000t，石墨负极材料 2000t，是中国第一、世界第三的炭素制品专业生产企业，也是国内唯一具有生产核级炭素制品资质的生产企业。2014 年，公司生产炭素制品总量 11.95 万吨，完成工业总产值 35.77 亿元，实现销售收入完成 19.73 亿元，实现利税总额 2.9 亿元（包括投资收益），累计上缴税金 1.78 亿元。

（6）中国铝业西北铝加工厂

中国铝业西北铝加工厂始建于 1965 年，主导产品为铝及铝合金管、棒、型、线、排、板、带、箔、铝粉等 14 大类、多种规格，产品以销定产，拥有较为完善的熔炼、铸造、挤压、铸轧、压延、制粉等铝加工专业生产设备及配套的动力、工模具、检验等辅助设备。西北铝挤压生产线现有设计产能 1.18 万吨。铝箔生产线拥有 4 台 2100mm 铝箔轧机、2 台轧辊磨床、4 台分卷机、2 台合卷机等铝箔生产设备，现有产能 3.5 万吨，2014 年产量 3700t，亏损 4840 万元。压延生产线设计产能 6.5 万吨，其中板带材产能 4.5 万吨，箔材产能 2 万吨，主要设备有 5 台铸轧机，3 台冷轧机，3 台箔轧机以及配套的分切、精整、磨床、退火炉等公辅设备设施。2014 年，企业实现销售收入 4.18 亿元，总资产 21.46 亿元。

（7）西北永新涂料有限公司

西北永新涂料有限公司系西北永新集团有限公司全资子公司，是甘肃省最大的涂料生产企业，专业从事涂料、辅料、精细化工、金属包装物等产品的研发、生产、销售和施工，能满足不同用户的多种需求。2007 年建成了国内一流、绿色环保的年产 5 万吨涂料生产线，拓展了产品种类，自主研制的风电涂料、太阳能涂料、固沙剂、电泳漆等高科技含量产品已成功投向市场；水性涂料、粉末涂料等环保健康的产品得到了新的发展。2014 年，实现主营业收入 3 亿元，利润 500 万元。近年来，公司积极推进涂料产业向环保化、水性化方向发展，先后研制出一批具有自主知识产权的环保性、高性能产品，环保醇酸涂料、粉末涂料、高固体涂料、风电涂料等，现已成功投入市场，得到广泛使用。2014 年环保型高性能涂料产量约为 10304t，占涂料全年总产量的 58.2%。

15.28 青海省

15.28.1 青海省新材料产业总体发展情况

青海省充分发挥资源、能源及产业基础优势，加快推进新材料产业发展。以新能源材料、电子信息材料、新型合金材料为重点的新材料产业体系已初步形成。晶体硅、锂电池材料、铝（镁、钛）基新型合金材料、铜（铝）电子箔膜等核心产品产能规模不断壮大，关联产业链逐步完善。以西宁（国家级）经济技术开发区为代表的新材料产业基地已初具规模，新材料产业逐步成为全省工业的重点发展领域。

青海省现有新材料企业32家（规上企业24家）。其中，特种金属功能材料企业6家，先进高分子材料企业1家，高端金属结构材料企业13家，新型无机非金属材料企业4家，锂电池材料企业6家，新型化工材料企业2家。2014年，全省规模以上新材料企业实现工业增加值74.83亿元，同比增长21.1%；完成固定资产投资47.42亿元，同比基本持平。新材料产业总体保持了平稳较快增长的运行态势。

近年来，围绕加快产业链延伸，增强产业发展竞争力的发展目标，青海省积极推进了铝-精冶炼-电子箔-化成箔-电容器，（碳酸锂等）-正负极材料-电解液-隔膜-锂电池组制造等新材料产业链建设，促进了上下游产业的融合发展。全省现已形成单（多）晶硅现有产能（含硅棒、铸锭）7500t，单晶硅3500t，切片3800万片；铝加工产能179万吨；锂电池正极材料（含碳酸锂、磷酸铁锂）25300t，六氟磷酸铁锂1000t的产业规模。部分领域形成了一定规模和特色，相关核心产品在全国市场已占有一定份额。

15.28.2 青海省重点新材料产业领域发展情况

（1）特种金属功能材料领域

青海省现有晶硅生产企业6户，主导产品为多晶硅、单晶硅、晶硅切片及铸锭，已建多晶硅产能7500t，单晶硅产能3500t，切片3800万片，电池组件250MW。2014年，全省生产单晶硅2887t，增长43.2%；多晶硅7715t，增长13.8%。

（2）高端金属结构材料领域

青海省现有高端金属结构材料生产企业13家，主导产品为合金板、带、杆、箔结构型材。产业规模为铝（镁）合金板、带、杆结构型材53.63万吨，箔材2684万平方米。2014年全省生产铝合金17.49万吨，同比增长5.7%；铜材12.94万吨，同比增长10.3%；铝材64.78万吨，同比增长57.9%。青海省电解铝、铜、镁等有色金属就地加工转化率的不断提高，高端金属结构材料产业规模逐步扩大。

（3）新型无机非金属材料领域

拥有锂电池材料企业6家，主导产品为碳酸锂、磷酸铁锂、蓝宝石切片及高纯石墨等产品。产能规模为锂电池正极材料（含碳酸锂、磷酸铁锂）2.53万吨、六氟磷酸铁锂1000t；在建产能为1万吨锂电池负极材料（5000t包覆球形石墨、5000t球形石墨）、1200t蓝宝石晶体。2014年全省累计生产锂电池正极材料（含碳酸锂、磷酸铁锂）、六氟磷酸铁锂6513t。

目前，青海省新材料产业发展还存在如下问题：一是科技支撑能力不足。

技术创新能力还不强，具有自主知识产权的技术与产品较少，多数产品技术含量偏低，高科技含量、高附加值产品少，技术瓶颈制约了新材料产业的发展。二是部分行业成长具有不稳定性。多晶硅光伏产业发展严重依赖国际市场，企业发展面临严重市场挑战。企业对高纯硅提纯等核心技术尚未完全掌握且 8in、12in 硅片等高附加值产品生产规模较小，行业低位运行的态势短期内将难以改观。三是企业资金链较为紧张。青海省新材料产业中绝大多数行业均面临着产品价格下滑、利润空间进一步压缩等困难，部分企业融资困难。

15.29 宁夏回族自治区

15.29.1 宁夏回族自治区新材料产业总体发展情况

宁夏回族自治区新材料产业依托资源优势和技术优势，产业区域特色明显，比较优势突出，已经形成了以钽、铌、铍、锰系列产品为主的特种金属功能材料，高性能铝合金、镁合金等高端金属结构材料，碳基材料、煤化工衍生产品、能源化工材料等无机非金属材料，石墨烯、富勒烯等特色新材料和生物基材料等行业门类。2014 年，全区规模以上新材料产业实现工业总产值 103.6 亿元，同比增长 2%；完成工业增加值 25.6 亿元，占全区工业增加值的 2.7%。

宁夏新材料产业自主创新能力建设进一步增强，创新体系不断完善。区内以特种金属功能材料、高端金属结构材料、无机非金属材料为代表的一批科技型企业已初具规模，截至 2014 年末，全区新材料产业拥有国家级工程技术研究中心 1 个，国家级企业（集团）技术中心 3 个，自治区级企业（集团）技术中心 8 个。与中科院、清华大学、北京大学、华东理工大学、哈尔滨工业大学、四川大学、江苏工业学院、宁夏大学、北方民族大学等 120 多家科研院所、高等院校建立了技术合作关系，共同实施了一批国家、自治区国际科技合作、宁陕科技合作及企业自主研发项目，对全区新材料产业科技研发水平的提高和科技人才的培养起到了极大的促进作用。

15.29.2 宁夏回族自治区重点新材料领域发展情况

（1）特种金属功能材料领域

① 稀有金属材料。宁夏回族自治区稀有金属材料主要为中色（宁夏）东方集团有限公司生产的钽铌铍冶炼及深加工产品。公司是集钽、铌、铍冶炼与加工，及其延伸制品的专业化工厂和研究院，是世界钽行业三强企业，全国唯一

的铍材研究和生产基地，是国家火炬计划特色产业基地，国家863成果产业化基地，国家科技兴贸创新基地以及国家级国际科技合作基地，拥有1个国家钽铌特种金属材料工程技术研究中心，1个国家级企业技术中心，2家重点高新技术企业，1个博士后科研工作站和1个自治区特种材料重点实验室，是我国钽铌铍工业重要的研究与生产基地。公司主要产品生产能力为钽粉550t（其中电容器级钽粉250t），钽丝80t，钽铌制品100t，铍铜板带材9200t，钛及钛合金管棒材5000t，刃料级碳化硅微粉3万吨。

目前，钽铌铍材料虽然在产品质量和品牌方面具有较为明显的优势，但没有形成特色产业集群，技术转移扩散缓慢，产业带动性不强，主要产品仍以基础原材料为主，后续高附加值的加工产品等所占比重较小；由于产品用户均在省外、国外，导致新产品验证、市场开发周期过长，研发成果产业化效果不明显；产业“两头在外”现象突出，产品销售受国际市场影响大。

下一步产业的发展重点为高可靠耐压钽粉、超高比容钽粉、超高纯钽金属及钽靶材、超导材料、高温涂层材料、铍铝合金及其精密铸造与形变加工件、铍铜合金铸件、纳米高纯粉体，以及大尺寸无压烧靶材等新产品的研发和产业化。

② 半导体材料。主要在中铝宁夏能源集团有限公司和宁夏宁电光伏材料有限公司生产。中铝宁夏能源集团有限公司目前拥有40000t/年优质硅石矿一座、7000t/年特制工业硅工厂一个，建成10000t/年高纯硅、2000t/年太阳能级多晶硅、1000t/年单晶硅、2500万片/年硅片、200MWp/年电池、400MWp/年电池组件、100MWp/年跟踪装置等产业链延伸项目，从而形成硅石—工业硅—高纯硅—多晶硅—硅片—电池组件—发电完整的新材料产业链。宁夏宁电光伏材料有限公司的高纯硅、多晶硅和西安隆基硅一期等项目已建成投产，高纯硅产能达到10000t、多晶硅产能达到2000t，单晶硅产能达到4000t，与之相配套的切片项目进行试生产阶段。

（2）高端金属结构材料领域

① 镁及镁合金。宁夏回族自治区是国内外主要的金属镁及镁合金的产地之一，产能、产量居全国第三位，是国家确定的金属镁及镁合金材料产业化基地，是国家工信部认定的新型轻合金材料基地、科技部认定的镁及镁合金研究与应用产业基地。2014年全区金属镁冶炼生产企业11家，形成镁生产能力10.8万吨，占全国总产量的14.04%，产品主要用于出口。骨干企业有宁夏惠冶镁业公司、宁夏太阳镁业公司、宁夏泰丰镁业有限公司、宁夏华盈矿业公司、宁夏东义开特利镁业公司、宁夏丰兆科技发展有限公司等。

② 铝及铝合金。铝是宁夏的支柱产业之一，主要产品有重熔铝锭、各种牌号的铸造铝合金、各种牌号的变形铝合金、多种规格的铝型材、稀土电工圆铝

杆、电线、电缆等。2014 年电解铝产量 139 万吨。宁夏回族自治区铝的装备水平和深加工程度不断提升。中电投宁夏能源铝业有限公司淘汰 120kA、160kA 系列生产线，产能 16.5 万吨；宁夏锦宁巨科新材料有限公司一期年产 40 万吨高精铝板带箔加工项目 2013 年正式投产，以高档 PS 版基、罐盖料、热轧坯料、电子电器机柜用铝板为主导产品，替代进口并填补我区空白；宁夏银峰铝业产业园 20 万吨/年铝型材、100 万平方米/年铝单板生产线正在建设中；中电投集团宁夏能源铝业青铜峡通润铝材有限责任公司高精度铝及铝合金板带箔材产能为 15 万吨。

③ 钛及钛合金。宁夏回族自治区钛材料产业以钛合金及钛材加工业为主，钛材加工业已逐步形成了在钛及钛合金熔铸、锻造等生产环节上成熟的专有技术，产品包括钛及钛合金管、棒、丝及铸锭和锻件等。主要生产企业宁夏东方钽业股份有限公司 2013 年钛材销售超过 1000t，其中管材销售近 300t，石油用大直径钛合金管实现了批量销售。公司目前正在努力使钛材产品由民用领域切入军工和核高端市场。另外宁夏宏岩矿业有限公司正在规划建设 180 万吨钒钛合金项目，主要生产钛及钛合金、高温合金等铸件，项目建成后公司可发展成为钛及钛合金/高温合金精密铸件生产加工销售基地和新材料产业基地。

（3）新型无机非金属材料领域

① 碳基材料：包括碳化硅及其制品、活性碳纤维、煤基活性炭、炭素及其制品、高端碳基新材料等

a．碳化硅及其制品。宁夏回族自治区是国内碳化硅生产大省，现有碳化硅生产企业 15 家，装机容量 27 万千伏安，年生产碳化硅 32 万吨左右，占全国碳化硅生产能力的 30%以上，产品主要包括绿色、黑色碳化硅、碳化硅陶瓷粉用微粉，以及耐磨、耐高温陶瓷和防弹陶瓷等。主要生产企业有宁夏新迪电力有限公司、平罗滨河碳化硅制品有限公司等，宁夏机械研究院股份有限公司拥有国内最大产能的亚微米碳化硅超细粉体生产线，生产能力达到 300t/年，技术水平国内领先。

b．活性碳纤维。目前国内活性碳纤维主要应用在工业溶剂回收及水净化方面，年需求量约 2000t，国内总产量不到 1000t，大部分需要进口。宁夏重点生产企业宁夏宝达碳纤维有限公司设计年产能为 500t，是国内设计产能最大的活性碳纤维企业，产品主要为活性碳纤维布、毡、复合材料等多个环保系列材料，主要性能均达到日本进口同类产品水平，价格仅为进口产品的 1/10。

c．煤基活性炭。宁夏活性炭产量约占全国煤基活性炭总产能的 60%，占全球 30%，生产技术国内领先，产品品种已发展到 14 大系列 80 多个品种，是世界煤基活性炭市场的重要产地。主导产品为颗粒活性炭和粉状活性炭等中低

端产品，同质化较为严重，高端产品较少。宁夏回族自治区活性炭行业生产企业布局主要集中在石嘴山市和银川。石嘴山全市3个行政区域内均有分布，其中平罗工业园区相对集中，布局41家活性炭生产企业。主要生产企业有：宁夏华辉活性炭有限责任公司（55000t）、宁夏太西活性炭公司（22000t）、宁夏绿源恒活性炭公司（50000t）、宁夏广华活性炭有限公司（5000t）、宁夏丰源活性炭公司（5000t）、日本可乐丽（宁夏）环境化工有限公司（5400t 高档煤质活性炭）。

d. 炭素及其制品。宁夏回族自治区共有炭素生产企业100多家，炭素生产能力占全国的33%，2014年总产量约50万吨，是全国重要的炭素产品生产和研发基地，炭素制品在同行业处于领先水平。从事炭素制品深加工生产的企业超过10家，产量占全国产量的10%左右，主导产品为碳块、电极糊和增碳剂，其中：碳块25000t、电极糊类100000t、增碳剂200000t。主要生产企业神华宁煤太西碳基工业有限公司将炭素在原有基础上进行技术、产品升级，研究开发了煤基石墨产品，指标达国内领先水平，生产的比电阻达到进口材料水平，以此为基础生产大规格炭电极已经获得美国环球特种金属公司的认可，并进入批量生产阶段。宁夏中煤实业有限公司开发了煤基高纯石墨新产品，并正在建设年产6万吨生产线。

e. 高端碳基新材料。近年来，宁夏回族自治区广泛开展了石墨烯、富勒烯等高端碳基新材料的研发工作，涌现了国富石墨烯公司、新基石墨烯公司等新兴企业。神华宁煤太西碳基工业有限公司开发了富勒烯新产品；宁夏国富石墨烯有限公司在集成创新的基础上，自主研发出了低成本制备高质量石墨烯的生产技术，并已实现了 30t/年的生产能力，已经与厦门烯成新材料开展石墨烯导热塑料的研发，并着手开展石墨烯在能源领域，如氢储存、燃料电池、太阳能电池、锂离子电池、电容器等负极材料的应用研究；目前正在与宁夏共享新能源合作开展锂离子电池材料添加剂方面的应用研究。

② 蓝宝石。蓝宝石晶体在电子信息、精密装备等诸多领域应用广泛，产业发展在宁夏回族自治区刚刚起步。目前，宁夏回族自治区在建蓝宝石生产加工企业有两家：宁夏佳晶科技有限公司，主要从事 LED 蓝宝石晶体与圆晶，以及 LED 光学组件产品的生产销售，预计到2015年达到160t蓝宝石的生产能力，2016年最终实现总产能720t和1000万片/年的蓝宝石圆晶生产能力；宁夏中晶光电科技有限公司规划建设170t蓝宝石、1000万片衬底LED材料生产线。

③ 锂电池材料。宁夏回族自治区锂电池正极材料主要包括三元材料前驱体、镍钴锰酸锂、磷酸铁锂、钴酸锂、锰酸锂等产品。中色（宁夏）东方集团有限公司 2500t/年三元材料前驱体生产线已建成投产；宁夏科捷锂电池股份有

限公司规划建设 3600t/年电池正极材料生产线，其中首期 1500t/年电池正极材料生产线建成投产；宁夏共享新能源材料有限公司电池正负极材料规划生产能力为 5000t/年。石墨烯复合电池材料、高容量高压锂电池材料是该领域下一步发展的主要方向。

④ 氮化铝粉末及陶瓷材料。氮化铝是制造高导热氮化铝陶瓷基片的主要原料，是理想的大规模集成电路散热基板和封装材料。宁夏艾森达新材料科技有限公司拥有自主知识产权的年产 100t 高性能氮化铝粉末生产线，30 万片/年高性能高热导氮化铝线路板生产线已经建成，并进入试车阶段，经中试验证其产品质量达到国际先进水平。该项目在填补宁夏回族自治区乃至西北地区空白的同时，可带动相关装备制造、电子器件、耐磨陶瓷、大规模集成电路散热基板和封装材料等产业在宁夏的发展。

宁夏新材料产业发展还存在如下问题：一是资源依赖性高，能耗高。轻金属、稀有金属、铁合金冶炼加工以及碳基材料等新材料产业，年耗原煤约 300 万吨，年耗电约 80 亿千瓦时，年耗镁矿石、硅石约 100 万吨。二是产业链条短，规模偏小、层次偏低。新材料产业占全区工业的比重较低，企业规模小、生产能力分散、产品种类单一等问题严重，企业间无序竞争现象严重，缺乏强有力的龙头企业引领和支撑。三是基础研究薄弱，成果转化难，创新能力弱。新材料产业新技术赖以发展的基础研究薄弱，企业高端产品和生产技术的研发多处于实践摸索状态，缺乏高层次的理论指导，前期研发成本高，周期长，技术进步速度缓慢。四是服务业发展滞后，人才队伍建设有待于进一步加强。面向产业化服务的中介服务体系尚不完善，企业相关人才的匮乏，普遍存在政策信息不对等、知识产权保护意识和力度弱、项目上马缺乏科学论证、产业化融资困难等问题。

15.30 新疆生产建设兵团

近年来，新材料及其产业化已成为热点问题，全国各省市都已将新材料产业的发展置于较高地位，然而新疆生产建设兵团新材料产业化方面起步较晚，发展水平较低，涉及领域较窄。主要表现在：一是新材料产业总量规模偏小，新材料产业工业增加值占全兵团生产总值不高；二是新材料产业链较短，产业结构不尽合理。兵团目前仅有 8 家从事新材料生产研发的企业，分别是新疆天科合达蓝光半导体有限公司、新疆玄武岩实业有限责任公司、新疆拓新节能新材料有限责任公司、新疆沃瑞特碳素制品有限公司、新疆大全新能源有限公司、石河子市鑫磊光电科技有限公司、新疆北新新型建材有限公司、新疆天山玻璃有限责任公司。

新疆生产建设兵团新材料产业重点领域选择，根据《国务院关于加快培育和发展战略性新兴产业决定》的相关内容，遵循产业发展趋势，考虑产业发展基础以及《兵团“十二五”工业发展规划》，确定了电子级和太阳能级多晶硅、单晶硅，积极开发电极箔、硅片、高性能锂电池隔膜、太阳能电池、太阳能组件等产品为主要发展方向。

《生物化学与分子生物学实验教程》编写委员会

主　　编　刘　戟　曾凡才

副主编　傅　强　杨　烨　杨鲁川　刘友平

编　　委　（以姓氏笔画为序）

刘　戟（四川大学华西基础医学与法医学院）
刘友平（西南医科大学基础医学院）
严冬梅（西南医科大学基础医学院）
杨　烨（西南医科大学基础医学院）
杨文理（西南医科大学基础医学院）
杨泽宏（四川大学华西基础医学与法医学院）
杨鲁川（四川大学华西基础医学与法医学院）
陈利弘（四川大学华西基础医学与法医学院）
林　佳（四川大学华西基础医学与法医学院）
罗　波（西南医科大学基础医学院）
胡敏珊（四川大学华西基础医学与法医学院）
柳爱华（昆明医科大学基础医学院）
段春燕（西南医科大学基础医学院）
姚富丽（西南医科大学基础医学院）
傅　强（四川大学华西基础医学与法医学院）
曾凡才（西南医科大学基础医学院）

前　言

高等院校教育改革如火如荼，尤其是对创新创业能力的提升有了新的要求。实验教学是创新型人才培养的重要环节。各个院校的实验教学有各自的特点，目前普遍倾向于实验课程独立开课，逐步摆脱实验课程完全依赖于理论教学的传统模式。院校间的相互学习和交流也是非常必要的。在上述背景下，编者联合了四川大学华西基础医学与法医学院、西南医科大学基础医学院及昆明医科大学基础医学院的多位长期坚守在生物化学与分子生物学理论和实验教学一线的老师(主要是年轻教师)，共同编写了本教材。

本教材在内容编写方面，除包括了原有的生物化学与分子生物学课程的主要基础性实验外，还设计了一些融合性实验和创新性实验，目的是让学生通过实验掌握较全面的实验技能，同时能够将各学科的知识贯通起来。此外，从多个角度分层次地展现教学内容，使教学形式活泼生动，教学内容形象直观，学生容易理解相关知识，进而调动学生学习的积极性和主动性，激发学生的创造性思维。这是我们所做出的努力和尝试，希望能取得一定的效果。编者的最终目的是把生物化学与分子生物学实验教学工作做好，努力为培养适应社会发展需要的人才尽绵薄之力。

教材的编写，实际上是给了编者一次机会，以吸取前人的精华，总结实验教学中的经验教训，改正不足。但由于编者水平有限，书中难免存在不足之处，恳请广大读者及同行学者提出宝贵意见，以便及时修正，不胜感激。

编　者

2016年秋

目　　录

前言
第一章　实验室规章制度和实验记录、实验报告……1
一、实验室规章制度……1
二、实验室安全及防护……2
三、实验记录和实验报告……3
(一)实验记录……3
(二)实验报告……3
四、生物化学与分子生物学实验的绘图要求、方法及实验数据处理分析方法……4
(一)实验报告中的图表……4
(二)实验数据的处理与分析……6
第二章　实验室常用仪器设备、常用试剂及常用实验技术……9
一、实验室常用玻璃仪器的介绍……9
(一)常用玻璃仪器……9
(二)常用玻璃仪器的洗涤……10
二、常用试剂的配制、缓冲溶液与缓冲体系的介绍……11
(一)常用试剂配制要点……11
(二)实验试剂的使用……12
(三)溶液浓度……12
(四)缓冲溶液……12
三、离心技术……14
(一)离心中常用概念……14
(二)离心方法……16
(三)离心机的构造……16
(四)离心机的分类……17
(五)离心机使用注意事项……17
四、分光光度技术……17
(一)原理……17
(二)分光光度计的基本结构……18
(三)分光光度计的应用……18
(四)分光光度计的常用类型……18
(五)分光光度计的使用……19
五、层析技术……20
(一)层析原理……20
(二)层析分类……22

(三)主要的层析技术……24
六、电泳技术……32
(一)电泳的基本原理……32
(二)影响电泳的因素……32
(三)电泳的分类……33
(四)常用的电泳技术……34
七、PCR 技术……37
(一)PCR 技术的基本原理……37
(二)PCR 技术操作要素……38
(三)PCR 技术所需仪器设备……41
(四)各种 PCR 技术的变体……42
八、细胞培养技术……42
(一)设施器材及培养基……43
(二)细胞培养常规操作……44
(三)细胞培养具体流程……44
(四)注意事项……46
(五)细胞培养方式……47
(六)细胞培养存在的不足……47
九、其他常规仪器设备的使用……47
(一)移液器……47
(二)酶标仪……49
(三)水浴锅……51
第三章 实验项目……53
第一节 基础性实验项目……53
一、蛋白质定量分析实验……53
实验一 考马斯亮蓝 G-250 法测定蛋白质含量……53
实验二 BCA 法测定蛋白质含量……54
实验三 Folin-酚试剂法(Lowry 法)测定蛋白质含量……56
实验四 紫外分光光度法测定蛋白质含量……58
二、层析分离纯化实验……59
实验五 血清 γ-球蛋白的分离纯化与鉴定……59
实验六 血清脂质的薄层层析……62
三、电泳实验……64
实验七 血清蛋白醋酸纤维素薄膜电泳及定量分析……64
实验八 心、肝、肾组织乳酸脱氢酶同工酶的电泳分离……66
实验九 聚丙烯酰胺凝胶电泳分离血清蛋白……69
实验十 SDS-PAGE 测定蛋白质相对分子质量……75
四、酶学实验……78
实验十一 碱性磷酸酶的分离、纯化与比活性测定……78

实验十二 酶促反应动力学实验……83
实验十三 MMP-2 和 MMP-9 表达的明胶酶谱分析……90
五、物质代谢实验……92
实验十四 胰岛素和肾上腺素对血糖浓度的影响……92
实验十五 肝糖原的提取与鉴定……97
六、分子生物学实验……99
实验十六 组织细胞基因组 DNA 的提取……99
实验十七 质粒 DNA 的提取、定量、电泳与酶切鉴定……101
实验十八 核酸含量的测定……105
实验十九 PCR 扩增目的基因……109
实验二十 DNA 琼脂糖凝胶电泳及限制性内切核酸酶酶谱分析……112
第二节 融合性实验项目……114
一、免疫生化技术……114
实验二十一 凝集反应……114
实验二十二 沉淀反应……119
实验二十三 免疫扩散和免疫电泳……125
实验二十四 酶联免疫吸附实验……131
实验二十五 免疫胶体金实验……135
二、分子生物学、细胞生物学、生物化学整合实验……139
实验二十六 培养细胞或组织总 RNA 的提取及 RT-PCR 扩增目的基因……139
实验二十七 培养细胞绿色荧光蛋白基因转染及荧光显微镜检测表达效率……146
实验二十八 蛋白质印迹(Western blot)实验……150
第三节 创新性实验项目……159
实验二十九 基因克隆与重组表达质粒的构建……159
实验三十 基因重组表达质粒在原核细胞中的表达、纯化与鉴定……164
实验三十一 基因重组表达质粒在真核细胞中的表达与检测……168
实验三十二 免疫酶组织(细胞)化学技术……172
实验三十三 免疫荧光细胞化学技术……175
参考文献……178

第一章　实验室规章制度和实验记录、实验报告

一个井然有序、组织严密的实验室，是实验教学和实验操作顺利进行的必要保障。实验室的规章制度是为了加强对实验室操作人员的有效管理，保证实验安全进行而制定的管理办法。

实验报告是对实验操作和实验结果的记录。其中，实验原理、实验过程、实验结果的记录、分析和讨论等方面应该严格按照研究论文的格式和要求进行书写。认真学习实验报告的书写和实验数据的处理分析，可以为撰写学术论文奠定良好的基础。

一、实验室规章制度

(一) 进行实验前认真预习实验内容，明确实验目的和实验要求，掌握实验原理，了解实验步骤。

(二) 提前 5min 到实验室，不迟到，不早退。

(三) 进入实验室应穿工作服。实验室内不得穿拖鞋，不得披散头发。

(四) 进入实验室后，应自觉遵守实验室纪律，维持实验室秩序，保持实验室安静，不得打闹喧哗。

(五) 在实验过程中，注意保持操作台、称量台、药品架、水槽的整洁，仪器、药品、试剂要排列整齐。

(六) 使用药品或试剂时应先辨明标签，明确所需药品或试剂的浓度或用量。

(七) 不要过量使用药品或试剂，严防不同药品或试剂间的交叉污染。药品或试剂使用完毕后需放回原处。有塞子的药品或试剂在使用完毕后需立即盖上瓶塞，不同药品或试剂的瓶塞不得混用。

(八) 未经教师许可，不可任意搬动实验室中的仪器设备。使用精密仪器，如分光光度仪、离心机、电泳仪等设备时应严格遵守操作规程，需要时应事先完成培训。发现故障应马上停止使用，立即向教师报告，严禁擅自处理。

(九) 常规废弃液体，如水、弱酸、弱碱等可直接倒入水槽。强酸、强碱溶液必须先用水稀释后方可倒入，并在倒入后用大量自来水冲洗水槽和下水道。特殊有机试剂或易燃易爆物残渣的废弃或回收需在教师的指导下进行。固体或带沉淀的废弃物，如废纸、移液器吸头、凝胶等，应放入废物桶，不得倒入水槽或乱扔。

(十) 每次实验结束后，应立即整理仪器设备和操作台，并清洗玻璃仪器。使用和洗涤玻璃仪器时，应小心谨慎，防止损坏。试管、烧杯等洗净后需倒置放好。擦拭干净操作台台面，检查设备、仪器是否正常关闭，并关闭实验室电源后，方可离开实验室。离开时应关好门窗。

(十一) 未经许可，实验室的一切物品严禁带出实验室。

(十二) 每次实验完毕后，学生轮流值日。值日的学生或小组需负责当天整个实验室的卫生和安全检查。

(十三) 如实记录实验数据与结果，并展开相关讨论，完成实验报告。

二、实验室安全及防护

实验中，会经常接触有毒、有腐蚀性、易燃烧的化学试剂，常使用易碎的玻璃仪器，并需要使用加热装置或精密仪器。因此，必须十分重视实验室的安全及防护。

（一）进入实验室应穿工作服。实验室内不得穿拖鞋，不得披散头发。严禁打闹。

（二）实验室内严禁进食和饮水。实验室的所有容器不得用以盛放食物和饮料。实验室的冰箱、冰柜里不可存放食物。

（三）开始操作前，需清楚实验室中电闸的位置及出口和（或）紧急出口的位置。

（四）实验过程中严格遵从教师的指导，认真仔细地按照标准操作规程进行实验。不清楚的地方应在与教师讨论后再继续。

（五）取用、称量药品或试剂时，注意不要将药品或试剂洒落在天平或操作台面上，尤其是具有强腐蚀性或强毒性的药品或试剂。

（六）对易燃易爆或有毒物品的操作，必须在具备安全防护措施的条件下进行，如戴好防护手套、防爆面具、帽子、安全眼镜等。

（七）实验室内严禁吸烟。使用酒精灯、电炉、水浴锅等加热设备时，在离开实验室之前必须关闭。不得直接加热乙醇、丙酮、苯、金属钠等易燃化学品，放置和操作时也应远离火源。

（八）在使用容器加热前，应首先检查容器是否耐热。例如，细口瓶和容量瓶都不是耐热玻璃制成的，过热时可能发生炸裂。加热时还应注意保持容器底部受热均匀。

（九）易燃易爆物的残渣，如金属钠、白磷等，不得倒入污物桶或水槽，应在教师的指导下回收至指定容器中。

（十）使用电器设备，如电泳仪、离心机、电炉等，不可用湿手操作，严防漏电。仪器设备运行中，实验人员不得全部离开实验室。

（十一）实验中会产生烟雾、有害气体或刺激气味的步骤，应在通风橱中进行，并保持操作过程中室内通风良好。

（十二）在抓取和固定实验动物时，保证操作规范，确保操作人员的安全与实验动物的舒适。可事先进行一定的训练，并在操作时戴厚手套，保证抓取动作的安全、迅速、准确。严禁恐吓或激怒动物。

（十三）实验完毕后，立即关闭水、电、气阀门，关好门窗，值日的学生或小组仔细检查并向教师汇报后方能离开实验室。

（十四）实验室突发事故应急处理预案

1. 火灾应急处理：实验中一旦发生了火灾，应保持镇静，切忌惊慌失措。立即切断室内一切火源和电源，根据具体情况正确地进行抢救和灭火，疏散人员，并及时拨打火警电话（119）及急救电话（120）。

（1）可燃液体燃烧时，应立即拿开附近一切可燃物质，关闭通风器，防止扩大燃烧。

（2）汽油、乙醚、甲苯等有机溶剂着火时，应用石棉布或沙土扑灭。

（3）金属钾、钠或锂着火时，可用干砂、石墨粉扑灭。

（4）电器设备导线等着火时，应先切断电源，再用1211（二氟一氯一溴甲烷）灭火器灭火。

（5）衣服着火时，切忌奔跑，应立即用石棉布或厚外衣盖熄，或者迅速脱下衣服，火势较大时，应卧地打滚以扑灭火焰。

2. 中毒应急处理：实验室中常见剧毒物有氰化物、砷化物、乙腈、汞等。中毒的常见原因是不慎吸入、误食或皮肤接触。如果实验过程中出现咽喉灼痛、恶心呕吐、皮肤红肿等症状时，可能是中毒所致，在应急处理后应立即前往医院治疗。

(1) 对于吸入毒物的中毒者，应立即离开中毒现场转移至安全地带，解开领口，使其呼吸畅通。

(2) 对于误食毒物的中毒者，须立即使用清水或药物引吐，昏迷者需马上送往医院进行洗胃。

(3) 对于接触毒物的中毒者，禁用乙醇等有机溶剂擦拭皮肤。

3. 外伤应急处理：

(1) 一般割伤时，取出伤口异物，保持伤口清洁后可涂抹外伤药并进行包扎。严重割伤时需先进行止血，然后立即送往医院进行处理。

(2) 一般烫伤或烧伤时，在不弄破伤处皮肤的情况下进行消毒，再涂抹烫伤药物或进行包扎。严重烫伤或烧伤需在紧急处理后立即送往医院救治。

(3) 化学物品如酸或碱灼伤时，需立即用大量清水冲洗伤处，并以中和剂中和酸或碱溶液，再以大量清水冲洗。严重时需在紧急处理后立即送往医院救治。如果腐蚀性试剂或溶液进入眼睛，应立即用大量清水做局部冲洗，并送往医院救治。

(4) 发生触电时，应迅速切断电源，保持触电者呼吸畅通，并进行人工呼吸。然后立即送往医院救治。

三、实验记录和实验报告

实验结果的记录和实验报告的书写能够培养学生科学的思维方式和解决问题的能力，也可以培养其探求真知、尊重科学事实和真理的学风，扩大对相关理论的认识。因此，如实做好实验记录并认真撰写实验报告是生物化学与分子生物学实验的一个重要环节。

(一) 实验记录

1) 准备专用的实验记录本。在实验开始前认真预习，在记录本上以流程图等形式记录实验操作步骤，并准备好数据记录表格或格式，以避免在记录中造成不可挽回的损失。

2) 实验记录本不得撕毁和涂改，需要修改时可划去重写。实验记录不得用铅笔书写。同组的同一实验的相关记录必须一致。

3) 应及时、简练、详尽、清楚地记录实验中观测到的每一个现象和结果，以及测得的所有数据。实验记录字迹应整洁清楚，条理应明确清晰，记录应客观真实。

4) 实验记录应包括实验条件的记录，如所用仪器的型号、编号、生产厂商和仪器的精密度，所用试剂或药品的名称、规格、分子质量、浓度等，以便在总结实验时进行核对。

5) 实验结果的记录要注意有效数字。

(二) 实验报告

1) 实验报告应写在专用的实验报告纸上，不要用作业本或其他片页纸代替。

2）实验报告必须及时、规范、完整。书写端正、图表清晰。必须独立完成，严禁抄袭。

3）实验报告的基本内容应包括：

A. 实验名称。

B. 实验目的。应用简洁的语言归纳和陈述实验的具体目的，如学会哪些操作，完成哪些训练，掌握哪些知识等。

C. 实验原理是实验目的背后的科学依据。在书写实验原理前，必须明确实验的性质是定性还是定量，再使用总结性的语言阐述其背后的原理。也可用反应方程式、简单示意图、列表或流程图来表示。

D. 实验材料。主要记录每个实验中的主要仪器或特殊仪器，如一些精密仪器或设备。另外，实验所需的主要试剂或特殊试剂也应注明在实验材料中。但一般玻璃仪器、刻度滴管、加样器、蒸馏水等无需记录。

E. 实验方法，即实验的操作步骤。操作步骤需翔实、精确、客观地记录每一个细节，使读者可依照记录重复实验。例如，离心所需的转速与时间，静置的温度和时间，加入的特殊试剂等。除了记录实验的操作细节之外，还应注明哪些步骤是应当特别仔细或需要防护措施的。步骤多的实验也可使用流程图或表格等方式来表示。

F. 实验的结果和结论紧密联系。实验结果是实验中所观察到的现象或测得的原始数据和图表，实验结论则是通过分析、计算实验结果而推导出的判断。

实验结果的记录要求翔实客观，必须是通过实验操作得出的数据、图表或观察到的现象而得出的结果，不能凭空想象或是杜撰，也不能随意篡改。需要进行计算的部分应写出计算过程。而实验结论的推导必须正确，并符合逻辑，同时，实验结论也应该是与实验目的相呼应的总结性语言。

实验讨论是整个实验报告中最重要的部分，可以反映记录者的专业理论知识、实验观察能力、分析和解决问题的能力。在讨论部分，重点是对实验中所得的结果和结论进行分析，并与预期结论或其他实验者的结论进行比较，还要对整个实验环节，尤其是操作步骤进行回顾和剖析，阐述可能导致相同或差异结果的原因。对于已经出现的问题，应尽可能提出解决或改进的方法。另外，实验讨论中，也可以提出自己的独特观点和分析。

四、生物化学与分子生物学实验的绘图要求、方法及实验数据处理分析方法

（一）实验报告中的图表

实验报告中，除了文字外，还可以使用图表的形式来描述实验结果。规范、美观的图表对于准确反映实验结果和结论十分重要。

1. 制图

柱状图、饼状图、折线图、散点图等常用于实验报告或科研论文中描述结果。这些图形可以形象、直观、简洁地表达丰富的结果，并突出重点。例如，家兔注射胰岛素前后血糖浓度的变化可绘制为柱状，如图 1-1 所示。

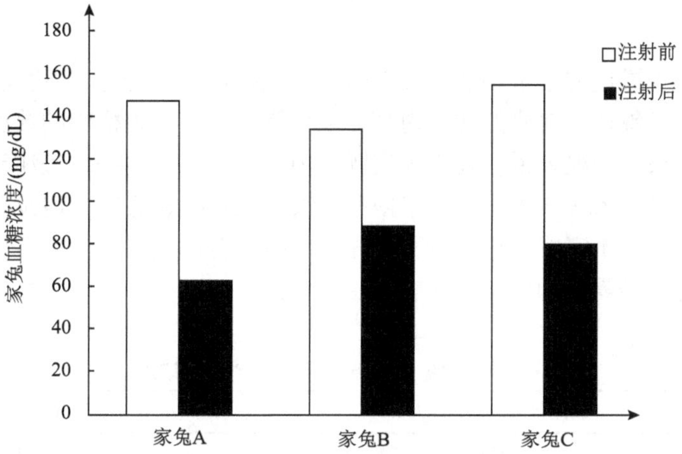

图 1-1 家兔注射胰岛素前后的血糖浓度

除常用的 Excel 外，Graphpad Prism 也是十分常用的重要绘图工具。Graphpad Prism 是一款集数据分析和作图于一体的数据处理软件。它的优势在于可以在软件中利用直接输入的原始数据，自动进行基本的统计分级，并获得高质量的科学图表，也可以与 Word 衔接自动更新统计图。而且，Graphpad Prism 的操作十分简单，与 Excel 一样都是通过点选菜单来实现的，其界面也类似于 Excel(图 1-2)。在其绘图菜单中，还有配色、图形、标题、轴线、背景、方向等多种个性化选择，达到美化的作用。另外，Graphpad Prism 所绘制的图表还可以在输出时任意排版并设置高分辨率。

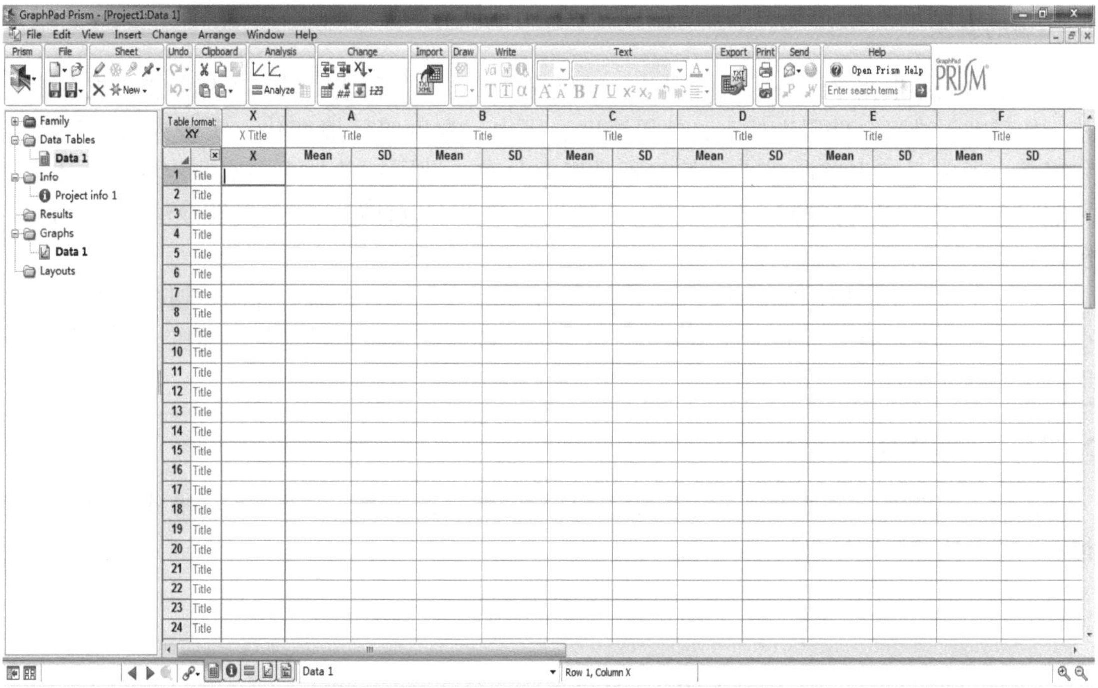

图 1-2 Graphpad Prism 操作界面

除了 Graphpad Prism，常见的绘图工具还有 SPSS、Origin、SAS 等。

2. 表格

表格是实验报告或论文中常用的一种表达方式，便于阅读、分析和比较隶属或对比关系，能够取代烦琐的文字叙述。表格的文字内容要求精炼、清楚。表格中的数据必须是来自实验的准确、客观的记录。一般来说，表格由表题、项目、数据、线条、表注等组成。科学研究中常用表格的规范格式为三线表，即表格中有顶线、项目线和底线，但没有竖线和斜线。三线表的绘制可使用 Word 完成。绘制时，可先制作一个普通表格，然后右键点击表格，选择“边框和底纹”，隐去不需要的线条，如表 1-1 所示。

表 1-1 家兔注射胰岛素前后的血糖浓度

实验	注射前血糖浓度/(mg/dL)	注射后血糖浓度/(mg/dL)
家兔 A	146.67	62.67
家兔 B	133.45	88.37
家兔 C	154.93	79.29

注：以上结果为 3 次独立实验结果。

(二) 实验数据的处理与分析

对实验所得的数据和信息进行正确的分析和处理是解决问题的关键，但由于误差的存在，实验测定所得的结果往往与客观存在的真实值之间存在一定的差异。

1. 实验的误差

实验的误差根据来源分为系统误差和随机误差。方法、仪器、试剂等都可能造成系统误差，如刻度不准确，砝码未校正，外界温度、压力、湿度等环境变化，实验方法本身的不完善等。通常系统误差所带来的偏差不是概率分布，即同一条件下多次测定同一样本时，测定误差的大小正负保持一定。因此，系统误差常是可以估计的，并能够设法减小或加以校正。

随机误差产生的原因则是一些偶然因素，本身难以发现，也难以控制。随机误差时大时小、时正时负，具有一定的统计规律。一般来说，随着测定次数的增加，随机误差的算术平均值逐渐趋近于零。

2. 准确度和精密度

通常，用准确度来描述测定结果和真实值之间的接近程度。误差越大，准确度越低。用相对误差来比较测定结果的准确度更为合理。

$$\text{绝对误差}=\text{个别测定值}-\text{真实值}$$

$$\text{相对误差}=\frac{\text{个别测定值}-\text{真实值}}{\text{真实值}}\times 100\%$$

同时，用精密度体现测定结果的再现性。精密度用偏差表示，偏差越小，精密度越高。

$$绝对偏差=个别测定值-测定平均值$$

$$相对偏差=\frac{个别测定值-测定平均值}{测定平均值}\times 100\%$$

如果对同一试样进行了 n 次测定，测得结果分别为 X_1，X_2，…，X_n，则：

$$算术平均值\ \overline{X}=\frac{\sum_{i=1}^{n}X_i}{n}$$

$$算术平均偏差\ \delta=\frac{\sum_{i=1}^{n}\left|X_i-\overline{X}\right|}{n}$$

$$相对平均偏差=\frac{\delta}{\overline{X}}\times 100\%$$

$$标准偏差（标准偏差越小，偏离平均值就越少）\ S=\sqrt{\frac{\sum_{i=1}^{n}(X_i-\overline{X})^2}{n-1}}$$

3. 数据表示方法

利用对照试验、空白试验，并校准仪器和校正方法，可以有效地减少系统误差。而在实验中采取多次（$n\geqslant 3$）测定并求平均值可以减少随机误差，提高准确程度。因此，在实验报告和科研论文中，结果常用“平均值±标准偏差”表示。

4. 正确处理实验数据

由于不遵守标准操作规程和规则，或在记录测定结果时粗心大意而造成的结果偏差会导致获得错误的测定值。错误的结果常远远偏离真实值，在分析时不可用。因此，对于肯定是错误的测定数据在分析时要予以剔除。对于怀疑是错误的数据，要重复实验来验证。

5. 常用软件

常用的数据分析软件有 Excel、SAS 和 SPSS 等。Excel 是数据分析中最基础、最易掌握的软件，图形工具也很强大，但不适宜做大型的统计分析。SAS 具有十分完备的数据访问、数据管理和数据分析的功能，是国际上公认的数据统计分析标准软件。但 SAS 由汇编语言编写而成，使用时通常要求编写程序，比较适合专业的统计人员使用。

与 SAS 相比，同样作为常用统计软件，SPSS 操作就比较方便。它的界面与 Excel 类似（图 1-3），操作者只需要通过点选菜单就可以完成复杂的统计命令。SPSS 的统计方法比较齐全，仅 SPSS Base 模块就提供了多重统计分析方法，如统计描述、偏相关分析、多元回归、非参数检验等。输出结果比较直观，还可以同时绘制图形和表格。可以满足绝大多数生物化学与分子生物学相关实验结果分析的要求。

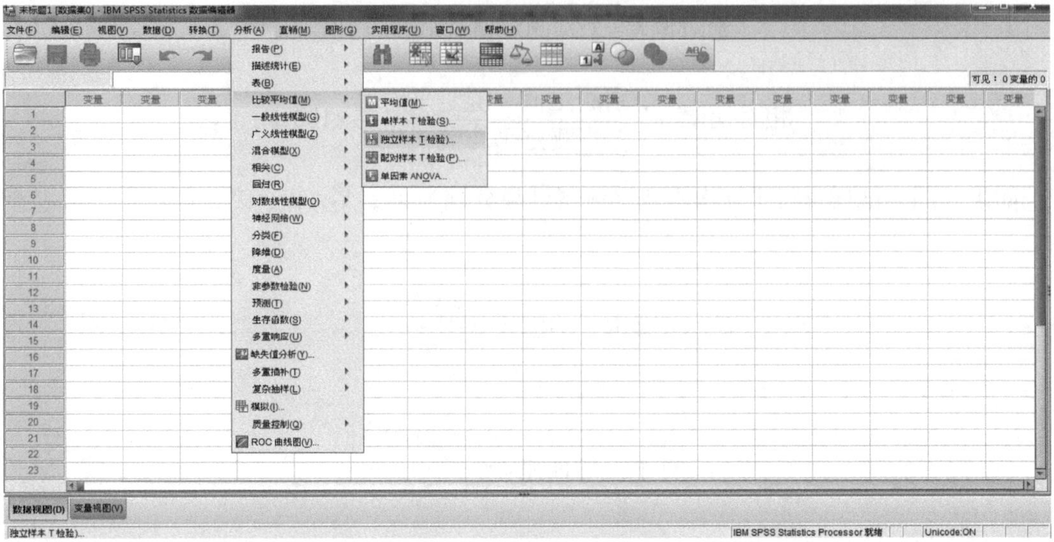

图 1-3　SPSS 操作界面

（林　佳）

第二章　实验室常用仪器设备、常用试剂及常用实验技术

一、实验室常用玻璃仪器的介绍

实验过程中会使用到各种玻璃仪器，本部分对常用玻璃仪器的名称、规格、使用和洗涤方法进行简要介绍。

(一) 常用玻璃仪器

1. 量筒和量杯

量筒和量杯是生物化学与分子生物学(后简称“生化”)实验室常用的计量玻璃仪器，多用于量取数量要求不甚精确的液体，其规格主要有5mL、10mL、25mL、50mL、100mL、250mL、500mL、1000mL、2000mL等多种。量杯呈圆锥形，带倾出嘴。量筒为圆柱形，有具嘴和具塞无嘴两种形式。量筒和量杯一般都用于配制定性试剂和普通试剂。

2. 容量瓶

容量瓶是容量仪器，主要用于配制各种要求较精确的分析试剂或标准试剂。其规格有10mL、50mL、100mL、200mL、250mL、500mL、1000mL、2000mL等多种。容量瓶分无色和棕色两种，不能直接加热，也不能用高温烘烤，否则易造成误差。

3. 刻度吸管

刻度吸管又称吸量管或吸管，是一种有精确刻度的直形玻璃管。其精确度较高，使用灵活方便。其规格主要有0.1mL、0.5mL、1.0mL、2.0mL、5.0mL、10.0mL等几种。刻度吸管有刻度到尖端和刻度不到尖端两种。刻度到尖端的又分为“吹”和“不吹”两种。刻度吸管是生化实验室最常用的容量仪器之一，应正确掌握其使用方法。

刻度吸管的使用方法：应选择合适的吸管，一般选择容量等于或略大于需量取体积的吸管。使用时，一般以右手持吸管，左手持吸球。右手拇指、中指、无名指及小指固定吸管，食指放在吸管上口旁，吸液时保持吸管平衡，吸液后随时压盖上口。将吸管尖端插入试剂液面以下 2～3cm，用吸球将液体小心吸入，使液面超过吸管最上面的刻度 2～3cm，移开吸球，同时右手食指快速按住管口。吸入液体后，吸管内液体形成一个向下的弯月形液面。当视线与液面在同一水平线上时，弯月面(液面)下缘所处的刻度即为管内液面的读数。轻轻移动食指，调节管内液体至吸管的最大容量或需求的体积数量，用吸水纸或滤纸片吸干吸管外壁黏挂的液体，然后将所需数量的液体小心放入目标容器内。

(二)常用玻璃仪器的洗涤

在生化、免疫、细胞和分子生物学实验中，玻璃仪器清洁与否直接影响实验结果的准确性，因此玻璃仪器的洗涤是生化基础技能之一。

1. 洗涤

非定量敞口玻璃仪器，如试管、离心管、烧杯、烧瓶等均可直接用毛刷蘸肥皂或去污粉擦洗，然后用自来水反复冲洗，最后用少量蒸馏水冲洗内壁 3 遍。洗前要检查毛刷顶端的铁丝是否裸露。洗刷时用力不能过猛，否则会戳破仪器。

对定量玻璃仪器，如容量瓶、滴定管、吸量管等，先用自来水冲洗，沥干后放入铬酸洗液中浸泡数小时，然后取出倒尽洗液，再用自来水充分冲洗，最后用少量蒸馏水冲洗内壁 3 遍。

对某些口小肚大或毛刷刷洗不便的玻璃仪器，可将洗液倒入仪器内(约占仪器容量的 1/4)，小心转动仪器，使仪器内表面完全被洗液润湿，并保持一段时间，然后将洗液倒出，再按上述方法用自来水、蒸馏水冲洗。

2. 清洁的标准

洗涤洁净的玻璃仪器被水完全润湿后，壁内外呈均匀水膜，玻璃壁光洁无痕迹，不挂水珠。否则表明尚未洗涤干净，应按上述方法重新洗涤。

3. 玻璃仪器的干燥

在实验中，仪器干燥与否有时是实验成败的关键，因此在仪器洗净后，还应进行干燥。干燥方法有以下几种。

(1) 晾干　实验仪器应尽量采用晾干法。仪器洗净后，先倒尽其中的水滴，然后晾干。在实验过程中应该有计划地利用实验中的零星时间，把下次实验需用的玻璃仪器洗净并晾干。

(2) 烘干　烘箱温度保持在 100～120℃。仪器放入前需要尽量倒尽其中的水，然后放在瓷盘内，仪器口朝下，厚壁仪器(如量筒、吸滤瓶)不宜在烘箱中烘干。分液漏斗和滴液漏斗必须在拔去盖子和活塞后才能放入烘箱烘干。

(3) 用有机溶剂干燥　体积小的仪器急需干燥时，可采用有机溶剂干燥法。洗净的仪器先用少量乙醇洗涤一次，再用少量丙酮或乙醚洗涤，最后在空气(不必加热)中晾干。将用过的溶剂倒入回收瓶中。

4. 洗涤液的配制

在某些情况下，需要使用洗涤液进行洗涤。洗涤液的种类和配制方法有以下几种。

(1) 合成洗涤剂　合成洗涤剂主要有去污粉、洗衣粉、洗洁精等，应用范围广，使用方便，去污力强。使用时将合成洗涤剂配成 1%～2%的水溶液即可。

(2) 铬酸洗液　铬酸洗液是将浓硫酸加入重铬酸钾水溶液中配制而成的溶液，通常称为清洁液。铬酸洗液是实验室最常用的洗涤液，具有强氧化性和强酸性。铬酸洗液的配制方法具体如下。

配法一：取重铬酸钾 80g，溶于 1000mL 水中，慢慢沿玻璃棒加入 100mL 浓硫酸即可。

配法二：取重铬酸钾 200g，溶于 500mL 水中，可加热助溶。冷却后慢慢沿玻璃棒加入 500mL 浓硫酸，边加边搅拌，温度过高时(产生较多雾汽时)可适当冷却后再继续加浓硫酸。

配法三：取重铬酸钾 10g，放入 500mL 烧杯中，加入 100mL 水配制成重铬酸钾溶液。冷却后沿玻璃棒缓缓加入 200mL 浓硫酸。边加边搅拌，温度过高时可适当冷却后再继续加浓硫酸。

(3) 有机溶剂　丙酮、乙醇、乙醚等有机溶剂可用于洗脱油脂及脂溶性染料，二甲苯可洗脱油漆等污垢。

二、常用试剂的配制、缓冲溶液与缓冲体系的介绍

配制试剂是实验室的一项重要工作。配制一般化学试剂前，应熟悉试剂的纯度、相对分子质量及有关特性，掌握配制规程、配制要领；配制某些特殊试剂前，应了解试剂中各成分的相互作用、反应原理和配成后的质量和性能等，然后按照规定步骤认真配制。用不正确的方法配制的试剂可能出现的问题有：混浊、沉淀，变色而失效，甚至还可能导致危险事故(如水向浓硫酸里倾倒)。特别是配制一些基准试剂和标准试剂时，更应严格按规程精心配制。

(一) 常用试剂配制要点

1. 选择溶剂

试剂的配制一般需用蒸馏水或去离子水作为溶剂，有特殊要求的可用其他溶剂配制。

2. 称量溶质

固体溶质一般用称重法称取，液体溶质一般用滴定法量取。

3. 标准溶液配制

配制基准试剂和标准试剂时，应先将溶质烘烤(一般为 100～120℃，烘烤 2h 以上)，放干燥器内干燥至恒重，然后在分析天平上精确称取规定质量，溶解后，在 20℃条件下，用经过校正的精密容量瓶配制成规定体积。

4. 溶解及助溶

配制试剂一般通过搅拌溶解溶质，但有些试剂需加热助溶，在助溶后应放室温冷却至 20℃左右，再稀释至所需体积。某些试剂在配制过程中可能产生高热，在配制时应不断搅拌，必要时稍冷却后再进行。

5. 其他

试剂配制量要视需要量而定，一般不宜多配，以免造成浪费。配制好的试剂要及时装瓶、贴好标签。标签纸的大小应与容器大小相适应，标签应贴在试剂瓶的上 2/3 处。标签上要写明试剂名称、浓度、配制时间及配制人等，溶剂不是蒸馏水时还应标明溶剂名称。用于无菌

实验的试剂还应进行高压灭菌或过滤除菌等无菌处理，最后要根据试剂的保存条件(温度、光照条件等)分别进行保存。

(二)实验试剂的使用

1. 核对

认真核对试剂的名称、浓度等与实验要求是否相符。

2. 观察

仔细观察试剂的品质变化，如发现试剂混浊、沉淀、生霉或变色等情况，则不能使用，并及时上报。

3. 取用

取用液体试剂时，应使贴有瓶签的一侧向手心，以免试剂污损瓶签。由瓶内倒出的试剂不得再倒回原瓶内，以免污染瓶内试剂。每次取用试剂后要及时盖上瓶盖，以免不同试剂瓶盖错盖，造成试剂污染或变质。

(三)溶液浓度

把一定量的溶液或溶剂中所含溶质的量称为浓度。浓度常有以下几种表示方法。

(1)百分比浓度　百分比浓度是指溶质的质量除以溶液的质量。

$$百分比浓度=\frac{溶质的质量}{溶液的质量}\times 100\%$$

(2)物质的量浓度　物质的量浓度是指溶质的物质的量除以溶液的体积，其单位是摩尔每升(mol/L)。

$$物质的量浓度=\frac{溶质的物质的量}{溶液的体积}$$

(3)体积分数　体积分数是指溶质的体积与溶液的体积的百分比。

$$体积分数=\frac{溶质的体积}{溶液的体积}\times 100\%$$

(四)缓冲溶液

缓冲溶液是一类能够在加入少量酸和碱的情况下，仍能维持 pH 基本不变的溶液。溶液的这种抗 pH 变化的作用称为缓冲作用。缓冲溶液通常是由一或两种化合物溶于溶剂(即蒸馏水)所得的溶液，溶液内所溶解的溶质(化合物)称为缓冲剂，调节缓冲剂的配比即可制得不同

pH 的缓冲液。

缓冲溶液的正确配制和 pH 的准确测定，在研究工作中有着极为重要的意义，因为在生物体内的各种生物化学过程都是在精确的 pH 下进行的，而且受氢离子浓度的严格调控，能够做到这一点是因为生物体内有完善的天然缓冲系统。生物体内细胞的生长和活动需要一定的 pH，体内 pH 环境的任何改变都将引起与代谢有关的酸碱电离平衡移动，从而影响生物体内细胞的活性。为了在实验室条件下准确地模拟生物体内的天然环境，就必须保持体外生物化学反应过程有与体内过程完全相同的 pH，此外，各种生化样品的分离纯化和分析鉴定也必须选用合适的 pH。因此，在各种研究工作和开发工作中，了解各种缓冲试剂的性质，准确、恰当地选择和配制各种缓冲溶液，精确地测定溶液的 pH，是非常重要的基础实验工作。

生化实验中常用的缓冲液主要有以下几种。

(1) *磷酸盐缓冲液* 磷酸盐是生物化学研究中使用最广泛的一种缓冲剂，由于它们均是二级解离，有两个 pK_a 值，因此用它们配制的缓冲液的 pH 范围最宽。

NaH_2PO_4：$pK_{a_1}=2.12$，$pK_{a_2}=7.21$。

Na_2HPO_4：$pK_{a_1}=7.21$，$pK_{a_2}=12.32$。

配酸性缓冲液：用 NaH_2PO_4，pH=1～4。

配中性缓冲液：用混合的两种磷酸盐，pH=6～8。

配碱性缓冲液：用 Na_2HPO_4，pH=10～12。

用钾盐比钠盐好，因为低温时钠盐难溶，钾盐易溶，但若配制 SDS-聚丙烯酰胺凝胶电泳的缓冲液时，只能用磷酸钠而不能用磷酸钾，因为 SDS（十二烷基硫酸钠）会与钾盐生成难溶的十二烷基硫酸钾。

磷酸盐缓冲液的优点：容易配制成各种浓度的缓冲液；适用的范围宽；pH 受温度的影响小；缓冲液稀释后 pH 变化小，如稀释至原浓度的 1/10 后 pH 的变化小于 0.1。

磷酸盐缓冲液的缺点：易与常见的 Ca^{2+}、Mg^{2+}及重金属离子缔合生成沉淀；会抑制某些生物化学过程，如对某些酶的催化作用会产生某种程度的抑制作用。因此，近年来另一种缓冲液（Tris 缓冲液）得到更多的应用。

(2) *Tris 缓冲液* Tris[三羟甲基氨基甲烷，*N*-tris (hydroxyrnethyl) aminomethane]缓冲液在研究中的使用有越来越多并超过磷酸盐缓冲液的趋势。例如，在 SDS-聚丙烯酰胺凝胶电泳中多使用 Tris 缓冲液，而很少再用磷酸盐缓冲液。

Tris 缓冲液的常用有效 pH 范围是“中性”，例如，Tris-HCl 缓冲液 pH=7.5～8.5；Tris-磷酸盐缓冲液 pH=5.0～9.0。

Tris-HCl 缓冲液的优点：Tris 的碱性较强，可以用这种缓冲体系配制 pH 范围由酸性到碱性的大范围 pH 的缓冲液；对生物化学过程干扰很小，不与 Ca^{2+}、Mg^{2+}及重金属离子发生沉淀。

Tris-HCl 缓冲液的缺点：缓冲液的 pH 受溶液浓度影响较大，缓冲液稀释至原浓度的 1/10 时，pH 的变化大于 0.1。温度效应大，温度变化对缓冲液 pH 的影响很大，即：$\Delta pK_a=-0.031/℃$。例如，4℃时缓冲液的 pH=8.4，则 37℃时的 pH=7.4，所以一定要在使用温度下进行配制。室温下配制的 Tris-HCl 缓冲液不能用于 0～4℃。配制好的缓冲液易与空气中的 CO_2 发生反应导致缓冲液 pH 改变，所以配制好的缓冲液要盖严密封。缓冲液会对某些 pH 电极发生一定的干扰作用，所以要使用与 Tris 溶液具有兼容性的电极。

(3) 有机酸缓冲液　有机酸缓冲液多数是用羧酸与它们的盐配制而成，pH 范围为酸性，即 pH=3.0～6.0。最常用的有机酸是甲酸、乙酸、柠檬酸和琥珀酸等。

甲酸-甲酸盐缓冲液很有用，因其挥发性强，使用后可以用减压法除去。乙酸-乙酸钠和柠檬酸-柠檬酸钠缓冲体系也使用得较多，柠檬酸有 3 个 pK_a 值：$pK_{a_1}=3.10$，$pK_{a_2}=4.75$，$pK_{a_3}=6.40$。琥珀酸有 2 个 pK_a 值：$pK_{a_1}=4.18$，$pK_{a_2}=5.60$。

有机酸缓冲液的缺点：所有这些羧酸都是天然的代谢产物，因而会对生化反应过程产生一定的干扰作用；柠檬酸盐和琥珀酸盐可以和过渡金属离子（Fe^{3+}、Zn^{2+}、Mg^{2+}等）结合而使缓冲液受到干扰；这类缓冲液易与 Ca^{2+}结合，所以样品中有 Ca^{2+}时，不能用这类缓冲液。

(4) 硼酸盐缓冲液　硼酸盐缓冲液常用的有效 pH 是 8.5～10.0，因而它是碱性范围内最常用的缓冲液。

硼酸盐缓冲液的优点：配制方便，只使用一种试剂。

硼酸盐缓冲液的缺点：能与很多代谢产物形成络合物，尤其是能与糖类的羟基反应生成稳定的复合物而使缓冲液受到干扰。

(5) 氨基酸缓冲液　氨基酸缓冲液使用的范围宽，可用于 pH 2.0～11.0，最常用的有以下几种。

甘氨酸-HCl 缓冲液：pH=2.0～5.0。

甘氨酸-NaOH 缓冲液：pH=8.0～11.0。

甘氨酸-Tris 缓冲液：pH=8.0～11.0（此缓冲液广泛用于 SDS-聚丙烯酰胺凝胶电泳的电极缓冲液）。

组氨酸缓冲液：pH=5.5～6.5。

甘氨酰胺（glycine amide）缓冲液：pH=7.8～8.8。

甘氨酰甘氨酸（glycylglycine）缓冲液：pH=8.0～9.0。

氨基酸缓冲液的优点：为细胞组分和各种提取液提供近似天然的溶液环境。

氨基酸缓冲液的缺点：与羧酸盐和磷酸盐缓冲体系相似，对某些生物化学反应过程会有所干扰。

三、离心技术

离心技术是一种分离技术，通过离心机（centrifuge）来实现。离心机的原理是微小粒子的悬浮液在绕轴旋转时产生离心力，微小粒子的质量、大小等因素使得不同种类的物质被分离。随着离心技术的发展，离心装置也不断完善，离心速度经历了由低速到高速、超速的发展过程，离心机结构也更加复杂，加入了冷冻系统、真空系统和良好的操作系统。

（一）离心中常用概念

1. 离心力

离心作用是指在一定角速度下做圆周运动的任何物体都会受到一个向外的离心力

(centrifugal force，F_c)。

$$F_c=m\omega^2R$$

式中，ω 是旋转角速度，以弧度/秒(rad/s)为单位；R 是颗粒离旋转中心的距离，以厘米(cm)为单位；m 是质量，以克(g)为单位。

2. 相对离心力

由于各种离心机转子的半径或者离心管至旋转轴中心的距离不同，离心力会变化，因此在文献中常用“相对离心力”(relative centrifugal force，RCF)或“数字×g”表示离心力。只要RCF值不变，一个样品可以在不同的离心机上获得相同的结果。

RCF就是实际离心场转化为重力加速度的倍数。

$$F_c=m\omega^2R \qquad F_{重力}=mg$$

$$\text{RCF}(g)=F_c/F_{重力}=m\omega^2R/mg=1.118\times10^{-5}\times n^2\times R$$

式中，R 为离心转子的半径距离，以厘米(cm)为单位；g 为地球重力加速度(980cm/s)；n 为转子每分钟的转数，以转/分钟(r/min)为单位。

3. 沉降系数

Svedberg对沉降系数(sedimentation coefficient，S)下的定义为：颗粒在单位离心力场中移动的速度。

一般不同物质的沉降系数S实际上常在10^{-13}s左右，故把沉降系数10^{-13}s称为1个Svedberg单位，简写S，量纲为秒(s)。

4. 沉降速度

沉降速度(sedimentation velocity)是指在离心力作用下，单位时间内物质运动的距离。

$$\frac{dR}{dt}=\frac{2(\frac{D}{2})^2(\rho_p-\rho_m)}{9\eta}\omega^2R=\frac{D^2(\rho_p-\rho_m)}{18\eta}\omega^2R$$

式中，D 为球形粒子直径，η 为流体介质的黏度，ρ_p 为粒子的密度，ρ_m 为介质的密度。

$$S=\frac{\frac{dR}{dt}}{\omega^2R}=\frac{\frac{dR}{dt}}{18}\frac{D^2(\rho_p-\rho_m)}{\eta}$$

当 $\rho_p>\rho_m$，则 S>0，粒子顺着离心方向沉降；当 $\rho_p=\rho_m$，则 S=0，粒子到达某一位置后达到平衡；而当 $\rho_p<\rho_m$ 时，则 S<0，粒子逆着离心方向上浮。

5. 沉降时间

在实际工作中，常常遇到要求在已有的离心机上把某一种溶质从溶液中全部沉降分离出来，这就要求首先知道用多大转速与多长时间可达到目的。如果转速已知，则需知沉降时间(sedimentation time，T_s)以确定分离某粒子所需的时间。

(二)离心方法

为了分离不同要求的样品，需要用不同的离心方法。一般有制备型离心方法和分析型离心方法。根据待分离物理化性质的不同，制备型离心可分为差速沉淀离心、速度区带离心和等密度离心等。要获得最佳分离效果，采用这些方法时，还要选择合适的离心转头。

1. 差速沉淀离心

差速沉淀离心(differential centrifugation)一般是指分步改变离心速度，用不同的离心力使具有不同质量的物质分批沉淀分离的方法。它适用于沉降速度差别在一到几个数量级的混合样品的分离。差速沉淀离心一般采用角度转头。

2. 速度区带离心

速度区带离心(rate zonal centrifugation)是将样品置于一个平缓的介质梯度中沉降，该梯度的最大密度低于样品混合物的最小密度，样品颗粒按照其不同的沉降速度沉降，从而相互分离。经过一定时间的离心后，不同大小的颗粒将沉淀在不同的层次上，产生所谓的区带。这种方式的离心适合于密度相似的多种样品的分离。

(三)离心机的构造

离心机一般由驱动系统、离心室、转头、冷冻系统、真空系统、操作系统等组成。

1. 驱动系统

驱动系统主要由电机和转轴组成。电机提供离心的旋转速度，其通过皮带将旋转速度传送给转轴。

2. 离心室

离心室一般由不锈钢钢板做成，在真空、低温下进行高速旋转。这种结构可防止转头发生爆炸，进而避免对操作人员造成伤害。

3. 转头

转头是将离心管放置其中，进行离心的地方。转头分为角度转头(fixed angle rotor)、甩平转头(swing-out rotor)、垂直转头(vertical rotor)等。

4. 冷冻系统

冷冻系统的主要任务是由制冷部分将离心室的温度降下来，其通过盘在离心室外的冷却管将温度传导给离心室。

5. 真空系统

离心时由于高速旋转，空气流将影响转头平稳，因此需要利用真空泵对离心机进行抽真空。

6. 操作系统

操作系统是控制机器运行的部分，包括电源开关(power)、速度(speed)控制器、时间控制器(timer)、温度(temperture)控制器、真空(vaccum)控制器、刹车控制器(braker)等。

(四)离心机的分类

离心机分类的方法较多。按离心速度分类，离心机可分为低速离心机、高速离心机、超速离心机。低速离心机的转速为小于 3500r/min，高速离心机转速为 3500～50 000r/min，超速离心机的转速为 50 000r/min 以上。按离心用途分类，离心机可分为制备型离心机和分析型离心机。还有其他一些分类法是将离心机分为台式和落地式，小型和大型等。

(五)离心机使用注意事项

1)平衡好每一对离心管内的离心物。

2)将平衡好的每一对离心管对称放置在离心套筒内。

3)离心速度不能超过规定的转头限制速度，否则会发生离心管爆炸或套筒飞出等事故。

4)严格按照操作说明进行操作，不要改变操作步骤。

四、分光光度技术

有色溶液对光线有选择性吸收作用，不同物质由于其分子结构不同，对不同波长光线的吸收能力不同，因此每种有色溶液都具有其特异吸收光谱的能力。有些无色溶液则对特定波长的光线具有吸收作用。分光光度技术即根据 Lambert-Beer 定律来鉴定物质的性质及含量的。

(一)原理

1. 光的基本知识

光由光量子组成，具有二重性，即不连续微粒性和连续波动性。波长和频率是光的波动特征，可用下式表示

$$\lambda = \frac{c}{v}$$

式中，λ 表示波长，c 表示光速，v 表示频率(光每秒的振动次数)。

分光光度计的检测波长一般为 200～10 000nm，200～400nm 为紫外光区，400～760nm

为可见光区，760～10 000nm 为红外光区。

2. 朗伯-比尔（Lambert-Beer）定律

当一束单色光通过溶液后，由于溶液吸收了光能，光的强度减弱。若入射光强度为 I_0，透过溶液的浓度为 C，光通过液体的光程为 b，透射光强度为 I，透射光强度与入射光强度的比值称为透光度 T（transmittance）。当符合 Lambert-Beer 定律条件时

$$T = \frac{I}{I_0} = 10^{-KbC}$$

式中，K 为比例常数。上式通过数学变换得

$$-\lg T = -\lg\frac{I}{I_0} = \lg\frac{I_0}{I} = \lg\frac{1}{T} = KbC$$

将$-\lg T$称为吸光度 A（absorptivity）。

（二）分光光度计的基本结构

分光光度计用于测定溶液中物质的含量。其基本结构如图 2-1 所示。

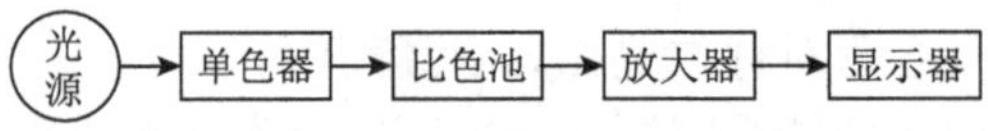

图 2-1　分光光度计基本结构图

光源：提供所需波长范围的连续光谱，稳定且有足够强度光的装置。常用光源有白炽灯、气体放电灯（氢灯、氘灯）、金属弧灯等多种。

单色器：将混合光通过棱镜或光栅分离出单色光的装置，使需要的单色光通过比色池。

比色池：将装有样品液比色皿放入光路中进行比色的装置。

放大器：将光敏管接收到的微弱信号放大的装置。

显示器：显示器检测到的信号，包括透光度 T、吸光度 A、浓度指标。

（三）分光光度计的应用

分光光度计主要用来测定未知溶液的浓度，如常用于测定蛋白质、核酸及其他物质的浓度，可见分光光度法或紫外分光光度法都是较常用的方法。此外，利用分光光度计绘制不同待测物质的吸收光谱曲线可用于鉴定化合物。

（四）分光光度计的常用类型

可见分光光度计、紫外分光光度计、红外分光光度计的分类是以光敏管接收的波长范围为依据的。可见分光光度计可测定的波长为 400～760nm；紫外分光光度计为 200～400nm；

红外分光光度计可测定的波长大于 760nm。

(五)分光光度计的使用

1. 确定待测样品的波长

一般选择该测定物质的特征波长。样品包括空白液、标准液、测定液，所有样品装入比色皿中进行测定，不同的分光光度计使用的比色皿有一定的要求。紫外分光光度计、红外分光光度计使用的是石英比色皿，可见分光光度计可使用玻璃、有机塑料比色皿。比色皿还按容量的大小分为一般比色皿和微量比色皿，使用时比色皿透光面对准光路。

2. 使用分光光度计的基本步骤

1)打开电源预热30min，选择波长，将待测样品放置在样品池，关闭样品池盖，并将空白液对准光路。

2)透光度调节：关闭样品池盖，调节至“T”档，光路通过空白液，使透光度为 100.0%，如显示不为 100.0%，按相应 100%键调节；打开样品池盖，调节 0%键，使透光度为 0.000，重复上述步骤一次。

3)吸光度调节：将“T”档转换至“A”档，通过空白液的吸光度值应为 0.000，如果不为 0.000，调节 A 键使吸光度为 0.000。

4)拉动比色杆，分别读取样品的吸光度值。

3. 确定待测液样品的浓度

1)标准管计算法：由于$A=KCL$，$A_{测}=KC_{测}L$，$A_{标}=KC_{标}L$，两个样品具有相同的L及K，两样品就对应成比例，即可得到

$$C_{测}=A_{测}/A_{标}\times C_{标}$$

上式为实验操作中常用的计算公式。因比色皿和溶剂也会产生一定的吸光度，故需设置一个空白管，即其中除了待测溶质外，其他成分完全相同。空白管对仪器调零，消除非待测物质的吸收，所测值即为待测物的吸光度。

2)标准曲线法：先配制一系列已知的不同浓度的测定物溶液，与待测液同样方法处理，分别读取各管吸光度值，以各管吸光度值为纵坐标，各管溶液浓度为横坐标，绘制标准曲线，在一定的浓度范围内标准曲线应该是一条直线。然后测定待测液的吸光度，即可从标准曲线上查到相应的浓度。

一般认为，标准曲线的范围为测定物浓度的 0.5～2.0 倍，并以吸光度为 0.05～1.00 为宜。所绘标准曲线仅供短期使用。标准曲线与待测管测定应在同一台仪器上进行，以免产生误差。

4. 分光光度计的误差

1)比色皿的使用和清洗。测定波长在 360nm 以上时，可用玻璃及石英比色皿；波长在 360nm 以下时要用石英比色皿。

2）同组使用的比色皿必须配套。可将比色皿在选择测定的波长上，比较每个比色皿的透光度差别，小于 0.5%可以配套使用。

3）比色皿的四面仅有两面是光滑透明的光学玻璃，另两面则为磨砂玻璃。比色皿光学玻璃表面不能有任何污染，否则会引起光吸收的增加。因此拿取比色皿时，只能用手接触两侧的磨砂玻璃面，避免接触透明光学面。

4）盛装溶液时，液体约占全部容积的2/3，比色皿中所盛溶液不能太少，否则光路不能透过待测液体；溶液过多易洒出，从而污损或腐蚀仪器。光学面如有残液可用擦镜纸或丝绸擦拭，不能使用纱布等粗糙物擦拭。

5）凡含有腐蚀玻璃物质的溶液，不得长时间盛装在比色皿中。

6）每次使用后，应立即倒空并用蒸馏水冲洗比色皿 3～4 次。必要时可用 1：1 的盐酸浸泡，然后再用蒸馏水冲洗干净。

7）从仪器角度考虑，影响分光光度计准确性的因素主要是光谱的纯度和杂散光的影响。在测定时选择该物质的最大吸收波长，以减少干扰的影响。

五、层析技术

层析法（chromatography）又称色谱法，是一种物理或物理化学的分离分析方法。层析法是利用混合物中各组分的理化性质（如吸附力、分子形状和大小、分子极性、分子亲和力、分子解离度等）的差别，使各组分在支持物上集中分布于不同部位，从而得以分离的方法。

任何层析都必须具有两相，即固定相和流动相。在层析过程中，固定相的位置固定不动，并阻止所分离的组分向前移动（阻力）；流动相相对于固定相做单相运动，并带动所分离的组分向前移动（动力）。由于混合物中各组分的理化性质的差异，各组分受同一固定相和流动相的阻力和动力大小不同，从而在固定相上的移动速度不等，使得性质上只有微小差异的各组分得以分离，再配合相应的光学、电子学、电化学和其他相关检测手段，就可对各组分进行定性和定量分析。

（一）层析原理

层析技术的理论基础是固定相和流动相的相对移动。在层析过程中，被测组分在相对移动着的两相之间达到分配平衡。若混合物中两个组分的分配系数不同，则两组分被流动相推动移动的速度就不同，从而达到分离的目的。因此，分配系数不同是被测组分得以分离的前提。

1. 分配系数

分配系数（K）是指在一定条件下，被测组分在固定相及流动相中达到分配平衡时，在两相中的浓度之比。

$$K = \frac{c_s}{c_m}$$

式中，c_s表示被测组分在固定相中的浓度，c_m表示被测组分在流动相中的浓度。

上述是液-液层析的分配系数的定义，是狭义的分配系数。在不同的层析法中，K有不同的概念。广义的分配系数包括：液-液层析法的分配系数、吸附层析法的分配系数、离子交换层析法的选择系数及凝胶层析法的渗透系数等。这些系数的物理意义虽然各异，但一般情况下均可用狭义的分配系数来描述。

在层析过程中，K值所表示的是被测组分与固定相分子间作用力的大小。K值大，表示该组分与固定相的亲和力大，其在固定相中的浓度就大，在柱中停留时间就长；K值小，表示该组分与固定相的亲和力小，其在流动相中的浓度就大，必将较快地流出柱床。所以两组分的K值差别越大，越易分离。

2. 保留时间

被测组分从进样开始到某个组分出峰至峰顶时所需的时间称为该组分的保留时间(t_R)。

3. 保留体积

保留体积是指样品组分通过层析柱出峰至峰顶时所需流动相的体积，它等于保留时间与流动相流速的乘积。

4. 死时间

在层析过程中，流动相充满未被固定相占有的空间，即流动相流经整个层析柱所需时间，称为死时间(t_0或t_m)。

5. 分配系数与保留时间的关系

设在单位时间内，一个分子在流动相中出现的概率(或在流动相中停留的时间)以R'表示。若$R'=1/3$，则该分子有1/3时间在流动相中，2/3时间在固定相中。对于大量分子，则可表示有1/3的溶质分子在流动相中，2/3(即$1-R'$)的溶质分子在固定相中。若以V_m表示流动相在层析柱(或薄层板)中所占的体积，以V_s表示固定相在层析柱(或薄层板)中所占的体积，则溶质分子在流动相及固定相中的量可分别用c_mV_m与c_sV_s表示，所以

$$\frac{1-R'}{R'}=\frac{c_sV_s}{c_mV_m}$$

整理后

$$\frac{1}{R'}=1+K\frac{V_s}{V_m}$$

由于R'表示溶质分子在流动相中出现的概率，若$R'=1/3$，则表示它在层析柱中的移动速度为流动相分子移动速度的1/3。而流动相流经整个层析柱的时间为t_0，溶质分子流经同一路程所需时间t_R将是t_0的$1/R'$倍，即

$$t_R=\frac{t_0}{R'}$$

因为

$$\frac{1}{R'}=1+K\frac{V_s}{V_m}$$

所以

$$t_R=\frac{t_0}{R'}=t_0(1+K\frac{V_s}{V_m})$$

这是层析中最基本的公式之一。在一定条件下（固定相、流动相的性质及体积已定，实验温度一定），保留时间 t_R 主要取决于分配系数 K。K 值不同的组分，在层析柱中停留的时间不同，K 值大的停留时间长，反之，停留时间就短。因此，混合物中的各组分可因 K 值不同而得以分离。若两组分 K 值相近，可通过改变流动相或固定相的性质或改变实验温度，扩大两组分分配系数的差异以达到分离目的。

（二）层析分类

从不同的角度可将层析技术分为不同的种类。

1. 按两相物理状态分类

在层析过程中，总是有两相，即固定相和流动相。固定相可以是固体，也可以是液体；流动相可以是液体，也可以是气体。根据两相的物理状态不同，可将层析分为以下两大类。

(1) 气相层析　在层析过程中，以气体作为流动相的称为气相层析（gas chromatography，GC）。在气相层析中，又根据固定相所处的状态不同，分为气固层析（gas-solid chromatography，GSC，固定相为固体）和气液层析（gas-liquid chromatography，GLC，固定相为液体）。

(2) 液相层析　在层析过程中，以液体作为流动相的称为液相层析（liquid chromatography，LC）。在液相层析中，又根据固定相所处的状态不同，分为液固层析（liquid-solid chromatography，LSC，固定相为固体）及液液层析（liquid-liquid chromatography，LLC，固定相为液体）。高效液相层析（high performance liquid chromatography，HPLC）是指液体流动相在压力下通过固体层析柱，有很精确的分离效果。

2. 按分离原理分类

根据层析过程的分离原理，可将层析分为吸附层析、分配层析、离子交换层析、排阻层析及亲和层析等。

(1) 吸附层析　吸附层析以固体吸附剂为固定相，利用样品中各组分在吸附剂表面吸附能力的差别而达到分离目的。

(2) 分配层析　分配层析以液体为固定相，利用样品中各组分在固定相与流动相中的溶解度不同而达到分离目的。

(3) 离子交换层析　离子交换层析以离子交换剂为固定相，利用样品中各组分对离子交换剂亲和力的不同而达到分离目的。

(4) *排阻层析*　排阻层析也称凝胶过滤层析或分子筛层析，是用多孔凝胶为固定相的一类层析方法。这种方法是利用样品中各组分的分子大小不同，因而在多孔凝胶上受阻滞的程度不同而获得分离。

(5) *亲和层析*　亲和层析是将具有生物活性的配位基(如酶、辅酶、抗体等)以共价键结合到不溶性载体的表面上，形成固定相，利用蛋白质或其他大分子能与固定相表面的配位基进行专一性的结合，以达到与不能和配位基结合的其他组分分离的目的。

3. 按固定相形态分类

按固定相使用形态不同，可将层析分为柱层析和平板层析。

(1) *柱层析*　柱层析是将固定相装在层析柱内，样品组分在柱内沿一个方向移动而达到分离目的。按层析柱的粗细，可将柱层析分为一般柱层析、毛细管柱层析及微填充柱层析三类；按固定相填充情况，又可将柱层析分为填充柱层析及开口柱层析两类。

(2) *平板层析*　平板层析的层析过程是在由固定相构成的平面内进行的。若用滤纸作为固定液载体，用流动相使样品组分展开而达到分离目的，称为纸层析；将固定相均匀涂铺在薄板(玻璃板或塑料板)上，用流动相使各组分展开而达到分离目的，称为薄层层析；用高分子有机吸附剂制成的薄膜作为固定相，用流动相展开各组分而达到分离目的，称为薄膜层析。

层析技术的分类总结归纳如表 2-1 所示。

表 2-1　层析技术分类

分类依据	流动相	固定相	层析的种类	
两相物理状态	气体	固体	气相层析(GC)	气固层析(GSC)
		液体		气液层析(GLC)
	液体	固体	液相层析(LC)	液固层析(LSC)
		液体		液液层析(LLC)
固定相使用形态		装在柱中	柱层析	
		吸在纸上	平板层析	纸层析
		涂在平板上		薄层层析
		制成薄膜		薄膜层析
分离原理	利用固定相对待分离组分吸附性能的差异进行分离		吸附层析	
	利用待分离组分在两相间分配系数的差异进行分离		分配层析	
	利用离子交换作用分离离子型化合物		离子交换层析	
	利用惰性多孔物质为固定相分离分子体积不同的组分		排阻层析	
	利用固定相上的配基对待分离组分的专一性和亲和性进行分离		亲和层析	

(三)主要的层析技术

1. 凝胶层析

各种层析技术在科学研究和生物制品工业中广泛应用，最常用于分离纯化各种生物大分子等。层析技术发展的主要目的是提高分离物质的精确性、分辨率，并保持生物制品的生物活性。凝胶是一类具有三维空间多孔网状结构的物质，如天然物质中的马铃薯淀粉、琼脂糖凝胶等，人工合成产品中的葡聚糖凝胶、聚丙烯酰胺凝胶等。以凝胶作为固定相的一类层析技术称为凝胶层析。

(1)原理　凝胶具有分子筛的作用。当混合样品通过凝胶时，分子大小及形状不同的各组分因扩散速率各异而得到分离。

用适当的凝胶颗粒装柱，于柱内加入欲分离的混合物，因凝胶颗粒上的孔隙大小有一定的分布范围(称筛分范围)，对分子大小、形状不同的组分起到不同的阻滞作用。在层析过程中，混合物中的大分子物质不易进入凝胶微孔内，在柱中随流动相沿凝胶颗粒间的空隙移动，流速快，较早流出柱床；而小分子物质因能进入凝胶微孔内，随流动相移动时因受到凝胶微孔的阻滞而流速减慢，流程加长，较晚流出柱床。因此，分子大小不同的组分在柱中因差速迁移而达到分离，如图 2-2 所示。

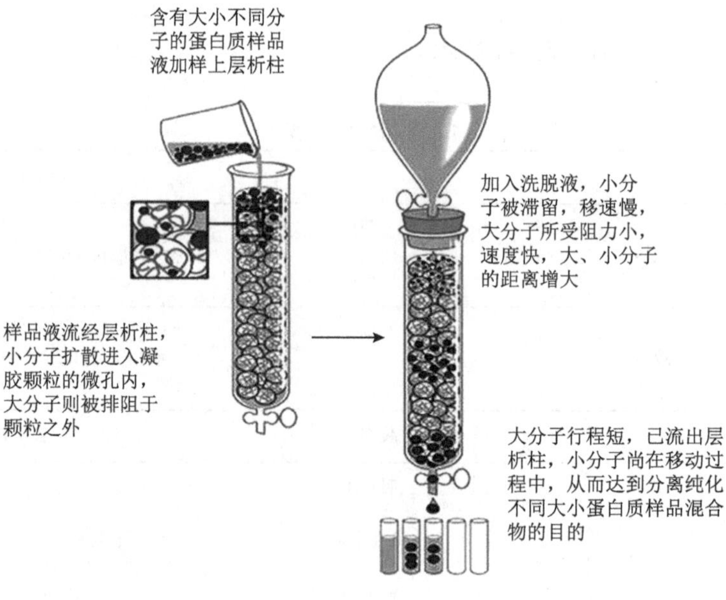

图 2-2　凝胶层析原理示意图

凝胶层析中，整个过程与过滤相似，故凝胶层析又称为凝胶过滤；又因物质在层析分离过程中因受阻滞而减速，故凝胶层析又称为阻滞扩散或排阻层析。

(2)器材和试剂

1)凝胶：常用的凝胶有三种，即葡聚糖凝胶、聚丙烯酰胺凝胶和琼脂糖凝胶。

A. 葡聚糖凝胶：葡聚糖凝胶由葡聚糖经交联剂 1-代-2, 3-环氧丙烷交联而成，其结构式如图 2-3 所示。

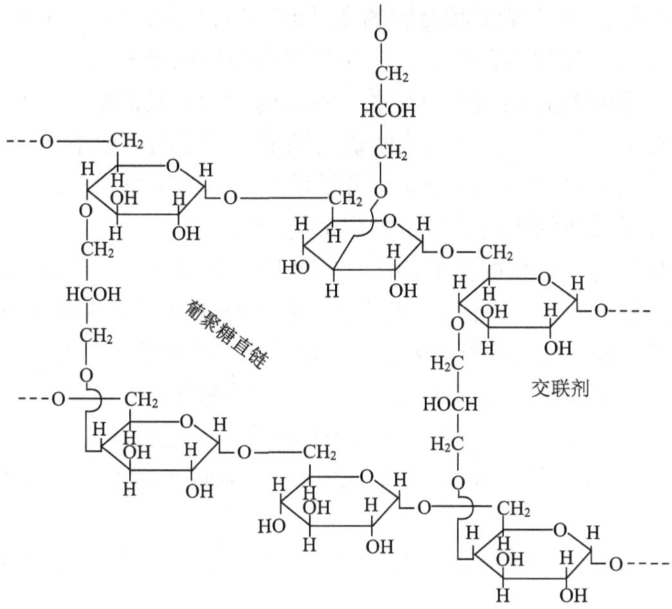

图 2-3　葡聚糖凝胶结构式

较好的层析用葡聚糖凝胶商品名为 Sephadex。葡聚糖凝胶有较大的吸水性，吸水后膨胀成透明状且具有三维网状结构的弹性颗粒。溶胀后网眼张开，葡聚糖凝胶颗粒在水、盐、碱和弱酸溶液中有较好的稳定性，但强酸和氧化剂可使其解聚，使用时应注意避免。

葡聚糖凝胶孔隙的大小可由制备葡聚糖凝胶时加入交联剂的量来控制，加入的交联剂多，葡聚糖长链间的交联就多，网状结构的孔隙就小，吸水量也小；加入的交联剂少，则葡聚糖长键间的交联少，孔隙大，吸水量也大。市售葡聚糖凝胶的型号多以吸水量的 10 倍表示，即每克干胶吸水克数的 10 倍定为 G 类葡聚糖凝胶型号的标号。例如，某种葡聚糖凝胶每克干粉吸水量(水容值)为 5g，则该葡聚糖凝胶的型号为 G-50。市售葡聚糖凝胶 G 型商品规格及筛分范围见表 2-2。

表 2-2　葡聚糖凝胶 G 型(水溶性)商品规格及筛分范围

葡聚糖凝胶型号	凝胶直径/μm	筛分范围(相对分子质量)		溶胀体积/(mL/g 干胶)	溶胀所需时间/h	
		多肽及蛋白质	多糖		22℃	100℃
G-10	40～120	<700	<700	2～3	3	1
G-15	40～120	<1 500	<1 500	2.5～3.5	3	1
G-25	100～300	1 000～5 000	100～5 000	4～6	3	1
G-50	100～300	1 500～30 000	500～10 000	9～10	3	1
G-75	40～120	3 000～70 000	1 000～50 000	12～15	24	3
G-100	40～120	4 000～150 000	1 000～100 000	15～20	72	5
G-150	40～120	5 000～400 000	1 000～150 000	20～30	72	5
G-200	40～120	5 000～800 000	1 000～200 000	30～40	72	5

B. 聚丙烯酰胺凝胶：聚丙烯酰胺凝胶的商品名为生物凝胶(Bio-gel-P)，它由丙烯酰胺经*N*, *N*-次甲基双丙烯酰胺交联聚合而成，其应用效果和葡聚糖凝胶相似。

C. 琼脂糖凝胶：琼脂糖凝胶属天然凝胶，不需用化学交联剂聚合，主要依靠琼脂糖链间的次级键(如氢键)形成网状结构，其结构的疏密则由琼脂糖的浓度来控制。

琼脂糖凝胶的特点：机械强度比较大，分子质量适用范围宽，吸附生物大分子的能力最低。因此，分离高分子质量的生物大分子物质常使用它。

2)层析柱：层析柱是柱层析的基本器材，其外形似玻璃圆管。层析柱的体积由具体实验需要而定，其直径一般都在1～5cm，高度为直径的20～100倍。为防止受管壁效应的影响，一般常选用内径大于2.5cm的层析柱，内径小于1cm的层析柱能产生管壁效应，内径大于5cm的则稀释现象严重。使用前用甲基纤维素处理柱内壁可避免管壁效应。

层析柱柱体可用玻璃管或聚乙烯管制备。柱中的支持凝胶的底板可用多孔聚乙烯片或多层细尼龙布制作。底板下的空腔(又称“死空间”)应越小越好，一般不应大于柱容积的0.1%。

3)洗脱液：洗脱液的选用应符合下述原则：对样品和柱床无损害；有利于层析后样品的浓缩或分析测定。

(3)使用方法和注意事项

1)凝胶的选择和预处理：根据被分离的物质分子的大小等理化性质和分离的目的要求，应选用适当粒度和有效孔隙的凝胶型号；根据柱体的容积和凝胶的膨胀率，计算所需凝胶干粉的用量。称取所需质量的干粉凝胶，放置于烧杯内，加水溶胀。

2)装柱：装柱的质量对层析分离的效果有着直接的影响，必须十分细心。将充分溶胀的凝胶制成厚浆状悬浮液，沿管壁倒入柱内(柱底预先放妥支持板)，注意不要带入气泡。柱床表面用洗脱液充满，加盖一层滤纸片或尼龙布，以保护柱床不被冲坏。调节好静水压，然后用3～5倍柱床体积的洗脱液流洗凝胶柱床，即可达到平衡。

3)加样：加样时的重点为平衡、上样量和操作。

A. 平衡：为防止洗脱时区带扩散，样品须先用洗脱液平衡。对于固体样品，只要溶解在洗脱液中就可以了；对于液体样品，应先用约20倍体积的洗脱液在冰箱内透析过夜，次日换新鲜透析液继续透析4～6h即可。

B. 上样量：样品液的体积与分离有很大关系，加样体积小些分离效果好，但加样体积若小于柱床体积的2%，则结果反而不佳，故应适当掌握加样量。

C. 操作：加样前先把凝胶柱床上的缓冲液尽可能地放掉，并待凝胶柱床表面所剩缓冲液正好流干时，立即用吸管把样品小心滴加在凝胶柱床表面，待样品正好全部流入柱床内时，再用少量缓冲液洗涤柱壁和床面，并重复1～2次。然后在凝胶柱床面加入缓冲液，再铺上一层滤纸片即可接上洗脱液贮瓶进行洗脱。

4)洗脱：层析柱在加好样品以后，即可接上恒流泵或恒流洗脱贮瓶开始洗脱。

洗脱液的流速对分离效果影响显著，流速快，区带扩散明显；反之，则区带集中。洗脱液的流速应根据实验的要求进行调节，一般各种规格的凝胶材料，在使用说明书中对洗脱液的流速都有具体说明。

5)洗脱液的收集和测定：洗脱过程中，应根据洗脱液的流速按时收集洗脱液于各个试管中，选用合适的测定方法对各管内的洗脱液进行测定，以确定其洗脱位置。对于蛋白质类样品，可采用显色法测定，也可用紫外分光光度计测定其在 280nm 或 230nm 波长处的吸光度；对于核酸类样品，则可在 260nm 波长处测定其吸光度。

样品各组分的位置确定以后，即可根据各洗脱峰的位置和范围将各相同部分合并和浓缩，然后利用电泳或免疫方法，鉴定层析后的各组分样品的纯度。

(4) 凝胶层析的应用

1) 去盐：大分子物质(如蛋白质、核酸、多糖等)溶液中的小分子杂质可以用凝胶层析法除去，这一操作称为去盐。用凝胶层析去盐有操作简便、快速，蛋白质、酶类等在去盐过程中不易变性等特点。适用的凝胶为葡聚糖凝胶 G-25 或生物凝胶 P-6。柱长 30～40cm 已能满足要求，适宜的柱高与直径比为(5∶1)～(15∶1)，样品体积可达柱体积的 25%～30%。但应注意，蛋白质去盐后溶解度降低，会形成沉淀物而被吸附在柱上洗脱不下来。解决的办法是先用含有挥发性盐类(如乙酸铵等)的缓冲液平衡凝胶柱，并用相同缓冲液作为洗脱液，洗脱后用冷冻干燥法除去挥发性盐类。

2) 大分子溶液的浓缩：蛋白质的稀溶液需要浓缩时，可加入葡聚糖凝胶 G-25 或 G-50 的干胶，蛋白质稀溶液中的水分及小分子物质就会进入凝胶颗粒内部孔隙中，直到全部充满为止；大分子物质被排除在颗粒之外。经离心、过滤，将溶胀后的凝胶分离除去，得到的是浓缩了的大分子溶液。根据需要可反复多次浓缩。此法适用于不稳定的生物大分子溶液的浓缩。

3) 分离提纯：凝胶层析法已广泛应用于酶、蛋白质、氨基酸、多糖、激素、抗生素、生物碱等物质的分离提纯，也可利用凝胶对热原有较强的吸附力以除去无离子水中的热原，制备注射用水。

4) 测定大分子物质的相对分子质量：用一系列已知相对分子质量的标准样品，放入同一根凝胶柱，在同一条件下层析，测定每种组分的保留体积，并以保留体积对相对分子质量的对数作图，在一定相对分子质量范围内可得一直线，即为相对分子质量的标准曲线。测定样品分子的相对分子质量时，可将样品在同一凝胶柱上于同一条件下层析，测定保留体积，并在标准曲线上查出其相对分子质量。

凝胶层析技术操作方便，设备简单，对大分子物质有很好的分离效果，且样品用量少，有一定的实用价值。

2. 离子交换层析

离子交换层析是以具有离子交换性能的物质作为固定相，利用其与流动相中的离子能进行可逆交换的性质来分离离子型化合物的一种方法。

(1) 原理　　离子交换剂是一种不溶性的高分子化合物，在其特殊的网状结构骨架上带有能解离的功能团(活性基团)，该基团能与溶液中的离子进行可逆的交换反应，这种过程称为离子交换。

现以阳离子交换树脂为例说明离子交换过程。以 $R-A^+$代表树脂阳离子，B^+代表样品阳离子，其交换过程为

$$R-A^+ + B^+ \rightleftharpoons R-B^+ + A^+$$

开始时，B^+浓度大，不断扩散到树脂上，反应向右进行，直到反应达到平衡；随着洗脱

液向下流动，B^+的浓度不断降低，平衡破坏，已交换的 B^+又会解离，使上述反应逆转。因此，离子交换过程就是不断的交换和解离过程，即首先离子交换剂中阳离子与样品阳离子交换，然后样品阳离子再与洗脱液阳离子交换，从而得到分离。

(2) 器材和试剂

1) 离子交换剂：离子交换剂有天然的和人工合成的，大致可分为两大类，一类是离子交换树脂，另一类是离子交换纤维素。

A. 离子交换树脂：常用的聚苯乙烯型树脂是一种以苯乙烯为单体、二乙烯苯为交联剂所形成的网状立体结构的聚合物。通过化学反应在网状结构的树脂骨架上引入离子交换基团。根据所引入的离子交换基团的不同,离子交换树脂可分为阳离子交换树脂和阴离子交换树脂。阳离子交换树脂是在骨架上引入一些酸性基团，如磺酸基 (—SO_3H)、羟基 (—COOH) 和酚羟基等。根据这些基团能电离出 H^+的程度，又可分为强酸型阳离子交换树脂和弱酸型阳离子交换树脂。

强酸型阳离子交换树脂的结构如图 2-4 所示。

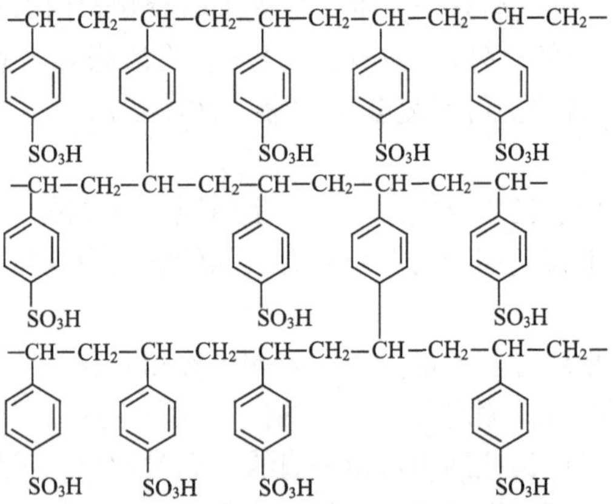

图 2-4　强酸型阳离子交换树脂的结构

其交换反应可表示为

$$R-SO_3^-H^+ + X^+ \underset{\text{再生}}{\overset{\text{交换}}{\rightleftharpoons}} R-SO_3^-X^+ + H^+$$

上述交换反应为可逆反应。阳离子被交换到树脂上，H^+被释放到溶液中，反应向正方向进行，这是交换过程。当树脂上所有可交换离子均被交换而不再具有可交换的 H^+时，树脂即失去活性。将树脂用一定浓度的稀酸溶液浸泡处理，由于溶液中存在高浓度的 H^+，交换反应向相反方向进行，阳离子交换树脂将恢复交换阳离子的能力，这个过程称为再生。

阴离子交换树脂是在骨架上引入一些能电离出 OH^-的碱性基团，如含有季胺基—$N(CH_3)_3^+$的树脂为强碱型阴离子交换树脂，含有氨基—NH_2、仲胺基—$NH(CH_3)$、叔胺基—$N(CH_3)_2$的树脂为弱碱型阴离子交换树脂。

强碱型阴离子交换树脂的结构如图 2-5 所示。

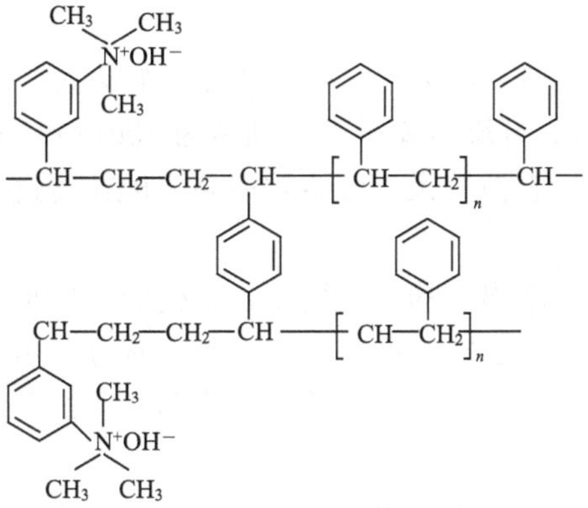

图 2-5　强碱型阴离子交换树脂的结构

其交换反应可表示为

$$R-N(CH_3)_3^+OH^- + Y^- \underset{\text{再生}}{\overset{\text{交换}}{\rightleftharpoons}} R-N(CH_3)_3^+Y^- + OH^-$$

B. 离子交换纤维素：在纤维素分子结构上连接一定的离子交换基团就成为离子交换纤维素。离子交换纤维素上的交换基团排列稀疏，电荷密度低，对大分子物质的吸附不太牢固，并且由于是亲水性结构，能在水中充分溶胀，因此可在温和条件下进行分离，而不致引起物质的变性。

与离子交换树脂一样，根据连接在纤维素上的交换基团不同而分为阳离子交换纤维素和阴离子交换纤维素。

离子交换纤维素又分为纤维型和微晶型。微晶型是将纤维素经化学处理除去非晶型部分，再适当加以交联使其结构稳定，然后再取代离子交换基团而制成。微晶型纤维素纤维短，粒子细，能装成紧密的层析柱，交换容量较大。

常用的离子交换纤维素有二乙基氨乙基(DEAE)纤维素(碱性阴离子交换纤维素)、羟甲基(CM)纤维素或磷酸(P)纤维素(弱酸型阳离子交换纤维素)，它们都适用于分离蛋白质。表氯醇三乙醇胺(ecteola)功能纤维素是碱性较弱的阴离子交换纤维素，适用于分离固定核酸、蛋白质和酶等，已在实际中得到应用。

2)离子交换柱：交换柱一般用玻璃制成，也可用碱式滴定管代替。交换柱的尺寸对分离有影响。柱的高度和直径之比大时，交换率高。但比例太大，即柱高增加时，会使洗脱峰变宽，故使用时装柱的高度和直径之比以(10∶1)～(20∶1)为宜。

3)洗脱液：不同的物质应选择不同的洗脱液。选择原则是洗脱液应具有比纤维素上所吸附物质更活泼的离子或基团，从而把所吸附的物质替换(交换)出来。

(3)方法和注意事项

1)离子交换剂的选择：根据被分离物质所带的电荷选择交换剂，若为无机阳离子或有机碱时，选用阳离子交换树脂；若为无机阴离子或有机酸时，选用阴离子交换树脂。若被分离物质处于酸性或中性环境中，可使用强酸型阳离子交换树脂；若处于碱性环境中，可使用强碱型阴离子交换树脂。弱酸型阳离子交换树脂宜在偏碱性环境中使用，弱碱型阴离子交换树脂宜在偏酸性环境中使用。对生物大分子化合物，要了解其保持生物活性和可溶性的 pH 范围，并根据其等电点和离子交换剂的适用 pH 范围，考虑大分子的带电情况，在此基础上再选择适用的纤维素交换剂。

交换剂的选择还应注意其颗粒的大小。颗粒大小通常以筛号表示，一般层析分离用的离子交换树脂多为 200～400 目，纤维素离子交换剂多为 100～325 目。离子交换剂一般以颗粒直径较小为宜，因为粒度小，表面积大，分离效率高。但粒度过小则装填紧密，阻力大，流速慢，需提高洗脱压力。

2) 离子交换剂的预处理：新出厂的交换树脂是干树脂，可根据柱体容积计算树脂用量，用水浸透使之充分吸水溶胀，然后减压抽去气泡，倾去水分，再用大量去离子水洗至澄清。去水后用酸及碱处理以除去一些不溶解的杂质。使用前应通过转型，调整交换剂的可置换离子并用洗脱液平衡。

纤维素交换剂用前也要加水溶胀，以便初步除去杂质，再相继用酸及碱洗涤，最后用去离子水漂洗。洗涤好的纤维素在使用前必须平衡至所需的 pH 和离子强度。

3) 装柱：装柱方法有重力沉降法和压力装柱法两种。离子交换树脂大都采用重力沉降法。装柱的关键是交换剂在柱内必须分布均匀，严防脱节和产生气泡。离子交换纤维素层析除用重力沉降法装柱外，往往还用加压装柱法。

4) 上样：上样的量要适当，不要超过柱的负荷能力，否则被分离组分将穿过柱子，达不到分离目的。

5) 洗脱与测定：不同的被分离物质应使用不同的洗脱液。由于被交换的物质为非单一物质，尚需进一步分离。因此，除了正确选择洗脱液外，还必须采用控制流速和分步收集的方法，以获得尽可能单一的物质。因不同物质的交换能力不同，与洗脱液交换的速度也不同，从层析柱流出的次序有先后之分，所以可使各组分得以分离。可利用不同 pH 和盐浓度梯度洗脱液进行洗脱，在流动相不同的 pH 和离子强度下，各组分被分别洗脱，达到分离纯化的目的。在收集流出液时往往需要分小瓶少量收集，以区别不同组分，然后利用一定的测定方法对收集液分别进行测定分析。离子交换剂在使用后可通过一定程序再生，恢复初始工作状态。

(4) 应用　离子交换层析技术既可用于无机离子分析，也可用于有机物质分析。特别是对于那些酸性或碱性较强的有机物，用离子交换层析分析尤为适宜。用离子交换树脂可制备去离子水，并可使物质纯化。在生化实验中常用此法分离糖、氨基酸、多肽，也可用于 DNA 和 RNA 水解产物的分析。

3. 亲和层析

亲和层析是根据配体和生物大分子之间的特异性亲和力而设计的一类层析分离方法。

(1) 原理　生物体中许多大分子化合物具有与其结构相对应的特异性分子进行可逆结合的特性，如酶与底物、抗原与抗体、激素与其受体、酶蛋白与辅酶、RNA 与其互补 DNA 等。生物分子间的这种结合能力称为亲和力。亲和层析法就是根据这种具有亲和力的生物分子间可逆结合和解离的特性建立和发展起来的。用化学方法将可亲和的一对生物分子中的一方(称为配基，ligand)，通过共价键连接到固体载体上，制备成亲和吸附系统(固定相)。另一方作为分离的目的物，当它在一定的条件下与固定相接触时，即能以某种次级键与已固定化的配基结合，而杂质不被吸附。去掉杂质后，更换条件，可使欲分离物质重新与配基解离而得到纯化。亲和层析的基本原理如图 2-6 所示。

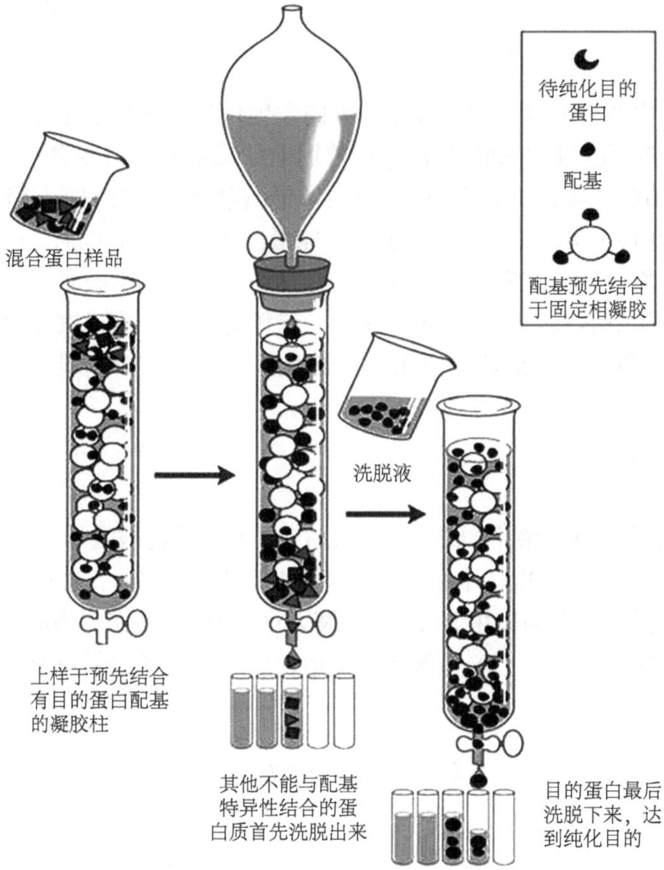

图 2-6　亲和层析原理示意图

(2) 载体　使配基固相化的水不溶性化合物称为载体。用于亲和层析的理想载体应具备以下特征：①非特异性吸附小，高度亲水，惰性；②具有大量可供活化并能和配基结合的化学基团；③有疏松的网状结构，使大分子能自由进入；④有较好的化学稳定性，能经受亲和层析时的所用条件；⑤具有良好的机械性能，颗粒均匀，保证亲和柱有较好的流速；⑥对酶及微生物侵蚀稳定。

常用载体有纤维素、聚丙烯酰胺凝胶、交联葡聚糖、琼脂糖、交联琼脂糖及多孔性的玻璃珠，其中使用最广泛的是珠状琼脂糖(Sepharose 4B)。Sepharose 4B 使用前需活化，最常用的活化方法是用溴化氰(CNBr)活化，使琼脂糖载体中的邻位羟基与溴化氰反应形成亚氨碳酸基团。此基团通常与含有氨基或羟基的配基反应，使配基结合在固相载体上。

(3) 应用　亲和层析的优点是特异性高，操作简便，纯化过程简单、迅速，分离率高，只要经过一次层析就能使被分离物质纯度成百倍甚至上千倍增加，且实验条件温和。亲和层析适于分离相对含量低，杂质与纯化目的物之间的溶解度、分子大小、电荷分布等物化性质差异较小，其他经典手段分离有困难的高分子化合物。特别对分离某些不稳定的高分子物质极为有效。

（杨鲁川　刘　戟）

六、电泳技术

电泳是指在电场中的带电粒子向电性相反方向发生位移的现象。电泳现象早在 19 世纪初就被人们发现，到 20 世纪初 Field 及 Teague 曾用电泳技术研究白喉毒素，但未引起人们的重视。直到 1937 年瑞典生物化学家 Tiselius 制成了界面电泳仪，并对血清蛋白进行了电泳，把血清蛋白分成清蛋白、α-球蛋白、β-球蛋白、γ-球蛋白 4 种。从此以后，电泳的种类和应用在深度和广度两方面均得到迅速发展，成为生物化学与分子生物学技术中分离、鉴定生物大分子的重要手段。由于电泳技术操作简单、快速、灵敏等优点，现已在生物化学、分子生物学、医学、药学、食品等学科得到广泛应用，并成为蛋白质、核酸分析鉴定的主要技术之一。

（一）电泳的基本原理

任何一种物质的颗粒，在溶液中如果含有能被解离的基团或能被吸附的带电质点，该物质在溶液中就带有一定量的电荷，在电场中必然会向电性相反的电极移动，这种现象称为电泳现象。

在电场中，带电颗粒受电场作用力（F）和摩擦力（f）两种相反作用力的作用。在匀强电场中，电场作用力和摩擦力相等，带电颗粒做匀速运动，由此可求出带电颗粒的泳动速度。可用以下公式计算

$$F=Eq \qquad f=6\pi r\rho v$$

在匀强电场中 $Eq=6\pi r\rho v$，则

$$v=Eq/(6\pi r\rho)$$

式中，E 为电场强度；q 为颗粒净电荷量；　r 为颗粒半径；ρ 为介质黏度；v 为泳动速度。

由此可见，在同一电泳条件下，不同带电颗粒因其分子大小和带电量的不同具有不同的泳动速度。因此电泳一定时间，就能将其相互分开。

$$\Delta v = (Eq_1-Eq_2)/[6\pi(r_1-r_2)\rho]$$

$$\Delta d = \Delta vt$$

不同物质的电泳性质常用迁移率来表示。迁移率（又称泳动率）是指带电颗粒在单位电场强度下的泳动速度。可用以下公式计算

$$U=v/E=dL/vt$$

式中，U 为迁移率；v 为泳动速度；E 为电场强度；d 为泳动距离；t 为电泳时间；L 为支持物长度。

不同大小的带电颗粒具有不同的迁移率，在不同的介质条件下又具有不同的分辨效率。

（二）影响电泳的因素

（1）样品　　影响迁移率的首要因素是电泳样品的性状，包括分子大小、电荷多少、颗粒形状和空间构型。一般来说，颗粒带净电荷越多，泳动速度越快；颗粒物理形状越大，与

支持物介质摩擦力越大，泳动速度越小。即迁移率与颗粒的分子大小及介质黏度成反比；与颗粒所带电荷成正比。

(2) 电场　带电颗粒在电场中移动可受到以下三个因素的影响。

1) 电流：电泳时必须是直流电源，且应保持恒定，如果电压固定，电流的大小则由缓冲液的离子强度和电极间的距离决定。一般情况下，电泳速度与电流大小成正比关系。

2) 电压：支持物两端的电压与电泳速度成正比。电压的大小常用电场强度来表示。电场强度是指电泳场两极间单位支持物长度的电压差，即电泳场两端电压与支持物长度之比。可用以下公式计算电场强度

$$E = U/L$$

式中，E 为电场强度 (V/cm)；U 为电压 (V)；L 为支持物长度 (cm)。

3) 电阻：电阻与电泳速度成反比。同时，电阻与支持物的长度成正比；与支持物的宽度和缓冲液的离子强度成反比。电泳时电流通过支持物可以产生热量，产热对电泳是不利的，因为产热可促使支持物上溶剂的蒸发，而影响缓冲溶液的离子强度。若产热温度过高可导致分离样品变性而使电泳失败（非变性电泳）。所以，在电泳设备中，电泳槽要应有密闭的盖子，以减少缓冲液的水分蒸发。对高压电泳应增设冷却系统，以防样品在电泳时变性。

(3) 缓冲液　缓冲液能使电泳中的支持物保持稳定的 pH，并通过其组成成分和浓度等因素影响迁移率。

1) pH：溶液的 pH 是决定物质带电质点解离程度，即该物质带净电荷多少的决定因素。对蛋白质、氨基酸、核酸等两性电解质来说，缓冲液的 pH 距等电点 (pI) 越远，质点所带净电荷越多，电泳速度也越快，反之，则越慢。

2) 成分：通常所用的是甲酸盐、乙酸盐、柠檬酸盐、磷酸盐、硼酸盐、巴比妥盐和三羟甲基氨基甲烷-乙二胺基四乙酸缓冲液等。要求缓冲液的物质性能稳定，不易电解。

3) 离子强度：离子强度增加，缓冲液所载的分电流也随之增加，样品所载的电流则降低。因此，样品的电泳速度减慢。但要注意的是离子强度增加使电泳时的总电流和产热也增加，对电泳是不利的。在低离子强度时缓冲液所载的电流下降，样品所载的电流增加，因此加速了样品的电泳速度，低离子强度的缓冲液降低总电流，虽然可减少热量的产生，但是样品在支持物上的扩散较为严重，使分辨率明显降低。所以对缓冲液离子强度的选择，必须两者兼顾，一般为 0.02～0.20。

4) 支持物：对电泳的支持物要求是具有较大惰性的材料，且不与被分离的样品或缓冲液起化学反应。此外，还要求具有一定的坚韧度，不易断裂，容易保存。由于支持物的结构对分离物的移动速度有很大影响，因此对支持物的选择应取决于被分离物质的类型。

(三) 电泳的分类

电泳可以直接将样品放在缓冲液中进行，称为自由界面电泳。若将样品放在固体支持物上进行电泳，因待测样品各组分的泳动率不同而被分离成不同的区带，称为区带电泳。区带电泳的分类如下。

1) 根据电场强度不同分为：高压电泳 (>20V/cm)、常压电泳 (10～20V/cm)、低压电泳

(<10V/cm)。

2) 根据支持物种类不同分为：滤纸电泳、醋酸纤维素薄膜电泳、琼脂糖凝胶电泳、聚丙烯酰胺凝胶电泳。

3) 根据支持物形状不同分为：水平板电泳、垂直板电泳、柱状电泳、圆盘电泳、U 形管电泳、毛细管电泳。

4) 根据电泳原理不同分为：等速电泳、免疫电泳、等电聚焦电泳。

5) 根据电泳方向不同分为：单向电泳、双向电泳。

6) 根据电泳目的不同分为：分析型电泳、制备型电泳。

7) 根据缓冲液 pH 不同分为：连续 pH 电泳、非连续 pH 电泳。

(四) 常用的电泳技术

电泳的一般操作程序包括支持物的准备、加样、电泳、固定、染色、脱色、定性观察及定量测定等过程。

(1) 醋酸纤维素薄膜电泳

1) 原理：醋酸纤维素薄膜电泳 (cellulose acetate electrophoresis，CAE)，是以醋酸纤维素薄膜作为支持物的一项电泳技术。醋酸纤维素分子中每个葡萄糖单位的两个游离羟基均与醋酸脱水缩合，生成二乙酰葡萄糖。常用于血清蛋白、同工酶的分离。

血清中含有多种蛋白质，其分子质量、等电点各异，在同一 pH 溶液中，可解离成带有不同电荷的离子，因而在电场作用下，以不同的电泳速度聚集在不同的位置，在薄膜支持物上呈现出不同的电泳区带，从而实现分离血清中各种不同蛋白质成分的目的。

由于蛋白质的等电点均低于 pH 8.6，在 pH 8.6 的碱性缓冲液中均带有负电荷，在电场中均向正极泳动。但是，血清中各种蛋白质的等电点不同，在 pH 8.6 的缓冲液中带电荷量的多少不同，加之不同蛋白质的分子质量大小不同、形状不同，所以在同一电场中的电泳迁移率也就不同。带电荷多、分子质量小、形状趋于球形者，泳动较快；反之则较慢。在 pH 8.6 的缓冲液中，醋酸纤维素薄膜电泳可将血清蛋白按其泳动速度分成五条主要区带，从正极到负极依次为清蛋白、α_1-球蛋白、α_2-球蛋白、β-球蛋白及 γ-球蛋白。

2) 优缺点：由于乙酰基不电离，因此醋酸纤维素几乎不带电荷，吸附作用和电渗作用都很微弱。醋酸纤维素薄膜微孔细小，质地致密，标本电泳速度快，区带整齐，分辨率高，几乎无拖尾现象。醋酸纤维素不与染料着色，漂洗时染料容易脱去，背景白净，区带易于观察。醋酸纤维素薄膜在冰醋酸/乙醇溶液中或液体石蜡中极易透明，便于区带扫描定量。透明后的薄膜易于干燥，电泳区带可长期保存。

醋酸纤维素薄膜的吸水性差，电泳时水分容易蒸发。因此要求电泳槽密闭性能要好，始终维持水蒸气饱和，电流强度不宜过大，一般以保持在 0.4～0.6mA/cm 为宜。

(2) 琼脂糖凝胶电泳

1) 原理：琼脂糖凝胶电泳 (agarose gel electrophoresis，AGE) 是以琼脂糖凝胶作为支持物的一项电泳技术。琼脂糖由琼脂经处理去除其中的果胶成分而得，化学组成是一类由多个 D-半乳糖-*O*-3,6-脱水-L-半乳糖彼此连接而成的线性多糖，在形成凝胶时主要通过氢键相互交联。常用于血浆脂蛋白、免疫球蛋白、同工酶和 DNA 酶切片段的电泳分离。

血清脂蛋白，不仅在脂类的组成和含量上不同，其载脂蛋白部分也不相同。不同的载脂蛋白，因其等电点、分子大小及形状均不相同，故其在电场中的电泳行为和速度也不相同，各种脂蛋白的迁移率也就不同，从而得到分离。在 pH 8.6 的缓冲液中，血清脂蛋白均带负电荷，利用琼脂糖凝胶作支持物进行电泳，能将血清中脂蛋白分成 4 个组分，从正极到负极依次为 α 脂蛋白、前 β 脂蛋白、β 脂蛋白和乳糜微粒。除可定性外，还可以通过洗脱法或分光光度计扫描法对各种脂蛋白进行定量测定。

2) 优缺点：电泳时，由于琼脂糖凝胶中含水量大(98%～99%)，近似自由电泳，固体支持物的影响较小，因此电泳速度快、区带整齐。由于琼脂糖去除了含酸性基团较多的琼脂胶，因此不含带电荷的基团，吸附作用和电渗影响都很小。又由于琼脂糖凝胶理化性质稳定，具有大小不等的筛孔，可允许相对分子质量达 100 万的大分子自由通过，因此琼脂糖凝胶是一种很好的电泳支持物，分离效果较好。一般琼脂糖凝胶的浓度在 0.5%～0.7%时，电泳图谱清晰、分辨率较高、重复性好、凝胶无色透明、不吸收紫外光，故电泳后可直接用紫外分光光度法做定量分析。琼脂糖不与染料结合，染色后背景染料容易洗脱，洗脱液可用于定量检测。凝胶透明度好，便于区带扫描定量。凝胶易于干燥制成薄膜，结果可长期保存。

琼脂糖凝胶仅仅是琼脂糖分子间的物理交联，没有分子间的化学聚合，凝胶网络结构疏松分辨率较聚丙烯酰胺凝胶电泳低。用于分离蛋白质时，允许分子质量小的蛋白质自由通过，没有分子筛效应；用于大分子质量 DNA 分离时，则具有分子筛效应。

(3) 聚丙烯酰胺凝胶电泳

1) 原理：聚丙烯酰胺凝胶电泳(polyacrylamide gel electrophoresis，PAGE)是以聚丙烯酰胺凝胶作为支持物的一项电泳技术。

A. 聚丙烯酰胺凝胶的结构：聚丙烯酰胺凝胶是以丙烯酰胺作为单体，以甲叉双丙烯酰胺作为交联剂，在过硫酸铵催化剂和 TEMED 加速剂的作用下，在溶液中聚合交联而成的三维网状结构凝胶(图 2-7)。

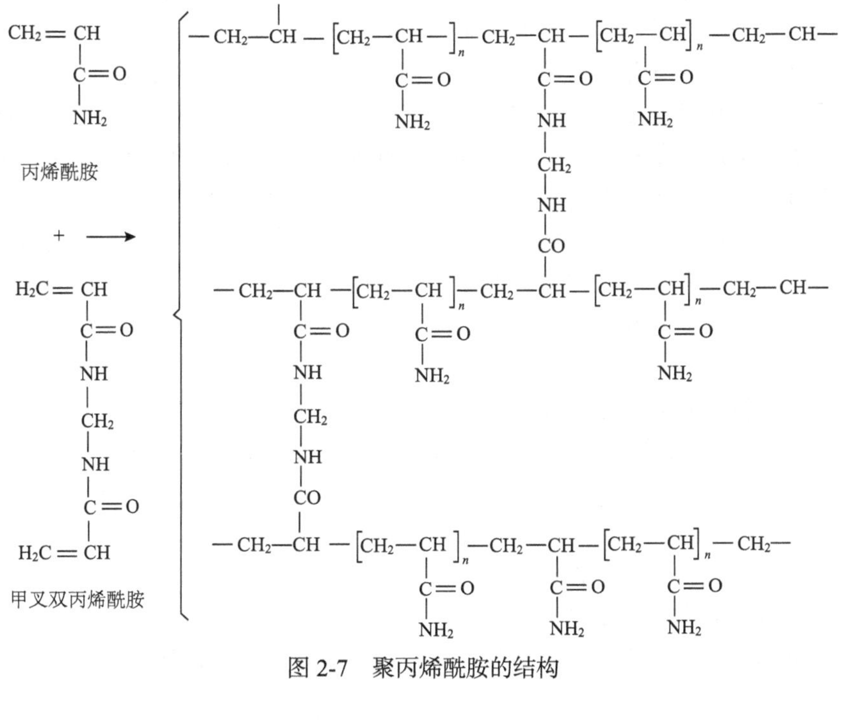

图 2-7　聚丙烯酰胺的结构

B. 凝胶用量与孔径的关系：凝胶的形成是一种催化聚合过程，可以通过控制单体浓度和聚合条件，合成具有一定交联度的凝胶。如果凝胶的孔径大小接近于分离样品分子的大小，在电泳过程中，各种样品分子在通过凝胶孔时所受到的阻力就会与样品分子的大小和形状密切相关，利于将迁移率很相近的物质分离开。

聚丙烯酰胺凝胶的机械性能、弹性、透明度和黏着度取决于凝胶的总浓度。总浓度越大，平均孔径越小，凝胶的机械性能就越强。表 2-3 列出了根据分子质量大小选择的凝胶总浓度。

表 2-3 凝胶浓度与分离样品分子质量的关系

凝胶总浓度/%	分子量范围/kDa
20	5～40
15	15～45
10	18～90
8	30～150
5	60～220

C. 聚丙烯酰胺凝胶电泳的分类：根据凝胶系统的均匀性，聚丙烯酰胺凝胶电泳可以分为连续性凝胶电泳和不连续性凝胶电泳系统。连续性凝胶电泳是指整个电泳系统中所用的凝胶网孔、缓冲液及 pH 都是相同的，电泳时沿电泳方向的电势梯度均匀分布，按常规区带电泳施加电压进行操作，简单易行；不连续凝胶电泳是指电泳系统中采用两种或两种以上的缓冲液、pH 和凝胶孔径，电泳过程中形成的电势梯度不均匀，能将较稀的样品浓缩成密集的区带，从而提高分辨率。

不连续聚丙烯酰胺凝胶电泳系统由两层不连续聚丙烯酰胺凝胶组成，上层为浓缩胶；下层为分离胶。两层凝胶具有不同的胶浓度和缓冲系统。上层浓缩胶的浓度为 2%～5%，缓冲液 pH 为 6.8；下层分离胶的浓度为 5%～20%，缓冲液 pH 为 8.9。不连续聚丙烯酰胺凝胶电泳具有很高的分辨力，这是因为它具有以下三种效应。

a. 样品浓缩效应。由于浓缩胶孔径大而分离胶孔径小，待分离的蛋白质负离子在大孔径胶中移动时阻力小，移动速度快，当它接近小孔径的分离胶时，遇到的阻力大，移动速度减慢而使样品浓缩，形成一条狭窄区带。另外，缓冲液离子成分的不同也促进了样品的浓缩。电泳液中含有甘氨酸负离子、氯离子和蛋白质负离子，三者带有同性电荷。在一定电场作用下，氯离子泳动速度最快，称为快离子，泳动率最小的是甘氨酸负离子，称为慢离子，蛋白质负离子的有效迁移率介于二者之间。电泳一定时间后，氯离子能超过蛋白质离子，将蛋白质离子甩到后面，而甘氨酸离子则落后于蛋白质离子，使蛋白质聚集在氯离子和甘氨酸负离子之间，浓缩成很窄的薄层。

浓缩胶与分离胶之间 pH 的不同，保证了蛋白质样品在浓缩胶中夹在快慢离子界面之间。而在分离胶中，pH 的增高可调节慢离子的有效迁移率，使之比各蛋白质离子的有效迁移率都高，此时蛋白质离子的移动不再受快慢离子界面的影响，而只靠蛋白质离子的电荷多少及凝胶的分子筛作用，从而达到分离的目的。

b. 分子筛效应。蛋白质分子在电场中泳动，主要受两种作用力，即静电引力和介质阻力。静电引力由蛋白质颗粒本身的带电性质来决定。所受阻力与凝胶网孔径有关。在分离胶中，分子质量及构象不同的蛋白质分子，通过一定孔径的凝胶时所受的阻力不同，从而使泳动速度不同。在一定网孔的凝胶中，即使不同蛋白质分子所带电荷相同，泳动一定时间后大分子受网孔阻力大，走在后面，而小分子受阻力小，走在前面。凝胶的这种可按大小分离不同分子的能力和现象，称为分子筛效应。

c. 电荷效应。纸电泳和液体电泳无此特点。由于浓缩效应，蛋白质在浓缩胶与分离胶交界处，被浓缩成狭窄条带，当它们进入分离胶时，由于电泳处于均一体系，蛋白质分子所带电荷多少就成为决定其迁移率的主要因素，因此带电荷多的泳动速度快，带电荷少的泳动速度慢，从而达到分离的目的。

2) 优缺点：聚丙烯酰胺凝胶电泳是把分子筛效应和电荷效应结合在一起的一种具有高分辨率的电泳方法。该凝胶是—C—C—C—结合的一种酰胺多聚物（侧链上具有不活泼的酰胺基，没有其他带电的离子基），化学上惰性较强，不易产生电渗现象，在一定浓度范围内透明性好，有弹性，机械强度好，制成多聚物的再现性高，样品分离重复性好，而且受pH和温度影响较小，并能通过改变交联度调节孔径大小。该电泳所需设备简单，分离时间短，既适用于小量样品的分离鉴定，也适用于较大量样品的分离制备。因此该方法可用于蛋白质和核酸等生物大分子的分离、定性及分子质量的测定，也可用于核酸序列分析。不连续聚丙烯酰胺凝胶电泳是指电泳系统中采用两种或两种以上的缓冲液、pH和凝胶孔径，电泳过程中形成的电势梯度不均匀，能将较稀的样品浓缩成密集的区带，从而进一步提高分辨率。

该方法的缺点是凝胶聚合易受各种因素影响，如氧分子阻止链的聚合，冷却可使聚合速度变慢；单体丙烯酰胺及甲叉双丙烯酰胺对神经系统和皮肤有毒性作用；TEMED对黏膜和上呼吸道组织及皮肤有很大的破坏作用等。

七、PCR 技术

（一）PCR 技术的基本原理

DNA 的半保留复制是生物进化和传代的重要途径。双链 DNA 在多种酶的作用下可以变性解旋成单链，在 DNA 聚合酶的参与下，根据碱基互补配对原则复制成同样的两分子拷贝。在实验中发现，DNA 在高温时也可以发生变性解链，当温度降低后又可以复性成为双链。因此，通过温度变化控制 DNA 的变性和复性，加入设计引物、DNA 聚合酶、dNTP 就可以完成特定基因的体外复制。但是 DNA 聚合酶在高温时会失活，因此，每次循环都需加入新的 DNA 聚合酶，不但操作烦琐，而且价格昂贵，制约了 PCR（polymerase chain reaction）技术的应用和发展。耐热 DNA 聚合酶——*Taq* 酶的发现对于 PCR 的应用有里程碑的意义，该酶可以耐受 90℃以上的高温而不失活，不需要每个循环加酶，使 PCR 技术变得非常简捷，同时也极大降低了成本，PCR 技术得以大量应用，并逐步应用于临床。

PCR 技术的基本原理类似于 DNA 的天然复制过程，其特异性依赖于与靶序列两端互补的寡核苷酸引物。PCR 由变性、退火、延伸三个基本反应步骤构成。①模板 DNA 的变性：模板 DNA 经加热至 93℃左右一定时间后，使模板 DNA 双链或经 PCR 扩增形成的双链 DNA 解离，使之成为单链，以便它与引物结合，为下轮反应做准备。②模板 DNA 与引物的退火（复性）：模板 DNA 经加热变性成单链后，温度降至 55℃左右，引物与模板 DNA 单链的互补序列配对结合。③引物的延伸：DNA 模板-引物结合物在 72℃、DNA 聚合酶（如 *Taq* DNA 聚合酶）的作用下，以 dNTP 为反应原料，靶序列为模板，按碱基互补配对与半保留复制原理，合成一条新的与模板 DNA 链互补的半保留复制链，重复循环变性、退火、延伸三个过程就可获得更多的“半保留复制链”，而且这种新链又可成为下次循环的模板。每完成一个循环需 2～4min，2～3h 就能将待扩目的基因扩增放大几百万倍。

（二）PCR 技术操作要素

1. PCR反应体系

10×扩增缓冲液 10μL；4 种 dNTP 混合物（终浓度）各 100～250μmol/L；引物（终浓度）各 5～20μmol/L；模板 DNA0.1～2.0μg；*Taq* DNA 聚合酶 5～10U；Mg^{2+}（终浓度）1～3mmol/L；补加双蒸水至 100μL。

其中 dNTP、引物、模板 DNA、*Taq* DNA 聚合酶及 Mg^{2+}的加量（或浓度）可根据实验调整。

PCR 反应五要素：参加 PCR 反应的物质主要有 5 种，即引物（PCR 引物为 DNA 片段，细胞内 DNA 复制的引物为一段 RNA 链）、酶、dNTP、模板和缓冲液（其中需要 Mg^{2+}）。引物有多种设计方法，由 PCR 在实验中的目的所决定，但基本原则相同。PCR 所用的酶主要有两种来源：*Taq* 和 *Pfu*，分别来自两种不同的嗜热菌。其中 *Taq* 扩增效率高但易发生错配。*Pfu* 扩增效率低但有纠错功能。所以实际使用时根据需要必须做不同的选择。

模板即扩增用的 DNA，可以是任何来源，但有两个原则，第一纯度必须较高，第二浓度不能太高。

缓冲液的成分最为复杂，除水外一般包括 4 种有效成分：缓冲体系，一般使用 HEPES 或 MOPS 缓冲体系；一价阳离子，一般采用钾离子，但在特殊情况下也可使用铵根离子；二价阳离子，即镁离子，根据反应体系确定，除特殊情况外不需调整；辅助成分，常见的有 DMSO、甘油等，主要用来保持酶的活性和帮助 DNA 解除缠绕结构。

2. PCR引物设计

PCR 反应中有两条引物，即 5′端引物和 3′端引物。设计引物时以一条 DNA 单链为基准（常以信息链为基准），5′端引物与位于待扩增片段 5′端上的一小段 DNA 序列相同；3′端引物与位于待扩增片段 3′端的一小段 DNA 序列互补。

（1）引物设计的基本原则

1）引物长度：15～30bp，常用为 20bp 左右。

2）引物碱基：G+C 含量以 40%～60%为宜，G+C 太少扩增效果不佳，G+C 过多易出现非特异条带。A、T、G、C 最好随机分布，避免 5 个以上的嘌呤或嘧啶核苷酸的成串排列。

3）引物内部不应出现互补序列。

4）两个引物之间不应存在互补序列，尤其是避免 3′端的互补重叠。

5）引物与非特异扩增区的序列的同源性不要超过 70%，引物 3′端连续 8 个碱基在待扩增区以外不能有完全互补序列，否则易导致非特异性扩增。

6)引物 3′端的碱基，特别是最末及倒数第二个碱基，应严格按要求配对，最佳选择是 G 和 C。

7)引物的 5′端可以修饰，如附加限制酶位点，引入突变位点，用生物素、荧光物质、地高辛标记，加入其他短序列，包括起始密码子、终止密码子等。

(2) 引物设计软件

Primer Premier5.0：主要功能是引物自动搜索及引物分析评价，还可以进行限制性内切酶位点分析、DNA 基元(motif)查找及同源性分析。

vOligo6：曾作为最好最专业的引物设计软件，主要可进行普通引物对的搜索、测序引物的设计、杂交探针的设计及评估引物对质量。

vVector NTI Suit：是一套功能强大、界面美观而又友好的分子生物学应用软件包。它主要包括 4 个组件，分别对 DNA、RNA 和蛋白质进行各种分析和操作。

vDNAsis：可在线进行 PCR 的模板制备及 DNA 序列分析。

vOmiga：界面友好，且大部分对核酸蛋白的序列分析功能均可在其中找到，不仅有着强大的蛋白质、核酸分析功能，还建有引物设计功能。

vDNAstar：它囊括了分子生物学领域的大多数内容，用于 DNA 和蛋白质的序列分析，重叠群拼接和基因工程管理等，是个综合性序列工具软件。

vPrimer3：最方便的引物设计软件，无需下载即可进行在线操作，但需要很清楚用作引物的模板序列及对 PCR 目的序列的长度有大致的了解。

3. 模板的制备

PCR 的模板可以是 DNA，也可以是 RNA。

模板的取材主要依据 PCR 的扩增对象，可以是病原体标本如病毒、细菌、真菌等。也可以是病理生理标本如细胞、血液、羊水细胞等。法医学标本有血斑、精斑、毛发等。

标本处理的基本要求是除去杂质，并部分纯化标本中的核酸。多数样品需要经过 SDS 和蛋白酶 K 处理。难以破碎的细菌，可用溶菌酶加 EDTA 处理。所得到的粗制 DNA，经酚、氯仿抽提纯化，再用乙醇沉淀后用作 PCR 反应模板。

4. 反应的控制

1)PCR 反应的缓冲液提供合适的酸碱度与某些离子。

2)镁离子浓度总量应比 dNTP 的浓度高，常用 1.5mmol/L。

3)底物浓度 dNTP 以等物质的量浓度配制，20～200μmol/L。

4)*Taq* DNA 聚合酶 2.5U(100μL)。

5)引物浓度一般为 0.1～0.5μmol/L。

6)反应温度和循环次数：变性温度和时间为 95℃，30s；退火温度和时间低于引物 T_m 值[T_m值=4(G+C)+2(A+T)]，5℃左右，一般在 45～55℃；延伸温度和时间为 72℃，1min/kb(10kb 内)。循环次数一般为 25～30 次。循环数决定 PCR 扩增的产量。模板初始浓度低，可增加循环数以便达到有效的扩增量。但循环数并不是可以无限增加的。一般循环数为 30 个左右，循环数超过 30 个以后，DNA 聚合酶活性逐渐达到饱和，产物的量不再随循环数的增加而增加，出现了所谓的“平台期”。

5. 循环参数

(1) 预变性　模板 DNA 完全变性与 PCR 酶的完全激活对 PCR 能否成功至关重要，建议加热时间参考试剂说明书，一般未修饰的 *Taq* 酶激活时间为 2min。变性步骤：循环中一般 95℃，30s 足以使各种靶 DNA 序列完全变性，可能的情况下可缩短该步骤时间，变性时间过长损害酶活性，过短靶序列变性不彻底，易造成扩增失败。

(2) 引物退火　退火温度需要从多方面去考虑，一般以引物的 T_m 值为参考，根据扩增的长度适当下调作为退火温度。然后在此次实验基础上作出预估。退火温度对 PCR 的特异性有较大影响。

(3) 引物延伸　引物延伸一般在72℃进行(*Taq* 酶最适温度)。但在扩增长度较短且退火温度较高时，本步骤可省略。延伸时间随扩增片段长短而定，一般推荐在1000bp 以上，含 *Pfu* 及其衍生物的衍生设定为1min/kb。

(4) 循环数　大多数 PCR 含 25～35 循环，过多易产生非特异扩增。

(5) 最后延伸　在最后一个循环后，反应在 72℃维持 10～30min。使引物延伸完全，并使单链产物退火，成为双链。

6. 标准操作步骤

标准的 PCR 过程分为以下三步。

1) DNA 变性(90～96℃)：双链 DNA 模板在热作用下，氢键断裂，形成单链 DNA。

2) 退火(60～65℃)：系统温度降低，引物与 DNA 模板结合，形成局部双链。

3) 延伸(70～75℃)：*Taq* 酶在 72℃左右活性最佳，该酶从引物的 3′-OH 端开始，按照与模板互补配对的原则，延长 DNA 子链。

每一循环经过变性、退火和延伸，DNA 含量即增加一倍。现在有些 PCR 因为扩增区很短，即使 *Taq* 酶活性不是最佳也能在很短的时间内完成复制，因此可以改为两步法，即退火和延伸同时在 60～65℃进行，以减少一次升降温过程，提高了反应速度。

7. 产物检测

PCR 反应扩增出了高的拷贝数，下一步检测就成了关键。荧光素(溴化乙锭，EB)染色凝胶电泳是最常用的检测手段。电泳法检测特异性不太高，因此引物二聚体等非特异性的杂交体很容易引起误判。但因为其简捷易行，成为了主流检测方法。近年来，以荧光探针为代表的检测方法，有逐渐取代电泳法的趋势。

8. PCR反应特点

(1) 特异性强　PCR 反应特异性的决定因素包括：①引物与模板 DNA 特异性地正确结合；②碱基配对原则；③*Taq* DNA 聚合酶合成反应的忠实性；④靶基因的特异性与保守性。

其中引物与模板的正确结合是关键。引物与模板的结合及引物链的延伸是遵循碱基配对原则的。聚合酶合成反应的忠实性及 *Taq* DNA 聚合酶耐高温性，使反应中模板与引物的结合(复性)可以在较高的温度下进行，结合的特异性极大增加，被扩增的靶基因片段也就能保持很高的正确度。再通过选择特异性和保守性高的靶基因区，其特异性程度就更高。

(2) 灵敏度高　PCR 产物的生成量是以指数方式增加的，能将皮克（$1pg=10^{-12}g$）量级的起始待测模板扩增到微克（$1\mu g=10^{-6}g$）水平。能从 100 万个细胞中检出一个靶细胞；在病毒的检测中，PCR 的灵敏度可达 3 个 RFU（空斑形成单位）；在细菌学中最小检出率为 3 个细菌。

(3) 简便、快速　PCR 反应用耐高温的 *Taq* DNA 聚合酶，一次性地将反应液加好后，即在 DNA 扩增液和水浴锅上进行变性-退火-延伸反应，一般在 2～4h 完成扩增反应。扩增产物一般用电泳分析，不一定要用同位素，电泳分析无放射性污染、易推广。

(4) 纯度要求低　不需要分离病毒或细菌及培养细胞，DNA 粗制品及 RNA 均可作为扩增模板。可直接用临床标本如血液、体腔液、洗漱液、毛发、细胞、活组织等 DNA 扩增检测。

(三) PCR 技术所需仪器设备

PCR 仪工作原理：利用升温使 DNA 变性，在聚合酶的作用下使单链复制成双链，进而达到基因复制的目的。

简单地说，PCR 就是利用 DNA 聚合酶对特定基因做体外或试管内（*in vitro*）的大量合成，其实就是利用 DNA 聚合酶进行专一性的连锁复制。目前常用的技术可以将一段基因复制为原来的 100 亿～1000 亿倍。根据 DNA 扩增的目的和检测的标准，可以将 PCR 仪分为普通 PCR 仪、梯度 PCR 仪、原位 PCR 仪、实时荧光定量 PCR 仪 4 类。

1. 普通PCR仪

把一次 PCR 扩增只能运行一个特定退火温度的 PCR 仪，称为传统的 PCR 仪，也称普通 PCR 仪。如果要做不同的退火温度需要多次运行。该仪器主要用于简单的、对目的基因退火温度的扩增，主要应用于科研研究、教学、医学临床、检验检疫等机构。

2. 梯度PCR仪

把一次性 PCR 扩增可以设置一系列不同的退火温度条件（温度梯度），通常有 12 种温度梯度的 PCR 仪称为梯度 PCR 仪。因为被扩增的不同 DNA 片段，其最适退火温度不同，通过设置一系列的梯度退火温度进行扩增，从而进行一次性 PCR 扩增，就可以筛选出表达量高的最适退火温度，进行有效的扩增。该仪器主要用于研究未知 DNA 退火温度的扩增，这样在节约成本的同时也节约了时间，主要用于科研和教学机构。梯度 PCR 仪，在不设置梯度的情况下也可以做普通 PCR 扩增。

3. 原位PCR仪

用于从细胞内靶 DNA 的定位分析（如病原基因在细胞内的位置或目的基因在细胞内的作用位置等）的细胞内基因扩增仪称为原位 PCR 仪，该仪器可保持细胞或组织的完整性，使 PCR 反应体系渗透到组织和细胞中，在细胞的靶 DNA 所在的位置上进行基因扩增，不仅可以检测到靶 DNA，还能标出靶序列在细胞内的位置，对于在分子和细胞水平上研究疾病的发病机制和临床过程及病理的转变有重大的实用价值。

4. 实时荧光定量PCR仪

在普通PCR仪的基础上增加一个荧光信号采集系统和计算机分析处理系统，就成了荧光定量PCR仪。其PCR扩增原理和普通PCR仪扩增原理相同，只是PCR扩增时加入的引物是利用同位素、荧光素等进行标记的，使用引物和荧光探针同时与模板特异性结合扩增。扩增的结果通过荧光信号采集系统实时采集信号并连接输送到计算机分析处理系统得出量化的实时结果输出。把这种PCR仪称为实时荧光定量PCR仪(qPCR仪)。荧光定量PCR仪有单通道、双通道、多通道。当只用一种荧光探针标记的时候，选用单通道，有多荧光标记的时候用多通道。单通道也可以检测多荧光标记的目的基因表达产物，因为一次只能检测一种目的基因的扩增量，需多次扩增才能检测完不同的目的基因片段的量。该仪器主要用于医学临床检测、生物医药研发、食品行业、科研院校等机构。

(四)各种PCR技术的变体

1)递减PCR(touchdown PCR)：前几次循环温度逐渐下降。

2)反转录PCR(RT-PCR)：以由mRNA反转录而来的DNA为模板，由此产生出来的DNA不带有内含子(基因中不具意义的段落)，常应用于分子克隆技术。

3)热启动PCR(hot start PCR)：以高热活化型核酸聚合酶进行反应，减少非专一性产物。

4)即时 PCR(real-time PCR)：PCR 过程中利用荧光探针或染料定量检测，又称定量PCR(quantitative PCR)。

5)巢式PCR(nested PCR)：先用低特异性引物扩增几个循环以增加模板数量，再用高特异性引物扩增。

6)多重PCR(multiplex PCR)：在同一体系中使用多组引物。

7)复原条件PCR(reconditioning PCR)：PCR产物稀释10倍后重新放入原浓度的引物和dNTP等循环3次，以消除产物中的异二聚体。

8)dsRNA合成(dsRNA replicator)：合并使用高保真DNA聚合酶、T7RNA聚合酶与Phi6 RNA复制酶；从双链DNA转录为对应的双链RNA(dsRNA)。可应用于RNAi实验操作。

9)COLD-PCR(co-amplification at lower denaturation temperature-PCR)：用以检测突变或特殊等位基因的PCR应用技术。

八、细胞培养技术

高等生物是由多细胞构成的整体，在整体条件下研究单个细胞或某一群细胞在体内(*in vivo*)的功能活动是十分困难的。但是如果把活细胞拿到体外(*in vitro*)培养进行观察和研究，则要方便得多。最早证明动物组织培养为一种有用的实验技术是在20世纪初。Harrison(1906)用淋巴液培养蛙胚神经组织数周，从此标志着体外培养组织细胞的基本模式的建立，一般公认Harrison为“组织培养之父”。Carrel(1910)发明了卡氏培养瓶，用反复传代的方法将一鸡胚心肌组织培养长达34年，揭示了离体动物组织在合适的条件下能够生长繁殖并同时证明组织培养是研究活细胞和组织的极好方法。习惯上，细胞培养与组织培养并无严格地区别，其本意是指从活体取出组织或细胞，在体外模拟体内生理环境使其生存和生长，并维持其结构和功能的方法。组织和细胞培养技术在现代分子生物学、遗传学、生物工程、生物制品、药物开发、临床疾病诊断与治疗等生命科学中有着广泛的应用，现在已发展成为一门专门的学科——组织和细胞培养技术。

细胞的生长需要营养环境，用于维持细胞生长的营养基质称为培养基。培养基按其物理状态可分为液体培养基和固体培养基。液体培养基用于大规模的工业生产及生理代谢等基本理论的研究工作。液体培养基中加入一定的凝固剂(如琼脂)或固体培养物(如麸皮、大米等)便成为固体培养基。固体培养基为细胞的生长提供了一个营养及通气的表面，在这样一个营养表面上生产的细胞可形成单个菌落。因此，固体培养基在细胞的分离、鉴定、计数等方面起着相当重要的作用。从多细胞生物中分离所需要细胞和扩增获得的细胞及对细胞进行体外改造、观察，首先必须解决细胞离体培养问题，同微生物细胞培养相比，比较困难的是来自多细胞生物的单细胞培养，特别是动物细胞的培养。细胞培养泛指所有体外培养，其含义是指从动物活体体内取出组织，于模拟体内生理环境等特定的体内条件下，进行孵育培养，使其生存并生长。细胞培养工作现已广泛应用于生物学、医学、新药研发等各个领域，成为最重要的基础科学之一。

(一)设施器材及培养基

(1)细胞培养所需常规设施　超净工作台台、恒温培养箱、倒置显微镜、液氮储存罐、电热鼓风干燥箱、冰柜、电子天平、恒温水浴槽、离心机、压力蒸汽消毒器等。

(2)细胞培养所需常规器材

1)玻璃器材：培养皿、刻度移液管、离心管、培养瓶、烧杯、量筒、锥形瓶。

2)塑料器材：多孔培养板、培养皿、培养瓶。

3)橡皮器材：橡皮制品(最好是硅制品)制成各种瓶或试管的塞子、盖子。

4)金属器材：剪刀、镊子、手术刀、解剖刀、血管钳、组织镊、眼科镊及各种型号针头。

5)其他物品：纱布、注射器和针头等。

(3)培养基　几种常用细胞培养基产品如下。

1)BME(basal medium eagle)：用于研究测量正常生长(WI-38)和转化(HeLa细胞)的细胞的体外培养。当其经过适当的补充，具有广泛的适用性，支持各种各样的正常生长和转化细胞系。

2)MEM(minimum essential medium eagle)：是全合成细胞培养基中应用最广泛的一种培养基。早期用于培养正常哺乳动物成纤维细胞和某些有特殊的营养需要(HeLa细胞)的亚型。

3)DMEM(Dulbecco's modified eagle medium)：是BME的一种修饰培养基，包含4倍氨基酸和维生素浓度，以及额外的补充成分。原培养基配方中含有1000mg/L的葡萄糖被首次用于小鼠胚胎细胞的培养。

4)IMDM(Iscove's modified Dulbecco's medium)：是DMEM的一种修饰培养基。在补充了清蛋白、转铁蛋白、卵磷脂后可用于培养红细胞和巨噬细胞的前体细胞。进一步的研究表明，该培养基可用于培养老鼠β淋巴细胞、骨髓造血组织、脂多糖刺激后的B淋巴细胞、T淋巴细胞及各种杂交细胞。

5)RPMI(roswell park memorial institute medium)：该培养基中含有大量的磷酸盐。RPMI

1640 已被用于人类的淋巴样细胞的无血清培养。

6) M199 (medium 199)：该培养基具有广泛的物种的适用性，特别是对非转化细胞的培养。它广泛应用于病毒学、疫苗生产和小鼠胰腺上皮细胞和大鼠晶状体组织外植体离体的培养。

7) Mccoy's 5A ：以 BME 为基础，但培养基中添加了来自 M199 的氨基酸和维生素。该培养基已被证明能用于肾上腺细胞、骨髓(正常)、牙龈、肺癌、小鼠肾、网膜、皮肤、脾脏等组织细胞的培养，是一种建立细胞系的通用培养基。

8) F10\F12\DMEM 混合 F12：最初用于中国仓鼠卵巢细胞(CHO)多克隆培养，以及克隆培养 HeLa 细胞和小鼠 L 细胞。根据培养的细胞类型，这两种培养基混合物可以添加或不添加血清进行使用。

(二) 细胞培养常规操作

1) 细胞复苏：①把冻存管从液氮中取出来，立即投入 37℃水浴锅中，轻微摇动。液体都融化后(1.0～1.5min)，拿出来，乙醇消毒，放到超净工作台上；②把上述细胞悬液吸到装有 10mL 培养基的 15mL 的离心管中(用培养基把冻存管洗一遍，把粘在壁上的细胞都洗下来)，1000r/min 离心 5min；③把上清液倒掉，加 1mL 培养基把细胞吹打悬浮起来，吸到装有 10mL 培养基的 10cm 培养皿中前后左右轻轻摇动，使培养皿中的细胞均匀分布；④标好细胞种类和日期、培养人名字等，放到 37℃的 5% CO_2 培养箱中培养，细胞贴壁后换培养基；⑤根据细胞增长速度，2～3d 换一次培养基。

2) 细胞传代：①培养皿中的细胞覆盖率达到 80%～90%时要传代；②把原有培养基吸掉；③加适当的胰蛋白酶(能覆盖细胞就行)，消化 1～2min；④细胞都变圆后加入等体积的含血清的培养基终止消化；⑤用移液器吹打细胞，让细胞悬浮起来；⑥把细胞悬液吸到 10mL 或 15mL 的离心管中，1000r/min 离心 5min；⑦倒掉上清液，加 1～2mL 培养基，把细胞都悬浮起来；⑧根据细胞种类把细胞传到若干个培养皿中。一般，癌细胞传 5 个培养皿，正常细胞传 3 个培养皿。继续培养。

3) 细胞冻存：把细胞消化下来并离心(同上)。用配好的冻存液把细胞悬浮起来，分装到灭菌的冻存管中，静置几分钟，写明细胞种类，冻存日期。4℃，30min，−20℃，30min，−80℃过夜，然后放到液氮罐中保存。

冻存液的配制：70%的完全培养基+20% FBS+10% DMSO。DMSO 要慢慢滴加，边滴边摇。

(三) 细胞培养具体流程

1) 准备工作：准备工作对开展细胞培养异常重要，工作量也较大，应给予足够的重视，准备工作中某一环节的疏忽可导致实验失败或无法进行。准备工作的内容包括器皿的清洗、干燥与消毒，培养基与其他试剂的配制、分装及灭菌，无菌室或超净工作台的清洁与消毒，培养箱及其他仪器的检查与调试，具体内容可参阅有关文献。

2) 取材：在无菌环境中从机体取出某种组织或细胞(视实验目的而定)，经过一定的处理(如消化分散细胞、分离等)后接入培养器皿中，这一过程称为取材。如果是细胞株的扩大培养则无取材这一过程。机体取出的组织或细胞的首次培养称为原代培养。理论上讲各种动物和人体内的所有组织都可以用于培养，实际上幼体组织（尤其是胚胎组织）比成年个体的组织容易培养，分化程度低的组织比分化高的容易培养，肿瘤组织比正常组织容易培养。取材后应立即处理，尽快培养，因故不能马上培养时，可将组织块切成黄豆般大的小块，置 4℃的培养液中保存。取组织时应严格保持无菌，同时也要避免接触其他有害物质。取病理组织和皮肤及消化道上皮细胞时容易带菌，为减少污染可用抗生素处理。由组织分离分散细胞的方法可参阅有关文献。

3）培养：将取得的组织或细胞接入培养瓶或培养板中的过程称为培养。如果是组织块培养，则直接将组织块接入培养器皿底部，几个小时后组织块可贴牢在底部，再加入培养基。如果是细胞培养，一般应在接入培养器皿之前进行细胞计数，按要求以一定的量（以每毫升细胞数表示）接入培养器皿并直接加入培养基。细胞进入培养器皿后，立即放入培养箱中，使细胞尽早进入生长状态。正在培养中的细胞应每隔一定时间观察一次，观察的内容包括细胞是否生长良好，形态是否正常，有无污染，培养基的 pH 是否过高或过低（由酚红指示剂指示），此外对培养温度和 CO_2 浓度也要定时检查。一般原代培养进入培养后有一段潜伏期（数小时到数十天不等），在潜伏期细胞一般不分裂，但可贴壁和游走。过了潜伏期后细胞进入旺盛的分裂生长期。细胞长满瓶底后要进行传代培养，将一瓶中的细胞消化悬浮后分至 2～3 瓶继续培养。每传代一次称为“一代”。二倍体细胞一般只能传几十代，而转化细胞系或细胞株则可无限地传代下去。转化细胞可能具有恶性性质，也可能仅有不死性（immortality）而无恶性。培养正在生长中的细胞是进行各种生物医学实验的良好材料。

4）冻存及复苏：为了保存细胞，特别是不易获得的突变型细胞或细胞株，要将细胞冻存。冻存的温度一般用液氮的温度（–196℃），将细胞收集至冻存管中加入含保护剂（一般为二甲亚砜或甘油）的培养基，以一定的冷却速度冻存，最终保存于液氮中。在极低的温度下，细胞保存的时间几乎是无限的。复苏一般采用快融方法，即从液氮中取出冻存管后，立即放入 37℃水中，使其在 1min 内迅速融解。然后将细胞转入培养器皿中进行培养。冻存过程中保护剂的选用、细胞密度、降温速度及复苏时温度、融化速度等都对细胞活力有影响。

5）一般条件：简言之，即细胞需要什么就提供什么，道理是如此，真正能做到这点尚需时日，人们现在对细胞生命周期的控制机制的认识还不充足，癌细胞虽然也来自正常细胞，但至今仍不知道癌细胞究竟为什么很难停止已经启动的有害分裂。尽管如此，人们长期的研究结果表明，离体细胞培养需要的基本条件包括下列细胞生理条件。

A. 温度：温度过低时细胞生长缓慢甚至不生长。利用冷冻保藏细胞可保持细胞的原有分裂分化能力。温度过高导致细胞死亡。这主要是由酶和蛋白质所需要的最适温度决定的。多数生物大分子遇到高温后容易导致空间结构改变或者丧失（变性）。细胞膜遇到高温后容易变态。在自然界，既有耐高温的细胞，也有耐低温的细胞。在极端情况下生长的生物对付极端环境的机制研究在生物进化和农业、环保、发酵工业中意义重大。

B. pH：pH 过高或过低均可导致细胞死亡。这主要与蛋白质的变性和细胞膜的结构受损有关。

C. 渗透压：细胞内外可溶于水的物质比例和种类决定了细胞的膨胀与收缩程度。不是所有物质都能自由通过细胞膜，所以，同一物质在细胞内外的分布数量不同，当某一种极溶于水的物质在细胞外浓度过大时，有可能导致细胞干瘪死亡，这些物质在细胞内过多时导致细胞过量吸水膨胀。细胞膜调节渗透压的能力是有限的。

D. 营养物：营养物和水一起，又称细胞培养液，培养液中含有细胞增殖和生长所需要的各种物质。营养物包括：氮源和碳源，这些物质与提供能量有关；无机盐、维生素、激素，这些物质与代谢调节控制有关。细胞培养液的设计一直是细胞离体培养技术的关键。理想的细胞培养液可以同时解决细胞离体培养所需要的 pH、渗透压、营养物、调节物质的全部需要。在干细胞分化研究与应用中，关键是找到一种使干细胞分化成为所需细胞和组织的营养液。相同的人体干细胞，放在不同的营养液中分化培养出人的各种脏器，这个昔日的梦想已经开始成为现实。

E. 水：水是细胞需要数量最大的物质，不同的物种、不同部位、不同生长期的细胞含水量差别相当大。干旱植物细胞的含水量高达 90%。水的需求量一般随同细胞培养液一起考虑。

F. 无菌条件：体外细胞培养仅是对所需的细胞进行培养，但环境中（如空气）有各种其他微生物，必须对所需细胞进行无杂菌的隔离培养。无菌条件是细胞离体培养最基本的条件。

G. 气体：动物细胞需要不断供给氧气和排出二氧化碳。二氧化碳的作用：调节 pH，缓冲作用，没有刺激动物细胞呼吸的功能。

在所有的细胞离体培养中，最困难的是动物细胞培养。下面是动物细胞培养所需要的特殊条件。

血清：动物细胞离体培养常常需要血清。最常用的是小牛血清。血清提供生长必需因子，如激素、微量元素、矿物质和脂肪。有一天人们真正学会了配制和血清一样的培养液，那时血清才可被取代。在这里，血清等于是动物细胞离体培养的天然营养液。

支持物：大多数动物细胞有贴壁生长的习惯。离体培养常用玻璃、塑料等作为支持物。

气体交换：二氧化碳和氧气的比例要在细胞培养过程中不断进行调节，不断维持所需要的气体条件。可想而知，每一次开箱操作后的快速恢复对设备的要求有多难，由此决定了动物细胞离体培养设备要求高、投资大。

（四）注意事项

1）实验进行前，无菌室及无菌操作台（laminar flow）用紫外灯照射30～60min 灭菌，以70%乙醇擦拭无菌操作台面，并开启无菌操作台风扇运转10min 后，才开始实验操作。每次操作只处理一株细胞株，且即使培养基相同也不共用培养基，以避免失误混淆或细胞间污染。实验完毕后，将实验物品带出工作台，以70%乙醇擦拭无菌操作台面。应让无菌操作台运转10min以上后，再进行下一个细胞株的操作。

2）无菌操作工作区域应保持清洁及宽敞，必要物品，如试管架、移液器或吸管盒等可以暂时放置，其他实验用品用完即应移出，以利于气流之流通。实验用品以70%乙醇擦拭后才能带入无菌操作台内。实验操作应在台面的中央无菌区域，勿在边缘的非无菌区域操作。

3）小心取用无菌实验物品，避免造成污染。勿碰触吸管尖头部或是容器瓶口，也不要在打开的容器正上方操作实验。容器打开后，以手夹住瓶盖并握住瓶身，倾斜约 45°角取用，尽量勿将瓶盖盖口朝上放置在桌面上。

4）工作人员应注意自身安全，须穿戴实验服及手套后才进行实验。对于来自人类或病毒感染的细胞株应特别小心操作，并选择适当等级的无菌操作台（至少 class Ⅱ）。操作过程中，应避免引起气溶胶产生，小心毒性药品，如 DMSO 及 TPA 等，并避免尖锐针头的伤害等。

5）定期检测下列项目：CO_2钢瓶压力、培养箱CO_2浓度、温度及水盘是否有污染（水盘的水用无菌水，每周更换）。定期更换紫外线灯管及HEPA过滤膜、预滤网。水槽定期添加消毒剂，定期更换水槽中的水。

6）粉末培养基配制好后（加了血清），一般在4℃尽量不要超过1个月，如在-20℃存放时间可长一些，但最好不要超过3～4个月，可能对于永生化细胞株来说要求不是太高，细胞娇弱，放置时间不宜过长。

7）开紫外线照射操作台的时候，应将培养基、酶、DHANKS液拿到室外自然升温40min，也可其放到37℃水浴锅里加热。一定要注意水浴锅的卫生，使用时一定要经常清洗。瓶子从水浴锅中拿出后，应擦干上面残留的水。

（五）细胞培养方式

1）群体培养：大量细胞置于同一培养瓶中进行贴壁或悬浮培养。

2）克隆培养：挑选单个细胞或单一集落（克隆）于体外进行培养。常用于细胞克隆化（纯化），建立细胞株，长期传代。

3）细胞培养优点：①能长期传代，保持活性，便于监控检测结构功能和生命活动；②培养条件可以人为控制，便于研究物理、化学、生物因素对细胞代谢的影响；③可用于各种观察和检测手段研究活细胞的变化（变异、分化），可从细胞水平开展亚细胞结构和代谢分子的表达；④研究范围和细胞来源广泛，选择性广；⑤不同代次细胞可长期保存，既可开展同代次不同条件和方法的研究，又可观察不同代次的动态变化；⑥耗资少、经济、成本低、可大量培养，利于生物制品的生产。

（六）细胞培养存在的不足

细胞或组织生长在人工环境中，与体内环境存在差异，细胞或组织的形态或功能会发生不同程度的改变。

九、其他常规仪器设备的使用

（一）移液器

移液器（pipette，pipet，pipettor 或 chemical dropper），又称“定量吸管”“移液管”“吸量管”，港台地区口语上常以英语名称来称呼。移液器是一种实验室器材，专门用来测量液体体积，并用其吸取以滴入其他容器。常用于生物学实验或化学实验。通过多种设计来实现不同的准确度与精密度，包括从简单的用一片玻璃制作的吸管，到复杂的可调的或电控的吸管。许多移液器可使液面上方容器形成局部真空，并通过选择性地调节真空体积来吸取或排出液体。其测量的准确度因种类不同而差别巨大。

即使各种移液器都有本身特定的描述性称谓，在实际使用中，任何类型的移液器都会被简单地称为“移液器”或“定量吸管”，通过上下文可以明显地推断出所指的具体种类。有时，将 1～1000μL 的移液器称为“微量移液器”（micropipette），而对于更大体积的，则称为“大量移液器”（macropipette）。

排气式微量移液器，常称为“排气式移液枪”，简称“移液枪”，是一种可调的、用于测量 0.1～1000.0μL 体积的移液器。这种移液器需要一次性枪头与液体接触。这种移液器通过活塞驱动，排出空气，由此，垂直运动的金属或陶瓷活塞在密闭的筒管中制造出真空。当活塞向上抽动，压缩后半部气体，而前一半空间则变成了真空。此时，枪头附近的液体便进入了真空部分，随后便可转移或再次排出。这种移液器可以很准确和精密。然而，因为其依赖于气体的移动、压缩，所以它的准确度会受环境条件的影响，特别是温度和使用者的操作技术。因此，这种仪器必须妥善保存和校准，使用者也必须经过训练，练习正确和稳定的操作技术。

微量移液器品牌包括 Gilson、ErgoOne、Eppendorf 等。

市售不同种类的微量移液器的分类：①体积可调的或固定的；②单腔道、多腔道或连发型；③锥形尖端或柱状尖端；④手动的或电控的。

不分厂家和价格，如果频繁使用，任何生产商都推荐使用者每 6 个月校准微量移液器。药物、食品厂商要求每 3 个月校准。进行化学实验的学校可以每年校准。进行大量测试的法医和研究部门通常会每月校准。

图 2-8 是一个常用微量移液器的结构示意简图。

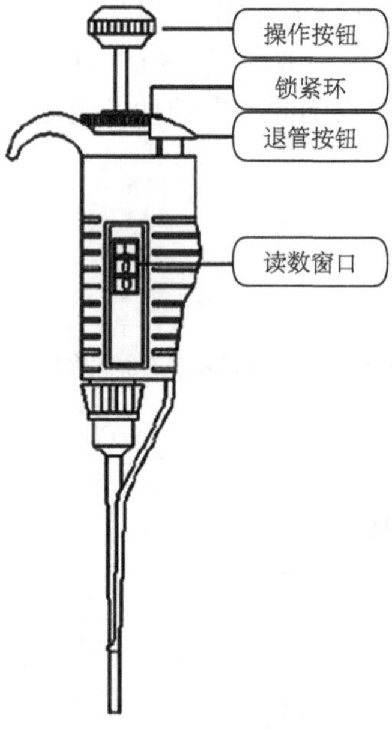

图 2-8　微量移液器的结构示意简图

移液器规范操作步骤如下。

1）设定移液体积：旋转刻度即可。

2）装配移液器吸头：将移液器下端垂直插入吸头，左右微微转动，上紧即可。

3）吸液和放液：垂直吸液，吸头尖端需浸入液面 3mm 以下，慢吸慢放，控制好弹簧的伸缩速度，放液时吸头尖端可靠容器内壁。

移液操作中的小技巧简述如下。

1)预润湿吸液：黏稠液体可以通过吸头预润湿的方式来达到精确移液，先吸入样液，排出，这时吸头内壁已经吸附了一层液体，使表面吸附形成饱和，然后再吸入样液，最后排出液体的体积就很精确了。

2)正向吸液与反向吸液：正向吸液是指正常的吸液方式，操作时吸液可将按钮按到第一挡吸液，释放按钮。放液时先按下第一挡，排出大部分液体，再按下第二挡，将余液排出。反向吸液是指吸液时将按钮直接按到第二挡再释放，这样会多吸入一些液体，打出液体时只要按到第一挡即可(图2-9)。多吸入的液体可以补偿吸头内部的表面吸附，反向吸液方法也适用于黏性液体。

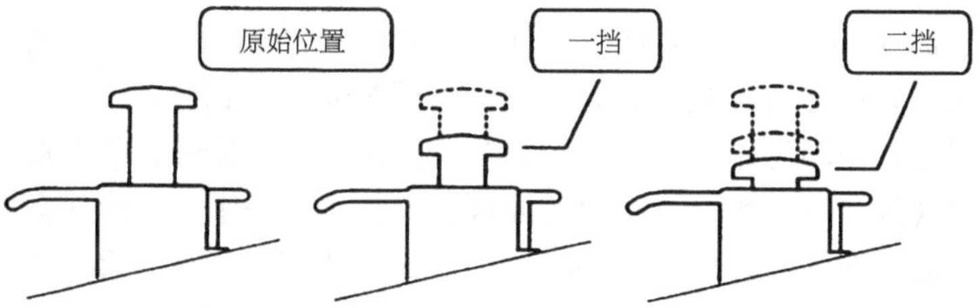

图 2-9　微量移液器操作按钮使用示意图

移液器在使用过程中，如果怀疑移液器的精确度，可以根据以下一些提示对移液器或移液方法做自我检查。

(1)移液器是否有漏气的问题

1)目视法检测：移液器装配好吸头后吸取液体，将移液器垂直静置 15s，观察是否有液滴缓慢流出，若有流出，说明有漏气现象。

2)压力泵检测：使用专用的压力泵，检测压力情况，判断是否漏气。

3)可能的原因：吸头是否匹配？装配吸头时有无上紧？移液器内部气密性良好与否？必要时联系公司维修工程师。

(2)液体、移液器、吸头及环境的温度差异是否会影响移液器的准确度　移取液体的温度与吸头和移液器的温度不一致的情况下，液体温度高于吸头的，移取的液体体积会偏大；液体温度低于吸头的，移取的液体体积会偏小。

(3)液体样品的密度和水是否有非常明显的区别　移液器出厂前的校准是用水作为标准液进行测试的，如果所操作的液体与水的密度有很大差异，所给出的不精确度和不准确度就不能满足，从而产生误差。

(4)吸液速度是否太快　吸液速度太快会产生反冲和气泡，导致移液体积的不准确。

(二)酶标仪

即酶联免疫检测仪，是酶联免疫吸附试验的专用仪器，又称微孔板检测器。可简单地分为半自动和全自动两大类，但其工作原理基本上都是一致的，其核心都是一个比色计,即用比色法来进行分析。测定一般要求测试液的最终体积在 250μL 以下，用一般光电比色计无法完成测试，因此对酶标仪中的光电比色计有特殊要求。

酶标仪实际上就是一台变相光电比色计或分光光度计，其基本工作原理和主要结构与光电比色计基本相同。光源发出的光波经过滤光片或单色器变成一束单色光，进入塑料微孔极中的待测标本，该单色光一部分被标本吸收，另一部分则透过标本照射到光电检测器上，光电检测器将这一待测标本不同而强弱不同的光信号转换成相应的电信号,电信号经前置放大，对数放大，模数转换等信号处理后送入微处理器进行数据处理和计算，最后由显示器和打印机显示结果。微处理器还通过控制电路和控制机械驱动机构 *X* 方向和 *Y* 方向的运动来移动微孔板，从而实现自动进样检测过程。而另一些酶标仪则是采用手动移动微孔板进行检测，因此省去了 *X*、*Y* 方向的机械驱动机构和控制电路，从而使仪器更小巧，结构也更简单。

微孔板是一种经事先包埋专用于放置待测样本的透明塑料板，板上有多排大小均匀一致的小孔，孔内都包埋着相应的抗原或抗体，微孔板上每个小孔可盛放零点几毫升的溶液。

光是电磁波，波长100～400nm 称为紫外光，400～780nm 的光可被人眼观察到，大于780nm 称为红外光。人们之所以能够看到色彩，是因为光照射到物体上被物体反射回来。绿色植物之所以是绿色，是因为植物吸收的大部分为红橙光和蓝紫光，但对绿色不吸收，反射出来，所以植物呈现为绿色。酶标仪测定的原理是在特定波长下，检测被测物的吸光值。

随着检测方式的发展，拥有多种检测模式的单体台式酶标仪称为多功能酶标仪，可检测吸光度(*A*)、荧光强度(FI)、时间分辨荧光(TRF)、荧光偏振(FP)和化学发光(Lum)。

酶标仪从原理上可以分为光栅型酶标仪和滤光片型酶标仪。光栅型酶标仪可以截取光源波长范围内的任意波长，而滤光片型酶标仪则根据选配的滤光片，只能截取特定波长进行检测。

1. 结构

规格有 24 孔板、48 孔板、96 孔板等多种，不同的仪器选用不同规格的孔板，对其可进行一孔一孔的检测或一排一排的检测。

酶标仪所用的单色光既可通过相干滤光片来获得，也可用分光光度计相同的单色器来获得。在使用滤光片作滤波装置时与普通比色计一样，滤光片即可放在微孔板的前面，也可放在微孔板的后面，经聚光镜、光栏后到达反射镜，经反射镜 90°反射后垂直通过比色溶液，然后再经滤光片送到光电管。

图 2-10 是酶标仪及其测试所用 96 孔板，它和普通的光电比色计有以下几点差异。

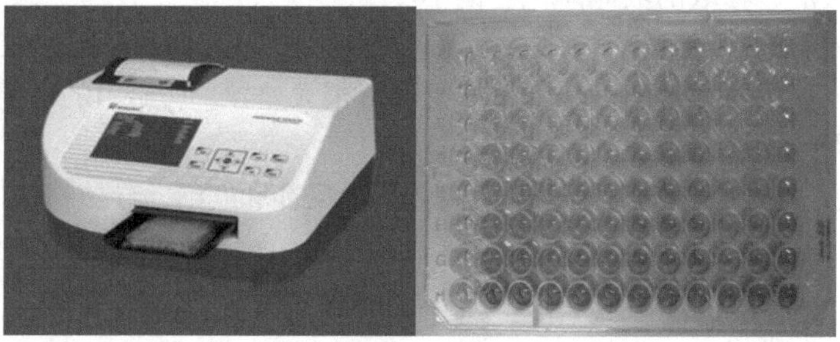

图 2-10　常用酶标仪及所用 96 孔板

1）盛装待测比色液的容器不再是比色皿，而是塑料微孔板。微孔板常用透明的聚乙烯材料制成，对抗原抗体有较强的吸附作用，故用它作为固相载体。

2）由于盛样本的塑料微孔板是多排多孔的，光线只能垂直穿过，因此酶标仪的光束都是垂直通过待测溶液和微孔板的，光束既可从上到下，也可从下到上穿过比色液。

3）酶标仪通常不仅用 *A*，有时也使用光密度 OD 来表示吸光度。酶标仪可分为单通道和多通道两种类型，单通道又有自动和手动之分。自动型的仪器有 *X*、*Y* 方向的机械驱动机构，可将微孔板的小孔一个个依次送入光束下面测试，手动型则靠手动移动微孔板来进行测量。

在单通道酶标仪的基础上又发展了多通道酶标仪，此类酶标仪一般都是自动化型的，它设有多个光束和多个光电检测器，如 12 个通道的仪器设有 12 条光束或 12 个光源，12 个检测器和 12 个放大器，在 *X* 方向的机械驱动装置的作用下，样品 12 个为一排被检测。多通道酶标仪的检测速度快，但其结构较复杂，价格也较高。

2. 工作环境

酶标仪是一种精密的光学仪器，因此良好的工作环境不仅能确保其准确性和稳定性，还能够延长其使用寿命。仪器应放置在无磁场和干扰电压的位置；仪器应放置在低于 40dB 的环境下；为延缓光学部件的老化，应避免阳光直射；操作时环境温度应在 15～40℃，环境湿度在 15%～85%；操作电压应保持稳定；操作环境空气清洁，避免水汽、烟尘；保持干燥、干净、水平的工作台面，以及足够的操作空间。

（三）水浴锅

恒温水浴锅（thermostat water bath）内水平放置不锈钢管状加热器，水槽的内部放有带孔的铝制隔板。上盖上配有不同口径的组合套圈，可适应不同口径的烧瓶。水浴锅左侧有放水管，恒温水浴锅右侧是电气箱，电气箱前面板上装有温度控制仪表、电源开关。电气箱内有电热管和传感器。该温度控制系统采用了优质电子元件，控温灵敏、性能可靠、使用方便。工作原理：传感器将水槽内水的温度转换为电阻值，经过集成放大器的放大、比较后，输出控制信号，有效地控制电加热管的平均加热功率，使水槽内的水保持恒温。当被加热的物体要求受热均匀，温度不超过100℃时，可以用水浴加热。水浴锅通常用铜或铝制作，有多个重叠的圆圈，适于放置不同规格的器皿。注意不要把水浴锅烧干，也不要把水浴锅当作沙盘使用。

1. 操作步骤

1）电子恒温水浴锅应放在固定平台上，先将排水口的胶管夹紧，再将清水注入水浴锅箱体内（为缩短升温时间，也可注入热水）。

2）接通电源，显示 OFF 的红色指示灯亮，旋转温度调节旋钮至设定的温度（顺时针升温，逆时针降温），水开始被加热，指示灯 ON 亮；当温度上升到设定温度时，指示灯 OFF 亮，水开始恒温。

3）水浴恒温后，将装有待恒温物品的容器放于水浴中进行恒温。

4）恒温容器中的恒温物品应低于水浴锅的恒温水浴面。

5）使用完毕后，取出恒温物，关闭电源，排出箱体内的水。并做好仪器使用记录。

6）维护保养。

A. 水箱应放在固定的平台上，仪器所接电源电压应为 220V，电源插座应采用三孔安装插座，并必须安装地线。

B. 加水之前切勿接通电源，而且在使用过程中，水位必须高于不锈钢隔板，切勿在无水或水位低于隔板的情况下加热，否则会损坏加热管。

C. 如恒温控制失灵，可将控制器上的金属接点用细砂布擦亮即可工作。

D. 注水时不可将水流入控制箱内，以防发生触电，使用后箱内水应及时放净，并擦拭干净，保持清洁以利延长使用寿命。

E. 最好用纯化水，以避免产生水垢。

2. 维护方法

1）使用时必须先加适量的洁净自来水于箱内，也可按需要的温度加入热水，以缩短加热时间。

2）接通电源，选择温度。

配备电子式恒温器时，将“温度旋钮”顺时针调节到所需要的温度，此时为加热状态，绿色指示灯亮。当加热到所需温度时，红色指示灯亮，此时为恒温状态。

配备数显表头时，计数器最大位为十位数，按操作符号“+”为增数，按操作符号“–”为减数。红绿灯随箱体内温度的变化而转换。当水浴锅处于加热状态时，红灯亮，当水浴锅处于恒温状态时，绿灯亮。

使用该仪器须经过加热、恒温两次以上才能达到正确的设定温度（必须全部封盖、封圈后才能达到）。

3）工作完毕，将温控旋钮、增减器置于最小值，切断电源。

4）如果要锅内水温达 100℃，作沸水蒸馏用时，可将调节旋钮调至终点。

5）加水不可太多，以免沸腾时水溢出锅外。

6）锅内水量不可低于 1/2，不可使加热管露出水面。以免烧坏，造成漏水、漏电。

7）该设备使用时必须将三眼插座有效接地线。

3. 水浴锅分类

①数显恒温水浴锅；②恒温水浴锅；③恒温油浴锅；④低温水浴锅；⑤电动搅拌玻璃恒温水浴锅。

（胡敏珊　刘　戟）

第三章　实 验 项 目

第一节　基础性实验项目

一、蛋白质定量分析实验

【实验目的】

掌握几种常用的蛋白质定量测定的方法和原理；了解这几种蛋白质定量测定方法的区别及各自的应用。

实验一　考马斯亮蓝 G-250 法测定蛋白质含量

【实验原理】

考马斯亮蓝(Coomassie brilliant blue)G-250 有红色和蓝色两种，能与蛋白质通过范德瓦耳斯力而结合。在一定蛋白质浓度范围内，染料与蛋白质的结合成正比，用于蛋白质含量的测定。随着染料与蛋白质结合颜色由红色变为蓝色，最大光吸收的波长由 465nm 变成 595nm，测定 595nm 处吸光度的增加量可以知道其结合蛋白质的量。

蛋白质与考马斯亮蓝的结合反应约 2min 可达最大光吸收，结合后可稳定约 1h，之后发生聚合并沉淀。此测定方法灵敏度很高，是 Lowry 法灵敏度的 2 倍。显色反应重复性好，精确度高，线性关系好，干扰物少，但大量去垢剂存在时对显色反应影响大且不易消除，误差较大。如果去垢剂 SDS 高于 0.01%，Triton X-100 高于 0.05%，Tween20、Tween60、Tween80 高于 0.015% 均不能使用本方法测定蛋白质浓度，应考虑换用 BCA 法或其他蛋白质浓度测定方法。

【实验试剂和器材】

1. 试剂

1)考马斯亮蓝试剂：取 95%乙醇 50mL 溶解考马斯亮蓝 G-250 100mg 后，加入 100mL 85% 磷酸，用蒸馏水稀释至 1000mL，滤纸过滤。棕色瓶保存。常温可以放置 1～2 月。

2)标准蛋白质溶液：以生理盐水溶解干燥至恒重的结晶牛血清清蛋白，配制浓度为 0.1mg/mL。

3)待测血清样品的稀释：取血清 0.1mL 置于 50mL 容量瓶中，以 0.9% NaCl 定容至刻度，此为稀释 500 倍待测样品。

4)0.9% NaCl。

2. 器材

试管及试管架，刻度吸量管或可调移液器，722 型分光光度计。

【实验步骤】

1)取 10 支试管，按表 3-1 加入各试剂。

表 3-1　考马斯亮蓝 G-250 法加样表

试剂＼管号	1	2	3	4	5	6	7	8	9	10
蛋白质标准溶液/mL	0	0.05	0.10	0.20	0.30	0.40	0.60	0.80	1.00	—
待测稀释血清/mL	—	—	—	—	—	—	—	—	—	0.10
0.9% NaCl/mL	1.00	0.95	0.90	0.80	0.70	0.60	0.40	0.20	0.00	0.90
考马斯亮蓝 G-250/mL	5	5	5	5	5	5	5	5	5	5
标准蛋白质含量/μg	0	5	10	20	30	40	60	80	100	—

注：“—”表示对应试管不添加该试剂。

2)混匀各管，放置 5min，595nm 波长比色，读取 *A* 值并记录。

3)标准曲线的绘制：以 595nm 测得的标准管 *A* 值为纵坐标，以每一标准管的蛋白质含量为横坐标，绘制标准曲线(使用 Excel 绘制)，并得到直线方程和相关系数 R^2。

4)计算：将血清样品管的 *A* 值代入标准曲线得到的直线方程，可求得血清样品管的蛋白质含量，再除以待测稀释血清的体积 0.1mL，得出稀释血清的蛋白质浓度，再乘以稀释倍数 500 倍，即得未稀释血清的蛋白质浓度。

【注意事项】

1)此法显色迅速、稳定，2min～1h 均可测定。但显色后 5～20min 内颜色最稳定。

2)少量蛋白质-染料复合物会在测定后吸附于比色杯杯壁上，此吸附量可以忽略。如果测定要求严格，可用乙醇将比色杯清洗干净。

3)如果希望获得更准确可靠的实验结果，在尽量保证取样准确的前提下，还应每管做至少 3 个技术性重复(空白管除外)。

(杨　烨　曾凡才)

实验二　BCA 法测定蛋白质含量

【实验原理】

此法是近年来被科研工作者广泛选用的蛋白质浓度测定方法。二辛可宁酸(bicinchonininc acid，BCA)与含二价铜离子的硫酸铜等其他试剂混合一起呈苹果绿，即为 BCA 工作试剂。在碱性条件下，BCA 与蛋白质结合时，蛋白质将 Cu^{2+}还原为 Cu^{+}，一个 Cu^{+}螯合两分子的 BCA，形成紫色的反应复合物，在 562nm 处有最大光吸收，其强度与蛋白质浓度成正比。

BCA 法比 Lowry 法的灵敏度高，操作简单，形成的复合物稳定。与 Bradford 法相比，更不易受去垢剂的影响。但受螯合剂和略高浓度的还原剂的影响，需确保 EDTA 低于 10mmol/L，无 EGTA，二硫苏糖醇低于 1mmol/L，β-巯基乙醇低于 0.01%。

【实验试剂和器材】

1. 试剂

1）试剂 A：1% BCA 二钠盐、2%无水碳酸钠、0.16%酒石酸钠、0.4%氢氧化钠、0.95%碳酸氢钠，混匀后调节 pH 为 11.25。

2）试剂 B：4%硫酸铜。

3）BCA 工作液：试剂 A 100mL＋ 试剂 B 2mL 混合均匀。

4）蛋白质标准液：以生理盐水溶解干燥至恒重的结晶牛血清清蛋白，根据其纯度配制成 1.5mg/mL 的蛋白质标准液。纯度可经凯氏定氮法测定蛋白质含量而确定。

5）待测样品：取血清 0.1mL 置于 50mL 容量瓶中，以 0.9% NaCl 定容至刻度线，此为稀释 500 倍待测样品。

2. 器材

722 型分光光度计，恒温水浴箱，试管和试管架，可调取液器或刻度吸量管。

【实验步骤】

1）取试管 10 支，按表 3-2 加入各试剂。

表 3-2　BCA 法测定蛋白质含量加样表

试剂 \ 管号	1	2	3	4	5	6	7	8	9	10
蛋白质标准液（1.5mg/mL）/μL	0	5	10	20	30	40	60	80	100	—
双蒸水/μL	100	95	90	80	70	60	40	20	—	—
待测样品/μL	—	—	—	—	—	—	—	—	—	100
BCA 工作液/mL	4.9	4.9	4.9	4.9	4.9	4.9	4.9	4.9	4.9	4.9
标准蛋白质含量/μg	0	7.5	15	30	45	60	90	120	150	—

注：“—”表示对应试管不添加该试剂。

2）混匀，37℃保温 30min，用 562nm 波长测定各管吸光度（A）值。

3）标准曲线的绘制：以每一标准管的蛋白质含量为横坐标，以 562nm 测得的标准管 A 值为纵坐标，绘制标准曲线（使用 Excel 绘制），并得到直线方程和相关系数 R^2。

4）计算：将血清样品管的 A 值代入标准曲线得到的直线方程，可求得血清样品管的蛋白质含量，再除以待测稀释血清的体积 0.1mL，得出稀释血清的蛋白质浓度，再乘以稀释倍数 500 倍，即得未稀释血清的蛋白质浓度。

【注意事项】

1）BCA 试剂的蛋白质测定范围为 20～200μg/mL，微量 BCA 测定范围为 0.5～10μg/mL。

2）试剂抗干扰能力较强，如较高浓度的去垢剂、尿素等均无影响。

3）因为 BCA 法测定时颜色会随着时间的延长不断加深，并且显色反应的速度和温度有关，所以除非精确控制显色的时间和温度，否则每次都要制作标准曲线。

4) BCA 法测定蛋白质浓度较低时，适合在较高温度下孵育，或延长孵育时间。

5) 如果希望获得更准确可靠的实验结果，在尽量保证取样准确的前提下，还应每管做至少 3 个技术性重复(空白管除外)。

（杨　烨　曾凡才）

实验三　Folin-酚试剂法(Lowry 法)测定蛋白质含量

【实验原理】

Folin-酚试剂法包括两步反应：双缩脲反应和 Folin-酚显色反应。在碱性溶液中，铜离子(Cu^{2+})能与双缩脲(biuret)($H_2N-CO-NH-CO-NH_2$)结合生成紫红色络合物。蛋白质或二肽以上的多肽分子也有多个与双缩脲结构相似的肽键，也可以在碱性条件下与铜离子生成紫红色的蛋白质-Cu^{2+}络合物。Folin-酚试剂在碱性条件下不稳定，其磷钼酸盐-磷钨酸盐被酚类化合物还原，产生深蓝色的钼兰和钨兰的混合物。蛋白质-Cu^{2+}复合物中的酪氨酸或色氨酸残基带有的酚羟基也可以还原酚试剂中的磷钼酸和磷钨酸，生成蓝色化合物。在一定范围内，蓝色深度与蛋白质的量成正比。其显色原理与双缩脲方法相同，只是加入了 Folin-酚试剂增加了显色量，提高了检测的灵敏度。

由 Lowry 最早确定了 Folin-酚试剂法测定蛋白质浓度的基本步骤，得到广泛的应用。这个测定方法的优点是灵敏度高，比双缩脲法更灵敏；缺点是费时间，要精确控制操作时间，标准曲线也不是严格的直线形式，干扰物质较多。过去，Folin-酚试剂法是应用最广泛的一种方法，近年来逐渐被考马斯亮蓝法和 BCA 法取代。

【实验试剂和器材】

1. 试剂

1) 碱性硫酸铜试剂：(A) 10g Na_2CO_3，2g NaOH 和 0.25g 酒石酸钾钠($KNaC_4H_4O_6 \cdot 4H_2O$)，溶解于 500mL 蒸馏水中。(B) 0.5g 硫酸铜($CuSO_4 \cdot 5H_2O$)溶解于 100mL 蒸馏水中。每次使用前，将 50 份(A)与 1 份(B)混合，即为碱性硫酸铜试剂。

2) Folin-酚试剂：在 2L 磨口回流瓶中，加入 100g 钨酸钠($Na_2WO_4 \cdot 2H_2O$)，25g 钼酸钠($Na_2MoO_4 \cdot 2H_2O$)及 700mL 蒸馏水，再加入 50mL 85%磷酸，100mL 浓盐酸，充分混合，接上回流管，以小火回流 10h，回流结束时，加入 150g 硫酸锂(Li_2SO_4)，50mL 蒸馏水及数滴液体溴，开口继续沸腾 15min，以便驱除过量的溴。冷却后溶液呈黄色(如仍呈绿色，须再重复滴加液体溴的步骤)。稀释至 1L，过滤，滤液置于棕色试剂瓶中保存。使用时用标准 NaOH 滴定，酚酞作指示剂，然后适当稀释，约加水 1 倍，使最终的酸浓度为 1mol/L 左右。

3) 标准蛋白质溶液：精确称取结晶牛血清清蛋白，溶于 0.9% NaCl 溶液，浓度为 200μg/mL。

4) 待测样品：取血清 0.1mL 置于 25mL 容量瓶中，以 0.9% NaCl 定容至刻度，此为稀释 250 倍待测样品。

2. 器材

可见光分光光度计，漩涡振荡器，秒表，试管。

【实验步骤】

1)标准曲线的测定：取 10 支试管，按表 3-3 加入各试剂。

表 3-3　Folin-酚试剂法测定蛋白质含量加样表

试剂＼管号	1	2	3	4	5	6	7	8	9	10
牛血清清蛋白标准液(200μg/ mL)/μL	—	0.05	0.10	0.20	0.30	0.40	0.60	0.80	1.00	—
待测样品/μL	—	—	—	—	—	—	—	—	—	0.50
蒸馏水/μL	1.00	0.95	0.90	0.80	0.70	0.60	0.40	0.20	—	0.50
碱性硫酸铜试剂/μL	4.00	4.00	4.00	4.00	4.00	4.00	4.00	4.00	4.00	4.00
标准蛋白质含量/μg	0	10	20	40	60	80	120	160	200	—

注：“—”表示对应试管不添加该试剂。

2)在漩涡振荡器上迅速混匀各管，室温放置 10min。

3)向各管加入 0.50mL Folin-酚试剂，2s 内迅速混匀。室温放置 30min。

4)冷却，在 650nm 波长处，以 1 号试管作为空白对照，测定各管吸光度(*A*)。

5)标准曲线的绘制：以每一标准管的蛋白质含量为横坐标，以测得的标准管 *A* 值为纵坐标，绘制标准曲线(使用 Excel 绘制)，并得到直线方程和相关系数 R^2。

6)计算：将血清样品管的 *A* 值代入标准曲线得到的直线方程，可求得血清样品管的蛋白质含量，再除以待测稀释血清的体积 0.5mL，得出稀释血清的蛋白质浓度，再乘以稀释倍数 250 倍，即得未稀释血清的蛋白质浓度。

【注意事项】

1)加 Folin-酚后立即混匀，混合速度要快，否则会使显色程度减弱。

2)因 Folin-酚显色反应的显色随时间不断加深，因此各项操作必须精确控制时间，即第 1 支试管加入 5mL 碱性硫酸铜试剂后，开始计时，1min 后，加第 2 支试管，2min 后加第 3 支试管，以此类推。全部试管加完后若已超过 10min，则第 1 支试管可加入 0.5mL Folin-酚试剂，1min 后加第 2 支试管，2min 后加第 3 支试管，以此类推。待最后一支试管加完试剂后，再放置 30min，然后开始测定吸光度。每分钟测一个样品。

3)由于各种蛋白质含有不同量的酪氨酸和苯丙氨酸，显色的深浅往往随不同的蛋白质而变化。因此本测定方法通常只适用于测定蛋白质的相对浓度(相对于标准蛋白质)。

4)凡含有两个氨甲酰基($-CO-NH_2$)，$-CS-NH_2$，$-C(NH)NH_2$，$-CRH-NH_2$，$-CH_2NH-CHNH_2CH_2OH$，$-CHOH-CH_2NH_2$ 等基团的化合物均能与铜离子产生双缩脲反应；甚至过量的铵盐也会干扰反应。所以，双缩脲反应并非为蛋白质所特有。因此，要求样品中除蛋白质外，不能含有能与双缩脲试剂显色的物质。

对双缩脲反应产生干扰的离子，同样容易干扰 Folin-酚显色反应。而且对后者的影响还要大得多。酚类、柠檬酸、硫酸铵、Tris 缓冲液、甘氨酸、糖类、甘油等均有干扰作用。浓度较低的尿素(0.5%)、硫酸钠(1%)、硝酸钠(1%)、三氯乙酸(0.5%)、乙醇(5%)、乙醚(5%)、丙酮(0.5%)等溶液对显色无影响，但这些物质浓度高时，必须作校正曲线。含硫酸铵的溶液，只需加浓碳酸钠-氢氧化钠溶液，即可显色测定。若样品酸度较高，显色后会色浅，则必须提高碳酸钠-氢氧化钠溶液的浓度 1～2 倍。

5) 进行测定时，加 Folin-酚试剂时要特别小心，因为该试剂仅在酸性 pH 条件下稳定，但上述还原反应只在 pH=10 的情况下发生，故当 Folin-酚试剂加到碱性的铜-蛋白质溶液中时，必须立即混匀，以便在磷钼酸-磷钨酸试剂被破坏之前，发生还原反应。

6) 此法也适用于酪氨酸和色氨酸的定量测定。

（杨　烨）

实验四　紫外分光光度法测定蛋白质含量

【实验原理】

色氨酸、酪氨酸等芳香族氨基酸含有共轭双键，可以吸收紫外光，其最大吸收峰于 280nm 处，故可用 280nm 紫外线来测定样品中蛋白质的含量，测定范围为 20～100μg/mL。

核酸也可以吸收紫外线，其最大吸收峰在 260nm 处，但在 280nm 波长处也有光吸收，因此对蛋白质的测定有干扰作用。所以，蛋白质溶液中如果存在核酸时必须同时测定 280nm、260nm 处的吸光度，通过计算可消除其影响，方可测得溶液中蛋白质的实际含量。

此测定方法的优点是简便，不消耗样品，低浓度盐类不干扰测定。缺点是测定方法着眼于芳香族氨基酸对紫外线的吸收，而各种芳香族氨基酸对紫外线的吸收是不同的，所以样品中芳香族氨基酸的组成与标准蛋白质的组成相差较大时，可出现一定的误差；当样品中存在核酸等紫外吸收物质时，也会出现较大的干扰。因乙酸、琥珀酸、邻苯二甲酸及巴比妥等缓冲液在 215nm 波长处有较大的光吸收，不能应用此方法。

【实验试剂和器材】

1. 试剂

生理盐水、血清。

2. 器材

试管、容量瓶（50mL）、752 型紫外-可见分光光度计、可调移液器。

【实验步骤】

1) 500 倍稀释血清：准确吸取 0.1mL 血清，用生理盐水定容至 50mL。

2) 吸光度测定：以生理盐水调零，用 280nm 及 260nm 两种波长测定稀释蛋白质溶液的吸光度值。

3) 计算：将 280nm 及 260nm 的吸光度值按下列校正经验式计算出蛋白质浓度

$$蛋白质浓度(mg/mL)=(1.45\times A_{280}-0.74\times A_{260})\times 500$$

【注意事项】

1) 因紫外线可以被玻璃阻挡，所以紫外分光光度计应使用石英比色皿作为容器。

2) 对于纯蛋白质样品，可用 280nm 的标准吸光系数，直接测定出该蛋白质的含量。如牛

血清蛋白的 $E_{280}^{1\%}$（溶液浓度为 1%，在 280nm 波长下，液层厚度 1cm 时的吸收系数）为 6.3，则待测样品中牛血清蛋白含量可用下式计算

$$样品中牛血清蛋白浓度(mg/mL)=\frac{A_{280}}{6.3}\times 10$$

式中，A_{280} 为 280nm 波长处测得的吸光度值。

3) 不同的蛋白质及核酸的光吸收率不同，可能产生误差。而嘌呤碱基、嘧啶碱基在波长 260nm 和 280nm 处也有光吸收。因此，要求核酸含量必须在 20%以下，$A_{280}/A_{260}>1.5$ 时方可用上述公式计算蛋白质含量。

4) 对混合蛋白质溶液，可用 A_{280} 乘以 0.75 来推算出蛋白质的大致含量（mg/mL）。

测定蛋白质含量的方法有多种，主要分为两大类：一类是利用微量凯氏定氮法、双缩脲法和Folin-酚试剂法（Lowry法）等化学方法来进行测定；另一类是利用蛋白质的折射率、密度、染料结合、紫外吸收等物理化学性质进行测定。测定蛋白质含量的几种方法的比较见表3-4，方法的选用应根据实验要求及实验室条件来决定。

表 3-4　测定蛋白质含量的几种方法的比较

方法	灵敏度	最大吸收波长/nm	优点	缺点
凯氏定氮法	0.2～1.0mg	—	干扰少、准确	灵敏度低、操作复杂、耗时长
紫外分光光度法	50～100μg	280	快速简便、不消耗样品	灵敏度低、干扰物质较多
BCA 法	≤0.5μg	562	灵敏度高、干扰较少、操作简单、颜色稳定	受尿素和 β-巯基乙醇干扰
考马斯亮蓝 G-250 法（Bradford 法）	1～5μg	595	灵敏、简便、快速、干扰物质少、颜色稳定	不同蛋白质测定时有较大偏差
双缩脲法	1～20mg	540	干扰相对较少	灵敏度低
Folin-酚试剂法（Lowry 法）	≈5μg	650	灵敏度高	干扰物质多、费时、操作需要严格计时、颜色深浅随不同蛋白质变化

【思考题】

1. 书中所列各种测定蛋白质方法的原理是什么？
2. 试述各种测定蛋白质的方法的优缺点。如何选用不同方法？
3. 测定蛋白质的含量还有其他什么方法？

（杨　烨　曾凡才）

二、层析分离纯化实验

实验五　血清γ-球蛋白的分离纯化与鉴定

【实验目的】

掌握分子筛层析、盐析、离心、电泳技术的概念、原理、基本的实验操作技术及应用；

熟悉血清蛋白分类、清蛋白/球蛋白比率及其临床意义。

【实验原理】

人血清中蛋白质按电泳法一般可分为五类：清蛋白、α_1-球蛋白、α_2-球蛋白、β-球蛋白和γ-球蛋白。而牛血清中主要含有以下四类蛋白质：清蛋白、α-球蛋白、β-球蛋白和γ-球蛋白。不同种类的蛋白质其带电量、分子质量、溶解度等均不同，故可根据这些理化性质的不同来分离和纯化蛋白质。

血清中蛋白质的分离可用盐析法进行分离，所谓盐析(salt precipitation)是指在蛋白质溶液中加入大量中性盐，以破坏蛋白质的胶体性质，使蛋白质从溶液中沉淀的方法。清蛋白和球蛋白在高浓度硫酸铵溶液中溶解度不同而能通过盐析进行分离。半饱和硫酸铵溶液可使球蛋白沉淀析出，清蛋白则仍溶解在溶液中，经离心分离，沉淀部分即为球蛋白。再减少硫酸铵溶液的浓度，使γ-球蛋白沉淀析出，而α-球蛋白、β-球蛋白溶解在溶液中，经离心分离，沉淀部分即为初步纯化的γ-球蛋白。这种通过改变盐的浓度使蛋白质分批沉淀的方法即为分段盐析。

经盐析分离得到的蛋白质样品中含有大量的硫酸铵，可用透析法、分子筛层析法(也称凝胶层析)等方法将其除去。本实验利用蛋白质与无机盐类之间分子质量的差异，采用分子筛层析法去除硫酸铵。当溶液通过 Sephadex G-25 凝胶柱时，溶液中大分子的蛋白质不能进入凝胶颗粒的网孔，从颗粒间隙流出，流程短而先流出层析柱，小分子的无机盐能进入凝胶颗粒的网孔之中，流程长而后流出层析柱，从而达到去盐的目的。纯化后的γ-球蛋白可利用醋酸纤维素薄膜电泳法鉴定其纯度。由于人血清来之不易且主要用于抢救患者生命，本实验选用牛血清作为实验样品。

【实验试剂和器材】

1. 试剂

1) pH 7.2，饱和硫酸铵溶液：称取硫酸铵(ammonium sulfate) 85g 溶于 100mL 蒸馏水中，在 70～80℃水浴中搅拌溶解，用浓氨水调 pH 为 7.2，室温放置过夜，瓶底析出白色结晶，上层液即为饱和硫酸铵溶液。

2) pH 7.2，0.01mol/L 磷酸盐缓冲液(phosphate-buffered saline，PBS)：称取 $Na_2HPO_4 \cdot 12H_2O$ 3.58g，溶于 1000mL 蒸馏水中，即为 0.01mol/L Na_2HPO_4 液。称取 $NaH_2PO_4 \cdot 2H_2O$ 1.56g，溶于 1000mL 蒸馏水中，即为 0.01mol/L NaH_2PO_4 液。取 0.01 mol/L Na_2HPO_4 液 720mL，加 0.01mol/L NaH_2PO_4 液 280mL，混匀即为 pH 7.2，0.01mol/L 磷酸盐缓冲液。

3) 葡聚糖凝胶 G-25(Sephadex G-25)悬液：取适量的葡聚糖凝胶 G-25，加大量蒸馏水混匀，沸水浴中加热 2h，不时搅拌。溶胀充分后倒去多余的水分，使凝胶成为可流动的稀糊状悬液。

4) 10%三氯乙酸(acetocaustin)。

5) 纳氏试剂(Nessler's reagent)：称取 HgI_2(mercuric iodide) 115g 和 KI(potassium iodide) 80g 溶解于蒸馏水中，稀释至 500mL。加入 6mol/L NaOH 溶液 500mL，静置后吸取上清液使用，试剂宜放置于阴凉处。

6) pH 8.6，离子强度 0.06 巴比妥电泳缓冲液(barbital buffer)：称取巴比妥钠(barbital sodium) 12.76g，巴比妥(barbital) 1.66g，溶解于蒸馏水中，加热，稀释至 1000mL。

7) 氨基黑 10B 染色液：称取氨基黑 10B(amino black 10B) 0.5g，加甲醇 50mL，冰醋酸

(glacial acetic acid) 10mL，蒸馏水 40mL 溶解。

8) 漂洗液：95%乙醇 45mL，加冰醋酸 5mL 及蒸馏水 50mL。

2. 器材

离心管、玻璃棒、烧杯、量筒、滴管、试管、可调移液器、普通离心机、层析柱、瓷比色盘（黑色和白色各一个）、镊子、培养皿、X 光软片、滤纸、电泳仪、电泳槽。

【实验步骤】

1. 分段盐析

1) 取牛血清 1.0mL 加入离心管中，加 PBS 1.0mL，混匀。再逐滴加入 pH 7.2 饱和硫酸铵液 2.0mL，边加边混匀。静置 20min 后离心（3000r/min，10min），倾去上清液并尽量倒净。

2) 加 PBS 1.0mL 于上述离心管的沉淀中，搅拌溶解，再逐滴加入饱和硫酸铵液 0.5mL，边加边混匀。静置 20min 后离心（3000r/min，10min），倾去上清液并尽量倒净，其沉淀为初步纯化的 γ-球蛋白。如需获得更纯的 γ-球蛋白，可重复此过程 1～2 次，最后用 PBS 1.0mL 将沉淀溶解。

2. 分子筛层析

1) 装柱：取 1cm×20cm 层析柱一支，加 1/3 柱高的蒸馏水，排出底部死腔内空气，至剩余 1～2cm 柱高蒸馏水时关紧下端出口。玻璃棒搅拌并缓慢加入葡聚糖凝胶 G-25 悬液，灌注过程中防止气泡和断层的出现。待凝胶和水分层后打开下端出口，继续加入凝胶至凝胶沉积 10～15cm 高，注意凝胶表面应平整。当水全部进入凝胶后，沿柱内壁缓慢加入 PBS 约 10mL，待液面与凝胶表面相平时，关闭出口待用。

2) 加样与洗脱：用滴管吸取 γ-球蛋白液，小心缓慢地沿层析柱内壁加到凝胶表面（注意不要破坏凝胶床表面的平整）。打开下端出口，待样品全部进入凝胶后，小心加入少量 PBS 于柱内，以洗净柱内壁上的样品溶液，待进入凝胶后再加入 PBS 进行洗脱，流速为 4～5 滴/min。

3) 收集：取 10 支干净的试管并编号，于加样开始后收集洗脱液。每收集约 1.0mL 换一管。

4) 检查：取瓷比色盘 2 个（黑色与白色各一个），按洗脱液的管号顺序分别取 1 滴滴于比色盘各凹槽中，黑盘各槽中加 10%三氯乙酸 5 滴，出现白色混浊或沉淀者即有蛋白质存在；白盘各槽中加纳氏试剂 1 滴，出现颜色反应者存在 NH_4^+。将检查结果用“-，+，++”等符号记录于表 3-5 中。选取蛋白质含量高且不含铵离子的样品液进行纯度鉴定。

表 3-5　蛋白质和铵离子检测结果

管号	1	2	3	4	5	6	7	8	9	10
蛋白质沉淀										
铵离子										

3. 纯度鉴定

1)取 3cm×8cm 大小的醋酸纤维素薄膜 1 张，在巴比妥缓冲液中充分浸润。用镊子夹取浸透的膜条放在滤纸上吸去多余的水分，于无光泽面点样。

2)在距膜条一端约 1.5cm 处，用 X 光软片分别蘸取适量的血清和纯化后的 γ-球蛋白样品液点于膜条的同一水平线上。

3)将巴比妥电泳缓冲液加于电泳槽内，再将点样后的膜条放于电泳槽槽架上，槽架上预先用 4 层滤纸作桥垫。放置时膜条的点校面应向下，点样端置于负极，膜条与滤纸需贴紧。

4)接通电源，以 120V 恒压电泳 50min。

5)通电完毕后，用镊子将膜条取出，浸于盛有氨基黑 10B 的染色液中，染色 1～2min 后取出，先用自来水冲洗，再放入盛有漂洗液的培养皿中，依次漂洗，直到背景干净为止。用滤纸吸干膜条，比较纯化前后电泳图谱的变化，以确定样品的纯度。

【注意事项】

1)凝胶装柱是操作中最重要的一步，为使柱装得均匀，凝胶悬液应该不稀不厚，凝胶与水的比例一般为 1∶1。装柱后凝胶表面要平整，进样及洗脱时勿使床面暴露在空气中，否则柱床会出现气泡或分层现象。加样时要小心缓慢，勿破坏凝胶表面的平整性。

2)凝胶使用后如短期不用，为防止凝胶发霉可加防腐剂如 0.02% 叠氮钠，保存于 4℃冰箱内。若长期不用，应脱水干燥保存。

【思考题】

1. 简述血清蛋白质的分类。
2. 盐析和分子筛层析的原理分别是什么？
3. 血清 γ-球蛋白的分离纯化采用了哪些分离纯化方法？整个实验的思路是什么？

（严冬梅）

实验六　血清脂质的薄层层析

【实验目的】

掌握薄层层析的基本原理及方法；熟悉血清脂质的分类。

【实验原理】

薄层层析(thin-layer chromatography，TLC)是吸附层析的一种，在玻璃板上均匀涂抹一薄层吸附剂，待分离样品点在薄层板一端，然后让展开剂从上流动，被分离物各组分在两相中吸附能力的大小不同，从而使各组分得到分离。本实验将血清脂质混合液点在玻璃薄板上，由于血清脂质各组分分子结构不同，吸附剂对其的吸附能力不同，当展开剂流过时，吸附力小的成分移动快，吸附力大的成分移动慢，从而将各成分分开。

由于硅胶 G 对各种不同脂质的吸附能力不同，因此本实验用硅胶 G 做成薄板，以石油醚-丁酮-乙酸的混合液为展开剂，对血清脂质进行层析分离。吸附力的强弱，受本身分子极性的影响。移动速率用 R_f(rate flow)表示，极性强的分子，容易被吸附，则移动慢，R_f值小；极性弱的分子，不易被吸附，则移动快，R_f值大。通过薄层层析能使各成分分离，经显色后，比较它们的 R_f值，即可鉴定其成分。各种脂质在硅胶薄层上的移动速率 R_f值可通过下式求得

$$R_f = \frac{\text{色斑中心距原点中心的距离}}{\text{溶剂前沿距原点中心的距离}}$$

【实验试剂和器材】

1. 试剂

1)展开剂：石油醚-丁酮-乙酸(体积之比为 95∶4∶1)

2)标准液：称取胆固醇、胆固醇酯、卵磷脂、甘油三酯、脂肪酸各 100mg，分别溶于 100mL 氯仿中。

3)0.1mol/L 的 NaCl：称取 0.585g NaCl，加蒸馏水溶解，定容至 100mL。

4)氯仿与甲醇溶液、硅胶 G。

5)磷钼酸显色剂：称取磷钼酸 5g 溶于 70mL 蒸馏水和 25mL 95%乙醇中，再加 70%过氯酸 5mL 混匀。

2. 器材

玻璃板(8cm×15cm)、层析缸(19cm×6cm×16.5cm)，喷雾器、试管、研钵、毛细玻璃管、离心机、离心管、漩涡振荡器、烘箱。

【实验步骤】

1)血清脂质的提取：取新鲜血清 0.5mL 于有塞的干净试管中，加入氯仿与甲醇(体积比 2∶1)的混合液 2mL，用漩涡振荡器快速振摇混匀 30min，然后再加入 0.1mol/L 的 NaCl 0.4mL 混匀，2000r/min，离心 5min，将下层氯仿层转移至另一有塞的试管中，水浴蒸干，加入 0.1mL 氯仿，使其充分溶解，混匀备用。

2)薄板的制备：称取硅胶 G 4.5g 于研钵中，加入蒸馏水 14mL，研匀。待成糊状后，迅速均匀倒在干燥清洁的玻璃板上，晃动玻璃板，让糊状硅胶自然扩散开，边角可用研磨棒涂抹使其均匀分布。室温下风干，使用前置于 105℃烘箱中活化 30min 备用。

3)点样：用毛细玻璃管吸取各种脂质的标准液及样品液(即上述氯仿溶液)各少许(6～10μL)，在距层析薄板一端 2cm 处点样 1 滴，各点之间的间距为 1～2cm，点样圈的直径应小于 3mm，待样品的溶剂蒸发干后再放入层析缸中。

4)展开：把已点好样品的薄板倾斜 30°于层析缸中，薄板点样起点必须高于展开剂的高度。密闭层析缸，让其展开。

5)烘干：待展开剂的前沿上升到距薄板顶端 1～2cm 处，取出薄板，并于展开剂到达处做好标记，将薄板于室温下放置 5min 后，再置 80℃烘箱中烘干约 20min。

6)显色：薄板烘干后，喷洒磷钼酸显色剂，置烘箱中 105℃烘烤，3～5min 即可显色。

7)测量计算：测量展开剂前沿距原点中心的距离与色斑中心距原点中心的距离，计算各脂质的 R_f值，把标准品与试样品进行比较鉴定。

【注意事项】

1) 血清必须是新鲜血清，如陈旧血清，自由脂肪酸不易提取。

2) 提取脂质时可用手摇，但必须要不停的剧烈振荡，否则效果不好。

3) 提取脂质的全过程都要在有塞的试管中进行，防止溶剂挥发。

4) 展开时，玻璃板轻轻放入，不要摇摆，不要移动。

5) 一定要烘干后才能喷显色剂，喷时不要太用力。

【思考题】

1. 影响脂质在硅胶薄层上的 R_f 值的主要因素是什么？
2. 在提取血清脂质时需要注意些什么？

（严冬梅）

三、电泳实验

实验七　血清蛋白醋酸纤维素薄膜电泳及定量分析

【实验目的】

掌握醋酸纤维素薄膜电泳的基本操作技术及应用；熟悉血清蛋白的分类及其临床意义。

【实验原理】

蛋白质是两性电解质，在 pH 小于其等电点的溶液中，带正电荷，在电场中向阴极移动；在 pH 大于其等电点的溶液中，带负电荷，电泳时向阳极移动。血清中含有若干种不同的蛋白质，由于它们的分子质量各异，所带电荷不等，因此在电场中移动速率各不相同，可以利用醋酸纤维素薄膜（cellulose acetate film）作为支持物进行电泳将它们分离开。一般情况下，利用醋酸纤维素薄膜作为支持物进行电泳可将人血清蛋白质分成 5 条区带，从正极端起依次为清蛋白（albumin，A）、α_1-球蛋白、α_2-球蛋白、β-球蛋白及 γ-球蛋白（globulin），各组分的等电点、相对分子质量及其在正常血清中的百分含量见表 3-6。

表 3-6　血清蛋白各组分的等电点、相对分子质量及其在正常血清中的百分含量

组分	等电点	相对分子质量	在血清中的百分含量/%
清蛋白	4.64	69 000	57～72
α_1-球蛋白	5.06	200 000	2～5
α_2-球蛋白	5.06	300 000	4～9
β-球蛋白	5.12	90 000～150 000	6.5～12.0
γ-球蛋白	6.85～7.3	156 000～950 000	12～20

血清蛋白电泳有一定的临床意义。例如，肝硬化时清蛋白明显降低，而 γ-球蛋白可增高 2 倍；肾病综合征和慢性肾小球肾炎可见到清蛋白降低，α-球蛋白和 β-球蛋白增高。从电泳

谱上也可查出某些异常。例如，多发性骨髓瘤患者血清，有时在β-球蛋白与γ-球蛋白之间出现巨球蛋白；原发性肝癌患者血清在清蛋白与α_1-球蛋白之间可见到甲胎蛋白。

【实验试剂和器材】

1. 试剂

1）巴比妥缓冲液（barbital buffer，pH 8.6，离子强度 0.06）：称取巴比妥钠 12.76g，巴比妥 1.66g，去离子水加热溶解后加水至 1000mL。置 4℃保存，备用。

2）氨基黑 10B 染色液：称取氨基黑 10B（amino black 10B）0.5g，加甲醇（methanol）50mL，冰醋酸（glacial acetic acid）10mL，去离子水 40mL，混匀溶解后置具塞试剂瓶内贮存。

3）漂洗液：取 95%乙醇 45mL，冰醋酸 5mL，去离子水 50mL，混匀后置具塞试剂瓶内贮存。

4）透明液：临用前配制。甲液：取冰醋酸 15mL，无水乙醇 85mL，混匀。乙液：取冰醋酸 25mL，无水乙醇 75mL，混匀。

5）0.4mol/L NaOH。

2. 器材

电泳仪及电泳槽，醋酸纤维素薄膜，培养皿，镊子，玻璃板，试管及试管架，722 型分光光度计。

【实验步骤】

（1）准备

1）将醋酸纤维素薄膜切成 2.5cm×8.0cm 的小片，在薄膜无光泽面距一端 1.5cm 处用铅笔画线，表示点样位置。

2）将薄膜无光泽面向下，漂浮于巴比妥缓冲液（barbital buffer）液面上，使膜条自然浸湿下沉。

3）将充分渗透、浸泡大于 2h（最好过夜）的膜条取出，用滤纸吸去多余的缓冲液。

（2）点样　用点样器蘸取血清样品，垂直印于膜上（划线处），待血清全部渗入膜内，移开点样器（点样应在薄膜的无光泽面，点样处距一端约 1.5cm）。

（3）电泳　事先在电泳槽槽架上铺 4 层滤纸（或 2～3 层纱布）作桥垫，将点样后的膜条置于电泳槽架滤纸上，放置时无光泽面（即点样面）向下，点样端靠负极，膜条与滤纸需贴紧，待平衡 5min 后通电，调节电压至 90～110V，电流（稳流）为 0.4～0.6mA/cm 宽。通电 50～55min 后关闭电源。

（4）染色　通电完毕后，用镊子将薄膜取出，直接浸于盛有氨基黑 10B 的染色液中，染色 1min 取出。先用自来水冲洗，后立即浸入盛有漂洗液的培养皿中，反复漂洗数次，直至背景漂净为止，用滤纸吸干薄膜。

（5）定量　取试管 6 支，编号，分别吸取 0.4mol/L 的 NaOH 4mL，剪开薄膜上各条蛋白色带，另剪一空白膜条（与前面各色带一样大小），按一定顺序将各膜条浸入上述试管中，不时摇动，使蓝色洗出，约 0.5h 后，用分光光度计进行比色，于波长 650nm 处，以空白膜条洗出液为空白对照，读取清蛋白（A）、α_1-球蛋白、α_2-球蛋白、β-球蛋白及γ-球蛋白各管的吸光度，然后根据公式计算各蛋白质在血清中的构成比。

(6)计算

$$吸光度总和(T) = A+\alpha_1+\alpha_2+\beta+\gamma$$

各蛋白质的构成比为：

清蛋白构成比= A/T　　β-球蛋白构成比= β/T

α_1-球蛋白构成比= α_1/T　　γ-球蛋白构成比= γ/T

α_2-球蛋白构成比= α_2/T

【注意事项】

1)薄膜应浸透，点样应少而均匀，否则图谱不齐，分离不清。若点样时发现薄膜太干并有白斑，需重新置于巴比妥缓冲液中浸透后点样。

2)注意溶液 pH 与等电点的关系，以确定点样端的电极。

3)漂洗时，漂洗液使用应少量多次。

4)操作时，手指切勿直接接触薄膜，在取薄膜、染色等步骤中均需用镊子夹取。

【思考题】

1. 电泳时，点样端置于电场的正极还是负极，为什么？

2. 根据实验原理中所列几种血清蛋白质的等电点，推测它们在 pH 8.6 的巴比妥缓冲液中带什么电荷？并预测它们泳动的先后顺序如何(暂不考虑分子质量大小)？

3. 引起电泳图谱不整齐的原因是什么？

(刘友平)

实验八　心、肝、肾组织乳酸脱氢酶同工酶的电泳分离

【实验目的】

掌握醋酸纤维素薄膜电泳分离乳酸脱氢酶(lactate dehydrogenase，LDH)同工酶的原理和方法；掌握同工酶的概念，乳酸脱氢酶的组成和组织分布特异性；熟悉电泳的原理和方法；了解酶专一性染色原理及其应用。

【实验原理】

同工酶是指来源于同一个体或组织，催化相同的化学反应，而分子结构、理化性质及免疫学特性都不相同的一组酶。同工酶的蛋白质结构有差别，它们的理化性质也就有差异。因此可用电泳或其他方法将它们分离开来。乳酸脱氢酶(LDH)是糖酵解过程中很重要的一种酶，其作用是催化丙酮酸与乳酸的相互转化。LDH 蛋白质分子由 B(心肌型)和 A(骨骼肌型)两类亚基组成，分别形成 $LDH_1(B_4)$、$LDH_2(B_3A)$、$LDH_3(B_2A_2)$、$LDH_4(BA_3)$、$LDH_5(A_4)$ 5 种同工酶的分子形式。它们的组成、结构和等电点均不同，在特定的 pH 条件下(一般为 pH 8.3)

所带电荷数量不同，根据其电泳迁移率的快慢可用电泳法分离出 5 种同工酶区带：向正极移动时，最快的是 LDH_1，依次为 LDH_2、LDH_3、LDH_4，最慢的是 LDH_5。

由于同工酶在不同组织、器官中的分布不同，即具有明显的组织特异性。LDH 同工酶的分布也有组织特异性：人的心肌、肾和红细胞中以 LDH_1 和 LDH_2 最多；而肝和骨骼肌中以 LDH_5 和 LDH_4 最多；而肺、脾、胰、甲状腺、肾上腺和淋巴结等组织以 LDH_3 最多；后来从睾丸和精子中发现了 LDH_x，其电泳迁移率介于 LDH_4 和 LDH_5 之间。正常人心肌和肝、肾组织提取液的 LDH 同工酶谱见图 3-1。

图 3-1　LDH 同工酶谱

分离 LDH 同工酶常用的支持物有醋酸纤维素薄膜、聚丙烯酰胺凝胶、琼脂糖凝胶及淀粉凝胶等。本实验以醋酸纤维素薄膜为支持物，分离心肌、肝组织、肾组织提取液的 LDH 同工酶，其优点是设备简单、操作方便、标本用量少、电泳时间短及区带分离清晰等。

电泳后，将醋酸纤维素薄膜覆盖于浸有染液[含底物乳酸钠和显色剂——吩嗪甲氧硫酸酯（phenazine methosulfate，PMS）和氯化硝基四氮唑兰（nitrobluetetraxolium，NBT）]的另一张醋酸纤维素薄膜上（粗面对粗面），37℃保温，使酶起催化反应，可出现深浅不同的 5 条色带，称为同工酶谱。其显色机制见图 3-2。

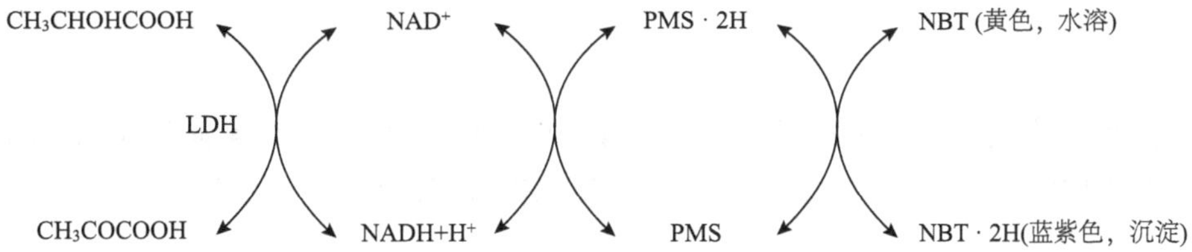

图 3-2　制作同工酶谱的显色机制

健康成人血清 LDH 同工酶的分布见表 3-7。

表 3-7　健康成人血清 LDH 同工酶的分布

报告者	电泳支持物	同工酶百分数/%				
		LDH_1	LDH_2	LDH_3	LDH_4	LDH_5
上海闸北区中心医院	醋酸纤维素薄膜	24～34	35～44	19～27	0～5	0～2
重庆医学院	醋酸纤维素薄膜	27.1	34.7	20.9	11.7	5.7

血清 LDH 同工酶是各组织释放的 LDH 的总和，当某一组织受损时，它含有的 LDH 同

工酶就会大量释放并进入血中，血清 LDH 同工酶谱表现出受损组织的 LDH 同工酶的特征。例如，血清 LDH_1 和 LDH_2 增高常见于心肌损伤；血清 LDH_5 增高常见于肝或骨骼肌损伤。因此，血清 LDH 同工酶谱的改变能反映出疾病的部位和损伤的程度，可作为临床诊断的依据，并有助于观察病程的转归和判断治疗效果；同工酶谱的改变也被应用于生物分类及遗传育种等工作中。

【实验试剂和器材】

1. 试剂

1) 心肌提取液：取新鲜兔心，除去附着的结缔组织和脂肪，称重，剪成碎片，放入研钵中，加入 10 倍体积预先冰冷了的去离子水，磨成匀浆后取上清液点样。

2) 肝（肾）组织提取液：取新鲜兔肝（肾），称重后放入匀浆机中加 10 倍体积预先冰冷的去离子水进行研磨成匀浆，静置沉淀后，蘸取上清液点样。

3) 0.1mol/L 磷酸盐缓冲液（pH 7.5）：称取 $Na_2HPO_4 \cdot 7H_2O$ 22.55g 和 KH_2PO_4 2.16g，去离子水溶解后稀释至 1000mL。

4) 1mol/L 乳酸钠：吸取乳酸钠液（相对密度 1.38～1.42，含量 60%～70%）5.3mL 溶于 50mL 0.1mol/L 磷酸盐缓冲液（pH 7.5）中，混匀，冰箱保存。

5) 吩嗪甲氧硫酸酯（phenazine methosulfate，PMS）溶液（1mg/mL）：置棕色瓶中，4℃保存。对光敏感，呈绿色即不能使用。

6) 氯化硝基四氮唑兰（nitrobluetetraxolium，NBT）溶液（3mg/mL）。

7) 染色应用液：1mol/L 乳酸钠液 0.8mL，3mg/mL NBT 1.6mL，1mg/mL PMS 0.6mL，20mg 辅酶Ⅰ，临用前配制。

8) 巴比妥缓冲液（pH 8.6，离子强度 0.05）：分别称取巴比妥 1.85g，巴比妥钠 10.3g，溶于 100mL 蒸馏水，加热助溶。待冷后倾入 1000mL 容量瓶中，用蒸馏水稀释至刻度，混匀。

2. 器材

电泳槽和电泳仪，刻度吸量管（1mL，2mL）或移液器，醋酸纤维素薄膜（6cm×3cm），点样器或血红蛋白吸管，有盖搪瓷盘，载玻片，电热恒温水浴箱。

【实验步骤】

1) 准备：在电泳槽的电极室内加适量 pH 8.6 巴比妥缓冲液并搭好滤纸桥。

2) 加样：准备甲、乙两条 6cm×3cm 的醋酸纤维素薄膜，将甲条浸于 pH 8.6 巴比妥缓冲液中充分浸透后取出，用滤纸将膜上多余水分吸干。用 X 光软片为点样器，蘸取组织上清液少许，使软片下端均匀地黏附上组织提取液，然后紧按在无光泽面的距一端 1.5cm 的醋酸纤维素薄膜处，待样品全部渗入膜内，移开软片。将点有样品的薄膜置于电泳槽滤纸桥上，点样面向下，点样端放阴极。

3) 电泳：通电，电压 150～170V，电流 0.6～1.0mA/cm，电泳 45min。

4) 染色：电泳结束前 15min 配制染色应用液。将乙条薄膜浸入染色应用液中完全浸润后取出，光面朝下，贴在玻璃片上。然后将甲条电泳膜取出，用滤纸迅速吸干两端上的缓冲液，无光泽面朝下贴在乙条薄膜上，将玻璃片移入有盖搪瓷盘内，盘内置湿纱布一条以保持盘内一定湿度，于37℃保温3～5min，观察蓝紫色区带，并比较心、肝、肾三大组织的LDH_1酶谱结果。

【注意事项】

1) LDH_4与LDH_5(尤其是LDH_5)对热很敏感，因此底物-显色液的温度不能超过50℃，否则易变性失活；LDH_4和LDH_5对冷不稳定，容易失活，应采用新鲜标本。因此，整个实验过程必须注意控制温度和时间。

2) 缓冲液的pH应准确；基质液应临用前配制，PMS对光敏感故需避光保存，否则显色后凝胶板背景颜色较深。

3) 染色时应注意薄膜上的染液要适量，过多会导致同工酶区带扩散，过少则会因为膜干燥而无法进行酶促反应。

4) 电泳时温度不宜过高，若室温超过25℃则需降温以免影响酶活力。

5) 可用0.5～1.0mol/L的乳酸锂溶液(pH 7.0)代替上述乳酸钠溶液。乳酸锂化学性质稳定，易称量，还可避免乳酸钠长期放置后产生的酮类物质对酶促反应造成的抑制作用。

【思考题】

1. 同工酶具有明显的组织特异性，这有何生理意义？
2. 电泳时如果温度过高导致烧焦，继续染色能否看到分离条带？为什么？
3. 染色时为什么要置于37℃保温？

（刘友平）

实验九　聚丙烯酰胺凝胶电泳分离血清蛋白

【实验目的】

熟悉聚丙烯酰胺凝胶电泳(PAGE)分离蛋白质的基本原理及操作；进一步熟悉血清蛋白的分类；与醋酸纤维素薄膜电泳比较，认识聚丙烯酰胺凝胶电泳分离蛋白质的优缺点。

【实验原理】

聚丙烯酰胺凝胶(polyacrylamide gel)是由丙烯酰胺单体(acrylamide，Acr)和交联剂*N*，*N'*-甲叉双丙烯酰胺(*N*, *N'*-methylene-bis-acrylamide，Bis)在水溶液中用催化剂过硫酸铵(ammonium persulfate)和加速剂四甲基乙二胺(TEMED)进行促凝作用，引发聚合交联而形成的具有三维网状结构(许多网孔)的高亲水性凝胶。该凝胶具有网状立体结构，很少带有离子的侧基，惰性好，电泳时，电渗作用小，几乎无吸附作用，对热稳定，呈透明状，易于观察结果。聚丙烯酰胺凝胶电泳(polyacrylamide gel electrophoresis，PAGE)就是以聚丙烯酰胺凝胶作为支持物的一种区带电泳，由于此种凝胶具有分子筛的性质，因此对样品的分离作用，不仅取决于样品中各组分所带净电荷的多少，还与分子的大小有关。电泳时样品的有效分离范围取决于这些网孔的大小，即取决于用于灌胶的丙烯酰胺的浓度和交联度。实验表明聚丙烯酰胺凝胶大多按“双丙烯酰胺-丙烯酰胺”为1∶29配制能分离大小相差只有3%的蛋白质。用5%～15%的丙烯酰胺所灌制凝胶的线性分离范围见表3-8。

表 3-8　聚丙烯酰胺凝胶的有效分离范围

丙烯酰胺浓度/%*	线性分离范围/kDa
15.0	12～43
10.0	16～68
7.5	36～94
5.0	57～212

*双丙烯酰胺-丙烯酰胺物质的量比为 1∶29。

PAGE具体的电泳方式有两种：圆盘电泳（disc-electrophoresis）和平板电泳（slab-electrophoresis），而且这两种方式都有连续和不连续电泳之分。电泳在凝胶缓冲液 pH、电极缓冲液、凝胶孔径均相同的体系中进行，称为连续 PAGE；电泳在凝胶缓冲液 pH、电极缓冲液及凝胶孔径不同的体系中进行，称为不连续 PAGE。不连续 PAGE 分离中包括三种物理效应：浓缩效应、电荷效应和分子筛效应。本实验介绍不连续聚丙烯酰胺凝胶垂直平板电泳和圆盘电泳分离血清蛋白的方法。

通过聚丙烯酰胺凝胶电泳分离的血清蛋白需要用考马斯亮蓝（Coomassie brilliant blue）染色才能观察到蛋白条带。考马斯亮蓝是一类特异与蛋白质结合的蓝色染料。首先将凝胶浸入考马斯亮蓝染色液中，使整个凝胶着色，接着进行脱色，胶中被固定并染色的蛋白质不被脱色，而不含蛋白质的凝胶部分则全部脱色，结果出现蛋白质区带。考马斯亮蓝有 R-250 和 G-250 两种，考虑凝胶染色的检出灵敏度，一般常用 R-250。

I　垂直平板电泳法

【实验试剂和器材】

1. 试剂

1）分离胶缓冲液（1.5moL/L Tris-HCl 缓冲液）（pH 8.9）：称取 Tris 181.7g，1mol/L HCl 溶液约 48mL，加去离子水至 800mL 使其溶解，pH 调至 8.9，用去离子水定容至 1000mL，置棕色瓶中，4℃冰箱保存。

2）浓缩胶缓冲液（1.0mol/L Tris-HCl 缓冲液）（pH 6.8）：称取 Tris 121.1g，1mol/L HCl 溶液约 48mL，加去离子水至 800mL 使其溶解，pH 调至 6.8，用去离子水定容至 1000mL，置棕色瓶中，4℃冰箱保存。

3）凝胶储存液（30%丙烯酰胺）：称取丙烯酰胺（Acr）290g，甲叉双丙烯酰胺（Bis）10g，加去离子水约 600mL 溶解后定容至 1000mL，用 0.45μm 滤器滤去杂质后盛于棕色瓶中，4℃冰箱保存，可使用 1 个月。

4）电极缓冲液（pH 8.3）：称取甘氨酸 94g，Tris 15.1g，加去离子水至 850mL 溶解，调 pH 至 8.3，用去离子水定容至 1000mL，4℃冰箱保存，用时可作 5 倍稀释。

5）催化剂（10%过硫酸铵）：称取过硫酸铵 0.5g，加去离子水 5mL。临用前配制，4℃冰箱存放，最长不超过 1 周。

6）加速剂（四甲基乙二胺，TEMED）：原包装液，存于 4℃冰箱备用。

7）5×PAGE 上样缓冲液：1.0mol/L Tris-HCl 缓冲液（pH 6.8）1.25mL，溴酚蓝（Bromophenol blue，BPB，示踪剂）25mg，甘油 2.5mL，加去离子水溶解后定容至 5mL，500μL/份分装后室温保存。使用前每小份加入 25μL β-巯基乙醇（2-ME）混匀（加了 2-ME 的上样缓冲液可在室温下存放一个月左右）。

8）染色液：称取考马斯亮蓝 R-250（CBBR-250）1.0g，异丙醇 250mL，冰醋酸 100mL，再加去离子水 650mL 溶解混匀，用滤纸过滤去除不溶的颗粒物质，室温保存。

9）固定液：取甲醇 500mL，冰醋酸 100mL，再加去离子水 400mL 充混匀，室温保存。

10）洗脱液：取冰醋酸 100mL，乙醇 50mL，再加去离子水 850mL 充分混匀，室温保存。

11）保存液：取冰醋酸 70mL，再加去离子水 930mL 充分混匀，室温保存。

2. 器材

1）电泳仪：选用电子管或晶体管整流电源：电压 0～600V，电流 0～300mA。

2）电泳槽：垂直平板电泳槽及配套玻璃板。

3）小烧杯，50μL 微量进样器，移液器。

【实验步骤】

1. 制备凝胶

1）安装夹心式垂直玻璃板并紧固，确保灌胶时无漏液。

2）制备分离胶。确定所需凝胶溶液的体积，并按所需丙烯酰胺浓度（表3-9）配制分离胶溶液。一旦加入TEMED，马上开始聚合，故应立即快速搅拌混合物并进行下一步操作。

表 3-9　不同浓度分离胶溶液的配制

凝胶浓度/%	7.5		10		12	
双蒸水/mL	2.40	4.90	1.95	4.10	1.65	3.40
30%丙烯酰胺/mL	1.25	2.50	1.70	3.30	2.00	4.00
1.5moL/L Tris-HCl 缓冲液（pH8.9）/mL	1.3	2.5	1.3	2.5	1.3	2.5
10%过硫酸铵/mL	0.05	0.10	0.05	0.10	0.05	0.10
TEMED/mL	0.002	0.004	0.002	0.004	0.002	0.004
总体积/mL	5.0	10.0	5.0	10.0	5.0	10.0

3）迅速在两玻璃板的间隙中灌注分离溶液，留出灌注浓缩胶所需空间（梳子的齿长再加 0.5cm），再在胶液面上小心注入一层水或异丙醇（2～3mm 高），以阻止空气进入凝胶溶液而影响凝胶的聚合。

4）分离胶聚合完全后（约 30min），倾出覆盖水层，再用滤纸吸净残留水。

5）制备浓缩胶。参考表 3-10 给出的数据，在小烧杯中制备一定体积的浓缩胶溶液，一旦加入 TEMED，马上开始聚合，故应立即快速搅拌混合物并进行下一步操作。

表 3-10 浓缩胶溶液的配制

凝胶浓度/%	5%	5%
双蒸水/mL	2.077	5.612
30%丙烯酰胺/mL	0.5	1.3
1.0moL/L Tris-HCl 缓冲液（pH 6.8）/mL	0.38	1.0
10%过硫酸铵/mL	0.04	0.08
TEMED/mL	0.003	0.008
总体积/mL	3.0	8.0

6）在聚合的分离胶上直接灌注浓缩胶溶液，立即在溶液中插入干净的梳子。小心避免混入气泡，再加入浓缩胶溶液以充满梳子之间的空隙，将凝胶垂直放置于室温下。待聚合后倾去并吸干去离子水，准备加样。

2. 样品预处理及加样

1）取 20μL 血清加入 5μL 5×上样缓冲液，置 100℃沸水中煮 5min，冷至室温备用。处理好的样品液如经长期存放，使用前应在沸水浴中加热 1min，以消除亚稳态聚合。

2）浓缩胶聚合完全后（约30min），小心移出梳子。把凝胶板固定于电泳装置上，上下槽各加入 Tris-甘氨酸电极缓冲液。必须设法排出凝胶底部两玻璃板之间的气泡。

3）按预定顺序加样，加样量通常为 10～25μL（1.0mm 厚的胶）。

3. 电泳

1）将电泳装置与电源相接，凝胶上所加电压为 8V/cm。当染料前沿进入分离胶后，把电压提高到 15V/cm，继续电泳直至溴酚蓝到达分离胶底部上方约 1cm 处，然后关闭电源，需 2～4h。

2）电泳结束后，取下凝胶板，卸下凝胶膜上的橡胶框，用镊子将短板玻璃撬开。在溴酚蓝区带的中心作好标志，用水慢慢冲洗一下胶面，将凝胶与长板玻璃剥离后，置于培养皿内，放入固定液中轻轻振摇固定 10min。

4. 染色

1）倒去固定液。

2）倒入 50～60℃预温的染色液浸没凝胶，染色约 40min。回收染色液，用清水冲洗掉凝胶上多余的染色液。

3）倒入脱色液，轻摇 1～2h，其间换脱色液 2～3 次。

染色液中的冰醋酸，在染色过程中，还起固定蛋白质的作用。此法的检测灵敏度为 0.2～1.0μg，虽然不如银染色法的灵敏度高，但是操作简便，背景干净清楚，显色带的颜色深浅一般与蛋白质的量成正比，可用于蛋白质的定量测定。

II　圆盘电泳法

圆盘电泳原理与垂直板电泳相同，但操作更为简单，适合学生在实验室采用。

【实验试剂和器材】

1. 试剂

1) 正常人血清，四甲基乙二胺(TEMED)。

2) 单体交联剂：称取丙烯酰胺 30g，甲叉双丙烯酰胺 0.8g，加蒸馏水至 100mL，过滤后储存于棕色瓶，40℃避光保存。

3) 催化剂：过硫酸铵 1g，加蒸馏水 10mL，用前配制。

4) 电极缓冲液：称取硼砂 30.512g，硼酸 4.948g，加蒸馏水溶解后定容至 1000mL。此为储存液，pH 9.0。工作液：取储存液 90mL，加水 1440mL，pH 9.0。

5) 固定液：称取三氯乙酸 12.5g，加蒸馏水溶解后定容至 100mL。

6) 染色液：称取考马斯亮蓝 R-250 0.5g，95%乙醇 90mL。用时稀释至原液浓度的 1/3～1/2。

7) 洗脱液、保存液：冰醋酸 38mL，加入甲醇 125mL，再加蒸馏水 338mL。

8) 分离胶缓冲液：称取 Tris 6.06g、EDTA 1.17g，加适量双蒸水溶解，定容至 100mL，调 pH 为 8.8。

9) 上样缓冲液：也称样品稀释液。取上述电极缓冲液 25mL，蔗糖 10g，0.05%溴酚蓝 5mL，加蒸馏水至 100mL，混匀，40C 保存。

2. 器材

电泳槽，电泳仪，玻璃管(10cm×0.6cm)，50μL 微量注射器，5mL 注射器，局麻针头，橡皮泥，洗耳球等。

【实验步骤】

1. 制备凝胶柱

1) 取一根 10cm×0.6cm 玻璃管，用金刚砂磨平两端，在 7cm 和 7.5cm 两处分别用记号笔作一记号。用小块玻璃纸将起始端包裹住，插到橡皮泥中，垂直放置于桌面上。按表 3-11 配制分离胶溶液。

表 3-11　圆盘电泳法分离胶溶液的配制

试剂	分离胶/mL
分离胶缓冲液	1.00
单体交联剂	2.10
双蒸水	6.80
10%过硫酸铵(催化剂)	0.10
TEMED(加速剂)	0.01

2) 混匀后用滴管吸取配制好的溶液，沿玻璃管壁注入玻璃管内，至 7cm 记号处。避免气

泡产生(用手指轻叩管壁，可以排出可能产生的气泡)。

3)立即用滴管沿管壁加入少量蒸馏水(约 0.5cm 高)。

4)静置 30～60min，待聚合完成。当凝胶与水的界面出现清晰的线状时，聚合完成。先用滴管吸去凝胶上部的水层，再用细的滤纸条将残留的水分吸干。

2. 配制样品液

取正常人血清 0.1mL，与上样缓冲液 1.9mL 混合。

3. 电泳

1)将制备好的凝胶管插入圆盘电泳槽的槽底橡皮胶塞孔内，每个管子做一标记。

2)将电泳缓冲液加到下槽中，用玻璃棒或滴管排出凝胶管下口的气泡。将凝胶管放入下电泳槽。

3)用微量注射器吸取混合后的样品 30μL，沿管壁加到分离胶面上。

4)将电极缓冲液加到管内。注意，加电极缓冲液时不能将已上样的样品冲散。

5)接通电泳仪，上电泳槽接电泳仪的负极，下电泳槽接电泳仪的正极。开始电泳。调节电流为：3mA/管，电压 260～280V，电泳 40 min。

4. 剥胶

电泳结束后先关闭电泳仪上的开关。取下凝胶玻璃管。用带有 10cm 长局麻针头的注射器吸取蒸馏水后，插入凝胶与玻璃管管壁之间，注入注射器内的蒸馏水，边注边转动玻璃管，让蒸馏水作为润滑剂使凝胶与玻璃管分离，再用洗耳球在胶柱的一端加压，使凝胶柱从玻璃管内缓慢滑出，置于试管内。

5. 固定、染色和脱色

用12.5%的三氯乙酸浸泡凝胶条，此步骤可使凝胶上的蛋白质固定，10min后倒去三氯乙酸溶液。再加入考马斯亮蓝染色液，在90℃水浴染色15min。倒去染色液。加入洗脱液洗脱。洗脱过程需数日，中途需更换1～2次洗脱液，直至背景清晰。在平放的X光看片灯下观察结果。

【实验结果】

在聚丙烯酰胺凝胶电泳上，血清蛋白质可分离为12～25个不同的组分。根据凝胶配制的浓度和玻璃管长度的不同，可分辨的蛋白质组分的数目有差异。

【注意事项】

1)Acr 和 Bis 是神经毒剂，可经皮肤、呼吸道等吸收，操作时要注意保护。

2)Acr 和 Bis 在低温下稳定，应放棕色瓶干燥低温(4℃)保存。30%单体交联剂应装棕色瓶中，贮存于冰箱(4℃)能部分地防止水解，但也只能保存 1～2 月。可测定 pH(4.9～5.2)来检查是否失效，失效液不能聚合。

3)制备分离胶和浓缩胶时，加入催化剂和加速剂混合后在 10～30min 内聚合，故应尽快注入玻璃板或管内。

【思考题】

1. 比较分别以醋酸纤维素薄膜和聚丙烯酰胺凝胶为支持物得到的电泳结果有何不同？为什么？

2. 在制胶过程中为什么要用去离子水封住胶面(包括分离胶、浓缩胶)？

3. 制备分离胶和浓缩胶时发现凝胶不聚合，通常是什么原因所致？

4. 实验中如何去除蛋白质之间的电荷效应？

（刘友平　刘　戟）

实验十　SDS-PAGE 测定蛋白质相对分子质量

【实验目的】

熟悉 SDS-PAGE 电泳测定蛋白质相对分子质量的基本原理；掌握不连续聚丙烯酰胺凝胶平板垂直电泳和圆盘电泳的基本技术及应用。

【实验原理】

SDS-PAGE 即在 PAGE 蛋白质电泳系统中加入了十二烷基硫酸钠(sodium dodecyl sulfate，SDS)的蛋白质电泳。SDS 是一种阴离子变性剂，当其与蛋白质混合后，能破坏蛋白质分子间及其他物质分子间的非共价键使蛋白质的构象发生变化，继而使蛋白质变性解离成单一亚基，同时 SDS 与蛋白质结合为近似于雪茄烟形状的长椭圆棒复合物而引起蛋白质构象的改变，不同蛋白质的 SDS 复合物短轴长度都一样(约为1.8nm)，而长轴则与蛋白质分子质量成正比变化。这样的 SDS-蛋白质复合物，在凝胶电泳中的迁移率，不再受蛋白质原有电荷和形状的影响(蛋白质原有电荷被大量带负电荷的 SDS 所掩盖)，而只与椭圆棒的长度也就是蛋白质分子质量呈正相关函数关系，最终各蛋白质依各自的分子质量大小得到分离。

SDS-PAGE 是按照各蛋白质分子质量大小进行分离的，分子质量小的跑在前面，分子质量大的跑在后面，即蛋白质的分子质量与它的电泳迁移率有一定关系。通过对 37 种蛋白质的测定，得到如下的关系式

$$M_r = k(10^{-bm})$$

$$\lg M_r = \lg k - bm = k_1 - bm$$

式中，M_r是蛋白质的相对分子质量；k 和 k_1 为常数，b 为斜率，m 是电泳迁移率，实际使用的是相对迁移率 m_t，其计算公式为

$$m_t = d_{Pr}/d_{BPB}$$

式中，d_{Pr}、d_{BPB} 分别为样品(Pr)和溴酚蓝(bromophenol blue，BPB)以分离胶表面为起点迁移的距离。

如果以若干种标准蛋白质分子质量的对数（$\lg M_r$）为纵坐标，以相应的相对迁移率（m_t）为横坐标，即可画出一条斜率为负值的标准曲线（图 3-3）。

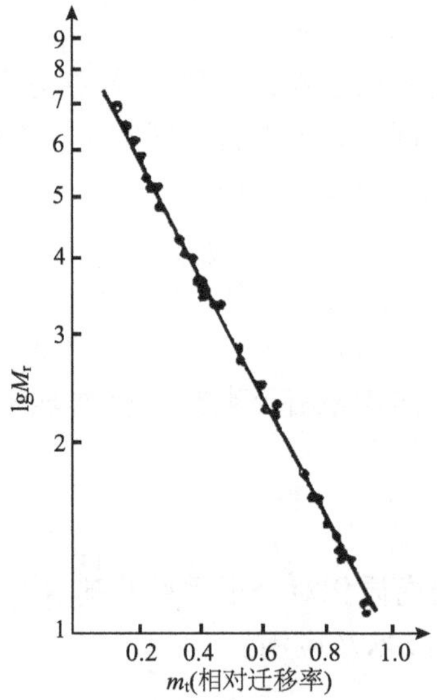

图 3-3　37 种蛋白质的 M_r 对数与相对迁移率的关系

M_r大小为（11～70）×10^3，10%凝胶，pH＝7.2，SDS-磷酸盐缓冲系统

欲求未知蛋白质的分子质量，只需求出它的相对迁移率，然后，从标准曲线上就可求出此未知蛋白质的相对分子质量。

但由于 SDS 和 β-巯基乙醇（β-mercaptoethanol）的作用，蛋白质完全变性和解聚，解离成亚基或单个肽链，因此测定的结果只是亚基或单条肽链的分子质量。

【实验试剂和器材】

1. 试剂

1）标准蛋白质纯品和待测蛋白质：根据待测蛋白质相对分子质量的大小，选择4～6种已知分子质量的蛋白质纯品作为标准蛋白质，常用的见表3-12。

表 3-12　常用标准蛋白质的相对分子质量

标准蛋白质	来源	相对分子质量（M_r）
细胞色素 c	马心	12 500
胰凝乳蛋白酶原 A	牛胰	25 000
胃蛋白酶	猪胃	35 000
卵清蛋白	鸡卵	43 000
牛血清清蛋白	牛血清	67 000

2）10% SDS：称取 SDS 1.0g，加去离子水溶解并定容至 10mL，1.0mL/份分装置 4℃冰箱保存。

3）电极缓冲液（pH 8.3）：称取甘氨酸 94g，Tris 15.1g，SDS 5.0g，加去离子水至 850mL

溶解，调 pH 至 8.3，用去离子水定容至 1000mL，4℃冰箱保存，用时可作 5 倍稀释。

4) 5×SDS-PAGE 上样缓冲液：1.0mol/L Tris-HCl 缓冲液（pH 6.8）1.25mL，溴酚蓝（Bromophenol blue，BPB，示踪剂）25mg，SDS 0.5g，甘油 2.5mL，加去离子水溶解后定容至 5mL，500μL/份分装后室温保存。使用前每小份加入 25μL β-巯基乙醇（2-ME）混匀（加了 2-ME 的上样缓冲液可在室温下存放一个月左右）。

5) 其他试剂同实验九。

2. 器材

同实验九。

【实验步骤】

1. 凝胶的灌制、加样、电泳及染色

同实验九聚丙烯酰胺凝胶电泳分离血清蛋白实验。只是分离胶、浓缩胶的配制有所不同，具体见表 3-13、表 3-14。

表 3-13 不同浓度分离胶溶液的配制

凝胶浓度/%	7.5		10		12	
双蒸水/mL	2.35	4.80	1.90	4.00	1.60	3.30
30%丙烯酰胺/mL	1.25	2.50	1.70	3.30	2.00	4.00
1.5moL/L Tris 缓冲液 (pH 8.8) /mL	1.3	2.5	1.3	2.5	1.3	2.5
10% SDS/mL	0.05	0.10	0.05	0.10	0.05	0.10
10%过硫酸铵/mL	0.05	0.10	0.05	0.10	0.05	0.10
TEMED/mL	0.002	0.004	0.002	0.004	0.002	0.004
总体积/mL	5.0	10.0	5.0	10.0	5.0	10.0

表 3-14 浓缩胶溶液的配制

凝胶浓度/%	5	5
双蒸水/mL	2.037	5.532
30%丙烯酰胺/mL	0.5	1.3
1.0moL/L Tris 缓冲液 (pH 6.8) /mL	0.38	1.0
10% SDS/mL	0.04	0.08
10%过硫酸铵/mL	0.04	0.08
TEMED/mL	0.003	0.008
总体积/mL	3.0	8.0

2. 计算

取出脱色后的凝胶平放在两块透明投影胶片中间，赶尽气泡，在复印机上复印。在复印的凝胶图上用直尺分别量出各条蛋白带迁移的距离 d_{Pr} 和 d_{BPB}（以蛋白带的上沿或中心为准），

计算相对迁移率，根据方程：$\lg M_r=k_1-bm_t$，用各标准蛋白质分子质量的对数（纵坐标）和相对迁移率 m_t（横坐标）画出标准曲线，由标准曲线再求出其他各条待测或未知蛋白带的相对分子质量，如有可能，计算其误差。

【注意事项】

1）不是所有的蛋白质都能用 SDS-PAGE 法测定其分子质量，已发现有些蛋白质用这种方法测出的分子质量是不可靠的。包括：电荷异常或构象异常的蛋白质，带有较大辅基的蛋白质（如某些糖蛋白）及一些结构蛋白如胶原蛋白等。例如，组蛋白 F_1，它本身带有大量正电荷，因此，尽管结合了正常比例的 SDS，仍不能完全掩盖其原有正电荷的影响，它的相对分子质量是 21 000，但 SDS-PAGE 测定的结果却是 35 000。因此，最好至少用两种方法来测定未知样品的分子质量，互相验证。

2）有许多蛋白质是由亚基（如血红蛋白）或两条以上肽链（如 α-胰凝乳蛋白酶）组成的，它们在 SDS 和巯基乙醇的作用下，解离成亚基或单条肽链。因此，对于这一类蛋白质，SDS-PAGE 测定的只是它们的亚基或单条肽链的分子质量，而不是完整分子的分子质量。为了得到更全面的资料，还必须用其他方法测定其分子质量及分子中肽链的数目等，与 SDS-凝胶电泳的结果互相参照。

【思考题】

1. 本实验算出的结果只是蛋白质亚基或单条肽链的分子质量，怎样推算才能得到蛋白质的相对分子质量？

2. PAGE 与 SDS-PAGE 的区别是什么？

（刘友平）

四、酶学实验

实验十一　碱性磷酸酶的分离、纯化与比活性测定

【实验目的】

掌握比活性的概念、比活性测定的原理和方法；熟悉碱性磷酸酶分离纯化的方法和步骤。

【实验原理】

有机溶剂分级沉淀是分离纯化蛋白质或酶的常用方法之一。有机溶剂能降低蛋白质水溶液的介电常数，使蛋白质的溶解度降低；同时有机溶剂易溶于水，破坏蛋白质颗粒表面的水化膜，使蛋白质颗粒互相聚集而沉淀析出。沉淀不同蛋白质所需有机溶剂的浓度不同，利用不同蛋白质在不同浓度的有机溶剂中发生沉淀作用而达到分离目的。用于蛋白质分级分离的溶剂主要是能与水互溶的有机溶剂，常用甲醇、乙醇和丙酮等。

本实验采用有机溶剂分级沉淀法从家兔肝匀浆中分离纯化碱性磷酸酶（alkaline phosphatase，AKP）。制备肝匀浆时使用低浓度的乙酸钠破坏细胞膜，同时加入乙酸镁保护和

稳定 AKP。在肝匀浆中加入正丁醇，使部分杂蛋白变性后过滤去除杂蛋白，含有 AKP 的滤液用冷丙酮和冷乙醇进行重复分离纯化。根据 AKP 易溶于 33%的丙酮或 30%的乙醇，而不溶于 50%的丙酮或 60%的乙醇的性质，经多次离心分离、提纯，可从含有 AKP 的滤液中获得较为纯净的 AKP。

因为在室温下有机溶剂能使大多数酶失活，所以分离提纯实验必须在低温下进行。有机溶剂应预先冷却，加入有机溶剂时要缓慢滴加，并充分搅拌，避免局部浓度过高或放出大量的热，使酶蛋白变性。有机溶剂分级沉淀法析出的沉淀在离心时容易沉降，因此可以短时间离心以分离沉淀。离心后立即将沉淀溶于适量的缓冲液中，避免酶活性的丧失。此外，采用有机溶剂法分离纯化酶时，还应注意控制溶液的 pH、离子强度及蛋白质浓度。

为了验证提纯过程中酶是否获得纯化，需测定各阶段酶的比活性等多项指标。酶的比活性是指单位质量蛋白质样品中所含的酶活性单位。随着酶被逐步纯化，其比活性也随之逐步升高，因此测定酶的比活性（specific activity）可以鉴定酶的纯化程度。根据国际酶学委员会规定，酶的比活性用每毫克蛋白质具有的酶活性单位来表示。因此，测定酶的比活性必须测定：①每毫升样品中的蛋白质毫克数（mg/mL）；②每毫升样品中的酶活性单位数（U/mL）。

AKP比活性的测定采用磷酸苯二钠法。AKP在碱性条件下作用于磷酸苯二钠，使之水解生成酚和磷酸氢二钠。酚在碱性溶液中与 4-氨基安替比林作用，经铁氰化钾氧化生成红色的醌类衍生物，其颜色深浅与AKP活性成正比。以酚作标准液经过同样处理进行比色，可测知酚的生成量，从而计算酶的活性单位。AKP的活性单位（King-Armstrong法）定义为：在 37℃ 保温 15min，每产生 1mg的酚为一个酶活性单位（U）。样品中的蛋白质含量用Folin-酚法测定。具体反应如下。

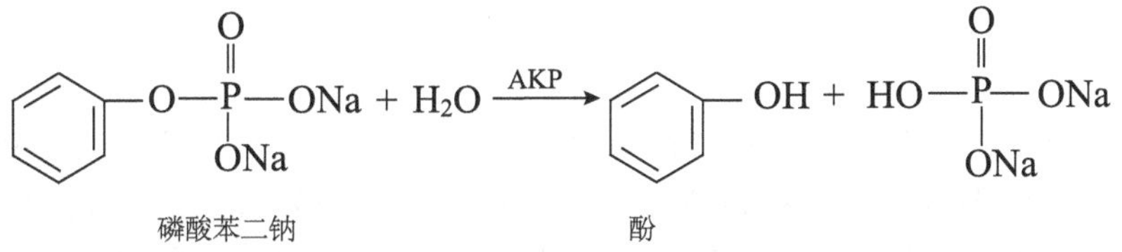

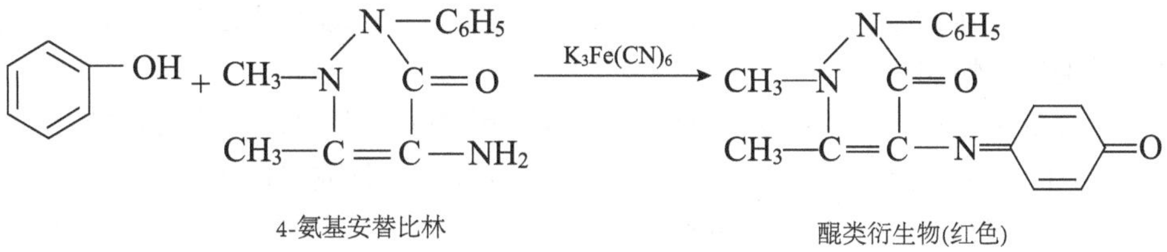

【实验试剂和器材】

1. 试剂

1）0.5mol/L 乙酸镁溶液：称取乙酸镁 107.25g 溶于蒸馏水中，定容至 1000mL。

2）0.1mol/L 乙酸钠溶液：称取乙酸钠 8.2g 溶于蒸馏水中，定容至 1000mL。

3）0.01mol/L 乙酸镁-0.01mol/L 乙酸钠溶液：取 0.5mol/L 乙酸镁溶液 20mL 及 0.1mol/L 乙酸钠溶液 100mL，混匀后加蒸馏水定容至 1000mL。

4）0.01mol/L Tris 缓冲液（pH 8.8）：称取三羟甲基氨基甲烷（Tris）12.1g，用蒸馏水溶解并定容至 1000mL，即为 0.1mol/L Tris 溶液。取该溶液 100mL，加蒸馏水约 800mL，再加 0.5mol/L 乙酸镁溶液 20ml，混匀后用 1%乙酸调 pH 至 8.8，用蒸馏水定容至 1000mL。

5）正丁醇（A.R.）、丙酮（A.R.）、95%乙醇（A.R.）。

6）0.04mol/L 底物液：称取磷酸苯二钠（disodium phenyl-phosphate，$C_6H_5PO_4Na_2 \cdot 2H_2O$）15.16g 或磷酸苯二钠（无结晶水）8.72g，用冷却的蒸馏水溶解，定容至 1000mL。加氯仿 4mL，盛于棕色瓶中，4℃冰箱内保存，可用一周。

7）1mg/mL 酚标准液：称取重蒸酚 100mg，用 pH 8.8 Tris 缓冲液配制成 100mL。

8）0.5mol/L NaOH：称取 20g NaOH 溶于蒸馏水中，定容至 1000mL。

9）0.3% 4-氨基安替比林：称取 4-氨基安替比林（4-amino-antipyrine）0.3g 及碳酸氢钠 4.2g，用蒸馏水溶解并稀释至 100mL，盛于棕色瓶中，4℃冰箱保存。

10）0.5%铁氰化钾：称取铁氰化钾（potassium ferricyanide）5g 和硼酸（boric acid）15g，分别溶解于 400mL 蒸馏水中，溶解后两液混合，再加蒸馏水至 1000mL，盛于棕色瓶中，暗处保存。

11）0.1mg/mL 蛋白标准液：准确称取牛血清清蛋白 100mg，用生理盐水稀释至 1000mL。

12）考马斯亮蓝 G-250：同实验一。

2. 器材

研钵、组织剪、移液器及吸头、试管及试管架、刻度离心管、玻璃漏斗、滤纸和玻璃棒、低温离心机、恒温水浴箱、722 型分光光度计。

【实验步骤】

1. AKP的分离纯化

（1）肝匀浆的制备　取约 2g 新鲜兔肝，剪碎后加入 0.01mol/L 乙酸镁-0.01mol/L 乙酸钠溶液 4mL，电动匀浆器中速匀浆 3～4min（或研磨成匀浆），倒入刻度离心管中，再加 0.01mol/L 乙酸镁-0.01 mol/L 乙酸钠溶液 2mL 冲洗匀浆器（或研钵），倒入刻度离心管中，记录体积，标记为 A 液。取 A 液 0.1mL 于另一支试管中，加 pH 8.8 的 Tris 缓冲液 4.9mL，此为稀释 A 液（1∶50），供测比活性用。

（2）正丁醇除杂蛋白　取 A 液 10mL 加入正丁醇 3mL，用玻璃棒充分搅拌 2min，室温静置 30min 以上，用纱布或滤纸过滤，收集滤液于刻度离心管或量筒中。

（3）第一次丙酮提纯　滤液中加入等体积的预冷丙酮，立即混匀，3000r/min 离心 5min。离心后弃上清，在沉淀中加入 0.5mol/L 乙酸镁 4mL，用玻璃棒搅拌使其充分溶解，记录体积，标记为 B 液。取 B 液 0.1mL 于另一支试管中，加入 pH 8.8 的 Tris 缓冲液 4.9mL，此为稀释 B 液（1∶50），供测比活性用。

（4）乙醇分级纯化　在 B 液中缓慢加入预冷的 95%乙醇溶液，使乙醇的终浓度为 30%，立即混匀，3000r/min 离心 5min。将上清倒入另一支刻度离心管，弃沉淀，上清中加入预冷的 95%乙醇溶液，使乙醇的终浓度为 60%，混匀后 3000r/min 离心 5min。离心后弃上清，在沉淀中加入 0.01mol/L 乙酸镁-0.01mol/L 乙酸钠混合溶液 4mL，充分搅拌使其完全溶解。

重复上述操作，在悬浮液中缓慢加入预冷的 95%乙醇溶液，使乙醇的终浓度为 30%，立即混匀，3000r/min 离心 5min。将上清倒入另一支刻度离心管，弃沉淀，上清中加入预冷的

95%乙醇溶液，使乙醇的终浓度为 60%，混匀后 3000r/min 离心 5min。离心后弃上清，在沉淀中加入 0.5mol/L 乙酸镁 3mL 溶解沉淀，记录其体积，标记为 C 液。取 C 液 0.1mL 于另一支试管中，加入 pH 8.8 的 Tris 缓冲液 1.9mL，此为稀释 C 液（1∶20），供测比活性用。

(5) 第二次丙酮分级纯化　在 C 液中加入预冷的丙酮，使丙酮终浓度为 33%，立即混匀，3000r/min 离心 5min。离心后弃沉淀，上清倒入另一支刻度离心管，再缓慢加入预冷的丙酮，使丙酮终浓度为 50%，混匀后 4000r/min 离心 10min。离心后弃上清，沉淀为部分纯化的 AKP，加入 pH 8.8 的 Tris 缓冲液 2.5mL 溶解沉淀，即为纯化的 AKP 溶液，标记为 D 液，供测蛋白质含量用。取 D 液 0.4mL 于另一支试管中，加入 pH 8.8 的 Tris 缓冲液 1.6mL，此为稀释 D 液（1∶5），供测比活性用。

2. AKP的比活性测定

(1) 各阶段酶液 AKP 的活性测定　取试管 6 支，按表 3-15 进行操作。测定管 1～4 的待测酶液分别加稀释 A 液（50 倍）、稀释 B 液（50 倍）、稀释 C 液（20 倍）、稀释 D 液（5 倍）。

表 3-15　AKP 的活性测定操作表

试剂/管号	空白管	标准管	测定管 1	测定管 2	测定管 3	测定管 4
pH 8.8 Tris 缓冲液/mL	1.0	—	—	—	—	—
0.04mol/L 底物液/mL	1.0	1.0	1.0	1.0	1.0	1.0
37℃水浴保温 5min						
1.0mg/mL 标准酚液/mL	—	1.0	—	—	—	—
待测酶液/mL	—	—	1.0	1.0	1.0	1.0
37℃水浴准确保温 15min						
0.5mol/L NaOH/mL	1.0	1.0	1.0	1.0	1.0	1.0
0.3% 4-氨基安替比林/mL	1.0	1.0	1.0	1.0	1.0	1.0
0.5%铁氰化钾/mL	2.0	2.0	2.0	2.0	2.0	2.0
混匀，室温放置 10min，以空白管调零，于 510nm 处测定吸光度并记录						

注："—"表示对应试管不添加该试剂。

(2) 各阶段酶液蛋白质含量的测定　取试管 6 支，按表 3-16 操作。测定管 1～4 的待测酶液分别为：稀释 A 液（50 倍）、稀释 B 液（50 倍）、稀释 C 液（50 倍）、D 液（1 倍）。

表 3-16　蛋白质含量测定操作表

试剂	空白管	标准管	测定管 1	测定管 2	测定管 3	测定管 4
pH 8.8 Tris 缓冲液/mL	0.1	—	—	—	—	—
蛋白质标准液/mL	—	0.1	—	—	—	—
待测酶液/mL	—	—	0.1	0.1	0.1	0.1
考马斯亮蓝 G-250 溶液/mL	5.0	5.0	5.0	5.0	5.0	5.0
混匀后室温放置 5min，于 595 nm 处比色						

注："—"表示对应试管不添加该试剂。

3. AKP比活性及得率的计算

$$每毫升样品中AKP的活性单位数(U/mL)=\frac{测定管的吸光度}{标准管的吸光度}\times标准管的酚含量\times稀释倍数$$

$$每毫升样品中蛋白质的含量(mg/mL)=\frac{测定管的吸光度}{标准管的吸光度}\times标准管的蛋白质浓度\times稀释倍数$$

$$总蛋白质量(mg)=每毫升样品中蛋白质的含量\times样品体积$$

$$AKP的比活性(U/mg)=\frac{每毫升样品中AKP的活性单位数(U/mL)}{每毫升样品中蛋白质的含量(mg/mL)}$$

$$AKP各阶段纯化倍数=\frac{各阶段AKP的比活性}{样品A的比活性}$$

$$AKP总活性单位(U)=每毫升样品中AKP的活性单位数(U/mL)\times样品体积$$

$$AKP各阶段得率(\%)=\frac{各阶段AKP的总活性单位}{样品A中AKP的总活性单位}\times100$$

将实验结果填入表3-17，分析各提纯步骤的意义。

表 3-17 AKP 分离、纯化及比活性测定结果表

分离阶段	总体积/mL	蛋白浓度/(mg/mL)	总蛋白质量/mg	每毫升酶活性单位/(U/mL)	酶总活性单位/U	比活性/(U/mg)	纯化倍数	得率/%
肝匀浆(A液)								
第一次丙酮提纯(B液)								
乙醇分级纯化(C液)								
第二次丙酮纯化(D液)								

【注意事项】

1)有机溶剂沉淀是个放热过程，操作尽量在低温条件下进行。

2)各步骤中加入的有机溶剂量要计算准确，否则会影响实验结果。

3)加入有机溶剂时注意边加边搅拌，避免局部浓度过高使酶蛋白变性。

4)加入有机溶剂混匀后应立即离心，不宜放置过久，离心后立即用缓冲液溶解，避免酶蛋白失活。

5)含有丙酮或乙醇的废弃上清液需倒入回收瓶中。

6)在测定酶活性时，每加入一种试剂须立即混匀，避免浑浊。

【思考题】

1. 测定酶的比活性有何意义?

2. 采用有机溶剂分级沉淀法从组织细胞中分离纯化酶，主要包括哪些步骤?

（姚富丽）

实验十二　酶促反应动力学实验

I　温度对酶活性的影响

【实验目的】

掌握酶最适温度的概念；掌握温度对酶活性的影响。

【实验原理】

温度对酶促反应速率的影响具有双重性。酶促反应开始时，反应速率随温度升高而增快，达到最大反应速率时的温度称为酶的最适温度。达到最适温度后，酶促反应速率随温度升高反而下降，因为高温引起酶蛋白发生变性失活。

酶的最适温度不是酶的特征性常数，它与酶促反应时间有关。测定酶活性均在酶促反应最适温度下进行，多数哺乳类动物组织中酶的最适温度为37～40℃。常用恒温水浴保持温度恒定。

本设计性实验以人唾液淀粉酶为例，观察高温（沸水浴）、最适温度（37℃水浴）和低温（冰水浴）对酶活性的影响，并根据底物即淀粉水解的速率来判断酶的活性。

淀粉经淀粉酶催化水解为葡萄糖的不同阶段，与碘试剂作用的颜色反应为：淀粉（蓝色）→紫色糊精（紫色）→红色糊精（红色）→无色糊精（不显色）→麦芽糖（不显色）→葡萄糖（不显色）。

【实验试剂和器材】

1. 试剂

1）1/15mol/L pH 6.6 磷酸盐缓冲液（phosphate buffer，PB）：称取 $NaH_2PO_4 \cdot 2H_2O$ 10.4g 加双蒸水至 1000mL 溶解，即为 1/15mol/L NaH_2PO_4 液。称取 $Na_2HPO_4 \cdot 12H_2O$ 23.88g 加双蒸水至 1000mL 溶解，即为 1/15mol/L Na_2HPO_4 液。取 1/15mol/L NaH_2PO_4 液 675mL，加 1/15mol/L Na_2HPO_4 液 325mL，混匀，即为 1/15mol/L pH 6.6 磷酸盐缓冲液。

2）1%淀粉液：称取可溶性淀粉 1g，加 5mL 蒸馏水调成糊状，再加蒸馏水 80mL，加热使其溶解，最后用蒸馏水稀释至 100mL。

3）0.3%稀碘液：称取 2g 碘化钾溶于 200mL 蒸馏水中，加入 1g 碘，加水到 300mL。

4）0.9% NaCl。

2. 器材

移液器及吸头、试管及试管架、滴管、白瓷比色盘、恒温水浴箱。

【实验方案设计提示】

1)怎样收集并稀释人唾液淀粉酶?

2)在磷酸盐缓冲液中，人唾液淀粉酶在 pH 6.4～6.6 时具有最大活性。Cl^-为其激活剂。

3)淀粉水解后的产物是什么？怎样判断淀粉的水解程度?

4)观察不同温度对酶活性的影响时，温度之间的差别应较大。

5)以表格形式列出设计方案，包括温度分组、试剂名称和剂量、操作步骤等。

6)以小组为单位，讨论并确定最佳实验设计方案。

【注意事项】

严格控制水浴时间和温度。

【思考题】

1. 低温和高温对酶活性的影响机制是否相同?

2. 酶的最适温度为什么不是酶的特征性常数?

II pH 对唾液淀粉酶活性的影响

【实验目的】

掌握酶最适 pH 的概念和 pH 对酶活性的影响。

【实验原理】

大多数酶的本质是蛋白质，只有当酶蛋白处于一定的游离状态下，才有利于酶与底物的结合和催化，使酶促反应最强。因此酶促反应会受溶液 pH 的影响。此外，溶液的 pH 还可能影响底物或辅酶的解离程度从而改变酶的催化活性。当其他作用条件不变时，通常只有在一定的 pH 范围内，酶才表现其催化活性。酶活性最高时反应体系的 pH 称为酶的最适 pH。高于或低于最适 pH，酶的活性逐渐降低。不同的酶其最适 pH 也不同，如胃蛋白酶的最适 pH 为 1.5～2.5，胰蛋白酶的最适 pH 为 8.0。体内大多数酶的最适 pH 为 6.5～8.0。但也有例外，如磷酸单酯酶(简称磷酸酶)就有两类：碱性磷酸酶的最适 pH 为 8.0～12，酸性磷酸酶的最适 pH 则在 5 左右。

酶的最适 pH 不是酶的特征性常数。同一种酶的最适 pH 随缓冲液和底物的性质不同而不同。例如，人唾液淀粉酶的最适 pH 为 6.8，但在磷酸盐缓冲液中，其最适 pH 为 6.4～6.6，而在乙酸缓冲液中为 5.6。

本设计性实验以人唾液淀粉酶为例，观察不同 pH 环境对酶活性的影响，并根据底物即淀粉水解的速率来判断酶的活性，从而确定其最适 pH。

【实验试剂和器材】

1. 试剂

1)磷酸氢二钠-柠檬酸缓冲液：称取 $Na_2HPO_4 \cdot 2H_2O$ 35.61g，溶于 1000mL 蒸馏水中，即为 0.2mol/L Na_2HPO_4 液。称取柠檬酸($C_6H_8O_7 \cdot 2H_2O$)21.01g，溶于 1000mL 蒸馏水中，即

为 0.1mol/L 柠檬酸溶液。按表 3-18 取不同体积的 Na_2HPO_4 液，加入对应体积的 0.1mol/L 柠檬酸溶液，混匀，配成不同 pH 的磷酸氢二钠-柠檬酸缓冲液。

表 3-18　磷酸氢二钠-柠檬酸缓冲液配制表

pH	0.1mol/ L 柠檬酸/mL	0.2mol/L Na_2HPO_4/mL
5.0	9.70	10.30
5.5	8.63	11.37
6.0	7.37	12.63
6.4	6.15	13.85
6.8	4.55	15.45
7.4	1.83	18.17
8.0	0.55	19.45

2) 1%淀粉液：同实验十二-Ⅰ。

3) 0.3%稀碘液：称取 2g 碘化钾溶于 200mL 蒸馏水中，加入 1g 碘，加水到 300mL。

2. 器材

移液器及吸头、试管及试管架、滴管、白瓷比色盘、秒表、恒温水浴箱。

【实验方案设计提示】

1) 怎样收集并稀释人唾液淀粉酶?

2) 在磷酸盐缓冲液中，人唾液淀粉酶在 pH 6.4～6.6 时具有最大活性。Cl^-为其激活剂。

3) 淀粉水解后的产物是什么？怎样判断淀粉的水解程度?

4) 观察不同 pH 对酶活性的影响时，pH 之间的差别应较大。

5) 以表格形式列出设计方案，包括 pH 分组、试剂名称和剂量、操作步骤等。

6) 以小组为单位，讨论并确定最佳实验设计方案。

【注意事项】

加入不同 pH 的磷酸氢二钠-柠檬酸缓冲液时，一定要看清试剂的 pH。

【思考题】

1. 环境 pH 影响酶促反应速率的机制是什么?
2. 酶的最适 pH 为什么不是酶的特征性常数?

III　抑制剂对酶促反应速率的影响

【实验目的】

掌握酶的抑制剂的种类、概念；掌握酶的竞争性抑制剂的动力学特点。

【实验原理】

能降低酶活性，甚至使酶完全丧失活性的物质，被称为酶的抑制剂。酶的抑制分为可逆性抑制与不可逆性抑制两大类。不可逆性抑制剂与酶生成共价结合的复合物，或以其他结合方式生成结合牢固且难于再解离的复合物。可逆性抑制剂多为与酶的底物化学结构相似的物质(竞争性抑制剂)，可与酶的活性中心结合，从而使酶与其底物结合的比例减少，降低酶促反应速率，但当加大底物浓度时，可逆转其抑制。

本设计性实验以琥珀酸脱氢酶为例，观察丙二酸对琥珀酸脱氢酶的竞争性抑制作用。在隔绝空气的条件下，从加入的甲烯蓝(methelene blue)的褪色情况来判断琥珀酸脱氢酶的活性。

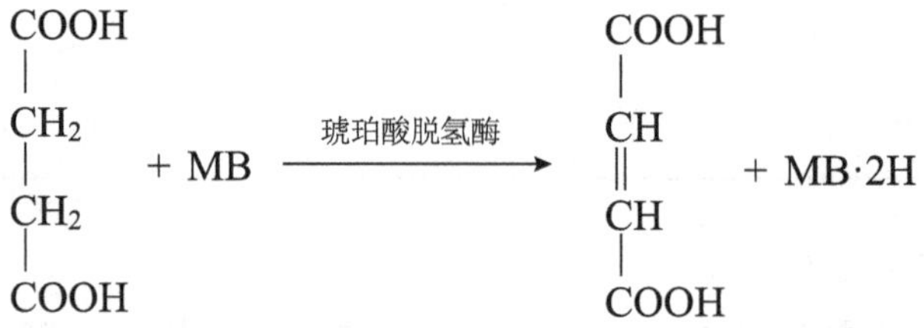

琥珀酸　甲烯蓝　　延胡索酸　甲烯白

【实验试剂和器材】

1. 试剂

1) 1/15mol/L Ph 7.4 磷酸盐缓冲液：称取 $NaH_2PO_4 \cdot 2H_2O$ 10.4g 加双蒸水溶解至 1000mL，即为 1/15mol/L NaH_2PO_4 液。称取 $Na_2HPO_4 \cdot 12H_2O$ 23.88g 加双蒸水溶解至 1000mL，即为 1/15mol/L Na_2HPO_4 液。取 1/15mol/L NaH_2PO_4 液 190mL，加 1/15mol/L Na_2HPO_4 液 810mL，混匀，即为 1/15mol/L pH 7.4 磷酸盐缓冲液。

2) 0.2mol/L 琥珀酸：称取琥珀酸 23.618g，加双蒸水溶解至 1000mL。

3) 0.02mol/L 琥珀酸：取 0.2mol/L 琥珀酸 100mL，加双蒸水至 1000mL，混匀。

4) 0.2mol/L 丙二酸：称取丙二酸 20.806g，加双蒸水溶解至 1000mL。

5) 0.02mol/L 丙二酸：取 0.2mol/L 丙二酸 100mL，加双蒸水至 1000mL，混匀。

6) 0.02%甲烯蓝：取 0.2 g 甲烯蓝，加无水乙醇溶解，定容至 1000mL。

7) 液体石蜡。

2. 器材

研钵、组织剪、移液器及吸头、试管及试管架、玻璃漏斗、纱布、滴管。

【实验方案设计提示】

1) 底物是琥珀酸，竞争性抑制剂是丙二酸。

2) 本实验可从家兔肝组织中提取琥珀酸脱氢酶。

3) 琥珀酸脱氢酶在 pH 7.4 的磷酸盐缓冲液中有较高活性。

4) 怎样判断琥珀酸脱氢酶活性的高低?

5) 设计时应使琥珀酸与丙二酸的浓度比有较大的差异。

6)怎样隔绝空气?

7)以表格形式列出设计方案，包括琥珀酸与丙二酸不同浓度比、试剂名称和剂量、操作步骤等。

8)以小组为单位，讨论并确定最佳实验设计方案。

【注意事项】

1)加入不同浓度的丙二酸或琥珀酸时，一定要看清试剂的浓度。

2)滴加液体石蜡时沿着管壁倾斜加入，盖住液面即可。

3)观察结果时不能振摇试管，避免甲烯白重新氧化变蓝。

4)将试管放置在实验台上时，注意随时观察甲烯蓝褪色情况。

【思考题】

1. 改变底物浓度和抑制剂浓度的比例，对酶的催化活性有什么影响?

2. 酶的竞争性抑制作用的动力学参数 K_m 和 V_{max} 有何改变?

Ⅳ 底物浓度对酶活性的影响
(碱性磷酸酶米氏常数的测定)

【实验目的】

掌握底物浓度对酶活性的影响；掌握米氏方程与米氏常数概念；掌握双倒数作图及 K_m 值计算方法。

【实验原理】

在温度、pH及酶浓度恒定的条件下，底物浓度对酶的催化作用有很大的影响。在一般情况下，当底物浓度很低时，酶促反应速度(V)随底物浓度([S])的增加而迅速增加；但当底物浓度继续增加时，反应速度的增加率就比较小。当底物浓度增加至某种程度时，反应速率就达到一个极限值(最大速率 V_{max})，如图 3-4 所示。

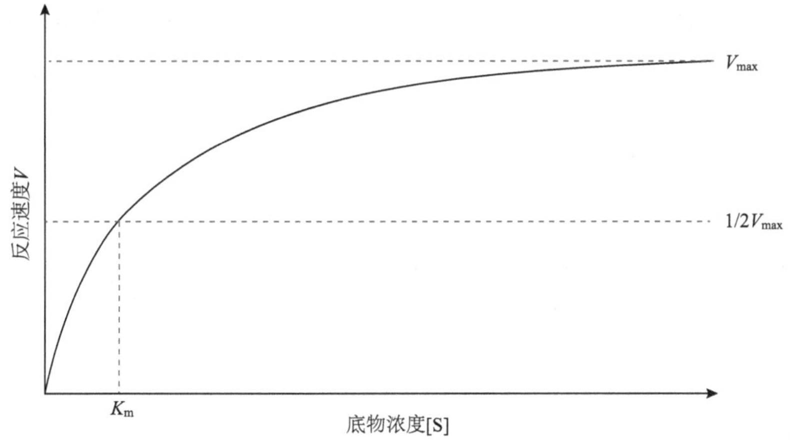

图 3-4 酶促反应速率随底物浓度的变化曲线

底物浓度与反应速率间的这种关系可用 Michaelis-Menten 方程式表示

$$V=\frac{V_{max}[S]}{K_m+[S]} \text{ 或 } K_m=[S](\frac{V_{max}}{V}-1)$$

式中，V_{max} 为最大反应速率；K_m 为米氏常数。

当 $V=1/2V_{max}$ 时，$K_m=[S]$。所以，米氏常数是反应速率等于 1/2 最大反应速率时的底物浓度。K_m 是酶的特征常数，测定 K_m 是研究酶的一种重要方法。大多数酶的 K_m 值为 0. 01～100mmol /L。但是，在一般情况下，根据实验结果绘制成的上述直角双曲线却难以准确求得 K_m 和 V_{max} 值，如果将 Michaelis-Menten 方程式转换成 Lineweaver-Burk 方程式

$$\frac{1}{V}=\frac{K_m+[S]}{V_{max}[S]} \text{或} \frac{1}{V}=\frac{K_m}{V_{max}[S]}+\frac{1}{V_{max}}$$

此方程式为一直线方程式，故用反应速率的倒数和底物浓度的倒数来制图，则易于准确求得该酶的 K_m 值。以 $1/V$ 和 $1/[S]$ 分别为纵坐标和横坐标作图，可得出图 3-5，并由此推测出酶的 K_m 值。

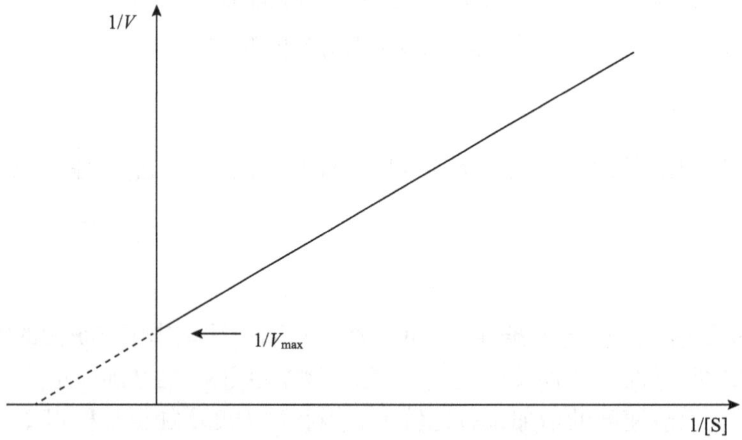

图 3-5　酶促反应速率倒数与底物浓度倒数的关系曲线

在图 3-5 中，K_m/V_{max} 为该直线的斜率，与纵坐标的交点为 $1/V_{max}$（截距），由此直线延长与横坐标的交点则为 $-1/K_m$，从而可在图上量出 $1/K_m$ 值，并得出 K_m 值。

本实验以 AKP 为例，测定不同底物浓度对酶活性的影响，按双倒数方程式作图，计算出 K_m 值。

【实验试剂和器材】

0.1mol/L 碳酸盐缓冲液，pH 10（37℃）：称取 Na_2CO_3 6.36g 及 $NaHCO_3$ 3.36g 溶于双蒸水中，并稀释至 1000mL。其余试剂同实验十一。

【实验步骤】

1. 配制反应体系

1）取干净试管 10 支，编号，按表 3-19 操作，特别注意准确吸取底物液和酶液。

表 3-19　底物浓度对酶活性影响实验操作表

管号	1	2	3	4	5	6	7	8	9	10
0.04mol /L 底物液/mL	0.05	0.10	0.20	0.30	0.40	0.80	1.00	1.20	—	—
0.1mol/L pH 10 碳酸盐缓冲液/mL	0.7	0.7	0.7	0.7	0.7	0.7	0.7	0.7	0.7	0.7
蒸馏水/mL	1.15	1.10	1.00	0.90	0.80	0.40	0.20	—	1.20	1.20
37℃水浴保温 5min										
酶液/mL	0.1	0.1	0.1	0.1	0.1	0.1	0.1	0.1	0.1	—
酚标准液/mL	—	—	—	—	—	—	—	—	—	0.1
最终底物液/(mmol /L)	1	2	4	6	8	16	20	24	—	—
加入酶后立即计时，各管混匀后均在 37℃水浴中准确保温 15min，保温完毕，立即加入碱性溶液以终止反应										
碱性溶液/mL	1.0	1.0	1.0	1.0	1.0	1.0	1.0	1.0	1.0	1.0
0.3% 4-氨基安替比林/mL	1.0	1.0	1.0	1.0	1.0	1.0	1.0	1.0	1.0	1.0
0.5%铁氰化钾/mL	2.0	2.0	2.0	2.0	2.0	2.0	2.0	2.0	2.0	2.0

注：“—”表示对应管不添加该试剂。

2) 各管充分混匀，放置 10min，以第 9 管为对照，于波长 510nm 处比色，测定各管吸光度，并计算出各管的酶活性。

2. 作图

1) 以酶活性单位代表各管中的酶促反应速率 (V) 作为纵坐标，以底物浓度 ([S]) 作为横坐标，在坐标纸上描出各点并连接成线，观察该图形的形状。

2) 以酶活性单位的倒数代表该酶促反应速率的倒数 ($1/V$) 作为纵坐标，以底物浓度的倒数 (1/[S]) 作为横坐标，在坐标纸上描出各点并连接成线，求出该酶的 K_m。

【注意事项】

建立不同底物浓度的酶促反应体系时，特别注意准确吸取底物液和酶液。

【思考题】

1. 加入酶之前，为什么要先用 37℃水浴保温 5min？
2. 底物浓度对酶的活性有何影响？
3. 什么是酶的 K_m 值？

（姚富丽　刘　戟）

实验十三　MMP-2 和 MMP-9 表达的明胶酶谱分析

【实验目的】

掌握明胶酶谱分析法测定 MMP-2 和 MMP-9 表达的方法；了解 MMP-2 和 MMP-9 在促肿瘤转移中的作用。

【实验原理】

基质金属蛋白酶(matrix metalloproteinase，MMP)是一个锌离子结合蛋白水解酶家族，它们能够降解胞外基质。MMP 的表达增加与肿瘤的侵袭和转移密切相关。MMP 有超过 20 个家族成员，分别以酶的名字缩写 MMP 再加上一个数字表示。MMP 的活性调节比较复杂，这种调节作用可发生在转录和翻译水平。在基质金属蛋白酶家族中 MMP-2 和 MMP-9 属于明胶酶类。在多种肿瘤中 MMP 表达分析都表明 MMP-2 和 MMP-9 表达升高与肿瘤的发展和转移呈正相关，这是因为这两个明胶酶能降解基底膜中的Ⅳ型胶原和变性的间质胶原(明胶)。本实验通过观察明胶酶 MMP-2 和 MMP-9 分解其底物明胶来反映其表达量的变化。

【实验试剂和器材】

1. 试剂

1) 5%浓缩胶(现配现用)：按下列体系配制。

超纯水	2.10mL
30%丙烯酰胺溶液	0.50mL
1mol/L Tris-HCl(pH 6.8)	0.38mL
10% SDS	30.00μL
10%过硫酸铵(AP)	30.00μL
TEMED	3.00μL
总体积	3.00mL

2) 10%分离胶(现配现用)：按下列体系配制。

超纯水	2.10mL
30%丙烯酰胺溶液	2.31mL
1.5mol/L Tris-HCl(pH 8.8)	1.75mL
10% SDS	70.00μL
10%过硫酸铵(AP)	70.00μL
TEMED	5.60μL
10%明胶	0.70mL
总体积	7.00mL

3）4×上样缓冲液（4℃保存）：按以下体系配制。

0.32% Tris-HCl	6.400mL
4% SDS	8.000mL
50%甘油	3.200mL
溴酚蓝	0.024g
超纯水	2.400mL
总体积	20.000mL

4）5×Tris-甘氨酸电极缓冲液：超纯水配制，其中含 0.125mol/L Tris-HCl，1.25mol/L 甘氨酸和 0.5% SDS，完全溶解后调 pH 至 8.3，室温保存，用时稀释 5 倍。

5）洗脱液：超纯水配制，其中含 2.5% Triton X-100，50mmol/L Tris-HCl，5mmol/L $CaCl_2$ 和 1μmol/L $ZnCl_2$，完全溶解后调 pH 至 7.6，室温保存。

6）漂洗液：超纯水配制，其中含 50mmol/L Tris-HCl，5mmol/L $CaCl_2$ 和 1μmol/L $ZnCl_2$，完全溶解后调 pH 至 7.6，室温保存。

7）孵育液：超纯水配制，其中含 50mmol/L Tris-HCl，5mmol/L $CaCl_2$，1μmol/L $ZnCl_2$ 和 0.02% Brij-35，完全溶解后调 pH 至 7.6，室温保存。

8）染色液：超纯水配制，含 0.05%考马斯亮蓝 R-250，30%甲醇和 10%乙酸，混匀后室温保存。

9）脱色液 A、B、C：超纯水配制，三种脱色液中甲醇浓度分别为 30%、20%、10%，乙酸浓度分别为 10%、10%、5%，混匀后室温保存。

2. 器材

小型垂直电泳槽、恒温水浴锅、酶标仪、pH 计、细胞培养设备、凝胶成像系统。

【实验步骤】

1）取 6 孔板中对数生长期的 MDA-MB-231 乳腺癌细胞，用无血清 RPMI-1640 培养基冲洗 3 次，每孔中加入 1mL 无血清 RPMI-1640 培养基，实验分组，处理组加入终浓度为 5ng/mL TGF-β_1，对照组加入等量的无血清 RPMI-1640 培养基，37℃、5% CO_2 恒温培养箱中培养 24h。

2）将细胞培养上清液移入离心管中，4℃，2000r/min 离心 10min，取上清分装后−80℃保存备用。

3）BCA 法测定各样品蛋白质浓度，根据不同浓度确定样品的上样体积，保证各样品上样的蛋白质量相同，与 4×上样缓冲液 5μL 混合，总体积不足 20μL 用超纯水补足。

4）配制分离胶和浓缩胶，等胶聚合后，加入电泳缓冲液，使其溢满上样孔。

5）20μL/孔上样，4℃，100V 进行 SDS-PAGE 电泳，直至溴酚蓝跑至分离胶的底部。

6）电泳结束后，将凝胶放置于洗脱液中振荡洗脱 4 次，每次 15min。

7）漂洗液中振荡漂洗 2 次，每次 20min。

8）孵育液中，37℃水浴锅中孵育 48h。

9）移至染色液中并置摇床上振荡染色 3h。

10）将凝胶依次置于脱色液 A、B、C 中，在摇床上分别振荡脱色 0.5h、1.0h、2.0h。

11）脱色完成后，在蓝色背景上，可见 72kDa 和 92kDa 处为透明条带，照相，并用凝胶图像分析系统分析各条带的吸光度值。

【注意事项】

1）制备聚丙烯酰胺凝胶时应注意其毒性和排出气泡。

2）明胶酶谱的活性受钙离子、锌离子和 pH 等因素的影响，因此缓冲液配制应严格准确，尽量用超纯水，孵育温度也应控制好。

3）一定不能加 EDTA，蛋白质样品尽量在–80℃保存，上样量不能太多。

【思考题】

1. 为什么背景是蓝色，而观察到的目标带却是透明的？
2. 为什么基质金属蛋白酶能够促进肿瘤细胞的转移？

（曾凡才）

五、物质代谢实验

实验十四　胰岛素和肾上腺素对血糖浓度的影响

【实验目的】

掌握胰岛素和肾上腺素对血糖浓度的影响；掌握吴宪-Folin 法测定血糖浓度的原理和操作；熟悉邻甲苯胺法及葡萄糖氧化酶法测定血糖的原理和方法；熟悉 722 型分光光度计的使用。

【实验原理】

人和动物体内，血糖浓度受物质代谢、各种激素及神经系统的调节而维持恒定，其中以激素调节最为主要。胰岛素能降低血糖；肾上腺素和胰高血糖素等多种激素则具有升高血糖的作用，肾上腺素作用较为迅速而明显。胰岛素促进肝和肌肉将葡萄糖合成糖原，又加强糖的氧化作用，故可以降低血糖；肾上腺素促进肝糖原分解而增高血糖。此实验通过测定分别注射胰岛素和肾上腺素前后的家兔血糖浓度，观察胰岛素和肾上腺素对血糖浓度的影响。

【实验试剂和器材】

1. 试剂

肾上腺素 1mg/mL、胰岛素 4U/mL、肝素、75%乙醇。

2. 器材

试管、EP 管、可调移液器、低速离心机、微量注射器、针头或刀片、干棉球。

【实验步骤】

1）动物准备：取正常家兔两只，称体重（一般为2～3kg）。

2）取血：一般多以耳缘静脉取血，先去毛，用酒精棉球擦拭兔耳，使其血管充血，再用干棉球擦干，用粗针头刺破或用手术刀片划破静脉放血，将血液收入抗凝管中（预先用0.5%的肝素溶液润洗的试管）边收集边摇匀，以防凝固，至少收集1mL血液。用干棉球压迫血管止血。抗凝血采得后立即离心（3000r/min，5min）分离血浆。将制备的两只兔血浆样品分别装入2支试管，标号为试管1、试管2，待用。

3）注射激素后取血：取兔血后，其中一只家兔皮下注射胰岛素，剂量按0.75U/kg体重计算，并记录注射时间。半小时后再至少收集1mL血液制成待测血浆，装于试管3，待用。另一只家兔皮下注射肾上腺素，剂量按0.4mg/kg体重计算，并记录注射时间。0.5h后再至少收集1mL血液制成待测血浆，装于试管4，待用。

4）可用下文介绍的邻甲苯胺法或葡萄糖氧化酶法测定血糖浓度。

Ⅰ　吴宪-Folin法测定血糖浓度

【实验原理】

无蛋白质血滤液中的葡萄糖在碱性溶液中与硫酸铜共热，蓝色的二价铜（Cu^{2+}）即还原成砖红色的氧化亚铜（Cu_2O）沉淀。氧化亚铜再使磷钼酸还原成钼蓝。与同样处理的标准葡萄糖液比色，可求出血中葡萄糖的含量。具体包括以下几个反应。

$$Na_2CO_3 + H_2O \longrightarrow NaOH + NaHCO_3$$

$$2NaOH + CuSO_4 \longrightarrow Cu(OH)_2 + Na_2SO_4$$

$$2Cu(OH)_2 + C_6H_{12}O_6 \longrightarrow Cu_2O\downarrow + C_5H_{11}O_5COOH + 2H_2O$$

$$3Cu_2O + 3H_3PO_4 \cdot 2MoO_3 \cdot 12H_2O \longrightarrow 3H_3PO_4 \cdot MO_2O_3 \cdot 12\,H_2O + 6CuO$$

【实验试剂和器材】

1）碱性铜试剂：称取无水Na_2CO_3 40g，溶于100mL蒸馏水中，然后加酒石酸7.5g，若不易溶解可稍加热，冷却后，移入1000mL的容量瓶中。另取纯结晶$CuSO_4$ 4.5g溶于200mL蒸馏水中，溶后再将此溶液倾入上述容量瓶内，加蒸馏水至1000mL，摇匀，放置备用。

2）磷钼酸试剂：取纯钼酸70g，溶于10% NaOH 400mL中，其中再加Na_2WO_4 10g，加热煮沸30～40min，以除去钼酸中可能存在的NH_3，冷却后，加85% H_3PO_4 250mL，加蒸馏水稀释至1000mL，摇匀，于棕色瓶保存。

3）标准葡萄糖储存液（10g/L）：准确称取纯葡萄糖1.00g，用0.25%苯甲酸液溶解，倾入100mL的容量瓶中，最后加0.25%苯甲酸液至刻度，摇匀，放置冰箱中保存。

4）标准葡萄糖应用液（25mg/L）：准确取上述储存液5mL移入200mL容量瓶中，加0.25%苯甲酸溶液至刻度。

5）0.25%苯甲酸液：称取苯甲酸2.5g，加入1000mL煮沸的蒸馏水中，使成饱和溶液，冷却后，取上清液备用。

6）10% Na_2WO_4、0.33mol/L H_2SO_4。

【实验步骤】

1) 无蛋白质血滤液的制备：取干试管 1 支，准确加入蒸馏水 3.5mL，血液 0.1mL，0.33mol/L H_2SO_4 0.2mL，10% Na_2WO_4 0.2mL，混匀。待有澄清液出现后，过滤，收集滤液备用。

2) 取试管 3 支，编号，按表 3-20 操作。

表 3-20　葡萄糖浓度测定操作步骤

编号	标准管	测定管	空白管
25mg/L 标准葡萄糖液/mL	1.0	—	—
无蛋白质血溶液/mL	—	1.0	—
蒸馏水/mL	—	—	1.0
碱性铜试剂/mL	1.0	1.0	1.0
摇匀，置沸水浴准确煮沸 8min，取出时切勿摇动，置于冷水浴冷却			
磷钼酸试剂/mL	1.0	1.0	1.0
混匀，放置 3min			
蒸馏水/mL	1.5	1.5	1.5
各管混匀后，用红色滤光片或在波长 620nm 处，以空白管校零点，比色，根据比色测定结果计算血糖浓度			

注：“—”表示对应管不添加该试剂。

Ⅱ　邻甲苯胺法测定血糖浓度

【实验原理】

葡萄糖在热乙酸溶液中与邻甲苯胺(orthotoluidine)缩合生成蓝绿色的席夫碱(Schiff base)，其颜色深浅与葡萄糖含量成正比；与同样处理的葡萄糖标准溶液进行分光光度测定，可求得待测血液样品中葡萄糖的含量。正常人血糖含量为 3.89～6.11mmol/L。

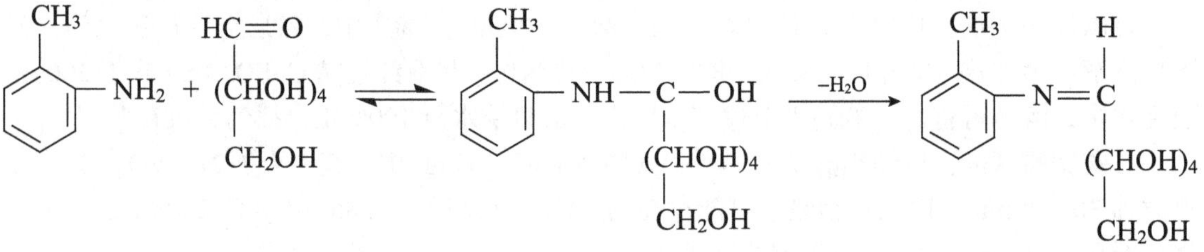

邻甲苯胺　　葡萄糖　　葡糖糖基胺　　席夫碱(蓝绿色)

【实验试剂和器材】

1. 试剂

1) 邻甲苯胺试剂：称取硫脲(thiourea，A.R.)2.5g，溶于冰醋酸(glacial acetic acid，A.R.)750mL 中，将此溶液转移入 1L 容量瓶内，加邻甲苯胺(ortho-toluidine)150mL，2.4%硼酸(boric acid)溶液 100mL，再加冰醋酸至 1L 刻度，置棕色瓶中，至少可应用两个月。

2）葡萄糖储存标准液（50mmol/L）：将少量无水葡萄糖（A.R.或C.P.）置于硫酸干燥器内一夜。精确称取此葡萄糖0.9g，以饱和苯甲酸溶液溶解并转移入100mL容量瓶内，再以饱和苯甲酸溶液稀释至100mL刻度。置冰箱中可长期保存。

3）葡萄糖应用标准液（1.25mmol/L）：准确吸取葡萄糖储存标准液2.5mL，置100mL容量瓶内，以饱和苯甲酸溶液稀释至100mL刻度。

4）饱和苯甲酸溶液：称取苯甲酸（benzoic acid）2.5g，加入蒸馏水1L中，煮沸使溶解，冷后储存于试剂瓶中。

2. 器材

试管及试管架、移液器、水浴锅、722型分光光度计。

【实验步骤】

1. 操作

1）取洁净干燥的试管6支，编号，按表3-21操作。

表3-21　邻甲苯胺法测定血糖浓度操作步骤

试剂/mL	空白管	标准管	测定管			
			试管1	试管2	试管3	试管4
血浆	—	—	0.1	0.1	0.1	0.1
葡萄糖标准液（1.25mmol/L）	—	0.1	—	—	—	—
蒸馏水	0.1	—	—	—	—	—
邻甲苯胺试剂	5.0	5.0	5.0	5.0	5.0	5.0

注："—"表示对应试管不添加该试剂。

2）混匀后置沸水浴中加热15min。取出，用冷水冷却。在波长630nm处进行比色，以空白管校正光密度到零点，读取各管光密度，并记录。

2. 计算与结果

1）计算：列公式并计算出各测定管的葡萄糖含量，单位为mmol/L。

$$\text{血浆葡萄糖含量}=\frac{\text{测定管吸光度}}{\text{标准管吸光度}}\times 1.25\text{mmol/L}$$

2）结果：比较试管1与试管3，试管2与试管4血浆葡萄糖含量。

Ⅲ　葡萄糖氧化酶法（GOD-POD法）

【实验原理】

葡萄糖氧化酶（glucose oxidase，GOD）可利用水和氧将葡萄糖氧化成葡萄糖酸，并产生过氧化氢。过氧化氢被过氧化物酶（peroxidase，POD）催化分解成水和氧，并将色原性氧受体4-氨基安替比林（4-AAP）和酚去氢缩合为红色醌类化合物，即Trinder反应。红色醌类化合物的生成量与葡萄糖含量成正比，通过相同处理的葡萄糖标准液可求得血糖浓度。此法对葡萄糖具有专一性，不受其他糖和还原性物质的干扰。

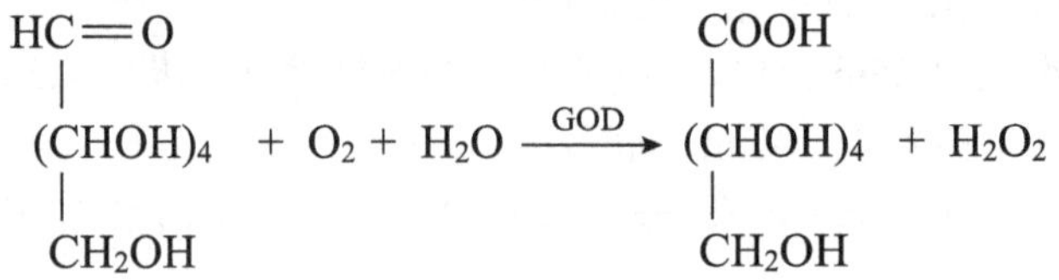

葡萄糖　　葡萄糖酸

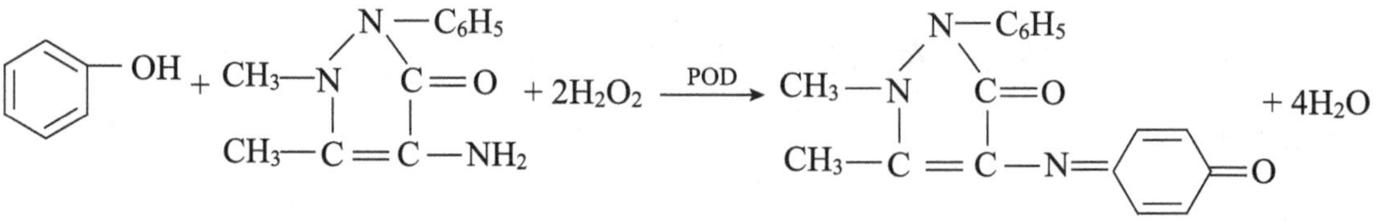

4-氨基安替比林　　醌类衍生物（红色）

【实验试剂和器材】

1. 试剂

1）0.1mol/L 磷酸盐缓冲液（pH 7.0）：溶解无水磷酸氢二钠 8.67g 及无水磷酸二氢钾 5.3g 于 800mL 蒸馏水中，用 1mol/L 氢氧化钠或盐酸调节 pH 至 7.0，然后用蒸馏水稀释至 1L。

2）酶试剂：取 GOD 1200U（国际单位），POD 1200U，4-氨基安替比林 10mg，叠氮钠 100mg，加上述磷酸盐缓冲液至 80mL 左右，调节 pH 至 7.0，加磷酸盐缓冲液至 100mL，置冰箱保存，至少可稳定 3 个月。

3）酚试剂：酚 100mg 溶于 100mL 蒸馏水中（酚在空气中易氧化成红色，可先配成 500g/L 的溶液，储存于棕色瓶中，用时稀释）。

4）酶酚混合试剂：酶试剂及酚试剂等量混合，在冰箱中可保存 1 个月。

5）饱和苯甲酸溶液：称取苯甲酸（benzoic acid）2.5g，加入蒸馏水 1L 中，煮沸使溶解，冷后储存于试剂瓶中。

6）葡萄糖储存标准液（50mmol/L）：将少量无水葡萄糖（A.R.或 C.P.）置于硫酸干燥器内一夜。精确称取此葡萄糖 0.900g，以饱和苯甲酸溶液溶解并转移入 100mL 容量瓶内，再以饱和苯甲酸溶液稀释至 100mL 刻度。置冰箱中可长期保存。

7）葡萄糖应用标准液（1.25mmol/L）：准确吸取葡萄糖储存标准液 2.5mL，置 100mL 容量瓶内，以饱和苯甲酸溶液稀释至 100mL 刻度。

2. 器材

移液器、试管、恒温水浴箱、722 型分光光度计。

【实验步骤】

1. 操作

1）取洁净干燥的试管 6 支，编号，按表 3-22 操作。

表 3-22　葡萄糖氧化酶法测定血糖浓度操作步骤

试剂/mL	测定管				标准管	空白管
	试管 1	试管 2	试管 3	试管 4		
血浆	0.1	0.1	0.1	0.1	—	—
葡萄糖标准液（1.25mmol/L）	—	—	—	—	0.1	—
蒸馏水	—	—	—	—	—	0.1
酶酚混合试剂	4.0	4.0	4.0	4.0	4.0	4.0

注："—"表示对应试管不添加该试剂。

2）混匀，置 37℃水浴中保温 15min，用分光光度计（波长 505nm）测定吸光度，以空白管调零，分别读取标准管及测定管的吸光度。

2. 计算与结果

同邻苯甲胺法。

【注意事项】

1）采血部位也可以是心脏，但注意部位应准确，切忌用针头划破心脏。

2）胰岛素和肾上腺素应注入兔子皮下，避免注入皮内、腹腔或是肠管中。

3）在保证取量准确的前提下，所使用的不同规格的吸量管或移液器应尽可能少。

4）为保证测定值的精确性，可设定平行管并取平均值。

5）目前国产 GOD 各批号活性并不完全一致，为了使酶试剂组分一致，配制酶试剂的 GOD 和 POD 活力最好能进行标化。现国内有许多厂家生产 GOD-POD 法干粉或液体试剂盒。

6）注意血浆样品管号的标注和血糖浓度测定时的取样，一定要保证是同一只兔子注射激素前后血糖浓度的比较。

【思考题】

1. 血糖浓度测定的方法有哪些？其测定原理如何？
2. 血糖浓度测定有何临床意义？正常人如何维持血糖水平的恒定？
3. 简述肾上腺素和胰岛素调节血糖浓度的作用机制。
4. 影响实验结果的因素有哪些？如何避免？

（段春燕　陈利弘）

实验十五　肝糖原的提取与鉴定

【实验目的】

掌握动物组织细胞糖原的提取原理；掌握低速离心机的使用方法；熟悉肝糖原提取的实验过程；了解组织匀浆机的使用方法。

【实验原理】

肝和肌肉组织中糖原的含量最高，因此适于用作糖原的提取与鉴定。

用三氯乙酸破坏肝组织的酶并沉淀蛋白而保留糖原。糖原不溶于乙醇而溶于热水，故先用 95%乙醇将滤液中的糖原沉淀，再溶于热水。

糖原溶液呈乳样光泽，遇碘呈红棕色，本身无还原性，在酸性溶液中加热可水解为具有还原性的葡萄糖。后者可将碱性铜溶液（班氏试剂，Benedict reagent）中的二价铜氧化成氧化亚铜。利用上述性质，可判定组织中糖原的存在。

【实验试剂和器材】

1. 试剂

1）5%三氯乙酸（acetocaustin）、95%乙醇、0.9% NaCl、浓盐酸、50% NaOH。

2）碘试剂：I_2（iodine）100mg，KI（potassium iodide）200mg，溶解于 30mL 蒸馏水。

3）班氏试剂（Benedict reagent）：取柠檬酸钠（sodium citrate）173g 及无水 Na_2CO_3（sodium carbonate）100g 放入 2000mL 烧杯内，加水约 700mL，加热溶解并以玻璃棒不断搅拌，溶解后待冷却至室温。另用 200mL 烧杯，称取 $CuSO_4 \cdot 5H_2O$（cupric sulfate）17.3g，加蒸馏水 100mL，加热溶解。将 $CuSO_4$ 液缓慢倒入前液，不断搅拌。补足水量至 1000mL。若试剂混浊，可用脱脂棉过滤入瓶备用。

2. 器材

剪刀、组织匀浆机、漏斗、滤纸、白瓷板、试管、滴管、玻璃棒、塑料离心管、天平、普通低速离心机、水浴锅。

【实验步骤】

1. 糖原的提取

1）迅速处死动物（兔），立即取出肝脏，称取肝组织 1～2g。

2）将肝组织放入研钵中，用剪刀尽量剪碎；加入 5%三氯乙酸 2mL，将肝组织研磨至糜状；再按 5mL/g 肝组织补加 5%三氯乙酸。混匀，用滤纸过滤。

3）取滤液 3mL 于塑料离心管中，加入 95%乙醇 3mL，加盖后混匀，静置 10min，以 3000r/min 离心 5min，倾去上清液，白色沉淀即为糖原。

2. 糖原的鉴定

1）加蒸馏水 2mL 于上述离心管中，用滴管或玻璃棒将沉淀搅起，转入玻璃试管中。

2）将试管置沸水浴中加热使沉淀完全溶解，对光观察溶液，可见乳样光泽，记录。

3）取试管 1 支，加班氏试剂 2mL，置于沸水浴中加热 10min；再加入上述糖原溶液 5 滴，混匀后再放入沸水浴中加热 5min 左右，冷却后观察颜色并作记录。

4）取糖原溶液 2 滴于白瓷比色盘中，加碘试剂 1 滴，观察并记录其颜色。

5）在上述剩余的糖原溶液中，加入浓盐酸 10 滴，置于沸水浴水解 20min，取出冷却后加 50% NaOH 5 滴中和。

6）另取试管 1 支，加班氏试剂 2mL，于沸水浴中加热 10min；再加入糖原水解液 6～8 滴，轻摇混匀，再放入沸水浴中加热 5min 左右，冷却观察并记录结果。

【注意事项】

1)采用颈动脉放血处死兔子，且动作要迅速，以免肝组织淤血。

2)尽量将肝组织匀浆成糜状，以释放所有的糖原分子。

3)糖原水解液加班氏试剂鉴定时，一定要先将班氏试剂在沸水浴中加热，使之温度接近或达到 100℃，并观察其有无颜色变化，即检验所加班氏试剂本身是否已被还原。

4)糖原水解液加班氏试剂鉴定时，可在沸水浴中加热时间长一些，直到观察到颜色变化为止。

【思考题】

1. 糖原水解液与糖原溶液有何实质区别?

2. 为什么要用肝组织来提取糖原? 其他组织是否都能提取糖原?

（段春燕）

六、分子生物学实验

实验十六　组织细胞基因组 DNA 的提取

【实验目的】

掌握 SDS 使蛋白质变性而与 DNA 分离进行提取 DNA 的基本原理;熟悉 SDS 法提取 DNA 的基本操作过程。

【实验原理】

从动物组织细胞中提取基因组 DNA 时，先将组织块匀浆后，再用 SDS 处理，使细胞裂解并使基因组 DNA 从核小体中解离，即可用酚直接进行抽提。SDS 和酚均可引起蛋白质变性，以利于 DNA 的纯化。从核酸中除去蛋白质的标准方法是用酚抽提一次，再用 1∶1 酚-氯仿混合液抽提一次，然后再用氯仿抽提一次，这是因为用两种不同的有机溶剂去除蛋白质更为有效。用氯仿抽提的目的是除去 DNA 溶液中微量的酚，用无水乙醇沉淀即可获得较纯的 DNA 制品。

DNA 浓度的测定，一般以 A_{260}=1.0 相当于 50μg DNA 计算；纯化的 DNA A_{260}/A_{280}=1.8，常用此比值来检查 DNA 的纯度，若小于 1.8 则表明有蛋白质或酚污染，需做进一步纯化处理。

【实验试剂和器材】

1. 试剂

1)TE 缓冲液：含 10mmol/L Tris-HCl(pH 8.0)，1mmol/L EDTA。

2)蛋白酶 K(10mg/mL)：称取蛋白酶 K(proteinase K) 10mg，溶于 1mL 缓冲液(含 25mmol/L pH 8.0 Tris-HCl，10mmol/L EDTA，50%甘油)中。配制后在 37℃保温 2h 以灭活 DNase，然后于–20℃保存。

3）Tris-饱和酚：市售 Tris-饱和酚是重蒸酚缓冲液（0.1mol/L Tris-HCl pH 9.5，0.2% β-巯基乙醇）按酚∶缓冲液= 6∶4 之比，充分混合，分层后上层水相 pH>7.8 的 Tris-酚混合液，呈黄色，室温下避光（棕色瓶）保存。久置会氧化后呈红色，则不能使用。

4）氯仿（chloroform）、20% SDS、无水乙醇（置–20℃预冷）、70%乙醇。

2. 器材

烧杯、剪刀、玻璃匀浆器、高速冷冻离心机、移液器、吸头及 EP 管、恒温水浴箱、真空干燥箱、紫外分光光度计。

【实验步骤】

1. 制备匀浆

1）取新鲜兔肝约 1g，在冰浴中将其剪成细小碎块。

2）加适量预冷的 TE 缓冲液（约 400μL），用玻璃匀浆器在冰浴中匀浆。

2. 裂解细胞、水解蛋白质

将匀浆转移至 1.5mL EP 管中，加 20% SDS 至终浓度 1%，混匀；再加蛋白酶 K 至终浓度为 200μg/mL，混匀，置 60℃水浴中保温 1～2h。

3. 抽提蛋白质

用等体积的 Tris-饱和酚，加盖后倒转振摇以抽提蛋白质，离心（4℃，10 000r/min，5min），将上层水相转移至另一 EP 管中；可重复抽提 1～2 次，直至界面清洁（无乳白色沉淀）为止。

4. 去除微量有机溶剂

1）用等体积的酚-氯仿（1∶1）混合液抽提两次，将上层液（水相）转移至另一 EP 管中。

2）用等体积氯仿抽提两次，将上层液体转移至另一 EP 管中。

5. 沉淀DNA

1）加入 2.5 倍体积预冷的无水乙醇，混匀，出现团絮状 DNA 沉淀，用大口吸头将 DNA 沉淀转移至另一 EP 管中，用 70%乙醇洗涤 2 次。

2）沉淀经减压干燥后，加适量 0.1×TE 缓冲液溶解，置于 4℃保存，同时取少量用紫外分光光度法测定其浓度。

【注意事项】

1）为尽可能避免 DNA 大分子的断裂，在实验过程中必须注意的问题包括：①研磨时上下用力，应保持低温，研磨时间短，勿使用电动匀浆器；②实验中使用的吸取 DNA 水溶液的滴管管口需要粗而短，并烧成钝口；③提取时勿剧烈振摇。

2）保持 DNA 活性，避免酸、碱或其他变性因素使 DNA 变性。

3）加入氯仿-异丙醇后勿剧烈摇动，以免大分子断裂。

4）有机溶剂对人体有害，操作时要注意。

【思考题】

1. 如果样品中有蛋白质存在，其紫外分析结果有何表现？如何进一步纯化？
2. DNA的定量可采用哪些方法？目前常用的是哪种？
3. 从生物细胞中提取DNA的主要注意事项是什么？应如何控制？
4. 能引起DNA变性的因素有哪些？DNA降解和DNA变性有何区别？如何鉴别？

（杨文理）

实验十七 质粒DNA的提取、定量、电泳与酶切鉴定

【实验目的】

掌握SDS-碱裂解法提取质粒的基本原理；熟悉碱裂解法提取质粒的基本操作；熟悉质粒的基本特性；了解质粒的限制性内切核酸酶酶切鉴定原理；学习水平式琼脂糖凝胶电泳的基本操作。

【实验原理】

质粒(plasmid)是一种独立存在于染色体外的环状闭合双链DNA，是一种能自主复制的稳定遗传因子。主要分布于细菌、放线菌、真菌及一些动植物细胞中，在细菌细胞中含量最多。细菌质粒大小为1～200kb，它们可以利用宿主细菌细胞内的复制机制合成质粒自身的DNA。质粒的自主复制和转录能力，能使子代宿主细胞保持它们恒定的拷贝数，可表达它携带的遗传信息。质粒DNA可独立存在于细胞质内，也可整合到细菌染色体中；但它离开宿主的细胞就不能存活，由质粒控制的多种生物学功能可以赋予宿主细胞的特定表型。

质粒DNA分子小，便于分离和提取，分子克隆实验中常常利用改造后的质粒携带外源目的基因，将其转入细菌、酵母或动植物细胞内进行扩增与表达。同时，质粒DNA提取的质量将直接影响后续实验(如酶切、连接、转化及PCR扩增等)的结果。因此，从细菌细胞中高效快速地分离获取高质量的质粒显得尤为重要。目前，已有多种方法可用于质粒DNA的提取。本实验采用SDS-碱裂解法提取质粒DNA，该法应用广泛、操作简便，所提取质粒DNA的纯度及质量较高。

由于质粒DNA具有的特殊形态结构，在特定条件下，如加热、极端pH、有机溶剂、尿素、酰胺试剂等会使质粒DNA变性，去除这些变性条件又可以使质粒DNA复性。十二烷基硫酸钠(sodium dodecyl sulfate，SDS)是一种阴离子表面活性剂，它既能使细菌细胞的细胞壁裂解，又能使细菌蛋白质变性。因此，SDS处理细菌细胞后导致细菌细胞壁破裂，从而使质粒DNA、细菌基因组DNA及蛋白质等从细菌细胞中同时释放出来。释放出来的DNA在pH 12.6的强碱性(NaOH)条件下，染色体DNA的氢键断裂，双螺旋结构被破坏而变性；质粒DNA的大部分氢键也断裂，但超螺旋共价闭合环状质粒DNA的两条互补链不会完全分离；蛋白质也发生变性。当迅速加入中和液(pH 4.8的酸性乙酸钾)调节溶液碱性至中性时，由于质粒DNA分子较小可以迅速复性，呈溶解状态，离心时留在上清中；而由于染色体DNA与蛋白质分子巨大，在短时间内不能复性而缠绕附着在细胞壁碎片上呈絮状，离心时染色体DNA与细胞碎片、不稳定的大分子RNA、蛋白质-SDS复合物等一起形成沉淀而被除去。用

无水乙醇或异丙醇沉淀上清中的质粒 DNA，再用 75%乙醇洗涤沉淀，即可将质粒 DNA 从细菌中提取出来。

质粒 DNA 分子质量一般为 10^6～10^7Da。在细胞内，共价闭环 DNA(covalently closed circular DNA，cccDNA)常以超螺旋形式存在。若两条链中有一条链发生一处或多处断裂，分子就能旋转而消除链的张力，这种松弛型的分子称为开环 DNA(open circular DNA，ocDNA)。在电泳时，同一质粒的 cccDNA 形式比开环或线状 DNA 形式的泳动速度更快。因此，本实验中质粒 DNA 的琼脂糖凝胶电泳中可出现 3 条大小不同的区带。

【实验试剂和器材】

1. 试剂和菌种

1) 含 pUC19 质粒的大肠杆菌 DH5α。

2) LB 液体培养基：胰蛋白胨(tryptone) 10g/L，酵母提取物(yeast extract) 5g/L，氯化钠(NaCl) 5g/L，去离子水定容至 1L；115℃，高压灭菌 15min，冷却至室温后 4℃保存。

3) 100mg/mL 氨苄西林：氨苄西林 1g 溶于 10mL 去离子水中，0.22μm 过滤，分装，−20℃保存；

4) 溶液Ⅰ：50mmol/L 葡萄糖，25mmol/L Tris-HCl(pH 8.0)，10mmol/L EDTA(pH 8.0)。配制方法：1mol/L Tris-HCl(pH 8.0) 12.5mL，0.5mol/L EDTA(pH 8.0) 10mL，葡萄糖 4.730g，加 dH_2O 至 500mL，分装 100mL/瓶。115℃，高压灭菌 15min，4℃保存(注：不能将 RNase A 加入溶液Ⅰ中一起高压灭菌，RNase A 用时现加)。

5) 溶液Ⅱ：0.2mol/L NaOH，1% SDS。配制方法：2mol/L NaOH 1mL，10% SDS 1mL，加 dH_2O 至 10mL。临用前配制。

6) 溶液Ⅲ：乙酸钾(KAc)缓冲液，pH 4.8。配制方法：5mol/L KAc 60mL，冰醋酸 11.5mL，加 dH_2O 至 100mL。115℃，高压灭菌 15min，4℃保存。

7) 0.5mol/L EDTA(pH 8.0)：18.61g $Na_2EDTA \cdot 2H_2O$，加去离子水，NaOH 调 pH 至 8.0，完全溶解后定容至 1L，121℃，高压灭菌 20min；4℃或室温保存。

8) TE 缓冲溶液(pH 8.0)：10mmol/L Tris-HCl (pH 8.0)，1mmol EDTA(pH 8.0)。配制方法：1mol/L Tris-HCl(pH 8.0) 1mL，0.5mol/L EDTA (pH 8.0) 0.2mL，加 dH_2O 至 100mL。121℃，高压湿热灭菌 20min，4℃或室温保存。

9) 氯仿-异戊醇(24∶1)：氯仿中加入异戊醇，氯仿-异戊醇为 24∶1(*V*/*V*)。

10) RNase A：不含 DNA 酶(DNase-free) RNase A 的 10mg/mL，TE 缓冲液配制，沸水加热 15min，分装后贮存于−20℃。

11) 5×TBE 电泳缓冲液：Tris 碱 54g，硼酸 27.5g，$Na_2EDTA \cdot 2H_2O$ 4.65g，加 dH_2O 至 1000mL。临用前用去离子水稀释为 0.5×TBE 电泳缓冲液。

12) 6×loading buffer 或 10×上样缓冲液，5mg/mL 溴化乙锭(EB)，琼脂糖凝胶：具体见实验十八核酸含量的测定实验中琼脂糖电泳法里的试剂。

13) DNA 分子质量标准：1kb DNA Marker 或 λ*Hin*d Ⅲ DNA Marker 或 DL2000 DNA Marker。

14) 限制性内切核酸酶：*Eco*R Ⅰ，−20℃保存。

15）10×限制性内切核酸酶缓冲液。

16）1%琼脂糖凝胶：1g 琼脂糖于锥形瓶中，加 100mL 0.5×TBE（1%琼脂糖凝胶），微波炉加热至完全溶化，冷却至 50～60℃，加 5mg/mL EB 储存液约 5μL 至终浓度 0.5g/mL。

17）灭菌去离子水或双蒸水、Tris-饱和酚、无水乙醇、70%乙醇。

2. 器材

微量移液器（10μL、100μL、1000μL），Eppendorf 管，1.5mL、10mL、50mL 塑料离心管，离心管架，台式高速（冷冻）离心机，漩涡振荡器，高压灭菌锅，恒温摇床，恒温培养箱，超纯水仪，制冰机，冰箱，锥形瓶（100mL 或 50mL）等常用玻璃仪器，一次性塑料手套等，电泳仪（包括直流电源整流器和水平电泳槽），超净工作台，紫外分光光度计，微波炉，恒温水温箱，紫外灯或凝胶成像仪。

【实验步骤】

1. 质粒DNA的提取

提取质粒 DNA 的方法包括质粒 DNA 扩增的细菌培养，细菌的收集和裂解，质粒 DNA 的分离和纯化。

1）细菌培养：在 LB 固体培养基上挑取带有 pUC19 质粒的大肠杆菌单菌落（教师预先完成），接种于 5mL 含 100μg/mL 氨苄西林的 LB 液体培养基中，37℃，180r/min，培养过夜（12～14h）。

2）细菌的收集：取 1.5mL 细菌培养物置塑料离心管中，13 000r/min，室温或 4℃离心 1min，弃上清，将离心管倒置于滤纸上，尽量流尽液体。

3）细菌的重悬：加入 100μL 预冷的溶液Ⅰ重悬细菌沉淀，漩涡振荡器上剧烈振荡，使菌体充分分散（将两个微量离心管的管底部互相接触振荡，可使沉淀迅速分散）。

4）细菌的裂解：加入 200μL 新配制的溶液Ⅱ，盖紧管口，快速颠倒 4～6 次（不要剧烈振荡），将离心管置于冰上（不超过 5min），使细胞膜裂解（溶液Ⅱ为裂解液，故离心管中菌液逐渐变清）。

5）质粒 DNA 的复性：加入 150μL 预冷的溶液Ⅲ，盖紧管口，温和颠倒混匀 6～8 次使溶液Ⅲ在黏稠的细菌裂解液中分散均匀，离心管可置冰上 3～5min（可见白色絮状沉淀）。溶液Ⅲ呈酸性，可将溶液 pH 调至中性，变性的质粒 DNA 迅速复性，变性的染色体 DNA 和蛋白质则不能复性而形成不可溶性复合物，同时 K^+使 SDS-蛋白复合物沉淀。

6）质粒 DNA 的分离：13 000r/min，室温或 4℃离心 5min，将上清液移入另一干净离心管中。

7）质粒 DNA 的纯化（选做）：向上清液中加入等体积 Tris 饱和酚-氯仿-异戊醇（25∶24∶1，*V/V*），盖紧管口，颠倒 4～6 次混合有机相和水相，13 000r/min，室温或 4℃离心 2min，小心转移上层水相转移至新的 1.5mL 离心管中。

8）质粒 DNA 的回收：向上清液加入 2.5 倍体积预冷的无水乙醇以沉淀核酸，盖紧管口，混匀，室温放置 2～5min，13 000r/min，室温或 4℃离心 5min，倒去上层乙醇溶液，把离心管倒扣在滤纸上，吸干液体。

9）加 0.7mL 预冷的 70%乙醇洗涤沉淀 1～2 次，盖紧管口，振荡混匀，13 000r/min，室温或 4℃离心 1min，弃上清；开盖，离心管置 37℃或室温自然干燥 5～10min，使乙醇挥发。

10) 加入 50μL 含 20μg/mL RNase A (无 DNase) 的 TE 缓冲液或重新溶解沉淀，室温或 37℃放置 30min 以降解 RNA 分子，使 DNA 充分溶解待用或置–20℃保存备用。

2. 质粒DNA的定量

具体参见实验十八核酸定量测定部分。

将待测质粒 DNA 样品适当稀释(5μL DNA 用 TE 缓冲液稀释至 1000μL)后，用 1mL TE 缓冲液作空白对照，在紫外分光光度计中测定 A_{260}。

3. 质粒DNA限制性内切酶的酶切鉴定

1) 用 20μL 体系进行质粒 DNA 的限制性内切酶消化反应，于灭菌干燥的 1.5mL 离心管中依次加入下列试剂：上一实验提取纯化的质粒 DNA (500ng～1μg)，10μL；10×限制性内切核酸酶缓冲液，2μL；相应的限制性内切核酸酶(*Eco*R Ⅰ，3～5U)，1μL；ddH_2O，7μL。加样后，小心混匀，关盖，置 37℃，酶解 1～3h。按上述条件用相应的几种不同的内切酶进行单酶切或双酶切。

2) 在 65℃加热 5min 或用 1/10 体积的 10×上样缓冲液终止反应。

3) 取 9μL DNA 酶解产物加 1μL 10×上样缓冲液(含溴酚蓝指示剂和甘油)，在 1%琼脂糖(含 0.5μg/mL 溴化乙锭)凝胶中电泳，电压<5V/cm，时间 30～40min。用紫外灯或凝胶成像仪观察分析。

【注意事项】

1) 溴化乙锭(EB)为致癌剂，操作时应戴一次性手套，并及时更换。务必小心，勿沾染于衣物、皮肤、眼睛、口鼻等处。所有操作均只能在专门的电泳区域操作，尽量减少台面污染。EB 见光分解，应在避光条件下 4℃保存。

2) 分子生物学实验的取样微量，DNA 样品与限制性内切酶的用量都必须取样精确，否则实验结果会很不理想。

3) 注意加样的顺序，一般先加水、缓冲液和 DNA，最后加酶。

4) 取不同的试剂必须更换吸头，避免试剂间相互污染。

5) 取液前先混匀试剂，尽量从液面吸取，以防止吸头沾染过多的液体或酶。

6) 限制性内切酶临用前取出放在冰浴中或冰盒内，用后立即盖紧盖子放回–20℃冰箱，避免限制性内切酶反复冻融而失活。

7) 酶切反应中的离心管、吸头等塑料器皿，均是经湿热灭菌、烘干的无菌清洁物品。临用前打开包装，用镊子夹取，不能直接用手拿，避免其他杂酶、核酸或蛋白质等污染。

8) 酶切反应的离心管在 37℃或 65℃温育时，必须做好标记避免混淆，盖紧离心管防止液体蒸发或水蒸气进入。

9) 酶切反应完成后取样前或中间取样时需要进行瞬时离心，避免酶切反应体积减小。

【思考题】

1. 质粒 DNA 的常见构型有哪些？哪种构型的质粒 DNA 质量最佳？

2. 如何判断质粒 DNA 的不同构型？
3. 加溶液Ⅱ和溶液Ⅲ之间的时间间隔为什么不能过长？
4. 试述琼脂糖凝胶的浓度与分离的 DNA 分子大小之间的关系。
5. 溴化乙锭(EB)的致癌机制是什么？
6. 如何通过分析电泳图谱判断质粒 DNA、基因组 DNA 的提取质量？
7. 如何避免限制性内切酶活性降低？
8. 如何使酶切效率最高？

（杨文理）

实验十八　核酸含量的测定

核酸包括 DNA 和 RNA，测定核酸浓度有两种常用方法：一是利用分光光度计法测定 DNA 的紫外光吸收值；二是利用琼脂糖电泳法中溴化乙锭(ethidium bromide，EB)发射的荧光强度来计算核酸的含量。

1)紫外光吸收法：由于组成核酸的碱基中存在共轭双键，在 260nm 波长处具有强吸收峰；因此，通过测定 260nm 处的吸收峰即可对核酸进行定量。测定时，一般在中性 pH 环境条件下进行，此法常用于测定比较纯净的核酸样品。

2)琼脂糖电泳法：与 DNA 分子质量标准比较，估算 DNA 的浓度；也可以根据溴化乙锭发射的荧光强度法来计算核酸的含量溴化乙锭可与核酸结合并嵌入双链中，在紫外光照射下可激发产生荧光，且荧光的强度与核酸的含量成正比。

Ⅰ　紫外光吸收法

【实验目的】

掌握紫外光吸收法的基本原理；掌握紫外分光光度计的使用方法；了解紫外吸收法检测核酸浓度与纯度的方法。

【实验原理】

DNA 和 RNA 链上的碱基(嘌呤环和嘧啶环)具有共轭双键，在紫外光区具有较强吸收，其吸收峰在 260nm 波长处。所有嘌呤(purine)和嘧啶(pyrimidine)及一切含有这些含氮碱的物质(核苷、核苷酸或核酸)，都有吸收紫外光的特性。波长为 260nm 时，DNA 或 RNA 的光密度 OD_{260} 不仅与总含量有关，也随构型而有差异。

蛋白质分子中含有的芳香族氨基酸含有苯环结构也能吸收紫外光，其吸收峰通常在 280nm 波长处，在 260nm 处的光吸收值仅为核酸的 1/10 或更低，故核酸样品中蛋白质含量较低时对核酸的紫外测定影响不大。RNA 的 260nm 与 280nm 吸收比值大于 2.0；DNA 的 260nm 与 280nm 吸收比值则在 1.9 左右。当样品中蛋白质含量较高时，比值即下降，故可根据此比值的大小判断核酸样品的纯度。

对标准样品来说，浓度为 1μg/mL 时，DNA 钠盐的 $OD_{260}=0.02$；当 $OD_{260}=1$ 时，dsDNA 浓度约为 50μg/mL，ssDNA 浓度约为 37μg/mL，RNA 浓度约为 40μg/mL，寡核苷酸浓度约为

30μg/mL（由于底物不同有差异）。当 DNA 样品中含有蛋白质、酚或其他小分子污染物时，会影响 DNA 光密度测定的准确性。通常，同时检测同一样品的 OD_{260} 和 OD_{280}，计算其比值来衡量样品的纯度。

【实验试剂和器材】

1. 试剂

提取的 pUC19 质粒 DNA 样品、pUC19 DNA 标准样品、灭菌 dH_2O 或 TE 缓冲液。

2. 器材

烧杯、容量瓶、752 型紫外-可见分光光度计、石英比色皿。

【实验步骤】

1）752 型紫外-可见分光光度计开机预热 15～30min。将灵敏度旋钮调至“1”挡（放大倍率最小）。按“电源”开关（开头 2 个指示灯亮），钨灯点亮；按“氢灯”开关（开关内左侧指示灯亮）；氢灯电源接通，再按“氢灯触发”按钮（开关内右侧指示灯亮），氢灯点亮（注意：仪器后背部有一只“钨灯”开关，如不需用钨灯时可将它关闭）。选择开关置于“T”。打开样品室盖（光门自动关闭），调节“0%T”旋钮，使数字显示为“00.0”。将波长置于所需要测定的波长范围。

2）用双蒸水洗涤石英比色皿，吸水纸吸干，加入 TE 缓冲液（空白管）后，放入样品架中。

3）盖上样品室盖，将空白管溶液置于光路，调节透光率“100”旋钮，使数字显示为 100.0%（T）（如果显示不到 100.0%T，则可适当增加灵敏度的挡数，同时应重复调节“0%T”旋钮，使数字显示为“00.0”）。

4）将待测样品适当稀释（DNA 5μL 用 TE 缓冲液稀释至 1000μL）后，记录编号和稀释度。用 1mL TE 缓冲液作空白对照。

5）把装有标准样品或待测样品的比色皿放在分光光度计比色槽上，关闭样品室盖。

6）设定紫外光波长，将选择开关置于“A”，旋动消光度调整旋钮，使数字显示为“0.000”，然后移入待测溶液，显示值即为光密度值。分别测定 230nm、260nm、280nm 波长时的 OD 值。

7）计算待测样品的浓度与纯度：对标准样品来说，浓度为 1μg/mL 时，DNA 钠盐的 $OD_{260}=0.02$；当 $OD_{260}=1$ 时，dsDNA 浓度约为 50μg/mL，RNA 浓度约为 40μg/mL。因此，核酸样品浓度计算如下：

$$\text{DNA 样品的浓度}(\mu g/\mu L)=OD_{260}\times\text{稀释倍数}\times 50/1000$$

$$\text{RNA 样品的浓度}(\mu g/\mu L)=OD_{260}\times\text{稀释倍数}\times 40/1000$$

一般认为，对于 DNA 来说，$OD_{260}/OD_{280}\approx 1.8$，则说明样品中 DNA 比较纯；$OD_{260}/OD_{280}>1.9$，表明有 RNA 污染；$OD_{260}/OD_{280}<1.6$，表明有蛋白质、酚等污染。若想检测样品中是否残存酚等有机杂质，则需测定 OD_{230}。对于 RNA 来说，$1.7<OD_{260}/OD_{280}<2.0$ 则说明样品中 RNA 比较纯；$OD_{260}/OD_{280}<1.7$ 时表明有蛋白质或酚污染；$OD_{260}/OD_{280}>2.0$ 时表明可能有异硫氰酸残存。

若核酸样品不纯，则 OD_{260}/OD_{280} 值发生变化，此时无法用分光光度法对核酸进行定量，可使用琼脂糖凝胶电泳法或其他方法进行估算。

【注意事项】

1）注意紫外分光光度计的结构和使用方法与可见光分光光度计有所不同。紫外分光光度计应该放置在固定的台面上，避免强光的照射，防止潮湿和灰尘。比色皿要保持干燥清洁，使用时避免接触其透光面，外壁的液体需用绸布或拭镜纸擦干。仪器连续使用时间不要过长，超过 2h 应间休息半小时以上才能使用。开机时应将暗盒盖打开。仪器使用完毕后，应将所有开关、旋钮关闭或回零。

2）要分别测定波长 260nm 和 280nm 处的光密度值。

Ⅱ　琼脂糖凝胶电泳测量法

【实验目的】

掌握琼脂糖凝胶电泳法测量 DNA 浓度的方法。

【实验原理】

质粒 DNA 及微量 DNA 片段的浓度可与已知浓度的 DNA 同时进行电泳，根据结合溴化乙锭的荧光强度，估计其含量。

【实验试剂和器材】

1. 试剂

1）10×TBE 电泳缓冲液（pH 8.3）：0.89mol/L Tris-硼酸，0.02mol/L Na_2EDTA，pH 8.3。称取 Tris-base 108g，Na_2 EDTA·$2H_2O$ 7.44g，硼酸 55g，加入 800mL 去离子水，充分搅拌溶解，定容至 1L，室温保存备用。临用前用去离子水稀释为 1×TBE 电泳缓冲液，为配制琼脂糖凝胶及其电泳时的应用缓冲液。

2）6×上样缓冲液：称取溴酚蓝（bromophenol blue）100mg，加双蒸水 5mL，在室温下过夜，待溶解后再称取蔗糖 25g，加去离子水溶解后移入溴酚蓝溶液中，摇匀后定容至 50mL，加入 NaOH 1 滴，调至蓝色。

3）5mg/mL EB：0.1g EB 加入 20mL 灭菌去离子水中，充分混匀，分装，4℃避光保存；配制琼脂糖凝胶时每 100mL 凝胶加 10μL EB。

4）双蒸水或去离子水、0.8%琼脂糖。

2. 器材

凝胶成像系统，电泳槽，电泳制胶系统（制胶板、制胶槽、梳齿），电泳仪。

【实验步骤】

1）将洗净、干燥的制胶板放入制胶槽中，水平放置在工作台上。

2)选择合适的梳子，平稳插入制胶槽中，梳齿底部离玻璃平板的距离为 0.5～1.0mm。

3)称取 1g 琼脂糖于锥形瓶中，加 100mL 0.5×TBE 电泳缓冲液(1%琼脂糖凝胶)，微波炉加热至完全溶化，冷却至 50～60℃，加 10mg/mL EB 储存液约 5μL 至终浓度 0.5g/mL(注意：EB 为强诱变剂，操作时戴手套)，轻轻摇匀。缓缓倒入架有梳子的电泳胶板中，避免产生气泡。

4)静置冷却待凝胶完全凝固后，将凝胶连同制胶板放入电泳槽中，小心拔去梳子，保持加样孔完整。加样孔一端置负极，加入 0.5×TBE 电泳缓冲液使之淹没凝胶表面，即可开始上样。

5)取 DNA 样品及 DNA 标准样品(DNA Marker)各 5μL，加入 6×上样缓冲液(loading buffer)1μL，于 EP 手套、塑料纸上或 0.5mL EP 管中混匀，用微量移液器依次加入加样孔中，记录样品点样顺序与点样量。

6)打开电泳仪电源开关，调节电压至 1～5V/cm(不超过 5V/cm)，一般 40V，使核酸样品向正极泳动。电泳 30～40min。

7)关闭电源，取出凝胶，置于紫外透射仪/凝胶成像仪上观察 DNA 区带，成像并记录。

8)DNA 含量的估计：比较待测 DNA 的条带与已知 DNA 的各条带的灰度值，根据 DNA 标准样品的浓度估计待测 DNA 在凝胶中的含量，再估计出待测 DNA 浓度。

【注意事项】

1)溴化乙锭(EB)为致癌剂，操作时应戴一次性手套，并及时更换。勿沾染于衣物、皮肤、眼睛、口鼻等。所有操作均只能在专门的电泳区域操作，尽量减少台面污染。沾有 EB 的用具使用完毕统一集中于回收容器中，经净化处理后方可丢弃。

2)EB 见光分解，应避光并 4℃保存。

3)准备凝胶板时不要形成气泡，若有气泡产生，需在凝胶液未凝固之前及时去除；否则，需重新制胶。

4)预先加入 EB 时可能使 DNA 的泳动速度下降 15%左右，而且对不同构型的 DNA 的影响程度不同。所以为取得较真实的电泳结果，可以在电泳结束后再用 0.5μg/mL 的 EB 溶液浸泡染色。若胶内或样品内已加 EB，染色步骤可省略；若凝胶放置一段时间后再观察，即使原来胶内或样品已加 EB，也建议增加此步。

5)核酸电泳常用的指示剂有两种，溴酚蓝(bromophenol blue，Bb)呈蓝紫色；二甲苯腈(xylene cyanol，Xc)呈蓝色，它携带的电荷量比溴酚蓝少，在凝胶中的的迁移率比溴酚蓝慢。以 0.5×TBE 作为电泳缓冲液时，溴酚蓝在 0.5%～1.4%的琼脂糖凝胶中的迁移速率大约相当于 300bp 的线性 DNA 的泳动速度，而二甲苯腈蓝 FF 的迁移速率相当于 4kb 的双链线形 DNA 的泳动速度。

【思考题】

1. DNA 含量测定的常用方法有哪些？
2. 为什么可以使用紫外分光光度法测定 DNA 含量？为什么可以使用 EB 测定 DNA 含量？

（杨文理）

实验十九 PCR 扩增目的基因

【实验目的】

掌握 PCR 实验技术；掌握 PCR 技术的原理；了解 PCR 扩增引物设计的原理和方法。

【实验原理】

聚合酶链反应(polymerase chain reaction，PCR)是在体外模拟细胞内 DNA 复制过程的一种 DNA 快速扩增技术。自 1985 年美国科学家穆利斯(Kary Mullis)在 *Science* 上首次报道 PCR 技术后，很快在许多领域得到广泛应用，穆利斯也因此获得了 1993 年的诺贝尔化学奖。

PCR 是模拟细胞内的 DNA 复制过程，因此需要提供细胞内 DNA 复制所需的基本条件。PCR 反应体系包括：模板 DNA，特异引物，DNA 聚合酶(由于 PCR 是通过加热使双链 DNA 变性为单链 DNA 分别作为模板的，因此，采用的耐热 DNA 聚合酶)，dNTP(包括 dATP、dGTP、dCTP 和 dTTP 四种脱氧核糖核苷酸)，含 Mg^{2+}的缓冲液等。通过变性(denature)、退火(annealing)和延伸(elongation)三步可完成一次 PCR 循环，即完成一次 DNA 复制过程。每完成一个循环需 1～3min，1～2h 就能将目的基因片段扩增放大几百万倍，这样可使极其微量的 DNA 被检测到。

细胞内的 DNA 复制是将整个 DNA 进行复制，而 PCR 仅能复制一段特异的 DNA，这种特异性完全取决于引物的设计和实验条件的优化。其中实验条件的优化主要是确定退火温度，不同的引物可能有不同的退火温度，需要在预实验时采用温度梯度 PCR 的方法确定该引物的最佳退火温度，以保证 PCR 扩增产物的特异性。

PCR 技术应用非常广泛，采用不同的引物，可以扩增不同物种的不同 DNA 或 RNA，本实验以扩增参与糖酵解途径中的 3-磷酸甘油醛脱氢酶(glyceraldehydes-3-phosphate dehydrogenase，*GAPDH*)基因的片段为例，学习应用 PCR 技术扩增和检测目的基因的方法。

【实验试剂和器材】

1. 试剂

1)引物：GAPDH-3 F 5′-GCCACATCGCTCAGACACCAT-3′
GAPDH-3 R 5′-ACGCCTGCTTCACCACCTTCT-3′

将这两条引物序列送生物技术公司合成引物，收到公司合成的引物后分别用灭菌双蒸水配为 10μmol/L 引物溶液。

GAPDH 基因的 mRNA 序列：

GCCUCAAGACCUUGGGCUGGGACUGGCUGAGCCUGGCGGGAGGCGGGGUCCGAGUC
ACCGCCUGCCGCCGCGCCCCCGGUUUCUAUAAAUUGAGCCCGCAGCCUCCCGCUUCG
CUCUCUGCUCCUCCUGUUCGACAGUCAGCCGCAUCUUCUUUUGCGUCGCCAG@CCG
A**GCCACAUCGCUCAGACACC**AUGGGGAAGGUGAAGGUCGGAGUCAACGG@AUUU
GGUCGUAUUGGGCGCCUGGUCACCAGGGCUGCUUUUAACUCUGGUAAAGUGGAUAU
UGUUGCCAUCAAUGACCCCUUCAUUGACCUCAACUACAUG@GUUUACAUGUUCCAA
UAUGAUUCCACCCAUGGCAAAUUCCAUGGCACCGUCAAGGCUGAGAACGGG**AAGCU**

UGUCAUCAAUGGAAAUCCCAUCACCAUCUUCCAGGA@GCGAGAUCCCUCCAAAAUC
AAGUGGGGCGAUGCUGGCGCUGAGUACGUCGUGGAGUCCACUGGCGUCUUCACCAC
CAUGGAGAAGGCUGGG@GCUCAUUUGCAGGGGGGAGCCAAAAGGGUCAUCAUCUC
UGCCCCCUCUGCUGAUGCCCCCAUGUUCGUCAUGGGUGUGAACCAUGAGAAGUAUG
ACAACAGCCUCAAGAUCAUCAG@CAAUGCCUCCUGCACCACCAACUGCUUAGCACC
CCUGGCCAAGGUCAUCCAUGACAACUUUGGUAUCGUGGAAGGACUCAUG@ACCACA
GUCCAUGCCAUCACUGCCACCCAGAAGACUGUGGAUGGCCCCUCCGGGAAACUGUG
GCGUGAUGGCCGCGGGGCUCUCCAGAACAUCAUCCCUGCCUCUACUGGCGCUGCCA
AGGCUGUGGGCAAGGUCAUCCCUGAGCUGAACGGGAAGCUCACUGGCAUGGCCUUC
CGUGUCCCCACUGCCAACGUGUCAGUGGUGGACCUGACCUGCCGUCUAGAAAAACC
UGCCAAAUAUGAUGACAUCA**AGAAGGUGGUGAAGCAGGCGU**CGGAGGGCCCCCUC
AAGGGCAUCCUGGGCUACACUGAGCACCAGGUGGUCUCCUCUGACUUCAACAGCGA
CACCCACUCCUCCACCUUUGACGCUGGGGCUGGCAUUGCCCUCAACGACCACUUUGU
CAAGCUCAUUUCCUG@GUAUGACAACGAAUUUGGCUACAGCAACAGGGUGGUGGA
CCUCAUGGCCCACAUGGCCUCCAAGGAGUAAGACCCCUGGACCACCAGCCCCAGCAA
GAGCACAAGAGGAAGAGAGAGACCCUCACUGCUGGGGAGUCCCUGCCACACUCAGU
CCCCCACCACACUGAAUCUCCCCUCCUCACAGUUGCCAUGUAGACCCCUUGAAGAGG
GGAGGGGCCUAGGGAGCCGCACCUUGUCAUGUACCAUCAAUAAAGUACCCUGUGCU
CAACCAGUUAAAAAAAAAAAAAAAAAAAAAA

注：双下划线序列为引物序列，两条引物扩增的产物 DNA 片段大小为 815bp；在 *GAPDH* 基因的 mRNA 序列中以波浪形下划线表示的 AAGCUU 序列在扩增的 PCR 产物 DNA 片段中即为 AAGCTT 双链互补序列，此 DNA 序列为 *Hin*d Ⅲ限制性内切核酸酶酶切位点，PCR 扩增产物 DNA 片段经 *Hin*d Ⅲ酶切后可产生为 215bp 和 600bp 大小的两条片段（见实验二十）；单下划线序列表示 *GAPDH* 基因编码序列的起始密码子和终止密码子；@表示如果是在人基因组中，*GAPDH* 基因在此处是一内含子。

2）10×TBE 电泳缓冲液（pH 8.3）：取 Tris 108g，$Na_2EDTA \cdot 2H_2O$ 7.44g，硼酸 55g 置于 1L 烧杯中，向烧杯中加入约 800mL 蒸馏水，充分搅拌溶解。用蒸馏水定容至 1L 后，室温保存。1×TBE 电泳缓冲液由 10×TBE 电泳缓冲液稀释而来（可稀释至 0.5×TBE 使用），用作配制琼脂糖凝胶和电泳缓冲液。

3）6×上样缓冲液：称取溴酚蓝（bromophenol blue）50mg，二甲苯腈蓝（xylene cyanol FF）50mg，EDTA 0.88g 置于 100mL 烧杯中，向烧杯中加入 40mL 蒸馏水，加热搅拌充分溶解；加入 36mL 甘油后，使用 2mol/L NaOH 调 pH 至 7.0；用蒸馏水定容至 100mL，室温保存。

4）10mg/mL EB 溶液：戴手套谨慎称取溴化乙锭 200mg 于棕色试剂瓶中，加 20mL 双蒸水，充分溶解后室温避光保存。EB 的工作浓度为 0.5μg/mL，也可用 10mg/mL EB 溶液配制 5μg/mL 的 EB 染色液。EB 是一种致癌物质，操作时必须小心。

5）DNA 分子质量标准：本实验 PCR 产物为 815bp DNA 片段，经 *Hin*d Ⅲ酶切为 215bp 和 600bp 两条 DNA 片段。根据此片段大小选用试剂公司相应 DNA 分子质量标准产品。

6）*Taq* DNA 聚合酶。

2. 器材

电泳仪和水平电泳槽，移液器和吸头，1.5mL Eppendorf管（EP管）和一次性手套，锥形瓶和100mL量筒，微波炉，凝胶成像系统，掌式离心机，基因扩增仪。

【实验步骤】

1）每一小组准备两支PCR管，一支作为扩增目的基因管，一支作为阴性对照管，每管分别配制20μL PCR反应体系，包括ddH_2O 14.4μL，10×*Taq* buffer 2μL，$MgCl_2$溶液1.6μL，10mmol/L dNTP 0.4μL，10μmol/L引物GAPDH-3 F和GAPDH-3 R各0.4μL，*Taq* DNA聚合酶0.4μL，cDNA模板0.4μL；阴性对照管用水代替cDNA模板，其他试剂不变。为了方便学生加样，准备实验的教师在准备实验时可用ddH_2O调整浓度至每种试剂均加2.5μL。保证所有试剂加入PCR管后，混匀，瞬时离心10s。

2）将离心后的PCR管小心放入基因扩增仪，设置基因扩增仪的PCR反应程序：94℃变性3min，1个循环；94℃变性30s，60℃退火30s，72℃延伸45s，25个循环；72℃再延伸7min，12℃保持。程序设置完成后启动PCR运行程序。

3）制备琼脂糖凝胶：见实验二十 DNA琼脂糖凝胶电泳及限制性内切核酸酶酶谱分析。

4）扩增反应结束后，取样品8μL（剩余样品交给指导老师放至−20℃冰箱保存，作为实验二十的酶切样品）至另一干净的0.5mL EP管中，再加入2μL 6×loading buffer，混匀，瞬时离心后全部加入琼脂糖凝胶样品孔内。

5）电泳：接通电泳槽与电泳仪的电源（检查正、负极，DNA片段从负极向正极移动）。调节电泳仪电压至120V，电泳20～30min后停止电泳。

6）观察结果：戴双层手套，取出托盘，将凝胶小心放置在凝胶成像系统的玻璃平板上。如果凝胶中未加EB，将凝胶小心移入5μg/mL EB溶液染色2～3min，取出后清水漂洗一次，再将凝胶小心放置在凝胶成像系统的玻璃平板上。通过凝胶成像系统的小窗口可直接观察在凝胶中有DNA的地方显出橘红色荧光条带，最后操作凝胶成像系统采集图像后保存至电脑备用。

【注意事项】

1）EB是强致癌物，操作过程中一定要小心，不能让污染区以外的地方接触EB，保护自身和他人安全。

2）微量实验，注意取量准确。

3）移液器使用完毕后调回最大量程。

4）PCR技术的检测灵敏度很高，尽量避免污染导致假阳性。

【思考题】

1. PCR扩增目的基因DNA有何用处？

2. PCR特异的扩增目的DNA是如何实现的？

3. 简述PCR技术的原理。

（曾凡才）

实验二十 DNA 琼脂糖凝胶电泳及限制性内切核酸酶酶谱分析

【实验目的】

掌握 DNA 限制性内切核酸酶的作用特点；掌握 DNA 限制性内切核酸酶酶谱分析的基本原理及实验操作技术；了解限制性内切核酸酶酶谱分析的运用。

【实验原理】

限制性内切核酸酶(restriction endonuclease，RE)，简称限制性内切酶或限制酶，是一类内切核酸酶，能识别双链 DNA 分子内的特定序列位点并水解磷酸二酯键。RE 绝大多数来源于细菌，是细菌对外源 DNA 入侵的天然保护，这对细菌遗传性状的稳定遗传具有重要意义。RE 可分为三种类型：Ⅰ、Ⅱ和Ⅲ型，Ⅰ型酶的显著特点是识别位点和切割部位不一致，没有固定的切割位点；Ⅲ型酶与Ⅰ型酶特性类似，切割位点在识别位点之外，但是切割位点是特异的。Ⅱ型酶是在特异的识别位点内进行精确切割，是最常用的 RE，本实验所用 *Hin*d Ⅲ即属于Ⅱ型酶。Ⅱ型酶的识别序列通常为 6 个或 4 个碱基对序列(少部分为 8 个或更多碱基对序列)。例如，*Hin*d Ⅲ的识别位点和切割位点为 A↓AGCTT，*Eco*RⅠ的识别位点和切割位点为 G↓AATTC，均为 6 个碱基对序列。大多数 RE 的识别序列为回文结构(palindrome)。回文结构，又称为反向重复序列，是指将 DNA 分子的两条反向平行核苷酸链，如果均以 5′→3′的方向排列两条核苷酸链，则序列完全相同。

RE 的最大特点是识别 DNA 特异序列并进行切割。因此，它是基因工程中剪切 DNA 分子的常用工具酶，被誉为分子生物学家的手术刀。临床上某些遗传病是由于基因的缺失、插入或突变所致，可造成 RE 酶切位点的改变，故当用一定的 RE 切割时，其切开的片段(分子质量)大小与正常人产生差异，通过琼脂糖凝胶电泳分离，可产生不同的电泳图谱，即 DNA 限制性图谱发生改变，据此可达到基因诊断的目的。

【实验试剂和器材】

1. 试剂

1) 酶切样品 DNA：含有 *Hin*d Ⅲ酶切位点的 DNA 均可作为 *Hin*d Ⅲ限制性内切核酸酶的底物，本实验所用 DNA 样品来自于实验十九的 PCR 产物，该产物的 DNA 片段中含有一个 *Hin*d Ⅲ的酶切识别位点。

2) 限制性内切核酸酶 *Hin*d Ⅲ及其缓冲液：购买商品化的限制性内切核酸酶均配有相应的缓冲液，不同公司内切酶的浓度有差异，根据配送的使用说明书确定加入内切酶的体积。

3) 10×TBE 电泳缓冲液(pH 8.3)：取 Tris 108g，$Na_2EDTA \cdot 2H_2O$ 7.44g，硼酸 55g 置于 1L 烧杯中，向烧杯中加入约 800mL 蒸馏水，充分搅拌溶解。用蒸馏水定容至 1L 后，室温保存。1×TBE 电泳缓冲液由 10×TBE 电泳缓冲液稀释而来(可稀释至 0.5×TBE)，用作配制琼脂糖凝胶和电泳缓冲液。

4) 6×上样缓冲液：称取溴酚蓝(bromophenol blue) 50mg，二甲苯腈蓝 FF(xylene cyanol FF) 50mg，EDTA 0.88g 置于 100mL 烧杯中，向烧杯中加入 40mL 蒸馏水，加热搅拌充分溶解；加入 36mL 甘油(Glycerol)后，使用 2mol/L NaOH 调 pH 至 7.0；用蒸馏水定容至 100mL，室温保存。

5) 10mg/mL EB 溶液：戴手套谨慎称取溴化乙锭(ethidium bromide，EB) 200mg 于棕色试

剂瓶中，加 20mL 双蒸水，充分溶解后室温避光保存。EB 的工作浓度为 0.5μg/mL，也可用 10mg/mL EB 溶液配制 5μg/mL 的 EB 染色液。EB 是一种致癌物质，操作必须小心。

6) DNA 分子质量标准：本实验 PCR 产物为 815bp DNA 片段，经 *Hin*d Ⅲ酶切为 215bp 和 600bp 两条 DNA 片段。根据此片段大小选用试剂公司相应 DNA 分子质量标准产品。

7) 未酶切 DNA 对照样品：取 10μL 实验十九的 PCR 产物，加入 6×上样缓冲液 2μL，混匀，瞬时离心备用。

2. 器材

电泳仪和水平电泳槽，移液器和吸头，1.5mL Eppendorf 管(EP 管)和一次性手套，锥形瓶和 100mL 量筒，微波炉或电炉，凝胶成像系统，掌式离心机。

【实验步骤】

1. 样品DNA酶切

加入 10×酶切缓冲液 2μL，实验十九的 PCR 产物 10μL（也可用基因组 DNA 或质粒 DNA 等含有 *Hin*d Ⅲ酶切位点的 DNA 样品代替），*Hin*d Ⅲ 10～15U 加至 1.5mL EP 管中，加双蒸水补充体积至 20μL，加盖，混匀后瞬时离心，37℃水浴反应约 1h。

2. 制备琼脂糖凝胶

1) 将制胶器放置于一水平台面上，取一洁净的凝胶托盘放入制胶器内，并插好所需齿数和厚度的样品梳子。

2) 按照被分离 DNA 的大小，决定凝胶中琼脂糖的百分含量(表 3-23)。

表 3-23　琼脂糖凝胶浓度与分辨 DNA 大小范围的关系

凝胶中的琼脂糖含量/%(*m*/*V*)	线性 DNA 分子的有效分离范围/kb
0.3	5～60
0.6	1～20
0.7	0.8～10.0
0.9	0.5～7.0
1.2	0.4～6.0
1.5	0.2～4.0
2.0	0.1～3.0

称取 1.5g 琼脂糖倒入锥形瓶中，加入 1×TBE 缓冲液 100mL，置微波炉或水浴加热至完全溶化，注意微波炉 2～3min 即可使琼脂糖溶解，中途可取出混匀两次，观察到琼脂糖溶液透明无颗粒即停止加热，时间太长会使水分蒸发过多而改变凝胶浓度。

3) 静置冷却或用自来水冲洗锥形瓶外壁快速冷却。溶液冷却至 60℃左右时加入 5μL EB 染色液(可电泳后用 5μg/mL EB 溶液染色 2～3min)，混匀后缓慢倒入托盘，凝胶厚度一般为 0.3～0.5cm，检查有无气泡，特别是梳子下，如有气泡可用牙签挑破。

4) 待胶冷却凝固后，小心拔出梳子，将带凝胶的托盘放入电泳槽内，注意凝胶点样端靠负极放置。

5) 加入 1×TBE 缓冲液至电泳槽，缓冲液刚好淹没凝胶表面即可。

3. 加样

取 6×上样缓冲液 4μL 加入酶切后的样品中，混匀后瞬时离心，用 10μL 取液器分两次加入同一点样孔。在凝胶一侧选择两个空的点样孔分别加入 10μL 未切 DNA 对照样品和 6μL DNA 分子质量标准(记录点样顺序及点样量)。

4. 电泳

接通电泳槽与电泳仪的电源(检查正、负极，DNA 片段从负极向正极移动)。调节电泳仪电压至 120V，电泳 20～30min 后停止电泳。

5. 观察结果

戴双层手套，取出托盘，将凝胶小心放置在凝胶成像系统的玻璃平板上。如果凝胶中未加 EB，将凝胶小心移入 5μg/mL EB 溶液染色 2～3min，取出后清水漂洗一次，再将凝胶小心放置在凝胶成像系统的玻璃平板上。通过凝胶成像系统的小窗口可直接观察在凝胶中有 DNA 的地方显出橘红色荧光条带，最后操作凝胶成像系统采集图像后保存至电脑备用。

【注意事项】

1) 为合理安排时间，可在指导教师讲课之前先加样进行酶切反应和制备琼脂糖凝胶。

2) 点样一定要小心，不能用吸头弄坏样品孔，否则会出现大量 DNA 样品停滞在孔内，也不能将样品加在孔外。因此，加样时除一只手操作移液器外，另一只手还应扶着移液器杆，以增加稳定性。

3) 加热凝胶时要小心，避免烫伤，可戴微波炉手套将加热后的锥形瓶从微波炉中取出。

4) EB 是 DNA 的诱变剂，也是极强的致癌物，配制和使用过程中要小心，操作时一定要戴手套，用过的手套要及时将其翻过来，让污染有 EB 的面朝里，有 EB 的废液和器皿要分别处理好。

【思考题】

1. 结果观察为什么一定要在凝胶成像系统的紫外分析仪下观察？
2. 琼脂糖凝胶中为什么要加溴化乙锭？

（曾凡才）

第二节　融合性实验项目

一、免疫生化技术

实验二十一　凝 集 反 应

【实验目的】

掌握实验原理，熟悉凝集反应方法步骤及操作过程，掌握结果判断及实际应用。

【实验原理】

当细菌或红细胞等颗粒性抗原与相应抗体混合后，在适量浓度电解质环境中，颗粒性抗原相互聚集，形成肉眼可见的凝集团块，称为凝集反应。凝集反应是一类抗原抗体反应，在一定电解质条件下发生，颗粒性抗原称为凝集原(agglutinogen)，相应的抗体称为凝集素(agglutinin)，包括直接凝集反应和间接凝集反应。由于凝集反应方法简便，灵敏度高，因此在临床医学检验中被广泛应用。利用凝集反应可以鉴定未知的抗原，阳性反应强度一般用“+”的数量表示。在一定条件下可以做半定量测定。

Ⅰ 直接凝集反应(玻片法)

直接凝集反应是颗粒性抗原与相对应抗体在有电解质存在的情况下发生的凝集反应，以出现肉眼可见的凝集现象为特征。发生直接凝集反应的抗原一般较大，如细菌或红细胞等。

Ⅰ-1 细菌鉴定

【实验试剂和器材】

1)志贺氏菌多价诊断血清，沙门氏菌多价诊断血清。两种血清都做1：20稀释。

2)待测菌培养于平皿或斜面，24h培养。

3)生理盐水、载玻片、接种环。

【实验步骤】

1)取一张洁净的载玻片，用笔划分成3格，编号。

2)用灭菌接种环取志贺氏菌多价诊断血清3～4环放于第1格；在酒精灯上将接种环灼烧灭菌并冷却后再取3～4环沙门氏菌多价诊断血清放在第2格；同法灭菌取3～4环生理盐水放于第3格。

3)接种环灭菌后取待测菌，分别与血清和生理盐水混合。每次取菌与一种材料混合后都需要在火焰上将接种环灼烧灭菌，再进行取菌，否则会造成血清之间的污染而使反应的特异性和正确性受到影响。

4)轻摇载玻片，使各样品混合，几分钟后，在光线斜射下观察结果。加有细菌的实验组与加生理盐水的对照组应有明显区别，后者没有任何反应迹象。

【实验结果】

阳性实验组出现白色块状凝集物，阴性为无任何凝集现象出现。出现凝集的实验组，其抗原菌是与诊断血清抗体相应的细菌。

【注意事项】

1)本实验也可以在试管中进行，将免疫血清做1：10系列稀释，再与细菌进行混合。设生理盐水为对照组。混合后在37℃培养箱过夜。第2天观察结果。

2)用接种环取一种试剂前后均需进行灼烧，不可有杂菌污染及前一试剂残留，用接种环取细菌时，也应先灼烧灭菌，待冷却后，方可挑取细菌，用接种环加细菌于血清中，应灼烧接种环，方可再取细菌，加入另一种血清中。

Ⅰ-2　血型鉴定

【实验原理】

Karl Landsteiner 在 1900 年发现了 ABO 血型并获得 1930 年诺贝尔生理学或医学奖，红细胞表面血型抗原与相应抗体直接反应，建立了经典的红细胞凝集实验。大多数人都知道 ABO 血型系统(ABO blood group system)和 Rh 血型系统(Rhesus blood group system)。血型标志物是由遗传决定的，如红细胞或其他血细胞与组织细胞表面的磷脂，糖脂和糖蛋白等生物大分子等，具有抗原性，在体内能形成血型抗原的相应抗体。ABO 血型包括 A 型、B 型、AB 型和 O 型，每个人在其血清中不含有其血型抗原相对应的抗体，即红细胞表面是 A 凝集原的人，其血清中含有 B 凝集原的抗体(B 凝集素)，反之亦然，B 型血人血清中含有 A 凝集素；O 型血人血清含有 A 凝集素和 B 凝集素；AB 血型人血清中不含有这两种凝集原相应的凝集素。但血型相同的人并不意味着具有相同基因型(表 3-24)。

表 3-24　ABO 血型系统

血型	基因型	血清抗体
A	AA 或 AO	抗-B
B	BB 或 BO	抗-A
AB	AB	无
O	OO	抗-A 和抗-B

此外，血型凝集反应主要由 IgM 型免疫球蛋白引起，IgM 分子将抗体恒定区结合形成同型五聚体，具有 10 个抗原结合位点，IgG 分子通常只有两个抗原结合位点，所以，IgM 分子比 IgG 分子具有更好凝集效应。

【实验试剂和器材】

抗-A 血清、抗-B 血清、碘伏、乙醇、载玻片、采血针、棉签、牙签等。

【实验方法】

1)取一张干净的载玻片，用笔做记号，分为 2 格，编号为第 1 格和第 2 格。

2)用碘伏将左手无名指消毒，用采血针扎一下，将血滴入载玻片第 1 格和第 2 格的中心位置。

3)在第 1 格和第 2 格分别滴入抗-A 血清和抗-B 血清各 1 滴。

4)在血清中，用牙签分别轻轻混匀一下，30s 后观察结果。

【实验结果】

有凝集物出现者为阳性，用“+”号表示；无凝集物出现者为阴性，用“–”号表示。血型判定见表 3-25。

表 3-25 血型鉴定结果判断

抗-A	抗-B	血型
+	−	A
−	+	B
+	+	AB
−	−	O

【注意事项】

实验中，所有血液样品必须不含有传染源(如 HIV、肝炎等)，操作中必须戴手套。用碘伏与乙醇认真消毒采血部位，勿压采血部位，以防红细胞挤压破裂，实验结果应在 1～3min 内观察。

【思考题】

简述输血反应的发生机制及后果。

Ⅱ 凝集反应(试管法)

【实验原理】

凝集反应在微生物学上也称为肥达试验，最早由肥达(Widal)应用于临床，是用已知抗原检测血清中抗体的定量实验，可测定出血清中抗体的效价。即用已知的伤寒沙门氏菌 O、H 抗原或甲、乙型副伤寒杆菌 H 抗原，与患者血清做定量凝集实验，以测定患者血清中有无相应抗体及抗体含量的多少。通常以产生明显凝集现象的最高稀释度作为血清中抗体的效价(titer)，也称为滴度。根据抗体含量多少及增长情况，结合临床症状，可辅助诊断伤寒及副伤寒。

【实验试剂和器材】

诊断菌液：伤寒沙门氏菌 O 及 H 菌液；1∶10 稀释伤寒沙门氏菌免疫血清。

生理盐水、小试管、试管架、吸管、移液器、记号笔等。

【实验步骤】

1)取洁净小试管 8 支，在试管架上排成一行，依次编号。

2)用 100～1000μL 刻度移液枪吸取生理盐水，每管加入 0.5mL 生理盐水。

3)用 100～1000μL 刻度移液枪吸取 1：10 稀释伤寒沙门氏菌免疫血清 0.5mL，加入第 1 支试管，然后连续吸吹 3 次，使血清与生理盐水充分混匀后，吸出 0.5mL 加入第 2 管，同法混匀后又吸出 0.5mL 加入第 3 管，如此依次对倍稀释到第 7 管，最后从第 7 管吸出 0.5mL 弃去，第 8 管为生理盐水对照管(表 3-26)。

4)用 100～1000μL 刻度移液器吸取伤寒沙门氏菌诊断菌液分别加入上述试管中，每管 0.5mL；振荡试管架，使管内菌液与对倍稀释免疫血清充分混匀，将试管置室温(或 37℃)恒温箱中过夜，第 2 天观察结果。

表 3-26　试管凝集实验加样程序表

	1	2	3	4	5	6	7	8
生理盐水	0.5	0.5	0.5	0.5	0.5	0.5	0.5	0.5
1∶10 稀释伤寒沙门氏菌免疫血清	0.5 →	0.5 →	0.5 →	0.5 →	0.5 →	0.5 →	0.5 →	弃去
伤寒沙门氏菌菌液	0.5	0.5	0.5	0.5	0.5	0.5	0.5	0.5
血清稀释度	1∶40	1∶80	1∶160	1∶320	1∶640	1∶1280	1∶2560	对照
室温(或 37℃)过夜								

【实验结果】

先勿振动试管，首先观察生理盐水对照管，正确结果是管底沉淀物呈圆形，边缘整齐，轻轻振荡，细菌分散后呈均匀混浊，即未出现凝集现象，若出现了非特异性凝集现象，则本次实验无效。

观察实验管应从第 1 管开始，沙门氏菌 H 及 O 菌液凝集物呈疏松棉絮状，沉于管底，轻轻摇动试管，絮状物易离散和升起，根据凝集反应的程度，分别以下列记号表示。

++++：管内液体清澈，细菌完全凝集于管底，轻摇有大片凝集物。

+++：管内液体轻度混浊，细菌大部分凝集于管底，絮状凝集物较小。

++：管内液体中度混浊，部分细菌凝集于管底，凝集明显，呈颗粒状。

+：管内液体很浑浊，仅有少量细菌凝集。

-：管内液体与对照管相同，不凝集。

以产生明显凝集(++)的血清最高稀释度为被检血清的凝集效价。

【注意事项】

1)观察结果时，先看生理盐水对照管，可见管底有圆点状细菌沉积，边缘整齐，轻摇则分散为浑浊的菌液。

2)注意两种凝集现象的区别，O 菌液凝集物呈紧密颗粒状，不易摇起；H 菌液的凝集物呈疏松棉絮状，轻摇即起。

【思考题】

1. 什么是效价？为什么效价可表示血清中抗体的含量？
2. 肥达试验中要用哪几种抗原？为什么？
3. 怎样分析肥达试验结果？

Ⅲ　间接凝集反应

【实验原理】

将可溶性抗原(或抗体)先吸附于适当大小的与免疫特异性无关的颗粒性载体的表面，形成人工的免疫微球(或致敏载体)，然后与相应抗体(或抗原)作用，在适宜电解质存在的条件下，出现特异性凝集现象，称为间接凝集反应(indirect agglutination)或被动凝集反应(passive agglutination)。由于载体微球增大了可溶性抗原的反应面积，微球上少量抗原存在就足以出现肉眼可见的凝集反应，因此，这种凝集反应的敏感性比沉淀反应高很多，被广泛应用于临床检验。如先使可溶性抗原与抗体充分结合，再加入有关的免疫微球。因抗体已被抗原结合，不再出现免疫微球的凝集现象。这一实验称为间接凝集抑制反应（indirect agglutination inhibition test）。

绒毛膜促性腺激素（HCG）为可溶性抗原，在妊娠尿中含量显著增高。如尿中有此抗原存在与相应抗体（抗-HCG）结合后，加入吸附 HCG 的免疫微球时，不出现凝集现象，呈均匀乳液，为妊娠实验阳性。如尿中无 HCG 存在，没有抗原与抗体结合，再加入相应的免疫微球时，即出现肉眼可见的凝集现象（即凝集未被抑制），为妊娠实验阴性。

【实验试剂和器材】

HCG 致敏乳胶颗粒、HCG 免疫血清、待检尿液、正常尿液、生理盐水、载玻片、毛细吸管、牙签等。

【实验步骤】

1）取干净载玻片 1 张，将其放在黑色背景桌面上。

2）用毛细吸管取生理盐水或正常尿液 1 滴，加于载玻片右端，作为对照；再取两份待测尿液各 1 滴，加于载玻片左端及中间。

3）各加 1 滴抗 HCG 免疫血清（妊娠诊断血清），缓缓摇动载玻片 30s～1min，分别混合均匀。

4）各加 1 滴 HCG 致敏的乳胶，分别用牙签搅匀。

5）将载玻片缓慢摇动 3～5min，在黑色背景下观察结果。

【实验结果】

生理盐水或正常尿液对照出现凝集颗粒。待检尿液无凝集现象而呈乳状液体者，为阳性；若待检尿液出现凝集现象，则为阴性。

实验二十二　沉 淀 反 应

【实验目的】

掌握抗原抗体反应的特异性和沉淀反应的原理，熟悉单向琼脂扩散、双向琼脂扩散、对流免疫电泳和免疫浊度实验的操作方法和结果分析。

【实验原理】

沉淀是指可溶物的析出和下落，所以，沉淀类似于凝集，与凝集反应的颗粒性抗原不同，沉淀反应的抗原都具有可溶性。可溶性抗原（如血清、细菌浸出液、毒素等）和相应抗体发生结合反应，在比例合适、有电解质存在的环境中，经过一定时间，形成肉眼可见的沉淀物，称为沉淀反应（precipitation reaction）。抗原-抗体免疫复合物相互交联，才能出现免疫沉淀。经典的免疫沉淀反应必须满足如下条件：①抗原至少有 3 个抗原表位；②抗血清至少有 3 个相应抗体决定簇；③抗体决定簇和抗原表位在数量上相等。所以单克隆抗体和半抗原是不能发生免疫沉淀反应的，即使形成了单个可溶的抗原-抗体免疫复合物，也不能相互交联形成肉眼可见的沉淀物，所以，沉淀反应在固相琼脂糖凝胶中只发生在等价带(equivalence zone)位置。沉淀反应有相对古老的历史和很多种类，包括单向琼脂扩散、双向琼脂扩散、对流免疫电泳、火箭免疫电泳等。目前，经典的免疫沉淀方法正慢慢从实验室消失，作为一类实验室常规分析技术，为 Western blot 所取代。即使经典的定量免疫沉淀实验，也被更为精确的酶联免疫吸附实验(ELISA)和放射免疫实验(RIA)所取代。经典的免疫沉淀反应具有操作简单，不需要过多器材等特征，也不需要熟练实验操作技巧就能够完成。

Ⅰ 双向琼脂扩散实验

【实验原理】

将可溶性抗原与相应抗体加入琼脂凝胶板的相应孔内，让二者在琼脂凝胶中自由扩散。当二者相遇时发生特异性结合反应，在比例合适处形成肉眼可见的白色沉淀线。若同时含有多种抗原抗体系统，根据抗原与抗体的性质、纯度和比例的不同，沉淀线的形状、位置和数量不同。

【实验试剂和器材】

1)琼脂粉，用生理盐水配制成 1%浓度的溶液。

2)实验样品为待测血清，以肝癌患者阳性血清为对照，甲胎蛋白(AFP)诊断血清。

3)载玻片、打孔器、毛细滴管、大口吸管、微量加样器、湿盒等。

【实验步骤】

1)将配制好的琼脂液加热熔化，置室温自然冷却到 60℃左右。

2)取一张洁净的载玻片，置水平实验桌台面上，将熔化的琼脂液用大口吸管吸出，小心地加在载玻片上，4.0～4.5mL，让其铺满载玻片，应均匀平整，无气泡产生，置室温自然凝固。

3)将预制的打孔模板贴于载玻片下，用直径 3mm 打孔器在凝固的琼脂板上打孔，四周打 6 个孔，为抗原孔，中间位置打 1 个孔，为抗体孔，周围孔与中心孔距离为 4～5mm，四周孔等距排列，呈梅花形。

4)用微量加样器向中心孔内加 AFP 诊断血清，四周孔内分别加入待测血清和肝癌患者阳性血清。加样时，应将孔加满，但不应溢出至琼脂表面，或者按照实验要求加入一定体积。

5)将琼脂板放入预先准备好的湿盒，置 37℃孵箱，24h 后观察结果。

【实验结果】

1)在阳性对照孔与中心孔之间出现清晰的乳白色沉淀线。

2)实验组如果与中心孔之间也出现阳性对照孔类似的白色沉淀线，并且这个沉淀线与阳性对照孔的沉淀线相连，则判断待测血清为阳性。如果有沉淀线但沉淀线与阳性对照的沉淀线交叉，说明这一待测血清的抗原性与阳性对照有所不同，但与抗体有对应关系，是另一抗原抗体反应。这种情况不判断为阳性。没有沉淀线出现判断为阴性。实验结果如图 3-6 所示。

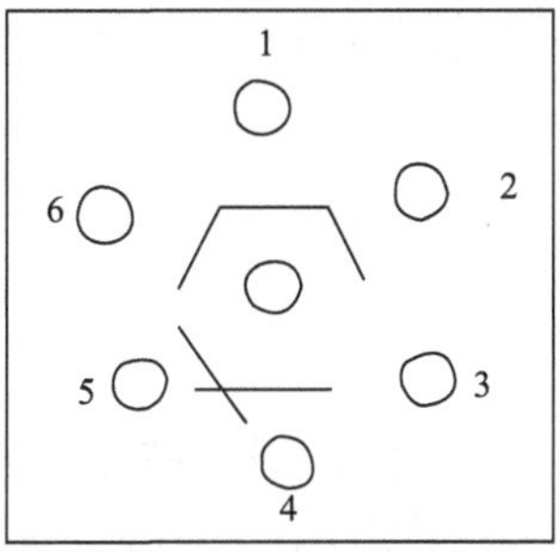

图 3-6 双向免疫扩散实验结果示意图

抗原特异性与沉淀线形状的关系：在相邻两个完全相同的抗原与抗体反应时，则可出现两条单沉淀线的融合；反之，如相邻抗原完全不同时，则出现沉淀线的交叉；两种抗原部分相同时，则出现沉淀线的部分融合。

【注意事项】

双向扩散沉淀实验是抗原抗体都同时扩散，相遇时发生的反应，如果将抗体（免疫血清）在灌琼脂时加在琼脂液中混匀，再灌到载玻片上，而将抗原加在孔内，则沉淀线将围绕孔形成沉淀环。环的直径与抗体含量有近似正比的关系。通过测量直径和抗体稀释倍数，可以绘制出标准曲线。

Ⅱ 对流免疫电泳

【实验目的】

掌握对流免疫电泳的实验操作步骤和实验原理，熟悉结果分析，了解临床实际应用及意义，熟悉各类沉淀反应的特点。

【实验原理】

对流免疫电泳实质上是将定向加速的电泳技术与免疫沉淀技术相结合而设计的一项实验。带电的胶体颗粒可在电场中移动，其移动方向与胶体颗粒所带电荷有关。抗原在 pH 8.6 的缓冲液中带负电荷，将抗原加于琼脂板阴极端的小孔中，由阴极向阳极移动；抗体为球蛋白，因电渗作用而流向阴极。当抗原抗体在两孔间相遇时，在两者比例适当处形成白色沉淀线。此种在双向琼脂扩散基础上加电泳的方法，称为对流免疫电泳（counter immune electrophoresis）。实验中经常用 1%～2%琼脂凝胶作为免疫电泳和免疫沉淀的介质，pH 6～9 硼酸盐缓冲液作为缓冲系统，其离子强度不能太高，以避免产生热量而导致凝胶融化和抗原抗体等蛋白质热变性，抗原性发生变化。

电渗作用是指在电场中缓冲溶液相对于固相载体的移动。琼脂是一种酸性物质，在碱性缓冲液中进行电泳，带负电荷，而与琼脂相接触的水溶液就带正电荷，在电场力作用下，水溶液便向负极移动。所以，抗体分子就随带正电荷的液体向负极迁移。而一般的蛋白质（如血清抗原）也受电渗作用的影响，使泳动速度减慢，但它的电泳迁移率远远大于电渗作用，抗原抗体就相向对流迁移，在两者相遇且比例合适时便形成肉眼可见的沉淀线。对流免疫电泳是一种简便而快速的方法，能在短时间内观察结果，用于快速诊断，灵敏度比双向扩散高 10～15 倍。

对流免疫电泳的特点：由于抗原、抗体在电场中相对移动，限制了抗原、抗体多方向自由扩散的倾向，并能增加抗原、抗体的局部浓度及加快它们相遇的速度，从而提高了灵敏度并缩短了反应时间。

【实验试剂和器材】

1. 试剂

1) 待检血清，AFP 阳性对照血清，生理盐水(NS)。

2) pH 8.6 0.05mol/L 巴比妥缓冲液：称取巴比妥 1.84g，巴比妥钠 10.3g，先以 200mL ddH_2O 加热使巴比妥溶解，再加入巴比妥钠，再加 ddH_2O 至 1000mL。

3) 1%琼脂溶液：取上述巴比妥缓冲液 50mL，加 ddH_2O 50mL，加 1.0g 精制琼脂粉，加热完全融化即为 1%琼脂溶液。

2. 器材

对流免疫电泳槽，电泳仪，孔型模板，打孔器，载玻片，毛细吸管，大口吸管，微量加样器，吸球，滤纸或纱布条等。

【实验步骤】

1) 制备琼脂板：取洁净载玻片 1 张，放于实验桌水平台面上，将已经熔化的琼脂溶液用大口吸管吸取 4.0～4.5mL，加到洁净载玻片上，让其自然铺成光洁平整的琼脂板。

2) 打孔：将孔型模板贴于附有琼脂的载玻片下面，用直径 3mm 打孔器打孔，孔距为 4mm，行间距为 4mm，可设置两组实验孔进行实验。

3) 加样：在抗体孔内用微量加样器加入 AFP 诊断血清，在抗原孔内分别加入待检血清及 AFP 阳性血清。每个样品需分别使用 1 个加样器枪头，注意加样时要加满，防止样品溢出孔外，并做好抗原孔和抗体孔标记，并设置生理盐水(NS)对照孔。

4) 电泳：将加样完毕的琼脂板置电泳槽支架上，抗原孔置阴极端，抗体孔置阳极端，电泳槽内加 0.05mol/L pH 8.6 的巴比妥缓冲液，液面至槽高 2/3 处，琼脂板两端用纱布搭桥，使琼脂板两端与电泳缓冲液相连。接通电源，将电场强度调节到 4～6V/cm 板宽，电流为 3mA/cm，电泳 45～90min 后，切断电源，观察结果。

【实验结果】

电泳完毕，关闭电源，取出琼脂板，观察抗原、抗体孔间有无白色沉淀线。阳性对照孔与抗体间应出现清晰沉淀线。如待检血清与抗体孔间出现沉淀线，为阳性；不出现沉淀线，为阴性。若沉淀线不清晰，可在 37℃放置数小时，以增强线条清晰度，如图 3-7 所示。

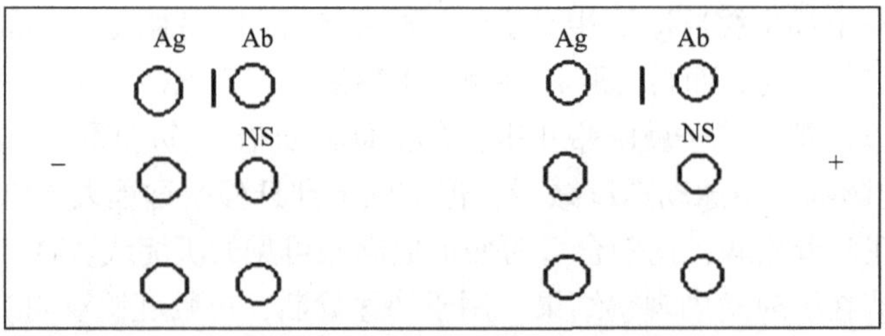

图 3-7　对流免疫电泳结果示意图

另外，阳性结果的沉淀线位置与抗原和抗体分子的电荷情况有关，也与抗原和抗体的浓度比例有一定关系；对流免疫电泳实际上是电场作用下的琼脂双扩散实验，操作简便，观察结果快，灵敏度比琼脂双扩散法高8～16倍。制作琼脂板时必须选择高电渗作用的普通琼脂，还要选择高特异性、高亲和力的抗体，否则结果难以解释；该方法可用于抗原的半定量测定或根据沉淀线的位置、形状作抗原和抗体相对浓度的分析。但分辨率较差，当有多种抗原抗体系统存在时，形成的沉淀线常重叠，难以分辨清楚，所以用作此目的时，反倒不如琼脂双扩散实验。

【注意事项】

1)浇制琼脂板的注意事项同琼脂双扩散实验。

2)搭桥时应注意与凝胶接触紧密，否则会使电流不均匀，致使沉淀线歪斜、不均匀。

3)电泳时抗原、抗体电极方向不可接反。

4)电泳时间和电流强度及孔间距有关，电泳时电流不可太大，以免蛋白质变性，孔间距如果较大应适当延长电泳时间。

5)电泳完毕，先断电源(不仅关闭电源按钮，一定要断开电泳槽和电泳仪之间的连接线，以防积蓄电压触电)，再取出电泳板。

6)抗体或抗原要根据所标效价做适当稀释，多做几个稀释度，选择最适的抗原抗体比例关系。

Ⅲ 免疫浊度实验

【实验目的】

掌握免疫浊度测定的原理，熟悉其操作方法，了解其意义及应用。

【实验原理】

免疫浊度实验是一类将当前光学仪器与抗原抗体发生沉淀反应进行自动化液相分析的实验，即抗原和抗体在液相中反应，所形成抗原-抗体免疫复合物在液相中出现浊度，免疫复合物的量与浊度呈正相关。这种浊度可以反射、散射和吸收入射光线，使入射光强度减弱。因此可通过测定透射光强度变化(以OD值表示)或散射光强度变化来检测抗原抗体反应。本实验以常用透射比浊法检测人血清IgG为例，在反应系统中保持抗IgG抗体过量时，所形成的免疫复合物与血清IgG量呈正相关，而形成的浊度大小与入射光的强度变化呈正相关，因此测定溶液OD值可反映液相中的抗原量，通过参照标准曲线或标准品数值进行计算，即可得到待检血清中IgG含量。

【实验试剂和器材】

1. 试剂

1)待检人血清(样品1，样品2，样品3等)，标准血清(混合正常人新鲜血清)，人IgG标准品(或冻干人血清IgG参考标准)。

2)羊抗人IgG抗血清，生理盐水，ddH_2O，PEG溶液(PEG 6000～8000 4.0g，NaF 1.0g，

$Na_2HPO_4 \cdot 12H_2O$ 10.15g，$NaH_2PO_4 \cdot 2H_2O$ 1.0g，NaN_3 0.1g，加 ddH_2O 至 100mL）过滤后，室温保存备用。

2. 器材

分光光度计（721 型或 731 型等），水浴箱，微量移液器，刻度吸管，试管等。

【实验步骤】

1）标准管准备：用生理盐水稀释人 IgG 标准品，使其浓度分别为 0，1μg/mL，2μg/mL，4μg/mL，8μg/mL，16μg/mL（浓度可根据不同制剂略有变动）。取上述 IgG 标准液各 10μL，分别加于 96 孔板中，依次标号，有生理盐水的孔为对照孔，作为空白对照。

2）血清管准备：将待检血清和标准血清均做 1∶10 稀释（0.1mL 血清+0.9mL 生理盐水），各取 10μL 分加于预先标记的微孔板孔内。

3）抗体准备：用 PEG 溶液稀释羊抗人 IgG 抗血清，注意保持适宜的抗体浓度。

4）抗原抗体反应：向各标准孔和血清孔中分别加入稀释羊抗人 IgG 抗血清，混匀后置 37℃水浴 30min。

5）测定：用分光光度计或酶标仪进行测定，使用 340nm 波长，用生理盐水校正零点，逐次测定各标准孔和血清孔，准确读取和记录每孔 OD 值。

【实验结果】

1）以 5 个浓度 IgG 标准品的 OD 值为纵坐标，以其分别的 IgG 含量为横坐标，绘制出标准曲线。各血清管的 IgG 含量可从标准曲线上查得。标准血清的 IgG 含量应该处于正常参考值的范围以内，否则应考虑实验结果的准确性。

2）也可用分段直线计算法得到结果，举例如表 3-27 所示。

表 3-27　分段直线计算免疫比浊数据

序号	1	2	3	4	5
标准管 IgG/（μg/mL）	1.0	2.0	4.0	8.0	16.0
标准管 OD 值	0.05	0.11	0.21	0.38	0.75
血清管 OD 值		0.12			

血清管 OD 值位于标准管 1 和标准管 3 之间，计算如下：

$$(4.0-2.0)/(0.21-0.11)\times(0.12-0.11)+2.0=2.2\ (\mu g/mL)$$

3）正常血清 IgG 参考值为 8.0～16.0μg/mL，血清 IgG 降低主要见于先天性低 IgG 血症，也可见于获得性低免疫球蛋白血症，常低于 5.0μg/mL；血清 IgG 升高主要见于各种感染性疾病、肝脏疾病（慢性活动型肝炎、原发行胆汁肝硬化等）和自身免疫病等。

【注意事项】

1）本实验要求羊抗人 IgG 抗血清有高效价和高特异性，需测定最适宜抗体浓度。

2) PEG 分子质量不同，性质也有所区别，PEG 溶液浓度不同所沉淀的免疫复合物也不同，浓度越大沉淀的免疫复合物越小，20μg/mL 浓度只能沉淀较大复合物，40μg/mL 浓度可沉淀较小复合物，但浓度>50μg/mL，PEG 选择性沉淀免疫复合物的特性消失。采用 96 孔微孔板，可以增加检测灵敏度，配制较为低浓度的 IgG 标准品溶液。

实验二十三　免疫扩散和免疫电泳

【实验原理】

反应原理与实验二十二沉淀反应实验相同。

【实验试剂和器材】

1. 试剂

1) 福氏 (Freund) 不完全佐剂：羊毛脂：液体石蜡=1∶4 或 1∶2 (*m*/ *m*)；

2) 福氏完全佐剂：在不完全佐剂中，加入一定量的死卡介苗，即为福氏完全佐剂。比例为死卡介苗：羊毛脂：液体石蜡=30mg∶1g∶4g。死卡介苗的用量一般为 30mg/只兔或 4mg/mL 注射剂。配制时，先将羊毛脂和液体石蜡混合灭菌。使用时先将佐剂置研钵内，再将死卡介苗、抗原溶液逐滴加入佐剂，顺同一方向研磨成乳剂。临用前在无菌条件下配制。活卡介苗置 56℃，30min，可灭活。

3) 1.0%～1.5%离子琼脂或琼脂糖：称取 1.0～1.5g 的琼脂 (或琼脂糖)，用离子强度为 0.03mol/L 巴比妥缓冲液 (pH 8.3) 配制。可先加入适量溶液加热熔化后补水至 100mL，再使其充分熔化。

4) 离子强度 0.06mol/L 巴比妥缓冲液 (pH 8.6)：称取 10.3g 巴比妥钠，1.84g 巴比妥酸溶于水，稀释至 1000mL。配制离子琼脂时可将其稀释 1 倍使用。

5) 0.05%氨基黑 10B 染色液：称取 0.5g 氨基黑 10B，溶于 500mL 1mol/L 乙酸及 500mL 0.1mol/L 乙酸钠溶液中。

6) 正常人混合血清 (A 型，B 型，O 型血清等体积混合) 或甲脂蛋白 (1～5mg/mL)，兔抗人 A，B，O 混合血清 (或兔抗甲胎蛋白血清)。

7) 0.9%生理盐溶液，5%乙酸，10%甘油等。

2. 器材

注射器，研钵，解剖用具，兔板，玻璃板 (7.5cm×2.5cm，7.5cm×8.0cm)，量筒，3mm 直径打孔器，注射器，试管，试管架，小滴管，电泳仪，厚滤纸，大表面皿等；健康家兔 2～3 只，年龄 6 个月以上，体重 2kg 左右。

Ⅰ　双向免疫扩散法

【实验原理】

抗体是具有免疫功能的球蛋白 (immunoglobulin，Ig)，存在于血清中及体液、组织及一些分泌物中。当给动物注射外源性生物大分子时，大分子物质刺激浆细胞，就会产生抗体。血清蛋白质电泳时抗体通常出现在血清蛋白的γ-球蛋白区，或α或β区。抗体具有特异性，即某种抗体只能与其相应的抗原特异性结合。具有抗体活性的免疫球蛋白由二条重链(H链)和二条轻链(L链)组成，各链间以二硫键相连接，同一链上也有二硫键相连。重链有5种，分别是γ，μ，α，δ及ε。每一种免疫球蛋白(IgG，IgH，IgE，LgD和IgA)分子只具有一种特殊的重链。轻链只有κ (kappa)和λ (lambda)两种。

抗原与其相应的抗体具有分子表面结合的特性，而种这结合是有条件的，只有在分子比例合适，并且有电解质存在(如NaCl、磷酸盐、巴比妥盐)的情况下，才可以观察到沉淀反应。由于抗原是多价的，可结合多个抗体分子，而抗体是二价的，只能结合两个抗原分子，因此抗原与抗体结合有不同的数量关系。在抗原与抗体呈合适分子比结合时，能够形成大的抗原抗体免疫复合物，出现明显的沉淀反应，称为**等价带**。在等价带的两侧是抗原或抗体过剩的情况，未结合的抗原或抗体游离于上清液中不能形成大块复合物，常不出现沉淀反应或沉淀量极少，前者称为抗原过剩、后者称为抗体过剩。此时若在等价带的反应液中加入过量的抗原或抗体，将会造成抗原过剩或抗体过剩而使沉淀复合物有部分溶解。因此在做免疫扩散或免疫电泳实验时，必须掌握合适比例，才能获得满意结果。

免疫沉淀反应若在琼脂(糖)内发生可出现沉淀线、沉淀弧或沉淀峰，根据沉淀是否出现及沉淀量的多少可定性或定量检测出样品中抗原和抗体的存在与含量。本实验以人A，B，O混合血清作为抗原，免疫动物(兔子)产生抗血清，当适量抗原、抗体在琼脂(糖)中扩散，两者相遇时，则形成抗原-抗体复合物的白色沉淀线。不同抗原分子与相应的抗体分子的扩散速度不同，当二者间比例适当时，出现数目不同的沉淀线，根据沉淀线的出现可定性抗原，诊断疾病或测定抗体的效价。

【实验试剂和器材】

如上述。

【实验步骤】

1. 制备抗血清

选择年龄在6个月以上，体重2～6kg健康家兔2～3只，编号、标记。

2. 血清(抗原)乳剂的制备

1)正常人A，B，O血清乳剂的制备：取1mL正常人A，B，O混合血清，加等体积完全佐剂，按照配制佐剂的研磨法，在无菌条件下，制成乳白色黏稠的油包水乳剂。

2)甲胎蛋白乳剂的制备：取粗甲胎蛋白制品(1～5mg/mL)1mL与等体积完全佐剂用上述方法使其充分乳化。

制成的乳剂是否为油包水乳剂直接影响到免疫的效果，须进行鉴定。方法：将制得的佐剂抗原乳剂滴于冷水表面，滴一滴应保持完整而不分散，否则，须重新制备。

3. 动物免疫方法

在选择好的兔子四足掌处，采取皮内注射方法各注射0.5mL抗原-福氏完全佐剂乳剂。首次注射后每隔7～10d于两肩后侧及两髋附近皮下多点注射抗原-不完全佐剂乳剂，总量2mL，共 2～3 次。待测出抗体效价后，再进行一次加强免疫，方法是从耳缘静脉注射抗原 0.5mL，一周后放血。

4. 取血

1）如果需检测抗体效价或保留免疫动物，可由耳缘静脉取血或心脏取血。取血方法：先将耳缘静脉附近的毛剪去，用无菌棉球擦净皮肤，然后用二甲苯涂擦血管处，或用台灯照射加温等办法使血管扩张，识别耳静脉后用注射器针头插入静脉取血。如取血量大时，于取血后由静脉缓缓注入等量 5%葡萄糖溶液以补足失血量。

2）如需要放血，可采用颈动脉放血法：将兔腹部向上，固定在兔板上，颈部伸直固定，用少量乙醚麻醉，剃去颈部的毛，用 70%乙醇消毒，然后纵向切开颈部，用止血钳将皮分开夹住，用刀柄剥离皮下组织、肌层，可见到搏动的颈动脉。小心将颈动脉和迷走神经剥离，长度约 5cm，选择血管中段，将颈动脉远心端用丝线结扎，近心端用动脉止血夹夹住，在截断血流的这一段颈动脉上剪一 V 形缺口，取直径为 1.6mm 长约 25cm 的一段干燥的塑料管，将已剪成斜口的一端插入颈动脉中，并用丝线缚紧，以防小管脱漏。另一端放入 200mL 锥形瓶（或离心管）内，然后松开动脉止血夹，血即流入锥形瓶内，动物会因放血而死亡。

5. 抗血清的收集

待收集于锥形瓶或离心管内的血液凝固后，用干净平头玻璃棒沿瓶壁或管壁剥离血块，置室温下 2～3h 后，置 4℃过夜。血凝块收缩后，血清析出，离心使血清完全析出。用滴管吸出血清，分装小瓶，存低温冰箱备用。

6. 铺琼脂板

取 4mL 熔化的琼脂趁热（约 50℃）倒在载玻片上（7.5cm×2.5cm），待冷却凝固后打孔，孔直径为 3mm。周围孔与中央孔之间的距离为 5mm 左右。用注射器针头将孔内的琼脂挑出，在酒精灯上烘烤背面，使琼脂与玻璃板贴紧。

7. 稀释抗原

采用二倍稀释法：取数支试管，分别加入 1 份生理盐水，于第一管中加抗原液 1 份，混匀后取出 1 份，加入第二管中，依次进行至最后一管，各管的稀释度依次为 1∶2、1∶4、1∶8、1∶16 等。

8. 加样

将稀释的抗原液依次加入外周孔内，分别为：原浓度、1∶2、1∶4、1∶8、1∶16、1∶32……向中心孔加入抗血清。抗原、抗体的加量以持平琼脂板表面为宜。加样后置于湿盒内，在 37℃或室温下扩散 24～48h。

【实验结果】

1. 观察沉淀线

出现沉淀线，且抗原稀释倍数最高的一孔的稀释度为被测抗血清的效价。为提高沉淀线的可见度，需要染色，然后再确定效价。

2. 染色及保存

1）漂洗琼脂板：将琼脂板置 0.9%生理盐水中浸泡 2d，以除去未反应的抗原、抗体等。其间更换生理盐水 3～4 次。再用双蒸水浸泡 1d，换双蒸水两次。

2）干燥：取出琼脂板，用滤纸覆盖其上，置空气中自然干燥（也可吹干或 37℃烘干）。

3）染色：将琼脂板浸入染色液中染色 30min。

4）脱色：染色完毕后，将琼脂板放在 5%乙酸中漂洗以去掉多余染料，至胶板背景无色为止。

5）长期保存：染色后的凝胶，经脱色后浸泡于 10%甘油中 3～4h，不时摇动，凝胶与载玻片分开。用一块较凝胶板大的玻璃纸小心将凝胶托起，置于另一块与玻璃纸大小相似的载玻片上，再用另一块经水浸湿的玻璃纸覆盖在凝胶上面，使琼脂胶板夹在两张玻璃纸之间，室温下晾干。此法制备的琼脂板可长期保存。

Ⅱ　单向定量免疫电泳（火箭电泳）

【实验原理】

一定量的抗原在电场作用下，在含有适量抗体的琼脂糖凝胶中移动时，前面的抗原与琼脂糖中的抗体相遇时形成抗原-抗体复合物沉淀，后面的抗原再与沉淀相遇时，由于抗原过剩，沉淀溶解，并一同向前泳动，再度与未结合的抗体相遇时，又产生新的抗原-抗体复合物沉淀，如此不断地沉淀-溶解-再沉淀，最后达到全部抗原与抗体结合，在电场中不再移动而形成锥（峰）形沉淀线，形似火箭，称为火箭免疫电泳（rocket immune electrophoresis）。在一定范围内，抗原含量越高则所形成的火箭峰越长、面积也越大。在这个电泳体系中，火箭峰的面积与抗原浓度有关，其关系式如下：

$$\text{抗原-抗体沉淀峰面积} = K \times \frac{\text{抗原的浓度}}{\text{抗体的浓度}}$$

式中，K 为标准量免疫电泳中测得的系数。抗体浓度为恒定的已知数，通过在标准免疫电泳中测得未知样品的沉淀峰面积与已知浓度的标准抗原形成的沉淀峰面积作比较，可算出待测抗原的精确浓度。

为使实验数据较为理想，定量免疫电泳应具备下列基本条件。

1）抗原与相应抗体的比例应合适，才能形成完整、清晰的沉淀峰。为提高定量精确度，应使用单价抗血清，在一定浓度范围内，形成的沉淀峰高（面积）与所加的样品浓度成正比。并且峰高在 5～60mm 定量比较准确，0.5～2.0μg 抗原量能被精确测定出来，测量精确度一般在 95%以上。

2）一般说来，只有那些向阳极移动速度较快的抗原能用免疫电泳进行定量。在电泳时要采用低离子强度，碱性（pH 8.6）缓冲体系，使蛋白质（抗原）颗粒带负电，在电场作用下向正极移动。否则无法准确定量。为了使蛋白质能进行单向定量免疫电泳，可对蛋白质进行甲酰化、乙酰化或氨甲酰化处理，使蛋白质颗粒带更多的负电荷，在上述 pH 8.6 的条件下即可向阳极移动。酰化反应常用 0.36%甲醛将蛋白质样品稀释到所要求的浓度，室温反应 20～30min。

由于反应抑制了蛋白质碱性基团（氨基）的解离而形成了某种酸，因此在pH 8.6的碱性条件下，就增加了蛋白质解离时的负电荷，加大了其向阳极移动的趋势。

3）定量免疫电泳的基本要求是在电泳时抗体不移动，要达到这个目的，电泳应在碱性条件下进行，最常用的是pH 8.6的缓冲体系，此条件下所有蛋白质都带负电，向阳极移动，作为抗体免疫球蛋白之一的γ-球蛋白只带较弱的负电荷，实验中采用琼脂糖凝胶介质的电渗作用足以抵消它向阳极的移动能力。一般的琼脂不宜作为定量免疫电泳的支持介质，原因是其电渗作用力太大，超过了抗体向阳极移动的力，导致抗体移动。

4）蛋白质浓度低于0.3μg/mL时很难用此法测出。若抗体用同位素标记，其灵敏度可提高40～60倍。单向定量免疫电泳在临床上常用于检测患者血清甲胎蛋白的含量，为肝癌诊断提供依据。

【实验试剂和器材】

1）待检人血清，阳性血清，抗AFP抗体。

2）pH 8.6的0.05mol/L巴比妥缓冲液，精制琼脂粉或琼脂糖等。

3）电泳槽，电泳仪，打孔器，水浴箱，玻璃板，吸管，锥形瓶和微量加样器。

【实验步骤】

1. 制备抗体琼脂糖平板

1）将融化的1.5%琼脂糖置于56℃恒温水浴中预温，待温度平衡（琼脂胶温度为56℃）后，加入适量抗AFP抗体（比例为1∶30），用玻璃棒小心搅匀，注意不要产生气泡。

2）将准备好的抗AFP抗体琼脂糖倒在玻璃板上，制成抗体琼脂糖平板，待凝固后，距玻璃板端约5mm处打孔，孔径3mm，孔间距6～8mm，根据实验需要确定打孔的数目并用注射器针头挑出孔内的琼脂，见图3-8。

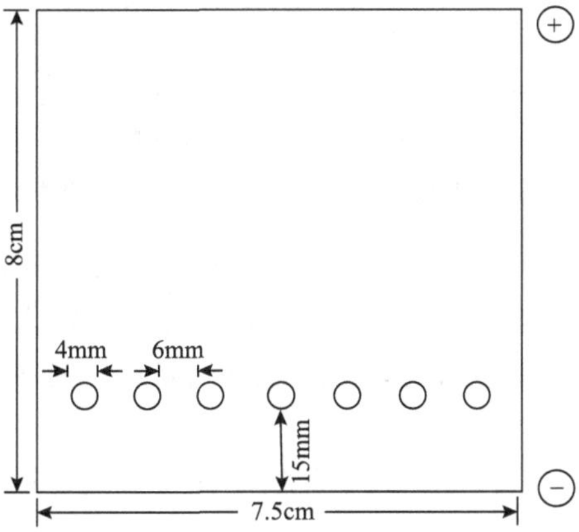

图3-8　火箭免疫电泳抗原孔位置图

2. 加样

在孔内加入不同稀释度的待检人血清抗原至与凝胶板相平。定量测定时，需用微量注射器定量准确加入样品。向另一板的孔中加入系列已知浓度的阳性血清或其他抗原，用来绘制标准曲线。

3. 电泳

在琼脂凝胶板正、负电极端与电极槽缓冲液之间搭好滤纸桥。抗原孔端接负极。接通电源，电压 10V/cm，每块琼脂板电流为 40mA，电泳时间 1～5h，泳动距离 2～5cm。电泳中注意观察锥形沉淀弧的形成，一般 1～2h 即可观察到火箭峰出现，电泳结束后关闭电源，取下琼脂糖凝胶板。

4. 染色及固定

如沉淀峰清晰可见，可直接判断结果，否则将琼脂板浸入 10μg/mL 鞣酸生理盐水中 10min，可使沉淀峰更明显。如欲永久保留，可将琼脂板进行染色干燥处理(同双向扩散实验)。如作定量测定，可将另外已知不同浓度的抗原在同样条件下进行火箭电泳，根据火箭峰到孔中心的长度和抗原浓度作标准曲线。将未知抗原浓度样品的火箭峰长度与之比较，计算出抗原含量。

【实验结果】

1) 如图 3-9 所示，测量已知抗原阳性血清的火箭峰高度，以此为横坐标，以对应浓度为纵坐标作图，绘制出标准曲线。待测人血清样品的定量可根据峰高从标准曲线上查出。

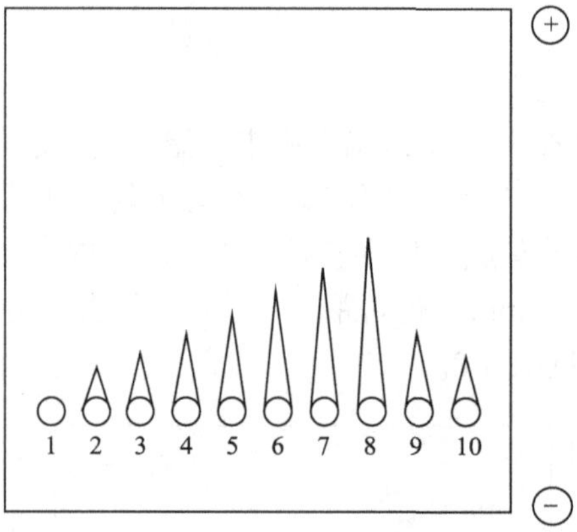

图 3-9 火箭免疫电泳结果

1. 阴性对照孔；2～8. 标准抗原；9，10. 待测样品

2) 火箭峰高度与孔内抗原浓度呈正相关，与琼脂凝胶中抗体浓度呈负相关，但抗原浓度过高，会在琼脂板上看不到峰顶；如抗体浓度过高，则沉淀峰太低，实验灵敏度会降低。

3) 沉淀峰呈尖角状，表示无游离抗原，泳动已到终点；前端呈钝圆形或云雾状则表示还未到电泳终点，应继续电泳。

4) 与前述几个免疫电泳方法相比，火箭免疫电泳操作简便省时，结果重复性好，检测灵敏度可达 0.3μg/mL。

【注意事项】

1) 向琼脂孔内加入抗体时要严格掌握琼脂凝胶液的温度，要预先试验抗原与抗体的浓度。

2) 应选择电渗作用最小的精制琼脂粉或优质琼脂糖来制备凝胶，不用普通琼脂。

3) 打孔完毕，可先将琼脂板放在电泳槽上，低电流通电后再加样，加样后立即加大电流，这样可防止抗原液向孔四周扩散，使火箭峰形状更好，灵敏度增加。这一做法适用于所有打孔加样的凝胶电泳，即使用低电压、低离子强度、电泳时间长些，效果会更好。

实验二十四　酶联免疫吸附实验

【实验目的】

掌握酶联免疫吸附实验的基本原理和临床意义，了解其实验操作技术。

【实验原理】

酶联免疫吸附实验(enzyme-linked immunosorbert assay，ELISA)是将抗体(抗原)包被在固相表面后，按不同步骤加入待测抗原(抗体)和酶标抗体(抗原)，充分反应后用洗涤的方法，使固相上形成的抗原-抗体复合物与其他物质分离，洗去游离的酶标抗体(抗原)，最后加入底物，底物被酶催化变为有色产物，产物的量与标本中受检物质的量直接相关，从而对标本中的抗原(抗体)进行定性或定量的实验。由于酶的催化频率很高，可产生放大反应的效果，从而使测定方法达到很高的灵敏度。现已经成为临床医学的常规检测技术，用于检测抗体、抗原或半抗原。

酶结合物或酶标抗体(抗原)是酶与抗体或抗原、半抗原在交联剂作用下联结的产物，它是 ELISA 成败的关键试剂。ELISA 不仅具有抗体抗原特异的免疫学反应，还具有酶促反应，因而显示出生物放大作用。制备酶结合物必须符合高纯度、高活性、单价性三个条件。其中的酶应具有性能稳定、经济易得、单独使用时对底物不产生颜色反应、只有终产物显色及便于检测等特点。常用的酶有碱性磷酸酯酶、辣根过氧化物酶(horseradish peroxidase，HRP)、葡萄糖氧化酶、半乳糖苷酶等。它们均可催化相应的无色底物，产生有色产物，并有特定的光吸收峰，终止酶促反应后，底物不再改变。酶联免疫技术中常用的酶及其底物见表 3-28。

表 3-28　酶联免疫技术中常用的酶及其底物

酶	底物	显色反应	测定波长/nm	酶检测限/(mol/L)	酶结合物检测限/(ng/mL)
辣根过氧化物酶(HRP)	邻苯二胺(OPD)	橘红色	492*，460**	10^{-14}	2.0
	3,3′,5,5′-四甲替联苯胺(TMB)	黄色	450	2×10^{-15}	0.3
	5-氨基水杨酸(5-AS)	棕色	449	10^{-15}	0.3
	邻联苯甲胺(OT)	蓝色	425	10^{-14}	0.3
	2,2′-连氮基-2(3-乙基-并噻唑啉磺酸-6)铵盐(ABTS)	蓝绿色	642	10^{-13}	16.0
碱性磷酸酯酶	4-硝基酚磷酸盐(NPP)	黄色	400	2×10^{-13}	43.0
	萘酚-AS-Mx 磷酸盐+重氮盐	红色	500	10^{-15}	0.5
葡萄糖氧化酶	ABTS+HRP+葡萄糖	黄色	405，420	—	—
	葡萄糖+甲硫酚嗪+噻唑蓝	深蓝色	—	—	—
β-半乳糖苷酶	4-甲基伞酮基-半乳糖苷(4MuG)	荧光	360，450	5×10^{-16}	1.0
	硝基酚半乳糖苷(ONPG)	黄色	420	2×10^{-13}	350.0

*终止剂为 2mol/L H_2SO_4；** 终止剂为 2mol/L 柠檬酸，不同的底物有不同的终止剂。

HRP是制备酶结合物最常用的酶，它广泛存在于动植物组织中，以辣根中含量最高。HRP是一种糖蛋白，其表面有8条碳水化合物链，构成HRP外壳，约占HRP质量18%。不同来源HRP分子质量不完全相同，一般在4×10^4Da左右，但其催化活性完全相同，可催化下列反应：

$$HRP + H_2O_2 \longrightarrow 复合物$$

$$复合物 + AH_2 \longrightarrow 过氧化物酶 + H_2O + A$$

式中，AH_2为无色底物，供氢体；A为有色产物。

每个HRP分子中均含有一个氯化血红素Ⅸ(protohemin Ⅸ)作为辅基，它最大吸收峰在430nm处，酶蛋白最大吸收峰为275nm。因此，HRP的纯度可用RZ(Reinheits Zahl，德语)或PN(purity number)表示：

$$RZ=A_{430}/A_{275}$$

RZ值很低，如RZ值为0.6，则HRP为粗制品；RZ值≥3，则说明HRP纯度高，可用于制备酶标记物。

制备酶标记物除需酶外，还需高纯度的抗体，如IgG、IgG的Fab′部分、IgM，以及各种高纯度抗原，如蛋白质、酶、核酸、固醇类或药物分子等。酶与抗体(抗原)交联多采用双功能试剂，如戊二醛、过碘酸等。其中，过碘酸法产量高，但较昂贵，结合物穿透细胞膜能力差，故不常用。戊二醛法为常用方法，根据抗体加入顺序不同，分为一步法和两步法。一步法是将酶、抗体、戊二醛同时混合反应，未结合的戊二醛用透析或沉淀法除去，多余的抗体、酶则用Sephadex G-200或Ultrogel ACA-44除去，得到较纯的酶结合物，但此法产率低，仅为6%～7%。两步法产量较高，可达10%～15%，即先用戊二醛先激活酶，再除去游离的戊二醛，然后再与抗体交联。

酶标记抗体(抗原)可根据需要自行制备，也可用市售的各种酶结合物，如HRP-人IgG，HRP-羊抗兔IgG等，它们在室温下可保存18个月，而HRP活性基本不变，应用时根据说明书稀释即可。对保存过久或新制备的酶标记物，则需用棋盘法确定最适稀释度，并与参考酶标抗体(抗原)进行比较。确定抗体的稀释度时，将固定的抗原(1～100μg/mL)包被，再将结合物用倍比稀释法(1∶100，1∶200，1∶400等)稀释，当其与底物显色后测定吸光度A=1.0的酶结合稀释倍数为最适稀释倍数，此时空白对照的吸光度A应小于0.1。

ELISA按非均相酶免疫测定法可分为10种类型，常用的有以下4种。

1)直接型：此法一般多用于检测抗原。先将待测抗原包被在固相载体(聚苯乙烯微量反应板凹孔)表面，然后加入酶标抗体，最后加入底物，产生有色产物。终止反应后，测反应液的光吸收值(A)或目测反应液颜色，计算抗原量。用此法测定时，由于各种抗原分子质量悬殊较大，吸附能力不同，应用时受到一定限制。

2)间接型：此法常用来定量测定体液中的抗体。先将过量抗原包被于固相载体表面，然后加待测抗体作为第一抗体与抗原结合，在加入酶标第二抗体，再加入底物，生成有色产物，终止反应，通过测反应液的光吸收值(A)或目测反应液颜色，计算第一抗体的量。酶标第二抗体是将第一抗体免疫另一种动物，经过纯化抗体后再与酶交联而成。此法的优点是只需制备一种酶标抗体，便可用于多种抗原-抗体系统中抗体的检测。

3）双抗体夹心型：此法主要用于检测抗原。先将过量抗体包被于固相载体表面，加入待测抗原后，再加入酶标抗体，最后加入底物，生成有色产物，终止反应，测定反应液的光吸收值（A）或目测反应液的颜色，计算待测抗原量。此法要求待测抗原必须具有两个结合位点，故不能用此法检测半抗原。

4）固相抗体竞争型：用此法检测抗原时先要将过量特异性抗体包被于聚苯乙烯微量反应板的两个孔表面，洗涤后在 1 号孔中加入一定量酶标记抗原，在 2 号孔中加入一定量酶标记抗原及待测抗原混合液，两孔中的抗原均竞争性地与固相抗体结合，由于固相抗体结合位点有限，因此当待测抗原多时，酶标抗原与固相抗体结合量少，酶含量低则底物显色浅。因此，显色后用 1 号孔的光吸收值减去 2 号孔的光吸收值，即可计算未知抗原的量。在实验中，还可利用待测抗原含量高与底物显色浅的反比关系制备标准曲线。其做法是将未标记的一定量标准抗原进行一系列稀释，分别再与相同量的酶标记抗原混合，然后加至固相载体中，最后加底物显色，测定光吸收（A）。以未标记标准抗原浓度为横坐标，结合的酶活性为纵坐标绘制标准曲线，用于待测抗原定量。

本实验采用聚苯乙烯微量反应板为固相载体，包被抗原，以间接型 ELISA 方法，测定抗体量（效价）。

【实验试剂和器材】

1）免疫：选择一种蛋白质，如甲胎球蛋白、人血清清蛋白、甲型肝炎病毒等免疫动物，制备抗血清或单克隆抗体。

2）待测抗体：收集动物免疫后的血清，细胞融合组织培养液或含单克隆抗体的小鼠腹水等。

3）设置阴性对照血清。

4）包被液（0.05mol/L pH 9.6 碳酸盐缓冲液）：称取 Na_2CO_3 0.159g，$NaHCO_3$ 0.294g，加 ddH_2O 溶解后定容至 100mL。

5）洗涤及稀释液[0.01mol/L pH 7.4 磷酸盐-NaCl 缓冲液（PBS）内含 0.05% Tween20]：称取 NaCl 8.0g，KH_2PO_4 0.2g，$Na_2HPO_4 \cdot 12H_2O$ 2.9g，KCl 0.2g，Tween20 0.5mL，加 ddH_2O 溶解定容至 1000mL。

6）封闭溶液：取稀释液配制成 1%～2%的牛血清清蛋白（BSA）溶液。此液在临用前根据用量配制。因 BSA 较贵，也可用 0.5%～1.0%明胶（gelatin）代替。

7）酶标记抗体：根据实验对象选择酶标记抗体或酶标记抗抗体（二抗）。市售有 HRP-兔抗人 IgG、HRP-兔抗鼠 IgG、HRP-羊抗鼠 IgG 等，用时按说明书要求进行稀释。

8）底物液：采用 3,3′,5,5′-四甲替联苯胺（TMB）（此化学品不致癌）配制储存液及应用液。

9）0.1mol/L 磷酸盐缓冲液（PB，pH 6.0）：称取 $Na_2HPO_4 \cdot 2H_2O$ 1.09g，$NaH_2PO_4 \cdot H_2O$ 6.05g 用 ddH_2O 溶解后定容至 500mL，4℃储存备用。

10）TMB 储存液：称取 TMB 60mg 溶于 10mL 二甲基亚砜（dimethyl sulfoxide，DMSO）中，4℃冰箱内储存备用。

11）TMB 应用液：取 0.1mol/L PB 液（pH 6.0）10mL，TMB 储存液 100μL，30% H_2O_2 15μL 混匀，临时配制使用。

12）终止液：2mol/L H_2SO_4。

13）聚苯乙烯微量反应板（40 孔或 96 孔）、可调式微量吸液器（200μL）、封口膜、小烧杯、试管、37℃恒温箱、酶联免疫测定仪（微量分光光度计）、滤纸等。

【实验步骤】

1. 包被特异性抗原

固体抗原（如蛋白质）用包被液稀释至 20μg/mL，向微量反应板每孔加 100μL，反应板加盖后，置 4℃过夜。次日倾去孔内液体，用滴管取洗涤液在每孔中加 3～4 滴，静置 3min 后倾去，重复 3 次。将反应板扣放在滤纸上，以尽量完全除去液体。

2. 封闭

每孔中加入 200μL 封闭液，加盖或用封口膜封板，置 37℃恒温箱 60min，倾去孔内液体，按步验 1 洗涤 3 次。

3. 加样

加待测血清（内含抗体）、阴性血清（无抗体）及稀释液（PBS/Tween）。待测血清按倍比法用稀释液稀释（1∶100、1∶200 等），阴性血清也稀释成 1∶100。取不同稀释度的待测血清，阴性血清及稀释液（PBS/Tween）各 100μL 加至相应的孔中，加盖或封板后，置 37℃恒温箱 1～2h，使抗体与固相抗原进行特异性结合，反复洗涤 3～4 次。

4. 加酶标抗体

按说明书要求用稀释液稀释 HRP-抗体（抗抗体），每孔加 100μL，封板后，置 37℃温育 1h，按上法至少洗涤 5 次，最后用蒸馏水洗涤 2 次，扣在滤纸上尽量吸干水分。

5. 显色

每孔加入 TMB 应用液 100μL，反应板置室温暗处 5～30min。当显示蓝色时及时终止反应。

6. 终止反应

每孔加入 2mol/L H_2SO_4 终止液 50μL，反应孔由蓝变黄，稳定 3～5min 即可进行比色测定。

7. 检测

用酶标仪，以 PBS/Tween 孔为对照，在波长为 450nm 处测定各孔光吸收值（A_{450}）计算阳性血清与阴性血清 A_{450} 值之比（positive/negative，P/N）当 $P/N \geqslant 2.1$ 时为阳性；$1.5 \leqslant P/N < 2.1$，视为可疑；$P/N < 1.5$，抗体为阴性。用目测法比较阴性对照深色的最高稀释度作为抗体效价。

【实验结果】

根据特定 ELISA 试剂盒的检测方法计算和确定实验结果。

【注意事项】

1）ELISA 实验前血清样品尽量做到 37℃灭活 30 min。

2) 在 ELISA 的整个操作过程中，洗涤是不可缺少的重要步骤，每加一层反应结束后均要洗涤固相载体反应板，目的在于防止重叠引起非特异性吸附。洗涤过程中的助溶剂 Tween20 具有降低非特异吸附的作用。洗涤时尽可能除去未结合的抗原及杂质，用力甩干。

3) 加入底物液后应该室温避光，结果判断须在 10min 内完成。

4) ELISA 的比色测定由酶标仪进行。此处强调以下几点：①酶标仪不应安置在阳光或强光照射下，室温宜在 15～30℃，使用前先预热仪器 15～30min，测读结果更稳定，各种酶标仪性能不同，使用前应详细阅读说明书；②比色前应先用洁净的吸水纸拭干板底附着的液体，然后将板正确放入比色架中，以免锈蚀酶标仪比色架；③比色测定时，一定要注意酶标仪的波长是否已调至合适或所用滤光片是否正确。

实验二十五　免疫胶体金实验

【实验目的】

掌握免疫胶体金制备技术和原理，熟悉实验操作和免疫胶体金检测的意义。

【实验原理】

免疫胶体金技术 (immune colloidal gold technique) 是以胶体金作为示踪标志物应用于抗原抗体的一种新型免疫标记技术，英文缩写为 GICT。胶体金是由氯金酸 ($HAuCl_4$) 在还原剂如白磷、抗坏血酸 (维生素 C)、柠檬酸钠、鞣酸等作用下，可聚合成一定大小的金颗粒，形成带负电的疏水胶溶液，由于静电作用而成为稳定的胶体状态，故称为胶体金 (colloidal gold)。免疫胶体金技术是四大免疫标记技术之一，是继荧光素、放射性同位素和酶后，在免疫标记技术中常用的非放射性示踪剂。1971 年，Faulk 和 Taytor 将胶体金引入免疫化学，在生物医学领域广泛应用。目前在医学检验中的应用主要是胶体金快速免疫层析法 (colloidal gold enhanced immunochromatography assay) 和快速斑点免疫金渗滤法 (dot-immunogold filtration assay，DIGFA)，检测 HBsAg、hCG 和抗双链 DNA 抗体等，具有简单、快速、准确和无污染等优点。

1. 免疫胶体金技术的基本原理

胶体金标记实质上是蛋白质等高分子被吸附到胶体金颗粒表面的包被过程，吸附机制可能是胶体金颗粒表面的负电荷，与蛋白质的正电荷基团因静电吸附而形成牢固结合。胶体金颗粒的粗糙也是有利于形成吸附的重要条件。由于这种标记过程主要是物理吸附，因此对蛋白质分子的生物学活性没有明显影响。

用还原法可以方便地从氯金酸制备各种不同粒径，也就是不同颜色的胶体金颗粒，这种球形颗粒对蛋白质具有很强的吸附能力，可以与葡萄球菌蛋白 A、免疫球蛋白、毒素、糖蛋白、酶、抗生素、激素、牛血清清蛋白、多肽等非共价结合，在金标蛋白结合处，金颗粒具有高电子密度的特性，在显微镜下可见黑褐色颗粒，当这些标记物在相应配体处大量聚集时，肉眼可见红色或粉红色斑点，可用于定性或半定量的快速免疫检测，从而在基础研究和临床检验中，成为非常有用的工具。

不同大小的胶体金具有不同颜色：2～5nm 胶体金颗粒为橙黄色；10～20nm 胶体金颗粒为酒红色；30～80nm 胶体金颗粒为紫红色。对于电镜，胶体金颗粒具有很高的电子密度，较其他颗粒易于辨认，对电镜包埋剂的非特异性吸附也很低，是良好标记物；对于光镜研究，较大胶体金颗粒呈紫红色，可以轻易地被观测到。利用胶体金成色特性进行免疫标记是检测抗原抗体免疫反应的一种有效手段。

2. 胶体金的制备方法

胶体金的制备一般采用还原法，常用的还原剂有柠檬酸钠、鞣酸、抗坏血酸、白磷、硼氢化钠等，最常用的制备方法如下。

(1) 玻璃容器清洗　所有玻璃容器应绝对清洁，极少量污染也会干扰胶体金颗粒的形成。在玻璃容器使用前，须经过酸洗和硅化。硅化处理是将玻璃容器浸泡在 5%二氯二甲硅烷的氯仿溶液中 1min，室温干燥后蒸馏水冲洗，再干燥备用。

(2) 试剂、水质和环境　氯金酸极易吸潮，对金属有强烈腐蚀性，不能用金属钥匙，也不可接触天平称盘。将氯金酸在中性 pH 溶液中配制成 1% $HAuCl_4$ 水溶液，4℃可保存数月。所有试剂需使用双蒸水或超纯水。实验室要尽量清洁，少量尘粒即会影响实验结果的重复性。为保持溶液 pH 不发生改变，一般用柠檬酸-磷酸盐(pH 3.0～3.5)、Tris-HCl(pH 5.8～8.3)和硼酸-氢氧化钠(pH 8.5～10.3)等缓冲容量大的系统。

(3) 柠檬酸三钠还原法制备金溶胶　取 0.01% $HAuCl_4$ 水溶液 100mL，加热煮沸，准确加入 1%柠檬酸三钠水溶液 0.7mL，金黄色氯金酸水溶液在 2min 内变为紫红色，继续煮沸 15min，冷却至 4℃并以蒸馏水恢复到原体积，如此制备的金溶胶最高吸收峰在 535nm，E_{535}=1.12。金溶胶颗粒的直径和制备时加入的柠檬酸三钠量是密切相关的，保持其他条件不变，仅改变加入的柠檬酸三钠量，可制得不同颜色的金溶胶，如表 3-29 所示。

表 3-29　100mL 氯金酸中柠檬酸三钠加入量对金溶胶粒径的影响

1%柠檬酸三钠/mL	0.30	0.45	0.70	1.00	1.50	2.00
金溶胶颜色	蓝灰	紫灰	紫红	红	橙红	橙
吸收峰/nm	220	240	535	525	522	518
粒径/nm	147	97.5	71.5	41	24.5	15

(4) 柠檬酸三钠-鞣酸混合还原剂制备金溶胶　取 4mL 1%柠檬酸三钠($Na_3C_3H_5O_7 \cdot 2H_2O$)，加入 0～5mL 1%鞣酸，0～5mL 25mmol/L K_2CO_3(体积与鞣酸加入量相等)，以双蒸水补至溶液最终体积为 20mL，加热至 60℃。取 1mL 1%的 $HAuCl_4$，加于 79mL 双蒸水中，水浴加热至 60℃，然后迅速将上述柠檬酸三钠-鞣酸溶液加入，于 60℃保持一定时间(0.5～1.0h)，待溶液颜色变成深红色，将溶液加热至沸腾，保持沸腾 5min。改变鞣酸加入量即可制备不同粒径的金溶胶。

3. 免疫胶体金制备

(1) 蛋白质的处理　蛋白质溶液应绝对澄清，无细小颗粒，否则要用滤膜过滤或超速离心除去。蛋白质溶液中盐类成分会影响金溶胶对蛋白质的吸附，引起溶胶聚集沉淀，故制备金溶胶前的蛋白质溶液要用低离子强度的水溶液透析，且应避免磷酸根和硼酸根离子存在，这两类离子均可吸附在颗粒表面而减弱胶体金对蛋白质的吸附。

(2)蛋白质最适用量选择　将待标记的蛋白质储存液做系列稀释，分别取 0.1mL(含蛋白质 5～40μg)加于 1mL 胶体金溶液中，最后一管不加作为对照管，并加入 0.1mL 的 10% NaCl 溶液，混匀后静置 2h，不稳定金溶胶将发生聚沉，能使胶体金稳定的最适蛋白质量再加 10%即为最佳免疫金标记蛋白质量。

(3)胶体金溶液的前处理　胶体金对蛋白质的吸附主要取决于 pH，在接近蛋白质等电点或偏碱 pH 条件下，两者混合能够形成牢固络合物。如果胶体金溶液的 pH 低于蛋白质 pI，则会聚集而失去结合能力，因此，预先用 0.1mol/L K_2CO_3 或 0.1mol/L HCl 调节胶体金溶液 pH 尤为重要。如表 3-30 所示。

表 3-30　待标记蛋白最适 pH

被标记蛋白	最适 pH
IgG	9.0
McAb	8.2
亲和层析 Ab	7.6
SPA	5.9～6.2
亲和素	9.0～10.0
链霉亲和素	7.4 或 6.6

(4)标记　在接近并略高于蛋白质等电点条件下标记是最合适的，此时，蛋白质分子在金颗粒表面的吸附量最大。以下述标记步骤最常见：①用 0.1mol/L K_2CO_3 或 0.1mol/L HCl 调节胶体金溶液 pH 至所需 pH；②于 100mL 金溶胶中加入最佳标记量蛋白质溶液(体积 2～3mL)，搅拌 2～3min；③加入 5mL 1% PEG20000 溶液；④于 10 000～20 000*g* 离心 30～60min，小心吸取上清液；⑤将沉淀悬浮于一定体积含 0.2～0.5mg/mL PEG20000 缓冲液中，离心沉淀后，并用同一缓冲液恢复，浓度以 E_{540}=1.5 为宜，以叠氮钠防腐，置 4℃保存；⑥Sephadex G-200 柱分离纯化，用 1% BSA 缓冲液洗脱。

4. 使用优点

1)使用方便快速，便于基层使用和现场使用，所有反应能在 15min 内完成。

2)成本低，不需要特殊的仪器设备。

3)应用范围广，可适应多种检测条件。

4)可以进行多项检测，若阳性样本比较难获得，多项检测可以节省样品，降低成本。

5)标记物稳定，标记样品在 4℃储存两年以上，无信号衰减现象。

6)胶体金为红色，不需要加入发色试剂，省去了酶标的致癌性底物及终止液的步骤，对人体无毒害。

Ⅰ　斑点免疫层析实验

【实验原理】

斑点免疫层析实验(dot immunochromatographic assay，DICA)又称免疫层析实验，简称“一

步金法”。实验所用试剂全部为干试剂，多个试剂被结合在一个约 6mm×70mm 的塑料板条上，试纸条两端附有吸水材料，成为单一试剂条，本次实验以双抗体夹心法测定尿 HCG 为例介绍实验过程。

抗 HCG 免疫金复合物干片粘贴在近下端，抗 HCG 单克隆抗体和抗小鼠 IgG 抗体分别固化于 NC 膜的测试区和质控参照区，见图 3-10。当试纸条下端浸入液体标本中，下端吸水材料即吸取液体，液体向上端移动，流经干片时，使免疫金复合物复溶，并带动其向膜条渗移。若标本中有 HCG，可与抗 HCG 免疫金复合物结合。此抗原抗体复合物流至测试区时即被固相抗体小鼠 IgG 结合，呈现出红色质控线条。

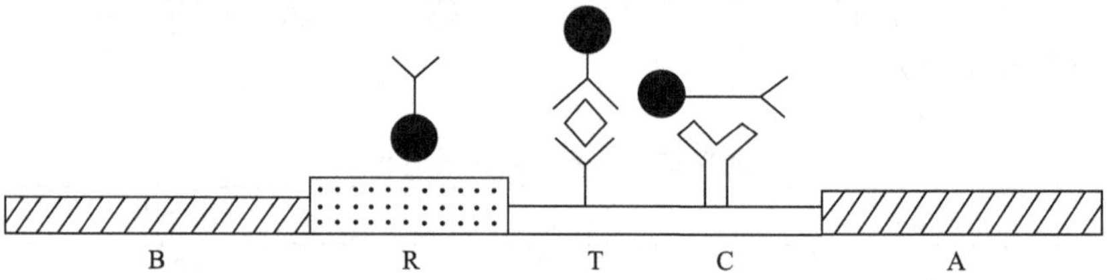

图 3-10　免疫层析试验原理示意图

B. 样品垫；R. 试剂区；T. 测试区；C. 质控参照区；A. 吸收区

【实验试剂和器材】

孕妇尿，“一步金法”早早孕妊娠诊断试纸条片，尿液收集杯等。

【实验步骤】

将试纸下端标志部插入尿液中 10s 左右，取出后放平，置室温下 3min，目测观察结果。

【实验结果】

若出现两条紫红色线为 HCG 阳性(妊娠)，若只质控参照线显示紫红色，为阴性(未妊娠)。

【注意事项】

1)强阳性尿液中 HCG 含量较多，因此质控线可能不出现或极浅淡，仅在反应区显示淡紫色条带。

2)应避免试纸条一端插入尿液过深或过浅，插入时间过长或过短也影响结果。

Ⅱ　斑点金免疫渗滤实验

【实验原理】

斑点金免疫渗滤实验(dot immunogold filtration assay，DIGFA)又称滴金免疫测定法，简称“滴金法”。因其最大特点是简便、快速，可单份测定，马上观察结果，故称为快速斑点免疫结合实验。除试剂外，无需任何仪器设备，且试剂稳定，结果容易保存，因此，特别适用于急诊检验和基层医院开展检验工作。缺点是不能准确定量，所以主要限于检测正常体液中不存在的物质(如诊断传染病中的抗原或抗体)及正常含量极低而在特殊情况下异常升高的物质(如 HCG)。

选取两株抗 HCG 不同决定簇的抗体，其中一株抗 HCG 抗体用胶体金标记，制备成抗

HCG 免疫金复合物；另一株抗 HCG 抗体吸附 NC 膜表面形成斑点。当滴加在膜上的标本液体渗滤过 NC 膜。其后加入的抗 HCG 免疫金复合物也在渗滤中与已结合在膜上的 HCG 相结合。因胶体金本身呈红色，阳性反应即在膜中央显示红色斑点，斑点颜色深浅与标本中 HCG 量呈正相关。

【实验试剂和器材】

1）试剂盒：包括抗原参照标准液（HCG 50mU/mL），抗 HCG 免疫金复合物，洗涤液（0.02mol/L pH 7.2 的 PBS），滴金法反应板（由塑料小盒、吸水垫料和吸附抗 HCG 抗体的 NC 膜组成）。

2）孕妇尿、试管、微量移液器等。

【实验步骤】

1）取滴金法反应板平放于实验台上，于小孔内分别标明“T”和“R”。

2）在“R”孔内滴加抗原参照标准液 6 滴，在“T”孔内滴加尿液标本 6 滴，等完全渗入。

3）每孔滴加抗 HCG 免疫金复合物液 3 滴与 NC 膜上，等完全渗入。

4）每孔加洗涤液 3 滴，等完全渗入。

5）目测观察并记录结果。

【实验结果】

1）抗原参照标准液孔膜上应有清晰的淡红色斑点出现。

2）若标本滴加孔膜上无红色斑点，或斑点显色浅于参照标准液孔，说明标本中 HCG 含量低于 50mU/mL；如标本孔斑点深于参照孔，则标本中 HCG 含量大于 50mU/mL。

3）若测定标本为强阳性，可用洗涤液稀释，按同样的方法测定，稀释至标本斑点与参照孔颜色相当，即可知标本 HCG 含量（50mU/mL × 稀释倍数）。

【注意事项】

1）本实验为对比测定方法，参照标准液与标本的加入量应尽量一致。

2）滴加免疫金复合物时，液滴内不应含气泡。

（杨泽宏）

二、分子生物学、细胞生物学、生物化学整合实验

实验二十六　培养细胞或组织总 RNA 的提取及 RT-PCR 扩增目的基因

从组织或培养细胞中分离提取完整的 RNA 对分子克隆实验而言非常重要，这是进行基因表达分析的基础，如分析细胞基因表达图谱、阐明基因表达的调节机制及制备 cDNA 克隆等。

每个典型的哺乳动物细胞约含 20pg 的总 RNA，它们主要分布在细胞质中，80%为

rRNA（包括 28S、18S、5S 和 5.8S 四种 rRNA），10%为小分子 RNA，如 tRNA 及小核 RNA 等，而 mRNA 仅占 1%～3%，RNA 的分子质量及序列有极强的非均一性，大约有 250 000 种。哺乳动物 mRNA 的 3′端因含有 polyA（由 50～150 个腺苷酸组成），这为快速、有效分离 mRNA 提供了有利条件。

RT-PCR 即反转录 PCR，将 RNA 的反转录（reverse transcription，RT）和 cDNA 的聚合酶链反应（polymerase chain reaction，PCR）相结合的技术。RT-PCR 先进行组织或细胞中的总 RNA 提取，再以其中的 mRNA 作为模板，利用 Oligo（dT）或随机引物在反转录酶的催化作用下反转录生成 cDNA，之后以 cDNA 为模板进行 PCR 扩增，而获得目的基因或检测基因表达水平。RT-PCR 使 RNA 检测的灵敏性提高了几个数量级，使一些极为微量 RNA 样品分析成为可能。该技术主要用于：分析基因的转录产物、获取目的基因、合成 cDNA 探针、构建 RNA 高效转录系统等。由于 RT-PCR 技术灵敏而且用途广泛，可用于检测细胞或组织中基因的表达水平，细胞中 RNA 病毒的含量和直接克隆特定基因的 cDNA 序列等。

【实验目的】

掌握常用的 RNA 提取方法及其原理；掌握反转录 PCR（RT-PCR）的基本原理和方法；熟悉 RNA 提取结合 RT-PCR 在科研中的应用。

Ⅰ　从哺乳动物组织或细胞中制备总 RNA

Ⅰ-1　异硫氰酸胍/氯化铯超速离心法制备总 RNA

【实验原理】

所有分离提取 RNA 的方法第一步都是在保证 RNase 失活的条件下裂解细胞，然后再利用不同溶解性将 RNA 从其他生物大分子中分离出来，采用何种制备方法取决于 RNA 的细胞来源及其最终用途。

本方法可从多种组织或培养细胞中制备总 RNA，且适用于内源性 RNase 水平较高的组织样品。异硫氰酸胍裂解细胞的同时可有效地抑制 RNase 活性，裂解液在 5.7mol/L 氯化铯（CsCl）介质中进行密度梯度超速离心，最上层为异硫氰酸胍溶液，内含变性蛋白质。下层为 CsCl 层，内含 DNA。RNA 主要沉淀在管底。小分子 RNA（如 tRNA）可分布在异硫氰酸胍液或 CsCl 层中。将 RNA 溶于灭菌双蒸水中，做进一步纯化处理。因可从 CsCl 层中回收 DNA，故对于小量的样品，此法可同时分离制备 RNA 和 DNA。但该方法操作相对比较费时，一般需要 2d，并且需要使用超速离心机，应用受到一定局限。但是由于制备的 RNA 质量好和产率高，此法已成为制备哺乳动物组织总 RNA 的常规方法。

【实验试剂和器材】

1. 试剂

1）DEPC 水（含 0.1% DEPC）：100mL 无菌双蒸水，加入 100μL DEPC，剧烈混匀，室温放置过夜，高压灭菌。用此 DEPC 水配制其他试剂。

2）GIT 缓冲液：称取 47.2g 异硫氰酸胍（GIT），1mL 3mol/L 乙酸钠，pH 7.0，加水到 100mL（GIT 终浓度为 4mol/L）。过滤灭菌，加 1mL β-巯基乙醇（尽可能在通风橱内操作）。

3) CsCl 缓冲液：称取 95.97g CsCl，1mL 3mol/L 乙酸钠，pH 7.0，2mL 0.5mol/L EDTA，pH 8.0，加水到 100mL (CsCl 终浓度为 5.7mol/L)。过滤灭菌 (0.22μm 滤膜) 或高压灭菌。

4) 无水乙醇 (–20℃存放)，75%乙醇 (–20℃存放)，SS-酚/氯仿 (1∶10)，3mol/L 乙酸钠 (pH7.0，高压灭菌)。

2. 器材

1.5mL EP 管、组织匀浆器、超速离心机、水平转头及配套离心管。

注意：塑料离心管等器材应用 0.1% DEPC 水浸泡过夜，高压灭菌。

【实验步骤】

1) 制备组织裂解液：取 1g 左右新鲜动物组织 (如鼠肝)，加入 8mL 异硫氰酸胍 (GIT) 缓冲液，立即剪碎并在组织匀浆器中速匀浆 15s 或将组织立即切成 3～4mm 见方的小块，储存于干冰或液氮中备用。每次使用组织匀浆器时必须用大量的水冲洗，最后用 GIT 缓冲液淋洗，以防止样品间的交叉污染 (样品裂解液在–20℃可保存数周，–70℃可长期保存)。

2) 在超速离心机的离心管 (与 Beckman SW-55 转头相应的离心管) 中加入 3.3mL 的 CsCl 缓冲液，然后在其上面仔细地铺加 9.7mL GIT 样品裂解液。

3) 最后用 GIT 缓冲液加至每个离心管的顶端，以防止离心时离心管破裂。平衡对称离心管后，在 18℃，30 000 r/min (约 150 000*g*) 离心过夜 (12～20h) (注意：不要在低于 18℃冷却离心，否则 CsCl 会在溶液中析出)。

4) 小心吸弃离心管内上 2/3 的 GIT 液，下 1/3 溶液中因含有 DNA 比较黏稠，若需要保留 DNA，则用大口吸管尽量将此层液体吸出移至一个清洁的容器中，用于 DNA 的提取。管底透明如胶状的沉淀便是 RNA。

5) 将离心管倾斜倒置于纸巾上，使 RNA 斑块处于最高位置，以减少含蛋白质和盐的溶液残留到 RNA 沉淀中。可用 70%乙醇沿管壁洗涤一次并将离心管倾斜倒置于纸巾上，待液体流尽。用刀片距管底 2～3cm 处切去上段管壁。

6) 用 200μL 无菌双蒸水反复吸打 RNA 斑块，然后转移至一灭菌微量离心管中。另用 200μL 无菌双蒸水淋洗离心管并转移至微量离心管中，加入 40μL 3mol/L 乙酸钠 (pH 7.0)。

7) RNA 水溶液用 400μL SS-酚/氯仿 (1∶1) 及 400μL 氯仿各抽提一次。

8) 加 2.5 倍体积 (1mL) 冷无水乙醇，混匀后置于冰浴中 10min，若 RNA 量较少，则置于–20℃ 2h 或更长的时间。

9) 用微量离心机 4℃离心 10min，弃去上清液，不要搅动沉淀。小心加入 500μL 冷 75%乙醇，离心 2min，弃去上清液。室温空气干燥或短时间真空干燥。用 200μL 灭菌双蒸水溶解 RNA 沉淀。

10) RNA 定量与鉴定：取上述 RNA 1μL 溶于 100μL 无菌双蒸水中，用微量紫外比色计测定 RNA 浓度并鉴定纯度 (OD_{260}/OD_{280})。

【注意事项】

1) 新鲜制备的 RNA 样品在–70℃可保存数月，若要长期储存 RNA，可用少量水溶解后，加入 3 倍体积的无水乙醇，–70℃保存。

2) RNA 电泳检测常用变性的琼脂糖凝胶电泳法检查 RNA 的完整性。RNA 易被 RNase 降解，尽管其纯度很好也会失去其生物活性。常用的变性剂有甲醛、乙二醛和羟甲基汞。当应用变性琼脂糖凝胶电泳分离总 RNA 后，真核细胞 rRNA 中的 18S 和 28S 两条带浓度较高，其 EB 的显色强度约为 1∶2。如 18S 带增加，28S 带降低则表示此 RNA 样品有降解。

3) 所制备的 RNA 不需做进一步纯化即已满足 Northern blot 分析。若为了除去痕量的双链 DNA、小分子 RNA 及糖原，可在步骤 9) 获得的 RNA 水溶液中，加入 2 倍体积的 4.5mol/L 乙酸钠 (pH 5.0)，放置于 4℃数小时，离心收集 RNA 沉淀，再溶于 TE 缓冲液，加入 0.1 倍体积 3mol/L 乙酸钠 (pH 7.0) 及 2.5 倍体积的无水乙醇再沉淀。

4) 所有操作步骤均须在无 RNase 的环境中进行。

5) 一般情况下，步骤 5) 所获得的 RNA 沉淀为半透明或透明而看不见的。若沉淀为白色颗粒大团，则表明有 CsCl 析出，应该反复用 70%乙醇漂洗或反复用无水乙醇回收 RNA，以去除 CsCl。

6) 为了避免污染痕量的 RNA，可不用组织匀浆器研磨组织，而用研钵和杵研磨液氮快速冷冻的组织块成粉，加入裂解溶液后，再通过 12 号针头数次，即获样品裂解液。

Ⅰ-2　酸性异硫氰酸胍-酚-氯仿抽提分离总 RNA

【实验原理】

以含异硫氰酸胍、β-巯基乙醇和 SDS 的变性溶液裂解细胞，在 pH 4.0 的条件下，用酚-氯仿溶液抽提细胞裂解液，最后通过异丙醇沉淀与 75%的乙醇洗涤获得总 RNA。总 RNA 产量取决于标本的起始量，每毫克组织能制备 4～7μg 总 RNA，若为培养细胞，每 10^6 个细胞可制备 4～10μg 总 RNA。

此法不需要超速离心机，可从哺乳动物组织或培养细胞系中分离、纯化总 RNA，约需耗时 4h，所获 RNA 适用于 RNA 印迹分析 (Northern blot) 或核酸酶保护分析。

【实验试剂和器材】

1. 试剂

以下试剂用 0.1% DEPC 水液配制。

1) 0.75mol/L 柠檬酸钠溶液 (pH 7.0)：溶解 110.25g 柠檬酸三钠于 350mL 水中，用 HCl 调节 pH 至 7.0，加水到 500mL 定容，过滤灭菌或高压灭菌。

2) 10% (*m*/*V*) Sarkosyl 溶液：溶解 10g 十二烷基肌氨酸钠于 90mL 水中，65℃助溶，加水到 100mL 定容。

3) GSS 溶液：溶解 250g GIT 于 293mL 水中，加入 17.6mL 的 0.75mol/L 柠檬酸钠液及 26.4mL 的 10% Sarkosyl 液，65℃搅拌溶解，过滤灭菌 (GSS 溶液在室温可保存至少三个月)。

4) 溶液 D：在 GSS 溶液中加入 β-巯基乙醇至终浓度为 0.1mol/L (每 14mL GSS 液中加入 100μL)，当日使用。

5) 水饱和酚液：加 30mL 水到 100mL 酚中，加热到 37℃以充分溶解苯酚，另加入水直至分层。

6) 2mol/L 乙酸钠 (pH 4.0)：溶解 136g 乙酸钠于 350mL 水中，用冰醋酸调节 pH 至 4.0 (大

约需用 55mL)，加水定容至 500mL，过滤灭菌或高压灭菌。

7) 0.3mol/L 乙酸钠(pH 6.0)：溶解 20.4g 乙酸钠于 300mL 水中，用冰醋酸调节 pH 至 6.0，加水定容至 500mL，过滤灭菌或高压灭菌。

8) 氯仿-异戊醇(49∶1)(*V/V*)、异丙醇、10% SDS 溶液、异硫氰酸胍(GIT)。

2. 器材

组织匀浆器，EP 管(均需用 DEPC 水处理后消毒备用)。

【实验步骤】

1) 组织/细胞的裂解：取 0.2～0.3g 新鲜组织或液氮冷冻组织，尽量切碎，置组织匀浆器中，加入 1mL 溶液 D，在冰浴中高速匀浆 30s，充分研碎组织后，将匀浆液移至 1.5mL 或 2.0mL 微量离心管中。

2) 加入 0.1 倍体积(0.1mL)的 2mol/L 乙酸钠(pH 4.0)，混匀，再加 1 倍体积(1mL)的水饱和酚，彻底混匀，加入 0.2 倍体积(0.2mL)的氯仿-异戊醇，漩涡振荡 10s 后，置冰浴 15min。

3) 将上述溶液转移至 1.5mL 或 2.0mL 微量离心管中，10 000*g* 离心 20min(注意：离心管在使用前务必用 10% SDS 溶液清洗后，再用无菌水彻底冲洗，以防止 RNA 样品交叉污染)。

4) 将含有总 RNA 的上清液小心转移至 1.5mL 或 2.0mL 微量离心管中，通常可回收 0.8mL 左右。注意避免混入任何交界面的物质(蛋白质沉淀)。

5) 测量上清液体积，加入等体积异丙醇，彻底混匀，置−20℃至少 1h 沉淀 RNA。

6) 于 4℃，10 000*g* 离心 20min，弃去上清液，将沉淀溶于 0.3mL 溶液 D 中，漩涡振荡至 RNA 完全溶解。

7) 加入 0.3mL 异丙醇，彻底混匀，−20℃放置 1h，4℃，10 000*g* 离心 10min，弃去上清液，沉淀为总 RNA。

8) 用 0.3mL 预冷的无水乙醇洗涤沉淀，4℃，10 000*g* 离心 10min，回收沉淀。注意弃去上清液时，不要搅起含有总 RNA 的沉淀。

9) 加入 0.4～0.5mL 0.3mol/L 乙酸钠(pH 6.0)，漩涡振荡完全悬浮沉淀，4℃，10 000*g* 离心 10min，将含有总 RNA 的上清液转移至新管中，弃去沉淀。

10) 加入 1.0～1.5mL 预冷无水乙醇到上清液中，彻底混匀。置冰浴 1h，4℃，10 000*g* 离心 10min，回收总 RNA。

11) 室温空气干燥总 RNA，然后溶于小容积的无菌无离子水中(通常是 100μL)。并转移至无 RNase 的微量离心管中。

12) RNA 的定量及鉴定按常规用紫外分光光度计测定 OD_{260} 和 OD_{280} 进行。纯 RNA 样品的 OD_{260}/OD_{280} 值为 1.7～2.0。若低于 1.7 说明存在蛋白质污染，可重新用酚-氯仿抽提。或提示有异硫氰酸胍残留，应重新用无水乙醇沉淀 RNA，然后用 70%乙醇洗涤 2 次，除去异硫氰酸胍。并同时用变性琼脂糖凝胶电泳法检查纯 RNA 的完整性。

【注意事项】

1) 此法若取样品为 0.5g 组织时则需在大管中进行操作，较小的取样量时，可使用微量离心管(EP 管)，操作相对快速和方便。

2）基于此法的原理，Gibco-BRL 和 Invitrogen 等公司（现已并入 Thermo Fisher 公司）已推出一种 RNA 提取试剂 TRIzol，可从组织或细胞中方便快速地提取 RNA，可在 1h 内完成操作。所制备的 RNA 可用于 cDNA 合成及 Northern blot 分析。尤其对量少而多个品种的样品，并且需同时分离 DNA、RNA 和蛋白质三种生物大分子时，特别适用。

3）由于 RNase（包括外源性和内源性）广泛存在，且十分稳定，因此欲制备纯度高、分子完整的 RNA，在操作时务必注意 RNase 的污染，可采取如下措施加以预防：

A. 手是污染的主要来源，在制备 RNA 时，全过程均需要戴上手套，当接触了可能污染有 RNase 的物品后，应即时更换手套。

B. 所有玻璃器皿在使用前应酸洗，蒸馏水冲洗后 160℃干燥 2h 或更长时间。塑料器皿可用 0.1% DEPC 水浸泡或用氯仿淋洗。有可能尽量使用刚开启包装的一次性消毒器皿。RNA 电泳槽经去污剂洗涤，水冲洗、乙醇干燥，3%过氧化氢液中浸泡 10min，然后用 0.1% DEPC 处理的水彻底冲洗。

C. 配制的溶液及蒸馏水必须经高压灭菌，不可高温处理的溶液（如血清或培养基）可通过 0.22μm 滤膜过滤灭菌，也有推荐用 0.1% DEPC 配制，然后高压灭菌除去残留的 DEPC。

D. 使用 RNase 抑制剂，目前实验室常用的 RNase 抑制剂有以下几种：焦碳酸二乙酸（DEPC），它是一种强烈但不彻底的 RNase 抑制剂，通过和 RNase 的活性基团组氨酸的咪唑环反应从而抑制酶活性。用 0.1% DEPC 溶液浸泡不能高压灭菌的器皿，然后再用蒸馏水漂洗。试剂也可用 0.1% DEPC 处理，再高压灭菌，除去残留的 DEPC，以防止嘌呤碱基的羧甲基化修饰；异硫氰酸胍（guanidinium isothiocyanate），是目前认为最有效的一种 RNase 抑制剂，它在裂解组织的同时也使 RNase 失活，因此当从富含 RNase 的组织（如胰腺等）中制备 RNA 时，利用它可获得满意结果；氧钒核糖核苷复合物，是由氧化钒离子和核苷形成的复合物，它和 RNase 结合后几乎能完全抑制 RNase 的活性，并可被酚反复抽提去除；RNA 的蛋白抑制剂（RNasin），是一种从胎透盘中分离的酸性糖蛋白，可以特异结合多种 RNase 并使其失活。

Ⅱ　反转录 PCR（RT-PCR）

【实验原理】

RT-PCR（reverse transcription PCR）即反转录 PCR 技术，它是以 RNA 为起始模板合成双链的互补 DNA（complementary DNA，cDNA），再以 cDNA 为模板进行 PCR 扩增，从而获取目的基因片段或待测基因。目前，RT-PCR 技术已广泛用于基因分离、获取目的基因、合成 cDNA 探针及构建 RNA 高效转录系统等。

【实验试剂和器材】

1. 试剂

1）10×反转录酶缓冲液：500mmol/L Tris-HCl（pH 8.3），400mmol/L KCl，60mmol/L $MgCl_2$，10mmol/L DTT，1mg/mL BSA。

2）反转录酶、4 种 dNTP 各 10mmol/L、*Taq* DNA 聚合酶、引物、DEPC（焦碳酸二乙酯）、RNA 酶抑制剂（10U/μL）。

2. 器材

DNA 扩增仪、电泳仪、电泳槽、紫外检测仪、照相机、移液器及配套吸头、Eppendorf 管。

【实验步骤】

1) 按表 3-31 配制 mRNA 的反转录反应体系，合成 cDNA 第一链。

表 3-31　RT-PCR 合成 cDNA 第一链反应体系

试剂名称	体积
10×反转录缓冲液	2μL
4 种 dNTP（每种浓度 10mmol/L）	2μL
下游引物（与 cDNA 第一链互补的引物）	1μg
RNA 酶抑制剂	20U
mRNA	1～2μg
反转录酶	20U
加 DEPC 处理水或超纯水	至 20μL

2) 于 95℃加热 5～10min，灭活反转录酶，使 RNA-cDNA 杂交体变性，然后迅速冰浴冷却。

3) PCR 扩增：按表 3-32 顺序依次加入各试剂。

表 3-32　PCR 扩增体系

试剂名称	体积
10×PCR 缓冲液	5μL
“上游”引物（与初始 mRNA 互补引物）	0.2～1.0μmol/L
“下游”引物（与 cDNA 互补引物）	0.2～1.0μmol/L
上述步骤 2）所获得的反转录产物	10μL
Taq DNA 聚合酶	2.5U
ddH_2O	至 50μL

混匀后短暂离心，加 100μL 矿物油，适当温度及时间参数下扩增 30～35 循环，末次循环后延伸 5～7min。

4) 取扩增产物 5～10μL，于 0.8%～1.5%琼脂糖凝胶电泳鉴定 PCR 扩增产物。

【注意事项】

1) 组织或细胞样本：不是每种组织或细胞都能表达所有的基因，即某些基因的 mRNA 不存在于某些组织或细胞中。因此，确定所选用的材料中是否含有需扩增的目标 mRNA 模板是实验成败的关键。

2) 引物：合成 cDNA 第一条链时，引物可用随机六聚寡核苷酸，或下游引物，或 poly-（dT），其中以六聚寡核苷酸的随机引物效果最好。

3）反转录酶：不同来源的反转录酶均可较好地用于第一链 cDNA 的合成，其合成受不同 RNA 模板的影响。提高反转录温度（55℃）、增加 1～3 倍的酶量可减少 RNA 分子内碱基配对的影响。

4）cDNA 反应产物：合成 cDNA 第一链所用的 RNA 模板不影响 PCR 反应，无需用碱或 RNase 处理去除。没有必要将 cDNA 反应产物全部用于 PCR，通常取 1/25～1/10 即可成功扩增。

5）RNase 污染：避免 RNase 污染是 RT-PCR 成功的关键之一。用于 RNA 操作的各种器皿，包括 EP 管、移液器吸头等，都尽量预先用 RNA 酶抑制剂处理，试剂需要用 DEPC 水配制。使用的器皿和试剂都应作高压灭菌处理。在操作过程中，操作者都应该戴手套以防污染。

（傅　强）

实验二十七　培养细胞绿色荧光蛋白基因转染及荧光显微镜检测表达效率

荧光蛋白作为一种分子标记（molecular tag）在过去 20～30 年快速发展，为实时观察活细胞中的蛋白质提供了新的重要工具。荧光蛋白可以被融合到感兴趣的靶蛋白质中并在细胞内表达后，可以通过直接观察、跟踪和量化，为研究蛋白质的功能或某些分子机制过程提供更有力的手段。目前绿色荧光蛋白（green fluorescent protein，GFP）是应用最为广泛的一种荧光蛋白。

GFP 是一类存在于水母、水螅和珊瑚等腔肠动物体内的生物发光蛋白，当其受到紫外光或蓝光激发时可发射出绿色荧光。1962 年，日本科学家下村修（Osamu Shimomura）等首先在维多利亚多管发光水母（*Aequorea victoria*）体内发现并分离纯化了 GFP。由于 GFP 具有稳定性好、灵敏度高、无生物毒性等优点，而且 GFP 的荧光反应不需要任何外源反应底物，表达也无物种或细胞组织的专一性，因此它可以作为一种独立的报告蛋白（reporter protein），广泛应用于基因的表达调控、蛋白质的定位、转移及相互作用、信号传递、转染与转化及细胞的分离与纯化。

由于 GFP 及其多种突变体具有不同的光谱，因此可能对蛋白质进行共标记，并能对多重转基因细胞进行快速地分辨。表达 GFP 融合物的细胞能够在生活状态进行实验和检测，GFP 作为报告基因与目的基因融合后对目的基因的结构和功能无影响，大量表达对细胞也无毒性，在细胞内仍能发挥正常的功能，稳定转染 GFP 的细胞也可连续传代培养，因此可对细胞进行实时的定量和定位观察，这常常被用于研究细胞内蛋白质的转运、相互作用及其他动态改变的研究。

下村修等在水母中发现的野生型 GFP 分子质量较小，仅为 27～30kDa，其基因序列也很短，长约 2.6kb，该 GFP 由 238 个氨基酸残基组成。根据对 GFP 的各肽段深入分析，找到了其主要发色基团为 65～67 位残基（Ser_{65}-Tyr_{66}-Gly_{67}）可自发形成荧光发色基团。通过除去野生型 GFP 的某些非必需片段，并对个别氨基酸残基进行替换后，获得了一系列人工的 GFP 克隆并构建到质粒中，目前已有多种 GFP 表达系统可供研究者选用，可用于不同生物（原核、酵母及哺乳动物细胞等）和多种细胞及亚细胞定位。图 3-11 是一种最常用于真核表达体系的质粒载体 pEGFP 的图谱。

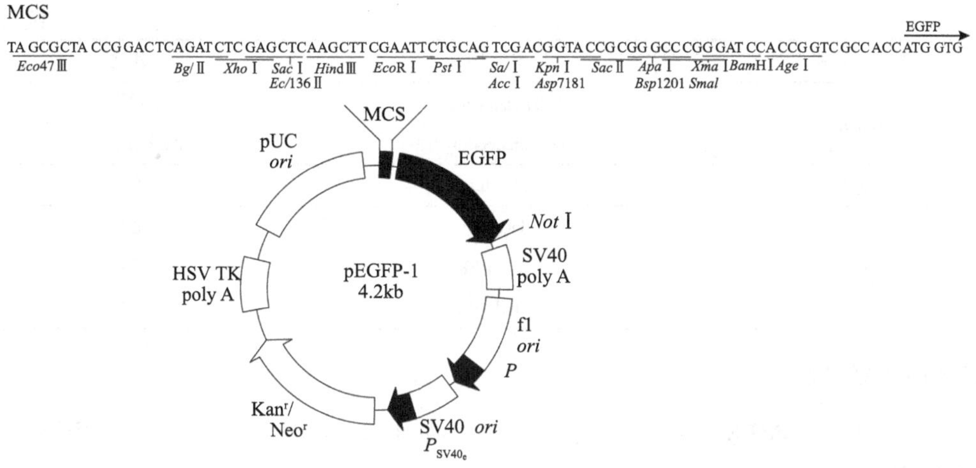

图 3-11　绿色荧光蛋白真核表达质粒 pEGFP 图谱

将外源 DNA 导入真核细胞的过程称为转染，通常是为了观察某个目的基因在细胞中的功能。因被转染细胞各类及外源载体的类型各不相同，转染的方法也有很多，所以转染效率也大相径庭。我们应当根据实际情况，选用适用的转染方法，以提高转染效率。目前比较常用的哺乳动物细胞转染方法有磷酸钙介导转染、DEAE-葡聚糖介导转染、电穿孔(electroporation)转染及脂质体介导转染等。由于脂质体转染具有细胞毒性小、转染条件温和、DNA 用量小、转染效率高等优点，是哺乳动物细胞转染的最佳选择，缺点是价格相对较高。本节主要介绍脂质体介导的 pEGFP 转染培养动物细胞的基本方法。

Ⅰ　阳离子脂质体介导的 pEGFP 真核细胞转染

【实验原理】

阳离子脂质体通过静电效应可以与 DNA、RNA 及寡核苷酸骨架上的负电荷相结合，空间上压缩了大分子的结构，同时脂质体与膜的亲和特性可帮助大分子接近细胞膜并融合进入细胞。大部分用于转染的阳离子脂质体制剂由带正电或中性的脂质体组成，在水中形成非共价结构的脂质体。

表 3-33 列出了目前常用的商业化脂质体种类及其应用范围。

表 3-33　目前常用的商业化脂质体种类及其应用范围

供应商/品牌	试剂名	用途
Invitrogen	Per Fect Lipid Transfection Kit (8lipids)	各种细胞类型
Thermo Fisher	Lipofect Amine 2000	通用、快速
	Lipofect Amine Plus	难转染的贴壁细胞
	Lipofect Amine	通用
	Lipofectin	肝细胞和内皮细胞，寡核苷酸转染
	DMRIE-C	悬浮细胞，RNA 转染
	Cell Fectin	昆虫细胞

续表

供应商/品牌	试剂名	用途
Promega	Transfectam	通用
	Tfx Transfection Trio	各种细胞类型
Qiagen	Effectene	通用
Roche/BMB	DOTAP	通用
	DOSPER	通用
	FuGENE6	通用

【实验试剂和器材】

完全培养基(如 DMEM 完全培养基)、胎牛/小牛血清、纯化 pEGFP、转染用脂质体、消毒处理的 EP 管。

稀释培养基：无血清 DMEM 培养基或专门用于脂质转染用的培养基(如 Thermo Fisher 公司提供的 Opti-MEMI)。

【实验步骤】

1)转染前一天，胰酶消化和细胞计数。加含血清培养基培养至细胞覆盖率为 50%～95%(注意：最好用不含抗生素的培养基，因为抗生素对转染不利)。若条件允许，在聚赖氨酸上培养以增加细胞的黏附性。转染当天，用稀释培养基在 EP 管中稀释质粒 DNA(pEGFP)，制备用于多次转染实验的批量。参考表 3-34 所推荐的用量。

表 3-34 脂质体介导转染剂的推荐起始用量*

培养板/皿	表面积/cm^2	DNA/μg	稀释培养基/μL	脂质体/μL	转染培养基/μL	转染体积/mL
96 孔板	0.3	0.05～0.40	10～25	0.075～1.500	0.08～0.1	0.1～0.15
24 孔板	2	0.2～1.6	25～50	0.5～10.0	0.2～0.5	0.25～0.6
24 孔板	4	0.4～3.2	50～100	1～20	0.4～1.0	0.5～1.2
6 孔板	10	1～8	100～250	2.5～50.0	0.8～2.5	1～3
60mm 皿	20	2～16	250～500	5～100	2～5	2.5～6.0
100mm 皿	60	6～48	750～1500	15～300	5～15	6.5～18

*表中用量根据 LipofectAmine 2000 优化，其他用量可参照不同的产品说明

2)在第二个管子中用稀释培养基稀释混合阳离子脂质体，制备用于多次转染实验的批量。对于 LipofectinA，应在 Opti-MEMI 中稀释并室温下孵育 30～45min。对于 LipofetAmine2000，应在 Opti-MEMI 中稀释并孵育小于 30min。

3)混合稀释好的 DNA(pEGFP)和阳离子，混匀，室温孵育 15min(根据不同需要调整，个别情况孵育时间可以延长至 6h)。

4)用新鲜转染培养基清洗细胞(含或不含血清的稀释培养液)，吸出，换新鲜转染培养基。

5)加入 DNA-脂质体复合物，轻轻混匀，置 37℃，5% CO_2 中孵育 5h(至过夜)。

6)添加血清和培养基，至正常条件下浓度和体积，继续孵育。

7)对于瞬时表达，根据细胞类型和启动子活性，在转染 24～72h 后，分析细胞抽提物或

细胞原位染色。对于稳定表达，在转染 24h 后换用新鲜培养基传代，48h 后可用抗生素选择转化的抗生素基因的表达，经反复传代和抗生素筛选至阳性率大于 95%。

Ⅱ　荧光显微镜观测 pEGFP 表达及转染效率检测

【实验原理】

在很多生物中都已成功表达了可检测的 GFP，如细菌、酵母、植物、培养的动物细胞、线虫及果蝇，甚至在小鼠体内，且作为单独或融合蛋白都可以显色。分离的 GFP 蛋白非常稳定，在 pH 7～12 时，温度小于 65℃，另外，即使在高浓度盐如 6mol/L 盐酸胍、8mol/L 尿素和 1% SDS 存在下也可观察到荧光。GFP 活性在大多数生理环境下都能保持，但是新生成的 GFP 并不能马上产生荧光。发色基团的形成需要内源分子间的一个氧化反应之后才能顺利发光。荧光基团在 395nm 波长达到激发高峰，第二个吸收峰在 475nm 附近。发射光谱只有一个，即 509nm 处的单峰。理想的 GFP 激发和发射光谱滤镜系列目前已有大量的商业化供应。另外，不同的 GFP 突变体其波谱特征略有改变(具体请参见各公司的操作手册)。

【实验步骤】

1. 设置荧光显微镜

标准的落射荧光显微镜在观测 GFP 时可进行一些优化。

(1) *物镜*　从镜头系统中观测的光强度与数值孔径的 4 次方成正比，与放大率的平方成反比。因此为获得较强的荧光信号，镜头数值孔径应该设置在高位，放大率应该设置在低位。例如，1.4-NA 的镜头比 1.3-NA 的镜头信号强度高 35%；放大率从 100×降到 60×可使信号强度增加一倍。

(2) *激发光源*　大多数荧光显微镜都有水银弧灯，功率有 50W、100W、200W 不等。功率选择和信号之间并没有太直接的关系，因为信号强度也依赖于光所照射区域的面积。实际上，100W 灯的总信号强度(单位面积的光强度)比 200W 的强。而且，在所产生的波谱范围内，水银弧灯并不能发射等量的光。在特定波长有强发射峰。由于 100W 的水银灯总信号强度较强，适合大多数常规的荧光分析。氙弧灯也可以用作荧光显微镜的光源，但总的来说在相同功率下比水银弧灯产生的光要少，但光谱一致性相对较好。实际上，75W 的氙弧灯产生的蓝光(GFP 的激发光)的强度相当于 100W 的水银灯所产生的蓝光。氙弧灯的一个优点是它发射的短波长光较少，这样可以减少样品被透过荧光滤镜的偏离光照射而导致的损伤。激光也经常用作显微镜的光源，如激光共聚焦(confocal)显微镜，有时可以选择 488nm 的氪-氩激光来激发 GFP 荧光。

(3) *荧光滤镜*　几种类型的滤镜系统可以用来观测 GFP，当荧光背景有问题时，band-pass 放射光滤镜比较适合观测特定类型的荧光团。若要探测荧光很弱的信号，应该考虑 long-pass 滤镜。注意短波可大大激发 GFP 的光漂白(photo bleaching)。若需要用数码相机来长时间记录多张的图片时，FITC long-pass 滤镜能够最大限度地检测到可用信号并减少光漂白作用。

2. 转染效率的计算

1) 细胞经转染 GFP 后 24h，在倒置荧光显微镜下观察，此时多数细胞可见有绿色荧光，但通常荧光强度较弱。

2）继续培养至 48h，此时大多数类型的哺乳动物细胞的 GFP 开始呈现高水平表达，在荧光显微镜下可见绿色荧光较强，对于个别生长较慢的细胞可能需要等待到 72h 或更长才可见最强荧光的出现。

3）根据经验，选择培养 48～72h 的培养细胞，在荧光倒置显微镜下，以较小的放大倍数（如 50×或 100×），计数阳性细胞数（有绿色荧光）和总细胞数。

为了准确计算阳性 GFP 转染率，可选择不同视野下进行拍照（目前大多数荧光显微镜都带有数码照相功能），然后进行统计计算，一般总细胞计数需达到≥500 个。

4）转染率计算：

转染率=含绿色荧光细胞数/总细胞数×100%

【注意事项】

1）为消除人工计算的不确定性，目前很多较新型的荧光显微镜都附带有专业图像处理软件，可自动对数码照片内的细胞进行统计和计算，可以方便快速的计算转染率。

2）由于肉眼观察的误差，尤其是当 GFP 的荧光强度较弱时，通过细胞计数来计算转染率的方法往往较粗略，易产生较大偏差。当需要准确计算荧光蛋白（包括 GFP、RFP 及 CFP 等）转染效率时，如融合基因转染或与其他基因共转染，则需要通过流式细胞仪来进行分选，即通过荧光激活细胞分选术（fluorescence-activated cell sorting，FACS）来准确计算。

（傅　强）

实验二十八　蛋白质印迹（Western blot）实验

蛋白质印迹的发明者一般认为是美国斯坦福大学的乔治·斯塔克（George Stark）。在尼尔·伯奈特（Neal Burnette）于 1981 年所著的《分析生物化学》（*Analytical Biochemistry*）中首次被称为 Western blot（WB）。蛋白质印迹是通过电泳区分不同的组分，并转移至固相支持物，通过特异性试剂（抗体）作为探针，对靶物质进行检测，该技术结合了凝胶电泳的高分辨率和固相免疫测定的特异敏感等多种特点，可检测到低至 1～5ng（最低可到 10～100pg）中等大小的靶蛋白，已广泛应用于基因在蛋白质水平的表达研究、抗体活性检测和疾病早期诊断等多个方面。

【实验目的】

掌握蛋白质印迹的基本原理、方法和应用范围；掌握蛋白质印迹实验中针对被检靶蛋白所需一抗和二抗的选择标准；掌握检测蛋白质的基本方法，以及它们各自的优缺点及最佳适用范围。

【实验原理】

Western blot 利用 SDS-PAGE 技术将强阴离子去污剂 SDS 与还原剂并用，通过加热使蛋白质变性，大量的 SDS 结合蛋白质，使其带相同密度的负电荷，在聚丙烯酰胺凝胶电泳（PAGE）时，蛋白质的迁移率仅取决于相应的分子质量。生物样品中的蛋白质分子按分子质量的大小在凝胶上分离开，然后用电转移的方法将蛋白质转移到固相膜(硝酸纤维素膜或PVDF膜)上，固相载体以非共价键形式吸附蛋白质，且能保持电泳分离的多肽类型及其生物学活性不变。膜上的靶蛋白或多肽可作为抗原与对应的抗体(第一抗体)结合。为了避免非特异性结合，与一抗结合前先用奶粉或牛血清清蛋白(BSA)封闭固相膜上的非特异结合部位，封闭、结合一抗后，再与酶或同位素标记的第二抗体起反应，最后用底物显色或放射自显影检测特异靶蛋白(图3-12)。目前第二抗体通常偶联辣根过氧化物酶(HRP)，HRP可催化超敏化学发光反应，在膜的固定位置上产生直观的荧光产物，我们可以通过二抗产生荧光的位置与强度来识别一抗的位置和量(图3-13)，因此WB广泛应用于检测样品中蛋白质的表达。

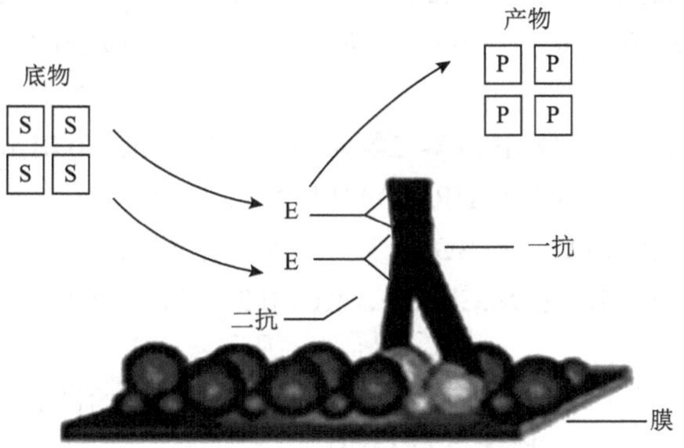

图3-12　膜上的靶蛋白质与一抗、二抗偶联辣根过氧化物酶的作用原理示意图

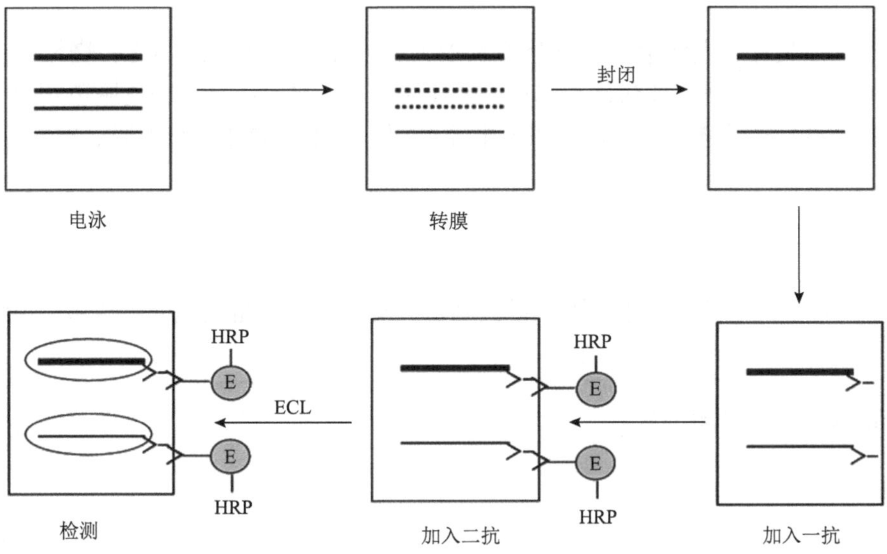

图3-13　蛋白质印迹原理

【实验试剂和器材】

1. 试剂

1)分离胶缓冲液、压缩胶缓冲液、丙烯酰胺胶液、5×Stop Solution、TBST 缓冲液、

2×Separation buffer、2×Stacking buffer、10×Running buffer。

2）10% SDS 电泳液：SDS 10.0g 加 ddH_2O 68℃助溶，浓盐酸调 pH 至 7.2，定容至 100mL。

3）2×SDS 电泳上样液：1mol/L Tris-HCl（pH 6.8）2.5mL，β-巯基乙醇 1.0mL，SDS 0.6g，甘油 2.0mL，0.1%溴酚蓝 1.0mL，ddH_2O 3.5mL。

4）转移电泳缓冲液（5L）：12.1g Tris，56.25g 甘氨酸，1000mL 甲醇，加蒸馏水至 5L（4℃预冷）。

5）丽春红染液：0.2%丽春红，1%乙酸。

6）考马斯亮蓝染色液：考马斯亮蓝 0.25g，甲醇 225mL，冰醋酸 46mL，ddH_2O 225mL。

7）10%过硫酸铵（APS）：1g APS 加 ddH_2O 至 10mL。

8）封闭液：0.9% NaCl，0.05% Tween20，5%脱脂奶粉，10mmol/L Tris-HCl，pH 7.5。

9）漂洗液：150mmol/L NaCl，3mmol/L EDTA，0.05% Tween20，50mmol/L Tris-HCl，pH 7.5。

10）显色液（临用前配制）：DAB（3,3-二氨基联苯胺）6.0mg，0.01mol/L PBS 10.0mL，硫酸镍胺 0.1mL，H_2O_2 1.0μL。或增强型 HRP-DAB 底物显色剂盒。

11）脱色液：甲醇、冰醋酸、ddH_2O 以 3∶1∶6 配制而成。

12）0.01mol/L PBS（pH 7.4）：NaCl 8.0g，KCl 0.2g，Na_2HPO_4 1.44g，KH_2PO_4 0.24g，加 ddH_2O 至 1000mL。

13）其他：预染蛋白分子质量标准物、凡士林、含靶蛋白的样品、抗靶蛋白的 IgG 抗体、相应的辣根过氧化物酶标记第二抗体、TEMED。

2. 器材

垂直板电泳装置、电泳电源、移液器及吸头、刀片、1.5mL 离心管、烧杯、量筒、吸量管、上样梳、手套、95℃加热器或水浴、金属压舌板、电动摇床、染色脱色塑料盒、30～37℃水浴或温箱、电转移装置、转移用大电流电源、滤纸、硝酸纤维素膜、塑料盘、剪刀、镊子。

【实验步骤】

WB 主要包括以下几个基本步骤：样品制备、电泳分离、蛋白质的膜转移、免疫杂交与显色、蛋白质检测，在此重点介绍前三步。

1. 含靶蛋白样品的制备和定量

（1）样品的制备

组织的处理方法：组织洗涤后加入 3 倍体积预冷的 PBS，0℃研磨，加入 5×Stop buffer，180W，6min，0℃超声波破碎，5000r/min，5min 离心，取上清。加入 β-巯基乙醇（2-ME，9.5mL 加入 0.5mL），溴酚蓝（9.5mL 加入 0.5mL）煮沸 10min，分装后于–20℃保存，用时取出，直接溶解上样。

细胞的处理方法：离心收集细胞或者直接往细胞培养瓶内加入 5×Stop buffer，收集，180W，6min，0℃超声波破碎，5000r/min，5min 离心，取上清。加入 2-ME（9.5mL 加入 0.5mL），溴酚蓝(9.5mL 加入 0.5mL)煮沸 10min，分装后于–20℃保存，用时取出，直接溶解上样。

分泌蛋白的提取(特例)：直接收集分泌液，加入 β-巯基乙醇、溴酚蓝后同上操作。

(2)蛋白质的定量方法及影响因素

1)双缩脲法：双缩脲法是第一个用比色法测定蛋白质浓度的方法。在需要快速、但不要求特别准确的测定中，常用此法。硫铵不干扰显色，这对蛋白质提纯的早期阶段是非常有利的。双缩脲法的原理是 Cu^{2+}与蛋白质的肽键，以及酪氨酸残基络合，形成紫蓝色络合物，此物在 540nm 波长处有最大吸收。双缩脲法常用于 0.5～10.0g/L 含量的蛋白质溶液测定。干扰物有硫醇，以及具有肽性质的缓冲液，如 Tris、Good 缓冲液等。可用沉淀法除去干扰物，即用等体积 10%的冷三氯乙酸沉淀蛋白质，然后弃去上清液，再用已知体积的 1mol/L 浓度的 NaOH 溶解沉淀的蛋白质进行定量测定。

2)Lowry 法：此法是双缩脲法的进一步发展。第一步是双缩脲反应，即 Cu^{2+}与蛋白质在碱性溶液中形成络合物，然后这个络合物还原磷钼酸-磷钨酸试剂(福林-酚试剂)，结果得到深蓝色物质。此法比双缩脲法灵敏得多，适合于测定 20～400mg/L 含量的蛋白质溶液。其干扰物质与双缩脲法相同，且影响更大，硫醇和许多其他物质的存在会使结果严重偏差。另外要注意的是，加入福林试剂时要特别小心，试剂只在酸性 pH 环境中才稳定，上述提到的还原反应只在 pH 10 时发生，因此，福林试剂加入碱性的 Cu^{2+}-蛋白质溶液中时，必须立刻搅拌，以使磷钼酸-磷钨酸试剂在未被破坏之前能有效地被 Cu^{2+}-蛋白质络合物所还原。

3)紫外吸收法：大多数蛋白质在 280nm 波长处有特征的最大吸收，这是由于蛋白质中有酪氨酸、色氨酸和苯丙氨酸存在。利用这个特异性吸收，可以计算蛋白质的含量。如果没有干扰物质的存在，在 280nm 处的吸收可用于测定 0.1～0.5mg/mL 含量的蛋白质溶液。

4)Bradford 比色法：Bradford 比色法比 Lowry 法测定蛋白质浓度更简单迅速。用脱氧胆酸-三氯乙酸沉淀蛋白可排除甘油、去污剂、β-巯基乙醇、乙酸、硫酸铵、Tris 和一些碱性缓冲系统的干扰。

分别在两组微量离心管中各加入 0.5mg/mL 牛血清清蛋白(5μL，10μL，15μL 和 20μL)，以浓度为 0.15mmol/L 的 NaCl 补足至 100μL，同时以两管 100μL 的 0.15mmol/L 的 NaCl 作空白对照。每管各加入 1mL 考马斯亮蓝染料溶液，振荡混匀，室温放置 2min。用 1cm 光径的微量比色杯测 A_{595}。取 A_{595} 吸光值对标准蛋白浓度作图，画标准曲线，并测量待测样品的 A_{595}。从 BSA 标准曲线中确定待测样品的浓度。测定 10～100μg 的蛋白质，要在较大试管中将染料溶液体积增大 5 倍进行。样品浓度过高，可稀释后进行，或在 10～100μg 另作一标准曲线进行测定。

以上方法具体操作步骤在前述蛋白质定量章节有详细介绍，此处不再重复。

5)电泳估算法：样品倍比稀释，SDS-PAGE 电泳，同时做定量分子质量标签 Marker 对照，可以估算样品大概浓度。

以提取癌组织总蛋白质为例：①取等量胰腺癌组织、癌旁组织及正常胰腺组织，用 dH_2O 漂洗 5～10 次，再用预冷的 1×PBS 洗涤 3 次，目的是去除样本中的血液；②每 2g 组织加入 3mL 1×PBS 匀浆，保持在 4℃条件进行；③加入 5×Stop buffer 缓冲液 1mL，混匀，4℃下超声碎化。再加入 0.5mL 2-ME，0.5mL 溴酚蓝，煮沸 10min，至此，制样过程完成；④SDS-PAGE 电泳，以 BSA 作为对照估计样品蛋白质浓度。

2. SDS-聚丙烯酰胺凝胶电泳（SDS-PAGE）

（1）制胶前的准备

1）准备干净的制胶玻璃板、样品孔梳和架子。

2）新配制足量 10%过硫酸铵（APS）。

3）根据待测蛋白质的分子质量，计算胶的浓度及分离胶各组分的用量。

4）装好架子。

5）制胶，电泳。

（2）配制分离胶

1）按照表 3-35 配制分离胶。

表 3-35　分离胶配制配方　　（单位：mL）

分离胶浓度	7.5%	10%	15%
2×Sepbuffer	4.0	4.0	4.0
30% Gelsol	2.0	2.7	4.0
ddH_2O	1.9	1.2	0.0
TEMED	8.0	8.0	8.0
10% APS	80.0	80.0	80.0

2）在胶上面加入 200μL 馏水，促进胶凝集。

（3）配制浓缩胶

1）分离胶凝集后，配制浓缩胶，见表 3-36。

表 3-36　浓缩胶配制配方　　（单位：mL）

浓缩胶浓度	3%
2×Stackingbuffer	1.70
30% Gelsol	0.35
ddH_2O	1.40
TEMED	5.00
10% APS	50.00

2）倒好后插入样品孔梳。

（4）电泳　待胶凝集好后，上样，电泳。用 60～80V 电压开始电泳，当样品至分离胶时，将电压调至 100～120V。一般电泳时间约 1.5h。

3. 转移

在电流的作用下，使蛋白质从胶转移至固相载体（膜）上。

膜的选择：印迹中常用的固相材料有 NC 膜、DBM、DDT、尼龙膜、PVDF 等。我们选用 PVDF（聚偏二氟乙烯），其具有更好的蛋白吸附性能、物理强度和化学兼容性。PVDF 膜有两种规格：Immobilon-P（0.45μm）和 Immobilon-PSQ（0.2μm，适用于分子质量<20kDa 的蛋白质）。

（1）半干法　即将凝胶夹层组合放在吸有转印缓冲液的滤纸之间，通过滤纸上吸附的缓冲液传导电流，起到转移的效果。因为电流直接作用在膜胶上，所以其转移条件比较严格，但是其转移时间短，效率高。

1) 实验条件的选择：电流 1～2mA/cm^2，通常为 100mA/膜，按照目的蛋白质分子大小、胶浓度选择转移时间，具体可以根据实际情况调整，见表 3-37。

表 3-37　根据目的蛋白大小选择凝胶浓度与转移时间

目的蛋白分子大小/kDa	胶浓度/%	转移时间/h
80～140	8	1.5～2.0
25～80	10	1.5
15～40	12	0.75
<20	15	0.5

2) 实验操作。

A. 滤纸和膜的准备(在电泳结束前 20min 开始准备)：①将膜浸入甲醇中，1～2min。再浸入 transfer buffer 中；②将合适的靠胶滤纸和靠膜滤纸分别泡入 transfer buffer 中。

B. 转移：①在电转移仪上铺好下层滤纸。一般用三层；②将膜铺在靠膜滤纸上，注意和滤纸间不要有气泡，再倒一些 transfer buffer 在膜上，保持膜的湿润；③将胶剥出，去掉压缩胶，小心地移到膜上；④剪去膜的左上角，在膜上用铅笔标记出胶的位置；⑤将一张靠胶滤纸覆盖在胶上，倒上些 transfer buffer，再铺两张靠胶滤纸；⑥装好电转移仪，根据需要选定电流和时间；⑦转移过程中要随时观察电压的变化，如有异常应及时调整。示意图见图 3-14。

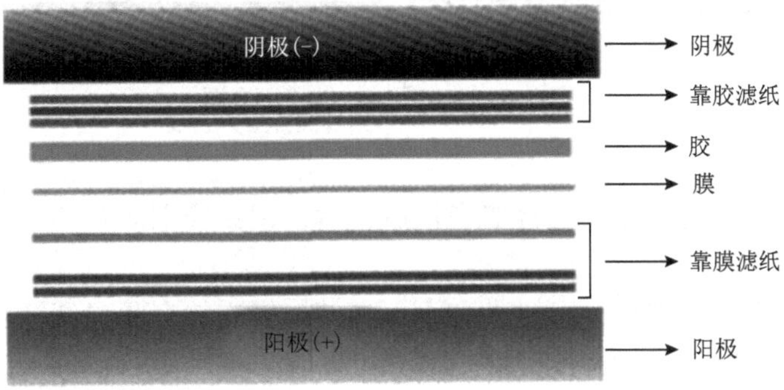

图 3-14　半干法转移示意图

半干转移用浸透缓冲液的多层滤纸代替缓冲液槽。因为电极板直接与滤纸接触，使凝胶中电场强度尽可能大以达到快速高效转移。与湿转相比，这种方法又快(15～45min)又好。多数半干转移方法使用一种以上的缓冲系统，可以同时高效转移大小不同的蛋白质。然而，半干转移系统因缓冲液较少不适于长时间转移。

(2) *槽式湿转*　　湿转操作步骤与半干转移基本类似。区别在于湿转两边都是 3 层滤纸，转移电压和时间也有所不同。半干转移系统中，滤纸和膜切成与凝胶相同大小很重要，这样电流必须通过凝胶，否则，在凝胶边缘处滤纸重叠将导致电流短路。两种转移系统中都必须注意防止滤纸、凝胶和膜之间的任何地方存在气泡，气泡阻碍转移并在印迹膜上产生“秃斑”

（即非转移区）。小分子质量的蛋白质半干转效果比较好，大分子质量（100kDa 以上）的蛋白质建议湿转。

1）实验条件的选择：电流约为 0.3A，电压 100V，时间 1～2h，冰浴中进行转膜（转膜过程产生大量的热，冰浴冷却），具体转膜时间要根据目的蛋白的大小而定；目的蛋白的分子质量越大，需要的转膜时间越长，反之则短。

2）实验操作。

A. 将胶浸于转移缓冲液中平衡 10min（注意：如检测小分子蛋白质，可省略此步，因小分子蛋白质容易扩散出胶）。

B. 依据胶的大小剪取膜和滤纸 6 片，放入转移缓冲液中平衡 10min。如用 PVDF 膜需用甲醇浸泡 3～5s。

C. 装配转移“三明治”：阴极碳板+海绵+三层滤纸+胶+膜+三层滤纸+海绵+阳极碳板，每层放好后，用试管滚压赶去气泡。切记：胶放于负极面（黑色面）。

D. 将转移槽置于冰浴中，放入“三明治”（黑色面对黑色面），加转移缓冲液浸没“三明治”，插上电极（注意：应再次检查“三明治”和电极，是否装配正确，电源是否接通）。

E. 转膜结束后，切断电源，取出杂交膜。

槽式湿转示意图见图 3-15。

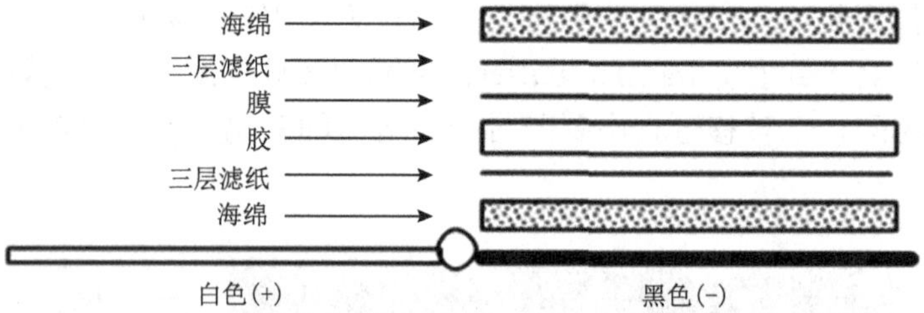

图 3-15　槽式湿转法转移示意图

（3）转移后效果的鉴定

1）染胶：用考马斯亮蓝染色再经脱色液脱色后，观察胶上是否还有蛋白质来判断转移的效果。

2）染膜：有两类染液选择，可逆的和不可逆的。可逆的有丽春红染色液（ponceau-S）、Fastgreen FC、CPTS 等，这类染料染色后，色素可以被洗掉，膜可以用做进一步的分析用。不可逆的染料，如考马斯亮蓝、India ink、氨基黑 10B 等，染色后膜就无法用于进一步的分析。

3）封闭（block）：封闭是为了使抗体仅仅与特异的蛋白质结合而不与膜结合。常用的封闭液有牛血清清蛋白（bovine serum albumin，BSA），脱脂奶粉（non-fat milk），casein，gelatin，Tween20 等，一般用脱脂奶粉。

在转移结束前配好 5%的脱脂牛奶（TBST 溶解）。转移结束后将膜放入脱脂奶粉溶液中（一定要放在干净的容器里，避免污染而且要用膜或盖子覆盖容器口），4℃封闭过夜，或室温下 1h。并清洗用过的滤纸，以便下次使用。

4）孵育一抗：①预先决定抗体稀释度；②配好 5%的脱脂奶粉（TBST 溶解），按要求稀释抗体（注意：如需高比例稀释，最好采用梯度稀释）；③将膜放入稀释的抗体溶液中，室温孵育 1h，或 4℃过夜，可根据抗体量和膜上抗原量适当延长或缩短时间。

注意：为了便于后面分析结果，一般会选用已确定分子质量大小而且纯度高的抗体作为分子质量标签 Marker 与一抗同时孵育。

5）洗涤：将膜放入 TBST 中，置于摇床上振荡洗涤 5min，重复 2 次。洗涤是为了洗去一抗与抗原的非特异性结合，洗涤的效果直接影响结果背景的深浅。

6）孵育二抗：用 5%脱脂奶粉 TBST 溶液稀释二抗，放入膜，室温下孵育 1h。一般采用 HRP（辣根过氧化物酶）标记的二抗，稀释比例为 1∶5000。二抗的稀释比例不能太低，否则容易导致非特异性的结合。

注意：二抗有多种选择，要根据一抗蛋白的种属来选择抗兔、抗鼠或者抗羊的二抗，以及根据后续的显色条件来选择 HRP、AP（碱性磷酸酶）或者 GOD（葡萄糖氧化酶）酶联的二抗或者标志其他探针（如核素等）。

7）洗涤：将膜放入 TBST 中，置于摇床上振荡洗涤 5min，重复 2 次。洗涤是为了洗去二抗的非特异性结合，洗涤的效果直接影响结果背景的深浅，所以洗涤一定要干净。

8）显色（HRP 酶）。

A. 增强化学发光法（ECL）。

ECL 显色原理：氨基苯二酰肼类主要是鲁米诺及异鲁米诺衍生物，是最常用的一类化学发光剂。鲁米诺（luminol，5′-氨基-2,3-二氢-1,4-酞嗪二酮）的分子结构及化学反应式如下。

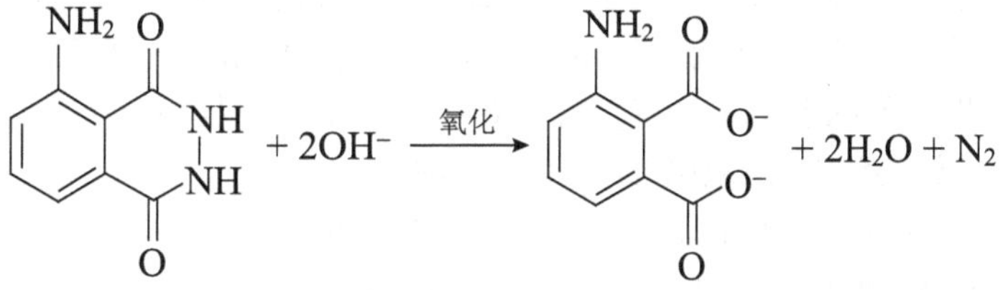

鲁米诺在免疫测定中既可用作标记物，也可用作过氧化物酶的底物。在 ECL 底物中，含有 H_2O_2 和鲁米诺，在 HRP 的作用下，发出荧光来。

B. 具体步骤：①将两种显色底物 1∶1 等体积混合（一般各 1mL/膜）；②将混合物覆盖在膜表面，1～2min，摇晃使均匀；③用保鲜膜把膜包起来，放入夹板中；④在暗室中将 X 光片，覆盖在膜的上面，夹好夹子，曝光 1min；⑤显影、定影；⑥根据结果调整曝光时间和曝光区域，得到最佳结果。

注意：荧光在一段时间后会越来越弱。

C. 3,3-二氨基联苯胺（DAB）显色：DAB 和 HRP 反应产生棕色的不溶终产物。这种棕色沉淀不溶于乙醇和其他有机溶剂，对于必需使用传统复染和封固介质的免疫组化染色应用特别理想。

对于 AP 标记的二抗，选用 BCIP 和 NBT 显色，它们在 AP 作用下反应可生成一种不溶性黑紫色沉淀的强信号。

【注意事项】

1. 一般注意事项

1）一抗的选择是影响免疫印迹成败的主要因素。多克隆抗体结合抗原能力较强、灵敏度高，但易产生非特异性的背景；单克隆抗体识别抗原特异性较好，但可能不识别在样品制备时因变性而失去了空间构型的抗原表位，且易发生交叉反应。因此，兼有多克隆抗体和单克隆抗体优点的混合单克隆抗体近年特别被推荐，它由一组能与抗原分子中的不同且不易变性的抗原表位结合并不易出现交叉反应的单克隆抗体混合构成。

2）使用化学发光检测时，底物液须按需要量临用前配制混合。

3）一般情况下使用 0.45μm 的 NC 膜，0.1～0.2μm 的小孔径膜只适合于分子质量小于 20kDa 的蛋白质。

4）如果出现非特异性的高背景，可观察对比仅用二抗单独处理转印膜所产生的背景强度，若高背景确由二抗产生，可适当降低二抗浓度或缩短二抗孵育时间；并考虑延长每一步的清洗时间。

5）一抗与二抗的稀释度、作用时间和温度对检测不同的蛋白质要求不同，须经预实验确定最佳条件。

6）滤纸/凝胶/转印膜/滤纸夹层组合中不能存在气泡，可用玻璃棒在夹层组合上滚动将气泡赶出，以提高转膜效率；半干转膜时上下两层滤纸不能过大，避免导致直接接触而引起短路。

7）PVDF 尼龙膜较 NC 膜柔软、结实、灵敏度高，易于操作且蛋白质结合能力强（PVDF 膜可结合蛋白质 480μg/cm^2，而 NC 膜只能结合蛋白质 80μg/cm^2）；缺点是 PVDF 尼龙膜背景也高，需要加强封闭；此外，PVDF 尼龙膜若在使用前先行用甲醇处理 5～10s，以活化膜表面的正电基团，使它更容易与带负电的蛋白质结合，可提高蛋白质在膜上的保留指数。如果反应灵敏度不高，可增加凝胶的厚度到 1.5mm（厚度超过 2.0mm 时，凝胶转移效率受限）；也可在电泳条带不发生变形的前提下，尽量提高蛋白质样品的上样量。

8）DAB 有潜在致癌的可能，操作时要小心仔细。

9）过夜温浴的注意事项：如果需要过夜、长时间抗体温浴，需要防止杂菌大量繁殖。一般可以于 4℃进行温浴，如果没有 4℃温浴条件，可以在温浴液中加入防腐剂。对于待用辣根过氧化物酶标记二抗进行检测时，可以在温浴液中加防腐剂硫柳汞至终浓度为 0.05%。

2. SDS-聚丙烯酰胺凝胶电泳（SDS-PAGE）注意事项及常遇到的问题

1）分离胶不要倒得太满，需要有一定的浓缩胶空间，否则起不到浓缩效果。

2）上样的蛋白量不应超过 30μg/mm^2（如果胶槽底面是 5mm×1mm，则载荷面为 1mm×5mm=5mm^2）。

3）胶通常在 0.5～1.0h 内凝集最好，过快表示 TEMED、APS 用量过多，此时胶太硬易龟裂，而且电泳时容易烧胶；太慢则说明两种试剂用量不够或者系统试剂不纯或失效。

4）混合搅拌速度太快产生气泡影响聚合，导致泳带畸形；太慢不均匀，特别是甘油。

5）电泳中常出现的一些现象：“︶”条带呈笑脸状，原因为凝胶不均匀冷却，中间冷却不好；“︵”条带呈皱眉状，可能是由于装置不合适，特别可能是凝胶和玻璃挡板底部有气泡，或者两边聚合不完全；拖尾是因为样品溶解不好；纹理（纵向条纹）是因为样品中含有不溶性颗粒；条带偏斜是因为电极不平衡或者加样位置偏斜；条带两边扩散是因为加样量过多。

3. 转移注意事项及常遇到的问题

1）滤纸、胶、膜之间的大小，一般是滤纸≥膜≥胶。

2）滤纸、胶、膜之间千万不能有气泡，气泡会造成短路。

3）因为膜的疏水性，膜必须首先在甲醇中完全浸湿，使膜均匀地从不透明变成半透明。而且在后续操作中，膜必须保持湿润（干膜法除外）。

4）转移时间一般为 1.5h（1～2mA/cm^2，10% gel），可根据分子质量大小调整转移时间和电流大小。

5）转膜之前将海绵、胶、膜都用预冷的转移缓冲液浸泡 20min。凝胶若是没在预冷的转膜缓冲液中浸泡，就会在转膜过程中出现凝胶皱缩，导致出现转移条带变形。

6）避免直接用手碰杂交膜，使用镊子。因为手上的蛋白质和油脂会影响转膜效率并会使膜污染。

【思考题】

1. 蛋白质印迹分析为什么只能检测已知蛋白质?
2. 蛋白质印迹分析为什么要用两次抗体?
3. 酶显色与荧光显色之间，各自优缺点是什么?
4. Western blot 中脱脂奶粉封闭的是哪些蛋白质?原理是什么?

（柳爱华　刘　戟）

第三节　创新性实验项目

实验二十九　基因克隆与重组表达质粒的构建

【实验目的】

掌握基因克隆方法和基因重组表达质粒的构建；掌握基因克隆的基本步骤；熟悉载体需满足的基本条件和分类；了解克隆载体和表达载体的异同点。

【实验原理】

基因克隆（gene cloning）又称为分子克隆（molecular cloning）是指在体外将不同来源的DNA分子进行切割、重新连接后组装成一个新的重组DNA分子并导入适当细胞进行大量增殖的过程。可通过基因克隆将目的基因装入表达载体，再导入细胞实现目的基因的表达或改造、创造新的生物类型。实现基因克隆所采用的方法与相关工作统称为重组 DNA 技术（recombinant DNA technique），又称基因工程（genetic engineering）。

基因克隆一般包括五大基本步骤：目的 DNA 的分离获取（分）；限制性内切核酸酶酶切目的 DNA 和载体（切）；载体与目的 DNA 连接成重组体（接）；重组 DNA 转入受体细胞（转）；重组体的筛选与鉴定（筛）。因此，可将基因克隆的步骤总结为分、切、接、转、筛五步。

基因工程中常用的载体（vector）主要包括质粒（plasmid）、噬菌体（phage）和病毒（virus）三大类，其中最常用的是质粒。基因工程中理想载体的基本条件：①能自主复制；②具有包含多个单一限制性内切核酸酶酶切位点的多克隆位点（multiple cloning site，MCS），且在多克隆位点中插入目的基因后不影响其复制功能；③带有 1～2 个便于筛选的标记基因；④安全性好，对受体细胞无害，不会任意转入其他生物的细胞，不能重组于宿主细胞的基因组中；⑤大小合适，易于操作。

天然载体并不完全具备上述条件，这些载体均需经人工设计和改造，除去致病基因，并赋予一些新的功能，如有利于进行筛选的标志基因、单一的限制酶切位点等。根据功能和用途不同，载体通常可分为克隆载体（cloning vector）和表达载体（expression vector）两大类。

1）克隆载体：克隆载体主要用于克隆和扩增目的基因片段。这类载体都有一个复制子，能带动外源基因在宿主细胞中进行高拷贝的复制扩增，但由于没有启动子或者启动子不能被宿主细胞 RNA 聚合酶识别而不能表达。常用的克隆载体有 pBR322、pUC18、pUC19、pMD18-T、pGEM-T 等。

2）表达载体：表达载体主要用于在宿主细胞中获得外源基因的表达产物（一般是蛋白质）。这类载体除具有克隆载体的基本元件 *ori*、Amp^r、*MCS* 等外，还具有转录、翻译所必需的 DNA 信号序列。表达载体具有较高的蛋白质表达效率，一般因为具有强的启动子。根据宿主细胞的不同，表达载体分为原核表达载体和真核表达载体。常用的原核表达载体有 pET-28a（+）、pET-30a（+）、pET-32a（+）、pGEX-4T-2 等，常用的真核表达载体有 pcDNA3.1（–）、pcDNA3.1（–）neo/Myc-His、pcDNA6-Myc/His、pCMV-HA 等。

基因克隆与重组表达质粒构建涉及相关知识较多，过程复杂。本实验以克隆编码乳酸脱氢酶同工酶的 *LDH-B* 亚基基因，并装入真核表达载体 pcDNA3.1（–）neo/Myc-His-A 为例，介绍基因克隆和重组真核表达质粒的构建过程。

【实验试剂和器材】

1. 试剂

1）质粒载体：pUC19 质粒，pcDNA3.1（–）neo/Myc-His-A 真核表达质粒。

2）基因克隆引物 LDH-B F 5′-CGGGATCCAAAATGGCAACTCTTAAGG-3′，LDH-B R 5′-GGGGTACCCAGGTCTTTTAGGTCCTT-3′，扩增产物的片段大小为 1025bp；菌落 PCR 引物 LDH-B-1 F 5′-GGAGCTTATTTCTTCAGACACCT-3′，LDH-B-1 R 5′-GACTGTACTTGACGATCTGAGG-3′扩增产物的片段大小为 183bp，退火温度 60℃。

3）高保真酶 Phusion High-Fidelity DNA Polymerase。

4）普通琼脂糖凝胶 DNA 回收试剂盒。

5）*Bam*H Ⅰ 和 *Kpn* Ⅰ 限制性内切核酸酶。

6）超薄 DNA 产物纯化试剂盒。

7）快速质粒小提试剂盒。

8）T4 DNA 连接酶。

9）LB 液体培养基：称取蛋白胨 10g，酵母提取物 5g，NaCl 10g 置于 1L 烧杯中。加入约 800mL 的去离子水，充分搅拌溶解。滴加 5mol/L 的 NaOH（约 0.2mL），调节 pH 至 7.0。加去离子水将培养基定容至 1L 后。高温高压灭菌后，4℃保存。

10）LB 选择固体培养基（LB+Amp+X-Gal+IPTG）：在液体培养基的基础上，加入琼脂粉 15g。高温高压灭菌后，冷却至约 60℃时加入 1mL 氨苄西林（100mg/mL）、1mL IPTG（24mg/mL）、2mL X-Gal（20mg/mL）后均匀混合。铺制平板（30～35mL 培养基/90mm 培养皿），4℃避光保存。如果配制仅含氨苄西林的固体培养基，按上述方法配制时不加 IPTG 和 X-Gal。

11）10×TBE 电泳缓冲液（pH 8.3）：取 Tris 108g，$Na_2EDTA \cdot 2H_2O$ 7.44g，硼酸 55g 置于 1L 烧杯中，向烧杯中加入约 800mL 蒸馏水，充分搅拌溶解。用蒸馏水定容至 1L 后，室温保存。1×TBE 电泳缓冲液由 10×TBE 电泳缓冲液稀释而来（可稀释至 0.5×TBE 使用），用作配制琼脂糖凝胶和电泳缓冲液。

12）大肠杆菌感受态细胞的制备：取 *E.coli* JM109 保存菌液 50mL 接种于 1mL SOB 培养液中，于 37℃ 180r/min 培养细菌至对数生长期。取 0.5mL 培养的菌液接种于 50mL SOB 中，18℃ 260r/min 振荡培养，直到 OD_{600} 达到 0.3。将培养物转移到 50mL 离心管中，1500*g* 离心 10min。弃上清，将离心管倒置于一张洁净的滤纸上，使培养液吸干。取 1mL 新配的 TB 溶液打散菌体沉淀，再加入 15mL TB（1/3 体积的起始培养液），置冰浴 10min，4℃ 1500*g* 离心 10min。弃上清，沉淀重悬于 4mL TB（1/12.5 体积的起始培养液），置冰浴 30min。加入 280mL DMSO，缓缓滴入并轻轻摇晃，使其充分混匀，置冰浴 10min。将细菌 100μL/管分装于 EP 管中，置−80℃冰箱保存。取 2 管感受态细胞分别加入 1μL ddH_2O（阴性对照）和 1μL 纯质粒（阳性对照）转化感受态 JM109，以检测其质量。阴性对照平板上应该无菌落生长，阳性对照平板上菌落数目多少显示感受态效率的高低。

13）*Taq* DNA 聚合酶。

14）EB 染色液：用 10mg/mL EB 溶液配制 5μg/mL 的 EB 染色液。EB 是一种致癌物质，操作必须小心。

2. 器材

基因扩增仪、恒温水浴锅、恒温摇床、凝胶成像系统、移液器、超微量分光光度计。

【实验步骤】

1. 引物设计

根据人 *LDH-B*（*hLDH-B*）全长 cDNA 序列（Genbank 序列号为 NM_001315537）、pUC19 质粒和真核表达载体 pcDNA3.1（–）neo/Myc-His-A 的多克隆位点，设计克隆编码 *LDH-B* 序列的引物。上游引物引入 *Bam*H Ⅰ 酶切位点及起始密码子，下游引物引入 *Kpn* Ⅰ 酶切位点，由于要融合表达 Myc 和 His 标签蛋白，需要去掉 *hLDH-B* 基因编码序列的终止密码子。上下游引物序列如下：LDH-B F 5′-CGGGATCCAAA**ATG**GCAACTCTTAAGG-3′，LDH-B R 5′-GGGGTACCCAGGTCTTTTAGGTCCTT-3′，下划线为引入的酶切位点，加粗字体为起始密码子。

2. PCR扩增*hLDH-B*基因的氨基酸编码序列

从人源的癌或永生化细胞系提取总 RNA，Oligo（dT）反转录得到的 cDNA 作为模板，高保真酶 Phusion High-Fidelity DNA Polymerase 扩增目标 DNA 片段。配制的 50μL PCR 反应体系，包括 5×Phusion GC buffer10μL，10mmol/L dNTP 1μL，10μmol/L 上下游引物各 2.5μL，cDNA 模板 2.5μL，ddH_2O 31μL，Phusion DNA 聚合酶 0.5μL。扩增反应条件为 98℃变性 30s，1 个循环；98℃变性 10s，65℃退火 20s，72℃延伸 30s，35 个循环；72℃再延伸 10min，4℃保持。PCR 扩增反应在基因扩增仪中进行。扩增反应结束后，取 5μL PCR 产物与上样缓冲液混合，在 1×TBE 电泳缓冲液配制的 1.0%琼脂糖凝胶中电泳，电泳后用 EB 溶液染色 5min，自来水脱色 1min，用凝胶成像系统拍照。如果 PCR 产物是一条特异条带，可直接纯化后进行酶切反应，不用做胶回收；如果用 *Taq* DNA 聚合酶进行 PCR 反应或者高保真酶后进行了加 A 反应，PCR 产物不需酶切反应即可纯化后直接与 T-载体连接。

3. 琼脂糖凝胶DNA回收

如果 PCR 产物不是一条特异条带，需利用琼脂糖凝胶 DNA 回收试剂盒回收目标 DNA。PCR 产物全部电泳后将目标 DNA 条带从琼脂糖凝胶中切下放入干净的 EP 管中，称取质量(0.1g 凝胶可视为 100μL 体积)，向胶块中加入等倍体积溶胶液 PN。50℃水浴放置，不断温和地上下摇动离心管，直至胶块充分溶解。将所得溶液加入一个吸附柱 CA2 中(吸附柱放入收集管中)，室温静置 2min，12 000r/min 离心 30s，倒掉收集管中废液后再将吸附柱放入收集管中。向吸附柱 CA2 中加入 600mL 漂洗液 PW，12 000r/min 离心 30s，倒掉收集管中的废液后再将吸附柱放入收集管中。再向吸附柱 CA2 中加入 600μL 漂洗液，12 000 r/min 离心 30s，倒掉收集管中废液后再将吸附柱放入收集管中，12 000r/min 空离心 2min，尽量除去漂洗液。将吸附柱置于室温数分钟，彻底晾干，将吸附柱 CA2 放到一个干净离心管中，向膜中间位置悬空滴加适量 30μL 洗脱缓冲液，室温放置 2min，12 000r/min 离心 2min 收集 DNA 溶液，用超微量分光光度计检测 DNA 浓度和纯度。

4. 酶切反应(双酶切)

将胶回收的 PCR 产物和 pUC19 载体质粒分别用 *Bam*H Ⅰ 和 *Kpn* Ⅰ 内切酶双酶切。20μL 酶切反应体系包括 10×K buffer 1μL，PCR 产物和 pUC19 质粒≤1μg，*Bam*H Ⅰ 内切酶 1μL，*Kpn* Ⅰ 内切酶 1μL，用 ddH_2O 补足至 20μL，37℃条件下酶切 1h。

5. 酶切产物的纯化与连接

酶切后需用 DNA 产物纯化试剂盒对酶切产物进行纯化。将酶切后的混合液转移至干净的 1.5mL EP 管中，加入 5 倍体积的结合液 PB，充分混匀。混合液转移至吸附柱 CB1 中(吸附柱放入收集管中)，室温放置 2min，12 000r/min 离心 30s，倒掉收集管中的废液，将吸附柱 CB1 放入收集管中。向吸附柱 CB1 中加入 600μL 漂洗液 PW，12 000r/min 离心 30s，倒掉收集管中的废液，将吸附柱 CB1 放入收集管中。用漂洗液 PW 重复洗一次后倒掉收集管中的废液，12 000r/min 空离心 2min。将吸附柱置于室温放置数分钟，彻底地晾干，以防止残留的漂洗液影响下一步的实验。取出吸附柱 CB1，放入一个干净的 1.5mL EP 管中，向吸附膜中间位置悬空滴加 20～50μL 洗脱缓冲液 EB，室温放置 2min。12 000r/min 离心 2min，收集 DNA 溶液，用超微量分光光度计检测 DNA 浓度和纯度。纯化片段连接反应如下：加入目的 DNA(含 *Bam*H Ⅰ /*Kpn* Ⅰ 黏性末端的 *hLDH-B*) 25～250fmol，质粒 DNA 溶液 50ng(25fmol)，1.5μL 的连接缓冲液，0.75μL 的 T4 连接酶，ddH_2O 补充到 15μL，充分混匀后置于 16℃连接过夜。

6. 质粒DNA的转化

1) 从−80℃冰箱取出 100μL 的 JM109 大肠杆菌感受态细胞，待其刚刚融化时，迅速加入 10μL 连接液，混合均匀，冰浴 30min。

2) 置于 42℃水浴热激 45s，然后冰浴 2min。

3）加入预热至 37℃的 SOB 或 LB 液体培养基 900μL，置于 37℃恒温摇床，180r/min 振荡培养 1h。

4）4000r/min 离心 2min，去除 800μL 上清。

5）用余下的液体重悬菌体沉淀，将重悬菌液均匀涂布于 LB 选择固体培养基（LB+Amp+X-Gal+IPTG）。

6）将固体平板 37℃正置 30min 后倒置培养 12～16h 进行蓝白斑筛选。

7. 菌落PCR筛选阳性克隆

20μL PCR 反应体系，包括 ddH_2O 15.4μL，10×*Taq* buffer 2μL，10mmol/L dNTP 0.4μL，10μmol/L LDH-B-1 上下游引物各 0.4μL，*Taq* DNA 聚合酶 0.4μL，用牙签挑取步骤 6 的白色单克隆菌落在干净的含氨苄西林的 LB 固体培养平板上划线备份后，将牙签上剩余的菌落悬浮于上述 PCR 反应液中作为 PCR 扩增模板。扩增反应条件为 94℃变性 3min，1 个循环；94℃变性 30s，60℃退火 30s，72℃延伸 30s，25 个循环；72℃再延伸 7min，12℃保持。PCR 扩增反应在基因扩增仪中进行。扩增反应结束后，用 1.0%琼脂糖凝胶，在 1×TBE 电泳缓冲液中电泳，电泳后用 EB 染色液染 2～3min，自来水脱色 1min，用凝胶成像系统拍照。若 PCR 扩增片段大小与预计目的片段大小一致，则认为该克隆为阳性克隆。

8. 阳性克隆的鉴定确认

鉴定阳性克隆的常用方法是提取质粒后进行酶切鉴定，因此需先扩大培养初筛的阳性菌落，然后用快速质粒小提试剂盒提取质粒，再酶切质粒后电泳观察结果。挑取经上一步菌落 PCR 验证的划线菌落，接种于 5mL LB 培养液中，并加入 1‰的 100mg/mL 氨苄西林，置于 37℃，180r/min 培养过夜。次日，将培养过夜的 5mL 菌液于 1.5mL EP 管中 12 000r/min 分批离心 1min 收集培养的菌体，最后彻底去除上清。向留有菌体的离心管中加入 150μL 溶液 P1，用吸头或振荡器彻底悬浮细菌沉淀。再向离心管加入 150μL 溶液 P2，立即温和地上下翻转 6～8 次使菌体充分裂解。向离心管中加入 350μL 溶液 P5，立即快速地上下颠倒混匀 12～20 次，充分混匀，此时将出现絮状沉淀，12 000r/min 离心 2min。将上清液小心转移到吸附柱 CP3 中（吸附柱放入收集管中），注意尽量不要吸出沉淀。12 000r/min 离心 30s 后弃掉废液，将吸附柱 CP3 重新放入收集管中。向吸附柱 CP3 中加入 300μL 漂洗液 PWT，12 000r/min 离心 30s 后弃掉废液，将吸附柱 CP3 重新放入收集管中。12 000r/min 空离心 1min，尽量除去漂洗液。取出吸附柱 CP3，放入一个干净的 1.5mL EP 管中，向吸附膜中间位置悬空滴加 50～100μL 洗脱缓冲液 TB 或 ddH_2O，12 000r/min 离心 30s，收集质粒 DNA 溶液，用超微量分光光度计检测 DNA 浓度和纯度。

用提取的质粒 DNA 重复双酶切实验，电泳后根据片段大小初步确定克隆成功后，再将质粒送公司进一步测序确认。

9. 亚克隆构建重组表达质粒

经测序确认克隆的序列是 *hLDH-B* 且无突变后，重复步骤 4～8，将从 pUC19-*hLDH-B* 重组质粒切下 *hLDH-B* 基因编码序列，再装入真核表达质粒 pcDNA3.1（–）neo/Myc-His-A 中，即可成功构建 pcDNA3.1（–）neo/Myc-His-hLDH-B 重组表达质粒。

【注意事项】

1）根据所用表达载体的多克隆位点选择酶切位点，并且所选择的酶切位点一定不能出现在克隆基因的编码序列中。此外，还需注意酶切位点的方向，以避免将目的基因装入的方向弄错。

2）如果希望融合表达标签蛋白，除选择可表达标签蛋白的载体外，还须在下游引物中去掉终止密码子，并且注意外源基因装入载体后密码子的连续性，应保证标签蛋白的正确表达。

3）在操作过程中要注意无菌操作和防止交叉污染。

4）由于黏性末端的氢键结合是不稳定的，不足以抵抗较高温度时的分子运动，因此连接反应通常要求在较低温度和较长时间的条件下进行。最常用的温度是 12～16℃过夜，也可以在 7～8℃连接 2～3d。

5）连接反应除需要高质量的连接酶外，还需要高纯度的 DNA 样品，如果 DNA 样品中混有 EDTA、蛋白质、琼脂糖、RNA 等都可能影响连接效果。

【思考题】

1. 为什么在克隆基因编码区序列中出现的限制酶酶切位点不能引入 PCR 引物？
2. 重组 DNA 转入大肠杆菌的目的是什么？
3. 通过什么方法可以最终确认基因克隆成功？
4. 融合表达标签蛋白有何意义？
5. 克隆载体、原核表达载体和真核表达载体有何异同点？

（曾凡才　罗　波）

实验三十　基因重组表达质粒在原核细胞中的表达、纯化与鉴定

【实验目的】

掌握在原核细胞中表达、纯化和鉴定外源蛋白质的方法；了解原核重组表达质粒的构建。

【实验原理】

将希望表达的目的基因克隆后装入合适的原核表达载体中，再将重组的原核表达载体导入相应大肠杆菌宿主菌用于大量表达蛋白质的方法一般称为原核表达。这种方法在蛋白质纯化、定位及功能分析等方面都有应用。大肠杆菌用于表达重组蛋白有以下特点：①易于生长和控制；②用于细菌培养的材料不及哺乳动物细胞系统的材料昂贵；③有各种各样的大肠杆菌菌株及与之匹配的具各种特性的表达质粒可供选择。但是，在大肠杆菌中表达的蛋白质由于缺少修饰和糖基化、磷酸化等翻译后加工，常形成包涵体而影响表达蛋白的生物学活性及构象。

表达载体在基因工程中具有十分重要的作用，原核表达载体通常为质粒，典型的表达载体应具有以下几种元件：①选择标志的编码序列；②可控转录的启动子；③转录调控序列（转录终止子和核糖体结合位点等）；④一个多克隆位点；⑤宿主体内自主复制的序列。

蛋白质纯化的方法较多，广泛应用的是液相层析纯化。在液相层析蛋白质纯化方法中应用较多的是亲和层析、离子交换层析和凝胶过滤层析等。本实验主要应用亲和层析中的镍（Ni）

亲和层析纯化原核表达蛋白，镍亲和层析的基本原理是镍金属离子可与树脂颗粒上结合的NTA(次氮基三乙酸)形成金属络合物，原核表达的6×His标签蛋白与树脂颗粒上络合的镍金属离子之间有比较强的亲和力而特异地结合原核表达蛋白，再利用不同条件的洗脱液将原核表达蛋白特异洗脱并收集，以获得纯化的原核表达蛋白。

原核表达一般程序如下：获得目的基因→准备表达载体→将目的基因插入表达载体中(测序验证)→转化表达宿主菌→诱导靶蛋白的表达→表达蛋白的分析→扩增、纯化、进一步检测。

【实验试剂和器材】

1. 试剂

1) pET30a(+)-*hLDH-B* 重组原核表达质粒。

2) BL21(DE3)大肠杆菌感受态细胞。

3) LB 液体培养基：称取蛋白胨 10g，酵母提取物 5g，NaCl 10g 置于 1L 烧杯中。加入约800mL 的去离子水，充分搅拌溶解。滴加 5mol/L 的 NaOH(约 0.2mL)，调节 pH 至 7.0。加去离子水将培养基定容至 1L 后。高温高压灭菌后，4℃保存。

4) LB 固体培养基平板(含卡拉霉素)：在 LB 液体培养基的基础上，加入琼脂粉 15g。高温高压灭菌后，冷却至约 60℃时加入 5mL 浓度为 20mg/mL 的卡拉霉素储存液后混匀。铺制平板(30～35mL 培养基/90mm 培养皿)，4℃避光保存。

5) Ni-琼脂糖凝胶 6FF。

6) 20mg/mL 卡拉霉素储存液：用 ddH_2O 配制浓度为 20mg/mL 卡拉霉素溶液，0.22μm 一次性滤器过滤后，每管 1mL 分装保存。

7) 50mg/mL 溶菌酶。

8) 100mmol/L PMSF：称量 0.174g PMSF(针状结晶固体)溶于 10mL 异丙醇，振荡混匀，保存于–20℃或 4 ℃。

9) 100mmol/L IPTG(异丙基硫代-β-D-半乳糖苷)：2.38g IPTG 溶于 100mL ddH_2O 中，0.22μm 滤膜抽滤，–20℃保存。

10) 5×蛋白上样缓冲液：1.0mol/L Tris-HCl 缓冲液(pH 6.8) 1.25mL，溴酚蓝(Bromo phenol blue，BPB，示踪剂) 25mg，甘油 2.5mL，加去离子水溶解后定容至 5mL，500μL/份分装后室温保存。使用前每小份加入 25μL β-巯基乙醇(2-ME)混匀(加了 2-ME 的上样缓冲液可在室温下存放一个月左右)。

11) 10% TritonX-100：取 1mL TritonX-100 用 ddH_2O 定容至 10mL。

12) NTA-0 buffer, NTA-20 buffer, NTA-40 buffer, NTA-60 buffer, NTA-80 buffer, NTA-100 buffer，NTA-200 buffer，NTA-1000 buffer：分别为浓度 20mmol/L Tris-HCl pH 7.9，0.5mol/L NaCl, 10%甘油，添加 0、20mmol/L、40mmol/L、60mmol/L、80mmol/L、100mmol/L、200mmol/L、1000 mmol/L 咪唑。

2. 器材

250mL 锥形瓶、3mL 亲和层析柱空柱管、恒温水浴锅、恒温摇床、可见光分光度计、超声破碎仪。

【实验步骤】

1. 重组表达质粒的构建

根据创新性实验项目实验二十九基因克隆与重组表达质粒构建的实验方法构建 pET30a(+)-*hLDH-B* 重组原核表达质粒，也可以根据实验需要将希望原核表达的目的基因装入原核表达载体中构建重组原核表达质粒。本实验选用的镍亲和层析方法，需融合表达原核表达载体的 His 标签蛋白，因此在构建重组表达质粒时必须去掉目的基因的终止密码子。

2. 重组表达质粒DNA转化表达宿主菌的感受态细胞

1)从−80℃冰箱取出一支 100μL 的 BL21(DE3)大肠杆菌感受态细胞，待其刚刚融化时，迅速加入 1μL pET30a(+)-*hLDH-B* 重组原核表达质粒，混合均匀，冰浴 30min。

2)置于 42℃水浴热激 45s，然后冰浴 2min。

3)加入 900μL SOB 或 LB 液体培养基，混合均匀后置于 37℃恒温摇床，180r/min 振荡培养 1h。

4)4000r/min 离心 2min，去除 800μL 上清，用余下的液体重悬菌体沉淀，将重悬菌液均匀涂布于含有卡拉霉素的 LB 固体平板上，将固体平板 37℃正置 30min 后倒置培养 12～16h。

5)挑单克隆菌落划线备份后摇菌并提取质粒经酶切鉴定(详细操作步骤同实验十七)。

3. 诱导表达

1)从经酶切验证且新鲜划线的平板中挑取单克隆，接入 50mL 含有 100μg/mL 卡拉霉素(加入 20mg/mL 的卡拉霉素 250μL)的 LB 液体培养基中，选用 250mL 锥形瓶。为获得良好的通气，培养基最多为锥形瓶体积的 20%。

2)37℃，180r/min，摇床培养 OD_{600} 至 0.4～1.0。培养大约 3h 测 OD_{600}，建议 OD_{600} 为 0.6。避免过夜培养以防止本底表达升高，以及培养基中的抗生素损耗。

3)在菌液中加入 100mmol/L IPTG 储存液至终浓度 1mmol/L (T7*lac* 启动子)，将摇床设置为 30℃，180r/min，继续培养 2～4h。

在加入 IPTG 之前取 1mL 菌液，加入 IPTG 后，每 1h 取 1mL 菌液。收集的所有菌液样品 16 000r/min 离心 2min，以收获菌体沉淀，用 1mL NTA-0 buffer 重悬沉淀后洗涤 2 次，200μL NTA-0 buffer 重悬沉淀，加入 2μL 100mmol/L PMSF，超声强度为 25%，超声持续 5s，暂停 10s，反复超声操作 3 次，于冰上操作。超声后每管样品取 80μL，加入 5×蛋白上样缓冲液 20μL，混匀，沸水煮 5min，做 SDS-PAGE 等分析。

4)诱导完成后将摇瓶置于冰上 5min，4000r/min 离心 5min，收集菌体，用 30mL NTA-0 buffer 洗涤菌体 2 次后，立即进行后续实验或置于−70℃保存。

4. 蛋白质纯化(His标签，非变性条件)

1)加入 2mL(1/20 细胞生长体积)NTA-0 buffer 和 20μL 100mmol/L PMSF，现配现用。

2)将细胞重悬，加入 40μL 浓度为 50mg/mL 的溶菌酶，混匀，冰上放置 30min，转入一个干净的 5mL 离心管，在冰上超声(超声强度为 25%，超声操作 5s，暂停 10s，反复超声 5 次，于冰上操作)。

3)加入 10% TritonX-100，使终浓度为 0.05%，充分混匀，冰上放置 15min。

4）转入一个干净的 2mL 离心管，16 000r/min，4℃离心 15min。取上清用于纯化，沉淀用 1mL NTA-0 buffer 重悬后，置于冰上备用或–20℃保存。

5）将 NTA 树脂重悬后，取 1mL 装入亲和层析柱空柱管，用 5mL NTA-0 buffer 洗层析柱。

6）将上清样品加至 NTA 层析柱，收集穿透部分，每管收集 1mL，可用 SDS-PAGE 分析蛋白的结合情况。

7）层析用 3mL NTA-0 buffer 洗，收集洗脱液，每管收集 1mL。

8）然后均用 3mL NTA-20 buffer，NTA-40 buffer，NTA-60 buffer，NTA-80 buffer，NTA-100 buffer，NTA-200 buffer，NTA-1000 buffer 依次洗，收集洗脱液，每管收集 1mL，每一洗脱液浓度收集 3 管，依次编号为 1，2，3 号管。

9）从每一洗脱液浓度中编号为 2 的收集管内取 80μL，加入 5×蛋白上样缓冲液 20μL 混匀，沸水煮 5min，做 SDS-PAGE 等分析。

10）确定目标蛋白质在洗脱液中的分布情况。最为有效的方式是 SDS-PAGE 分析，也可以用 Bradford 蛋白质测定试剂盒，快速确定蛋白质的含量，然后用 SDS-PAGE 分析蛋白质的分布。

11）纯化的目标蛋白质的保存条件需要根据蛋白质的性质和用途确定。

5. 蛋白鉴定

通过 SDS-PAGE 电泳鉴定纯化蛋白质的纯度和大小，详细实验原理和方法参见实验十 SDS-PAGE 测定蛋白质相对分子质量。

【注意事项】

1）选择表达载体时，要根据所表达蛋白质的最终应用考虑。如为方便纯化，可选择融合表达；如为获得天然蛋白，可选择非融合表达。

2）融合表达时在选择外源 DNA 同载体分子连接反应时，对转录和翻译过程中密码结构的阅读不能发生干扰。

3）选择表达宿主之前，要先对靶基因中的密码子进行分析。如果有细菌不常用的密码子，需要考虑更换表达菌株。例如，不能使用 BL21（DE3）进行表达，可以选择 Rosetta 系列菌株，如 Rosetta2。这种携带 pRARE2 质粒的 BL21 衍生菌，补充了大肠杆菌缺乏的 7 种（AUA、AGG、AGA、CUA、CCC、GGA 及 CGG）稀有密码子对应的 tRNA，所以这类菌株能够明显改善大肠杆菌中由于稀有密码子造成的表达限制。

4）在进行 SDS-PAGE 分析时，若表达的蛋白质与实际大小不相符，原因可能是：由于净电荷而使结果相差 10kDa 左右，由于稀有密码子的问题也会造成表达产物的截短（特殊情况）。

5）注意根据选用的质粒确定应加的抗生素。

【思考题】

1. 为什么加入 IPTG 诱导？为什么要细菌长 3h 左右再诱导？
2. 本实验为什么要选用 BL21（DE3）大肠杆菌？是否可选用其他大肠杆菌？
3. 为什么要选用不同浓度的咪唑溶液作为洗脱液？
4. 如何判断原核表达的目的蛋白是包涵体还是可溶蛋白？

（曾凡才　罗　波）

实验三十一　基因重组表达质粒在真核细胞中的表达与检测

【实验目的】

掌握瞬时转染质粒 DNA 的方法；掌握蛋白样品提取和定量的方法；掌握应用 Western blot 检测目的蛋白表达的方法；熟悉外源基因在真核细胞中表达的原理。

【实验原理】

基因工程研究中常用的真核表达系统有酵母表达系统、昆虫细胞表达系统和哺乳动物细胞表达系统。酵母表达系统和昆虫细胞表达系统蛋白质表达量多，生产成本较低，但其修饰加工体系与哺乳动物细胞不完全相同；哺乳动物细胞表达系统所表达的蛋白质最接近天然蛋白质的生物学活性，但是表达量较低且操作烦琐。由于各种表达系统翻译后的加工修饰不完全相同，所表达的外源蛋白的生物学活性和免疫原性可能会有差别。因此，在选择表达系统时，必须充分考虑各方面因素，如所表达蛋白质的性质、实验条件、生产成本、表达水平和安全性等，最终选择恰当的表达系统进行实验。

哺乳动物细胞表达系统是应用最广泛的真核表达系统，哺乳动物细胞表达系统主要有瞬时表达系统、稳定表达系统和病毒载体表达系统。本实验主要介绍瞬时表达系统，即将希望在哺乳动物细胞表达系统中表达的基因经基因重组技术装入真核表达质粒中，然后通过脂质体转染的方法将外源重组质粒导入培养的哺乳动物细胞，在 18～72h 内检测外源蛋白的表达或对细胞功能的影响。

【实验试剂和器材】

1. 试剂

1）pcDNA3.1(−) neo/Myc-His-hLDH-B 重组真核表达质粒。

2）Lipofectamine TM 2000。

3）Opti-MEM 培养基、PBS、RIPA 裂解液、1mmol/L PMSF。

4）5×SDS-PAGE 上样缓冲液：1.0mol/L Tris-HCl 缓冲液(pH 6.8) 1.25mL，溴酚蓝 25mg，SDS 0.5g，甘油 2.5mL，加去离子水溶解后定容至 5mL，500μL/份分装后室温保存。使用前每小份加入 25μL β-巯基乙醇(2-ME)混匀(加了 2-ME 的上样缓冲液可在室温下存放一个月左右)。

5）1.5mol/L Tris-HCl (pH 8.9)：称取 Tris 181.7g，1mol/L HCl 溶液约 48mL，加去离子水 800mL 使其溶解，pH 调至 8.9，用去离子水定容至 1000mL，置棕色瓶中，4℃冰箱保存。

6）1.0mol/L Tris-HCl(pH 6.8)：称取 Tris 121.1g，1mol/L HCl 溶液约 48mL，加去离子水至 800mL 使其溶解，pH 调至 6.8，用去离子水定容至 1000mL，置棕色瓶中，4℃冰箱保存。

7）30%丙烯酰胺：称取 290g 丙烯酰胺(Acr)，10g 甲叉双丙烯酰胺(Bis)，加去离子水约 600mL 溶解后定容至 1000mL，用 0.45μm 滤器滤去杂质后盛于棕色瓶中，4℃冰箱保存，可使用 1 个月。

8）10%过硫酸铵：称取过硫酸铵 0.5g，加去离子水 5mL。临用前配制，4℃冰箱存放，最长不超过 1 周。

9) TEMED(四甲基乙二胺)：原包装液，存于4℃冰箱备用。

10) 10% SDS：称取SDS 1.0g，加去离子水溶解并定容至10mL，1.0mL/份分装置4℃冰箱保存。

11) 5×电泳缓冲液：称取Tris 15g，甘氨酸72g溶解于800mL蒸馏水中，搅拌完全溶解后定容到1L，此时pH约为8.5，可用pH试纸测试一下，一般不用调pH。

12) 1×电泳缓冲液：取5×电泳缓冲液200mL，10% SDS10mL，用蒸馏水容至1L。

13) 1×转移缓冲液：取5×电泳缓冲液200mL，甲醇200mL，用蒸馏水定容至1L。

14) 10×TBS缓冲液：称取12g Tris，90g NaCl溶解于800mL蒸馏水中，搅拌完全溶解后，用HCl溶液将pH调至7.4，用蒸馏水定容到1L。

15) 1×TBS/T缓冲液：取100mL 10×TBS缓冲液，900mL蒸馏水，0.5mL Tween20，充分搅拌溶解。

16) 封闭缓冲液：取5g脱脂奶粉搅拌溶解于100mL 1×TBST缓冲液中。

17) HRP化学发光检测试剂盒和BCA蛋白质浓度测定试剂盒(增强型)。

2. 器材

制冰机、恒温培养箱、超声破碎仪、酶标仪、移液器、CO_2培养箱、普通电泳仪、小型垂直电泳槽、化学发光成像系统。

【实验步骤】

1. 准备质粒

应用实验二十九构建的pcDNA3.1(–)neo/Myc-His-*hLDH-B*重组真核表达质粒，也可以用其他的重组真核表达质粒，除用于检测的特异抗体不同外，后续操作方法基本相同。

2. 转染质粒

取对数生长期哺乳动物细胞(如HEK293T细胞)，以1×10^6个/孔的密度接种于6孔板中，在2mL无抗生素培养基中培养过夜。准备两支EP管，分别标记为DNA和Lipo，然后分别在两支EP管中加入250mL Opti-MEM培养基，在标记为DNA的一支EP管加入基因重组真核表达质粒4μg，在标记为Lipo的另一支EP管中加入脂质体Lipofectamine TM 2000 10μL，分别混匀后在室温静置5min。将标记为DNA的EP管中的液体加入标记为Lipo的另一支EP管中，轻轻混匀。室温静置20min后，将EP管中Lipofectamine TM 2000包裹质粒DNA后的转染液加入已准备好的6孔板培养细胞中，十字形移动6孔板以混匀培养基，在37℃，5% CO_2培养18～72h。

3. 样品制备

1) 转染细胞18～72h后，从二氧化碳培养箱中取出6孔板，用1mL移液器吸弃培养基，加入2mL预冷的PBS洗细胞2次。吸取液体时一定要小心，不能吹打和吸取贴壁细胞。

2) 尽量吸干培养孔中的液体后加入150μL RIPA裂解液(裂解液临用前加入100mmol/L PMSF至终浓度为1mmol/L)，用细胞刮刀刮取培养孔内的细胞，将细胞裂解液全部吸入一干净的1.5mL EP管中，冰上裂解10min。以10%的超声强度在冰上超2s，停3s，重复5次。

3）4℃，16 000r/min 离心 10min，小心吸取 80μL 上清液至一干净的 1.5mL EP 管中，并加入 5×上样缓冲液 20μL，在沸水中煮沸 5min 后，在冰上放置 2min，此样品用于蛋白质电泳上样，离心管中剩余上清液可用于蛋白质浓度测定。

4. BCA法测定蛋白质浓度（微孔酶标仪法）

1）配制工作液：根据标准品和样品数量，按 50 体积 BCA 试剂加 1 体积 Cu 试剂（50∶1）配制成 BCA 工作液，充分混匀（混合时可能会有浑浊，但混匀后会消失）。BCA 工作液室温 24h 内稳定。

2）稀释标准品：取 10μL 牛血清清蛋白（BSA）标准品用 RIPA 裂解液稀释至 100μL，使终浓度为 0.5mg/mL。将标准品按 0，2μL，4μL，6μL，8μL，12μL，16μL，20μL 加到 96 孔板的蛋白质标准品孔中，并在每孔中加 RIPA 裂解液补足至 20μL。

3）样品做适当稀释（最好多做几个梯度，如做 2 倍、4 倍、8 倍稀释），加 20μL 到 96 孔板的样品孔中。由于移液器在取小量样品时误差偏大，标准线前面的点可能不很准确，因此尽可能地让样品点落在标准线 1/2 后。

4）每孔加入 200μL BCA 工作液，在 37℃放置 15～30min。用酶标仪测定 OD_{562}，根据标准曲线计算出蛋白质浓度。

5. 制备凝胶

1）安装夹心式垂直玻璃板并紧固，确保灌胶时无漏液。

2）制备分离胶：确定所需凝胶溶液的体积，并按所需丙烯酰胺浓度（表 3-38）配制分离胶溶液。一旦加入 TEMED，马上开始聚合，故应立即快速旋动混合物并进行下一步的操作。

表 3-38　总体积 10mL 不同浓度分离胶溶液的配制

凝胶浓度/%	6	8	10	12	15
双蒸水/mL	5.3	4.6	4.0	3.3	2.3
30%丙烯酰胺/mL	2.0	2.7	3.3	4.0	5.0
1.5mol/L Tris-HCl（pH 8.8）/mL	2.5	2.5	2.5	2.5	2.5
10% SDS/mL	0.1	0.1	0.1	0.1	0.1
10%过硫酸铵/mL	0.1	0.1	0.1	0.1	0.1
TEMED/mL	0.008	0.006	0.004	0.004	0.004

3）迅速在两玻璃板的间隙中灌注分离胶溶液，留出灌注浓缩胶所需空间（梳子的齿长再加 0.5cm），再在胶液面上小心注入一层水或异丙醇（2～3mm），以阻止空气进入凝胶溶液而影响凝胶的聚合。

4）分离胶聚合完全后（约 30min），倾出覆盖水层，再用滤纸小心吸净残留水，滤纸不能碰到凝胶面。

5）制备浓缩胶：参考表 3-39 给出的数据，在小烧杯中制备一定体积的浓缩胶溶液，一旦加入 TEMED，马上开始聚合，故应立即快速旋动混合物并进行下一步的操作。

表 3-39　5%浓缩胶溶液的配制

总体积/mL	3.0	5.0	8.0
双蒸水/mL	2.057	3.435	5.532
30%丙烯酰胺/mL	0.5	0.83	1.3
1.0mol/L Tris-HCl（pH 6.8）/mL	0.38	0.63	1.0
10% SDS/mL	0.03	0.05	0.08
10%过硫酸铵/mL	0.03	0.05	0.08
TEMED/mL	0.003	0.005	0.008

6）在聚合的分离胶上直接灌注浓缩胶溶液，立即在溶液中插入干净的梳子。避免混入气泡，再加入浓缩胶溶液以充满梳子之间的空隙，将凝胶垂直放置于室温下。

6. 上样

浓缩胶聚合完全后（约 30min），小心移出梳子。把凝胶板固定于电泳装置上，上下槽均加入 1×电泳缓冲液。必须设法排出凝胶底部两玻璃板之间的气泡。按预定顺序加样，加样量通常为 10～25μL（1.0mm 厚的胶）。

7. 电泳

将电泳装置与电源相接，调节电压为 80V，电泳 30min，当染料溴酚蓝指示剂前沿进入分离胶后，把电压提高至 120V，继续电泳直至溴酚蓝到达分离胶底部上方约 1cm，然后关闭电源。

8. 转膜（湿转法）

1）电泳完成前裁剪适量大小的 PVDF 膜，将膜放入无水甲醇浸润活化 15s，然后用 1×转移缓冲液洗 3×5min。电泳完成后切胶同 PVDF 膜大小，置于 1×转移缓冲液中平衡 20min。

2）在一浅托盘中加入适量 1×转移缓冲液，将海绵垫置于其中，将 4 张滤纸浸泡于其中，滤纸大小与膜大小一致。

3）胶与膜的安装：①将黑色样品夹平铺在最底层；②将一块浸湿的海绵垫平铺在黑色样品夹板上，将 2 张浸湿的滤纸平铺在海绵垫上。在滤纸上放置电泳后的凝胶，再在凝胶上依次放入用 1×转移缓冲液浸湿的膜和 2 张滤纸，确认胶与膜紧密贴合且无气泡，覆盖上另一张海绵垫；③将连着锁紧滑块的透明样品夹板与黑色样品夹板对合，锁紧样品夹，完成一个转移单元。如果要同时转移两块胶，依上述步骤再制作一个转移单元。

4）将转移单元的黑色样品夹板面对着转移槽电极架的黑色面（阴极），透明样品夹板面对着转移槽电极架的红色面（阳极）插入转移槽电极架，并确认转移单元插到转移槽电极架的底边。

5）注入 1×转移缓冲液（预先在冰箱中冷却），直至将转移孔板全部淹没为止。

6）接通电源和冷却水（电泳温度最好保持在 4℃，或放在冰箱内），开始电泳转移，一般使用 250mA 大约 1h 可以完成转移（采用高电流所需电泳时间短，但产热多，转移效率低，反之，采用低电流产热少，转移效率高，但费时）。

9. 抗体孵育

1）转膜结束后，用 1×TBST 洗膜 5min，5%的脱脂奶粉封闭 1h，可在 4℃封闭过夜。封闭结束后用 1×TBST 洗膜 3×5min，将膜放入一抗溶液中 4℃孵育过夜。

2）1×TBST 洗膜 3×15min，将膜置于二抗溶液中室温孵育 1h，将膜取出后，1×TBST 洗膜 2×15min，最后用 1×TBS 洗膜 5min。

10. 显影

在干净的桌面铺一张保鲜膜，根据膜的大小确定发光液的大概体积后，取等体积的 HRP 化学发光检测试剂盒中的 A 液和 B 液在一干净的 EP 管内混匀组成化学发光工作液。用镊子将 TBS 洗后的膜放置在卷纸上小心吸取多余液体后，将膜上转移有蛋白质的一面向上放置在保鲜膜上，用移液器取化学发光工作液滴在膜上，并保证整个膜面均被发光液所覆盖，然后将膜放入化学发光成像系统仪器中观察并照相保存结果。

【注意事项】

1）在进行转染时不能用移液器吹打混匀液体，可用指弹法混匀。Lipofectamine TM 2000 试剂不能离心，取液之前用指弹法轻轻混匀。

2）取出培养细胞后应用预冷的 PBS 洗细胞，以避免培养基中血清蛋白对结果的影响，如果脱落细胞较多可用离心法收集 PBS 中的未贴壁细胞。

3）蛋白质浓度测定时一定要注意取量准确，为了提高准确性可以做复孔。

4）在凝胶与膜之间不能有气泡。

5）注意正负极性，不能将凝胶装反，或者转移电泳槽上盖装反。

6）注意保持较低转移温度，温度过高会影响转移效果。

【思考题】

1. 外源基因能在真核细胞中表达的原理是什么？
2. 为什么脂质体 Lipofectamine TM 2000 能够将外源 DNA 转入哺乳动物细胞中？
3. 为什么应用 Western blot 方法可以检测到目的蛋白的表达？

（曾凡才　罗　波）

实验三十二　免疫酶组织（细胞）化学技术

免疫酶组织化学又称免疫酶细胞化学，是酶免疫技术的一种，是将抗原抗体的免疫反应与酶高效催化底物显色反应结合起来的方法。该方法将酶与特异性抗体或抗原用交联剂连接起来，即酶标记抗体或抗原。这种酶标抗体或抗原与组织、细胞原位或固相载体上的相应抗原或抗体发生特异性结合，形成复合物。当加入酶的特异底物后，酶催化底物水解、氧化或还原，产生有色物质。根据颜色的位置、深浅来判定待测抗原或抗体的分布、性质和浓度。

【实验目的】

掌握免疫酶组织(细胞)化学技术的基本原理；掌握组织切片的酶免疫组织化学染色技术的基本步骤。

【实验原理】

酶免疫技术根据标本性质的不同，可分为酶联免疫吸附实验(enzyme linked immunosorbent assay，ELISA)和免疫酶组织化学技术。前者用于可溶性抗原的检测，如细胞因子、激素等，后者用于检测组织切片、细胞爬片中的特异性抗原。酶联免疫吸附实验在本书融合性实验中已有介绍。

常用的免疫酶组织化学染色法包括直接法和间接法。

直接法用酶标记抗体(即将酶标记在第一抗体上)，酶标抗体与组织细胞内相应抗原特异性结合，形成抗原-酶标抗体复合物，加入酶的底物后进行显色反应。直接法操作简便、特异性强，但每检测一种抗原都需要制备新的酶标抗体，且敏感性不如间接法。间接法在酶标抗体染色中应用最广泛。

间接法用已知未标记抗体(第一抗体)与标本中相应抗原特异结合，再加入酶标记抗体(第二抗体)，形成抗原-抗体-酶标抗体复合物，再加入酶的底物作用而产生有色物质，并沉积在抗原、抗体反应部位，即可对抗原进行定位、定性或定量测定。

本实验将以石蜡组织切片的间接免疫酶染色为例讲述免疫酶细胞化学检测技术。免疫酶组织化学染色法中最常用的一种酶是辣根过氧化物酶(Horseradish peroxidase，HRP)。HRP的显色系统包括其特异底物 H_2O_2 及显色剂 DAB。HRP 催化 H_2O_2 分解过程中，与 H_2O_2 形成复合物，当有电子供体(显色剂)存在时，H_2O_2 迅速生成水，显色剂 DAB 被氧化聚合形成不溶性棕褐色沉淀而显色。

【实验试剂和器材】

1)待检样本：石蜡包埋组织切片。

2)PBS 缓冲液：0.01mol/L，pH=7.4。

3)0.1%胰蛋白酶液：用 0.05% $CaCl_2$，0.05mol/L、pH 7.4 Tris-HCl 缓冲液配制。

4)0.3% H_2O_2 甲醇溶液：30% H_2O_2 0.1mL 加入 10mL 甲醇中混匀。

5)3%牛血清清蛋白(BSA)、特异性第一抗体、HRP 标记的第二抗体。

6)DAB 显色液：0.01%～0.10% H_2O_2，0.01%～0.05% DAB，0.05～0.10mol/L Tris-HCl pH 7.4，现用现配。

7)避光湿盒、盖玻片、载玻片、光学显微镜一台。

【实验步骤】

1)组织切片常规脱蜡水化：PBS 溶液洗 2 次，每次 5min。

将石蜡切片放入 2 个装有二甲苯溶液的玻璃缸中浸泡，每缸 15min。将石蜡切片放入无水乙醇玻璃缸浸泡 5min，重复 1 次。将石蜡切片放入 95%乙醇玻璃缸浸泡 5min，重复一次。将石蜡切片依次放入 90%乙醇、80%乙醇、70%乙醇的玻璃缸中浸泡，每缸 2 min，取出。PBS 溶液漂洗 2 次，每次 5min。

2)抗原修复：0.1% 胰蛋白酶消化切片，37℃处理 20min，流水洗 5min，PBS 洗 5min。

3)灭活内源性过氧化氢酶：将组织切片放入 0.3% H_2O_2 甲醇溶液玻璃缸中，室温处理切片 15～30min，去除内源性过氧化物酶的活性。水洗 3 次。

4)非免疫血清封闭：将组织切片平放在湿盒中，滴加 3%牛血清清蛋白(BSA)，室温孵育 15～20min，倾去余液。封闭步骤为阻断抗体与组织细胞的非特异性结合，降低背景着色。

5)第一抗体孵育：将组织切片平放在湿盒中，滴加 50μL 稀释的特异性第一抗体，37℃湿盒孵育 1h 或 4℃孵育过夜。

6)洗片：将组织切片放入 PBS 溶液玻璃缸中，缓慢振荡漂洗 5min，再重复漂洗 2 次。

7)HRP 标记第二抗体孵育：滴加与一抗种属对应的 HRP 标记第二抗体 50μL，37℃湿盒孵育 40min。

8)洗片：将组织切片放入 PBS 溶液玻璃缸中，缓慢振荡漂洗 5min，再重复漂洗 2 次。

9)显色：滴加新鲜配制的 DAB 显色液 100μL，暗处放置室温孵育 10～15min 显色，观察反应部位呈黄褐色时，将切片置于 PBS 溶液玻璃缸中漂洗终止显色反应。

10)苏木精复染细胞核：将组织切片浸入苏木精溶液中复染，放置 5min 后，用自来水反复冲洗至水不变色，再用 1%盐酸乙醇分化 1～2s，自来水冲洗后反蓝，水洗 2min。

11)系列浓度乙醇脱水、封片：将组织切片放入 2 个装有 95%乙醇的玻璃缸中浸泡，每缸 5min。再将组织切片放入无水乙醇玻璃缸浸泡 5min，重复 1 次。将石蜡切片放入二甲苯玻璃缸浸泡 5min，重复一次。滴加适量中性树脂封固，晾干。

12)镜检、观察记录：DAB 然色呈棕黄色，观察时参考阳性和阴性(PBS 取代一抗)对照。待测抗原表达水平的评价有定性定量指标，分别是染色强度和阳性细胞率。实际工作中常采用强度与密度结合的方法综合评价。常用免疫组化评分方法如下：细胞染色强度无染色为 0 分；弱染色为 1 分；中染色为 2 分；强染色为 3 分。阳性细胞率 0～9%为 0 分；10%～25%为 1 分；26%～50%为 2 分；51%～75%为 3 分；76%～100%为 4 分。将染色强度与阳性细胞率评分的乘积作为该切片评分值。

【注意事项】

1)免疫酶组织化学技术需要设立适当的对照。已知阳性表达的组织切片作为阳性对照。已知阴性表达的组织切片作为阴性对照；用阴性试剂处理作为空白对照；同一标本中的不同组织作为自身对照。

2)应在玻片上做好标记和编号，以免弄错样品。

3)孵育时，将切片平放于湿盒中。湿盒加盖以防切片干燥。

4)抗原修复：经过石蜡包埋、切片、固定后，组织形成醛键封闭了抗原，或者蛋白质分子间形成交联隐蔽抗原，因此在免疫组化染色时，需要破坏分子间交联结构，修复或暴露被封闭和隐藏的抗原，恢复抗原原有的空间状态。常用方法有化学修复法（蛋白酶处理）和物理修复法（微波、高压、热水浴等）。具体方法和处理条件的选择需要根据抗原的种类、表达位置，抗体的情况具体分析。

5)抗体浓度的选择：选择待测抗原着色最强，而背景着色最弱的浓度。

6)滴加抗体时，先拭去组织周围的液体，但切勿使组织干燥。将抗体滴加到局限于组织上的区域，轻轻摇动切片数秒，避免形成假阴性小区域。

7）抗体孵育的时间和温度影响染色效果。孵育时间越长背景染色越低，特异性抗原染色对比度越高。温度越低，则所需孵育时间越长。一抗孵育最佳条件为 4℃过夜后 37℃复温 30min。二抗一般室温或 37℃孵育 0.5～1.0h。

8）PBS 洗涤时应温柔冲洗，防止切片脱落。冲洗时间要充分。

9）DAB 显色时间不是固定的，需要镜下观察控制显色时间，出现浅棕色本底时即可终止。显色时间长短与抗体浓度、孵育时间、封闭情况相关，可具体调整。

10）染色结果评价：选择着色均匀、背景浅的高质量切片。注意观察阳性染色的亚细胞定位、阳性细胞的分布灶性或弥漫性。若所有细胞染色强度均相同，则提示存在非特异性反应。切片边缘、刀痕、坏死挤压的细胞区不能用于判断阳性。

【思考题】

1. 免疫酶组织化学技术的基本原理是什么？
2. 免疫酶组织化学技术中常用的酶除 HRP 外还有哪些？请课后扩展学习。
3. 二抗的选择有什么需要注意的？
4. 请查阅文献，举例说明免疫酶组织化学技术在科研和临床中的应用。

（陈利弘）

实验三十三　免疫荧光细胞化学技术

免疫荧光细胞化学技术是采用异硫氰酸（FITC）、罗丹明（Rhodamine）等荧光素，标记已知抗体作为探针，检测待测细胞标本中的靶抗原。因形成的抗原-抗体复合物上带有的荧光素，在荧光显微镜下可发出明亮的特殊荧光，可以此分辨出待检抗原在细胞中的位置及性质，并可利用荧光定量技术计算待测抗原的含量，以达到对该抗原物质定位、定性和定量测定的目的。

【实验目的】

掌握免疫荧光细胞化学技术的基本原理；掌握免疫荧光细胞化学技术的基本步骤。

【实验原理】

免疫荧光细胞化学染色方法分为直接法和间接法，染色基本原理见图 3-16。

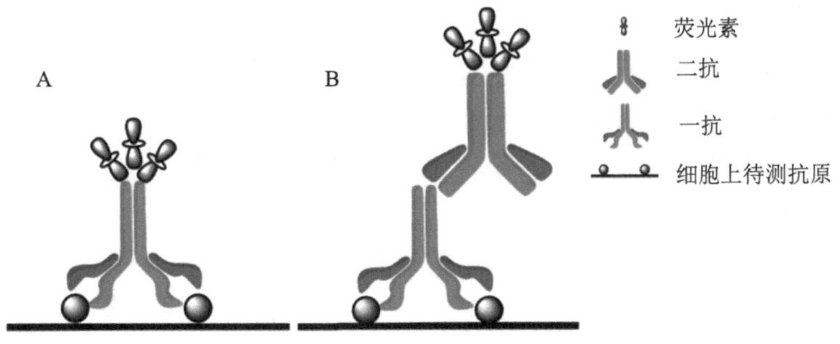

图 3-16　免疫荧光细胞化学染色原理示意图

A. 直接法；B. 间接法

直接法是将荧光素标记在已知特异性抗体上，并以此标记抗体与切片中相应的抗原直接发生结合反应，用于检测的方法。直接法具有操作简单、特异性强的特点，但敏感性不如间接法，而且一种荧光抗体只能检测一种抗原。

间接法是指首先使用没有荧光素标记的第一抗体(一抗)来与标本中的抗原结合，再使用携带荧光素标记的第二抗体(二抗)来与一抗特异性结合，用于检测的方法。与直接法相比，由于间接法使用的荧光素是特异结合于二抗上，因此使用一种荧光抗体可以检查多种抗原，操作步骤虽然增加，但方法敏感性更高，实际应用更广，这也弥补了某些一抗难以直接进行荧光素标记的缺点。

本实验将以细胞爬片的间接免疫荧光法为例讲述免疫荧光细胞化学检测技术。

【实验试剂和器材】

1)待检样本：细胞爬片一张。

2)PBS 缓冲液：0.01mol/L，pH=7.4。

3)4%多聚甲醛溶液、特异性一抗、荧光素标记的二抗、封片甘油、避光湿盒一个、荧光显微镜一台。

【实验步骤】

1)细胞爬片固定：将无菌盖玻片放于 6 孔板中，接种细胞，培养至细胞生长达到 60 %以上，取出玻片，室温下滴加 4%多聚甲醛于细胞爬片上，室温下固定 15min，干燥 30min。

2)第一抗体孵育：在爬片上滴加稀释后的一抗 50μL，置于保湿盒中，37℃保温孵育 30min。

3)洗片：使用 0.01mol/L PBS 溶液冲洗 3 次，每次 5min，保持标本片(即爬片)湿润的情况下吸去多余水分。

4)荧光素第二抗体结合：在爬片上滴加适量稀释后的荧光素抗体，置于湿盒中，37℃保温孵育 30min。该过程务必保持避光状态。

5)洗片：使用 0.01mol/L PBS 溶液冲洗 3 次，每次 5min。

6)封片：吸去多余水分，滴加缓冲甘油，覆上盖玻片。

7)观察荧光：荧光显微镜高倍视野下观察标本片上的荧光强度，一般使用“+”“−”表示：(−)表示无荧光；(±)表示极弱的可疑荧光；(+)表示较弱但清晰可见的荧光；(+ +)表示荧光明亮，(+ + +)表示耀眼的荧光。待检标本中的荧光强度可达(+ +)以上，而各种对照中显示为(±)或(−)，即可判定标本为阳性。

【注意事项】

1)荧光染料容易猝灭，一般荧光染色完成后应在 1h 内完成观察，或于 4℃暂时保存 4h 左右，放置时间过长会导致荧光信号明显减弱。

2)观察标本应当在暗室内完成，每个样本观察时间以 1～2h 为宜，标本受紫外光持续长时间照射后，荧光也会出现减弱。

3)为了保证荧光染色的正确性，每次实验时应设置下列三种对照。

标本自发荧光对照：标本不加入荧光二抗，改为滴加 PBS 的标本。

非特异性结合阴性对照：标本不加入一抗，改为滴加 PBS 的标本。

阳性对照：已知的阳性标本，按实验操作完成特异性抗体及荧光标记抗体孵育。

【常见问题及原因分析】

免疫荧光细胞化学技术的常见问题、原因及解决办法见表 3-40。

表 3-40 免疫荧光细胞化学染色技术常见问题及原因

问题	原因	解决办法
找不到待观察细胞	细胞或标本在操作过程中脱片	洗片时避免直接对准标本上含细胞的区域冲洗
荧光过弱	抗体浓度过低； 染色后保存时间过长	稀释度一般不宜超过 1：20， 荧光染色后尽快完成观察
背景荧光过强	二抗浓度过高	优化抗体浓度

（陈利弘）

参 考 文 献

毕冰, 李晓岩, 王宏伟, 等. 2011. 生物化学实验指导. 哈尔滨: 东北林业大学出版社
曹雪涛. 2013. 医学免疫学. 北京: 人民卫生出版社
陈书明, 曹新鹏, 胡军, 等. 2010. 16 种血清的醋酸纤维素薄膜电泳分析. 山西农业科学, 38(6): 18-20
李洪. 2013. 医学基础实验教程——生物化学与分子生物学实验分册. 2 版. 北京: 人民卫生出版社
柳忠辉, 吴雄文. 2014. 医学免疫学实验技术. 北京: 人民卫生出版社
马文丽, 李凌. 2011. 生物化学与分子生物学实验指导. 北京: 人民军医出版社
萨姆布鲁克. 2002. 分子克隆实验指南. 3 版. 北京: 科学出版社
王大军, 车昌燕, 韩梅. 2013. 医学免疫学实验指导. 北京: 科学出版社
王晓琴, 侯艳香. 2015. 血清蛋白醋酸纤维薄膜电泳实验探讨. 齐齐哈尔医学院学报, 36 (15): 2271-2272
王玉明. 2011. 医学生物化学与分子生物学实验技术. 北京: 清华大学出版社
吴建忠, 王玉苹, 许源媛, 等. 2014. 聚丙烯酰胺凝胶电泳操作注意事项研究. 安徽农业科学, 42(33): 11636-11637
肖建英, 李红. 2011. 生物化学与分子生物学实验. 北京: 科学出版社
谢克勤. 2014. 酶组织化学与免疫组织化学原理和技术. 济南: 山东大学出版社
杨安钢, 毛积芳, 药立波. 2001. 生物化学与分子生物学实验技术. 北京: 高等教育出版社
查锡良, 药立波. 2013. 生物化学与分子生物学. 8 版. 北京: 人民卫生出版社
翟朝阳, 杨鲁川. 2012. 生物分子基础实验教材. 3 版. 成都: 四川大学出版社
周丽亚, 高静, 吴兆亮, 等. 2008. 血清蛋白醋酸纤维薄膜电泳实验的改进. 生物学杂志, 25(2): 67-68
朱道银, 吴玉章. 2008. 免疫学实验. 北京: 科学出版社
Clausen J. 1981. Immunochemical Techniques for Identification and Estimation of Macromolecules (2nd Fully Revised Edition). Amsterdam: Elsevier: North-Holland Biomedical Press
Murray RK. 2009. Harper's Illustrated Biochemistry. 28th ed. New York: The McGraw-Hill Companies